5 Überall im Buch wird dir gezeigt, mit welchen **Methoden** du arbeiten kannst, um naturwissenschaftliche Fragen zu untersuchen, zu verstehen oder zu präsentieren. Suche die Methodenseite »Diagramme erstellen« im Inhaltsverzeichnis und notiere die beiden Diagrammarten, die auf dieser Seite abgebildet sind. Die Methodenseiten sind im Inhaltsverzeichnis lila geschrieben.

6 Anleitungen für praktische Untersuchungen, wie zum Beispiel Versuche oder den Bau von Modellen, findest du auf den **Praxisseiten.** Lies auf Seite 277 den Versuch A nach. Schreibe die Geräte auf, die du für diesen Versuch benötigst.

7 Knifflige und spannende Aufgaben findest du auf den **Weiter-gedacht-Seiten.** Sie beziehen sich immer auf zusätzliches Material, das dazu abgebildet ist. Nenne, was du den Vögeln auf der Seite 69 zuordnen sollst.

8 Auf **Extra-Seiten** werden Themen aus anderen Bereichen wie zum Beispiel Geschichte oder Gesundheit angesprochen. Einige sollen euch zur Diskussion anregen. Benenne das Thema, das auf der Seite 56 behandelt wird.

9 Auf den Seiten eines Kapitels **»Teste dich«** sind Aufgaben, mit denen du dein Wissen überprüfen kannst. Außerdem sind in der Spalte **»Auf den Punkt gebracht«** alle wichtigen Inhalte des Kapitels zusammengefasst. Beschreibe das Bild im Abschlusspunkt auf Seite 199.

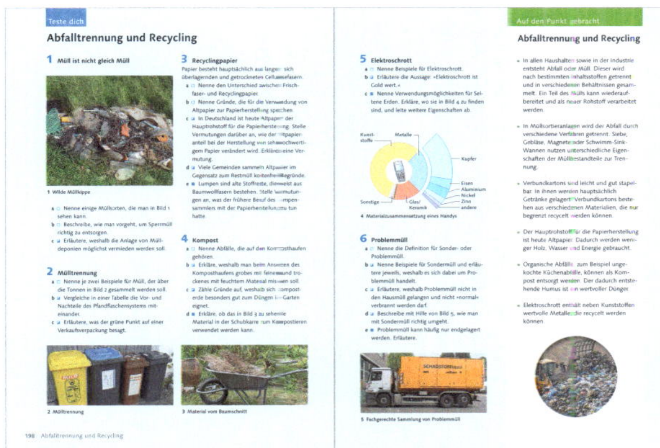

10 Am Ende des Buches findest du einen Anhang mit einer Reihe von Seiten zum Nachschlagen. Hier kannst du zum Beispiel nachsehen, wenn du die **Lösungen** zu den »Teste-dich-Aufgaben« wissen möchtest oder wenn du etwas über ein **Werkzeug** nachlesen willst. Wenn du Informationen zu einem Fachwort suchst, kannst du ins **Register** schauen. Hier findest du alle Seiten, auf denen du wichtige Informationen zu dem Begriff erhältst. Notiere alle Seiten, auf denen der Begriff »Dichte« vorkommt.

FACHWERK NATURWISSENSCHAFTEN

Biologie, Naturphänomene und Technik 5/6

Baden-Württemberg

Cornelsen

FACHWERK
NATURWISSENSCHAFTEN

Autorinnen und Autoren:
Thomas Baur, Ulrike Döflinger, Herbert Fallscheer, Dr. Udo Hampl, Stefanie Harbauer, Isabell Kunst, Andreas Marquarth, Andreas Miehling, Bettina Missale, Anke Pohlmann, Alexandra Ranieri, Melanie Rau, Michaela Steinhilber, Markus Wacker M. A., Johanna Wetzel

Berater: Prof. Dr. Dieter Mette (Technik)

Teile dieses Buches beruhen auf Arbeiten von:
Elke Freiling-Fischer, Andreas Harm, Marianne Herrmann, Kathrin Janik, Manfred Lang, Katrin Oberschelp, Dr. Peter Pondorf, Reinhold Rehbach, Matthias Ritter, Dr. Juliane Schink, Alexandra Schulte, Ingmar Stelzig, Ulrike Tegtmeyer, Steffen Wachs, Wilfried Wagner, Josef Johannes Zitzmann

Redaktion: Dr. Kerstin Amelunxen, Jan Bornebusch, Dr. Sabine Klonk, Dr. Claudia Seidel

Bildrecherche: Dieter Ruhmke, Heike Schuster

Illustration und Grafik:
Atelier Tigercolor, Tom Menzel; Peter Hesse; www.biologiegrafik.de; Christine Faltermayr; Eric Gira; Jörg Mair; Karin Mall; Heike Möller; diGraph; Eva Langhorst; Liselotte Lüddecke; Matthias Pflügner; Walther-Maria Scheid; Andreas Steinig; Jan Wünsche

Umschlaggestaltung: Zweimanns Grafik; Michaela Müller für agentur corngreen, Leipzig

Layoutkonzept: Farnschläder & Mahlstedt, Hamburg

Layout und technische Umsetzung: Studio SYBERG

www.cornelsen.de

Dieses Werk enthält Vorschläge und Anleitungen für Untersuchungen und Experimente. Vor jedem Experiment sind mögliche Gefahrenquellen zu besprechen. Beim Experimentieren sind die Richtlinien zur Sicherheit im Unterricht einzuhalten.

Die Webseiten Dritter, deren Internetadressen in diesem Lehrwerk angegeben sind, wurden vor Drucklegung sorgfältig geprüft. Der Verlag übernimmt keine Gewähr für die Aktualität und den Inhalt dieser Seiten oder solcher, die mit ihnen verlinkt sind.

1. Auflage, 1. Druck 2015

Alle Drucke dieser Auflage sind inhaltlich unverändert und können im Unterricht nebeneinander verwendet werden.

Soweit in diesem Lehrwerk Personen fotografisch abgebildet sind und ihnen von der Redaktion fiktive Namen, Berufe, Dialoge und Ähnliches zugeordnet oder diese Personen in bestimmte Kontexte gesetzt werden, dienen diese Zuordnungen und Darstellungen ausschließlich der Veranschaulichung und dem besseren Verständnis des Inhalts.

Druck: Stürtz GmbH, Würzburg

ISBN 978-3-06-014885-1

PEFC
PEFC/04-31-1404

PEFC zertifiziert
Dieses Produkt stammt aus nachhaltig bewirtschafteten Wäldern und kontrollierten Quellen.

www.pefc.de

Inhalt

Wirbellose 98

Blütenpflanzen 118

Lebensräume entdecken 148

Abfalltrennung und Recycling 170

Lebensgrundlage Energie 200

Lebensgrundlage Wasser 260

Pubertät – Zeit der Veränderung 296

Biologie, Naturphänomene und Technik

Herzlich willkommen in der 5. Klasse! Sicher bist du neugierig, was dich alles in diesem Schuljahr in deiner neuen Schule erwartet. Neben neuen Mitschülern, neuen Räumlichkeiten und neuen Lehrern hast du nun auch neue Schulfächer. Dieses Buch begleitet dich in deinem neuen Schulfach *Biologie, Naturphänomene und Technik,* kurz BNT genannt.

1 Ente mit ihren Küken auf dem Wasser

Was sind Naturphänomene?

Naturphänomene sind Erscheinungen oder Ereignisse, die in der Natur auftreten. Mit der Erforschung dieser Phänomene befassen sich die Naturwissenschaften Biologie, Chemie und Physik unter verschiedenen Blickwinkeln. Die meisten Naturphänomene können nur mit Hilfe mehrerer Fachgebiete richtig gedeutet und erklärt werden.

Biologie

Willst du wissen, wie sich die Enten fortpflanzen oder wie ihr Körperbau an ihre Fortbewegung im Wasser und in der Luft angepasst ist, ist das ein Thema aus dem Bereich der Biologie. Die Biologie beschäftigt sich mit dem Menschen, mit den Tieren und mit den Pflanzen. Das Wort Biologie setzt sich aus zwei griechischen Wörtern zusammen: Bios heißt Leben und logos bedeutet Lehre oder Wissenschaft. Biologie ist also die *Lehre von den Lebewesen.*

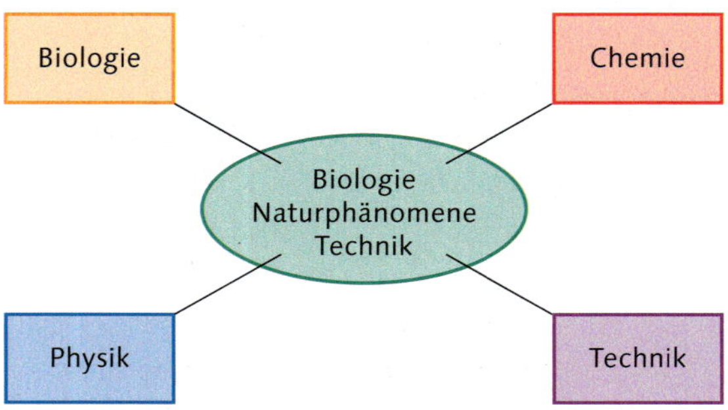

2 Die vier Fachgebiete

Chemie

Wenn du dich für die Qualität des Wassers interessierst, in dem die Enten schwimmen, musst du chemisches Fachwissen anwenden. In der Chemie erforscht man *Eigenschaften und Veränderungen von Stoffen.* Über die Wortherkunft des Wortes Chemie sind sich die Sprachforscher nicht sicher. Wahrscheinlich stammt die Bezeichnung aus der griechischen Sprache. Das griechische Wort für die Kunst der Metallverwandlung lautet chymeia.

Physik

Fragst du dich, warum die Enten auf dem Wasser schwimmen und nicht untergehen, ist das ein Fall für die Physik. Die Physik untersucht *Vorgänge in der Natur* und versucht, *Regeln* aufzustellen, *um diese Vorgänge zu erklären.* Genauso wie die Bezeichnung Biologie lässt sich auch das Wort Physik aus dem Griechischen ableiten. Das griechische Wort physis bedeutet Natur.

Technik

Im Gegensatz zu den Naturwissenschaften beschäftigt sich die Technik nicht mit Vorgängen oder Erscheinungen in der Natur. Sie befasst sich mit *Gegenständen, die von Menschen gemacht wurden.* Das Wort Technik stammt ebenfalls aus der griechischen Sprache: *Technikos* bedeutet dort *Kunst* oder *Handwerk.* Mehr zum Thema Technik erfährst du im zweiten Teil des Buches.

Um naturwissenschaftliche Fragen beantworten zu können, werden unterschiedliche *Arbeitsweisen* angewandt. Dabei kommen oft Hilfsmittel zum Einsatz.

Beobachten und Betrachten

In der Natur und im Alltag lässt sich sehr viel beobachten. Du kannst zum Beispiel beobachten, wie sich ein Vogel in der Luft bewegt, welche Farben ein Regenbogen hat oder dass Wasser Tropfen bildet. Beim Beobachten werden *Eigenschaften, Merkmale* oder *Veränderungen* erfasst. Zu einer Beobachtung gehört immer eine Frage: Was finde ich interessant? Was möchte ich herausfinden? *Hilfsmittel* bei Beobachtungen können beispielsweise Lupen oder Ferngläser sein. Ruht das zu beobachtende Objekt, so spricht man auch von Betrachten.

Experimentieren

In den naturwissenschaftlichen Fächern ist das Experimentieren eine zentrale Arbeitsweise. *Experimente* führt man durch, um *Fragen aus der Natur und dem Alltag* zu klären. Zum Beispiel kannst du durch ein Experiment herausfinden, welche Materialien im Wasser schwimmen können.
Ein wichtiger Punkt für das Experimentieren ist, dass das Experiment *wiederholbar* sein muss. Wenn du also ein Experiment zwei Wochen später unter denselben Bedingungen durchführst, sollte es das gleiche Ergebnis liefern.

3 Mit einem Experiment kann man klären, welche Materialien im Wasser schwimmen.

4 Pflanzen werden geordnet und bestimmt.

Vergleichen

Sucht man nach *Ähnlichkeiten, Unterschieden* und *Gemeinsamkeiten,* so bezeichnet man dies als Vergleichen. Man kann zum Beispiel die Verhaltensweisen von Lebewesen wie Vögeln ebenso vergleichen wie die Löslichkeit verschiedener Stoffe in Wasser oder die Dichte von Körpern.

Ordnen und Bestimmen

Rund um einen See oder am Bachufer wachsen viele verschiedene Pflanzen. Besitzen Pflanzen *ähnliche Merkmale,* zum Beispiel die Form der Blätter oder der Blüten, so kann man sie zu *Gruppen* ordnen. Ordnungsmerkmale sind zum Beispiel ihr Aufbau oder der Lebensraum, den sie besiedeln. Mit Hilfe von *Bestimmungsschlüsseln* findet man die Namen der Lebewesen heraus. Dies bezeichnet man als Bestimmen.

In Kürze

Das Fach Biologie, Naturphänomene und Technik enthält Inhalte aus den Fachgebieten Biologie, Chemie, Physik und Technik.
Um naturwissenschaftliche Fragen beantworten zu können, werden unterschiedliche Arbeitsweisen und Hilfsmittel angewandt.

Aufgabe

1 □ Finde Beispiele dafür, dass du Arbeitsweisen angewandt hast. Berichte davon in deiner Klasse.

Sicherheit im Fachraum

1 Ein typischer naturwissenschaftlicher Fachraum

Der erste Eindruck
Der naturwissenschaftliche Fachraum unterscheidet sich von den anderen Schulräumen. Es gibt hier Anschlüsse für Wasser, Strom und Gas sowie zahlreiche Einrichtungen, die deiner Sicherheit dienen sollen.

Die Sicherheitseinrichtungen
Den *Not-Aus-Schalter* findest du in naturwissenschaftlichen Räumen neben der Tür und am Lehrerpult. Mit einem Druck auf den Schalter werden alle Strom- und Gaszuleitungen direkt unterbrochen. Sollte es brennen, sind ein *Feuerlöscher, Löschsand* und eine *Löschdecke* vorhanden. Die *Augendusche* wird verwendet, falls dir etwas ins Auge gelangt ist. Solltest du dich beim Experimentieren verletzen, gibt es einen *Erste-Hilfe-Kasten.* In dringenden Fällen wählen du oder die Lehrkraft die allgemeine *Notrufnummer 112.*

Der Abzug
Bei manchen Experimenten entstehen *giftige Gase* oder es finden kleine *Explosionen* statt. Diese Experimente dürfen nur von der Lehrkraft in einem *Abzug* durchgeführt werden.

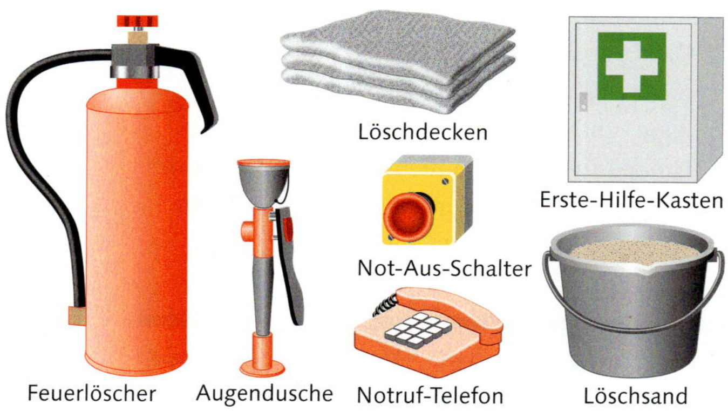

2 Sicherheitseinrichtungen im naturwissenschaftlichen Fachraum

Kennzeichnung von Chemikalien
Die Behälter von Chemikalien, von denen eine Gefahr ausgeht, werden mit besonderen Symbolen, sogenannten *Gefahrenpiktogrammen,* versehen. Sie sind in der *GHS-Verordnung* festgelegt und gelten weltweit. GHS bedeutet »Globally Harmonised System«. Ein Ausrufezeichen weist zum Beispiel auf eine gesundheitsgefährdende Substanz hin. Die Kennzeichnung der Gefahrstoffe wird durch ein Signalwort – »Achtung« oder »Gefahr« – ergänzt. Gefährliche Stoffe müssen in getrennten Behältern gesammelt werden.

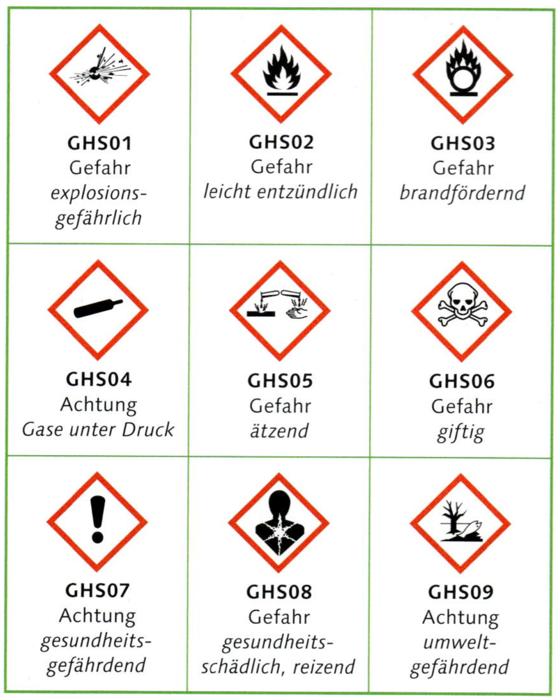

3 Gefahrenpiktogramme und Signalwörter nach der GHS-Verordnung

Regeln beim Experimentieren

Vor dem Experimentieren

1 Lies die Versuchsanleitung genau durch und befolge die Anweisungen deiner Lehrkraft.
2 Beachte wichtige Sicherheitsmaßnahmen wie das Aufsetzen einer Schutzbrille, das Zusammenbinden langer Haare oder das Verwenden von Schutzhandschuhen.
3 Stelle die notwendigen Materialien übersichtlich auf deinen Tisch. Achte darauf, dass sie nicht herunterfallen können.
4 Öffne einen Chemikalienbehälter nur, um den Stoff zu entnehmen. Benutze dabei einen sauberes Werkzeug. Verschließe den Behälter direkt nach der Entnahme.
5 Überprüfe die Funktionsfähigkeit von Geräten, die benötigt werden.

Während des Experimentierens

1 Experimentiere konzentriert und verantwortungsvoll, damit du dich und deine Mitschüler nicht gefährdest.
2 Richte die Öffnung eines Reagenzglases beim Erhitzen niemals auf eine Person, da der Inhalt herausspritzen kann! Schaue nie von oben in das Reagenzglas.
3 Halte den Gasbrenner nur so lange in Betrieb, wie er benötigt wird.
4 Achte beim Umgang mit Scheren, Skalpell und Rasierklinge darauf, dass du dich nicht schneidest.
5 Melde sofort deiner Lehrkraft, wenn dir etwas unklar ist oder etwas Unerwartetes geschieht.

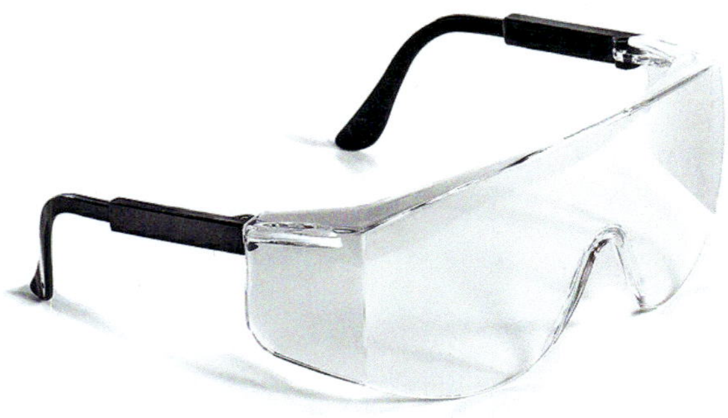

4 Schutzbrille

Verhaltensregeln für den naturwissenschaftlichen Fachraum

- Betritt den Raum nur gemeinsam mit deiner Lehrkraft.
- Das Essen und Trinken ist verboten!
- Ohne Aufforderung deiner Lehrkraft dürfen Geräte, Schalter und Chemikalien nicht berührt werden.
- Gehe mit den Materialien, Geräten und Chemikalien verantwortungsvoll um.
- Melde offene Gashähne, Gasgeruch, beschädigte Steckdosen und Geräte oder andere Gefahrenstellen sofort der Lehrkraft.

Nach dem Experimentieren

1 Sorge dafür, dass alle Anschlüsse abgeschaltet bzw. geschlossen sind.
2 Entferne verstreute Chemikalien oder zerbrochene Glasgeräte niemals selbst. Informiere deine Lehrkraft und warte die Anweisungen ab.
3 Spüle die Geräte und räume sie an ihren Platz zurück. Reinige den Arbeitstisch und wasche dir die Hände.

In Kürze

Im naturwissenschaftlichen Fachraum gibt es Sicherheitseinrichtungen und Verhaltensregeln, die der Sicherheit beim Experimentieren dienen.
Beim Experimentieren musst du immer konzentriert bleiben und verantwortungsvoll handeln.

Aufgaben

1 Schaue dich im naturwissenschaftlichen Fachraum um.

a □ Erstelle einen Grundriss des Raums. Trage in die Skizze ein, wo sich im Raum die folgenden Sicherheitseinrichtungen befinden: Erste-Hilfe-Kasten, Feuerlöscher, Löschdecke, Löschsand, Augendusche, Not-Aus-Schalter, Fluchttür.

b ◪ Erkläre, wozu man diese Sicherheitseinrichtungen benötigt.

2 ◪ Erkläre, wie du vorgehst, wenn sich jemand beim Experimentieren verletzt.

Haus- und Nutztiere

Was Lebewesen kennzeichnet

Schau dir den Frosch auf dem Bild an. Was meinst du: Ist er lebendig? Er sieht doch eigenartig aus. Tiere mit blauer Haut gibt es bei uns nicht. Handelt es sich vielleicht um ein Plastiktier? Wie könntest du herausfinden, ob er lebt?

1 Pfeilgiftfrosch

Lebewesen bewegen sich

Eine Antilope flieht vor einem Löwen. Mit großen Sätzen springt sie davon und kann entkommen. Sie bewegt sich mit eigener Muskelkraft. Aber auch Pflanzen können sich bewegen: Eine Fliege setzt sich auf das Fangblatt einer Venusfliegenfalle. Plötzlich schnappt die Falle zu. *Alle Lebewesen können sich eigenständig bewegen.*

Stoffe werden aufgenommen, verarbeitet und abgegeben

Im Frühjahr sät ein Landwirt das Getreide aus. Wenige Monate später wird geerntet. In den Ähren haben sich Getreidekörner entwickelt. Sie sind die Nährstoffspeicher der Getreidepflanzen. Aus den Körnern gewinnen wir Mehl. Die Pflanze hat aus der Luft und dem Boden Stoffe aufgenommen und umgewandelt. Für uns nicht sichtbar hat sie dabei auch ständig Stoffe in die Luft abgegeben.

Ähnliches kann man bei einem Goldhamster beobachten. Er nimmt Nahrung auf und verdaut sie. Dadurch gewinnt er Stoffe, die sein Körper für sein Wachstum, die Bewegung oder den Erhalt der Körperwärme braucht. Nicht verwertbare Stoffe scheidet der Goldhamster aus. *Alle Lebewesen nehmen Stoffe auf, verarbeiten sie und scheiden Abfallstoffe aus. Sie besitzen einen Stoffwechsel.*

Lebewesen sind reizbar

Ein Hund läuft mit der Nase am Boden durch den Garten und bellt in ein Gebüsch hinein. Er hat dort etwas erspäht. Eilig rollt sich ein Igel zusammen und zeigt seine Stacheln. Tiere besitzen Sinnesorgane, mit denen sie Reize aufnehmen und verarbeiten können. So orientieren sie sich in ihrer Umgebung und können Gefahren wahrnehmen. Berührt man eine Mimosenpflanze ganz leicht mit dem Finger, so klappen ihre Blätter zusammen und hängen nach unten. *Alle Lebewesen sind reizbar.*

Lebewesen pflanzen sich fort

Anfang Mai fliegen bei jedem Windhauch die kleinen Fallschirme der »Pusteblume« über eine Wiese. Es sind die Früchte des Löwenzahns. Auf diese Weise werden die Samen verbreitet. Aus ihnen können sich neue Pflanzen entwickeln. Auch die Kuh auf der gleichen Wiese hat Nachwuchs bekommen, das Kalb trinkt an ihrem Euter. Lebewesen bringen Nachkommen hervor. *Sie pflanzen sich fort.*

Lebewesen wachsen und entwickeln sich

Die jungen Entenküken sehen mit ihrem gelben Flaumkleid anders aus als ihre Mutter. Schnell wachsen sie heran. Nach einigen Monaten haben sie sich zu ausgewachsenen Enten entwickelt. Aus einer Eichel sprießt der kleine Sämling, aus dem ein stattlicher Baum heranwachsen kann. Je nach Alter oder Entwicklungsstand sehen Lebewesen unterschiedlich aus. Für alle Lebewesen gilt, dass sie eine begrenzte Lebensdauer haben und schließlich sterben. *Alle Lebewesen wachsen und entwickeln sich.*

3 Lebewesen wachsen und verändern sich dabei – sie entwickeln sich: A–C Ente; D–F Eiche.

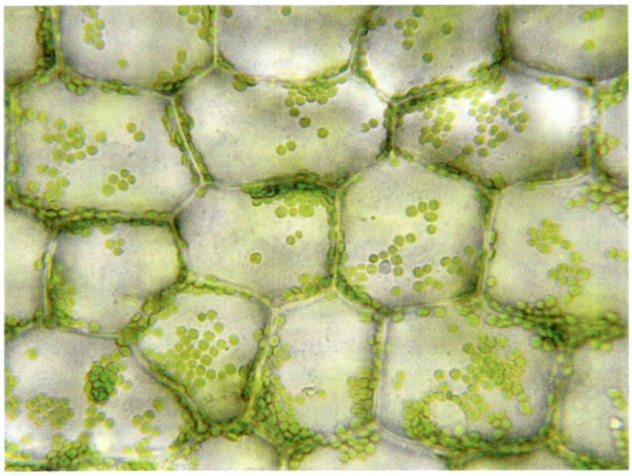

2 Wasserpest

Lebewesen bestehen aus Zellen

Lebewesen bestehen aus kleinsten Bausteinen, den Zellen. Sie sind in aller Regel so klein, dass man sie mit bloßem Auge nicht erkennen kann. Es gibt winzige Lebewesen, die nur aus einer einzigen Zelle bestehen. Größere Lebewesen werden nicht von größeren Zellen, sondern von einer großen Anzahl von Einzelzellen aufgebaut. So besitzt ein Mensch 60 bis 100 Billionen Zellen. Je nach Aufgabe im Körper sehen die Zellen unterschiedlich aus. Die Zellen von Pflanzen und Tieren unterscheiden sich. *Alle Lebenwesen bestehen aus Zellen.*

In Kürze

Jedes Lebewesen zeigt Bewegung, Reizbarkeit, Stoffwechsel, Wachstum und Entwicklung sowie Fortpflanzung. Zellen sind die kleinsten Bausteine der Lebewesen.

Aufgaben

1 □ Nenne Kennzeichen, die man bei dem Pfeilgiftfrosch beobachten muss, um sicher zu sein, dass es sich um ein Lebewesen handelt.

2 ◪ In Japan werden Roboter gebaut, die sich um Menschen kümmern. Sie können sich bewegen und auf Befehle reagieren. Entscheide dich, ob es sich hierbei um Lebewesen handelt. Begründe.

3 □ In einem Garten wachsen im Frühjahr Schneeglöckchen. Beschreibe, welche Kennzeichen des Lebens hierfür eine Rolle spielen.

4 ◪ Erkläre, warum der Aufbau aus Zellen ein Kennzeichen von Lebewesen ist.

Der Hund

Hunde sind die ältesten Haustiere des Menschen. Früher hatten sie feste Aufgaben, beispielsweise als Jagdhelfer oder Hütehund. Heute verbindet man mit Hunden vor allem Spiel und Freizeit. Wer sich einen Hund anschaffen möchte, übernimmt eine große Verantwortung und viele Pflichten. Er muss wissen, was der Hund braucht, und sein Verhalten verstehen.

1 Der Hund ist ein beliebtes Haustier.

Hunde sind Hetzjäger

Der Wolf als Vorfahre des Hundes verfolgt seine Beute unermüdlich, er *hetzt* sie. Ist das Beutetier müde, kann es mit Hilfe des starken Gebisses ergriffen und erlegt werden. Auch die meisten Haushunde sind schnelle und ausdauernde Läufer. Die kräftigen, langen Beine, die *Läufe,* sind an Schultern und Becken mit der sehr beweglichen Wirbelsäule verbunden. Der Schwanz dient dem Hund dazu, in Kurven das Gleichgewicht zu halten.

Anders als wir Menschen tritt der Hund nicht mit der Fußsohle, sondern nur mit vier Zehen auf, er ist ein *Zehengänger.* Aus der Pfote ragen vier stumpfe Krallen, die nicht eingezogen werden können. Sie geben dem Hund auf weichem Untergrund Halt – wie die Stollen eines Fußballschuhs. Die weichen Ballen sind mit einer festen Hornhaut überzogen und federn den Lauf ab. Der Fellrand wärmt und verhindert, dass der Hund auf glattem Untergrund wegrutscht.

Hunde haben ein Raubtiergebiss

Typisch für ein *Raubtiergebiss* sind die dolchartigen Eckzähne, die länger sind als die übrigen Zähne. Diese Fangzähne dienen dazu, die Beute zu ergreifen und festzuhalten. Die hinteren Backenzähne sind am größten und heißen Reißzähne. Sie gleiten ganz eng

2 Hundepfote

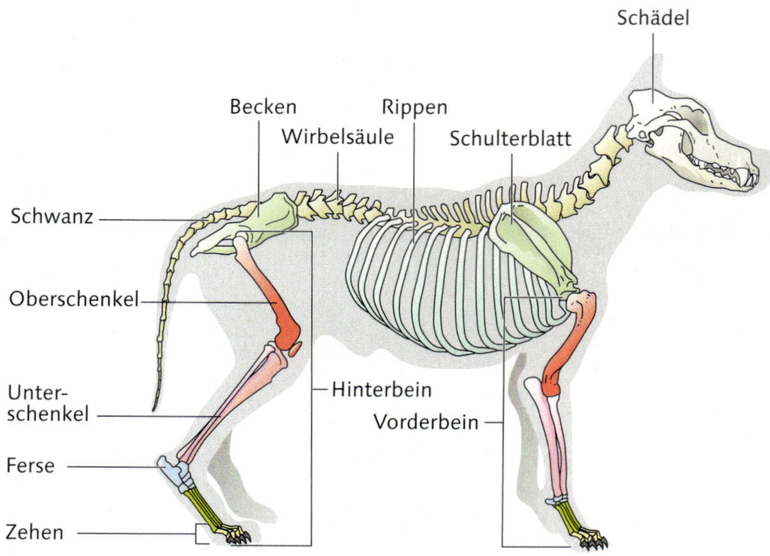

3 Skelett eines Hundes

aneinander vorbei und bilden so eine Brechschere, die selbst Knochen knacken kann. Mit den übrigen Backenzähnen und den kleinen Schneidezähnen schabt und zupft der Hund das Fleisch von den Knochen ab.

Regelung der Körpertemperatur

Im Winter schützt das Fell den Hund vor Auskühlung. So kann die Körpertemperatur auch bei Kälte bei etwa 38 °C gehalten werden. Hunde sind *gleichwarme* Tiere. Bei körperlicher Anstrengung, wie zum Beispiel bei einem längeren Lauf, erzeugen die Muskeln Wärme. Im Unterschied zum Menschen kann ein Hund aber nicht schwitzen. Stattdessen öffnet er das Maul und atmet schnell und heftig. Die reichlich durchblutete Zunge hängt dabei heraus, er hechelt. Das verschafft dem Hund Kühlung.

Die Sinne dienen der Jagd

Der Hund kann seine Beute über große Entfernungen mit seinem ausgezeichneten *Geruchssinn* wahrnehmen. Läuft ein Reh durch den Wald, hinterlässt es Duftspuren. Diese kann ein Hund sogar am nächsten Tag noch verfolgen. Auch Menschen unterscheidet er an ihrem Eigengeruch. Deshalb schnüffelt der Hund bei jeder Gelegenheit.

Hunde besitzen außerdem ein ausgezeichnetes Gehör. Sie sind in der Lage, hohe Töne, die der Mensch nicht mehr wahrnehmen kann, zu hören.

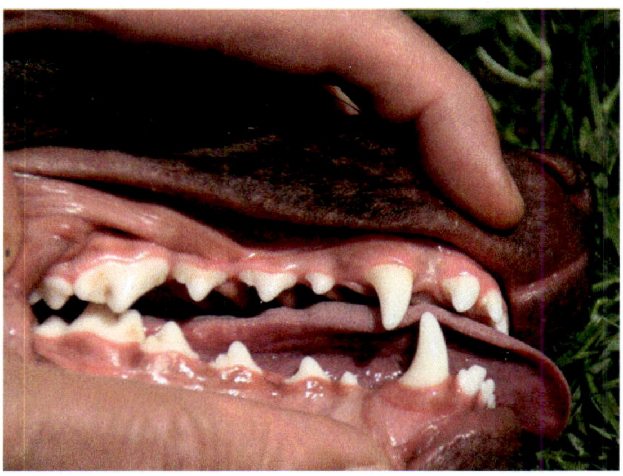

4 Gebiss

5 Körpersprache bei Hunden:
A ängstlich, B aggressiv, C freundlich

Verständigung zwischen Hunden

Wölfe leben im Rudel zusammen. Die einzelnen Mitglieder müssen Informationen austauschen. Sie müssen sich verständigen. Neben den Lauten spielt dabei die Körpersprache eine bedeutende Rolle. Auch unser Haushund »spricht« durch seinen Körper. Besonders wichtig sind dabei der Gesichtsausdruck, die Körperhaltung und die Stellung der Ohren und des Schwanzes.

In Kürze

Der Hund ist ein Hetzjäger. Sein Körper ist an das schnelle Laufen und die Wahrnehmung der Beute auf große Entfernung angepasst. Hunde besitzen ein Fleischfressergebiss. Bei der Verständigung untereinander spielt die Körpersprache eine besondere Rolle.

Aufgaben

1 □ Nenne vier körperliche Merkmale des Hundes, die ihn zu einem guten Jäger machen.

2 ◪ Ordne den Zahnarten ihre Funktion zu.

3 ◪ Der Hund braucht seine ausgezeichneten Sinne zum Jagen. Begründe.

Vom Wolf zum Haushund

Im Märchen wird der Wolf oft als böse Bestie dargestellt. Über Jahrhunderte bestimmte die Angst das Verhältnis von Mensch und Wolf. Stets empfand man Wölfe als Bedrohung für das eigene Leben und für das der Haustiere. Deshalb wurde der Wolf rücksichtslos gejagt. Aber gibt es ihn tatsächlich, den »bösen Wolf«?

1 Wolf

Wölfe leben im Rudel

Ein *Wolfsrudel* besteht aus den beiden Elterntieren und ihren in diesem und im Vorjahr geborenen Jungen. Ein Leittier führt das Rudel an. Im Unterschied zur Hündin wird die *Wölfin* nur einmal im Jahr, im Spätwinter, läufig. In dieser Zeit ist sie paarungsbereit. Im Frühling werden dann vier bis sechs *Welpen* geboren, die das Rudel gemeinsam umsorgt und aufzieht. Mit der Geschlechtsreife, im Alter von 10 bis 22 Monaten, verlassen die Jungwölfe ihr Rudel und leben alleine, bis sie mit einem Partner selbst ein neues Rudel gründen. Wolfsrudel sind also Wolfsfamilien, deren Zusammensetzung jedes Jahr wechselt.

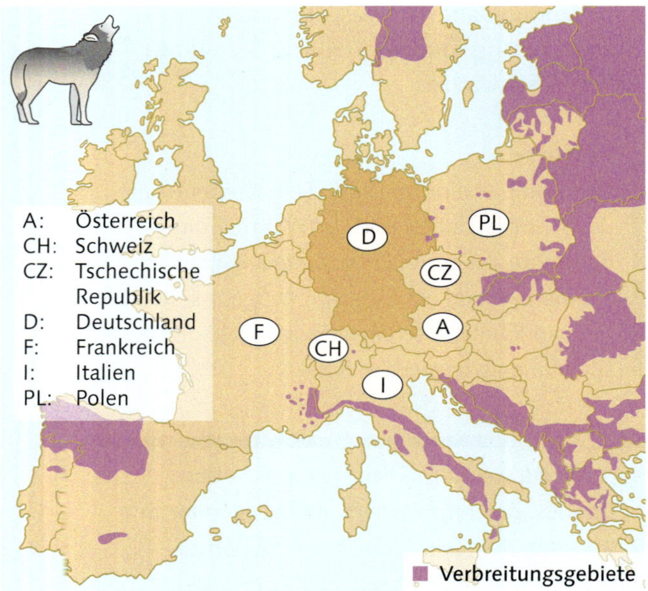

2 Wolfsvorkommen in Europa

Wölfe leben in festen Revieren

Jedes Wolfsrudel beansprucht ein begrenztes Gebiet, das *Revier*. Es wird gegen andere Wölfe verteidigt. Seine Grenzen markieren die Rudelmitglieder durch Duftmarken aus Harn und durch Geheul. Die Größe eines Reviers hängt vor allem von der verfügbaren Nahrung ab. Ist viel Beute vorhanden, so können 150 Quadratkilometer ausreichen. Bei geringem Nahrungsangebot kann es auch über 2000 Quadratkilometer groß sein.

Die Jagd im Rudel

Wölfe jagen vor allem Rehe, Hirsche und Wildschweine, aber auch Nutztiere wie Schafe. Dabei hetzen mehrere Rudelmitglieder hinter dem Beutetier her. Meist bleiben die kranken, schwachen oder jungen Tiere einer Gruppe zurück. Ist das Opfer ermüdet, wird es angegriffen und getötet. Der Jagderfolg hängt stark von einer guten Verständigung ab. Vor Menschen flüchten die scheuen Wölfe. Den »bösen Wolf« gibt es also nur im Märchen.

Wölfe in Deutschland

Immer wieder wanderten Wölfe nach Deutschland ein. Sie wurden aber allesamt getötet. Inzwischen sind Wölfe gesetzlich besonders geschützt. Seit 1995 leben mehrere Rudel im Osten Deutschlands. Auch in Niedersachsen und Hessen wurden Wölfe nachgewiesen.

Vom Wildtier zum Haustier

Vor mindestens 15 000 Jahren lebten die Vorgänger unserer Hunde bereits in unmittelbarer Nähe des Menschen. Hier fanden Tiere, die ihre Scheu überwinden konnten, Nahrung in den Essensresten und Abfällen der Menschen. Einzelne Wölfe, vielleicht Welpen, schlossen sich den Menschen an. Ob sie als Jagdhelfer, Wachen, Spielgefährten oder als Nahrung dienten, weiß man nicht. Im Laufe der Zeit hat der Mensch die Wildtiere an sich gewöhnt. Sie verloren ihre Furcht und wurden *zahm*. In der menschlichen Gemeinschaft fanden sie ein »Ersatzrudel«. Nur Tiere, die den Umgang mit Menschen gut vertrugen, pflanzten sich fort. Langsam wurden die Wildtiere *domestiziert:* Sie wurden zu *Haustieren*.

Durch Züchtung entstehen Rassen

Nicht alle Nachkommen der vierbeinigen Gefährten sahen gleich aus. Die Erfahrung lehrte den Menschen, dass er durch Auswahl der Elterntiere die Eigenschaften bei den Nachkommen beeinflussen konnte. Er begann zu züchten.

Nun entwickelten sich äußerlich sehr unterschiedliche Hunde: Größe, Fellfarbe oder Ohrenformen sind einige Unterscheidungsmerkmale. Auch im Charakter, zum Beispiel dem Jagdtrieb, bestehen große Unterschiede. Heute gibt es zehn Gruppen, wie Terrier, Hütehunde oder Begleithunde mit zahlreichen Vertretern.

In Kürze

Wölfe sind sehr scheue Tiere, die im Rudel gemeinschaftlich zusammenleben. Sie waren in Deutschland über fast 100 Jahre ausgerottet. Wölfe sind die Vorfahren unserer Hunde. Nach der Zähmung entstanden durch Züchtung unsere heutigen Hunderassen.

Aufgaben

1 □ Beschreibe die Zusammensetzung des Wolfsrudels.

2 ◪ Über welche Länder können Wölfe nach Deutschland einwandern? Werte Bild 2 aus.

3 ■ Nenne Vorteile, die sich für den Menschen durch die Züchtung ergeben. Begründe.

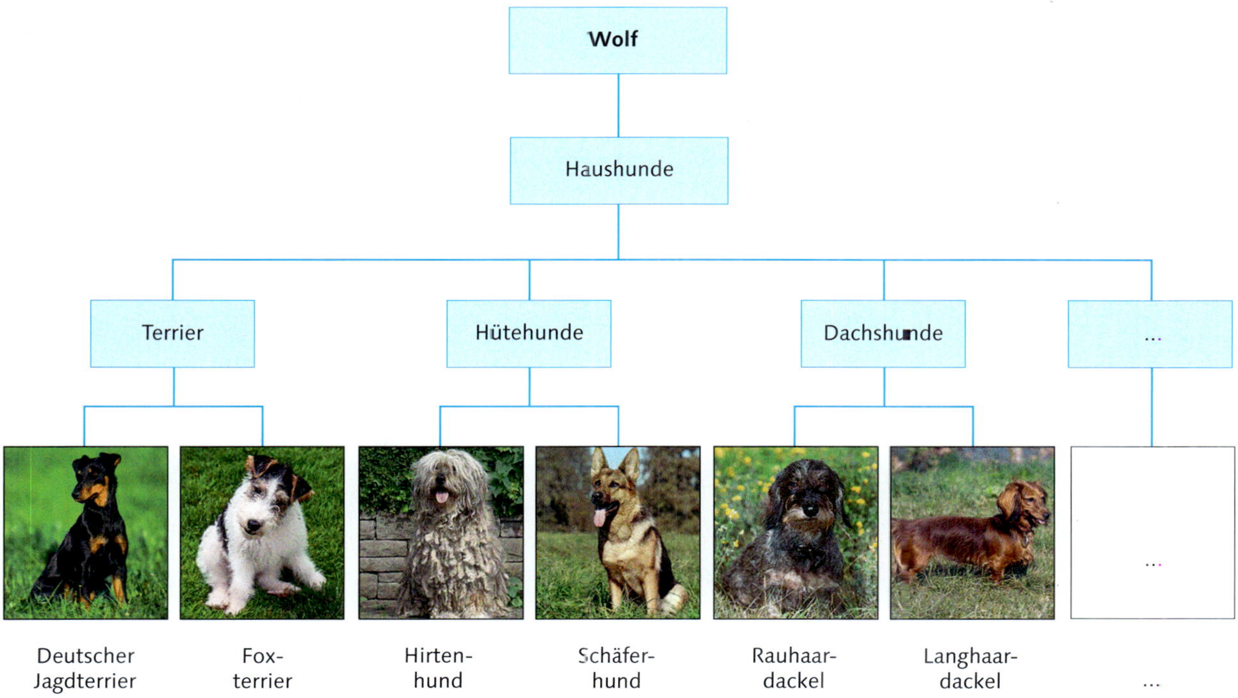

3 Stammbaum der Hunde

Methode

Einen Steckbrief erstellen

Ein Steckbrief dient in der Biologie dazu, Tiere oder Pflanzen möglichst kurz, übersichtlich und verständlich zu beschreiben. Mit wenigen Stichpunkten werden die wesentlichen Kennzeichen und Besonderheiten des jeweiligen Lebewesens festgehalten. Mit Hilfe von Steckbriefen können verschiedene Pflanzen oder Tiere miteinander verglichen werden. So gehst du vor, um einen Steckbrief zu erstellen:

1 Sammeln Sammle Informationen über dein Steckbrieftier zum Beispiel in Sachbüchern aus der Bücherei. Suche auch nach Bildern.

2 Auswählen Überlege dir, was wichtig ist, um das Tier treffend zu beschreiben. Wähle die entsprechenden Informationen aus.

3 Oberbegriffe suchen Lege Oberbegriffe fest, mit denen du das Tier beschreiben willst, beispielsweise Größe, Fell, Eigenschaften oder Nutzung.

4 Gliedern Plane nun die Gliederung des Steckbriefs. Lege die Reihenfolge der Oberbegriffe fest. Verfasse kurze, stichpunktartige Informationen zu jedem Oberbegriff.

5 Gestalten Überlege dir, wo du die Texte und Bilder platzierst. Verwende eine gut lesbare Schrift. Überprüfe, ob die Texte nicht zu lang und ob sie gut verständlich sind. Oft sagt eine einfache Zeichnung mehr als viele Worte.

Aufgaben

1 □ Erstelle einen Steckbrief deines Lieblingstiers.

2 ◪ Vergleicht eure Steckbriefe miteinander.
Welche Gemeinsamkeiten und Unterschiede sind festzustellen?
Welche Steckbriefe sind besonders aussagekräftig? Erläutert, weshalb sie besonders aussagekräftig sind.

Steckbrief

- Name: Deutscher Schäferhund
- Größe: bis 65 Zentimeter (Schulterhöhe)
- Körperbau: kräftig, muskulös
- Kopf: groß, spitze Ohren, spitz auslaufende Schnauze, kräftiges Gebiss
- Fell: schwarz, hell und rotbraun gefärbt, meist kurz
- Eigenschaften: treu, mutig, kraftvoll, ausdauernd, aufmerksam
- Verwendung: Sporthund, Familienhund, Spürhund, Schutzhund, Rettungshund, Blindenführhund, Hütehund
- Besonderheiten: eignet sich gut als Familienhund

Der Hund nutzt dem Menschen

Lernfähig und zuverlässig

Bei der Züchtung werden bestimmte Eigenschaften besonders gefördert, zum Beispiel Ausdauer, Wachsamkeit oder Kinderfreundlichkeit. Der Mensch kann Hunde somit für verschiedene »Hundeberufe« ausbilden. Die einen werden als Hirtenhunde oder als Jagdhunde eingesetzt. Die anderen sind als Blindenführhunde, als Polizeihunde oder als Lawinenhunde geeignet.

Herausragender Geruchssinn

Schäferhunde, die häufig als Polizeihunde eingesetzt werden, benötigen einen sehr gut ausgebildeten Geruchssinn, um beispielsweise Drogen aufzuspüren. Lawinenhunde können im Schnee verschüttete Menschen finden.

Ausdauer und Gehorsam

Hunde werden auch als Zugtiere eingesetzt. Sie stellen in Regionen wie der Arktis eine große Hilfe beim Transport dar. Die Huskys brauchen eine gute Ausdauer, um einen Schlitten über viele Kilometer ziehen zu können. Sogenannte Jagdhunde, wie beispielsweise die Rasse der Windhunde, sind sehr ausdauernd und schnell. Hirtenhunde, die von Schäfern eingesetzt werden, wachen über die Schafsherde und müssen absolut verlässlich und treu sein. Ausdauer bei der Arbeit, ein speziell ausgebildeter Geruchssinn sowie absoluter Gehorsam spielen eine wichtige Rolle.

Aufgaben

1 □ Nenne die »Berufe« der Hunde in Bild 1.

2 ◪ Beschreibe die besonderen Fähigkeiten und den Nutzen der Hunderassen in Bild 1.

3 ■ Stelle Vermutungen darüber an, welche Eigenschaften ein junger Hund haben muss, der zu einem Blindenführhund ausgebildet werden soll.

1 Hunde haben »Berufe«.

Die Katze

Mit sehr vorsichtigen Bewegungen, lautlos und wie in Zeitlupe, pirscht sich die Katze an einen jungen Vogel heran. Ihr Blick ist starr auf die Beute gerichtet. In geduckter Haltung wartet sie den besten Augenblick zum Sprung ab. Die Katze ist ein *Schleichjäger.*

1 Eine Katze schleicht sich an.

Körperbau der Katze

Katzen bewegen sich sehr geschmeidig. Ihre Wirbelsäule ist ausgesprochen biegsam. Die kurzen Beine sind beweglich mit der Wirbelsäule verbunden. Da Katzen kein Schlüsselbein haben, können sie die Vorderbeine eng nebeneinanderführen und so auch durch enge Spalten schlüpfen.

Katzen sind Zehengänger

Katzen berühren den Boden nur mit den samtweichen Ballen ihrer Zehen. Man bezeichnet sie deshalb als *Zehengänger.* Die spitzen und sehr scharfen Krallen sind beim Gehen in Hautfalten verborgen. So können sich Katzen der Beute nahezu lautlos nähern. Erst wenn sie ihre Pfoten ausstrecken, kommen die Krallen zum Vorschein. Sie sind sichelförmig gebogen. Der Schwanz dient beim Sprung als Steuer und hilft beim Balancieren.

2 Nur bei gestreckter Pfote werden die Krallen sichtbar.

Jagen mit allen Sinnen

Katzen jagen meist in der Dämmerung und nachts. Ihr wichtigstes Sinnesorgan sind die *Augen.* Die am Tag schlitzförmigen Pupillen weiten sich nachts zu kreisrunden Öffnungen. So gelangt viel Licht ins Auge. Eine besondere Farbschicht im Augenhintergrund spiegelt das einfallende Licht und verstärkt es. Deshalb leuchten Katzenaugen grünlich, wenn sie angestrahlt werden.

Bei Dunkelheit orientieren sich Katzen mit ihrem *Gehör.* Ihre Ohren können sie in viele Richtungen bewegen. Sie nehmen sogar das für uns nicht hörbare Piepsen der Mäuse wahr. Mit den *Schnurrhaaren* an der Oberlippe können sie Hindernisse erfühlen.

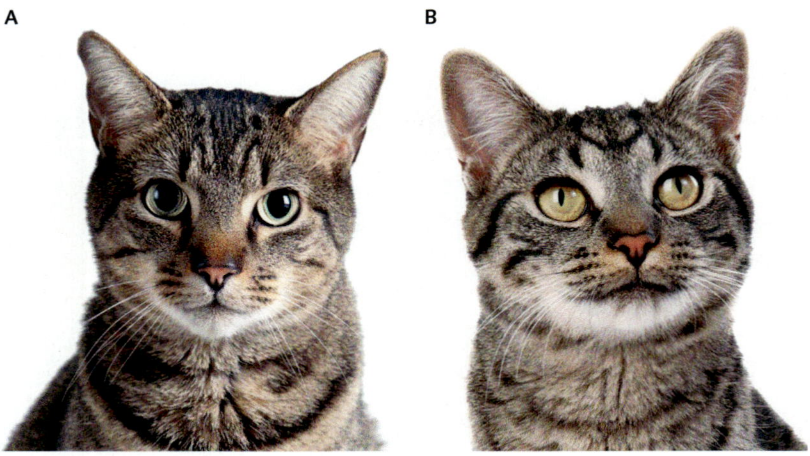

3 Katzenaugen: in der Dämmerung (A) und bei Tag (B)

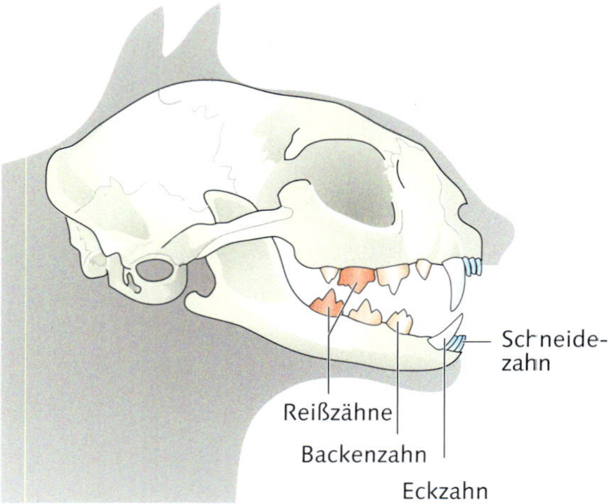

4 Raubtiergebiss einer Katze

Katzen haben ein Raubtiergebiss

Besonders fallen die großen, spitzen Eckzähne auf. Sie werden auch Fangzähne genannt. Die Reißzähne sitzen hinten im Kiefer. Sie zerreißen größere Fleischstücke. Die davorsitzenden Backenzähne zermahlen die Nahrung. Mit den kurzen, spitzen Schneidezähnen werden zum Beispiel Knochen abgenagt.

Fortpflanzung

Katzen können zweimal im Jahr bis zu sechs Junge bekommen. Die Kätzchen kommen blind zur Welt. Sie sind noch sehr unselbstständig und werden von der Katzenmutter umsorgt und beschützt. Erst nach acht Tagen öffnen sich ihre Augen.

Bereits kurz nach der Geburt suchen die Kätzchen die Zitzen am Bauch der Mutter, um Milch zu saugen. Sie werden etwa sechs Wochen lang gesäugt. Während dieser Zeit lernen die jungen Katzen beim Spielen mit ihren Geschwistern, wie man sich anschleicht und Beute anspringt.

Nach ungefähr einem Vierteljahr sind die Katzen selbstständig.

Gründliche »Katzenwäsche«

Katzen sind sehr reinlich und »waschen« sich mehrmals am Tag. Dabei lecken sie mit ihrer rauen Zunge ihren ganzen Körper ab. Die Zunge wirkt wie Bürste und Waschlappen. Deshalb haben Katzen immer ein sauberes und fast geruchfreies Fell. So können Beutetiere die Katze nicht riechen, wenn sie sich anschleicht. Aus demselben Grund verscharren Katzen ihren Kot sorgfältig in der Erde. So hinterlassen sie keine Geruchsspuren. Dieses Verhalten und das Putzverhalten sind den Katzen angeboren.

In Kürze

Katzen sind Schleichjäger. Sie sind besonders in der Dämmerung und nachts aktiv. Ihre Umwelt erkennen sie vor allem durch Hören, Sehen und Tasten. Durch häufiges Putzen verhindern Katzen, dass ihr Fell Körpergeruch ausströmt.

Aufgaben

1 □ Stelle dar, weshalb sich Katzen trotz ihrer Krallen lautlos anschleichen können.

2 ◪ Katzen sind »Nesthocker«. Erläutere, was man darunter versteht.

3 ■ Begründe, weshalb die Rückstrahler am Fahrrad »Katzenaugen« genannt werden.

5 Katzenmutter mit Jungen

Katze und Mensch

Katzen gehören mit zu den beliebtesten und häufigsten Haustieren in Deutschland. Auch wer selbst keine Katze hat, sollte verstehen, was ihm eine Katze »sagen« will.

Körper- und Lautsprache

Schlägt eine Katze mit ihrem Schwanz ruckartig hin und her, dann »sagt« sie, dass sie aggressiv ist. Faucht sie und macht einen Buckel, wird sie gleich angreifen. Will sie warnen, fängt sie an zu knurren. Wenn sie sich wohlfühlt, schnurrt sie.

Katzen setzen Duftmarken

Katzen sind Einzelgänger, die in ihrem Revier leben. Dieses markieren sie durch Duftmarken. Über ihren Körper verteilt sind Duftdrüsen. Wenn eine Katze sich an einen Menschen anschmiegt, drückt sie damit nicht nur Zuneigung aus: Sie überträgt durch ihr Kopfreiben Duftmarken auf ihn. Jetzt gehört der Mensch zu ihrem Revier.

1 Eine Katze ist ein beliebtes Haustier.

Eine Katze erziehen?

Als Einzelgänger bestimmen Katzen selbst, wann und mit wem sie spielen oder von wem sie sich streicheln lassen. Dennoch müssen Hauskatzen auch lernen, was sie nicht tun dürfen. Ein scharf gesprochenes »Nein« versteht jede Katze.

In Kürze

Katzen können sich durch Körper-, Laut- und Duftsprache verständlich machen. Sie sind Einzelgänger und beanspruchen ein Revier.

Aufgaben

1 □ Gib je ein Beispiel für Körper-, Laut- und Duftsprache bei der Hauskatze an.

2 ■ Bei den Urlaubsvorbereitungen redet ihr auch darüber, ob ihr eure Katze mitnehmen sollt. Wie fällt eure Entscheidung aus? Begründe.

Extra

Wie die Katze zum Menschen kam

Katzen sind Wärme liebende Tiere. Das weist auf ihre Heimat Nordafrika hin. Unsere Hauskatzen stammen von der in Afrika lebenden *Nubischen Falbkatze* ab. Sie hat ihr Revier meist in der Nähe menschlicher Siedlungen, wo sie reichlich Nahrung findet. Abfälle und Speisereste locken aber auch Mäuse und Ratten an – ein gefundenes Fressen für die Falbkatze.
Vermutlich wurde sie in Ägypten vor mehreren Tausend Jahren gezähmt, um die großen Getreidevorräte zu schützen. Das gelang ihr so gut, dass Katzen sogar als heilige Tiere verehrt wurden. Eine Katze zu töten wurde im alten Ägypten mit dem Tod bestraft.
Seefahrer hatten die Mäusefresser gerne auf ihren Schiffen. So kamen die Katzen auch nach Europa. Hier führten sie zunächst ein eher unauffälliges Leben als Mäuse- und Rattenjäger.
Heute ist die Katze weltweit das häufigste Haustier, das nur aus Liebhaberei gehalten wird. Trotz des langen Zusammenlebens mit dem Menschen sind Katzen stärker an ihr Revier als an ihren »Besitzer« gebunden.

Beobachten und Beschreiben

Eine wichtige Aufgabe von Biologen besteht darin, dass sie Lebewesen genau beobachten und anschließend beschreiben, was sie beobachtet haben. Beobachtungen können auch über einen längeren Zeitraum hinweg erfolgen, zum Beispiel wenn man das Aussehen eines Baumes im Jahresverlauf beobachtet. Außerdem ist es besonders wichtig, dass man die Beobachtungsergebnisse aufschreibt.

Um wie ein Biologe zu arbeiten, solltest du folgendermaßen vorgehen:

1 Beobachten Welches Tier beobachtest du? Was genau möchtest du beobachten? Was macht das Tier, welche Verhaltensweisen kannst du erkennen?

2 Beobachtungen festhalten Notiere kurz, was du gerade beobachtet hast. Erstelle dafür einen Beobachtungsbogen. Du kannst deine Beobachtungen zusätzlich auch zeichnen, fotografieren oder filmen. Halte fest, wie lang deine Beobachtung gedauert hat.

3 Beschreiben Mit Hilfe der Aufzeichnungen kannst du nun das Verhalten des Tieres treffend beschreiben.

Beobachtung
Marlo, ein Retriever-Mischling, wird ausgeführt
Name: Hanna Linder
Datum: 23. März 2014
Uhrzeit: 17:00 bis 17:07 Uhr
Ort: in der Eschenstraße

1 Beobachtungsbogen

Beachte beim Beschreiben:
- Schreibe in der Zeitform »Gegenwart«.
- Benenne das beobachtete Tier.
- Wobei hast du das Tier beobachtet (Thema)?
- Beschreibe genau, was du gesehen hast.
- Überlege erst zum Schluss, warum sich das Tier so verhalten haben könnte.

Aufgaben

1 □ »Beobachte« das Verhalten des Hundes in Bild 2. Notiere deine Beobachtungen auf einem Beobachtungsbogen. Beschreibe anschließend genau, was der Hund macht.

2 ◪ Erstelle einen Beobachtungsbogen für ein Tier deiner Wahl, z. B. für einen Singvogel oder eine Taube.

2 Verhaltensweisen beim Hund

Verhalten von Katzen und Hunden

Planung Katzen und Hunde unterscheiden sich nicht nur äußerlich voneinander. Auch ihr Verhalten und ihre Körpersprache sind sehr unterschiedlich. Das Zusammenleben des Menschen mit Katzen als Einzelgängern und Hunden als Rudeltieren ist sehr verschieden. Im Folgenden werden dir Vorschläge für Verhaltensbeobachtungen vorgestellt. Wähle ein Beispiel aus und sprich dich mit anderen ab. Wenn ihr weitere Ideen habt, besprecht diese mit der Lehrkraft.

Durchführung Suche eine Gelegenheit, um eine Katze oder einen Hund zu beobachten. Frage eventuell Bekannte oder Nachbarn. Fertige einen Protokollbogen an.

1 Die Katze versucht, eine Maus zu fangen.

A Die Katze im Haus

- Beobachte eine Katze bei der Körperpflege. Wie putzt sie sich? Welche Körperteile putzt sie?
- Beobachte sie beim Trinken. Achte dabei auf ihre Sinnesorgane. Prüft sie die Milch?
- In welcher Stellung schläft die Katze? Hat sie einen festen Schlafplatz? Wie reagiert die schlafende Katze auf leise Geräusche wie Papierknistern?
- Betrachte die Augen der Katze bei unterschiedlicher Helligkeit. Wie verändert sich die Pupille?

B Die Katze bei der Jagd

- Beobachte nach Möglichkeit eine Katze bei der Jagd oder beim Jagdspiel, zum Beispiel mit einem Papierbällchen, das du an einem Faden bewegst.

2 Eine Katze schleicht sich an.

- Wie schleicht die Katze sich an?
- In welcher Reihenfolge und wie genau setzt sie die Pfoten auf? Siehst du ihre Krallen?
- Wann setzt sie zum Sprung an?

3 Junge Katzen spielen – und lernen dabei zu kämpfen.

C Katzensprache

- Bild 3 zeigt zwei junge Katzen, die sich balgen. Beschreibe die Körperhaltung der Tiere. Beobachte die Stellung der Haare und des Schwanzes. Wie wehrt sich die Katze?
- Achte auf die verschiedenen Laute einer Katze. Wann hörst du sie schnurren? Wann faucht die Katze, wann miaut sie?

D Revierverhalten beim Hund
Der Hund betrachtet die Wohnung, das Haus oder den Garten als sein Revier.
- Wo hält sich der Hund bevorzugt auf, wohin kann er sich zurückziehen?
- Wie verhält er sich, wenn sich eine fremde Person seinem Revier nähert und es betritt? Welches Verhalten zeigt der Hund außerhalb seines Reviers?
- Wie markiert der Rüde sein Revier beim Spaziergang?

4 Der Hund verteidigt sein Revier.

E Begegnung zweier Hunde
Im Park kann man Begegnungen von Hunden sehr gut beobachten. Wie verhalten sich zwei Hunde, die sich beim Spaziergang treffen?
- Kannst du anhand des Gesichtsausdrucks erkennen, welcher Hund der überlegene ist?
- Woran kannst du feststellen, ob die Hunde einander freundlich oder feindlich gesinnt sind?

F Fressen und Trinken
- Beobachte einen Hund beim Fressen. Wie zerkleinert er ein Stück Fleisch?
- Wie trinkt der Hund? Steckt er seine Schnauze ins Wasser?

G Spielen mit dem Hund
- Beobachte, wie ein Hund einen weggeworfenen Gegenstand, etwa einen Stock, wieder zurückbringt.
- Beschreibe den Lauf des Hundes. Welche Beine setzen gleichzeitig auf? Mit welchen Teilen des Fußes tritt er auf?

Auswertung Sichte deine Aufzeichnungen und wähle geeignete Notizen aus. Formuliere kurze Texte, die deine Beobachtungen beschreiben. Suche jeweils eine geeignete Überschrift. Hast du etwas beobachtet, das gar nicht zu den vorgeschlagenen Themen gehört? Schlage eine Überschrift vor.

Ergebnisse vorstellen
Überlege, wie du deine Beobachtungen am besten dokumentieren kannst. Fertige beispielsweise ein Plakat an. Verwende dazu eigene Fotos oder solche, die Hund oder Katze in einer ähnlichen Situation zeigen. Stelle das Plakat in der Gruppe oder der Klasse vor.

5 Zwei Hunde begegnen sich beim Spazierengehen.

Ich wünsche mir ein Haustier

»Stups und Wuschl wohnen seit einigen Wochen bei uns. Ein weißes und ein braunes Meerschweinchen. Ich habe sie von Oma bekommen. Sie lassen sich gerne streicheln und herumtragen«, erzählt Laura.

Die Heimat der Meerschweinchen

Meerschweinchen bewohnen die Hochebenen und Buschsteppen der Anden in Südamerika. Dort leben sie in Gruppen von 3 bis 10 Tieren in Höhlen und Erdbauten. Sie können 6 bis 8 Jahre alt werden.

Was Meerschweinchen brauchen

Meerschweinchen sind gesellig. Deshalb sollte man sie nicht alleine halten. Da sie sich sehr gern bewegen, muss ihr Käfig mindestens 2 Quadratmeter groß sein. Empfohlen wird ein doppelt so großes Gehege, das genügend Auslauf bietet. Meerschweinchen brauchen ein Schlafhäuschen, Raufen für Heu, Futter- und Wassernapf sowie Korkröhren, Wurzeln und Äste zum Verstecken, Nagen und Klettern.

Daran solltest du denken

Wenn du dir ein Haustier anschaffen möchtest, solltest du folgende Fragen bedenken:

- Ist die Familie einverstanden? Hat jemand Allergien gegen Tierhaare?
- Wie alt kann das gewünschte Tier werden? Bin ich bereit, auch später für das Tier zu sorgen, wenn ich vielleicht noch andere Interessen habe?
- Welche Kosten, zum Beispiel für Anschaffung, Haltung, Futter, Tierarzt, Steuer, Versicherung, kommen auf mich zu?
- Welche Ansprüche an Haltung und Pflege hat das Tier? Wo bleibt es, wenn ich im Urlaub bin?

Aufgaben

1 □ Beschreibe, wie die Meerschweinchen in der freien Natur leben.

2 ◪ Skizziere und beschrifte ein Gehege, in dem sich Meerschweinchen wohlfühlen können.

3 ■ Finde heraus, welche Ansprüche weitere Haustiere haben und welche Kosten anfallen.

1 Verschiedene Haustiere haben unterschiedliche Ansprüche.

Von Krallen und Pfoten

1 Katze auf einem Zaun

3 Hund und Katze

1 Katzen sind »Bewegungskünstler«

a □ Beschreibe, wie es der Katze in Bild 1 gelingt, sich so sicher auf dem schmalen Zaun zu bewegen. Nenne Organe, die außer den Muskeln besonders aktiv sind.

b ◪ Wie verhalten wir Menschen uns, wenn wir zum Beispiel auf einem sehr schmalen Steg einen Bach überqueren? Berichte.
Nun kannst du auch erklären, weshalb ein Seiltänzer eine lange Balancierstange für sein Kunststück verwendet. Übertrage dies auf die Katze. Hat sie auch eine Balancierstange?

c ■ Eine Katze läuft allein sehr sicher am äußeren Rand des Balkons entlang. Nimmst du sie aber in deine Arme und gehst mit ihr an dieselbe Stelle des Balkons, so wehrt sie sich laut fauchend und versucht, sich aus deiner Umarmung zu befreien. Erkläre dieses Verhalten. Die Tabelle in Bild 2 hilft dir.

	Balkon-höhe	Bewegungsfreiheit der Katze	Blickfeld der Katze
Katze allein	3 m	uneingeschränkt	freie Sicht
Katze in deinem Arm	3 m	eingeschränkt	durch Mensch behindert

2 Katze auf dem Balkon

2 »Wie Hund und Katze ...«

a □ Beschreibe, wie es zu der Situation im Bild 3 gekommen sein könnte.

b ◪ Erkläre, warum Katzen zwar sehr gut aufwärtsklettern können, beim Abwärtsklettern aber große Schwierigkeiten haben.

c ◪ Erkläre, warum der Hund nicht wie die Katze klettern kann.

3 Pfotenabdrücke

Die Pfotenabdrücke stammen von einem Bären, einer Katze und einem Hund. Die Größe der Abdrücke wurde einander angeglichen.

a ◪ Ordne sie dem jeweiligen Tier zu. Begründe deine Entscheidung.

b ■ Bären können ebenfalls auf Bäume klettern. Woran kann man das am Abdruck erkennen? Wie klettert er? Stelle Vermutungen an.

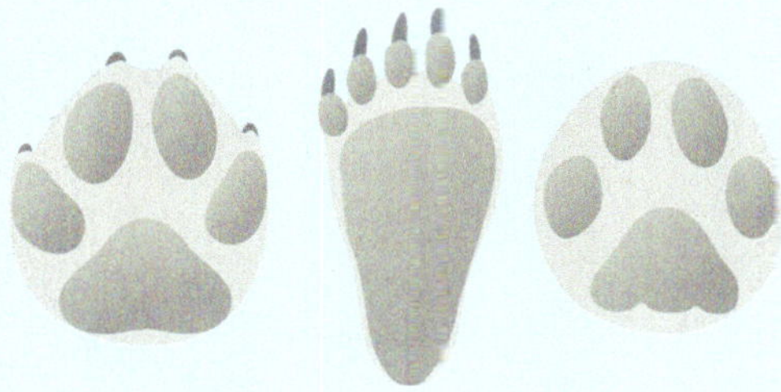

4 Pfotenabdrücke

Das Rind

Auf der Weide grast eine Kuh. Dabei umfasst ihre raue Zunge längere Grasbüschel, die mit einer ruckartigen Bewegung abgerissen werden. Stundenlang frisst die Kuh – bis zu 70 Kilogramm Gras am Tag. »Kuh« ist die Bezeichnung für das weibliche Rind.

1 Grasende Kuh

Abstammung und Körperbau

Unser Hausrind stammt vom Auerochsen oder Ur ab, der seit 1627 ausgestorben ist. Dieses Wildrind lebte einst in unseren Wäldern und Flussauen. Nahe verwandt mit dem Ur sind der Wisent und der nordamerikanische Bison. Die heutigen Hausrinder sind große Nutztierarten: Kühe werden bis zu 800 Kilogramm und *Bullen*, die männlichen Rinder, bis zu 1200 Kilogramm schwer. Da sich Rinder nur von Pflanzen ernähren, bezeichnet man sie als *Pflanzenfresser*.

Anders als Menschen treten Rinder nur mit den Zehen auf. Sie sind *Zehenspitzengänger*. Die Zehen tragen einen Hornüberzug, den *Huf*. Daher zählen Rinder zu den Huftieren. Weil sie an jedem Fuß zwei behufte Zehen haben, nennt man sie *Paarhufer*.

Ein Gebiss für Pflanzennahrung

Das Gebiss des Rindes ist an die Pflanzennahrung angepasst. Die breiten Backenzähne stehen dicht nebeneinander. Sie haben harte, widerstandsfähige *Zahnschmelzfalten*. Das dazwischenliegende Zahnbein ist weicher und nutzt sich leichter ab. Daher bestehen die Kauflächen der Backenzähne aus Vertiefungen und Erhebungen, zwischen denen beim Kauen die Pflanzenteile zerrieben werden.

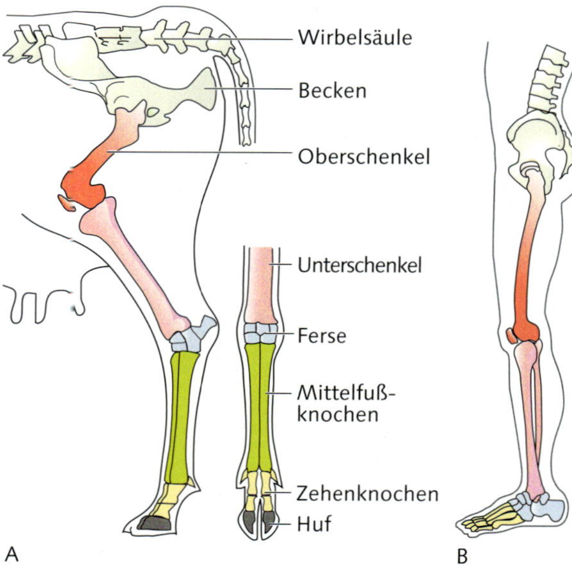

2 Beinskelette: A Rind, B Mensch

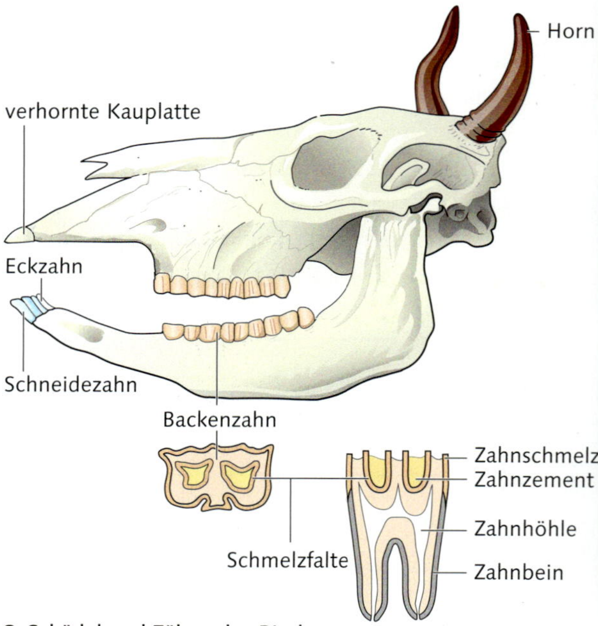

3 Schädel und Zähne des Rindes

Grasen und Wiederkäuen

Beim Grasen schluckt das Rind die abgerissenen Pflanzenteile zunächst nahezu unzerkaut hinunter. Durch die Speiseröhre gelangen sie in den *Pansen* des Rindes. In dieser großen, bis zu 100 Liter fassenden Magenkammer wird das Pflanzenmaterial mehrere Stunden eingeweicht. Bakterien und andere Kleinstlebewesen unterstützen die Zersetzung der schwer verdaulichen Nahrung. Danach tritt das Futter in kleinen Portionen in den benachbarten *Netzmagen* über. Hier formen sich kleine Ballen, die wieder in das Maul zurückbefördert werden. Jetzt erst zerkaut das Rind die Nahrung gründlich. Daher bezeichnet man Rinder als *Wiederkäuer*.

Verdauung der Nahrung

Fast eine Stunde dauert es, bis die Nahrung erneut durchgekaut ist. Den gut eingespeichelten Nahrungsbrei schluckt das Rind zum zweiten Mal. Er gelangt jetzt in den *Blättermagen*, wo ihm Wasser entzogen wird. Die endgültige Verdauung findet im *Labmagen* und im anschließenden Darm statt. Hier werden die verdauten Nährstoffe ins Blut aufgenommen. Die unverdaulichen Reste werden als Kot ausgeschieden.

Fortpflanzung und Geburt

Im Alter von eineinhalb Jahren ist eine Kuh in der Lage, ihr erstes *Kalb* zur Welt zu bringen. Das Kalb kann sofort nach der Geburt stehen und laufen. Es ist ein *Nestflüchter*. *Ochsen* sind Stiere, die unfruchtbar gemacht wurden. Eine *Färse* ist eine Kuh, die noch nicht gekalbt hat.

In Kürze

Das Rind ist ein Pflanzenfresser und Wiederkäuer. Sein Gebiss zeichnet sich durch raspelartige Backenzähne aus. Der Magen besteht aus Pansen, Netzmagen, Blättermagen und Labmagen. Es tritt nur mit den Zehenspitzen auf.

Aufgaben

1 □ Nenne die Besonderheiten des Pflanzenfressergebisses.

2 ◪ Beschreibe den Weg der Nahrung durch den Körper des Rindes.

3 ◪ Vergleiche das Pflanzenfressergebiss des Rindes mit dem Raubtiergebiss der Katze.

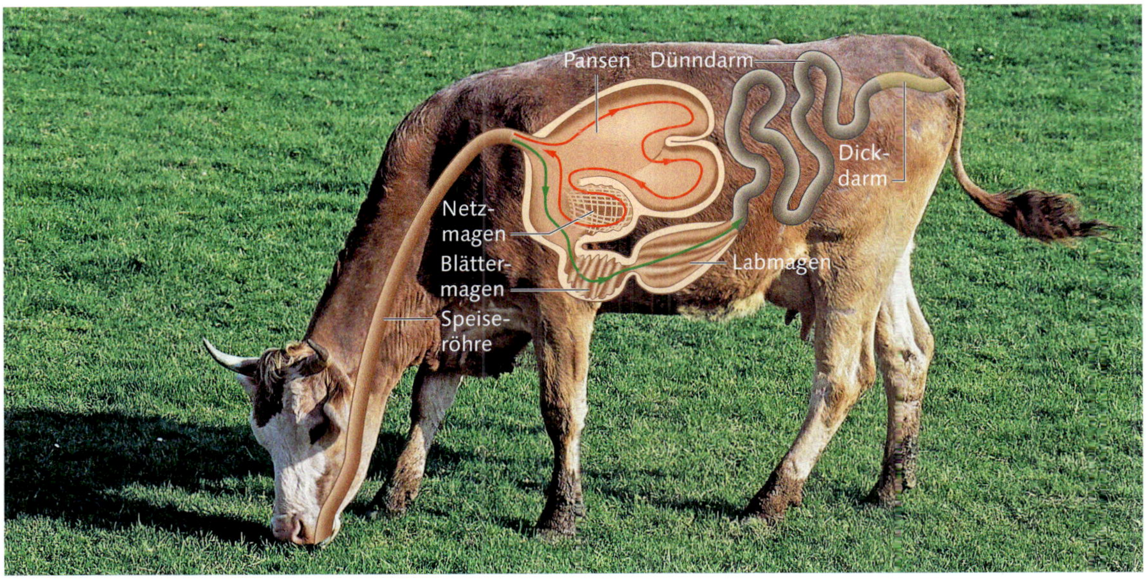

4 Verdauungsorgane des Rindes

Rinderhaltung

Rinder sind wichtige Nutztiere. Am liebsten grasen sie auf der Weide. Milchkühe müssen dann morgens und abends in den Stall gebracht werden. Viele Rinder stehen immer im Stall.

1 Rinder auf der Weide

Nutzen der Rinder

Rinder werden als Milch- und Fleischlieferanten gehalten. Die Kuhmilch enthält alle wichtigen Nährstoffe sowie Mineralstoffe und Vitamine. In den Molkereien wird die Milch zu Käse, Sahne, Butter und Joghurt weiterverarbeitet. Für die Fleischerzeugung werden überwiegend männliche Rinder als Mastbullen gehalten. Der Mensch nutzt Rinder auch auf andere Weise: Aus der Haut stellt er Leder her und aus den Knochen gewinnt er Leim. Die Hörner und Hufe werden gemahlen und als Dünger verwendet.

Weidewirtschaft und Massentierhaltung

Sind die Kühe im Sommer größtenteils auf der Weide, so entspricht dies weitgehend ihren natürlichen Bedürfnissen. Diese Form der Rinderhaltung nennt man *Weidewirtschaft*. Heutzutage möchten viele Menschen mehr Fleisch essen und dieses gerne günstig kaufen. Daher müssen die Landwirte immer kostengünstiger produzieren und können nicht so viel Geld für die Haltung ausgeben.

2 Anbindestall

Viele Landwirte sind deshalb zur *Massentierhaltung* und damit zur Stallhaltung übergegangen. Die Anbindehaltung soll in der Europäischen Union nach und nach abgeschafft werden. Hier stehen die Rinder ohne Stroh auf Betonböden eng nebeneinander und haben keinen Auslauf. Kot und Urin fallen durch Spalten im Boden in die Güllebehälter.

Artgerechte Stallhaltung

In modernen Boxenlaufställen können die Kühe frei zwischen geräumigen und strohgefüllten Liegeplätzen sowie Futtertrögen herumlaufen. Dabei nehmen sie Kontakt zu anderen Tieren auf. Dies kommt dem Rind als Herdentier sehr entgegen. Diese Ställe sind hell und luftig. Bei dieser artgerechten Stallhaltung wird auf die natürlichen Lebensgewohnheiten der Tiere Rücksicht genommen. Heu und Gras holen sich die Tiere im Laufstall vom Futtertisch. Energiereiches Kraftfutter erhalten die Kühe an einem Futterautomaten. Außerdem sind sich drehende Bürsten zur Fellpflege vorhanden. In der Regel tragen die Kühe einen Mikrochip am Halsband. Dieser steuert den Futterautomaten und registriert im Melkstand den jeweiligen Milchertrag jeder einzelnen Kuh.

Moderne Melkmaschinen

In den Melkständen der Laufställe kann ein Landwirt 60 bis 70 Kühe in einer Stunde melken. Beim Melkvorgang kann er den Gesundheitszustand der Tiere kontrollieren.

3 Boxenlaufstall

Ohne Kalb keine Milch

Für die Milchviehhaltung werden weibliche Rinder bereits mit etwa 18 Monaten durch eine künstliche Besamung befruchtet. Nach einer etwa neunmonatigen Schwangerschaft wird ein Kalb geboren, selten auch Zwillinge. Das neugeborene Kalb wird zunächst mit der Muttermilch ernährt. Schon nach kurzer Zeit wird aber auf Muttermilchersatz umgestellt.

4 Kühe im Melkstand

Die natürliche Milchbildung nach dem Kalben wird durch täglich zweimaliges Melken über zehn Monate lang ausgenutzt. Die Kühe geben also erst Milch, nachdem sie ihr erstes Kalb geboren haben. Jedes Jahr muss eine Kuh ein Kalb bekommen, sonst gibt sie keine Milch mehr.

In Kürze

Rinder liefern vor allem Milch und Fleisch. Bei der artgerechten Stallhaltung werden die natürlichen Lebensgewohnheiten der Tiere berücksichtigt. Eine Kuh gibt erst nach der Geburt eines Kalbes für eine bestimmte Zeit Milch.

Aufgaben

1 □ Nenne drei Arten der Rinderhaltung und notiere Vor- und Nachteile.

2 ◪ Erkläre, warum eine Milchkuh jedes Jahr ein Kalb bekommen muss.

3 ■ Diskutiere, warum die Anbindehaltung abgeschafft wird.

Das Pferd

Wenn du Pferde genauer beobachten willst, musst du dich sehr vorsichtig ihrer Weide nähern. Die meisten Tiere der Herde grasen, manche ruhen am Boden. Plötzlich schaut eines der Pferde, die Ohren sind hoch aufgestellt, in deine Richtung. Es hat dich entdeckt! Blitzschnell wendet es schnaubend den Kopf und galoppiert weg. Wie elektrisiert preschen auch die anderen Pferde davon. Erst nach einiger Zeit kommt die Herde zum Stehen.

Verhalten der Herde
Die Heimat unserer Pferde ist die Steppe. In dieser baumlosen Graslandschaft können sich Tiere kaum vor Feinden verstecken. Schutz bietet ihnen das Zusammenleben in einer Herde. In einer Gruppe von Tieren ist die Chance größer, dass ein Tier der Herde ein sich näherndes Raubtier frühzeitig bemerkt und flüchtet. Die anderen Tiere der Herde werden davon »angesteckt« und fliehen ebenfalls. Dieses Verhalten zeigen auch unsere gezähmten Pferde noch: Wird ein Pferd zum Beispiel durch ein lautes Geräusch erschreckt, dann galoppiert es unaufhaltsam los, man sagt »es geht durch«.

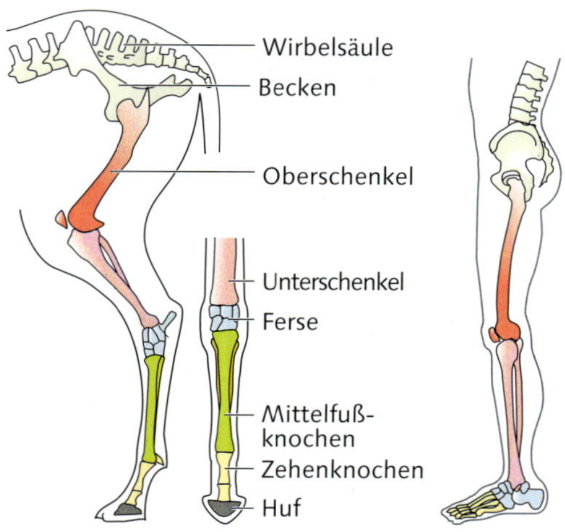

2 Beinskelette: A Pferd, B Mensch

1 Pferde auf der Koppel

Sinne der Pferde
Als Fluchttiere können Pferde sehr gut hören und riechen. Mit den seitlich am Kopf sitzenden Augen haben sie nahezu eine Rundumsicht. Allerdings können sie nur in einem schmalen Bereich in Blickrichtung scharf sehen. Bewegungen erkennen sie sofort.

Pferde sind Lauftiere
Der Pferdekörper ist auf schnelles und ausdauerndes Laufen ausgerichtet. Das wird an den langen Beinen deutlich.

Pferde haben an jedem Fuß nur eine Zehe kräftig ausgebildet. Diese ist von einem *Huf* umhüllt. Die anderen Zehen sind zurückgebildet. Der Huf besteht aus Horn, das wie unsere Finger- und Zehennägel ständig nachwächst.

Pferde berühren den Boden nur mit der Zehenspitze. Man bezeichnet sie daher als *Zehenspitzengänger*. Mit den langen, muskulösen Beinen können sie schnell flüchten und gut springen.

Pferde haben ein Pflanzenfressergebiss
Mit ihren *Schneidezähnen* in Ober- und Unterkiefer rupfen Pferde das Gras ab. Mit den breiten *Backenzähnen* zerreiben sie das Futter. Dabei nutzen sich die Zähne allmählich ab. Pferdekenner können daran abschätzen, wie alt das Tier ist. Nur männliche Pferde, *Hengste*, haben noch kleine Eckzähne. Bei den *Stuten* fehlen sie.

Die »Sprache« der Pferde

Durch ihre Kopf- und Ohrenstellung sowie durch ihre Körperhaltung verständigen sich Pferde untereinander.

Fühlt sich ein Pferd wohl, sind die Ohren nach vorne aufgerichtet. Bläst es aber die Nasenlöcher auf, legt die Ohren nach hinten an und zeigt die Zähne, dann droht es. Ein ängstliches Pferd hat die Ohren meist halb nach hinten oder nach außen gespitzt.

Pferde wiehern nur, wenn es unbedingt notwendig ist, zum Beispiel wenn die Stute ihr Fohlen sucht. Durch leises Schnauben oder Prusten drücken Pferde Zufriedenheit aus. Wird es lauter, dann hat sich die Gemütsverfassung verschlechtert.

4 Pferde verständigen sich durch den Gesichtsausdruck und die Stellung der Ohren.

Die Verdauung im Blinddarm

Pferde haben einen bis zu 30 Meter langen Darm. Besonders wichtig bei der Verdauung ist der auffallend riesige *Blinddarm*. Er fasst rund 50 Liter. In ihm leben hauptsächlich Bakterien. Sie zersetzen die harte und faserreiche pflanzliche Nahrung.

Pferde sind Nestflüchter

Nach einer Tragzeit von knapp einem Jahr bringt die Stute ihr *Fohlen* zur Welt. Schon kurz nach der Geburt kann es der Mutter folgen. Tiere, die kurz nach der Geburt schon selbstständig sind, nennt man *Nestflüchter*.

In Kürze

Pferde sind Herdentiere, die ein ausgeprägtes Fluchtverhalten zeigen. Als Zehenspitzengänger können sie schnell laufen. Sie haben ein Pflanzenfressergebiss.

Aufgaben

1 □ Bei Festumzügen mit Pferdegespannen kommt es mitunter vor, dass die Tiere »durchgehen«. Beschreibe, was damit gemeint ist.

2 ◪ Was »sagen« die Pferde im Bild 4? Erläutere deine Antworten.

3 ◪ Suche nach einer Begründung, weshalb Pferdefohlen Nestflüchter sind.

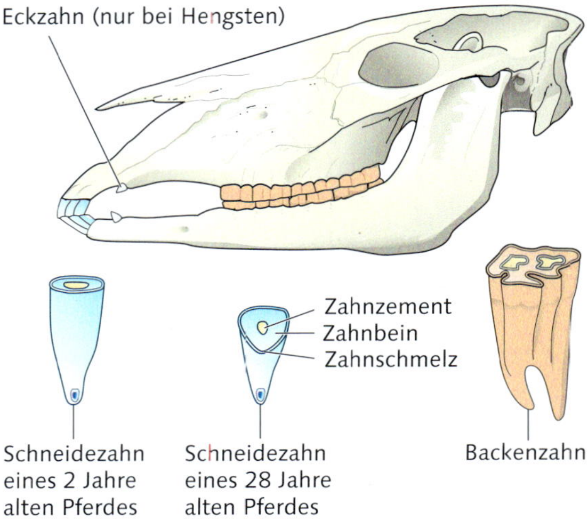

3 Pflanzenfressergebiss des Pferdes

5 Stute mit neugeborenem Fohlen

Das Pferd – ein Nutztier im Wandel

Um 1920 gab es knapp 4 Millionen Pferde in Deutschland. 50 Jahre später waren es nur noch 250 000. Seitdem ist der Bestand wieder gestiegen und man sieht Pferde häufig auf Weiden und Koppeln. Heute leben rund eine Million Pferde in Deutschland.

Früher: das Arbeitspferd

Bereits in der Antike wurden Pferde als Zugtiere beispielsweise für Streit- oder Jagdwagen verwendet. Über viele Jahrhunderte war das Pferd der wichtigste Helfer des Menschen. Große und kräftige Tiere wurden in der Landwirtschaft zum Pflügen, Säen oder Ernten eingesetzt. Auch der gesamte Transportbereich war auf Pferde angewiesen. Sie dienten als Reittiere und zogen Kutschen für Waren und Menschen. Mit der Erfindung von Dampfmaschinen und Verbrennungsmotoren wurden Pferde von Traktoren, Autos, Lastkraftwagen, Eisenbahnen und anderen Maschinen abgelöst.

Heute: das Reitpferd

Heute wird das Pferd hauptsächlich als Reitpferd genutzt. Durch den täglichen Umgang mit den Tieren, die Fütterung, die Pflege und den Ausritt entwickelt sich oft eine starke Bindung zwischen Pferd und Besitzer. Häufig werden Pferde noch alleine in Boxen gehalten.

2 Reiten macht Spaß!

1 Pferde als Zugtiere für die Trambahn

Dagegen gelten Offenställe als besonders artgerechte Haltungsform. Sie ermöglichen den Tieren ganzjährig beliebigen Auslauf und das Zusammenleben in kleinen Herden.

Therapeutisches Reiten

Heutzutage werden Pferde auch in der Therapie eingesetzt. Therapeutisch kommt aus dem Griechischen und bedeutet »pflegend«. Die Pferde, die dafür eingesetzt werden, sind speziell ausgebildet. Das Reiten kann Menschen helfen, die sich schlecht bewegen können oder teilweise gelähmt sind. Dabei werden der Gleichgewichtssinn geschult und die Muskeln gestärkt. Menschen mit seelischen Problemen können durch den Kontakt mit den Pferden ihre Ängste abbauen, mehr Selbstvertrauen aufbauen und mutiger werden.

In Kürze

Während früher das Pferd als Arbeits- und Lasttier in sehr vielen Bereichen des Lebens eingesetzt wurde, wird es heute im Reitsport und in der Therapie eingesetzt.

Aufgaben

1 ☐ Nenne Aufgaben, die Pferde früher hatten.

2 ☐ Heute gibt es weniger Pferde als 1920. Beschreibe die Nutzung von Pferden heute.

3 ◪ Erläutere, wie das therapeutische Reiten kranken Menschen helfen kann.

Einen Sachtext verstehen

Vielleicht kennst du das: Du sitzt vor einem Text, liest und liest, aber so richtig verstehst du nicht, was eigentlich darin steht. Wenn du Texte beim Lesen besser erfassen und dir die Inhalte merken willst, wendest du am besten die folgende Technik an. Sie besteht aus fünf Schritten:

1 Übersicht Verschaffe dir einen Überblick:
- Wie heißt die Überschrift?
- Welche Wörter sind im Text **fett** oder *kursiv* gedruckt? Gibt es weitere Schlüsselwörter?
- Was zeigen die Bilder? Was steht unter den Bildern?

2 Fragen stellen Überlege dir W-Fragen: Wer? Was? Wo? Wann? Wie? Warum?

3 Lesen Lies den Text sorgfältig durch. Beantworte beim Lesen deine Fragen. Schlage Begriffe nach, die du nicht verstehst. Lege nach deinen Bedürfnissen Pausen ein. Wiederhole einen Absatz, wenn du ihn nicht verstanden hast. Markiere wenige wichtige Wörter.

4 Zusammenfassen Nun brauchst du Papier und Stift, um das Wichtigste zu notieren.
- Notiere wichtige Wörter (Schlüsselwörter).
- Ordne, was zusammengehört.
- Stelle Zusammenhänge durch Pfeile dar.
- Fertige, wenn es notwendig erscheint, Skizzen oder Zeichnungen an.

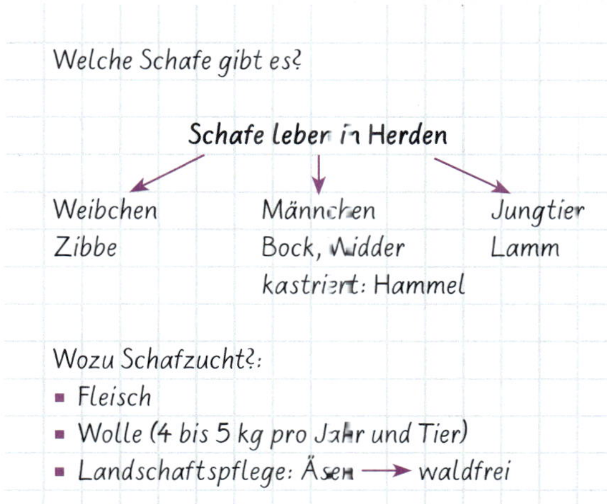

1 Beispiel für eine Gedankenskizze zum Text unten

5 Wiederholen Gehe deine Notizen noch einmal durch. Wiederhole den Inhalt, am besten laut.

Schafe

Obwohl Schafe sehr anspruchslos sind, sieht man weidende Schafherden bei uns nur noch selten. Eine Herde wird stets von einem Bock oder *Widder* angeführt. Ein Weibchen, auch *Zibbe* genannt, bringt im Schnitt zwei *Lämmer* pro Jahr zur Welt. Die kastrierten männlichen Schafe bezeichnet man als *Hammel*.

Neben der Produktion von *Fleisch* ist der Hauptzweck der Schafzucht die Gewinnung von *Wolle*. Ein Schaf liefert pro Jahr etwa vier bis fünf Kilogramm Wolle. Bei manchen Rassen kann das Fell zehn Zentimeter dick sein. Schafe werden im Frühjahr geschoren. Die fetthaltige Wolle muss vor der Weiterverarbeitung gereinigt werden.

Darüber hinaus beeinflussen Schafe das *Landschaftsbild*: Durch das Äsen der Baum- und Strauchsämlinge halten sie die Landschaft waldfrei.

2 Ungeschorene Schafe mit Lämmern

Vom Wildschwein zum Hausschwein

Laubmischwälder sind der natürliche Lebensraum der Wildschweine. Auch auf angrenzenden Äckern und Wiesen finden sie Nahrung und Unterschlupf. Durch ihr schwarzbraunes Borstenkleid sind sie gut getarnt.

Körperbau von Wildschweinen

Wildschweine erreichen eine Schulterhöhe von etwa einem Meter. Sie werden bis zu 1,5 Meter lang und können zwischen 90 und 150 Kilogramm wiegen. Wildschweine sind *paarhufige Zehenspitzengänger*. Geruchssinn und Gehör sind sehr gut entwickelt.

Wildschweine sind Allesfresser

Mit ihrem Rüssel durchwühlen Wildschweine den Boden. Dabei fressen sie Kräuter, saftige Wurzeln, Pilze, Eicheln, Bucheckern und Knollen. Auch Würmer, Schnecken oder Insekten und kleine Säugetiere wie Mäuse stehen auf ihrem Speiseplan.

Ihr Gebiss ist an diese Ernährungsweise als *Allesfresser* angepasst. Es zeigt Merkmale des Pflanzenfressergebisses und des Raubtiergebisses. Beim männlichen *Keiler* sind die Eckzähne, die *Hauer,* besonders stark ausgebildet.

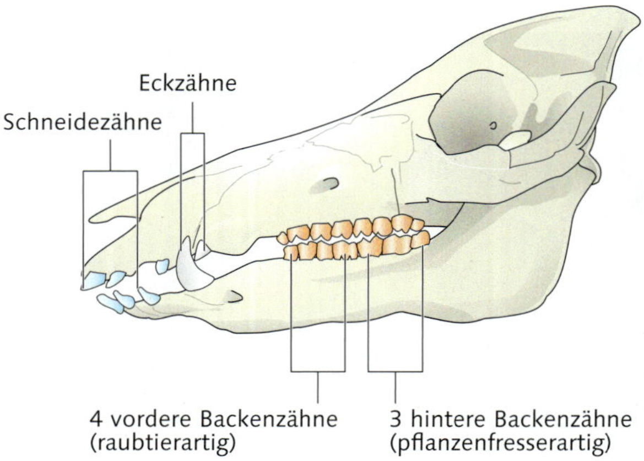

2 Schädel eines Wildschweins

1 Wildschwein mit Frischlingen

Zusammenleben in der Rotte

Wildschweine leben in Familienverbänden. Eine solche *Rotte* setzt sich aus mehreren weiblichen Tieren, den *Bachen,* mit ihren Jungtieren zusammen. Ausgewachsene Keiler sind Einzelgänger. Im Winter gehen sie auf die Suche nach Weibchen, um sich mit ihnen zu paaren. Die männlichen Tiere bezeichnet man als *Eber*. Im Frühjahr werden die Jungen geboren. Man nennt sie *Frischlinge*. Ihr Fell ist zunächst gelbbraun gestreift. Nach einem Jahr gleicht es dem der Alttiere.

Nutztier Hausschwein

Aus gezähmten Wildschweinen begann der Mensch vor über 5000 Jahren Hausschweine zu züchten. Im Aussehen unterscheiden sie sich deutlich von Wildschweinen: Schlappohren, kleinere Hauer und kleinerer Rüssel, kürzere Beine, ein Ringelschwanz und eine dicke Fettschicht sind typische Unterschiede.

3 Hausschweine auf der Weide

Durch Züchtung entstehen Rassen

Im Laufe der Zeit gelang es dem Menschen, Tiere mit erwünschten Merkmalen herauszusuchen und miteinander zu kreuzen, um so Nachkommen zu vermehren, die diese Eigenschaften hatten. Durch die *Züchtung* wurden viele Merkmale der Schweine nach den Bedürfnissen der Menschen verändert. Dabei entstanden die verschiedenen Rassen. Weit verbreitet ist heute das *Deutsche Edelschwein*. Die Ferkel wachsen schnell und haben fettarmes Fleisch.

Moderne Schweinehaltung

Schweine sind unsere wichtigsten Fleischproduzenten. Sie werden meist in großen Mastbetrieben gehalten. Die natürlichen Lebensansprüche der Hausschweine entsprechen denen der Wildschweine: Sie leben in Rotten zusammen, durchwühlen den Boden und suhlen sich. In der modernen Stallhaltung werden diese Lebensansprüche nicht immer erfüllt.

5 Moderner Schweinemaststall

Aufgaben

1 □ Nenne die typischen Unterschiede von Wild- und Hausschwein.

2 ◪ Erkläre, weshalb das Gebiss des Schweins an seine Ernährungsweise angepasst ist.

3 ■ Erläutere, wie moderne Mastbetriebe die natürlichen Lebensgewohnheiten der Schweine berücksichtigen könnten.

In Kürze

Das Hausschwein zählt zu den Paarhufern. Es ist ein Allesfresser. Alle Hausschweinrassen sind Zuchtformen des Wildschweins. Hausschweine sind wichtige Fleischproduzenten.

4 Verschiedene Schweinerassen: A Deutsches Edelschwein; B Piétrain-Schwein; C Hampshire-Schwein; D Deutsches Landschwein

Extra

Tierhaltung

Hühner im Freiland ...

Hühner in Freilandhaltung haben eine Auslauffläche von mindestens 4 m² pro Huhn. Sie können nach Futter scharren und picken, ihr Gefieder putzen, im Sand baden, mit den Flügeln schlagen und umherlaufen. In den Stall, in den sich die Tiere nachts oder zum Eierlegen zurückziehen, fällt Tageslicht.

1 Diese Hühner haben viel Auslauf.

... oder Hühner im Käfig?

Seit 2009 werden Käfighennen in kleinen Gruppen gehalten. Der Platz für jedes einzelne Tier ist etwa so groß wie ein aufgeklapptes Schulbuch. Arttypische Verhaltensweisen wie Scharren, Sandbaden oder ungestörte Eiablage sind kaum möglich. Oft werden die Hühner gegeneinander aggressiv und verletzen sich mit ihren Schnäbeln. Da die Tiere im Käfig wenig Platz haben, um sich zu bewegen, leiden sie häufig an Knochenschwäche.

2 In diesem Betrieb werden sehr viele Eier produziert.

Augen auf beim Einkauf

Bei Geflügelfleisch und Eiern wird die Art der Haltung durch Ziffern gekennzeichnet: 0 bedeutet Bio-Eier, 1 bedeutet Freilandhaltung, 2 Bodenhaltung, 3 Käfighaltung. Bestimmte Gütesiegel garantieren artgerechte Haltungsbedingungen. Das EU-Bio-Siegel und die Siegel der ökologischen Anbauverbände wie Bioland, Demeter oder Naturland gewährleisten, dass das Futter aus ökologischem Anbau stammt.

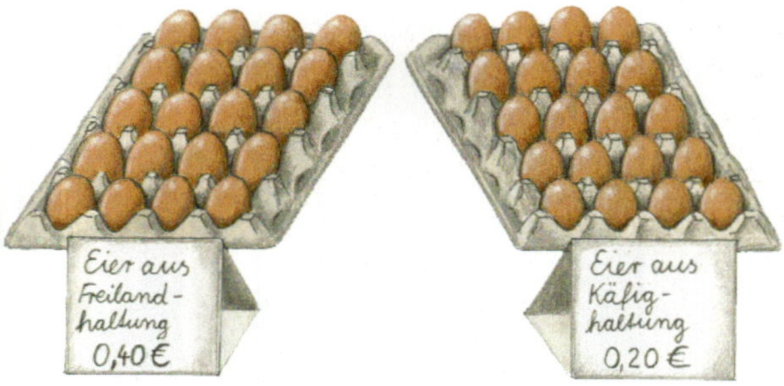

Wer ein Tier hält oder betreut, muss das Tier seiner Art und seinen Bedürfnissen entsprechend angemessen ernähren, darf das artgemäße Bewegungsbedürfnis des Tieres nicht dauernd und nicht so einschränken, dass dem Tier vermeidbare Schmerzen, Leiden oder Schäden zugefügt werden.

Nach § 2 Tierschutzgesetz

Wonach kann man Tierhaltung beurteilen?

- Wie viele Tiere hält der Betrieb?
- Haben die Tiere genügend Platz und Auslauf?
- Gibt es Tageslicht im Stall?
- Sind Einstreu, Fress- und Trinkplätze sauber?
- Weisen die Tiere Verletzungen auf?
- Wo werden die Tiere geschlachtet?

Extra

Tierzucht

Putenzucht: Hochleistung oder Gesundheit?

Die Nachfrage nach Putenfleisch ist ungebremst. Um der Nachfrage nachzukommen, wurde eine spezielle Pute gezüchtet, die BUT Big 6 heißt. Diese Hochleistungspute wird dreimal so schwer wie die Wildform. Da der Verbraucher vor allem das Brustfleisch schätzt, wurde das Tier so gezüchtet, dass der Brustmuskel besonders groß wird. Er macht rund 30 Prozent des gesamten Körpergewichts aus. Das Skelettwachstum hält mit der Gewichtszunahme nicht mehr Schritt. In der Folge tragen die Tiere häufig Schäden an Gelenken, Sehnen und Knochen davon. Fehlstellungen der Beine, die eine normale Fortbewegung erschweren, sind sehr häufig.

Landschaftspflege durch Schafherden

Schafe eignen sich besonders für den Erhalt und die Pflege von Naturlandschaften. Sie beißen das Buschwerk ab und verhindern so, dass ein Wald entsteht.

Früher wurden Schafe insbesondere zur Wollgewinnung gehalten, heute lohnt sich das nicht mehr. Der Wollertrag deckt oft nicht einmal den Schurlohn. Die meisten Schafe werden vorrangig zur Fleischerzeugung sowie zur Landschaftspflege gehalten. Die Tiere sind das ganze Jahr draußen in der Natur unterwegs. Das *Merinolandschaf* kann als widerstandsfähige und robuste Rasse diese Bedingungen erfüllen. In Baden-Württemberg stellt sie mit über 80 Prozent mengenmäßig die häufigste Schafrasse dar.

1 Die Bronzepute ist eine alte Rasse. Sie wird im Freiland gehalten.

2 Merinolandschafe verhindern, dass aus den Wacholderheiden ein Wald wird. Sie sind Landpflegeschafe.

Es ist verboten, Wirbeltiere zu züchten oder durch technische Maßnahmen zu verändern, wenn damit gerechnet werden muss, dass den Tieren selbst oder deren Nachkommen erblich bedingt Körperteile oder Organe für den artgemäßen Gebrauch fehlen oder untauglich oder umgestaltet sind und hierdurch Schmerzen, Leiden oder Schäden auftreten.

Nach § 11 b Tierschutzgesetz

Jedes Mitgeschöpf hat einen Anspruch auf Unversehrtheit und ein artgerechtes Leben. Dies ist der Grundsatz, dem sich der Deutsche Tierschutzbund verschrieben hat. Er wurde 1881 gegründet, um dem Missbrauch von Tieren wirksamer entgegentreten zu können. Er setzt sich für besonders naturnahe, umweltschonende Tierzucht und Tierhaltung ein.

Aus einer Broschüre des Deutschen Tierschutzbunds e. V.

Haus- und Nutztiere

1 Hunde und Katzen als Haustiere

a ◪ Die Körpersprache von Hunden und Katzen ist verschieden. Ordne zu, welches Tier in Bild 1 Freude, Angst oder Aggressivität ausdrückt. Begründe deine Zuordnung.

b ◪ Vergleiche mit Hilfe einer Tabelle Hund und Katze. Denke dabei an den Körperbau, die Sinnesorgane, ihr Jagdverhalten und die Möglichkeit, sie zu erziehen.

c ◪ Nenne Gründe, warum gerade diese beiden Tierarten so beliebt sind und nicht Fische oder Vögel.

d ◪ Notiere die wichtigsten Gesichtspunkte, an die du denken musst, wenn du dir ein Haustier anschaffen möchtest. Beachte auch das Tierschutzgesetz.

1 Körpersprache

2 Menschen nutzen Tiere

a □ Erstelle eine Liste der wichtigsten Produkte von Rindern, Schweinen und Hühnern.

b ◪ Vergleiche Freiland- und Käfighaltung bei Hühnern.

c ■ In den vergangenen Jahrzehnten hat sich die Landwirtschaft stark verändert. Lies dazu den nachfolgenden Text. Diskutiere, wie sich die genannten Veränderungen auf die Rinderhaltung auswirken.

Anfang der 1950er-Jahre hatte noch fast jeder Landwirt Rinder im Stall. Heute findet Rinderhaltung praktisch nur noch in spezialisierten Betrieben statt.

Statistisches Landesamt Rheinland-Pfalz, 2010

3 Wolf und Hund

Wolf und Hund ähneln sich sehr. Trotzdem haben viele Menschen zu den beiden Tieren ein völlig unterschiedliches Verhältnis.

a □ Nenne Ziele, die der Mensch in der Hundezucht verfolgt.

b ◪ Erkläre, wie es dem Menschen gelang, den Wolf als Wildtier zu zähmen und ihn als Hund zu seinem Haustier zu machen.

c ■ Vergleiche das Verhältnis von Mensch und Wolf mit dem von Mensch und Hund.

2 Ein Mädchen kuschelt mit ihrem Hund.

4 Ernährung und Gebiss

Das Gebiss lässt einige Rückschlüsse auf die Ernährung zu.

a □ Ordne die drei Schädel in Bild 3 zu. Gib an, welcher Schädel von einem Allesfresser, von einem Fleischfresser und von einem Pflanzenfresser stammt.

b □ Nenne je zwei Zähne, die für das jeweilige Gebiss typisch sind. Ordne ihre Funktionen zu.

c □ Nenne zwei Tierarten, die den jeweiligen Gebisstyp besitzen.

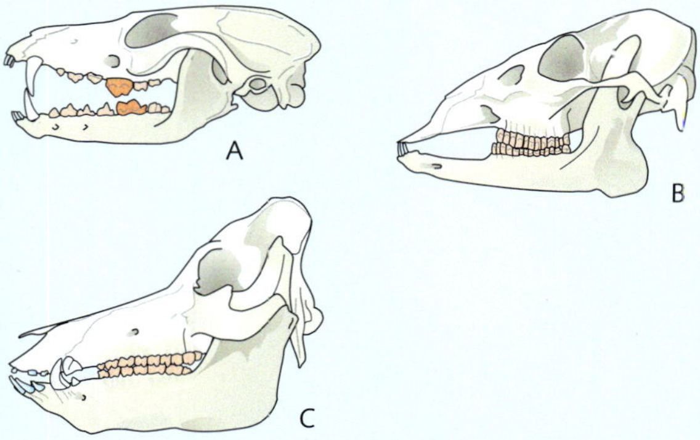

3 Gebisse verschiedener Tiere

5 Unterschiedliche Spuren

Auf weichem Untergrund hinterlassen Tiere unterschiedliche Spuren.

a □ Auf welchen Teilen des Fußes laufen die Tiere jeweils? Nenne die Fachbegriffe.

b ◪ Ordne jeder Spur in Bild 4 ein Tier zu, welches die Spur hinterlassen hat.

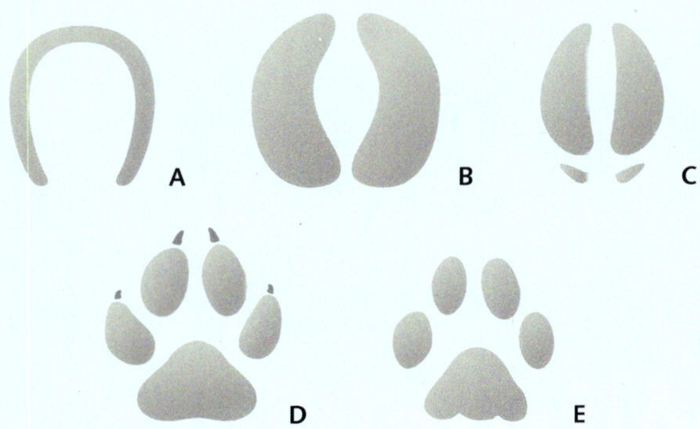

4 Spuren verschiedener Tiere

Haus- und Nutztiere

- Menschen halten Haustiere als Begleiter und zum Liebhaben. Nutztiere dienen dazu, Fleisch, Milch, Eier, Leder und Wolle zu gewinnen oder durch ihre Kraft, ihre Schnelligkeit oder ihren Geruchssinn dem Menschen die Arbeit zu erleichtern.

- Wer ein Tier hält, übernimmt auch Pflichten und Verantwortung. Er ist für sein Tier und dessen Pflege oft über viele Jahre hinweg verantwortlich.

- Um Tiere artgerecht zu halten, muss man auf ihre Lebensbedürfnisse wie richtige Ernährung, ausreichend Platz oder genügend Auslauf, Rücksicht nehmen. Die artgerechte Tierhaltung wird durch das Tierschutzgesetz geregelt. Dieses Gesetz gilt für Haustiere ebenso wie für Nutztiere.

- Die Vorfahren unserer Haus- und Nutztiere waren gezähmte Wildtiere. In vielen Tausend Jahren entstanden aus den Wildtieren durch Züchtung die unterschiedlichsten Haus- und Nutztierrassen.

- Das Gebiss der Tiere ist an ihre Ernährung als Raubtier, Allesfresser oder Pflanzenfresser angepasst. Auch der Bau der Gliedmaßen lässt Rückschlüsse auf ihre Lebensweise zu.

Vielfalt der Wirbeltiere

Das Eichhörnchen

Plötzlich knistert und raschelt es im dichten Blätterdach des Baumes hoch über dir. Neugierig schaust du nach oben – und da siehst du den Unruhestifter, ein Eichhörnchen. Kopfüber läuft es schnell den Baumstamm nach unten. Fast sieht es so aus, als wolle es nachsehen, wer da seine Ruhe stört.

Ein Leben auf Bäumen

Eichhörnchen zählen zu den bekanntesten Tieren unserer Heimat. Man findet sie in Wäldern, Parks und Gärten, also überall dort, wo Bäume sind. Hier suchen sie ihre Nahrung, bringen ihre Jungen zur Welt und ziehen sie groß. Als gewandte, flinke Kletterer sind sie gut vor ihren Feinden geschützt.

Körperbau und Bewegung

Eichhörnchen gehören zu den Wirbeltieren. Ihre leichten Knochen und die langen, kräftigen Hinterbeine ermöglichen es ihnen, elegant von Ast zu Ast zu springen. Die langen Krallen an Fingern und Zehen geben sicheren Halt beim Klettern. Kennzeichnend ist der große, buschige Schwanz. Er dient zum Halten des Gleichgewichts und bei den weiten Sprüngen als Steuerruder. Er wirkt aber auch als Fallschirm, wenn sie auf der Flucht vor Feinden einfach vom Baum in die Tiefe springen.

Erkennen der Umwelt

Eichhörnchen haben große Augen, die seitlich am Kopf sitzen. Dadurch blicken sie in alle Richtungen, ohne den Kopf zu drehen. Mit ihren Pinselohren können sie sehr gut hören. Die über den ganzen Körper verteilten Tasthaare verbessern die Orientierung im Ast- und Blattgewirr der Bäume. Ihr guter Geruchssinn hilft bei der Nahrungssuche.

1 Das Eichhörnchen ist ein Baumbewohner.

Fortpflanzung der Eichhörnchen

Eichhörnchen sind Einzelgänger. Nur während der Zeit zwischen Paarung und Geburt der Jungen leben Männchen und Weibchen zusammen. Für die Aufzucht der Jungen bauen sie einen *Kobel*. Das ist ein aus Zweigen, mit Moos und Gras gepolstertes, geschlossenes Baumnest. Hier bringt das Weibchen bis zu sechs Junge zur Welt. Etwa sieben Wochen lang werden sie gesäugt. Während dieser Zeit entwickeln sich die nackt und blind geborenen Jungen zu selbstständigen Tieren. Eichhörnchen sind *Säugetiere* und *Nesthocker*.

2 Der Kobel, das »Nest« eines Eichhörnchens

Ein Gebiss für harte Schalen

Die Nahrung der Eichhörnchen besteht vor allem aus Samen, die von harten Schalen umgeben sind. Mit ihren vier langen und kräftigen *Nagezähnen* gelingt es den Tieren, die festen Schalen zu knacken. Beim Nagen nutzen sich die Zähne ständig ab. Das ist aber kein Problem, da Nagezähne im Gegensatz zu unseren Zähnen ständig nachwachsen. Tiere mit solchen Zähnen nennt man *Nagetiere*.

Eichhörnchen im Winter

Vor dem Winter fressen sich Eichhörnchen eine Speckschicht an. Als Wintervorrat vergraben sie zusätzlich Samen im Waldboden. Die kalte Jahreszeit verbringen die gleichwarmen Tiere hauptsächlich schlafend in ihrem Baumnest. Dabei verändern sich Körpertemperatur, Herzschlag und Atmung kaum. Von Zeit zu Zeit erwachen die Eichhörnchen und verlassen den Kobel, um nach Nahrung zu suchen. Anschließend schlafen sie weiter. Man sagt deshalb: Eichhörnchen halten *Winterruhe*.

In milden Wintern wachen Eichhörnchen öfter auf. Dann suchen sie die Nahrung, die sie im Herbst vergraben haben. Sie finden aber nicht alle Samen wieder. Aus vielen der nicht gefundenen Bucheckern oder Eicheln wachsen im Frühjahr neue Buchen und neue Eichen heran. So sorgen Eichhörnchen dafür, dass sich ihr Lebensraum, der Wald, ständig erneuert und neue Früchte trägt.

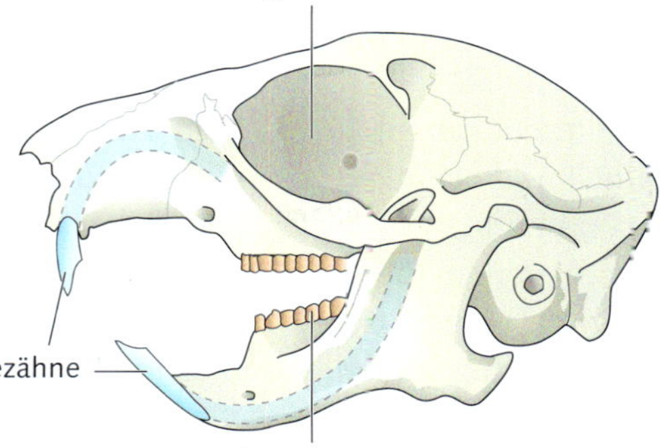

3 Schädel und Gebiss eines Eichhörnchens

In Kürze

Eichhörnchen verbringen ihr gesamtes Leben auf Bäumen. Daran ist ihr Körper bestens angepasst. Die Jungen kommen im Kobel zur Welt. Sie sind Nesthocker. Eichhörnchen gehören zu den Nagetieren. Die großen Nagezähne wachsen ständig nach. Die kalte Jahreszeit überdauern sie in Winterruhe.

Aufgaben

1 □ Nenne Angepasstheiten, die dem Eichhörnchen ein Leben auf Bäumen ermöglichen.

2 ◪ Biber, Hamster, Mäuse und Ratten gehören wie die Eichhörnchen zu den Nagetieren. Vergleiche diese Tiergruppen miteinander.

3 ■ »Squirrel« ist die englische Bezeichnung für Eichhörnchen. Im Englischen bedeutet *to squirrel away* »auf die hohe Kante legen«. Suche nach einer Erklärung für diese Redewendung.

Extra

Hartes zu öffnen will gelernt sein

Junge Eichhörnchen müssen erst lernen, wie sie die harte Schale einer Nuss knacken. Dies kann man gut erkennen, wenn man geöffnete Schalen miteinander vergleicht. Junge Eichhörnchen hinterlassen Nagespuren, die kreuz und quer auf der Schale verlaufen. Sie brauchen bis zu 15 Minuten, um die Nuss zu öffnen. Erfahrene Tiere wissen genau, wo sie nagen müssen, um die Schale rasch zu öffnen.

Informationen aus dem Internet beschaffen

Im Internet kannst du zu vielen Themen schnell und bequem eine Fülle an Informationen und Materialien finden. Aber nicht alle Informationen, die dort angeboten werden, sind wahr oder hilfreich. Du solltest sie deshalb sorgfältig prüfen. Wenn du zum Beispiel mehr über Eichhörnchen oder Grauhörnchen wissen willst, kannst du bei deiner Recherche wie folgt vorgehen:

1 Grauhörnchen

1 Problemstellung Am Anfang jeder Recherche muss eine genau formulierte Aufgabe oder Frage stehen. Dabei solltest du auch berücksichtigen, wozu du die Informationen brauchst, zum Beispiel für ein Referat oder für die Gestaltung eines Plakats. Überlege genau, was du eigentlich wissen willst, zum Beispiel: *Gehören Grauhörnchen zu den Eichhörnchen?* Oder: *Sind Grauhörnchen heimische Tiere?*

2 Suche Am einfachsten ist die Suche mit Hilfe einer Suchmaschine. Es gibt Suchmaschinen speziell für Schüler und Jugendliche, zum Beispiel »Blinde Kuh«, »Helles Koepfchen«, »frag FINN« oder »Planet Schule«. Du kannst auch bei Institutionen wie dem »Bund Naturschutz« oder »NABU« suchen oder aber über »Google«, »Fireball« oder »Lycos« recherchieren. Hier findest du auch eine Liste aller Suchmaschinen. Verwende bei der Eingabe eindeutige Begriffe aus deiner Problemfrage.

3 Suche eingrenzen und präzisieren Bei der ersten Sucheingabe stellst du fest, dass dir die gewählte Suchmaschine eine unüberschaubar große Menge von Treffern liefert. Um sie alle zu lesen, bräuchtest du vermutlich mehrere Tage. Also musst du deine Suchfrage eingrenzen oder genauer, präziser fragen. Vielleicht hast du von Grauhörnchen schon gehört und willst wissen, was sie mit Eichhörnchen zu tun haben. Um eine Antwort darauf zu bekommen, solltest du die beiden Tiere miteinander vergleichen. Durch die Eingabe von »Eichhörnchen Grauhörnchen« erhältst du die gewünschten Ergebnisse. Es kann aber auch passieren, dass die Suchmaschine zu wenig Treffer liefert. Vermutlich hast du dich bei der Eingabe vertippt.

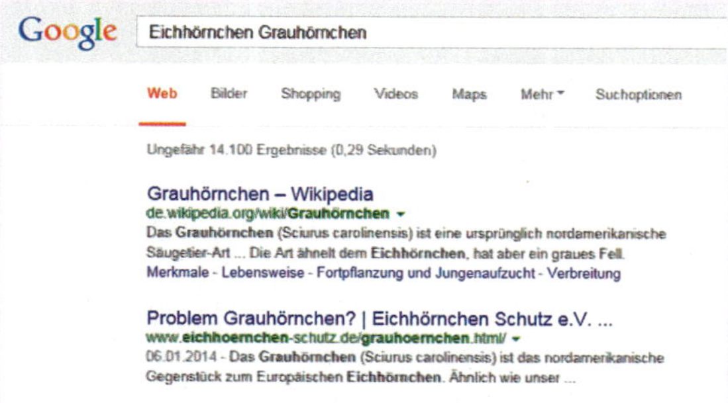

Google und das Google-Logo sind eingetragene Marken von Google Inc., Verwendung mit Genehmigung

2 Internetsuche mit Hilfe von »Google«

3 Suchmaschine für Schüler: BlindeKuh

4 Bildersuche Mit Hilfe der Suchmaschinen kannst du auch Bilder suchen. Dazu gibst du im Suchfeld den entsprechenden Begriff ein. Markiere das gewünschte Bild mit einem Klick der rechten Maustaste. Achte aber darauf, ob die Bilder urheberrechtlich geschützt sind. Solche Bilder darfst du nicht herunterladen. Suchst du die Bilder in »www.flickr.com«, dann siehst du gleich, ob du sie herunterladen und verwenden darfst.
Du kannst die Bilder zum Beispiel in einem Ordner speichern oder direkt in den Text kopieren.

4 Schüler am Computer

5 Ergebnisse ansehen und bewerten Um die gefundenen Ergebnisse auf ihre Verwertbarkeit hin zu überprüfen, musst du die folgenden Fragen beantworten:

- Helfen mir die Texte, Tabellen oder Bilder, die gestellte Frage zu beantworten oder die Aufgabe zu lösen?
- Sind die angebotenen Ergebnisse richtig? Das kannst du feststellen, indem du sie mit anderen Quellen vergleichst.
- Kann man zum Beispiel in einem »Forum« auch Fragen an Experten richten?
- Welche Informationen kann man übernehmen?

Besonders interessante Textstellen solltest du farbig markieren oder in einem neuen Ordner abspeichern, um sie später schnell zu finden.

6 Auswerten Fasse nun die ausgewählten Informationen zur Beantwortung der gestellten Frage mit eigenen Worten zusammen. Achte darauf, dass deine Ausführungen kurz und verständlich formuliert sind. Mit Hilfe der abgespeicherten Bilder kannst du deine Ausführungen veranschaulichen und Zusammenhänge verdeutlichen. Achte stets darauf, dass du nur solche Bilder oder Tabellen verwendest, die ausdrücklich zum Herunterladen freigegeben sind.

7 Quellenangabe Bei umfangreicheren Antworten oder Ausführungen ist es manchmal besser, die eigenen Aussagen durch wörtliche Zitate zu ergänzen, um einen bestimmten Sachverhalt eindeutig klarzustellen. In diesem Fall musst du diese Textstellen in Anführungszeichen setzen und die Quelle angeben, aus der du sie als Zitat entnommen hast. Auch das Datum, wann du den Text heruntergeladen hast, musst du nennen. Die Quellenangabe zeigt an, dass es sich hier um keinen eigenen Text, sondern um den eines anderen Autors handelt. Sie beginnt mit dem Namen und Vornamen des Verfassers sowie dem Titel des Artikels. Allgemein sieht die *Quellenangabe* so aus: *Name, Vorname: Titel. Internetadresse (URL) (Datum des Zugriffs)* Die Internetadresse (URL) beginnt immer mit: http://www... Auch die Bildquellen musst du in dieser Form angeben.

Aufgaben

1 ☐ Sammle Informationen aus dem Internet zu der Frage: »Sind Grauhörnchen nur graue Eichhörnchen?« Beantworte diese Frage. Verwende dazu Informationen von mindestens drei verschiedenen Internetseiten

2 ☐ Du willst wissen, ob es giftige Säugetiere gibt. Beschreibe, wie du im Internet recherchierst, um diese Frage zu beantworten.

3 ◪ Wenn du den Begriff »Kiefer« eingibst, dann erhältst du hauptsächlich Informationen über einen heimischen Nadelbaum. Du möchtest dich aber über »den Kiefer« informieren, den dein Zahnarzt meint. Beschreibe, wie du im Internet recherchierst, damit du genaue Informationen über den Kiefer erhältst.

Der Maulwurf

In den Gärten, Parks oder auf Wiesen hast du sicherlich schon einmal kleine Erdhügel gesehen. Sie verraten dir, dass hier ein Maulwurf seinen unterirdischen Bau gegraben hat.

Körperbau des Maulwurfs

Der Maulwurf ist an das Leben in der Erde gut angepasst. Sein Körper ist etwa 15 Zentimeter lang und walzenförmig. Der Kopf endet mit einer nach vorn verlängerten Nase. Der Körper ist mit einem schwarzen, samtartigen Fell bedeckt, das ihn warm hält und vor Kälte schützt. Das Fell hat keine Strichrichtung, sodass sich die dicht stehenden Haare in jede Richtung legen können. So kann sich der Maulwurf in seinen Gängen problemlos vorwärts und rückwärts fortbewegen.

Hände zum Graben

Besonders auffällig sind seine Vorderbeine, die zu kräftigen *Grabhänden* umgebildet sind. Die Handflächen werden durch einen zusätzlichen Fingerknochen, dem *Sichelbein,* noch vergrößert. Alle Finger haben scharfe Krallen und sind durch Häute miteinander verbunden. So entsteht – ähnlich wie eine Baggerschaufel – eine große Grabhand.

2 Maulwurf

1 Wiese mit Maulwurfshügeln

Ein Leben in der Erde

Der unterirdische Bau eines Maulwurfs ist ein weitverzweigtes Gangsystem, das bis zu 60 Zentimeter tief unter der Erde liegen kann. Es dient als Wohnraum und Jagdrevier. Im Mittelpunkt befindet sich der *Wohnkessel,* der mit Gras, Moos und anderen Pflanzenteilen ausgepolstert ist. Er dient als Ruheort. Um den Wohnkessel herum verläuft ein Rundgang, von dem die verschiedenen Laufgänge zum Jagdrevier führen. *Vorratskammern* und eine *Tränke* gibt es ebenfalls. Maulwürfe sind Einzelgänger.

Über der Erde ist er eine leichte Beute für Greifvögel, Marder und Katzen.

Jagd und Ernährung

Bei regelmäßigen Kontrollgängen durchstreift der Maulwurf alle drei bis vier Stunden seine *Jagdgänge.* Dort erbeutet er die eingedrunge-

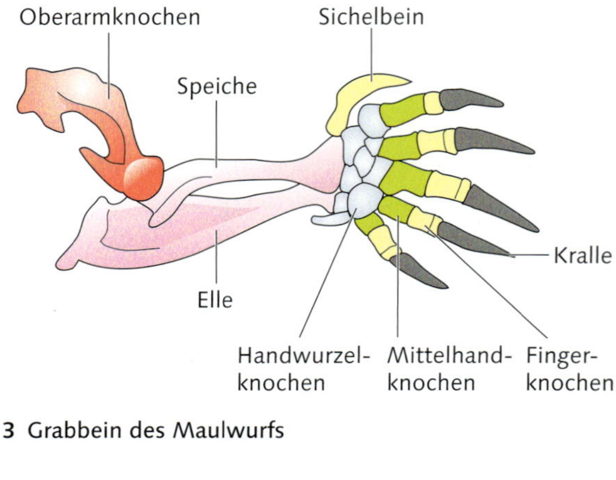

3 Grabbein des Maulwurfs

nen Tiere wie Insektenlarven, Regenwürmer, Käfer, Asseln und Spinnen. Auch junge Mäuse vertilgt er gern. Er hat ein typisches *Insektenfressergebiss*. Dieses erkennt man an den nadelspitzen Zähnen. Mit diesen Zähnen knackt er die Panzer von Insekten. Regenwürmer lähmt er mit einem Biss, sodass sie noch leben, aber sich nicht mehr in der Erde vergraben können. Er lagert sie in seiner Vorratskammer. Maulwürfe halten keinen Winterschlaf.

Sinnesleistungen

Der Maulwurf nimmt den Geruch der Beutetiere durch den Boden hindurch wahr. Obwohl ihm die Ohrmuscheln fehlen und die Ohröffnungen vom Fell bedeckt sind, hört er selbst die leisesten Geräusche. Sein Tastsinn ist besonders gut ausgeprägt. Er hat zum Tasten eine *Rüsselscheibe* an der Spitze seiner Nase. Zusammen mit den zahlreichen *Tasthaaren* an Kopf und Händen spürt er die geringsten Erschütterungen. Die stecknadelkopfgroßen Augen liegen geschützt im Fell verborgen. Er kann nur schlecht sehen.

Fortpflanzung

Während der Paarungs- und Aufzuchtzeit leben Maulwürfe paarweise in einem Bau. Im Frühsommer bringt das Weibchen drei bis sechs nackte und blinde Junge zur Welt.

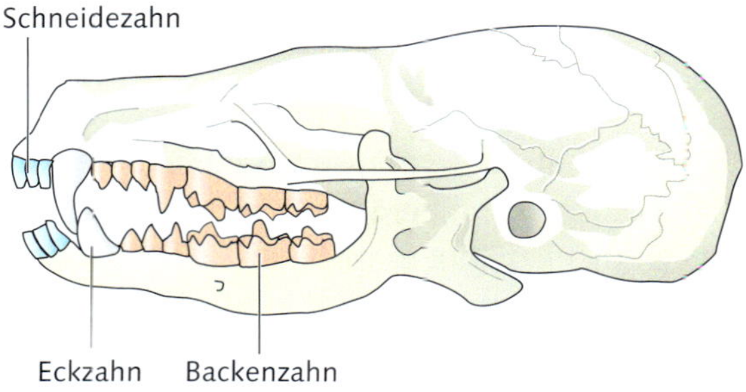

4 Schädel und Gebiss eines Maulwurfs

Sie werden etwa fünf Wochen gesäugt. Nach acht Wochen suchen sie sich als Einzelgänger ein eigenes Revier.

In Kürze

Maulwürfe haben ein Insektenfressergebiss. Sie leben in unterirdischen Gangsystemen. Durch ihren walzenförmigen Körper, die Grabhände, das Fell ohne Strich und den feinen Geruchs- und Tastsinn sind sie sehr gut an das Leben in der Erde angepasst.

Aufgaben

1 □ Nenne Merkmale des Maulwurfs, die seine Angepasstheit an seine Lebensweise aufzeigen.

2 □ Nenne die einzelnen Bereiche des Gangsystems mit der jeweiligen Funktion.

3 ◪ Erkläre, wie ein Maulwurfshügel entsteht.

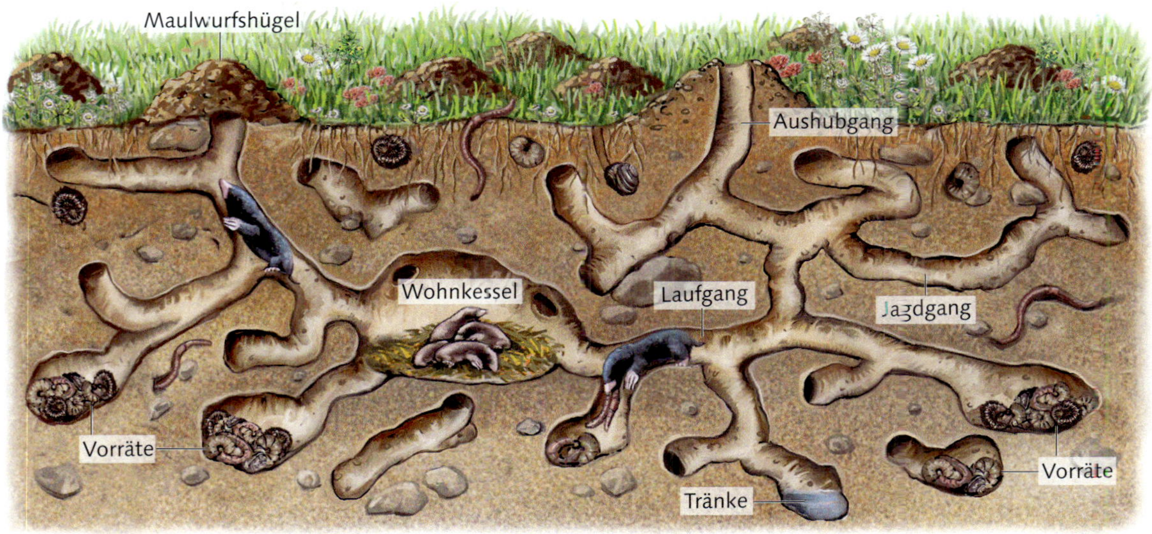

5 Gangsystem eines Maulwurfs

Fledermäuse

Die Frage, ob Fledermäuse tatsächlich Menschenblut saugen, beschäftigt viele Menschen. In Wirklichkeit gibt es nur drei blutsaugende Fledermausarten. Sie leben in Mittel- und Südamerika und sind für den Menschen ungefährlich. Bei uns sind zum Beispiel das Große Mausohr und die Zwergfledermaus heimisch.

Fell und Flügel

Fledermäuse gehören zu den Säugetieren. Der Rumpf von Fledermäusen ist mit einem kurzhaarigen Fell bedeckt. Flughäute und Ohren sind meist haarlos. Ihre Vordergliedmaßen sind zu Flügeln umgebildet. Zwischen den stark verlängerten Mittelhand- und Fingerknochen sowie zwischen Arm-, Bein- und Schwanzskelett ist eine gut durchblutete *Flughaut* gespannt. Mit ihrer Hilfe können Fledermäuse gut fliegen. Nur die Daumen und die Füße schauen aus der Haut hervor. Sie dienen dem Tier zum Festhalten, Kriechen und Klettern.

1 Fledermaus im Flug

Nahrung und Fortpflanzung

Fledermäuse besitzen ein *Insektenfressergebiss* und ernähren sich von Mücken, Fliegen, Käfern und Nachtfaltern, die sie auf ihren nächtlichen Jagdflügen erbeuten.

Im Frühjahr bringt das Fledermausweibchen ein Junges zur Welt. Die Muttertiere bilden größere Gemeinschaften. Die Jungtiere sind noch nackt und blind. Sie klammern sich am Fell der Mutter fest und werden in den ersten Wochen gesäugt. Fledermäuse gehören zu den Säugetieren. Nach sieben Wochen können sich die Jungtiere selbst versorgen.

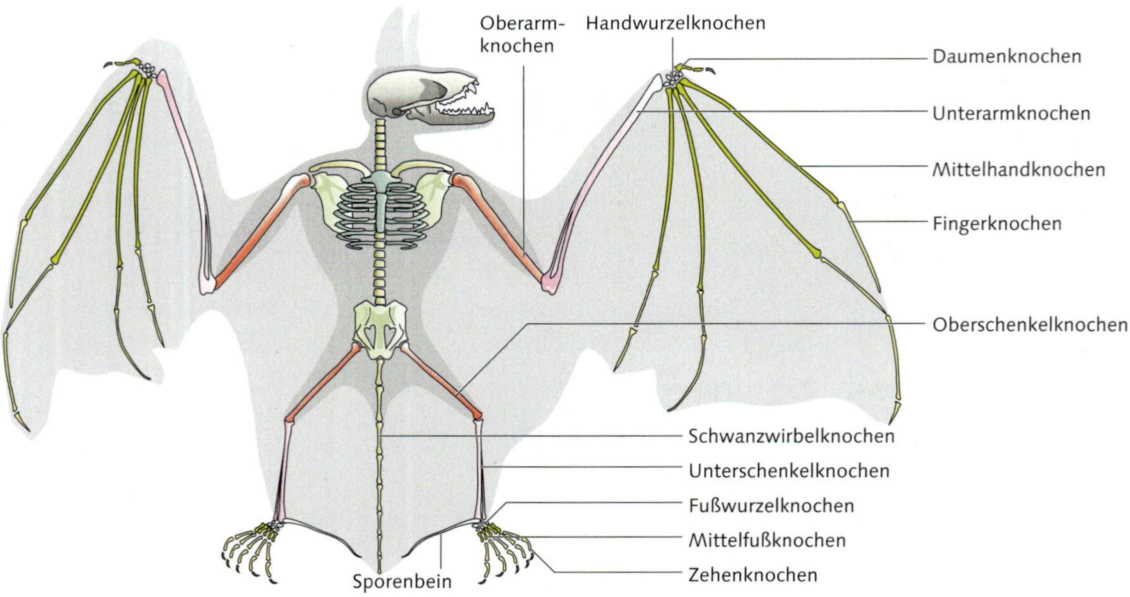

2 Skelett einer Fledermaus

Mit den Ohren »sehen«

Fledermäuse sind nachtaktive Tiere, die aber bereits in der Dämmerung mit der Jagd beginnen. Mit ihren kleinen Augen können sie nur schlecht sehen, trotzdem finden sie in der Dunkelheit ihre Beute und können Hindernissen ausweichen. Wie gelingt ihnen das? Während des Fluges stoßen die Fledermäuse in kurzen Abständen hohe Töne aus, die für uns nur mit technischen Mitteln hörbar sind. Solche hohen Töne nennt man *Ultraschall*. Trifft dieser Ultraschall auf ein Hindernis oder Beutetier, so wird er als Echo zurückgeworfen und von den großen Ohren der Fledermäuse aufgefangen. Anhand der Richtung und Stärke des Echos erkennen die Fledermäuse, wo und wie weit entfernt ein Gegenstand ist, welche Größe er hat und wie er sich bewegt. Sie nehmen ihre Umwelt als »Hörbild« wahr und passen ihr Flugverhalten daran an. Diese Art der Orientierung nennt man *Echopeilung*.

Fledermäuse in Gefahr

Die meisten Fledermäuse schlafen tagsüber in dunklen Verstecken. Man findet sie in Höhlen, unter Dachziegeln, in Türmen und auf Dachböden oder auch in hohlen Bäumen. Mit ihren Füßen krallen sie sich fest und hängen dort ruhend mit dem Kopf nach unten. Um den Winter zu überstehen, halten Fledermäuse in Höhlen *Winterschlaf*. Dort bilden sie große Kolonien und wärmen sich gegenseitig. Da geeignete Unterschlupfmöglichkeiten immer mehr verschwinden und ihre Beutetiere mit Giften bekämpft werden, ist ihr Bestand stark gefährdet. Deshalb stehen sie unter Naturschutz.

In Kürze

Fledermäuse sind die einzigen Säugetiere, die aktiv fliegen können. Sie sind Insektenfresser und jagen nachts ihre Beute. Im Dunkeln orientieren sie sich durch Echopeilung.

Aufgaben

1 □ Nenne die besonderen Angepasstheiten der Fledermaus an ihren Lebensraum.

2 ◪ Vergleiche den Flügel einer Fledermaus mit deinem Arm.

3 ◪ Beschreibe, wie sich Fledermäuse in der Dunkelheit orientieren.

4 ■ Fledermäuse sind vom Aussterben bedroht. Erkläre.

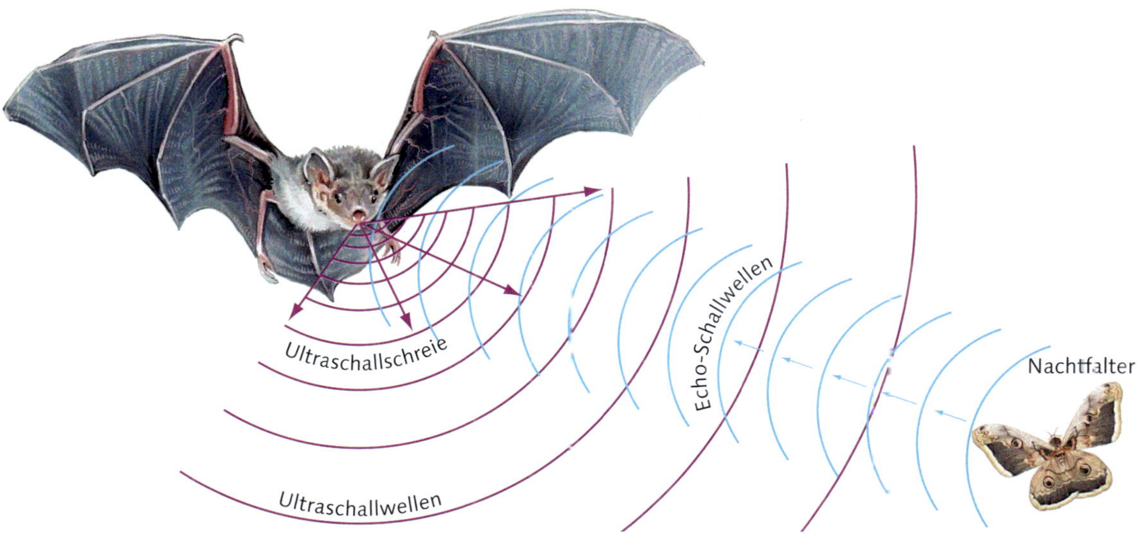

3 Mit Hilfe der Echopeilung ortet die Fledermaus bei Dunkelheit ihre Beute.

Weiter gedacht

Zur Ernährung von Säugetieren

1 Gebiss und Ernährung

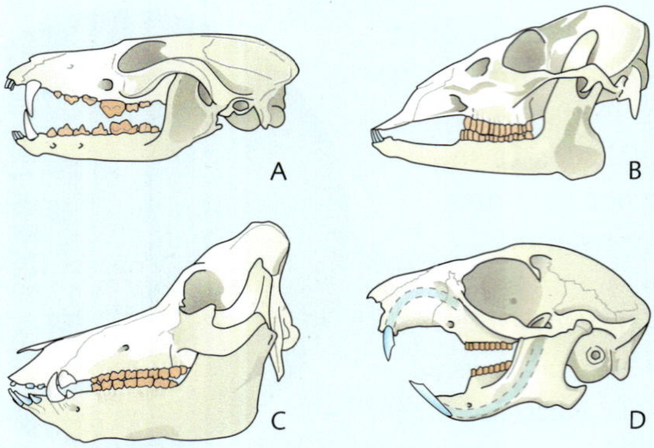

1 Verschiedene Gebisstypen

Wovon sich Säugetiere hauptsächlich ernähren, erkennt man besonders gut an ihrem Gebiss.

a □ Die vier Gebisstypen in Bild 1 kann man in drei große Gruppen einteilen. Mit den drei Bezeichnungen wird ausgedrückt, wovon sich diese Tiere hauptsächlich ernähren. Benenne die drei Ernährungsgruppen. Ordne zu, welcher Buchstabe zu welcher Ernährungsgruppe gehört.

b ◪ Anhand von Gebissen kann man auch etwas über die Lebensweise der Tiere aussagen. Ordne die folgenden Aussagen über die Tiere dem jeweiligen Gebiss zu:

- Der Rehbock frisst zum Beispiel Blätter, Eicheln, Gräser sowie Knospen und Triebe von Sträuchern.
- Der Biber ernährt sich ausschließlich von Pflanzen aus dem Uferbereich sowie von Feldfrüchten.
- Auf dem Speiseplan des Wildschweins stehen saftige Wurzeln und Eicheln, aber auch Insekten, Regenwürmer, Schnecken und kleinere Säugetiere wie Mäuse.
- Der Baummarder jagt Waldvögel und kleinere Säugetiere, vor allem Eichhörnchen. Auch Früchte frisst er.

2 Was Knochen alles verraten

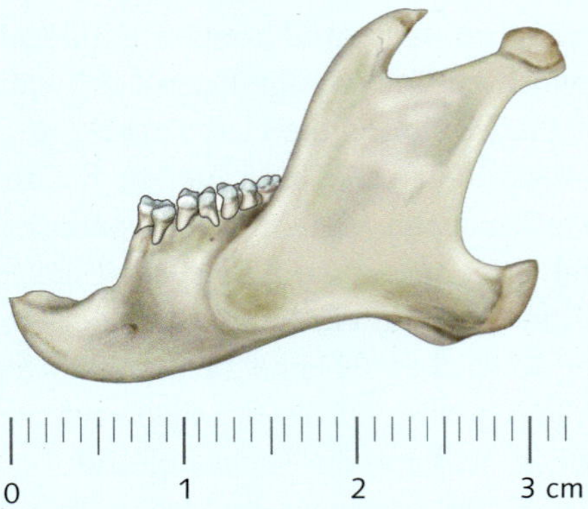

2 Zu welchem Tier gehört der Knochen?

Den Knochen in Bild 2 hast du im Wald gefunden.

a ◪ Um welchen Knochen des Schädels handelt es sich bei deinem Fund? Erläutere deine Antwort.

b ◪ Was kannst du über das Tier aussagen, zu dem dieser Knochen gehörte? Stelle Vermutungen an.

c ◪ Um welches Waldtier könnte es sich dabei gehandelt haben? Begründe deine Vermutung.

d ◪ Informiere dich über dieses Tier. Berichte kurz über seine Lebensweise und seine Ernährung. Von wem könnte das Tier gefressen worden sein? Begründe deine Vermutung.

e ◪ Sieh dir die Zähne in Bild 3 an. Stelle Vermutungen an, welcher dieser Zähne in Bild 2 fehlt.

f ◪ Beschreibe, wozu der fehlende Zahn dient.

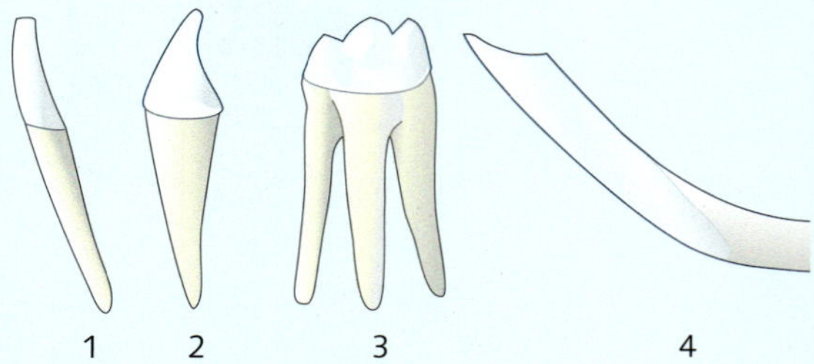

3 Welcher Zahn gehört dem Tier?

3 Ernährung und Darmlänge

Säugetiere fressen außer Holz, je nach ihrer Art, alle pflanzlichen und tierischen Stoffe. Pflanzliche Nahrung ist schwerer zu verdauen als tierische. Sie muss daher länger im Darm der Pflanzenfresser verbleiben als die fleischliche Nahrung im Darm der Fleischfresser. Somit kann man einen Zusammenhang zwischen Darmlänge und der Hauptnahrung eines Tieres herstellen.

a ◪ Ordne den Tieren in Bild 5 den jeweils richtigen Wert D der Tabelle in Bild 5 zu. Begründe deine Zuordnung.

b ◪ Stelle deine Zuordnung mit Hilfe eines Säulendiagramms dar. Übernimm dazu die Vorlage aus Bild 4.

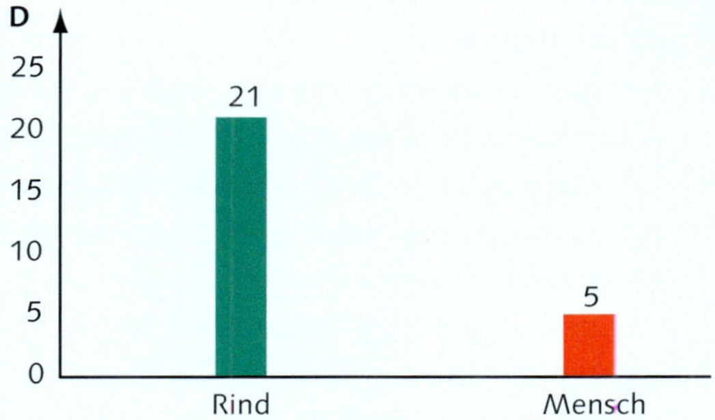

4 Verhältnis Körperlänge zu Darmlänge

c ■ Werte das Säulendiagramm aus. Formuliere einen Merksatz, der den Zusammenhang zwischen der Nahrung und der Darmlänge eines Tieres beschreibt.

d ◪ Vergleiche die Darmlängen der Lebewesen.

e ■ Es ist nicht ganz einfach, den Menschen eindeutig als Fleisch-, Alles- oder Pflanzenfresser einzuordnen. Wo steht er deiner Meinung nach? Begründe.

4 Ernährung und Lebensweise

6 Der Koalabär

7 Das Faultier

Die Koalabären in Australien ernähren sich fast nur von jungen Eukalyptusblättern. Diese enthalten äußerst wenig Nährstoffe.

a ◪ Koalas bewegen sich sehr wenig und wenn, dann nur sehr langsam. Suche nach einer Erklärung.

b ■ Stelle Vermutungen an, weshalb sich Faultiere kaum bewegen. Erkläre, weshalb der Name »Faultier« nicht zutreffend ist.

Werte für **D**
27 mal Körperlänge
21 mal Körperlänge
14 mal Körperlänge
5 mal Körperlänge
4 mal Körperlänge

5 Darmlängen verschiedener Lebewesen

Extra

Schutz bedrohter Säugetiere

In der Roten Liste sind alle gefährdeten Tierarten aufgeführt. Sie soll zum Beispiel Politikern Entscheidungshilfen für die Aufstellung von Artenschutzprogrammen liefern. Von unseren 93 heimischen Säugetierarten ist rund die Hälfte gefährdet. Viele sind sogar vom Aussterben bedroht. Bedrohte Tierarten wie Fischotter, Fledermaus, Wildkatze oder Wolf stehen unter Naturschutz. Doch auch ihre Lebensräume müssen bewahrt werden, damit sie überleben können. Dazu werden vielfach Naturschutzgebiete eingerichtet.

1 Die Rote Liste gibt Auskunft über gefährdete Tier- und Pflanzenarten.

Der Feldhamster – Meister der Vorratshaltung

Der Feldhamster ist in Europa stark gefährdet. Sein Lebensraum sind fruchtbare Felder. Durch die moderne Erntetechnik wird dieser Lebensraum jedoch mehr und mehr zerstört. Die Erntemaschinen hinterlassen die Felder komplett leer geräumt, sodass der Feldhamster keinen Schutz vor Feinden findet. Da kaum Körner zurückbleiben oder schnell wieder untergepflügt werden, findet er nicht ausreichend Nahrung für seine Wintervorräte.

2 Bedrohte Säugetiere:
A Fischotter
B Fledermaus
C Wildkatze
D Wolf
E Feldhamster
F Biber
G Luchs

Der Biber – unser größtes Nagetier
Der Biber lebt in Feuchtgebieten, an Bächen und Flüssen. Biber bauen Dämme und Burgen aus Bäumen, die sie mit ihren ständig nachwachsenden Nagezähnen fällen. So tragen sie zur Gewässerreinigung und zum Hochwasserschutz bei. Wegen ihres besonders dichten Fells und ihres schmackhaften Fleischs wurden sie in Deutschland so stark bejagt, dass sie ausstarben. Außerdem hat der Mensch ihren Lebensraum durch Flussbegradigungen und den Bau von Straßen zerstört. Seit einigen Jahren werden Biber aus nördlichen Ländern wieder erfolgreich bei uns angesiedelt.

Der Luchs – unsere größte Raubkatze
Den Luchs erkennt man an dem beige bis rotbraun getupften Fell und den charakteristischen Pinseln auf den Ohren. In Deutschland war der Luchs ausgerottet. Ursache hierfür war die Verfolgung durch den Menschen. Wegen seines Fells und auch aus Angst wurde er unerbittlich gejagt. In einigen Mittelgebirgen Deutschlands hat man den Luchs inzwischen wieder angesiedelt. Der Luchs jagt nachts Rehe, Füchse, Kaninchen und Vögel. Für den Menschen stellt er keine Gefahr dar.

Bedrohung durch den Menschen
Die größte Bedrohung unserer Säugetierarten geht von uns Menschen aus, indem wir ihre Lebensräume zerstören. So werden durch Flussbegradigungen wichtige Überschwemmungsgebiete in Flussnähe beseitigt. Der Verlust dieser Auenlandschaften zerstört den Lebensraum vieler Tiere. Sie finden an den verbleibenden Flussufern kaum Nahrung, Schutz und Unterschlupf.

Die moderne Landwirtschaft gefährdet die Tiere durch Überdüngung, Gifte, Maschinen und einseitige, großflächige Bewirtschaftung. Auf Straßen und an Gleisen besteht die Gefahr, überfahren zu werden.

Nicht wenige Menschen haben Angst vor wilden Raubtieren. Allein aus diesem Grund wurden viele Arten gejagt.

3 Hinweisschild an einem Naturschutzgebiet

Schutzmaßnahmen
Naturschutzverbände, wie der NABU und der WWF, helfen den bedrohten Tierarten, indem sie viele Aktionen organisieren und durchführen. Sie werden dabei von der Politik unterstützt. Zu diesen Schutzmaßnahmen zählen Wiederansiedlungen, wie zum Beispiel bei Luchs und Biber. Inzwischen gibt es sehr viele Artenschutzgesetze, die von den Bürgern und der Wirtschaft beachtet werden müssen. In Wäldern werden häufig schwer zugängliche Bereiche sich selbst überlassen, sodass naturnahe Waldgebiete entstehen. Entlang von Autobahnen werden Zäune errichtet, sodass die wandernden Tiere nicht auf die Straßen laufen können.

NABU

Schutzgebiete
Die Flächen der Naturschutzgebiete wurden in den letzten Jahren immer weiter ausgedehnt. Dabei handelt es sich um Bereiche, in denen der Lebensraum von Pflanzen und Tieren besonders geschützt werden muss. Hier können Pflanzen und Tiere ohne Gefährdung durch den Menschen leben. Neben sehr vielen kleinen oder größeren Natur- und Landschaftsschutzgebieten in jeder Stadt gibt es auch sehr große Schutzgebiete, die Nationalparks. Der Nationalpark Schwarzwald wurde 2014 eröffnet.

Methode

Ein Plakat erstellen

Du kennst Plakate meist als Werbung für bestimmte Produkte oder Veranstaltungen. Besonders auffällig sind die großen Fotos und die klaren Überschriften. Auch im Biologieunterricht kannst du Plakate gestalten, um die Klasse über ein Thema zu informieren.

Vorbereitung und Gestaltung
Wenn du ein Plakat gestalten möchtest, kannst du dich an den folgenden Schritten orientieren:

1 Informationen beschaffen Suche in Fachbüchern und im Internet nach Informationen zu deinem Thema.

2 Text klären Lies dein Informationsmaterial. Kläre unbekannte Begriffe.

3 Texte strukturieren Teile den Text in Abschnitten. Ordne den Abschnitten Überschriften zu. Schreibe wichtige Schlüsselbegriffe heraus.

4 Inhalte ordnen Bringe die Abschnitte in eine sinnvolle Reihenfolge.

5 Planung Erstelle eine grobe Skizze des Plakats auf einem DIN-A4-Blatt. Notiere dir Unterpunkte. Sie sollen knapp und verständlich sein.

6 Gestaltung überlegen Wähle eine Plakatfarbe aus. Die Farbe der Schrift muss sich deutlich von der Plakatfarbe abheben. Schreibe die Texte nicht direkt auf das Plakat, sondern auf Extrablätter. Dann kannst du leichter korrigieren und hast mehr Spielraum bei der Gestaltung.

Gliederung
- Notiere die Überschrift.
- Suche Zwischenüberschriften.
- Plane Platz für Bilder ein.

Text
- Formuliere knapp und verständlich.
- Beachte die Schriftgröße und Schriftfarbe.
- Schreibe gut lesbar.
- Überprüfe deine Rechtschreibung.

Farbe
- Verwende verschiedene Farben.

Bilder
- Verwende ausreichend große Bilder.
- Achte auf einen Zusammenhang zwischen Bild und Text. Wenn nötig, füge eine Bildunterschrift ein.

Skizze/Zeichnung
- Erstelle klare und beschriftete Zeichnungen.

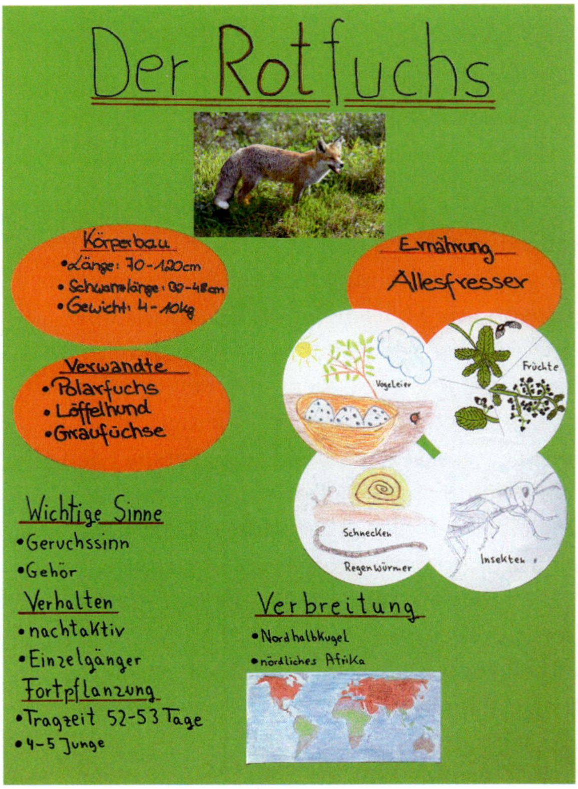

1 Gestaltungsregeln für ein Plakat

Der Dachs – ein Raubtier kehrt zurück

Der nachtaktive und scheue Dachs lebt in unseren Laub- und Mischwäldern, aber auch in großen Gärten und Stadtparks.

Über die Stirn verlaufen zwei weiße Streifen, die als Warnsignal zur Feindabwehr und als Erkennungszeichen für andere Dachse dienen, da Dachse schlecht sehen. Der Körper ist grau, Beine und Hals sind schwarz. Er ist ein Raubtier und gehört zur Familie der Marder.

Der Dachs ist ein Stöberjäger. Er wühlt in der Erde und besitzt einen guten Geruchssinn. Seine Nahrung umfasst Mais, Früchte, Frösche, Mäuse, Insekten und Würmer.

Das bis zu 20 Kilogramm schwere Tier bewegt sich flink in seinem Höhlensystem, der Dachsburg. Deren Gänge können bis zu 100 m lang sein und sind mit Gras und Laub ausgepolstert. Diese Dachsburg wird nacheinander von vielen Generationen bewohnt.

Durch seine Grabkrallen und sein borstiges Fell ist er gut an das Leben unter der Erde angepasst. Im Winter hält der Dachs darin seine Winterruhe und zehrt von seiner dicken Fettschicht.

3 Warnung vor dem Dachs

2 Dachs

Dachse paaren sich im Hochsommer. Im nächsten Frühjahr kommen zwei bis fünf Jungtiere zur Welt. Nach einem Jahr suchen sie sich ihr eigenes Revier.

Vor etwa 40 Jahren stand der Dachs noch auf der Liste der gefährdeten Tierarten. Bei der Bekämpfung der Tollwut wurden neben Fuchsbauten auch Dachsbauten begast, da der Dachs sich oft den Bau mit dem Fuchs teilte. Eine weitere Gefährdung war früher die Jagd. Der Dachs wurde mit Hilfe von Dachshunden, die dafür gezüchtet wurden, gejagt.

Das Fett verwendete man für Rheumamitte, die Haarborsten für Rasierpinsel und das Fleisch diente als Nahrung. Heute besteht an diesen Produkten kein Interesse mehr.

Der Dachs findet auf den landwirtschaftlichen Flächen, z. B. beim Maisanbau, immer genügend Nahrung.

Seit ein paar Jahren darf er in einigen Bundesländern von August bis Oktober gejagt werden, da er sich dort stark vermehrt hat.

Aufgaben

1 Erstelle mit Hilfe der Materialien ein Informationsplakat.

2 Suche weitere Informationen im Internet oder in einem Tierlexikon

Der Steinmarder – ein Kulturfolger

Doppeltes Pech: Erst verschlafen und dann startet unser Auto am Morgen nicht! Unter der Motorhaube sieht man angeknabberte Kabel. Über Nacht war ein Steinmarder aktiv.

1 Marder im Auto

Körperbau und Lebensweise

Der Steinmarder ist dämmerungs- und nachtaktiv. Er hat ein festes Revier mit mehreren Verstecken und benutzt nachts häufig dieselben Wege. Seine Hauptbeute sind Mäuse und Ratten, aber auch Früchte, Eier, Vögel und Insekten frisst er. Er ist ein Allesfresser. Bei der Nahrungssuche legt er bis zu 15 Kilometer in einer Nacht zurück. Seine Lebensräume sind Waldränder und Gärten in Dörfern und Städten.

Der Steinmarder ist etwa 50 Zentimeter lang und wiegt bis zu 2 Kilogramm. Er hat ein graubraunes Fell mit einer sichtbaren weißen Unterwolle. Besondere Merkmale sind sein weißer, leuchtender Kehlfleck und seine fleischfarbene Nasenspitze.

Fortpflanzung und Entwicklung

Steinmarder paaren sich im Juli. In dieser Zeit kann man sie nachts laut kreischen und fauchen hören. Nach neun Monaten kommen zwei oder drei Jungtiere zur Welt. Sie sind noch blind und taub. Sie sind Nesthocker. Erst neun Wochen später verlassen sie zum ersten Mal ihren Bau. Bis zum nächsten Frühjahr bleiben sie bei ihrer Mutter.

2 Die Jungen sind Nesthocker.

Mensch und Steinmarder

Steinmarder besiedeln häufig vom Menschen gestaltete Landschaften. Deshalb nennt man sie *Kulturfolger*. Sie scheuen die Anwesenheit des Menschen nicht, solange er ihnen nicht zu nahekommt. In der Nähe des Menschen findet er ein reichhaltiges Nahrungsangebot. Unter achtlos weggeworfenen Lebensmitteln und in Mülltonnen finden die Tiere leicht etwas zu fressen. Gärten, Grünanlagen und Dachböden bieten gute Rückzugs- und Unterschlupfmöglichkeiten.

Kabelbiss, nächtlich polternde Geräusche auf dem Dachboden und Einbrüche im Hühnerstall machen den Steinmarder zu einem ungebetenen Gast. Sie setzen deutliche Duftmarken zur Abgrenzung ihres Reviers. Früher vermutete man, dass der Steinmarder bei seinen nächtlichen Autobesuchen Material zum Nestbau suchte. Heute weiß man, dass diese „Zerstörungswut“ und Neugierde zu seinem Revierverhalten zählen.

In Kürze

Der Steinmarder ist ein Kulturfolger. Er nutzt die menschlichen Siedlungen als Lebensraum. Er ist nachtaktiv, seine Jungtiere sind Nesthocker.

Aufgaben

1 □ Nenne die Vorteile, die der Steinmarder in menschlichen Siedlungen nutzt.

2 ◪ Der Steinmarder wird auch Automarder, Dachmarder oder Weißkehlchen genannt. Erkläre.

3 ◪ Seine Jungen sind Nesthocker. Erläutere.

Merkmale der Säugetiere

Skelett

Kennzeichnend für das Skelett der Säugetiere ist die *Wirbelsäule*. Als Stütze durchzieht sie den gesamten Körper. Je nach der Art der Ernährung gibt es unterschiedliche Gebissarten: Fleischfressergebiss, Pflanzenfressergebiss und Allesfressergebiss.

Körperbedeckung

Alle Säugetiere haben ein *Fell* aus Haaren. Es schützt den Körper vor Wärmeverlust. Säugetiere sind *gleichwarme* Tiere. Sie haben stets eine gleichbleibend hohe Körpertemperatur. Ihr Körper wird durch eine mehr oder weniger dicke Hautschicht zusätzlich isoliert. Bei einigen Säugetieren ist das Fell zurückgebildet.

Atmung

Säugetiere atmen durch *Lungen*. Hier erfolgt der *Gasaustausch:* Das Blut nimmt beim Atmen Sauerstoff aus der Atemluft auf und gibt beim Ausatmen Kohlenstoffdioxid ab.

Fortbewegung

Die vier senkrecht stehenden Beine heben den Säugetierkörper deutlich vom Boden ab. Abhängig von der Lebensweise können Säugetiere mit ihren Gliedmaßen laufen, klettern, graben, schwimmen oder fliegen.

Fortpflanzung und Entwicklung

Fast alle Säugetiere sind *lebend gebärend*. Die Weibchen umsorgen nach der Geburt ihre Jungen und säugen sie mit Milch aus ihren *Milchdrüsen*. Sie betreiben *Brutpflege*. Eine Besonderheit stellen die *Beuteltiere* oder *Beutelsäuger* dar. Bei der Geburt sind die Jungen sehr klein und noch unterentwickelt. Sie wandern sofort in den Beutel der Mutter und saugen sich an einer ihrer Zitzen fest.

Vielfalt

Weltweit gibt es über 5000 verschiedene Säugetierarten. Ihre Größe reicht von wenigen Zentimetern bei der Etruskerspitzmaus bis zu 30 Metern beim Blauwal, dessen Junges das Kalb, bei der Geburt bereits über eine Tonne wiegt.

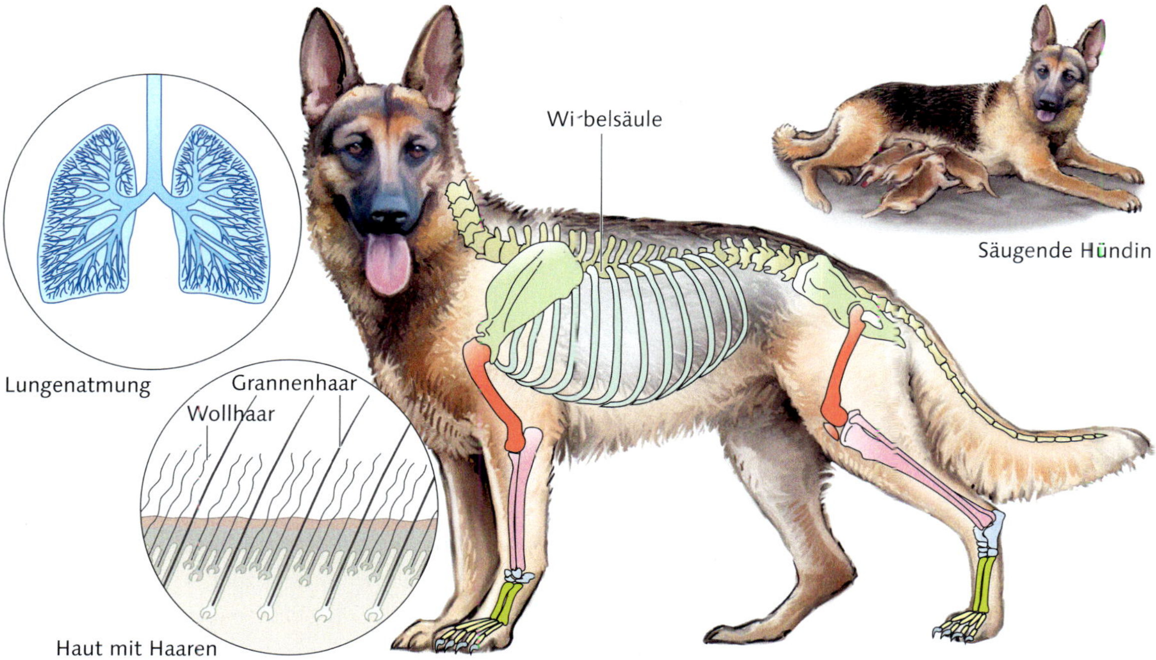

1 Merkmale der Säugetiere

Heimische Singvögel

Mit ihrem Ruf »Zizibäh« gehört die Kohlmeise zu den ersten Frühlingsboten. Kennzeichnend sind der schwarze Längsstreifen, der die gelbe Brust teilt, sowie der schwarz Kopf mit den weißen Wangen. Männchen und Weibchen sind kaum zu unterscheiden. Im Sommer ernähren sie sich hauptsächlich von Insekten, im Winter von Körnern.

1 Kohlmeise

Beobachtung von Singvögeln

Viele Singvögel sind in den frühen Morgenstunden und am Abend besonders aktiv. Dies sind die besten Beobachtungszeiten. Weil Haus und Garten Lebensräume für viele Singvögel bieten, kann man sie im Vergleich zu anderen Wildtieren besonders gut beobachten. Hierfür sind Fernglas und Bestimmungsbuch hilfreich. Oft sieht man Vögel nicht, hört sie aber deutlich. Wer sich gründlich mit Vogelstimmen beschäftigt, erkennt die Singvögel seiner Umgebung an ihrem Gesang.

2 Merkmale zur Beschreibung von Vögeln

Der Haussperling

Mit seinem braunen Kehlfleck und dem grauen Scheitel ist das Sperlingsmännchen auffälliger als das schlicht grau-braun gefärbte Weibchen. Beide besitzen den kräftigen Schnabel der *Körnerfresser*. Sperlinge bauen ihre Nester in Mauerlöchern, schadhaften Ziegeln, Mauervorsprüngen oder in Nistkästen. Es sind *Höhlenbrüter*. Sie brüten gerne mit Artgenossen in Kolonien. Der Gesang beschränkt sich auf kurze »Tschilp«-Laute, die oft wiederholt werden.

3 Haussperling: links Männchen, rechts Weibchen

Die Amsel

Das Amselmännchen ist schwarz gefärbt und hat einen leuchtend gelben Schnabel. Das Weibchen ist bräunlich, die Brust heller gefleckt, der Schnabel dunkel. Der laut flötende Gesang der Amsel ist sehr abwechslungsreich. Ihre Nahrung besteht im Sommer aus Regenwürmern und Insekten, im Winter aus Beeren und Samen.

Die Rauchschwalbe

Rauchschwalben erkennt man an ihrer blauschwarzen Körperoberseite, der davon stark abgegrenzten weißen Unterseite und dem rotbraunen Kehlfleck. Erst im Flug sieht man die lange Schwanzgabel. Bei Sonnenschein jagen sie in großen Höhen nach Insekten. Bei Regenwetter erbeuten sie ihre Nahrung mit eleganten Flugmanövern knapp über dem Boden. Rauchschwalben leben in enger Gesellschaft mit Menschen: Oft nisten sie in Ställen. Ihre kugeligen Nester bauen sie auf Vorsprünge oder »kleben« sie an Wände. Eine zementartige Masse aus lehmiger Erde und Speichel macht die aus Halmen gebildete Form hart und stabil. Schwalben werden immer seltener. Um nisten zu können, brauchen sie ungehinderten Zugang zu den Ställen. Wege und andere Bereiche mit Pfützen und Schlamm tragen dazu bei, dass die Schwalben auch weiterhin ausreichend Nistmaterial finden. Den Winter verbringen Rauchschwalben in Afrika.

4 Rauchschwalbe am Nest

Angepasstheit an den Lebensraum Luft

Vögel haben einen glatten, spindelförmigen Körper. An ihm fließt die Luft ohne Verwirbelungen entlang, sodass der Luftwiderstand und somit der Energiebedarf beim Fliegen niedrig ist. Im Gegensatz zu Säugetieren haben Vögel ein Skelett in »Leichtbauweise«. Die dünnwandigen Knochen sind hohl und mit Luft gefüllt. Dadurch ist ihr Körper sehr leicht. Dünne, ineinander verstrebte Bälkchen im Innern stabilisieren die Knochen.

Kennzeichnend für alle Vögel ist ihr Federkleid. Daunenfedern bilden ein Luftpolster und schützen vor Wärmeverlust. Die darüberliegenden Deckfedern sind so angeordnet, dass eine glatte Oberfläche entsteht. Die langen Schwanzfedern steuern und bremsen den Flug. Schwungfedern der Flügel bilden die Tragflächen.

Ein besonderes Atmungssystem sorgt dafür, dass Vögel viel Sauerstoff aufnehmen können. Es besteht aus der Lunge, an die sich Luftsäcke anschließen. Beim Einatmen gelangt sauerstoffreiche Luft durch die Lunge auch in die Luftsäcke. Diese Luft strömt beim Ausatmen, wie bei einem Blasebalg, erneut durch die Lunge. Dadurch werden die Muskeln mit viel Sauerstoff versorgt.

In Kürze

Jede Vogelart zeichnet sich neben dem Aussehen durch einen typischen Gesang und besondere Verhaltensweisen aus. Ihr Körper ist in idealer Weise an das Fliegen angepasst.

Aufgaben

1 □ Vögel sind an das Leben in der Luft angepasst. Beschreibe die Angepasstheiten in Bezug auf den Körperbau.

2 ◪ Erstelle einen Steckbrief für einen heimischen Vogel deiner Wahl. Gestaltet eine Ausstellung.

Die Singdrossel

Im Frühjahr ist der Gesang der Singdrossel kaum zu überhören. Wo der amselgroße Vogel sitzt, kann man nur schwer ausmachen. Denn er ist durch sein Gefieder gut getarnt: Der Rücken ist braun, die Brust braun gesprenkelt auf gelblich weißem Untergrund. Männchen und Weibchen der Singdrossel sehen gleich aus.

1 Singdrossel

Der Lebensraum der Singdrossel

Früher war die Singdrossel ausschließlich im Wald heimisch. Heute trifft man sie auch in der Umgebung menschlicher Siedlungen an, in Gärten, Parks oder auf Friedhöfen. Die Singdrossel brütet hauptsächlich in dichtem Gebüsch. Ihre Nahrung sucht sie auf Wiesen, Weiden und Feldern.

2 Reviere von Singdrosseln

Der Gesang ist einzigartig

Unverwechselbar ist das laut flötende Lied der Singdrosselmännchen. Einzelne Strophen werden zwei- bis viermal wiederholt. Häufig singen die Vögel von einer hohen Warte aus. So ist ihr Gesang weithin zu hören. Er dient in der Brutzeit dazu, ein Weibchen anzulocken und es an sich zu binden. Auch nach der Brutzeit hört man die Männchen singen.

Singdrosseln beanspruchen ein Revier

Mit Hilfe des Gesangs grenzen die Singdrosselmännchen ihre *Reviere* ab. Das Revier ist das Gebiet, das ein Tier besetzt und gegen Artgenossen verteidigt. Dort sucht der Vogel Nahrung und einen Nistplatz. Diese Aufteilung des Lebensraums stellt die Ernährung der Vögel sicher und ermöglicht ihnen, ihre Jungen ungestört aufzuziehen. Ist die Nahrung knapp, müssen die Reviere viel größer sein als unter günstigen Bedingungen. Singdrosseln besetzen jedes Jahr das gleiche Revier.

Der Nestbau ist Sache des Weibchens

Das Weibchen baut das Nest meist auf Zweigen oder in Astgabeln in ein bis drei Meter Höhe. Sehr selten findet man Singdrosselnester auch an Gebäuden.

Das Nest wird aus Zweigen und Grashalmen gefertigt. Anschließend kleidet die Singdrossel es mit einem Brei aus eingespeicheltem, morschem Holz und Lehm aus, sodass die Innenseite wie glatt verputzt erscheint.

3 Eier im Nest einer Singdrossel

4 Junge Singdrosseln

5 Drosselschmiede

Die Jungen werden gemeinsam aufgezogen

Singdrosselpärchen brüten zwischen April und Juli zweimal. Das Gelege besteht aus drei bis sechs Eiern. Das Weibchen brütet 14 Tage lang. Die frisch geschlüpften Jungen sind nackt und hilflos. Beide Eltern schaffen Nahrung heran. Nach etwa zwei Wochen verlassen die flügge gewordenen Jungtiere das Nest.

Die Ernährung ist vielfältig

Singdrosseln fressen bevorzugt Regenwürmer, Insekten und Schnecken. Schneckenhäuser werden zum Öffnen auf spitze Steine geschleudert, bis sie zerbrechen. Solche Steine, um die herum sich Schneckenhäuser ansammeln, nennt man *Drosselschmiede*. Im Herbst sind auch Beeren eine willkommene Nahrung. Ab September wird die Nahrung knapp und die Singdrosseln verlassen ihre Brutgebiete. Sie verbringen den Winter in Gebieten, die an das Mittelmeer grenzen.

Heimische Verwandte

Die bekannteste Verwandte ist die Amsel. Die braunen Weibchen sehen der Singdrossel ähnlich. Die schwarzen Männchen erkennt man an ihrem gelben Schnabel. Amseln finden im Winter genug Futter, sie überwintern bei uns. Etwas größer als die Singdrossel sind die Misteldrossel und die Wacholderdrossel.

In Kürze

Der Gesang von Singdrosseln ist auffällig. Sie besetzen Reviere, die sie für die Brut benötigen. Singdrosseln ziehen im Winter nach Süden.

Aufgaben

1 □ Nenne die Schritte von der Reviergründung bis zum Flüggewerden der Jungvögel. Beachte die Rollenverteilung von Männchen und Weibchen.

2 ◪ Erkläre, warum man im Winter Amseln, aber keine Singdrosseln am Futterplatz sieht.

3 ◪ Vergleiche die Singdrossel mit ihren Verwandten.

6 Heimische Verwandte der Singdrossel:
A Amsel; B Misteldrossel; C Wacholderdrossel

Wie sich Vögel fortpflanzen

Ein Hühnerküken ist geschlüpft. Kurze Zeit später ist sein Gefieder getrocknet und es läuft munter umher. Piepsend sucht es den Kontakt zu seiner Mutter. Die Entwicklung des Kükens begann aber schon viel früher.

Henne und Hahn paaren sich

Nach der Balz des Hahns duckt sich die Henne und breitet die Flügel aus. Während der *Begattung* sitzt der Hahn auf dem Rücken der Henne. Beide pressen die *Kloaken* aneinander. Die Kloake der Vögel dient der Ausscheidung, sie ist aber auch die Geschlechtsöffnung. Sie ist bei beiden Geschlechtern gleich gebaut. Durch die Begattung gelangen männliche Geschlechtszellen in den Eileiter der Weibchen und wandern in Richtung Eierstock.

Ein Ei entwickelt sich

Trifft eine männliche Geschlechtszelle auf eine befruchtungsfähige Eizelle, *verschmelzen* beide miteinander, die *Befruchtung* ist erfolgt. Sogleich bildet sich ein winziger heller Fleck auf dem Eidotter, die *Keimscheibe*. Aus ihr entwickelt sich der Embryo und daraus das Küken. Das befruchtete Ei, die *Dotterkugel,* wandert den Eileiter entlang. Nun wird der Dotter mit Eiklar umhüllt. Im Endabschnitt des Eileiters bildet sich die Kalkschale. Am stumpfen Ende des Eies befindet sich immer eine Luftkammer. Sie dient zur Sauerstoffversorgung des heranwachsenden Kükens. Eier sind im Vergleich zum Körpergewicht der Vögel sehr schwer und deshalb beim Fliegen hinderlich. Da die Entwicklung des Eies nur einen Tag dauert, ist die Flugfähigkeit kaum eingeschränkt.

1 Hühnerküken

Das Küken wächst im Ei heran

Um nach dem Legen das ganze Ei gleichmäßig auf einer Temperatur von etwa 38 °C zu halten, wird es von der Henne bebrütet und mit dem Schnabel regelmäßig gewendet.

2 Unterschiedliche Entwicklungsstadien des Eies im Eileiter

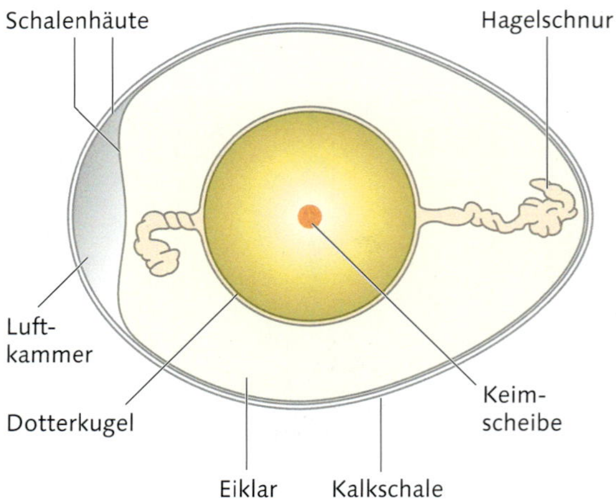

3 Aufbau eines Hühnereies

Extra Fortpflanzung

Betrachtet man ein herangewachsenes Küken, so erkennt man sowohl Ähnlichkeiten mit seiner Mutter als auch mit dem Vater. Einige Merkmale sind jedoch ganz einzigartig.

Bei der *geschlechtlichen Fortpflanzung* werden weibliche und männliche Geschlechtszellen gebildet. Nach deren Verschmelzung entwickeln sich Lebewesen, die sowohl Kennzeichen der Eltern als auch neue Eigenschaften besitzen. Werden dagegen keine Geschlechtszellen gebildet, spricht man von *ungeschlechtlicher Fortpflanzung*. Die Nachkommen entstehen aus nur einem Elternteil und sind mit diesem identisch. Ableger von Erdbeeren oder die Vermehrung bei Blattläusen aus unbefruchteten Eiern sind Beispiele für die ungeschlechtliche Fortpflanzung.

Durch die Fortpflanzung entsteht eine neue Generation von Lebewesen.

Die *Hagelschnüre* sorgen dafür, dass der *Embryo* stets oben an der wärmsten Stelle liegt. Eiklar und Eidotter versorgen ihn mit Nährstoffen. Durch die Eischale gelangt Sauerstoff in das Ei. Nach 21 Tagen ist die Entwicklung abgeschlossen und das Küken schlüpft. Die Kalkschale öffnet es mit dem *Eizahn,* einem winzigen Höcker auf dem Schnabel.

Vögel sorgen sich um ihren Nachwuchs

Vögel bauen Nester, in denen die Eier ausgebrütet werden. Sie betreiben *Brutpflege.* Manche Vogelküken verlassen bereits wenige Minuten nach dem Schlüpfen ihr Nest und suchen selbstständig Nahrung. Es sind *Nestflüchter.* Andere Vögel kommen nackt und hilflos auf die Welt. Als *Nesthocker* werden sie von den Eltern einige Zeit versorgt.

In Kürze

Nach der Begattung wird ein Ei befruchtet. Es entwickelt sich ein Embryo, der von Eidotter und Eiklar ernährt wird. Bis zum Schlüpfen wird das Ei bebrütet.

Aufgaben

1 □ Nenne die Aufgaben von Kalkschale, Dotterkugel, Eiklar, Hagelschnur und Luftkammer.

2 ◪ Stelle die Entwicklung von der Balz bis zum Schlüpfen des Kükens als Flussdiagramm nach folgendem Muster dar:

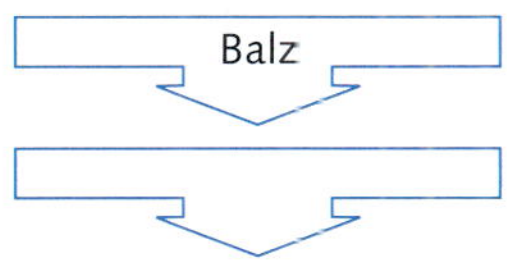

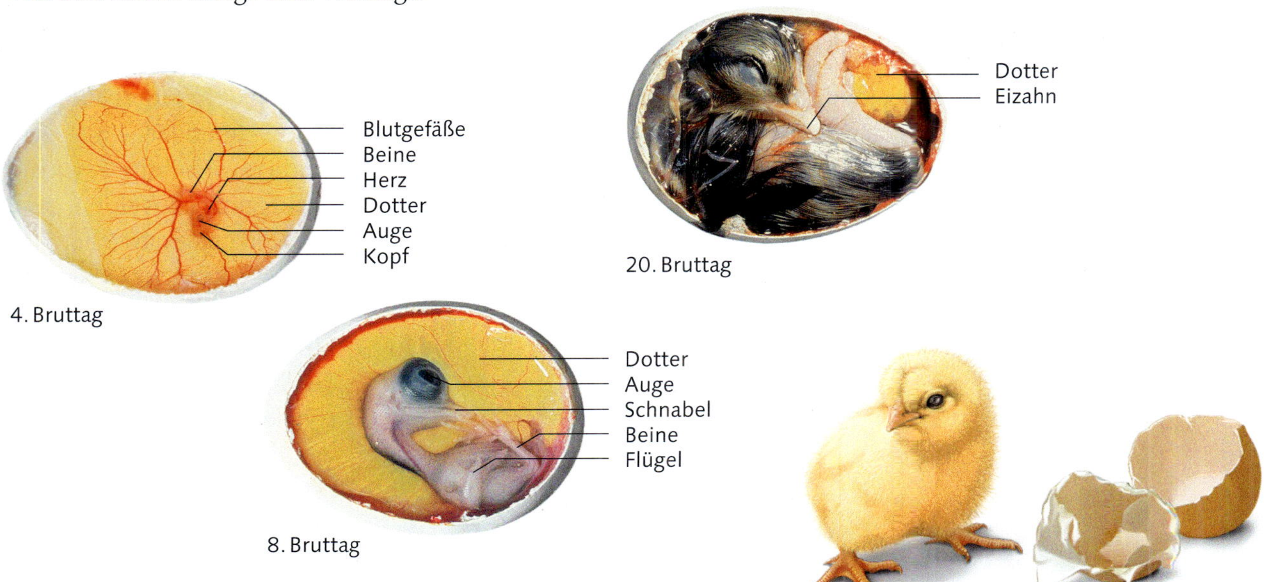

4 Entwicklung eines Kükens im Ei

Praxis

Wir untersuchen Hühnereier

A Blick in ein Hühnerei

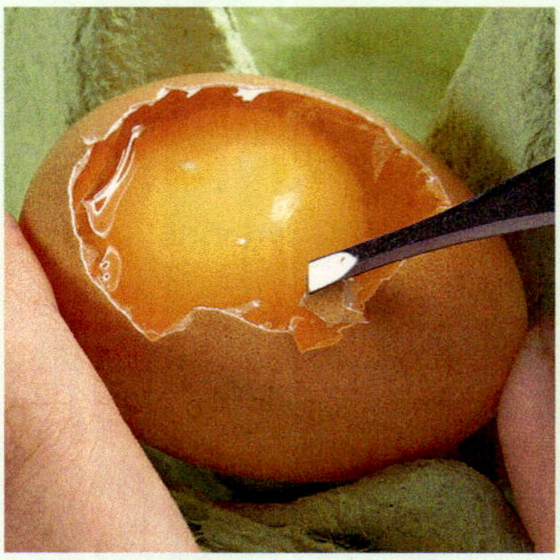

1 Geöffnetes Hühnerei

Material frisches Hühnerei, Pinzette, Stück von einer Eierschachtel

Durchführung Zerschneide die Eierschachtel in Stücke, sodass ein Ei darin gut Halt findet. Lege das Ei quer und beginne mit der Pinzette kleine Stücke der Schale herauszubrechen.

Auswertung Finde alle Bestandteile, die in der Zeichnung des Eies auf Seite 66, Bild 3 eingezeichnet sind.

B Ei ohne Schale

2 Wirkung von Essigessenz

Material frisches Hühnerei, Essigessenz

Durchführung Das Ei wird ein bis zwei Tage in Essigessenz eingelegt und anschließend mit Wasser gespült. Beschreibe das Ei. Drehe das Ei entlang der Längsachse und beobachte das Eigelb. Beschreibe deine Beobachtungen.

Auswertung Erläutere die Bedeutung für die Entwicklung des Kükens.

4 Frisch geschlüpftes Hühnerküken

C Stabilität der Eierschale

3 Versuch zur Stabilität der Eierschale

Material 2 hartgekochte Eier, Löffel, Klebeband, scharfes Messer, dünnes Brett, Gewichte, z. B. Bücher, Messschieber

Durchführung Klebe um die Eier in der Mitte einen Klebebandstreifen (damit sie beim Schneiden nicht brechen). Schneide mit dem Messer die Eier längs in zwei gleich große Teile. Entferne Eiweiß und Eigelb. Lege die vier Eierschalenhälften auf eine ebene Unterlage. Nun können vorsichtig Gewichte aufgestapelt werden, bis die Eierschalen brechen. Wie viel Gewicht haben sie ausgehalten? Miss mit Hilfe eines Messschiebers die Wandstärke der Eierschalen.

Auswertung Beurteile die Stabilität der Eierschalen im Verhältnis zu ihrer Dicke.

Weiter gedacht

Vögel

1 Pinguin

2 Singdrossel

3 Strauß

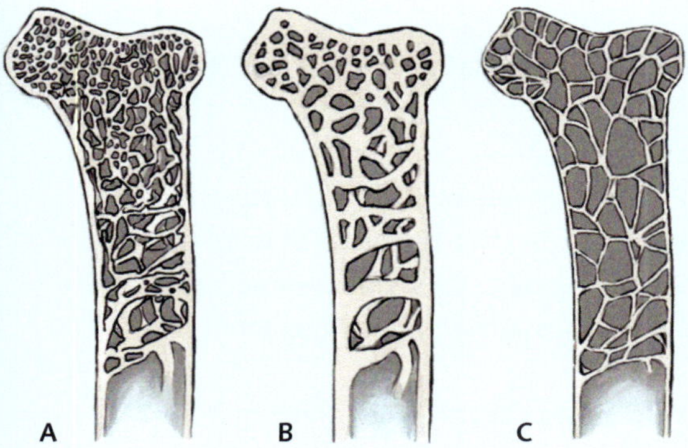

4 Oberschenkelknochen verschiedener Vögel

5 Brutpflege bei Pinguin, Singdrossel und Strauß

Pinguine und Strauße unterscheiden sich stark von der Singdrossel. Beide können nicht fliegen.

Pinguine besiedeln die südlichsten Küsten der Südhalbkugel, vor allem die Antarktis. Sie ernähren sich als geschickte Schwimmer und Taucher von Fischen.

Strauße leben in Afrika, in den heißen Regionen südlich der Sahara. Die großen Laufvögel können 70 Kilometer pro Stunde schnell spurten. Sie ernähren sich überwiegend von Pflanzen.

a □ Nenne Merkmale von Strauß und Pinguin, die sie vom normalen Körperbau der Vögel unterscheiden.

b ◪ Erkläre, dass Singdrossel, Pinguin und Strauß Vögel sind, indem du drei typische Körpermerkmale der Vögel findest.

Die Bilder A bis C zeigen die Oberschenkelknochen eines Singvogels, eines Straußes und eines Pinguins.

c ◪ Ordne die Bilder den Vögeln zu und erläutere deine Entscheidung.

Unsere einheimische Singdrossel legt 3 bis 6 Eier in ihr Nest. Beim Strauß finden sich 8 bis 12 Eier pro Nest. Das Weibchen des Kaiserpinguins legt nur ein Ei, das das Männchen mit Hilfe seines Schnabels auf die Füße hebt, wo er es in der Bauchfalte ausbrütet. Kaiserpinguine bauen keine Nester.

d ◪ Vergleiche die Nester von Singdrossel und Strauß. Erkläre den Bauort.

e ■ Suche nach Gründen für die unterschiedliche Anzahl an Eiern bei den drei Vogelarten.

Diagramme erstellen

Um herauszufinden, wie häufig bestimmte Vögel bei uns vorkommen, werden regelmäßig Zählungen durchgeführt. Dabei fallen viele Messwerte oder Messergebnisse an. Diese Zahlen werden *Daten* genannt. Mit Hilfe von *Diagrammen* kann man Daten veranschaulichen. So werden Zusammenhänge oder Entwicklungen deutlicher und verständlicher.

Um ein Diagramm zu erstellen, gehst du folgendermaßen vor:

1 Sammle Daten Ermittle die Messdaten gewissenhaft, so bekommst du genaue Ergebnisse. Protokolliere die Daten sorgfältig.

2 Ordne die Daten Ordne zusammengehörige Daten und übertrage sie in eine Tabelle. Dies kann schon beim Protokollieren geschehen.

Vogelart	Anzahl
Habicht	183000
Sperber	393000
Schwarzmilan	81600
Seeadler	6000

1 Tabelle: Anzahl von Brutpaaren der Greifvögel in Europa im Jahr 2006

3 Entscheide die Diagrammart Verwende ein *Säulendiagramm*, wenn du *Größen* miteinander *vergleichen* und *Unterschiede* zeigen möchtest. Wähle für bekannte oder gegebene Werte die waagerechte, für die gemessenen Werte die senkrechte Achse.

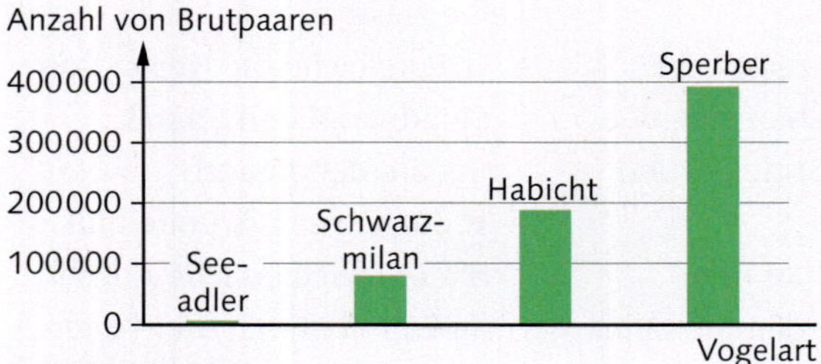

2 Säulendiagramm

Linien- oder *Kurvendiagramme* veranschaulichen die *Veränderung* eines Wertes. Die waagerechte Achse wird häufig als Zeitachse verwendet. So kannst du vor allem *Entwicklungen* oder *Verläufe* gut darstellen.

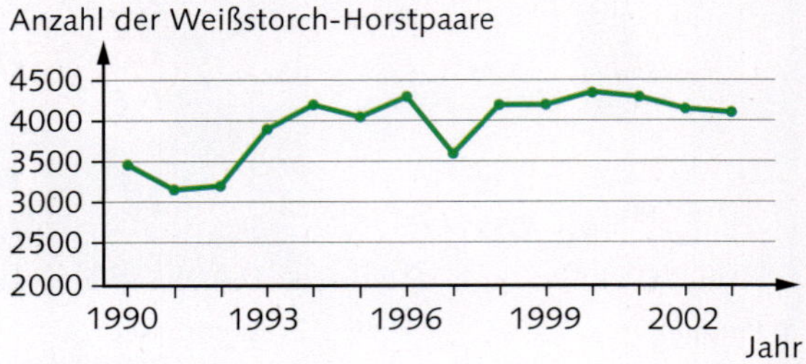

3 Liniendiagramm

4 Wähle einen Maßstab Bei der Einteilung der Achsen musst du berücksichtigen, dass die kleinsten und die größten Werte im Diagramm Platz finden müssen und die Unterschiede zwischen den Werten deutlich werden. Mit der Skalierung bestimmst du zu einem erheblichen Teil die Aussagekraft des Diagramms.

5 Zeichne das Diagramm Trage nun die Tabellenwerte in das Diagramm ein. Wenn du kariertes Papier oder Millimeterpapier verwendest, kannst du genauer arbeiten. Gestalte das Diagramm mit unterschiedlichen Farben für Linien oder Säulen. Dies dient der Übersichtlichkeit und der Eindeutigkeit.

6 Beschrifte das Diagramm Bei der Beschriftung der Achsen dürfen die Benennungen und die Einheiten nicht fehlen. Durch eine gut gewählte Überschrift weiß jeder sofort, was das Diagramm zeigt.

Aufgabe

1 ◪ Beobachte an deinem Wohnort oder auf dem Schulgelände Vögel unter verschiedenen Fragestellungen, zum Beispiel: Wie häufig kann ich eine Art in einer Stunde beobachten? Erstelle ein Diagramm zu den Ergebnissen deiner Beobachtungen.

Merkmale der Vögel

Skelett

Der Körper der Vögel wird von einer Wirbelsäule gestützt. Sie zählen daher zu den *Wirbeltieren*. Die vorderen Gliedmaßen dienen als *Flügel*, die hinteren als Beine. Vögel besitzen mit Luft gefüllte Röhrenknochen, die sehr *dünnwandig* sind. Im Vergleich zu anderen Wirbeltieren sind sie deshalb sehr leicht.

Körperbedeckung

Vögel besitzen eine gleichbleibend hohe *Körpertemperatur* von meist über 40 °C. Das *Federkleid* schützt den Körper vor Wärmeverlust und Hitze. Außerdem weist es Nässe ab und verleiht dem Körper eine strömungsgünstige Form. Federn bestehen aus Horn und werden von der Haut gebildet. Die Schwungfedern bilden die Tragfläche der Flügel.

Atmung

Vögel atmen durch die *Lungen*, die mit den *Luftsäcken* in Verbindung stehen. Dadurch sind sie besonders leistungsfähig, da das Tier sowohl beim Ein- als auch beim Ausatmen Sauerstoff aufnehmen kann.

Fortbewegung

Viele Körpermerkmale der Vögel sind auf das *Fliegen* ausgerichtet. Ihre Flügel dienen als Tragflächen. Hier erzeugen Strömungskräfte die *Auftriebskraft*, die die Vögel fliegen lässt. Einige Vögel sind flugunfähig.

Fortpflanzung und Entwicklung

Vögel haben eine *innere Befruchtung:* Die Eizelle wird im Eierstock des Weibchens von einem Spermium befruchtet. Im Körper der Mutter entwickelt sich ein Ei mit einem großen *Dottervorrat*, von dem sich der Embryo ernährt. Das Ei ist von einer festen *Kalkschale* umgeben. Die meisten Arten bauen zur Brutzeit ein Nest. Nach der Eiablage werden die Eier hier bebrütet, bis die Jungen schlüpfen. Vögel betreiben *Brutpflege*.

Vielfalt der Vögel

Zwischen den Vertretern der Vögel bestehen große Unterschiede. Die Flügel des winzigen Kolibris besitzen eine Spannweite von nur 7,5 Zentimetern, die des Albatros misst über 3 Meter. Unsere heimischen Singvögel zählen zu den Sperlingsvögeln. Dies ist die größte Gruppe der Vögel.

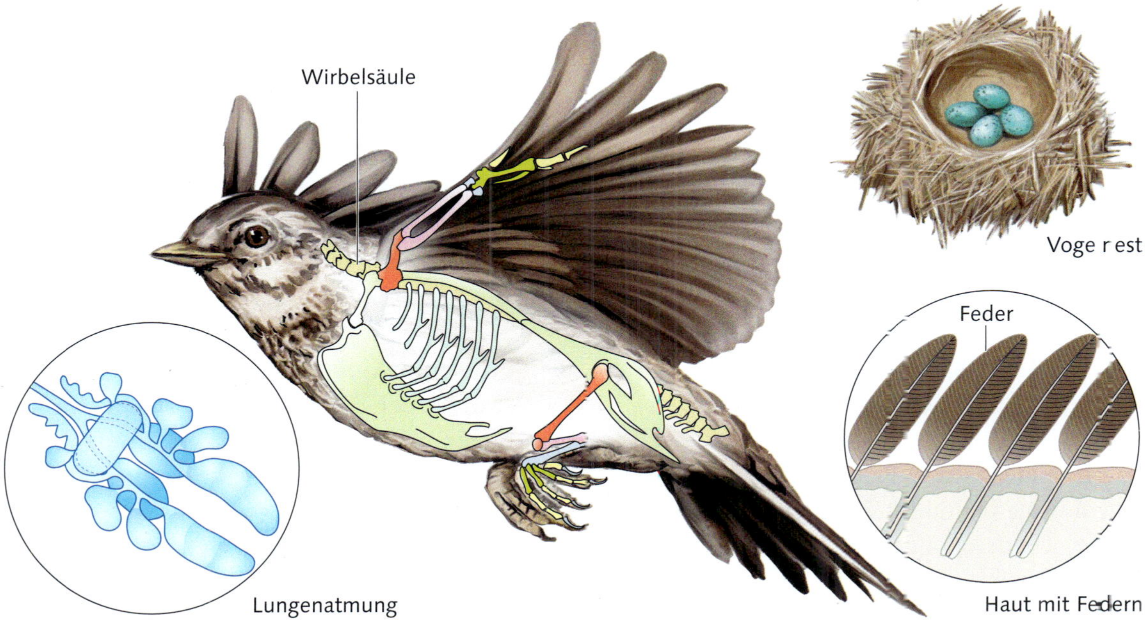

1 Merkmale der Vögel

Die Zauneidechse

1 Zauneidechse beim Sonnenbaden

Bei einem Ausflug huscht plötzlich etwas vor dir über den Weg. Mit etwas Glück kannst du die Zauneidechse sehen, bevor sie zwischen Steinen verschwindet.

Gut getarnt
Zauneidechsen leben an Wegrändern, auf trockenen Waldlichtungen, sonnigen Hängen und in Gärten mit Steinmauern. Die grün schillernden Männchen und unscheinbar graubraun gefärbten Weibchen können durch ihre *Tarnfärbung* kaum von der Umgebung unterschieden werden.

Fortbewegung und Körperbau
Die Beine der Zauneidechsen sitzen seitlich am Körper und können das Gewicht nicht vollständig tragen. Daher berührt der Bauch den Boden. Beim schnellen Lauf wird der Körper schlängelnd bewegt. Diese Art der Fortbewegung gab der ganzen Wirbeltierklasse, zu der auch die Zauneidechse gehört, den Namen: *Kriechtiere* oder *Reptilien*.

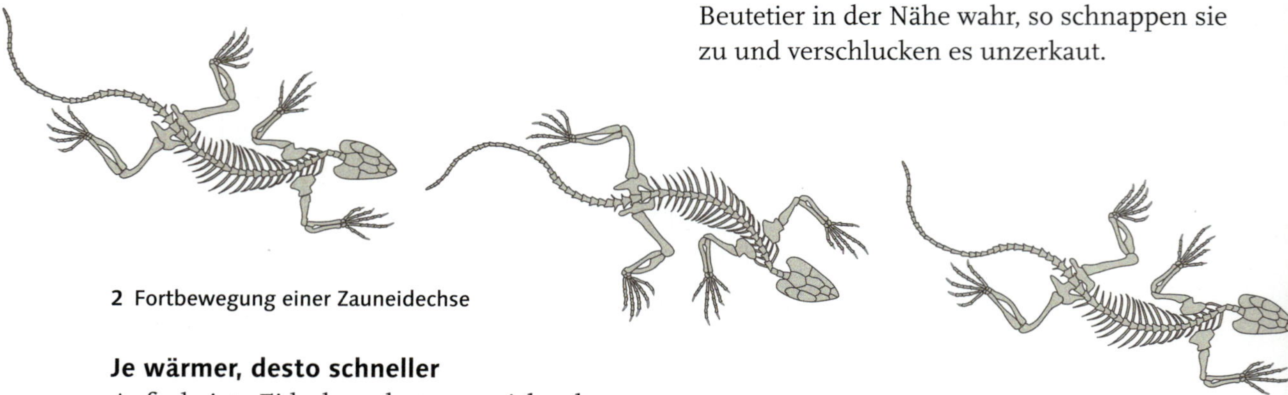

2 Fortbewegung einer Zauneidechse

Je wärmer, desto schneller
Aufgeheizte Eidechsen bewegen sich sehr schnell. Bei kühlen Temperaturen sind ihre Bewegungen jedoch langsam und schwerfällig.

Zauneidechsen erzeugen nur wenig Eigenwärme. Die benötigte Wärme erhalten sie durch stundenlanges Sonnenbaden. Dabei flachen sie ihren Körper ab, um möglichst viel Sonnenstrahlung aufzunehmen. Ihre Körpertemperatur steigt und sinkt mit der Umgebungstemperatur. Zauneidechsen sind *wechselwarme* Tiere.

Im Spätherbst ziehen sie sich in ein frostgeschütztes Erdloch oder eine Felsspalte zurück und fallen dort in die *Winterstarre*.

Fressen und Gefressenwerden
Zauneidechsen fressen Insekten, Spinnen, Würmer und Schnecken. Entweder erspähen sie die Beute mit ihren Augen oder sie »erzüngeln« ihre Nahrung. Durch Züngeln gelangen aufgenommene Duftstoffe ins Maul zum Riechorgan. Nehmen Eidechsen ein Beutetier in der Nähe wahr, so schnappen sie zu und verschlucken es unzerkaut.

Ein Schuppenkleid zum Wechseln
Der Körper der Zauneidechsen ist von Hornschuppen bedeckt. Sie schützen vor Austrocknung und Verletzungen. Das Schuppenkleid kann nicht mitwachsen, wenn die Eidechse größer wird. Daher bildet sich unter dem alten Schuppenkleid ein neues. Wird die alte Haut brüchig, streift die Zauneidechse sie an Steinen ab. Dies nennt man *Häutung*.

Fortpflanzung von Eidechsen

Im Frühling suchen sich die Weibchen einen Partner. Die Männchen verteidigen ihr Revier gegen andere Männchen oft in heftigen Kämpfen. Hinter dem Kopf verbissen, zerren sie sich hin und her, bis ein Gegner flüchtet. Wenn im Juni Männchen und Weibchen aufeinandertreffen, findet die Paarung statt. Das Weibchen gräbt in einem trockenen Versteck ein Erdloch, legt dort bis zu 17 Eier ab und verlässt das Gelege.

Durch die Sonnenstrahlen, die den Boden erwärmen, werden die weichschaligen Eier ausgebrütet. Im August schlüpfen die Jungen. Sie sind sofort selbstständig.

Ein besonderes Ablenkungsmanöver

Zu den Fressfeinden der Zauneidechsen gehören Greifvögel, Krähen, Igel, Marder und auch Katzen. Wenn sie von einem Fressfeind ergriffen werden, können sie einen Teil ihres Schwanzes abwerfen. Der zuckende Schwanz lenkt den Feind ab und die Eidechse kann meist entkommen. Er wächst einmalig wieder nach, ist jedoch kürzer.

4 Natursteinmauern bieten Eidechsen einen Lebensraum.

Eidechsen sind gefährdet

Zauneidechsen stehen unter Naturschutz. Durch die zunehmende Bebauung verringert sich ihr Lebensraum, sodass die Zahl der Zauneidechsen stetig sinkt. Durch Steinzäune und Natursteinmauern kann man im Garten neue Lebensräume schaffen und so dazu beitragen, Zauneidechsen vor dem Aussterben zu bewahren.

In Kürze

Zauneidechsen sind wechselwarme Kriechtiere. Kriechende Fortbewegung, Schuppenkleid, Häutung und Eiablage kennzeichnen sie als Reptilien. Die geschlüpften Jungtiere sind sofort selbstständig.

3 Zauneidechse mit nachgewachsenem Schwanz

Aufgaben

1 □ Beschreibe die Fortbewegung der Eidechse. Nimm Bild 2 zu Hilfe.

2 ◪ Erläutere, wie sich die Zauneidechse vor Fressfeinden schützt.

3 ◪ Erkläre, weshalb das Eidechsenweibchen seine Eier nicht ausbrütet

Die Ringelnatter

Beim Zelten am See schlängelt sich in deiner Nähe eine Schlange lautlos ins Wasser. Du siehst sie auf den Seerosenblättern und machst deine Freunde darauf aufmerksam.

Eindeutige Merkmale
Die Ringelnatter erkennt man an den deutlich sichtbaren gelblich weißen Flecken am Hinterkopf. Ihr Körper ist grau-braun gefärbt. Die Bauchseite ist weißlich gelb. Ringelnattern werden bis zu 150 Zentimeter lang. Die Schlangenhaut ist von Hornschuppen bedeckt und schützt vor Austrocknung. Sie wächst nicht mit und wird während der Häutung im Ganzen abgestreift.

Fortbewegung ohne Beine
Schlangen sind Wirbeltiere und besitzen keine Gliedmaßen. Sie bewegen sich schlängelnd auf dem Boden fort. Ihre starke Bauchmuskulatur ermöglicht die wellenförmige Bewegung.

Lebensraum und Ernährung
Ringelnattern sind lungenatmende Landtiere und suchen gerne warme, sonnige Orte wie Heiden, lichte Wälder oder Moore auf. Sie bevorzugen Lurche als Nahrung.

2 Ringelnattern verschlingen auch große Beutetiere ganz.

1 Ringelnattern mögen die Nähe zu Gewässern.

Ringelnattern haben keine Giftzähne. Sie fallen ihre Beute an, halten sie mit den Zähnen fest und verschlingen sie im Ganzen.

Fortpflanzung und Entwicklung
Die Paarungszeit der Ringelnattern ist im Mai. Ringelnatterweibchen legen im Juli oder August 25 bis 30 weichschalige Eier in den Boden. Sie werden durch die Bodenwärme ausgebrütet.

Ringelnattern im Winter
Ende Herbst suchen Ringelnattern frostfreie Verstecke in Mäuselöchern oder Laubhaufen auf. Dort fallen die wechselwarmen Tiere in Winterstarre. Zum Frühling verlassen sie ihr Winterquartier.

In Kürze
Schlangen sind wechselwarme Reptilien ohne Gliedmaßen. Sie gehören zu den Wirbeltieren. Ihre Körperoberfläche ist mit schützenden Hornschuppen bedeckt. Regelmäßiges Häuten gehört zum Wachstumsprozess. Die Jungtiere entwickeln sich in weichschaligen Eiern.

Aufgaben

1 □ Beschreibe die eindeutigen Merkmale der Ringelnatter.

2 ◪ Informiere dich im Internet über die Kreuzotter und fertige einen Steckbrief an.

3 ■ Vergleiche die Kreuzotter mit der Ringelnatter und fertige eine Tabelle an.

Merkmale der Reptilien

Skelett
Reptilien, auch Kriechtiere genannt, besitzen eine Wirbelsäule, die verlängert ist und einen Schwanz bildet. Sie gehören zu den *Wirbeltieren*. Meist sind zwei Paar Gliedmaßen ausgebildet, die den Körper bei vielen Arten nicht tragen können. Bei Schlangen zum Beispiel fehlen sie ganz.

Körperbedeckung
Die Haut der Kriechtiere wird von Hornschuppen bedeckt. Sie schützen den Körper vor Austrocknung und Verletzungen. Da ihre Haut nicht mitwachsen kann, müssen sich Kriechtiere häuten. Die Häutung erfolgt nach jedem Wachstumsschub. Die Hornschuppen schützen aber nicht vor Wärmeverlust.

Kriechtiere sind wechselwarm und bevorzugen warme, sonnige Lebensräume. Ihre Körpertemperatur passt sich der Umgebungstemperatur an, weil der Schuppenpanzer die Wärme nicht speichert. Im Herbst verkriechen sie sich in frostsichere Verstecke, wo sie in Winterstarre fallen.

Atmung
Kriechtiere sind Lungenatmer und somit typische Landbewohner. Dennoch jagen einige unter Wasser nach Beute.

Fortbewegung
Die meisten Kriechtiere bewegen sich kriechend fort. Einige Kriechtiere bewegen sich schlängelnd. Ihre Gliedmaßen sind zurückgebildet oder fehlen vollständig.

Fortpflanzung und Entwicklung
Die Befruchtung erfolgt im Körperinnern. Die Entwicklung der Jungtiere findet in weichschaligen Eiern statt. Viele Kriechtiere legen ihre Eier im warmen Erdreich ab. Manche Reptilien sind lebend gebärend.

Vielfalt
Es gibt etwa 8000 Reptilienarten. Die Schildkröten fallen mit ihrer Panzerung auf. Außerdem zählen auch Krokodile, Schlangen und Echsen zu den Kriechtieren. Schlangen haben keine Gliedmaßen. Ihr Maul lässt sich zum Verschlingen der Beute stark erweitern.

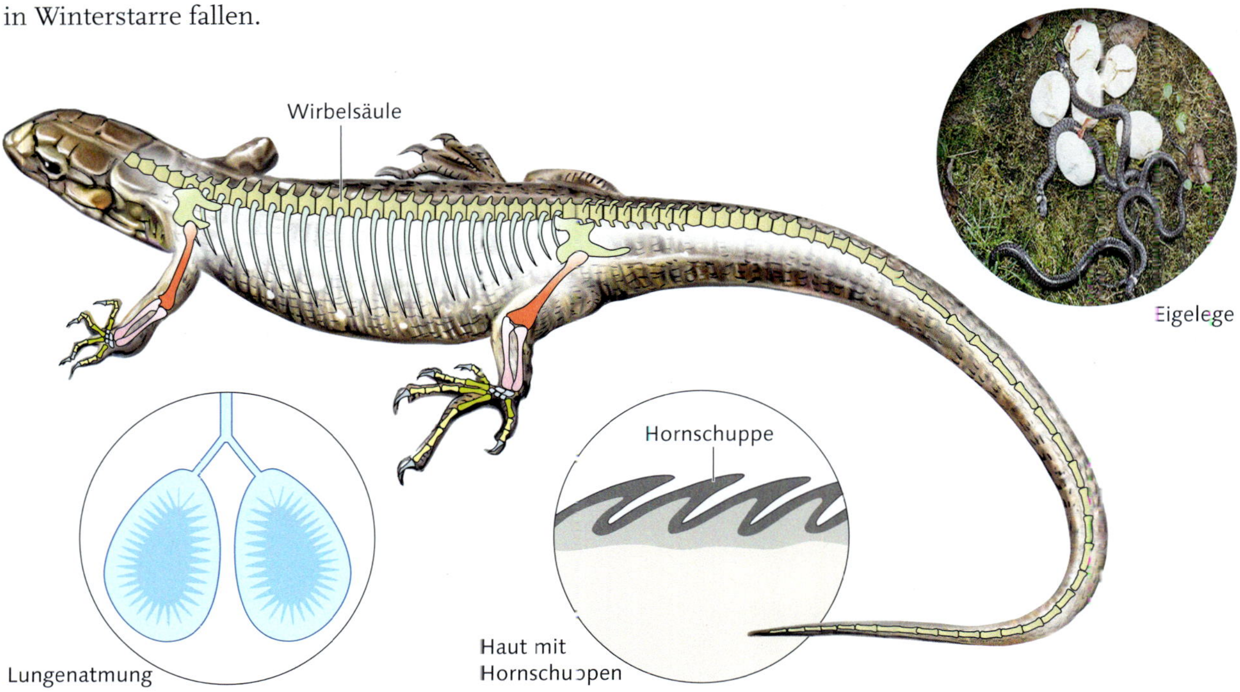

1 Merkmale der Reptilien

Der Teichfrosch

Du musst schon genau hinschauen, um ihn zu entdecken, den Teichfrosch. Regungslos sitzt er zwischen den Wasserpflanzen. Mit seiner grünen Körperfarbe und den dunklen Flecken ist er sehr gut getarnt. Langsam kommst du näher. Plötzlich springt er ins Wasser und taucht unter.

1 Der Teichfrosch ist gut getarnt.

Leben im Wasser und auf dem Land

Der *Teichfrosch* ist wie alle Frösche in zwei Lebensräumen heimisch, auf dem Land und im Wasser. Kennzeichnend für ihn ist zudem, dass er sich im Wasser vom Ei über die Larve zum Frosch entwickelt. Solche Tiere nennt man *Amphibien* oder *Lurche*. Das Wort »Amphibien« kommt aus dem Griechischen und heißt frei übersetzt »in beiden lebend«.

Körperbau und Bewegung

Das Skelett kennzeichnet den Teichfrosch als Wirbeltier. Auffallend sind die sehr langen und muskulösen Hinterbeine. Sie machen ihn zu einem guten Springer auf dem Land und zu einem guten Schwimmer und Taucher im Wasser. Zwischen den langen Zehen der Hinterbeine sind Schwimmhäute. Beim Springen federn die vorgestreckten kurzen Vorderbeine bei der Landung den Sprung ab.

Atmen unter Wasser und an Land

Frösche können sehr lange tauchen, weil sie durch ihre dünne, stark durchblutete Haut den im Wasser gelösten Sauerstoff aufnehmen. Diese Atmung nennt man *Hautatmung*. An Land atmen sie zusätzlich mit ihren Lungen. Das Luftholen kann man als rasch pochende Bewegungen der Haut am Unterkiefer deutlich sehen. Das Maul ist dabei geschlossen. Beim Atmen saugen die Frösche über die Nasenlöcher Luft in die Mundhöhle und schlucken sie in ihre Lungen. Die *Lungenatmung* der Lurche nennt man daher auch »Schluckatmung«.

Frösche findet man nur dort, wo es feucht ist. Ihre dünne Haut würde sonst zu viel Feuchtigkeit verlieren. Sie sind *Feuchtlufttiere*.

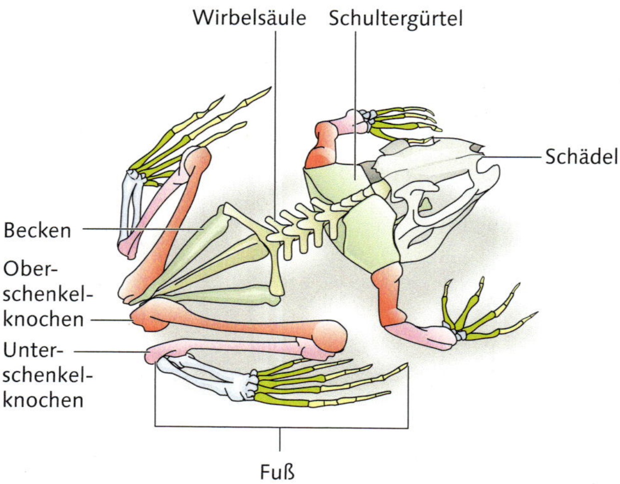

2 Skelett eines Frosches

3 Fortbewegung beim Frosch: Sprungphasen (oben), Schwimmbewegung (unten)

Der Teichfrosch ist ein Fleischfresser

Insekten, Schnecken und Würmer sind die Hauptnahrung des Teichfroschs. Allerdings muss sich seine Beute bewegen, sonst kann er sie nicht wahrnehmen. Befindet sie sich im richtigen Abstand von ihm, dann schleudert er blitzschnell seine lange, klebrige Zunge in Richtung Beute. Die Zunge ist vorne im Maul angewachsen. Wie mit einem Lasso zieht der Frosch die Beute zurück ins Maul und verschluckt sie unzerkaut.

4 Froschzunge beim Beutefang

Natürliche Feinde des Teichfroschs

Der Teichfrosch hat wie alle Lurche sehr viele natürliche Feinde. Bereits während seiner Entwicklung als Larve im Wasser wird er oft zur Beute von Insekten und Fischen. Auch auf die ausgewachsenen Frösche wartet eine Vielzahl von Feinden: Schlangen, Vögel und auch größere Säugetiere, wie der Fuchs, machen Jagd auf ihn. Aus 1000 Eiern entwickeln sich nur etwa zwei bis drei Tiere zu geschlechtsreifen Teichfröschen.

Wahrnehmen der Umwelt

Die großen, halbkugeligen Augen ragen deutlich aus dem Kopf hervor. Dadurch hat der Teichfrosch einen guten Rundumblick. Seine als *Trommelfell* bezeichneten Ohren erkennt man als zwei dunkle Flecken hinter den Augen. Mit ihnen kann er sehr gut hören, zum Beispiel das Summen einer Fliege, aber auch das Annähern eines Feindes. Mit dem feinen Tastsinn spürt er geringste Erschütterungen des Bodens und kann so meist rechtzeitig fliehen.

Teichfrösche im Winter

Frösche sind wechselwarme Tiere. Ihre Körpertemperatur ändert sich mit der Umgebungstemperatur. Die kalte Jahreszeit überstehen sie an frostfreien Stellen, meist in selbst gegrabenen Erdhöhlen. Hier überwintern sie in Kältestarre. Das Herz schlägt dann höchstens zweimal in der Minute. Jetzt atmen die Tiere nur noch über die Haut.

In Kürze

Der Teichfrosch gehört zu den Amphibien. Man nennt sie auch Lurche. Das sind Lebewesen, die an zwei Lebensräume angepasst sind. Sie gehören zu den Wirbeltieren. Lurche haben eine Haut- und eine Lungenatmung. Sie sind Feuchtlufttiere. Ihre Umwelt nehmen sie mit Hilfe der Augen und Ohren wahr.

Aufgaben

1 □ Der Teichfrosch gehört zu den Amphibien. Stelle dar, was man damit über ihn aussagen kann.

2 ◪ Beschreibe, wie sich der Teichfrosch vor seinen Feinden schützt.

3 ◪ Erkläre, weshalb Frösche bei dauernd geöffnetem Maul an Land ersticken würden.

Fortpflanzung der Amphibien

Es ist eine der ersten milden Nächte im Frühjahr. Plötzlich hören wir leises Rascheln im Laub. Im Licht einer Taschenlampe erkennen wir die Ursache: Um uns kriechen zahlreiche Erdkröten in dieselbe Richtung über den Weg. Welches Ziel haben sie wohl?

1 Hier ist es nicht nur für Kröten gefährlich!

Die Krötenwanderung

Wenn im März die Nächte milder werden, verlassen die Erdkröten ihr *Winterquartier,* das sind Erdhöhlen oder andere frostsichere Stellen. Sie wandern meist zu dem Teich, in dem sie »geboren« wurden. Die Männchen locken mit ihren Rufen Weibchen an. Begegnen sie sich, springen die Männchen auf den Rücken der Weibchen. In dieser Huckepackstellung wandern sie zum Laichgewässer. Hier pressen die Weibchen die in *Laichschnüren* verpackten Eier aus. Die Männchen auf ihrem Rücken besamen sie sogleich. Es kommt zu einer *äußeren Befruchtung.* Erst danach lösen sich die Tiere voneinander und wandern in ihr *Sommerquartier.* Das sind Felder und feuchte Wiesen.

2 Die Entwicklung vom Laich zur Kröte: A Laichschnüre; B Kaulquappe; C Kaulquappe mit Hinterbeinen; D Jungkröte

Vom Laich zum Lurch

Lurche legen ihren Laich in Teichen oder anderen Gewässern ab. Aus den befruchteten Eiern schlüpfen kleine, fischähnliche Lebewesen. Mit Lurchen haben diese noch keine Ähnlichkeit. Deshalb bezeichnet man sie als *Larven.* Die Larven von Fröschen und Kröten nennt man *Kaulquappen.* Sie haben einen langen Ruderschwanz und atmen mit Kiemen, die zu beiden Seiten außen am Kopf hängen. Nach etwa drei Wochen entwickeln sich die Hinterbeine, wenig später auch die Vorderbeine. Nachdem sich der Ruderschwanz zurückgebildet hat, sehen die Kaulquappen ähnlich wie kleine Frösche aus. Jetzt entwickeln sich auch die Lungen. Erst wenn diese voll ausgebildet sind, verlassen die kleinen Fröschchen das Wasser. Die Entwicklung, in der Lurche ihre Gestalt verändern, nennt man *Verwandlung* oder *Metamorphose.*

In Kürze

Erdkröten legen ihre Eier in Laichschnüren im Wasser ab. Aus den befruchteten Eiern schlüpfen Kaulquappen. In einer mehrmonatigen Metamorphose entwickeln sich diese Larven allmählich zu kleinen Fröschen.

Aufgaben

1 □ Beschreibe mit Hilfe von Bild 2 die Entwicklung der Erdkröte.

2 ◪ Erkläre, weshalb man Kaulquappen Larven, aber nicht »Fröschchen« nennt.

3 ◪ Die meisten Amphibien haben eine äußere Befruchtung. Erläutere, was man darunter versteht.

Vielfalt der Amphibien

In Deutschland kommen 20 verschiedene Amphibienarten vor. Allen gemeinsam ist, dass sie Wirbeltiere sind, in zwei unterschiedlichen Lebensräumen leben und durch die Haut, aber auch mit Lungen atmen. Insgesamt unterscheidet man zwischen den schwanzlosen *Froschlurchen* und den *Schwanzlurchen*. Zu den Froschlurchen gehören *Frösche, Kröten* und *Unken*. Frösche haben eine glatte, Kröten und Unken eine warzige Haut. Die Körperunterseite der Unken ist zudem auffällig gefärbt.

Schwanzlurche haben einen lang gestreckten Körper. Die vier Gliedmaßen sind gleich lang. Zu ihnen gehören die *Molche*. Sie leben im Gegensatz zu den *Salamandern* hauptsächlich im Wasser. Der Schwanz der Molche ist seitlich abgeflacht.

1 Lebensraum der Lurche

Aufgaben

1 □ Beschreibe den Unterschied zwischen Fröschen und Kröten.

2 ◪ Erstelle einen Steckbrief für einen weiteren Lurch deiner Wahl.

3 ◪ Das Männchen der Geburtshelferkröte betreibt Brutpflege. Erläutere dies anhand des Fotos unten links.

Grasfrosch

etwa 10 cm groß

Aussehen *Rücken gelb bis bräunlich mit großen dunklen Flecken, quer gestreifte Hinterbeine, dunkles Schläfendreieck*

Lebensweise *dämmerungs- und nachtaktiv, überwintert meist tief im Erdboden*

Feuersalamander

bis 25 cm lang

Aussehen *Körper schwarz-gelb gefleckt, Haut enthält Giftdrüsen*

Lebensweise *besonders bei Regen aktiv, lebt gesellig in der Nähe eines Gewässers, nachtaktiv, Weibchen legt geschlüpfte Larven ins Wasser, überwintert an Land*

Geburtshelferkröte

bis 5 cm groß

Aussehen *Körper grau mit schwarzen Punkten*

Lebensweise *nachtaktiv, das Männchen trägt den Laich am Rücken, die schlüpfenden Larven werden ins Wasser abgesetzt*

Bergmolch

8 bis 10 cm lang

Aussehen *oranger Bauch, Rücken beim Weibchen bräunlich, beim Männchen blau mit dunklen Flecken*

Lebensweise *lebt dauernd im Gewässer, überwintert meist im Schlamm*

Methode

Vergleichen und Ordnen

Vergleichen und Ordnen sind zwei wichtige Arbeitsweisen in der Biologie. Mit ihrer Hilfe können Biologen herausfinden, dass zum Beispiel zwei so unterschiedlich aussehende Tiere wie der Teichfrosch und der Feuersalamander zu den Lurchen gehören. Um wie ein Biologe zu vergleichen und zu ordnen, solltest du nach den folgenden Schritten vorgehen:

1 Vergleichen nach bestimmten Kriterien
Überlege dir vorher genau, was du miteinander vergleichen willst. Beschränke dich dabei auf ein bestimmtes Kriterium. Vergleiche alle Tiere nach demselben Kriterium: nur ihren Körperbau, nur das Aussehen, nur die Entwicklung oder nur ihr Verhalten.

2 Festhalten der Ergebnisse des Vergleichs
Die Ergebnisse kannst du in Form einer Tabelle festhalten. Versuche möglichst genau und kurz zu beschreiben. Du kannst auch Skizzen, Zeichnungen oder Fotos anfertigen.

3 Auswerten der Ergebnisse Frage dich nun, welche Gemeinsamkeiten und welche Unterschiede du durch Vergleichen feststellen konntest. Markiere sie mit zwei unterschiedlichen Farben.

4 Ordnen der Auswertungsergebnisse Stelle jetzt mit Hilfe der farbigen Markierungen alle Gemeinsamkeiten den Unterschieden in einer neuen Tabelle oder Liste gegenüber. Du kannst auf der Seite der Unterschiede weiter ordnen.

Aufgaben

1 □ Benenne die in Bild 1 dargestellten und beschriebenen Tiere, die du bereits kennst.
2 ◪ Nenne Gemeinsamkeiten, die diese Tiere als Amphibien kennzeichnen.
3 ■ Überlege, nach welchen Kennzeichen man diese Tiere miteinander vergleichen kann.
4 ■ Versuche nun die unten abgebildeten Lurche in vier Gruppen zu ordnen: Frösche – Kröten – Salamander – Molche.

1 Amphibien gehören unterschiedlichen Gruppen an.

Amphibien sind bedroht

In Deutschland sind alle Lurche besonders geschützt. Weder die Tiere selbst noch den Laich oder die Larven darf man aus ihrem Lebensraum entnehmen. Dennoch geht der Bestand an Amphibien drastisch zurück. Über die Hälfte der bei uns vorkommenden Lurcharten ist vom Aussterben bedroht. Dazu gehört auch der Moorfrosch.

Vom Menschen verursacht

Wegen ihrer dünnen, empfindlichen Haut und aufgrund ihrer Wanderungen zwischen Gewässer und Land, aber auch wegen ihrer vielen natürlichen Feinde sind die Lurche stark gefährdet. Die größte Gefahr geht vom Menschen aus. Er zerstört ihre Lebensräume oder durchschneidet diese durch Straßen. Viele Lurche werden auf ihren Laichwanderungen Opfer des Straßenverkehrs. Durch die Kanalisierung von Flüssen verschwinden die Flussauen mit ihren Altwasserarmen. Um neues Bauland zu gewinnen, werden Feuchtgebiete trockengelegt und Tümpel zugeschüttet. Durch den Einsatz von Unkraut- und Schädlingsbekämpfungsmitteln sind die Tiere zusätzlich bedroht. Viele Lurche vertrocknen unentdeckt in Kellerschächten, in die sie gefallen sind.

2 Vom Menschen verursachte Bedrohungen der Lurche

1 Moorfrosch

In Kürze

Die Amphibien sind die bei uns am stärksten bedrohte Tiergruppe. Hauptverursacher ist der Mensch, der durch Eingriffe in die Umwelt die Lebensräume der Lurche verändert oder zerstört. Alle heimischen Lurche sind besonders geschützt.

Aufgaben

1 □ Beschreibe mit Hilfe von Bild 2, wie der Mensch den Fortbestand der Amphibien gefährdet.

2 ◪ Informiere dich im Internet anhand der Roten Liste, welche Lurcharten bei uns vom Aussterben bedroht sind.

3 ■ Lurche dienen vielen anderen Tieren als Nahrung. Erläutere, welche Folgen das im Hinblick auf das Amphibiensterben hat.

Extra

Eine rätselhafte Pilzerkrankung

Seit 1998 kann man weltweit ein massenhaftes Amphibiensterben beobachten. Australien und Südamerika sind besonders stark betroffen. Die Wissenschaftler befürchten, dass von den etwa 6500 Amphibienarten bald mehr als 4000 Arten ausgestorben sein werden. Verursacher ist ein Pilz, der die Haut der Lurche befällt. Neben der Atmung wird dadurch insbesondere die Wasseraufnahme so stark gestört, dass die Tiere sterben. Vermutlich begünstigt der Klimawandel die Ausbreitung des Pilzes. Inzwischen treten auch in Deutschland derartige Pilzerkrankungen bei den Lurchen auf. Für Menschen ist der Pilz ungefährlich.

Hilfe für Amphibien

A Auffinden möglicher Gefahrenstellen

Material Landkarte des Heimatraums im Maßstab 1:25 000, Schreibmaterial, Fotoapparat

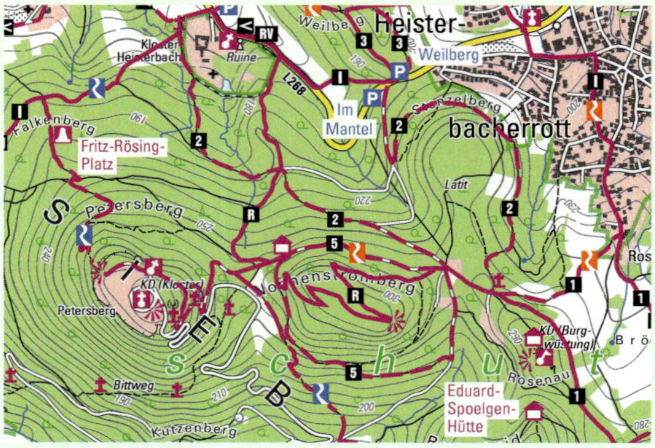

1 Umgebungskarte

Durchführung Die folgenden Arbeiten sollten bis spätestens Anfang März abgeschlossen sein.

- Sucht auf der Karte mögliche Laichgewässer für Lurche.
- Achtet auf die Nähe von Sommer- und Winterquartier.
- Markiert die Stellen, an denen die Lurche auf ihrem Weg zum Laichgewässer Straßen überqueren müssen.

Auswertung

1 Nehmt Kontakt mit einer örtlichen Naturschutzgruppe auf. Hier sind alle Laichgebiete der Umgebung bekannt.
2 Vergleicht, ob eure markierten Stellen mit denen von der Naturschutzgruppe übereinstimmen.
3 Wählt eines dieser Gebiete aus und schaut es euch vor Ort an.
4 Überprüft, ob es durch einen Krötenschutzzaun gesichert ist. Zeichnet eine Lageskizze des Gebiets.
5 Macht Fotos von der Umgebung.

B Rettungsaktion am Krötenschutzzaun

Material Gummihandschuhe, Plastikeimer, Warnwesten, helle Kleidung, Warndreiecke, Bestimmungsbücher, Schreibmaterial

Durchführung

- Besprecht mit dem Betreuer des Zaunes, wann genau im Frühjahr ihr die Rettungsaktion durchführen könnt.
- Sichert den Straßenabschnitt, an dem ihr sammeln wollt, durch Warndreiecke.
- Sucht den Zaun sorgfältig nach Lurchen ab.
- Ermittelt mit Hilfe der Bestimmungsbücher, welche Lurche ihr gefunden habt.
- Tragt in eine Zählliste ein, wie viele Tiere ihr von jeder Lurchart gefunden habt.
- Setzt die gezählten Tiere wieder in die Eimer und tragt sie über die Straße. Lasst sie dort frei.

Erdkröte	Teichfrosch	Teichmolch	Kammmolch
IIII IIII IIII IIII IIII ...	IIII IIII II	IIII	I
73	12	4	1

2 Schüler beim Krötenzählen und ihre Zählliste

Auswertung

1 Ermittelt das Gesamtergebnis der Aktion.
2 Informiert die Naturschutzgruppe über die Ergebnisse der Rettungsaktion.
3 Gestaltet eine Ausstellung über eure Aktion. Geht auf die Gefährdung der Lurche durch den Menschen ein und überlegt mögliche Gegenmaßnahmen.

Merkmale der Amphibien

Skelett

Amphibien, auch Lurche genannt, sind *Wirbeltiere*. Die Wirbelsäule läuft bei den *Schwanzlurchen* in einem langen Schwanz aus. *Froschlurche* haben keinen Schwanz.

Schwanzlurche haben vier gleich lange Beine, bei den Froschlurchen sind die Hinterbeine länger als die Vorderbeine.

Körperbedeckung

Die dünne Haut ist nackt und gut durchblutet. *Schleimdrüsen* halten sie ständig feucht. Lurche findet man nur in feuchter Umgebung, da sonst ihre Haut austrocknen würde. Sie sind *Feuchtlufttiere*.

Als *wechselwarme* Tiere verbringen Lurche den Winter in frostsicheren Winterquartieren, zum Beispiel in Erdhöhlen.

Atmung

Im Wasser atmen Lurche durch die *Haut*. Deshalb können sie sehr lange tauchen. An Land nehmen sie den Sauerstoff über die *Lungen* auf. Während der *Kältestarre* im Winter atmen sie nur durch die Haut.

Fortbewegung

Froschlurche bewegen sich an Land meist langsam und schwerfällig, oft aber mit weiten Sprüngen fort. Im Wasser stoßen sie die Hinterbeine kräftig nach hinten. Schwanzlurche kriechen an Land langsam schlängelnd vorwärts. Im Wasser dient ihr Schwanz als Ruder.

Fortpflanzung und Entwicklung

Lurche entwickeln sich im Wasser. Aus den befruchteten Eiern schlüpfen kleine *Larven*, die *Kaulquappen*. Sie atmen mit Kiemen und haben einen Ruderschwanz. Im Laufe ihrer Entwicklung verändern die Larven ihr Aussehen. Diese Umgestaltung nennt man *Metamorphose*. Die Jungen der meisten Lurche verlassen das Wasser und wandern in ihr *Sommerquartier*.

Vielfalt

Es gibt etwa 6500 verschiedene Lurcharten. Ihre Größe reicht von wenigen Millimetern bei tropischen Fröschen bis zu zwei Metern bei Riesensalamandern.

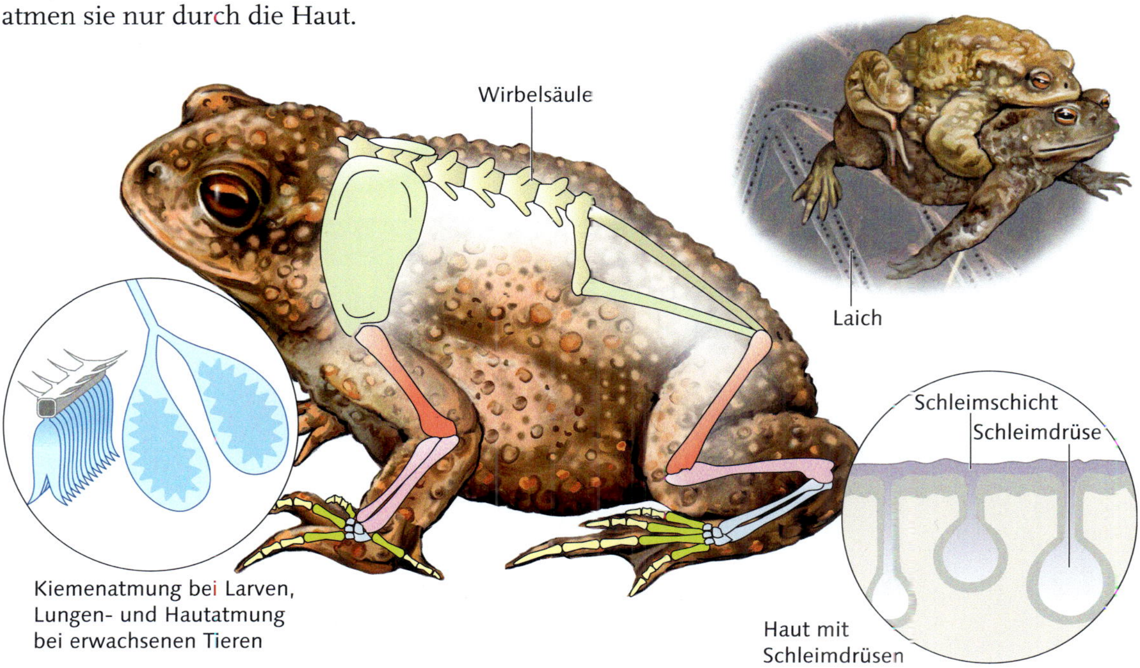

1 Merkmale der Amphibien

Die Bachforelle

Scheinbar reglos »steht« die Bachforelle im Wasser des Baches. Bei genauem Hinsehen erkennt man aber, dass sich die Flossen leicht bewegen. Die Bachforelle schwimmt gegen die starke Strömung an. Mit einem kräftigen Schlag der Schwanzflosse ist sie blitzschnell verschwunden.

Leben in schnell fließendem Wasser
Bachforellen leben in Bächen, dort wo das Wasser kalt, sauber und sauerstoffreich ist. Das schnell fließende Wasser umströmt sprudelnd die Steine und nimmt dabei aus der Luft Sauerstoff auf.

Der Körperbau der Bachforelle
Der lang gestreckte, spindelförmige Körper ist seitlich abgeflacht. Diese Form bietet dem Wasser wenig Widerstand. Mit Ausnahme der Flossen ist der gesamte Körper schützend von *knöchernen Schuppen* bedeckt. Sie überlappen sich wie die Ziegel eines Daches. Darüber liegt eine zähe Schleimschicht, die den Körper noch besser durch das Wasser gleiten lässt.

Angepasstheit an das Leben im Wasser
Wie alle Fische atmen Bachforellen durch Kiemen. An diesen stark durchbluteten Organen tritt der im Wasser gelöste Sauerstoff ins Blut über. Eine mit Luft gefüllte Schwimmblase ermöglicht es den Fischen, sich ohne Kraftaufwand nach oben oder unten zu bewegen.

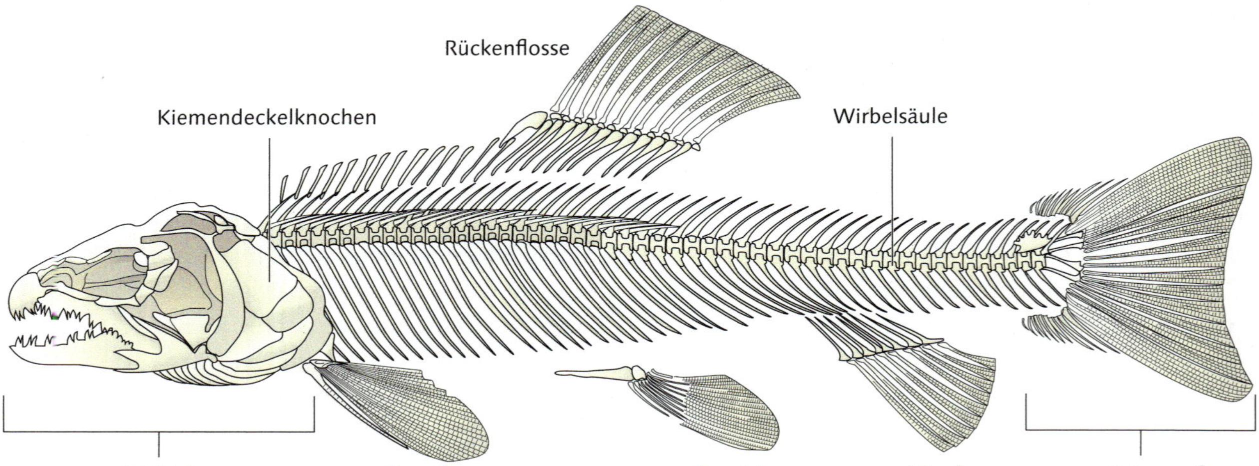

1 Skelett der Bachforelle

2 Bachforelle

Fortbewegung durch Flossen

Ein kennzeichnendes Merkmal für alle Fische sind ihre *Flossen*. Bei der Bachforelle bestehen sie aus langen, dünnen Knochen, die durch eine Haut miteinander verbunden sind.

Durch Hin- und Herschlagen der Schwanzflosse schwimmt die Forelle schlängelnd durch das Wasser. Je zwei Brust- und Bauchflossen dienen zum Steuern. Rücken- und Afterflosse halten den Fisch im Gleichgewicht.

Die Bachforelle ist ein Raubfisch

Die Bachforelle jagt kleinere Tiere, zum Beispiel Insekten, kleinere Fische und Molche. Sie schnappt aber auch nach Insekten, die knapp über der Wasseroberfläche fliegen.

Die Fortpflanzung der Bachforelle

Mit ihrer Schwanzflosse schlägt das Forellenweibchen eine flache Grube in den Boden des Bachbettes. Hier legt es bis zu 1000 Eier, den *Laich,* ab. Das Männchen gibt eine milchige Flüssigkeit darüber, die die männlichen Geschlechtszellen enthält. Das Verschmelzen von Eizelle und männlicher Geschlechtszelle nennt man *Befruchtung.* Aus den befruchteten Eiern schlüpfen die *Larven.* Sie ernähren sich anfangs von ihrem Dottersack.

Erkennen der Umwelt

Mit den nach außen vortretenden Augen haben Forellen einen guten »Rundumblick«. Auch der Geruchs- und Geschmackssinn sowie das Gehör sind gut entwickelt. An jeder Seite des Fischkörpers kann man eine dünne Linie erkennen, das *Seitenlinienorgan.* Dieses besteht aus winzig kleinen Löchern. Sie münden in einen Kanal dicht unter der Haut. Dort liegen Sinneszellen. Mit ihrer Hilfe nimmt die Forelle einen sich nähernden Fisch wahr: Dieser schiebt Wasserwellen vor sich her. Sie dringen durch die Löcher in das Seitenlinienorgan der Forelle ein und reizen dort die Sinneszellen.

In Kürze

Bachforellen leben in sauberen Gewässern. Ihr spindelförmiger Körper bietet der Strömung wenig Widerstand. Mit dem Seitenlinienorgan orientieren sie sich im Wasser. Aus den befruchteten Eiern schlüpfen die kleinen Larven.

Aufgaben

1 □ Nenne Eigenschaften, die ein Gewässer haben muss, in dem Forellen leben können.

2 ◪ Erläutere, wie Forellen auch im Dunkeln jedem Hindernis rechtzeitig ausweichen können.

3 ■ Begründe, weshalb man bei Forellen von einer »äußeren Befruchtung« spricht.

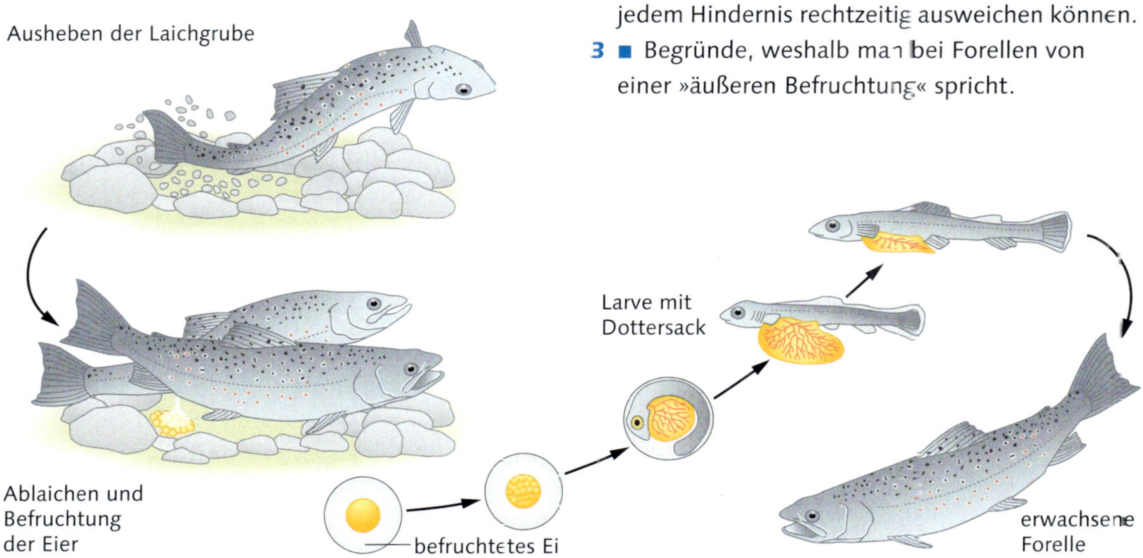

3 Fortpflanzung und Entwicklung der Bachforelle

Untersuchen einer Forelle

A Betrachten des äußeren Aufbaus

Material Papierhandtücher, Forelle, Lupe, Einweghandschuhe

Durchführung Legt die Forelle auf die Papierhandtücher. Betrachtet nun deren Körper und befühlt die Oberfläche. Öffnet das Fischmaul und schaut euch die Zähne an. Notiert eure Beobachtungen.

Auswertung

1 Stellt Vermutungen über die Funktion der Körperoberfläche im Wasser an.
2 Vergleicht die Form des Fisches mit den Beispielen in Bild 1. Benennt die Form des Fisches und beschreibt deren Funktion.
3 Zeichnet einen Umriss der Forelle und ordnet folgende Bezeichnungen zu:
- Bauchflosse
- Rückenflosse
- Schwanzflosse
- Brustflosse
- Afterflosse
- Seitenlinie
- Kiemendeckel

4 Begründet anhand der Zähne, wovon sich Forellen ernähren.

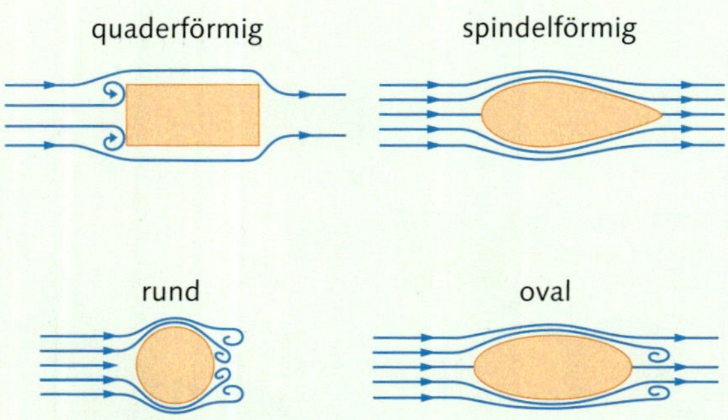

1 Beispiele für Formen und deren Strömungseigenschaften

B Untersuchung der Atemorgane

Material Papierhandtücher, Forelle, Schere, Pinzette, Einweghandschuhe, Metallsonde

Durchführung Hebt den Kiemendeckel mit der Pinzette an und schneidet diesen wie in Bild 2 ab. Betrachtet nun zunächst die Kiemenblättchen. Führt anschließend die Metallsonde durch das Maul ein und durch die Kiemen wieder nach außen, um den Weg des Wassers zu zeigen.
Protokolliert eure Beobachtungen.

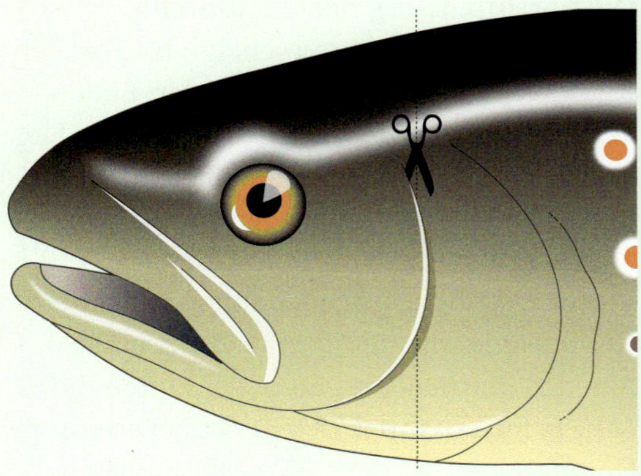

2 Freilegung der Kiemen

Auswertung

1 Begründet die Farbe der Kiemen.
2 Erläutert mit Hilfe des kleinen Fachbuchauszugs in Bild 3, welche Vorgänge an den Kiemen ablaufen müssen.

… in jeder Zelle eines Wirbeltiers wird Zucker mit Hilfe von Sauerstoff zu Kohlenstoffdioxid und Wasser umgesetzt. Diesen Vorgang nennt man Zellatmung.
Die Verteilung des Sauerstoffs erfolgt dabei über das Blut, das diesen an …

3 Zellatmung

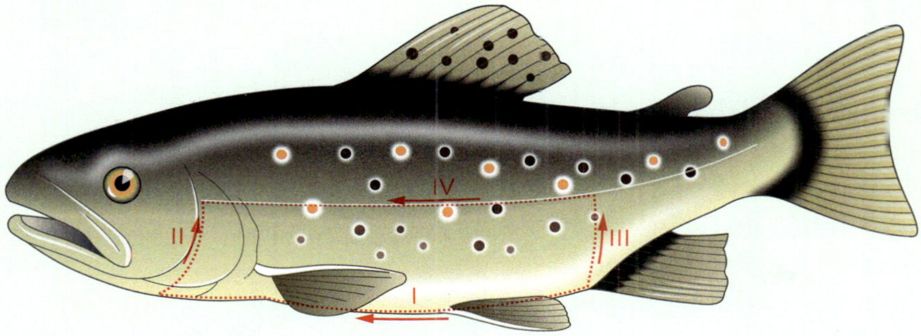

4 Schnittführungen zur Öffnung des Fisches

C Untersuchung der inneren Organe

Material Papierhandtücher, Forelle, Schere, Pinzette, Einmalhandschuhe

Durchführung Für die Untersuchung der Bauchhöhle wird ein Fenster in die seitliche Bauchwand geschnitten wie in Bild 4 gezeigt. Dabei müsst ihr darauf achten, die Schere möglichst flach zu führen, um keine inneren Organe zu verletzen. Schneidet dabei nach dem oben gezeigten Schnittmuster:

- Schneidet vom After bis zum unteren Ende der Kiemenhöhle.
- Der nächste Schnitt verläuft am Kiemenbogen entlang bis zur Seitenlinie.
- Schneidet nun vom After aufwärts bis zur Seitenlinie.
- Klappt nun die Bauchseite nach oben und trennt diese ab. Dabei kann es helfen, wenn ihr zunächst die Gräten mit dem Skalpell durchschneidet.

Auswertung

1 Identifiziert die inneren Organe mit Hilfe von Bild 5. Erstellt eine Tabelle und notiert das charakteristische Aussehen der einzelnen Organe mit Farbe, Form und Beschaffenheit.

Organ	Aussehen
Darm	Hautfarben länglich

2 Entscheidet mit Hilfe von Bild 5, ob es sich bei eurer Forelle, um ein weibliches oder um ein männliches Exemplar handelt.

3 Öffnet den Magen mit dem Skalpell. Stellt aufgrund des Mageninhalts Vermutungen an, was die Forelle zuletzt gegessen hat.

Aufräumen Gebt alle Fischreste mit den Papierhandtüchern in den Abfall, reinigt das verwendete Präparierbesteck, wischt den Tisch mit der bereitgestellten Reinigungslösung ab und wascht zum Schluss eure Hände mit Seife.

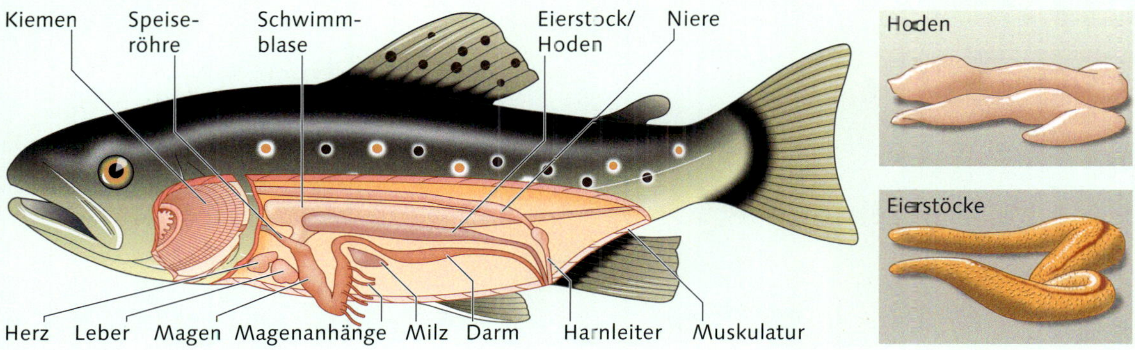

5 Innere Organe einer Forelle

Der Karpfen

Schon seit einigen Tagen wird das Wasser des Karpfenteichs langsam abgelassen, um die Fische vor dem Winter zu »ernten«. Heute ist es endlich so weit, Dominik und seine Freunde dürfen beim Abfischen helfen. Sie sind schon gespannt, wie viele Fische sie fangen werden und wie groß sie sind.

1 »Fischernte« im Karpfenteich

Leben in langsam fließendem Wasser
Karpfen leben bei uns hauptsächlich in künstlich angelegten, flachen Teichen. Sie kommen mit wenig Sauerstoff aus. Im schlammigen Untergrund suchen sie nach Nahrung. Deshalb ist das Wasser in den Teichen meist trüb.

Der Körperbau des Karpfens
Im Gegensatz zur Forelle hat der Karpfen einen plumpen Körper mit einem hohen Rücken. Das Maul kann zu einem Rüssel ausgestülpt werden. An der Oberlippe sitzen zwei Paar Barteln, mit denen er den Schlamm nach Nahrung abtastet. Je nach Art ist der Körper von mehr oder weniger Schuppen bedeckt. Das Skelett zeigt die für Wirbeltiere typische Teilung in Kopf, Rumpf und Schwanz. Karpfen können über einen Meter lang und bis zu 40 Kilogramm schwer werden.

Fortpflanzung durch äußere Befruchtung
Karpfenweibchen laichen im Sommer in pflanzenbewachsenen, flachen und warmen Gewässern. Ihr *Rogen* besteht aus etwa einer Million Eiern. Die Männchen geben sofort nach dem Ablaichen eine milchige Flüssigkeit über die Eier. Diese »Milch« enthält die männlichen Geschlechtszellen, die Spermien. Diese Art der Besamung führt zu einer *äußeren Befruchtung*. Bereits nach fünf Tagen schlüpfen aus den befruchteten Eiern winzige Fischchen.

Der Karpfen – ein Friedfisch
Karpfen sind Allesfresser. Sie suchen sie im Gewässerboden nach Insektenlarven, Würmern und pflanzlicher Nahrung. Als *Friedfische* jagen sie keine anderen Fische.

2 Spiegelkarpfen am pflanzenbewachsenen Teichgrund

Karpfen im Winter

Wenn die Wassertemperaturen im Spätherbst sinken, bewegen sich die Karpfen immer langsamer. Ab 8 °C hören sie auf zu fressen. In Gruppen dicht zusammengedrängt verbringen sie den Winter in den tieferen, vor dem Zufrieren geschützten Stellen des Gewässers. Da Karpfen wie alle Fische wechselwarme Tiere sind, passt sich ihre Körpertemperatur der Umgebungstemperatur an. Die kalte Jahreszeit verbringen sie in Winterruhe. Herz- und Atemfrequenz verringern sich, sodass sie sehr wenig Energie brauchen.

Die Karpfenzucht

Karpfen sind sehr wohlschmeckende Speisefische. Deshalb wurden sie schon sehr früh in Zuchtteichen gehalten und gezüchtet. Ein wesentliches Zuchtziel bestand darin, Fische zu erhalten, die keine oder kaum noch Schuppen haben. So entstanden aus dem dicht beschuppten Wildkarpfen neue Rassen wie der nur mit wenigen großen Schuppen versehene Spiegel- und der nahezu schuppenfreie Lederkarpfen. Die gelblich bis orange gefärbten Goldfische, die keine Barteln haben, und der Koi sind weitere Karpfenzuchtformen. Die in langsam fließenden Gewässern und Seen beheimatete Wildform des Karpfens ist bei uns vom Aussterben bedroht.

Schuppenkarpfen

Spiegelkarpfen

Lederkarpfen

3 Verschiedene Zuchtformen von Karpfen

Extra

Der Koi – ein teurer Karpfen

Der Nishikigoi, kurz Koi genannt, ist eine besonders farbenprächtige Zuchtform des Karpfens. Es gibt über 100 verschiedene Zuchtformen, sodass kein Koi dem anderen gleicht. Sie unterscheiden sich in Farbe, Farbmuster und in der Form der Schuppen. Kois können bis zu 1,50 Meter Größe erreichen und über 60 Jahre alt werden. Wie alle Karpfen leben Kois stets in Gruppen zusammen.

In Japan hat die Koizucht eine sehr lange Tradition. Ursprünglich wurden die Fische als Speisefische und zur Bekämpfung von Insekten in Reisfeldern gehalten. Heute werden Kois ausschließlich als Zierfische gezüchtet. Liebhaber und Hobbyzüchter zahlen mehrere Zehntausend Euro für besonders farbenprächtige und große Exemplare. Die Anlage eines Gartenteichs mit Koikarpfen kann also sehr teuer werden.

In Kürze

Karpfen leben in Teichen und langsam fließenden Gewässern. Aufgrund ihrer Ernährungsweise bezeichnet man sie als Friedfische. Karpfen sind beliebte Speisefische. Durch Züchtung entstanden verschiedene Karpfenformen. Goldfisch und Koi sind besondere Zuchtformen, die als Zierfische in vielen Gartenteichen leben.

Aufgaben

1 □ Nenne ein Merkmal, das die Goldfische mit den Kois gemeinsam haben, und eines, worin sie sich unterscheiden.

2 ◪ Die in Bild 3 dargestellten Karpfen entstanden durch Züchtung aus dem Wildkarpfen. Suche nach einer Erklärung für diese Zuchtformen.

3 ◪ Karpfenteiche sind meist flache Gewässer. Erkläre, weshalb der Teich wenigstens eine tiefe Stelle haben muss.

4 ◪ Erkläre, weshalb das Halten von Koi in einem Gartenteich sehr teuer sein kann.

Merkmale der Fische

Skelett

Fische gehören zu den Wirbeltieren. Die lang gestreckte Wirbelsäule stützt den Körper. Die paarigen Brust- und Bauchflossen entsprechen den Vorder- bzw. Hintergliedmaßen bei den anderen Wirbeltieren.

Körperbedeckung

Die Haut der Fische ist von Knochenschuppen bedeckt. Sie liegen dachziegelartig übereinander und bilden eine äußere Schutzschicht. Darüber befindet sich eine drüsenreiche Schleimhaut. Diese schützt zusätzlich und lässt den Fisch leichter durchs Wasser gleiten.

Atmung

Fische atmen mit Kiemen. Sie nehmen Wasser durch ihr Maul auf und drücken es an den stark durchbluteten Kiemenblättchen vorbei. Diese nehmen den im Wasser gelösten Sauerstoff auf. Das Blut transportiert ihn zu den Organen. Im Gegenzug tritt das im Blut enthaltene Kohlenstoffdioxid ins Wasser über. In den Kiemen erfolgt also ein Gasaustausch.

Fortbewegung

Die Flossen sind das kennzeichnende Merkmal aller Fische. Die Schwanzflosse dient hauptsächlich der raschen Vorwärtsbewegung. Mit den Brust- und Bauchflossen steuern sie und halten den Körper im Gleichgewicht. Die meisten Fische haben eine Schwimmblase. Mit ihr können sie auch ohne Flossenbewegungen im Wasser schweben.

Fortpflanzung und Entwicklung

Die meisten Fische vermehren sich durch äußere Befruchtung. Dabei spritzt das Männchen seine milchig weiße Samenflüssigkeit über die zahlreichen vom Weibchen ins Wasser abgelegten Eier, den Laich. Aus den befruchteten Eiern entwickeln sich kleine Fischlarven.

Vielfalt

Die Fische gehören zur Gruppe der Wirbeltiere. Ihre Größe reicht von wenigen Millimetern bis zu 20 Metern beim Walhai. Der größte heimische Fisch ist der Wels. Er kann bis zu 3 Meter lang und über 100 Kilogramm schwer werden.

1 Merkmale der Fische

Reptilien, Amphibien und Fische

1 Die Blindschleiche – ein Reptil?

1 Blindschleiche, schlängelnd am Boden

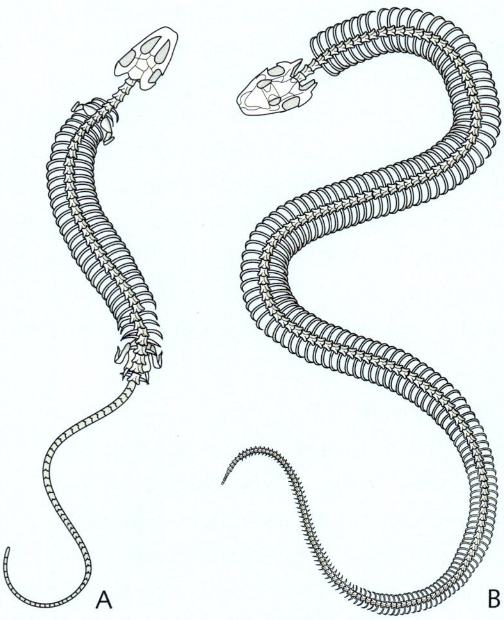

2 Skelett: A Blindschleiche; B Ringelnatter

a ◪ Informiere dich über die Blindschleiche und erstelle einen Steckbrief.

b ◪ Vergleiche die Skelette von Blindschleiche und Ringelnatter in Bild 2. Nenne Gemeinsamkeiten und Unterschiede.

c ■ Erkläre mit Hilfe der Bilder 1 und 2, dass Blindschleichen die Merkmale von Kriechtieren aufweisen.

2 Atmung bei Amphibien

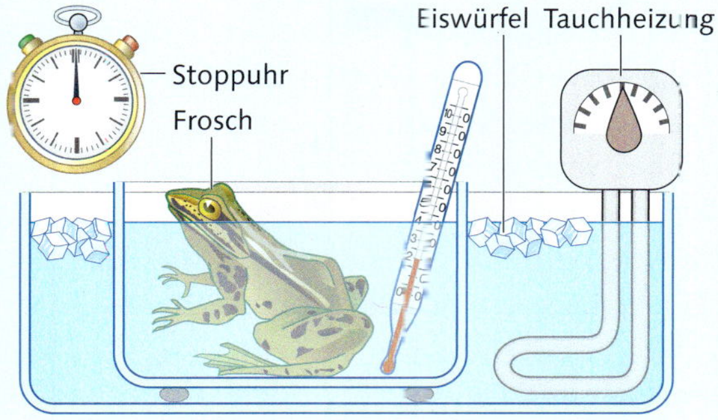

Temperatur in °C	0	5	10	15	20	25	30
Atemzüge pro Minute	0	0	0	4	10	30	90

3 Versuchsaufbau und Messergebnisse

a □ Beschreibe den Versuch in Bild 3.

b ◪ Erstelle aus den Werten ein Diagramm und werte es aus.

3 Der Hecht im Karpfenteich

Der bekannteste einheimische Raubfisch ist der Hecht. Raubfische ernähren sich von kleineren Fischen, Insekten und Weichtieren. Friedfische wie der Karpfen dagegen ernähren sich von pflanzlicher Nahrung oder von Weichtieren, die sie im Bodenschlamm finden.

a □ Beschreibe Angepasstheiten des Hechts an das Leben im Wasser.

b ◪ Die Redensart »ein Hecht im Karpfenteich« bedeutet, dass jemand ein Unruhestifter ist oder Angst verbreitet. Erkläre, wie es zu dieser Redensart gekommen sein könnte.

Nahrungsbeziehungen im Teich

Friedlich raspelt eine Kaulquappe an einem Büschel Wasserpestpflanzen. Doch die Ruhe trügt. Unweit davon entfernt lauert eine Libellenlarve. Kommt die Kaulquappe bei ihr vorbei, wird sie zuschnappen. Die Libellenlarve selbst aber sollte sich vor Teichfröschen in Acht nehmen. Für sie sind nämlich die Libellenlarven eine willkommene Beute.

Fressen und Gefressenwerden

Nahrungsbeziehungen wie die zwischen Wasserpest, Kaulquappe, Libellenlarve und Teichfrosch bestehen zwischen vielen Lebewesen im Teich. Man spricht von *Nahrungsketten*. Die Nahrungskette Wasserpest → Kaulquappe → Libellenlarve → Teichfrosch ist nur eine von vielen möglichen. Nun fressen nicht nur Kaulquappen gerne an der Wasserpest, sondern auch Schlammschnecken ernähren sich von den Wasserpflanzen. Sie wiederum werden von Karpfen gefressen. Libellenlarven fressen alle Wassertiere, die sie überwältigen können. Den Teichfröschen dienen neben Insekten auch Schnecken, Würmer und Fischbrut als Nahrung. Nahrungsketten sind also untereinander verzweigt. Es entstehen *Nahrungsnetze*.

Produzenten und Konsumenten

Am Anfang aller Nahrungsketten stehen die grünen Pflanzen. Sie produzieren Stoffe, die den pflanzenfressenden Tieren als Nahrung dienen. Die Tiere selbst können diese Stoffe nicht herstellen. Man nennt die Pflanzen deshalb auch *Produzenten*. Grüne Pflanzen sind also direkt oder indirekt die Lebensgrundlage aller Tiere. Tiere werden als *Konsumenten* bezeichnet. Die Pflanzenfresser unter ihnen werden meist die Beute kleinerer Fleischfresser. Diese können von größeren Fleischfressern erbeutet werden. Gibt es Hechte in einem Teich, dann stehen sie am Ende der meisten Nahrungsketten.

1 Eine Kaulquappe an einer Wasserpflanze

Abbau durch Aasfresser und Destruenten

Bestimmte Würmer und Schnecken im Teich ernähren sich von abgestorbenen Pflanzen und Tieren. Als *Aasfresser* tragen sie somit zum Abbau von toten Tieren und Pflanzen bei. Den entscheidenden Anteil an der Beseitigung haben jedoch verschiedene *Bakterien* und *Pilze*. Sie bauen noch verbliebene Teile von toten Tieren und Pflanzen vollständig ab oder zersetzen diese. Man nennt sie deshalb *Zersetzer* oder *Destruenten*.

Extra System

Der Teich ist ein Lebensraum, in dem viele Lebewesen in einer Gemeinschaft leben.
Sie sind an diesen Lebensraum angepasst.
Die besonderen Lebensbedingungen im Teich und die Lebewesen in ihm wirken zusammen. Sie stehen in wechselseitiger Beziehung zueinander. Man sagt dazu auch: Sie bilden zusammen ein System, das System Teich.

Alle Systeme bestehen aus unterschiedlichen Teilen, die miteinander in Wechselwirkung stehen. Wenn ein Teil oder mehrere Teile fehlen, funktioniert das System nicht mehr oder nur eingeschränkt. Aber nicht nur Lebensräume wie der Teich oder die Wiese, sondern auch einzelne Pflanzen und Tiere stellen Systeme dar.

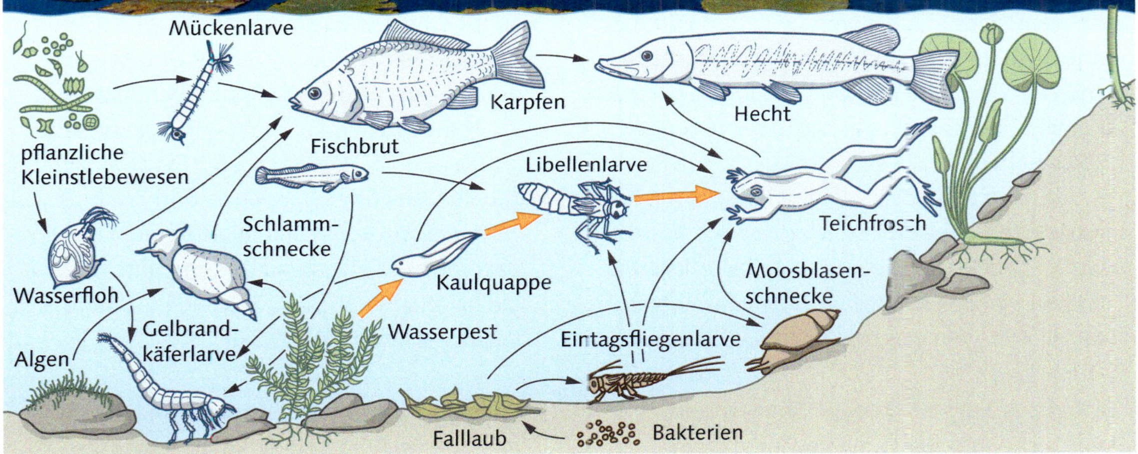

2 Ausschnitt aus dem Nahrungsnetz in einem Teich

In Kürze

Zwischen den Lebewesen im Teich bestehen Nahrungsbeziehungen. Die einen bilden die Nahrung für die anderen. So entstehen Nahrungsketten. Als Produzenten von Nährstoffen stehen Pflanzen am Anfang jeder Nahrungskette. Darauf folgen meist mehrere Glieder von Konsumenten. Tote Pflanzen und Tiere oder Teile von ihnen werden von Aasfressern und Destruenten vollständig abgebaut. Die meisten Nahrungsketten sind verzweigt. Es entstehen Nahrungsnetze.

Aufgaben

1 □ Nenne die Definition für die Begriffe Nahrungskette und Nahrungsnetz.

2 ◪ Suche aus Bild 2 fünf Nahrungsketten heraus. Zeichne die Tiere in dein Arbeitsheft und verbinde sie mit Pfeilen. Benenne die Glieder der ausgewählten Nahrungsketten mit den Begriffen Produzenten, Konsumenten und Destruenten. Benutze dabei auch die deutschen Fachbegriffe.

3 ◪ Erkläre am Beispiel des Teiches, was man in der Biologie unter einem »System« versteht.

Methode

Mit Tabellen arbeiten

Tabellen sind gut geeignet, um vielfältige Informationen übersichtlich und einprägsam darzustellen.

A Tabellen auswerten

1 Thema erfassen Nenne zuerst das Thema der Tabelle. Die Überschrift und der Tabellenuntertitel geben dir Auskunft darüber, welche Inhalte in der Tabelle dargestellt werden.

2 Spalten und Zeilen erklären Lies die erste Spalte und die erste Zeile durch. Spalten verlaufen senkrecht, Zeilen waagerecht. Jetzt kannst du genau sagen, welche Inhalte oder Themen in der Tabelle anschaulich dargestellt werden.

3 Ablesen Lies nun die verschiedenen Informationen ab. In dem Feld, in dem sich Spalte und Zeile treffen, stehen die Informationen zu diesen Punkten. Beachte immer Maßeinheiten oder Zeitangaben.

4 Auswerten Bewerte die abgelesenen Informationen und vergleiche sie mit anderen Informationen. Stelle einen Bezug zu deinem Vorwissen her. Beachte die vorgegebene Fragestellung.

Mögliche Fragestellungen können sein:
- Welche Informationen gewinnst du aus der Tabelle?
- Welche Regelmäßigkeiten oder Abweichungen erkennst du?
- Welche Schlussfolgerungen kannst du aus der Tabelle ziehen?

Bei der Auswertung einer Tabelle helfen dir folgende Satzanfänge:
- Es werden Informationen über …
- Besonders interessant ist, dass …
- Die höchsten/niedrigsten Werte besitzen …
- Der Vergleich von …
- Folgende Aussage kann man treffen …

B Tabellen selbst erstellen

1 Thema finden Mach dir klar, was du miteinander vergleichen oder darstellen willst. Nenne den Inhalt der Tabelle und formuliere daraus eine Überschrift.

2 Inhalte der Spalten und Zeilen festlegen In diesem Schritt legst du fest, welche Inhalte in den Spalten und den Zeilen stehen sollen. Dies können Tiere, Lebensräume, Merkmale, aber auch Werte wie Temperatur, Größe, Gewicht oder Ähnliches sein.

3 Platzbedarf abschätzen Notiere die benötigte Anzahl der Spalten und Zeilen. Lege fest, ob du die Tabelle im Hoch- oder Querformat zeichnen willst. Eine großzügige Darstellung erleichtert das Ablesen. Werden Abbildungen, Skizzen oder längere Texte verwendet, benötigst du größere Felder.

4 Tabelle zeichnen Verwende zum Zeichnen des Gitternetzes der Tabelle Bleistift und Lineal. Beginne mit der ersten Zeile und unterteile in die benötigten Spalten. Zeichne die Spalten. Ergänze die weiteren Zeilen.

5 Eintragen der Informationen Trage die Informationen ein. Verwende unterschiedliche Farben und Schriftarten, um die Auswertung zu erleichtern.

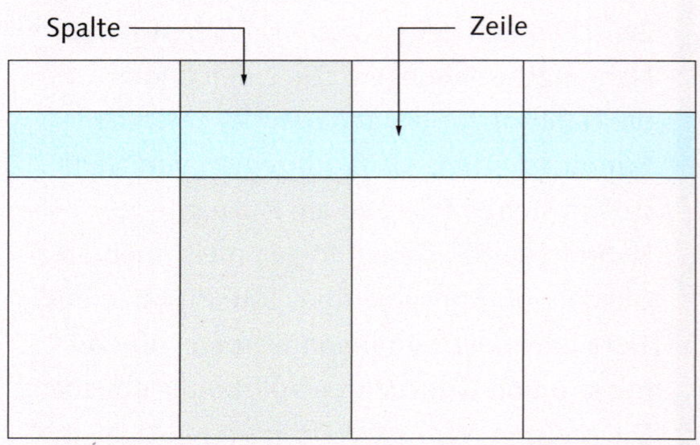

1 Eine Tabelle anlegen

Verschiedene Wirbeltiergruppen im Vergleich					
Wirbeltiergruppe	**Fische**	**Amphibien**	**Reptilien**	**Vögel**	**Säugetiere**
Beispiele			Eidechse, Ringelnatter		
Körperbedeckung	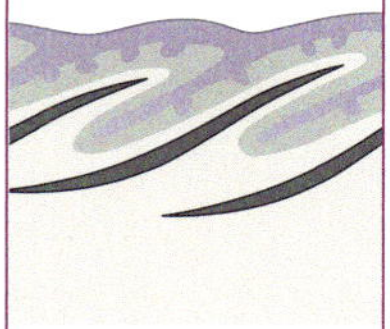				
		wechselwarm			
Atmung				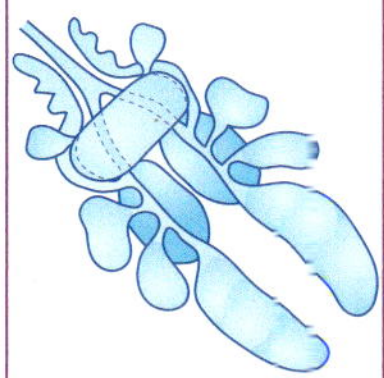	
Fortbewegung		kriechend und schlängelnd			
Fortpflanzung und Entwicklung					innere Befruchtung, Entwicklung im Mutterleib, lebend gebärend säugen

2 Merkmale der verschiedenen Wirbeltiergruppen

Aufgaben

1 □ Übertrage die Tabelle in Bild 2 in dein Heft und ergänze in den leeren Feldern die fehlenden Informationen.

2 ■ Werte die von dir ergänzte Tabelle schriftlich aus. Welche Angepasstheiten zeigen die Wirbeltiergruppen an unterschiedliche Lebensräume?

Teste dich

Vielfalt der Wirbeltiere

1 Unterschiedliche Wirbeltiere

1 Kennst du die Wirbeltiere?

a □ Alle Tiere in Bild 1 sind Wirbeltiere. Nenne das gemeinsame Merkmal, das die Tiere besitzen.

b □ Ordne die Tiere der entsprechenden Wirbeltiergruppe zu.

c ◪ Erläutere deine Entscheidung anhand eines auf dem Bild erkennbaren Merkmals.

2 Unterschiedliche Fortpflanzung

2 Fortpflanzung bei Wirbeltieren

a □ Ordne die Eier und Jungtiere von Bild 2 einander zu.

b ◪ Man unterscheidet zwei Arten der Befruchtung. Nenne die Befruchtungstypen, die bei den einzelnen Tiergruppen vorkommen.

c ◪ Stelle in einer Tabelle den Befruchtungstyp und die jeweiligen Eier dar.

3 Unterschiedliche Körperbedeckung

3 Verschiedene Federtypen

a □ Ordne jeweils den Buchstaben A–C die richtigen Begriffe zu

b ◪ Beschreibe die Unterschiede zwischen Deck- und Daunenfedern.

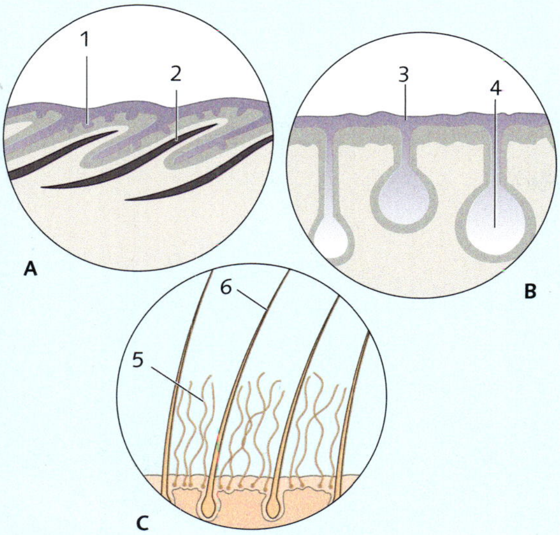

4 Unterschiedliche Körperbedeckungen

c ◪ Nenne die verschiedenen Arten der Körperbedeckung in Bild 4. Ordne den Begriffen 1–6 die passenden Begriffe zu.

4 Unterschiedliche Atmung

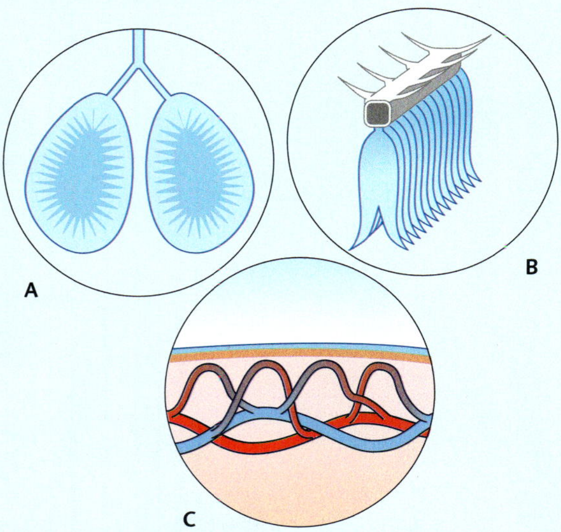

5 Unterschiedliche Arten der Atmung

a □ Benenne die verschiedenen Arten der Atmung in Bild 5.
Gib für A, B und C drei Tiere an, die diese Art der Atmung nutzen. Erstelle dazu eine Tabelle.

b ◪ Erläutere die Atmungsarten und vergleiche diese.

c ■ Erläutere die Bedeutung der Atmung in Bezug auf die Angepasstheit an den Lebensraum.

Vielfalt der Wirbeltiere

- Alle Wirbeltiere besitzen eine Wirbelsäule. Man unterscheidet fünf Wirbeltiergruppen: Fische, Amphibien, Reptilien, Vögel und Säugetiere.

- Wirbeltiere weisen Angepasstheiten auf die ihnen helfen, im jeweiligen Lebensraum zu überleben. Durch das Skelett, die Körperbedeckung, die Atmung, die Fortbewegung sowie Fortpflanzung und Entwicklung sind Wirbeltiere an ihren Lebensraum angepasst.

- Die Körpertemperatur der Fische, Amphibien und Reptilien hängt von der Umgebungstemperatur ab. Sie sind wechselwarm. Das Fell der Säugetiere und die Federn der Vögel ermöglichen eine gleichbleibende Körpertemperatur.

- Die Atmung erfolgt bei Fischen durch Kiemen. Amphibien atmen über die Haut und durch Lungen. Reptilien, Vögel und Säuger besitzen Lungen.

- Die Eier von Fischen und Amphibien werden außerhalb des Körpers befruchtet. Reptilien, Vögel und Säugetiere dagegen haben eine innere Befruchtung.

- Tiere stehen in vielfältigen Nahrungsbeziehungen zueinander. Sie bilden Nahrungsketten, die zu Nahrungsnetzen verknüpft sind.

Wirbellose

Leben im Boden – der Regenwurm

Nach einem starken Regenguss sieht man an der Erdoberfläche häufig zahlreiche Regenwürmer. Daher haben sie wohl ihren Namen, aber auch die »rege« Tätigkeit im Boden, ihrem eigentlichen Lebensraum, könnte zur Namensgebung geführt haben.

1 Regenwurm an der Oberfläche

Lebensraum Boden

Der Boden bietet vielen Tieren einen Lebensraum. Neben Regenwürmern gibt es hier zahlreiche andere Tierarten, wie zum Beispiel den Maulwurf, verschiedene Käfer, Spinnentiere, Asseln, Schnecken und Milben.

Der Regenwurm lebt in einem weitverzweigten Röhrensystem, das entsteht, wenn er sich durch den Boden frisst. Aus der gefressenen Erde nimmt der Regenwurm für ihn wichtige Stoffe auf. Kot und Schleim verfestigen beim Durchkriechen der Röhren die Wände. Nachts zieht der Regenwurm Blätter, welkes Gras und abgestorbene Pflanzenteile zum Fressen in die Röhren.

Innerer und äußerer Bau

Der bis zu 30 Zentimeter lange Körper eines Regenwurms besteht aus vielen Ringen. Besonders auffällig ist der Gürtel an der vorderen Körperhälfte. Er dient zur Fortpflanzung. Jeder Ring, auch *Segment* genannt, ist gleich aufgebaut und besteht aus je einer Schicht Ring- und Längsmuskeln sowie acht Borsten. Dieser *Hautmuskelschlauch* gibt dem Körper seine Form und stützt ihn. Wie alle Tiere ohne Innenskelett und Wirbelsäule zählt man den Regenwurm zu den *Wirbellosen.*

Im Innern sind die Segmente ebenfalls alle ähnlich aufgebaut. So ist jedes Segment von Darm, Blutgefäßen und Nervensträngen durchzogen. Ausscheidungsorgane geben die Körperflüssigkeit in Form von Schleim nach außen ab. Der Regenwurm atmet über die Haut und ist deshalb auf eine feuchte Umgebung angewiesen. Er ist ein *Feuchtlufttier.*

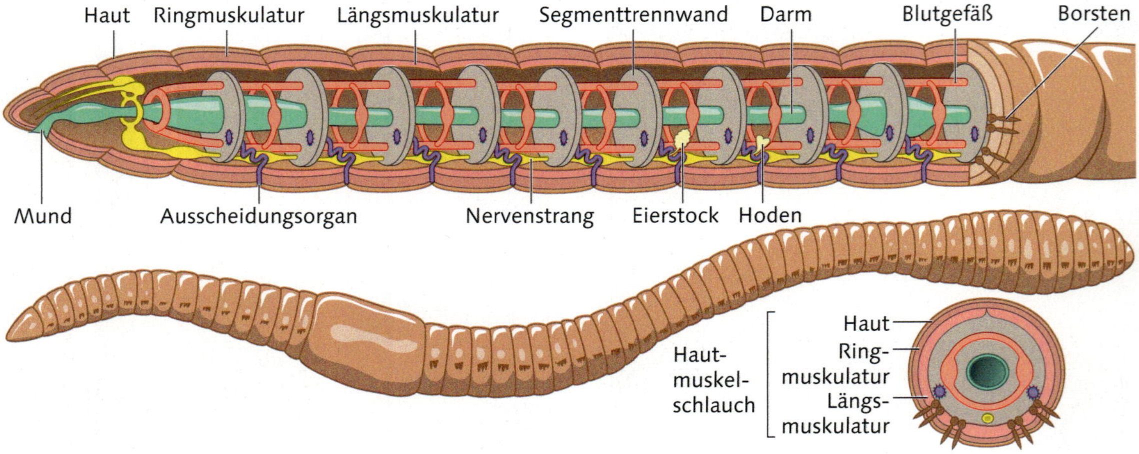

2 Äußerer und innerer Bau eines Regenwurms

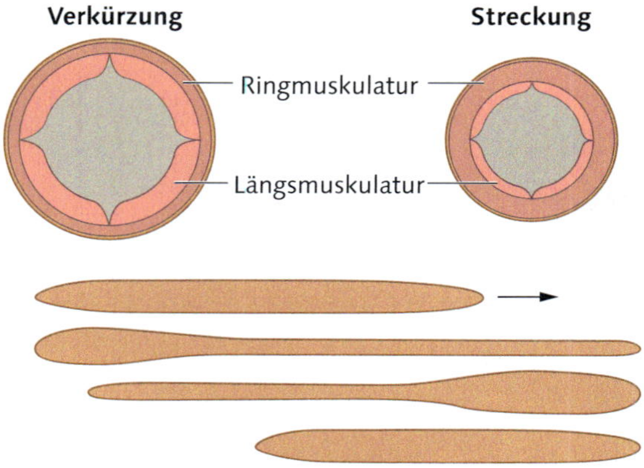

3 Fortbewegung beim Regenwurm

Fortbewegung mit Muskeln und Borsten

Regenwürmer bewegen sich mit Hilfe der Ring- und Längsmuskeln sowie der Borsten fort. Bei Anspannung der Ringmuskeln werden einzelne Ringe lang und dünn. So schiebt sich der Regenwurm nach vorne. Durch das darauffolgende Anspannen der Längsmuskeln werden die einzelnen Ringe wieder kurz und dick. Die Borsten verhaken sich dabei im Boden und verhindern ein Zurückrutschen.

Männlich und weiblich in einem

Regenwürmer besitzen männliche und weibliche Geschlechtsorgane. Sie sind *Zwitter.* Zur Paarung bringen sie ihr Vorderende mit dem Gürtel des Partners zusammen. Beide Tiere begatten sich gegenseitig und legen dann befruchtete, von einem Kokon umhüllte Eier ab. Aus ihnen schlüpfen die kleinen Würmer.

Bedeutung der Regenwürmer

Durch die Tätigkeit der Regenwürmer durchziehen Regenwurmröhren den ganzen Boden in bis zu zwei Meter Tiefe. Die Röhren leiten Niederschläge besser ab und die Pflanzen gelangen leichter an Wasser. Zudem wird der Boden durchmischt. Pflanzen können sich dadurch leichter verwurzeln. Außerdem sorgen die Röhren für eine gute Durchlüftung des Bodens. Der Kot der Regenwürmer enthält noch viele Mineralstoffe und unverdaute Pflanzenreste. So wird der Boden gedüngt und damit auch fruchtbarer.

In Kürze

Regenwürmer sind wirbellose Tiere. Ihr Körper ist in Ringe unterteilt, die alle ähnlich aufgebaut sind. Als Feuchtlufttiere atmen sie über die Haut. Regenwürmer sind Zwitter. Durch die Bildung von Röhren und durch ihre Ausscheidungen verbessern sie die Bodenqualität.

Aufgaben

1 □ Beschreibe den inneren und äußeren Bau eines Regenwurms.

2 ◪ Beschreibe die Fortbewegung des Regenwurms anhand eines Flussdiagramms.

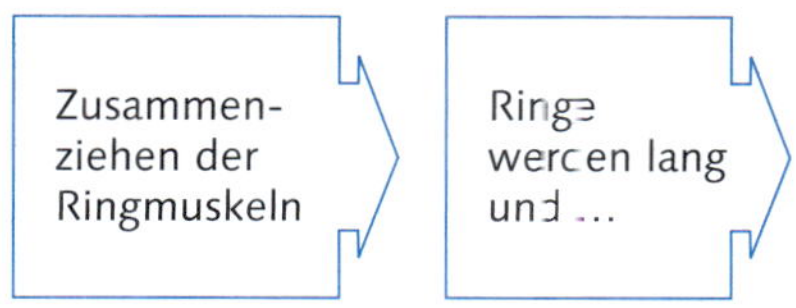

3 ■ Regenwürmer sind bei Gärtnern sehr beliebt. Erläutere.

4 Paarung bei Regenwürmern

5 Befruchtete Regenwurmeier mit Kokon

Die Weinbergschnecke

Früher sammelten die Kinder Weinbergschnecken, um ihr Taschengeld aufzubessern, da diese bei vielen Menschen als Delikatesse galten. Heute ist das Sammeln nicht mehr erlaubt.

Lebensweise und Körperbau
Nach einem Sommerregen und in der Dämmerung sieht man die Weinbergschnecke, wie sie sich mit Hilfe ihres muskulösen Fußes vorwärtsbewegt. Sie hinterlässt dabei eine schleimige Kriechspur. Der Schleim wird in Drüsen am Fuß produziert. Das Schneckengehäuse besteht aus Kalk. Darin geschützt liegt der Eingeweidesack. Bei Gefahr kann die Weinbergschnecke sich darin zurückziehen.

Weinbergschnecken orientieren sich mit ihren vier Fühlern am Kopf, die bei Bedarf rasch eingezogen werden können. Am Ende der beiden langen Fühler sitzen die Augen, mit denen sie nicht besonders gut sehen können.

Sie ernähren sich von Algen, weichen Pflanzenteilen, Aas und räubern Eigelege der Nacktschnecken. Dabei hilft ihnen ihre Raspelzunge, die Radula. Eine solche Raspelzunge ist mit Tausenden von kleinen Zähnchen aus Chitin besetzt. Sie zerkleinert die Nahrung zu Brei.

2 Paarung der Weinbergschnecken

1 Die Weinbergschnecke

Fortpflanzung
Weinbergschnecken gehören zu den Zwittern. Bei der Paarung kriechen zwei Weinbergschnecken mit ihren Fußsohlen aneinander hoch. Mit dem gegenseitigen »Einrammen« des Liebespfeils, eines 5 bis 10 Millimeter langen Kalkstiletts, beginnt die Übertragung der Samen. Dabei befruchten die Schnecken sich gegenseitig. Etwa drei Wochen später legt jede Weinbergschnecke 40 bis 80 Eier in eine Erdhöhle ab. Nach einigen Wochen schlüpfen die Jungtiere und sind sofort selbstständig. Das Gehäuse ist noch klein und sie benötigen jetzt viel Kalk in der Nahrung.

In Kürze
Weinbergschnecken gehören zu den Weichtieren und sind Zwitter. Ihr Körper gliedert sich in Kopf-Fuß-Eingeweidesack und sie haben eine harte Schale aus Kalk. Bei trockenem Wetter ziehen sie sich unter die Erde zurück.

Aufgaben

1 □ Beschreibe den Körperbau einer Weinbergschnecke.

2 ◪ Nach einem Regenguss kann man viele Weinbergschnecken sehen. Suche nach einer Erklärung.

Praxis

Weinbergschnecken – den Sinnen auf der Spur

Weinbergschnecken nehmen ihre Umgebung mit verschiedenen Sinnen wahr. Dies kannst du gut beobachten. Denke daran, dass du mit lebenden Tieren »arbeitest«. Sei deshalb vorsichtig und behandle sie behutsam.

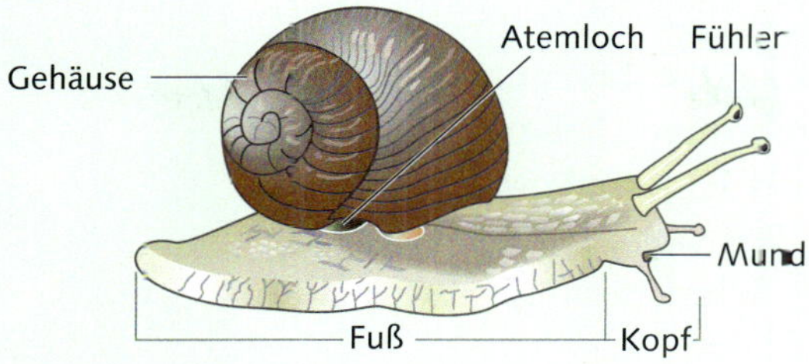

1 Körperbau einer Schnecke

A Tastsinn

Material Weinbergschnecke, Glasplatte, Bleistift oder Pinsel

Durchführung
Berühre die Weinbergschnecke vorsichtig mit der Bleistiftspitze oder dem Pinsel an den Fühlern, der Fußmitte und am Ende des Fußes. Notiere deine Versuchsergebnisse.

Auswertung
Erläutere deine Ergebnisse in Bezug auf den Tastsinn der Weinbergschnecke.

B Geruchssinn

Material Weinbergschnecke, Glasplatte, Wattestäbchen, Apfelstück, verdünnter Essig

Durchführung
- Ziehe mit einem Apfelstück eine Duftspur über den Tisch. Setze die Weinbergschnecke vor die Spur und beobachte ihr Verhalten.
- Ziehe mit Hilfe des Wattestäbchens eine Essigspur im Abstand von etwa 10 Zentimetern vor der Weinbergschnecke und beobachte.
- Protokolliere deine Beobachtungen.

Auswertung
Stelle Vermutungen an, wie man Schnecken vom Beet fernhalten könnte.

C Sehsinn

Material Schuhkarton, Lampe, Weinbergschnecke

Durchführung
- Setze eine Weinbergschnecke in den Karton und dunkle ihn ab.
- Leuchte nach 20 Minuten mit einer Lampe auf den Kopf des Tieres.
- Protokolliere deine Beobachtungen.

Auswertung
Erläutere, welche Schlussfolgerungen man aus diesem Versuch in Bezug auf den Sehsinn der Schnecke ziehen kann.

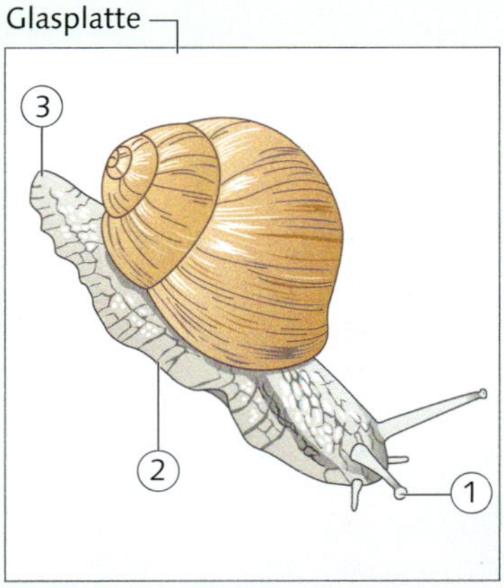

2 Versuch zum Tastsinn

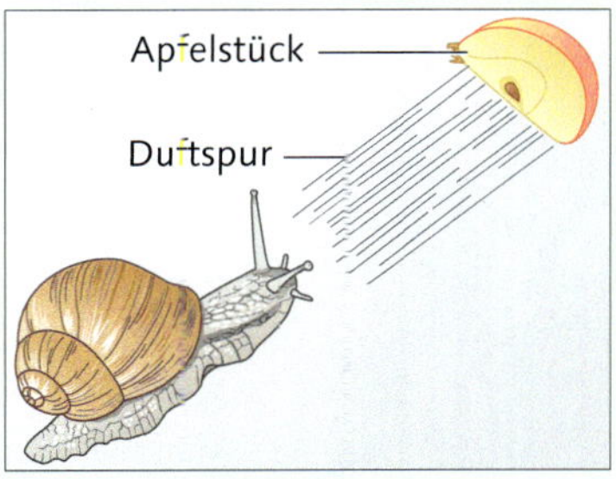

3 Versuch zum Geruchssinn

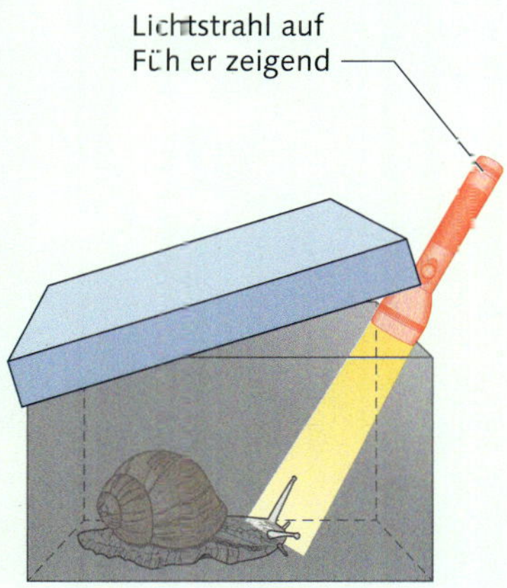

4 Versuch zum Sehsinn

Das Tagpfauenauge – ein Insekt

Im späten Frühjahr kannst du manchmal große Pakete tönnchenförmiger, hellgrüner und geriffelter Eier auf der Unterseite von Brennnesseln entdecken. Wie sich aus solch kleinen Eiern ein prächtiger Schmetterling entwickelt, ist sehr spannend.

1 Eier des Tagpfauenauges

Das Tagpfauenauge

Wie bei allen Insekten ist der Körper des Tagpfauenauges in drei Abschnitte gegliedert: *Kopf*, *Brust* und *Hinterleib*. An der Brust setzen sechs gegliederte Beine und vier farbenprächtige Flügel an. Am Kopf sitzen zwei *Fühler* und die saugenden *Mundwerkzeuge*. Besonders auffällig sind die großen *Facettenaugen*, die aus zahlreichen Einzelaugen bestehen. Die Außenseiten der Flügel sind dunkelbraun und dienen zusammengefaltet der Tarnung. Die Innenseite ist rostrot. Beeindruckend und auffällig sind die schwarz, blau und gelb gefärbten Augenflecken. Sie dienen zur Abschreckung von Fressfeinden.

Jedes Insekt steckt in einem Chitinpanzer

Der Körper des Schmetterlings ist von einem harten Panzer aus *Chitin* umgeben. Er schützt das Tier und verleiht dem Körper Stabilität. Man bezeichnet den Chitinpanzer daher als *Außenskelett*. Dieses ist in Körperringe oder *Segmente* untergliedert, die gelenkartig verbunden sind. Dadurch ist der sonst starre Panzer beweglich. Weil eine Haut aus Chitin nicht mitwachsen kann, muss sich das Insekt während seiner Entwicklung mehrmals häuten.

Ein Blick ins Innere

Insekten atmen durch Öffnungen, die seitlich an den Brust- und Hinterleibsegmenten sitzen. Durch sie gelangt die Luft in feine Röhren, die *Tracheen*, die den ganzen Körper durchziehen. Insekten haben eine *Tracheenatmung*. Das Blut der Insekten ist farblos. Es fließt nicht in Adern, sondern frei durch den Körper. Ein röhrenförmiges Rückenherz hält das Blut in Fluss. Insekten haben einen *offenen Blutkreislauf*.

2 Äußerer Bau eines Insekts

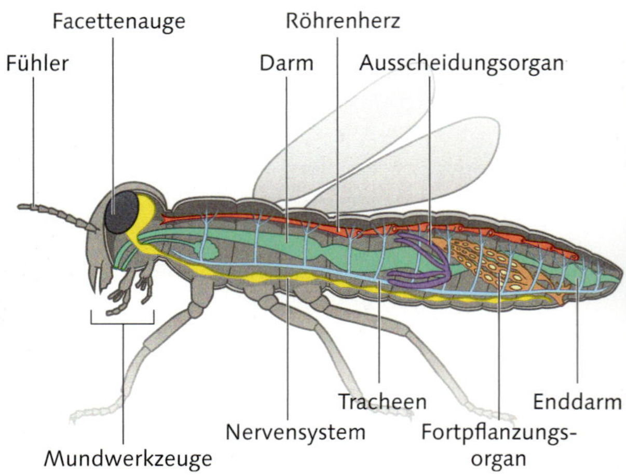

3 Innerer Bau eines Insekts

Paarung und Eiablage

Beobachtet man zwei Schmetterlinge, die sich im wilden Wirbel umtanzen, steht die Paarung kurz bevor. Durch Duftstoffe haben das Weibchen und das Männchen zueinandergefunden. Setzt sich das Weibchen auf eine Pflanze und breitet zitternd seine Flügel aus, kann es vom Männchen begattet werden. Nach der Begattung sucht sich der weibliche Falter Brennnesselpflanzen und legt dort bis zu 200 Eier an der Unterseite der Blätter.

Eine Raupe schlüpft

Nach ungefähr zwei Wochen schlüpfen aus den Eiern kleine Raupen. Sie bilden Raupengespinste, die über die ganze Futterpflanze verteilt sind. Die Raupen sind so vor Fressfeinden geschützt. Die schwarzen, stacheligen und weiß gepunkteten Raupen fressen fast ununterbrochen. Während des Wachstums häuten sich diese mehrmals. Die Chitinhaut reißt dabei am Hinterleib auf und die Raupe kann herauskriechen.

Verwandlung zum Schmetterling

Die ausgewachsene Raupe sucht einen geeigneten Platz zur *Verpuppung* auf. Dazu hängt sie sich kopfüber an einen trockenen Stängel. Dann häutet sie sich zum letzten Mal und die Puppe erscheint. In dieser festen Hülle entwickelt sich in zwei bis drei Wochen der fertige Schmetterling. Dabei findet in ihrem Innern eine vollkommene Verwandlung, die *Metamorphose,* statt. Beim Schlüpfen reißt die Puppe auf und der Falter zwängt sich heraus. Jetzt müssen die schlaffen zusammengefalteten Flügel durch Blutflüssigkeit noch aufgepumpt werden und danach trocknen.

In Kürze

Schmetterlinge sind Insekten. Sie entwickeln sich durch mehrere Häutungen vom Ei zum Fluginsekt.

Während der Entwicklung findet eine vollkommene Verwandlung, die Metamorphose, statt.

Aufgaben

1 □ Beschreibe den Körperbau der Insekten.

2 ◪ Erläutere den inneren Aufbau eines Insekts.

3 ◪ Stelle die Entwicklung des Tagpfauenauges anhand eines Flussdiagramms dar.

4 Entwicklung eines Schmetterlings

Das Grüne Heupferd

Es ist Hochsommer. Flimmernde Hitze liegt über der Wiese. Plötzlich wird die Stille durch ein lautes Zirpen unterbrochen. Ein Grünes Heupferdmännchen hält auf einem Grashalm Ausschau nach einem Weibchen.

Körperbau und Lebensweise

Das Grüne Heupferd gehört mit 40 Millimeter Länge zu den größten einheimischen Laubheuschrecken und ist ein Insekt mit sehr langen Fühlern. Es lebt auf Wiesen und Äckern und als Kulturfolger in Parks und Gärten. In Ruhe sind die festen Vorder- oder Deckflügel dachartig über den Körper gelegt. Darunter liegen die dünnen, fächerartig gefalteten Hinterflügel. Das Grüne Heupferd ernährt sich hauptsächlich räuberisch. Die Beute, meist kleinere Insekten, wird im Sprung ergriffen und sofort mit den kräftigen Mundwerkzeugen zerkleinert. Gelegentlich frisst es auch weiche Pflanzenteile von Kräutern.

Durch seine Farbe ist das Grüne Heupferd gut getarnt und vor Fressfeinden wie Vögeln geschützt. Mit einem besonderen Organ nimmt es kleinste Erschütterungen wahr und kann bei Gefahr mit seinen kräftigen Hinterbeinen bis zu 70 cm weit weg springen. Manchmal breitet es dabei die Flügel aus, um sich mit raschen Schlägen in Sicherheit zu bringen.

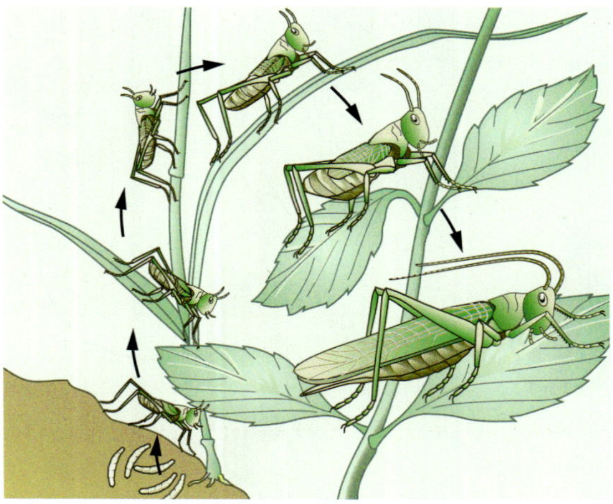

2 Entwicklung des Grünen Heupferds

1 Grünes Heupferd

Fortpflanzung und Entwicklung

Im Hochsommer locken die Männchen die Weibchen mit Zirpkonzerten an. Dazu reiben sie die Deckflügel aneinander. Nach der Paarung legen die Weibchen etwa 80 Eier in der Erde ab. Sie benutzen dazu ihre lange Legeröhre, mit der sie Löcher in den Boden bohren. Nach der Eiablage sterben die erwachsenen Tiere mit den ersten Nachtfrösten.

Im April des nächsten Jahres schlüpfen aus den Eiern kleine Larven. Sie sehen bereits wie winzige Heuschrecken aus. Nur die Flügel fehlen noch. Sie entwickeln sich allmählich von Häutung zu Häutung. Anders als bei der Entwicklung der Schmetterlinge gibt es bei dem Grünen Heupferd kein Puppenstadium. Deshalb nennt man seine Entwicklung *unvollkommene Verwandlung*. Anfang August ist das Grüne Heupferd voll entwickelt.

In Kürze

Das Grüne Heupferd gehört zu den Heuschrecken. Die Entwicklung verläuft ohne Puppenstadium. Deshalb spricht man von einer unvollkommenen Verwandlung.

Aufgaben

1 □ Nenne Merkmale, die das Grüne Heupferd als Insekt kennzeichnen.

2 □ Im Sommer hört man auf Wiesen ein lautes Zirpen. Erkläre.

3 ◪ Beschreibe die Entwicklung des Grünen Heupferds.

Insekten

Ein Winzling, der es in sich hat!

1 Fichtenborkenkäfer oder Buchdrucker

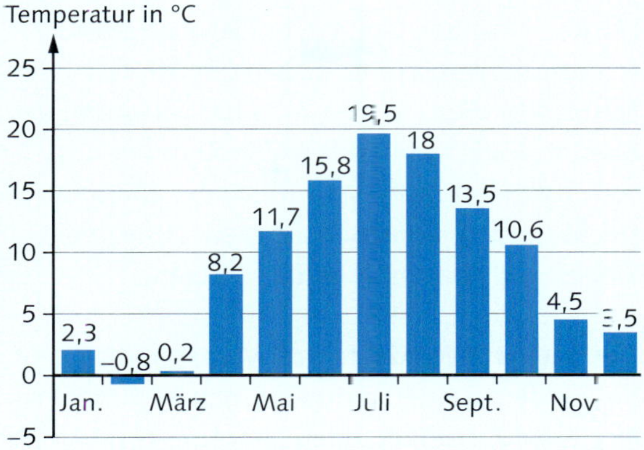

3 Durchschnittstemperaturen in Deutschland 2013

Der Fichtenborkenkäfer oder Buchdrucker ist die bei uns bekannteste Art des Borkenkäfers. Er befällt meist geschädigte oder kranke Fichten. Wenn aber schwere Stürme, lang anhaltende Trockenheit oder Schneebruch in den Fichtenwäldern große Schäden angerichtet haben, vermehren sich die kleinen Käfer nahezu explosionsartig. Dann befallen sie auch gesunde Fichten.

a □ Ein Insektenmerkmal kann man beim Borkenkäfer wie bei allen Käfern nicht deutlich erkennen. Nenne es.

b ◪ Borkenkäfer brauchen für die Entwicklung vom Ei bis zum fertigen Käfer eine Temperatur von mindesten 18 °C. Ermittle mit Hilfe von Bild 2, wie lange bei 18 °C seine Entwicklung dauert.

c ◪ Ermittle mit Hilfe von Bild 3, in welchen Monaten sich der Borkenkäfer in Deutschland vermehren kann. Wie viele Käfergenerationen können sich in diesem Zeitraum entwickeln? Erkläre.

d ◪ Erläutere, wie sich eine Temperaturerhöhung um 3 °C auf die Bedrohung der Fichtenwälder durch den Buchdrucker auswirken könnte.

e ■ Auf einer Fichte befinden sich 300 Borkenkäfer. Die Hälfte sind Weibchen, die je 60 Nachkommen produzieren. Berechne die Zahl der Nachkommen. Von diesen sind wiederum die Hälfte Weibchen. Wie viele Käfer sind es in der 2., wie viele in der 3. Generation?

f ■ Stelle Vermutungen darüber an, welche wichtige Aufgabe der Buchdrucker in der Natur hat. Suche nach Gründen, weshalb er sich zu einem gefährlichen Schadinsekt entwickeln konnte.

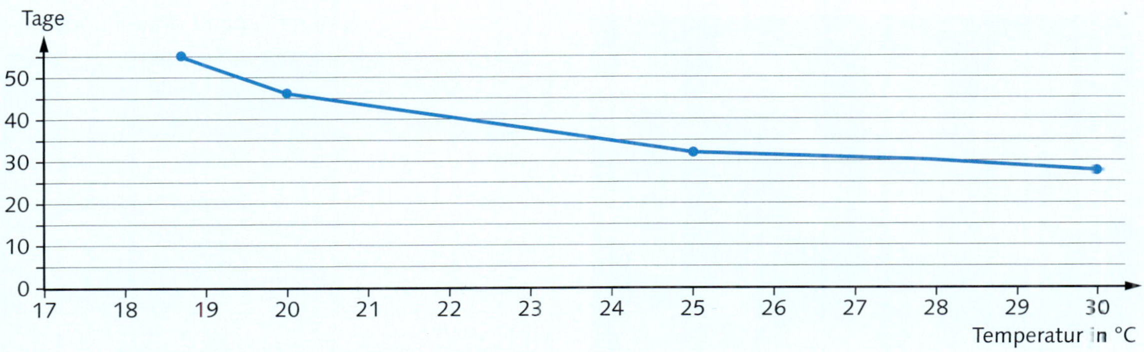

2 Die Entwicklungsdauer des Buchdruckers ist temperaturabhängig.

Die Honigbiene – ein wichtiges Nutztier

Heute findet der Unterricht im »grünen Klassenzimmer« an einem Lehrbienenstand statt. Schon von Weitem hört man das Summen der Bienen. Einschwebende Bienen landen und verschwinden rasch im Innern des Bienenstocks, andere kommen aus dem Innern des Stocks und starten zu neuen Flügen.

Das kleinste Nutztier des Menschen

Neben dem Seidenspinner, einem Schmetterling, sind Bienen die kleinsten und vermutlich auch die ältesten Nutztiere des Menschen. Mit über 3 Billionen stellen sie zahlenmäßig die größte Nutztiergruppe in Deutschland dar.

Honigbienen gehören zu den Insekten

Bienen haben alle für Insekten kennzeichnenden Merkmale. Ihr Körper ist in drei Abschnitte gegliedert. An der Brust sitzen je drei gegliederte Beinpaare sowie zwei Paar Flügel. Ein Außenskelett aus Chitin umhüllt schützend den Körper. Auffallend sind die aus vielen Einzelaugen zusammengesetzten *Facettenaugen*. Mit ihnen sehen Bienen das für uns nicht sichtbare ultraviolette Licht. In Blüten, die für uns einfarbig erscheinen, erkennen sie Saftmale, die ultraviolettes Licht reflektieren. Diese kennzeichnen den Weg zum Nektar. Die Fühler dienen zum Riechen und Tasten. Mit dem Saugrüssel nehmen sie ihre Hauptnahrung, den zuckerhaltigen Nektar, auf.

2 Blüte – **A** wie wir und **B** wie Bienen sie sehen

1 Honigbienen am Einflugloch des Bienenstocks

Honigbienen als Bestäuber

Die große Bedeutung der Bienen für die Natur und für den Menschen liegt in ihrer Sammeltätigkeit. Auf der Suche nach Pollen und Nektar berühren sie die Staubgefäße der Blüten, sodass der Blütenstaub an ihrem dicht behaarten Körper haften bleibt. Beim Besuch der nächsten Blüte berühren sie die Narbe dieser Pflanze. Dadurch wird die Blüte *bestäubt*. Jetzt können sich Samen und Früchte entwickeln. Dabei spielt ihre *Blütenstetigkeit* eine große Rolle: Bienen fliegen die gleiche Pflanzenart an, solange sie dort Nektar finden. Dadurch gelangt der Pollen häufig auf die Narbe der gleichen Art.

Etwa drei Viertel der Samenpflanzen werden von Bienen bestäubt. Die im Frühjahr blühenden Obstbäume sind fast ausschließlich auf den »Besuch« von Bienen angewiesen. In Deutschland schätzt man den jährlichen Nutzwert der Honigbienen auf etwa 4 Milliarden Euro.

Ernteerträge je Einheit bei:	Bienenbeflug	
	stark	gering
Äpfel	162,0 kg	47,0 kg
Birnen	156,0 kg	45,0 kg
Kirschen	32,0 kg	1,4 kg
Pflaumen	4,7 kg	0,8 kg
Himbeeren	0,4 kg	0,2 kg

3 Obsterträge in Abhängigkeit vom Bienenbeflug

4 Honigsammler: etwa 12 000 Jahre alte Felszeichnung

Honig und Imkerei

Felszeichnungen aus Spanien zeigen, dass der Mensch schon in der Steinzeit Bienenhonig erntete. Im Alten Ägypten galt Honig als Speise der Götter und bei den Olympischen Spielen der Antike tranken die Sportler Honigwasser, um ihre Leistungen zu verbessern. Lange Zeit konnte man Speisen nur mit Honig süßen.

Die Bienenzucht oder *Imkerei* begann mit der Beobachtung, dass die Bienen immer dann zum Nest zurückkehrten und erneut Nektar eintrugen, wenn die »Honigplünderer« einige Waben mit Brut unversehrt ließen. Besonders die Klöster förderten die Imkerei. Sie waren nicht nur am Honig, sondern auch am Bienenwachs für Kerzen interessiert. Heute betreuen in Deutschland etwa 90 000 Imker, meist sind es Hobby-Imker, rund 650 000 Bienenvölker.

Imkerei und ihre Bedeutung

In Deutschland werden im Jahr etwa 25 000 Tonnen Honig geerntet. Der Verbrauch liegt aber deutlich höher, sodass jährlich etwa 60 000 Tonnen Honig eingeführt werden müssen. Die Imkerei liefert nicht nur Honig und Wachs: Das in der Giftdrüse produzierte *Bienengift* wird in der Medizin zur Behandlung von Nervenleiden eingesetzt. Das *Kittharz* oder *Propolis,* mit dem die Bienen Löcher im Stock abdichten, wirkt gegen Bakterien, Pilze und Viren. Von wesentlich größerer Bedeutung ist aber die Tätigkeit der Bienen für die Landwirtschaft. Sie sorgen für die erfolgreiche Bestäubung, was für den Obstanbau von großer Bedeutung ist.

In Kürze

Honigbienen sind bedeutende Nutztiere. Beim Sammeln von Pollen und Nektar bestäuben sie die Pflanzen. Die Bienenzucht oder Imkerei liefert neben Honig auch Wachs, Propolis und das in der Medizin verwendete Bienengift.

Aufgaben

1 □ Nenne drei Merkmale, die die Honigbiene als Insekt kennzeichnen.

2 □ Suche nach einer Erklärung, weshalb die Olympioniken der Antike vor den Wettkämpfen Honigwasser tranken.

3 ◪ Ein nasser und kalter Frühling wirkt sich meist negativ auf die Obsternte aus. Begründe.

4 ◪ Erläutere, weshalb es beim Bienensterben um mehr als nur den Verlust von Honig geht.

Extra Rätselhaftes Bienensterben

Ein bestimmter jährlicher Verlust an Bienenvölkern ist in Deutschland der Normalfall. In jüngster Zeit steigt dieser Wert aber deutlich an. Verantwortlich dafür ist die aus Asien eingeschleppte Varoa-Milbe. Als Außenparasit schwächt sie die Bienen, bis sie schließlich sterben.

Aber auch andere Faktoren spielen eine Rolle. Der vermehrte Maisanbau zur Gewinnung von Biogas verschlechtert das Nahrungsangebot für die Bienen drastisch. 2008 starben kurz nach dem Einsatz eines neuen Pflanzenschutzmittels am Oberrhein mehrere Millionen Bienen. Die zunehmende Luftverschmutzung stresst Bienen, da sie auf der Suche nach Blüten deren Düfte schlechter riechen können. Der Hauptschuldige am Bienensterben ist der Mensch.

Der Bienenstaat

Angelika liebt Honig. Deshalb bestreicht sie damit meist ihr Frühstücksbrötchen. Sie weiß zwar, dass der süße Brotaufstrich gesund ist und irgendetwas mit Bienen zu tun hat. Wie aber Honig entsteht, das weiß sie nicht.

Honigbienen leben in Staaten zusammen

Bienen leben wie Hummeln, Wespen, Hornissen und Ameisen in großen Gemeinschaften, in Völkern, zusammen. Sie gehören zu den *Staaten bildenden* Insekten. Man sagt, sie leben sozial. Ein Bienenvolk kann bis zu 70 000 Tiere zählen. Heute leben sie bei uns in der Obhut der Imker. Er stellt für seine Völker Holzkästen auf, in die er Rähmchen senkrecht nebeneinander einhängt. In diese bauen die Bienen ihre Waben aus Wachs. Dieses bilden sie in besonderen Hinterleibsdrüsen. Die Waben bestehen aus vielen sechseckigen Kammern, den *Zellen*. In ihnen wächst die Brut heran oder sie dienen als Vorratsspeicher für gesammelten Nektar und Pollen.

Die drei Bienenwesen

Die meisten Tiere des Volkes sind *Arbeitsbienen*. Es sind Weibchen, deren Geschlechtsorgane unterentwickelt sind. Sie legen keine Eier. Diese Aufgabe übernimmt allein die Königin, die *Weisel*. Sie wird von den Männchen, den *Drohnen,* begattet. Es gibt nur wenige Hundert Drohnen im Bienenvolk. Man erkennt sie an ihrem breiten Hinterleib.

2 Honigbienen (Arbeiterin, Drohn und Königin)

1 Honig gehört zu einem gesunden Frühstück.

Arbeitsteilung im Bienenstaat

Arbeitsbienen erfüllen im Laufe ihres Lebens die verschiedenen Aufgaben, die für das Zusammenleben im Volk notwendig sind. Abhängig vom Alter werden unterschiedliche Organe aktiv. Dadurch wird die Abfolge der Tätigkeiten geregelt.

Im Bienenstaat lebt nur eine Königin. Im Sommer legt sie täglich bis zu 2000 Eier. Sie wird von den Arbeiterinnen gefüttert und gepflegt.

Nur während des Sommers leben Drohnen im Stock. Ihr breiter Hinterleib ist prall mit männlichen Geschlechtszellen gefüllt. Die stachellosen Drohnen begatten während des »Hochzeitsflugs« die junge Königin.

Der Lebenslauf einer Arbeitsbiene

Alter	Tätigkeit	Besonders aktive Organe
1.- 3. Tag	reinigen Stock und Waben	
4.- 5. Tag	füttern Maden	Futtersaftdrüse
6.- 10. Tag	füttern Maden und Königin	
11.- 16. Tag	stellen Wachs her	Wachsdrüse
17.- 19. Tag	stellen Honig her	 Honigmagen
20. Tag	bewachen Flugloch	
21.- 40. Tag	sammeln Nektar, Pollen und Wasser	 Wehrstachel

3 Lebenslauf der Arbeitsbiene

4 Schwärmende Bienen

5 Sammelbienen auf einer Honigwabe

Das Bienenjahr

Das Bienenjahr beginnt im Herbst. Die jetzt schlüpfenden Arbeiterinnen werden älter als die im Sommer geschlüpften. Sie überwintern mit der Königin. In einer Traube zusammengedrängt, wärmen sie sich gegenseitig.

Im Februar endet die Winterruhe. Die Königin beginnt mit dem Eierlegen. Am Anfang des Sommers bauen die Arbeiterinnen *Weiselzellen*. In diesen besonders großen Zellen entwickeln sich die Königinnen. Kurz bevor die erste schlüpft, verlässt die alte Königin mit einem Teil des Volkes den Stock. Die Bienen *schwärmen*. Im alten Stock tötet die erstgeschlüpfte Königin mit ihrem Stachel die anderen Weiseln. Bereits nach wenigen Tagen startet die Jungkönigin zu ihrem *Hochzeitsflug*. Dabei wird sie in der Luft von mehreren Drohnen begattet. Die aufgenommenen Geschlechtszellen reichen, um in ihrem fünfjährigen Leben Hunderttausende von Eiern zu legen. Im Spätsommer werden die Drohnen nicht mehr gefüttert und in der *Drohnenschlacht* aus dem Stock gedrängt.

Vom Nektar zum Honig

Ausgangsstoff für den Honig ist der zuckerhaltige Nektar. Ihn transportieren die Sammelbienen im *Honigmagen* zum Stock. Hier wird er nacheinander an mehrere Stockbienen weitergereicht. In deren Honigmägen reichern sich körpereigene Stoffe der Bienen an. Anschließend wird der angereicherte Nektar in die Honigwaben eingelagert, durch Wasserverdunstung eingedickt und mit Wachsdeckeln verschlossen. Im Spätsommer »erntet« der Imker den Honig. Als Ersatz gibt er den Bienen Zuckerwasser als Winternahrung.

Extra Verhalten bei einem Bienenstich

Der Stich einer Biene ist schmerzhaft. An der Einstichstelle kommt es zu starken Schwellungen. Der Stachel bleibt mit der Giftblase in der Haut stecken.

- Versuche den Stachel möglichst rasch zu entfernen. Drücke dazu mit nur einer Fingerspitze seitlich gegen die Einstichstelle, denn mit zwei Fingern presst du das restliche Gift der Giftblase in die Wunde.
- Kühle die Hautstelle.

Für Allergiker können Bienenstiche tödlich enden. Sie müssen einen Arzt aufsuchen.

In Kürze

Honigbienen leben in Staaten zusammen. Ein Volk setzt sich aus Arbeiterinnen, Drohnen und einer Königin zusammen. Im Bienenstaat herrscht Arbeitsteilung. Der aus Nektar hergestellte Honig dient als Winternahrung.

Aufgaben

1 □ Liste auf, welche Tätigkeiten die Arbeiterinnen nacheinander ausführen.

2 □ Vergleiche die drei Bienenwesen miteinander. Nenne Gemeinsamkeiten und Unterschiede.

3 ◪ Erläutere, wie die Arbeitsteilung im Bienenstaat organisiert ist.

4 ◪ Suche nach einer Begründung, weshalb die Drohnen aus dem Stock gedrängt werden.

Vergleich Wirbeltiere – Wirbellose

Ein Vogel hat einen Schmetterling erbeutet. Beide Tiere bewohnen den gleichen Lebensraum und zeigen daher auch Gemeinsamkeiten. Zum Beispiel besitzen beide Flügel und können fliegen. Dennoch sind sie unterschiedlich gebaut.

1 Bienenfresser mit Beute

Skelett

Vögel, Säugetiere, Reptilien, Amphibien und Fische haben ein Innenskelett mit einer Wirbelsäule. Sie sind Wirbeltiere. Tiere ohne Innenskelett, wie zum Beispiel Insekten, werden als Wirbellose bezeichnet.

Der Körper der Vögel wird durch ein Innenskelett, das aus Knochen, Gelenken, Muskeln und Wirbelsäule besteht, stabilisiert. Die Muskeln sind mit den Knochen verbunden und ermöglichen so die Bewegung der Körperteile. Der Schmetterling dagegen hat ein hartes Außenskelett. Die Muskeln setzen innen an den durch Gelenkhäute verbundenen Wänden des Außenskeletts an.

Körperbau

Die Körper von Vogel und Schmetterling sind unterschiedlich gegliedert. Der Vogelkörper ist in Kopf, Rumpf, Gliedmaßen unterteilt. Am Rumpf sitzen zwei Beine und ein Paar Flügel. Der Schnabel besteht aus Horn.

Der Schmetterling ist dagegen in Kopf, Brust, Hinterleib gegliedert. Er hat sechs Beine, zwei Flügelpaare und besitzt Mundwerkzeuge.

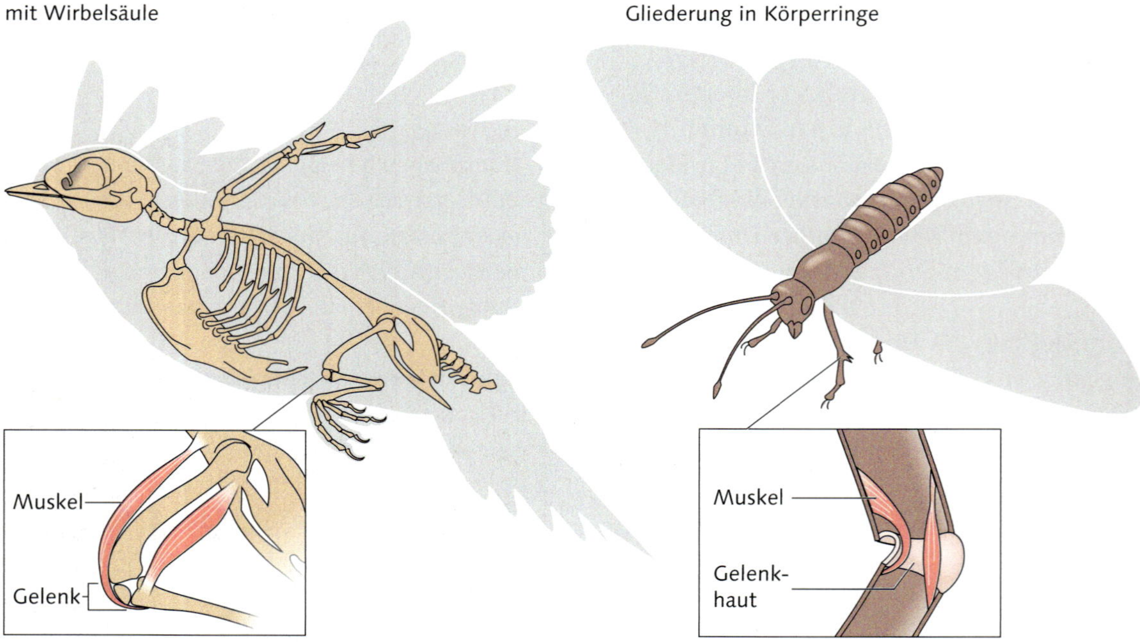

2 Innen- und Außenskelett im Vergleich

3 Atmung und Kreislauf im Vergleich

Atmung und Kreislauf

Vögel atmen mit Lungen. Schmetterlinge nehmen den Sauerstoff durch Tracheen auf. Das Blut der Vögel wird wie bei allen Wirbeltieren vom Herzen aus in einem geschlossenen Blutkreislauf in Adern durch den Körper gepumpt. Die Körperflüssigkeit des Schmetterlings fließt nach Verlassen des Röhrenherzens frei, also ohne Adern, durch den Körper. Sie haben einen offenen Kreislauf.

Körpertemperatur

Die Körpertemperatur von Schmetterlingen und anderen Insekten passt sich der Umgebungstemperatur an. Den Winter verbringen die meisten Insekten in Kältestarre an frostsicheren Stellen. Vögel sind gleichwarm und benötigen zur Aufrechterhaltung der Körpertemperatur ständig Energie, die sie mit der Nahrung aufnehmen.

Sehsinn

Vögel besitzen Linsenaugen, die zu den leistungsfähigsten Augen im Tierreich gehören. Schmetterlinge haben Facettenaugen. Sie bestehen aus vielen Einzelaugen. Damit können sie Bewegungen viel besser erkennen als zum Beispiel die Vögel, sehen aber weniger scharf.

Entwicklung

Vögel und Schmetterlinge pflanzen sich geschlechtlich fort. Ihre Entwicklung verläuft jedoch völlig unterschiedlich.

Im befruchteten Ei der Vögel reift ein Küken heran, das bereits wie ein Vogel aussieht. Bei Schmetterlingen dagegen entwickelt sich aus dem Ei zunächst eine Raupe. Sie sieht dem späteren Schmetterling noch nicht ähnlich. Erst durch die Verpuppung findet die Verwandlung zum Falter statt. Ei, Raupe, Puppe, Falter sind die Entwicklungsstadien. Die Entwicklung vom Ei zum erwachsenen Insekt über ein Raupen- und Puppenstadium wird auch als *vollständige Verwandlung* bezeichnet. Manche Insekten entwickeln sich von der Raupe direkt zum ausgewachsenen Insekt.

In Kürze

Wirbeltiere besitzen ein Innenskelett mit Wirbelsäule. Tiere ohne Innenskelett werden als Wirbellose bezeichnet. Beide Gruppen unterscheiden sich in vielen Körpermerkmalen

Aufgaben

1 □ Beschreibe die Entwicklung von Vogel und Schmetterling.

2 ◪ Vergleiche Vogel und Schmetterling. Liste Unterschiede und Gemeinsamkeiten auf.

Mehlkäfer

Insekten verändern während der Entwicklung ihre Gestalt. Wie aus einem Mehlwurm ein Mehlkäfer wird, kannst du einfach und innerhalb kurzer Zeit selbst beobachten. Deine eigene Mehlwurmzucht ist recht schnell eingerichtet.

Material Klarsichtboxen, Gaze oder Drahtgeflecht, Weizenkleie oder Mehl, Äpfel, Möhren, Brot, Lineal, Waage, Fotoapparat, Mehlwürmer aus der Zoohandlung oder dem Angelgeschäft

Durchführung

- Zuchtgefäß einrichten
  Fülle die Klarsichtbox ungefähr zu einem Viertel mit Weizenkleie oder Mehl. Bedecke die Box mit Drahtgeflecht. Die Box sollte an einem warmen Ort mit ungefähr 25 °C, aber nicht im vollen Sonnenlicht stehen.
- Besatz der Zucht
  Lege in die Box 20 bis 30 Mehlwürmer.
- Versorgung
  Füttere die Mehlwürmer mit geriebenen Karotten, Äpfeln und zerkleinertem Brot. Achte darauf, dass immer nur so viel Futter in der Box ist, wie gefressen wird.

1 Mehlwurmzucht

Da sich Schimmelpilze bilden können, solltest du das Futter häufig wechseln. Ein Futterkorb aus Drahtgitter verhindert, dass Futterstücke in der Box herumliegen. Geschlüpfte Käfer solltest du aus der Box herausnehmen und in einer zusätzlichen Box halten oder auf einer Wiese freilassen. Eine Weiterzucht gelingt, wenn die Käfer auf Fliegendraht oder Ähnlichem leben, damit die gelegten Eier durchfallen und nicht gefressen werden. Aus den Eiern entstehen wiederum Mehlwürmer.

- Protokolliere deine Beobachtungen.

Auswertung der Beobachtungen

- Betrachte die äußere Form des Mehlwurms und erstelle eine beschriftete Zeichnung.
- Beschreibe Fressvorgang und Fortbewegung.
- Vergleiche die Entwicklungsstadien. Benutze dazu eine Lupe oder ein Binokular.
- Erstelle ein Protokoll über mehrere Wochen. Darin solltest du die Anzahl, die Länge und die Entwicklungsschritte der Mehlwürmer dokumentieren. Nimm Bild 2 als Vorlage.

Protokoll: Mehlwurmzucht

Versuchsdauer:

Anzahl der Mehlwürmer zu Beginn:

Standort:

Futter:

	1. Woche			2. Woche		
	Anzahl			Anzahl		
	lebend	tot	Länge	lebend	tot	Länge
Larven						
Puppen						
Käfer						

2 Protokollblatt

Vielfalt der Wirbellosen

Wirbellose sind eine sehr vielfältige Tiergruppe. Trotz großer Unterschiede im Erscheinungsbild haben sie eine Gemeinsamkeit: Sie besitzen keine Wirbelsäule.

Weichtiere

Die Weichtiere sind eine stammesgeschichtlich sehr alte Tiergruppe, deren Vertreter hauptsächlich im Meer leben. Der Körper ist aus einem Kopffuß und einem Eingeweidesack aufgebaut.

Ringelwürmer

Ringelwürmer sind wasser- oder landlebende Tiere mit segmentiertem Körper, die sich mit Hilfe eines Hautmuskelschlauchs bewegen.

Gliederfüßer

Gliederfüßer sind die artenreichste Tiergruppe auf der Welt. Ihr wichtigstes Merkmal ist das aus Chitin bestehende Außenskelett. Sie haben ein Strickleiternervensystem und besitzen einen offenen Blutkreislauf. Zu den Gliederfüßern gehören unterschiedliche Tiere wie:

- **Krebstiere**
  Krebse sind bis auf wenige Ausnahmen im Wasser zu finden. Wichtige Merkmale sind das typische Spaltbein und die Kiemen.
- **Tausendfüßer**
  Ihr Körper ist in zwei Abschnitte gegliedert. Der Kopf besteht aus mehreren miteinander verschmolzenen Segmenten. Der Rumpf besteht aus gleichförmigen, zahlreiche Beinpaare tragenden Segmenten.
- **Spinnentiere**
  Die Spinnentiere sind in Kopfbruststück und Hinterleib gegliedert. Sie besitzen zwei Paar Mundwerkzeuge und acht gegliederte Beine.
- **Insekten**
  Insekten haben sechs Beine. Ihr Körper ist in Kopf, Brust und Hinterleib unterteilt. Sie besitzen Komplexaugen und fast immer Flügel.

1 Vertreter der Wirbellosen

Teste dich

Wirbellose

1 Wirbellose Tiere

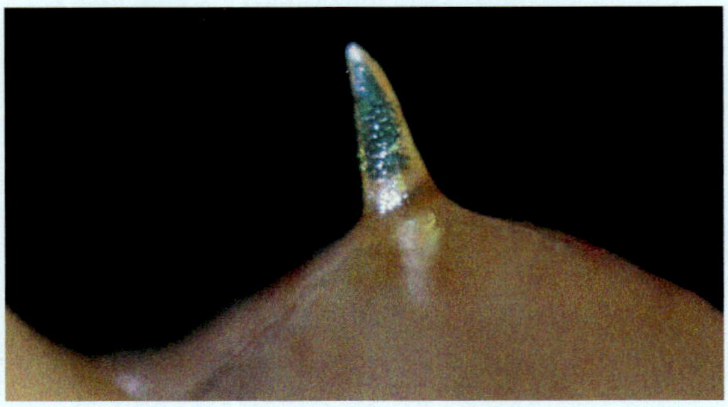

1 Borsten des Regenwurms (vergrößert)

- **a** □ Nenne die Bedeutung der Borsten des Regenwurms für dessen Fortbewegung.
- **b** ◪ Erläutere die Bedeutung des Regenwurms für die Gärtnerei.
- **c** □ Erstelle eine beschriftete Zeichnung, die den äußeren Körperbau einer Weinbergschnecke darstellt.
- **d** □ Beschreibe die Funktionsweise der Radula einer Weinbergschnecke.
- **e** □ Beschreibe die Arbeitsteilung im Insektenstaat der Honigbienen.
- **f** ◪ Werte die Grafik in Bild 1 im Hinblick auf die ökologische Bedeutung der Honigbienen aus.

2 Merkmale der Insekten

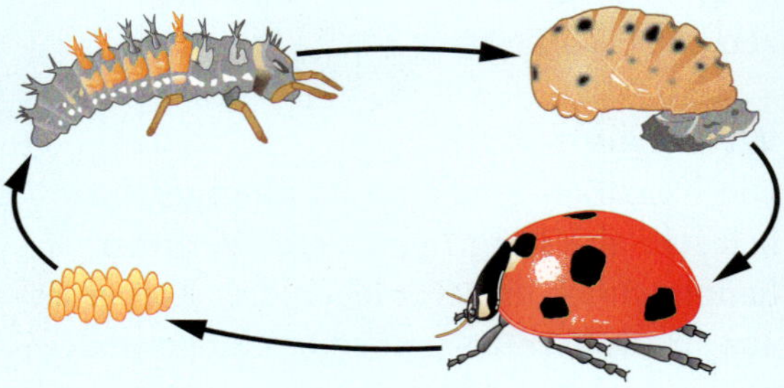

3 Entwicklung eines Marienkäfers

- **a** □ Beschreibe die Entwicklung eines Marienkäfers in Bild 3.
- **b** □ Nenne weitere typische Merkmale der Insekten.
- **c** ◪ Insekten müssen sich während ihrer Entwicklung mehrmals häuten. Erkläre.
- **d** □ Zeichne den Körper der Honigbiene schematisch nach und beschrifte das Schema.

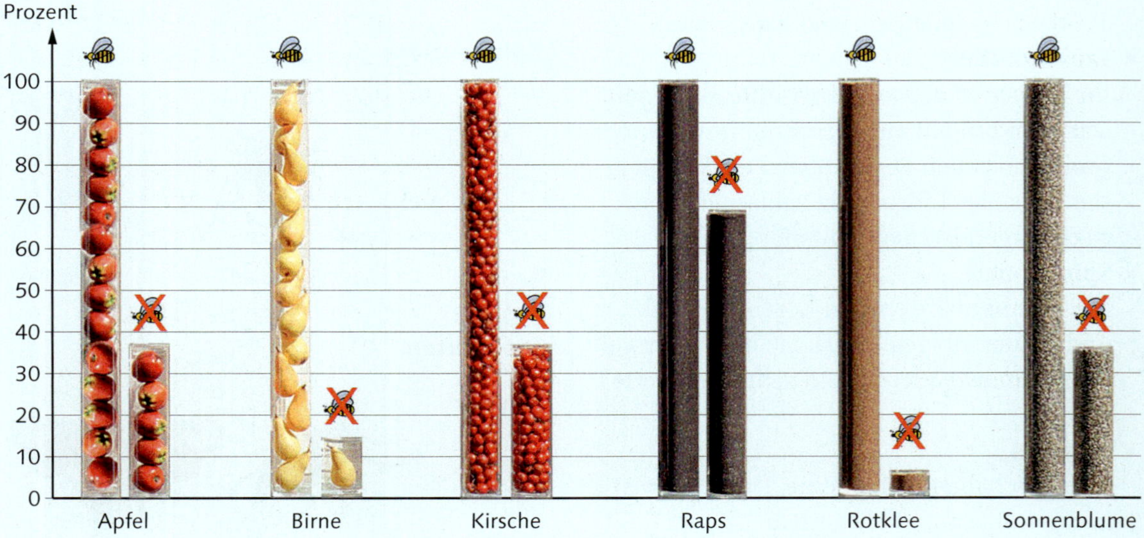

Quelle: Länderinstitut für Bienenkunde Hohen Neudorf e.V.

2 Erträge mit und ohne Bienenbeflug bei ausgewählten Kulturen

3 Vielfalt der Wirbellosen

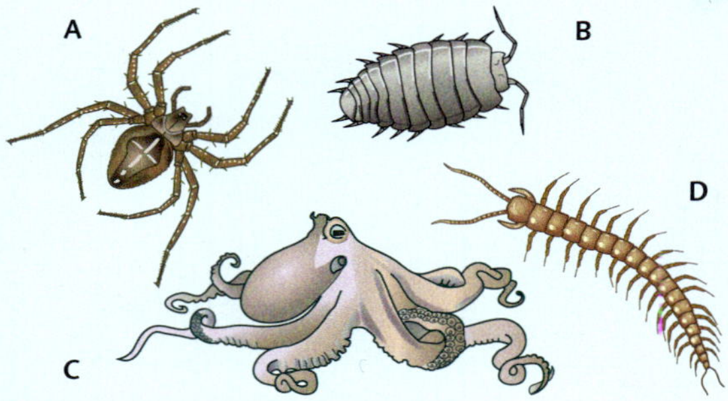

4 Vertreter der Wirbellosen

a ◪ Ordne die Tiere in Bild 4 der jeweils entsprechenden Wirbellosengruppen zu und erläutere.

b ◪ Zecken gehören zu den Spinnentieren. Erläutere dies anhand des Bildes.

4 Wirbeltiere und Wirbellose im Vergleich

a □ Erstelle eine Tabelle, die die Unterschiede im Bau zwischen Eichhörnchen und Heupferd darstellt.

b ◪ Ordne das Schlangenskelett in Bild 5 den Wirbeltieren oder den Wirbellosen zu und begründe deine Entscheidung.

c ■ Stelle Vermutungen an, warum landbewohnende Wirbellose nicht die Größe von Wirbeltieren erreichen.

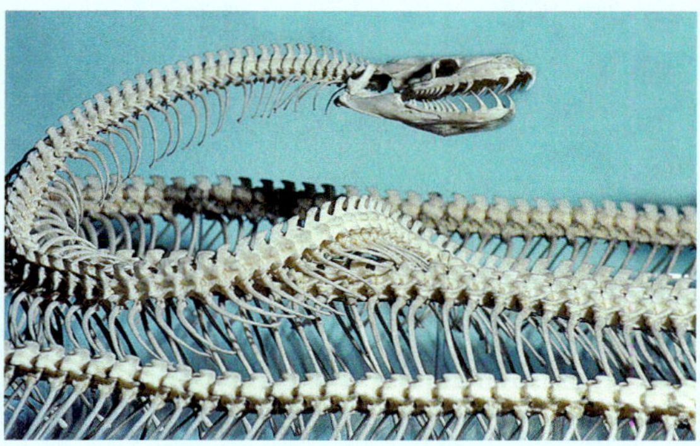

5 Ein Schlangenskelett

Auf den Punkt gebracht

Wirbellose

- Wirbellose haben entweder gar kein Skelett oder besitzen ein Außenskelett aus Chitin. Wirbeltiere besitzen ein Innenskelett aus Knochen.

- Wirbeltiere weisen eine große Artenvielfalt auf.

- Als Feuchtlufttiere atmen Regenwürmer über die Haut. Sie sind Zwitter. Durch die Bildung von Röhren und durch ihre Ausscheidungen verbessern sie die Bodenqualität.

- Weinbergschnecken werden in Kopf, Fuß, Eingeweidesack und Gehäuse gegliedert. Sie sind Zwitter und legen ihre Eier in einer Erdgrube ab.

- Insekten besitzen ein Außenskelett. Den Körper von Insekten gliedert man in Kopf, Brust und Hinterleib. Sie besitzen sechs Beine. Ihre Verwandlung zum erwachsenen Tier kann sich vollständig oder unvollständig vollziehen.

- Honigbienen sind Staaten bildende Insekten. Beim Sammeln von Nektar und Pollen erbringen sie eine wichtige Bestäubungsleistung.

- Weichtiere, Ringelwürmer und Gliederfüßer gehören zur Gruppe der Wirbellosen. Sie besitzen keine Wirbelsäule.

Blütenpflanzen

Vielfalt und Gemeinsamkeiten bei Blütenpflanzen

Die Vielfalt der bunten Pflanzenwelt ist erstaunlich. Wer soll sich hier zurechtfinden? In Deutschland kennen wir etwa 2300 unterschiedliche Blütenpflanzen. Auf der Erde gibt es durch die unterschiedlichen Lebensräume etwa 240 000 Arten von Blütenpflanzen.

1 Am Wegrand – eine wahre Blütenvielfalt

Gemeinsamer Grundbauplan

Die Blüten, Blätter, Stängel und Wurzeln verschiedener Pflanzenarten kommen in den vielfältigsten Formen, Farben und Größen vor, sie sind sich aber dennoch ähnlich.

Alle Blütenpflanzen haben den gleichen Aufbau, einen gemeinsamen Grundbauplan. Die drei *Grundorgane* einer Blütenpflanze sind *Wurzel, Sprossachse* und *Blatt.* Die Rapspflanze zum Beispiel zeigt den typischen Grundbauplan einer Blütenpflanze. Raps ist eine wertvolle Futterpflanze und darüber hinaus wichtiger Lieferant von Speiseöl, aber auch von Biodiesel.

2 Einige typische Blütenpflanzen

Die Wurzel gibt Halt und liefert Wasser

Die Wurzeln verankern die Pflanze im Boden. Von der Hauptwurzel zweigen die Seitenwurzeln ab. An diesen befinden sich feine Wurzelhärchen, mit denen die Pflanze Wasser und darin gelöste Mineralstoffe aus dem Boden aufnimmt. Beim Raps und bei manchen anderen Pflanzen ist die Hauptwurzel verdickt und dringt tief in den Boden ein. Man bezeichnet sie auch als Pfahlwurzel. Andere Pflanzen bilden Flachwurzeln aus, die dicht unterhalb der Bodenoberfläche bleiben. Wurzeln wachsen immer nur an ihrer Spitze.

Die Sprossachse trägt Blätter und Blüten

Bei krautigen Pflanzen bezeichnet man den meist saftigen Stängel als Sprossachse. Bei Sträuchern und Bäumen spricht man von Stamm, Ast oder Zweig. Die Sprossachse trägt Laubblätter und Blüten. In ihr verlaufen Leitungsbahnen, die das Wasser mit den Mineralstoffen und den Nährstoffen transportieren.

Die Laubblätter sind vielgestaltig

In ihrem Aussehen sind Laubblätter sehr vielfältig. Der Grundaufbau aller Blätter ist aber gleich: Sie haben eine *Blattspreite,* einen *Blattstiel* und einen *Blattgrund.* Besonders die Blattfläche kann sehr unterschiedlich gestaltet sein. Die *Blattadern* kann man mit bloßem Auge erkennen. Sie durchziehen das gesamte Blatt regelmäßig. In den Laubblättern finden wichtige Stoffwechselvorgänge statt. Zum Beispiel erfolgt hier die Bildung energiereicher Nährstoffe.

Blüten sind besondere Blätter

Die Blüten werden aus besonderen Blättern gebildet: Sie bestehen aus *Kelchblättern*, *Kronblättern* und *Staubblättern* sowie einem oder mehreren *Fruchtblättern*. Die Staubblätter sind die männlichen Teile der Blüte. Fruchtblätter sind die weiblichen Blütenteile. Sie enthalten in ihrem Fruchtknoten eine oder mehrere Samenanlagen. Die grünen Kelchblätter bilden eine schützende Blütenhülle. Bunte Kronblätter locken Insekten an.

In Kürze

Pflanzen zeigen in ihrem Erscheinungsbild eine erstaunliche Vielfalt. Dennoch haben alle Blütenpflanzen den gleichen Grundbauplan. Wurzel, Sprossachse und Blatt sind die Grundorgane einer Blütenpflanze. Sie erfüllen unterschiedliche Funktionen.

Aufgaben

1 □ Nenne die Grundorgane der Blütenpflanzen und deren wichtigste Funktionen.

2 ◪ Beschreibe Gemeinsamkeiten der Blütenpflanzen in Bild 2.

3 ■ Betrachte Pflanzen deiner Umgebung. Bei welchen Pflanzen hast du Schwierigkeiten, der Grundbauplan zu erkennen? Begründe.

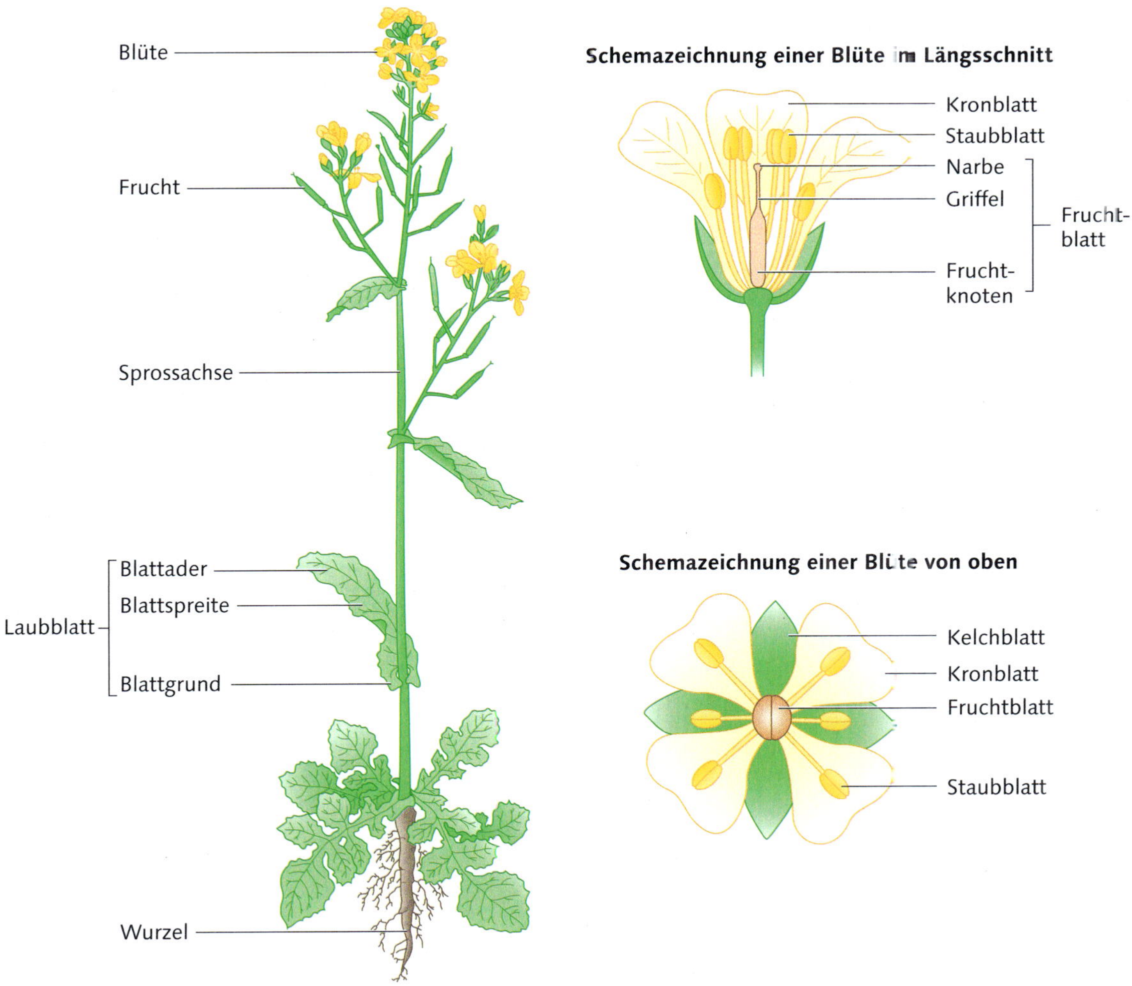

3 Die Rapspflanze und ihre Blüte zeigen den typischen Grundbauplan.

Pflanzenfamilien – eine Auswahl

Lippenblütengewächse

Die Lippenblütengewächse sind leicht zu erkennen: Die verwachsenen Kronblätter ihrer Blüten bilden eine *Oberlippe* und eine *Unterlippe*. In der Blüte verborgen liegt der Fruchtknoten, meist mit einem langen Stempel. Die Sprossachse ist vierkantig und innen hohl. Lippenblütengewächse haben gekerbte oder gezähnte Blätter. Immer zwei Blätter stehen einander gegenüber, einmal nach links und rechts, dann nach vorne und hinten. Beim Zerreiben entwickeln die Blätter einen jeweils typisch würzigen Geruch.

Bekannte einheimische Arten sind Pfefferminze, Taubnesseln und Goldnessel, Wiesensalbei und Gundermann. Zu den Gewürzpflanzen zählen Bohnenkraut, Majoran, Thymian und Basilikum. In der Heilkunde werden Melisse und Wiesensalbei bei der Behandlung von Infektionen eingesetzt. Tee aus Pfefferminzblättern wirkt beruhigend und lindert Verdauungsstörungen. Lavendel und Rosmarin sind Bestandteile von Parfüms.

Schmetterlingsblütengewächse

Schmetterlingsblütengewächse haben spiegelsymmetrische Blüten. Die Kronblätter sind auffällig geformt: Das große, obere Kronblatt bildet die *Fahne*. Seitlich sitzen die beiden *Flügel*. Die unteren zwei Kronblätter sind zu einem *Schiffchen* verwachsen. Wegen dieser Form, die an einen Schmetterling erinnert, spricht man von einer *Schmetterlingsblüte*. Im Schiffchen sind der Fruchtknoten und die Staubblätter verborgen.

Die Früchte der Schmetterlingsblütler nennt man *Hülsen*. Im Innern der Hülsen befinden sich die Samen.

Bekannte Vertreter der Familie sind Bohnen, Erbsen, Linsen und Sojabohnen. Ihre *Hülsenfrüchte* sind nährstoffreiche Nahrungsmittel.

Häufige heimische Wildpflanzen sind Wicke und Klee, aber auch Luzerne und Lupine. Sie sind als Futterpflanzen für Tiere sehr geschätzt.

Zu den Schmetterlingsblütengewächsen gehören neben krautigen Pflanzen auch Bäume und Sträucher wie die Robinie, viele Ginsterarten und der giftige Goldregen.

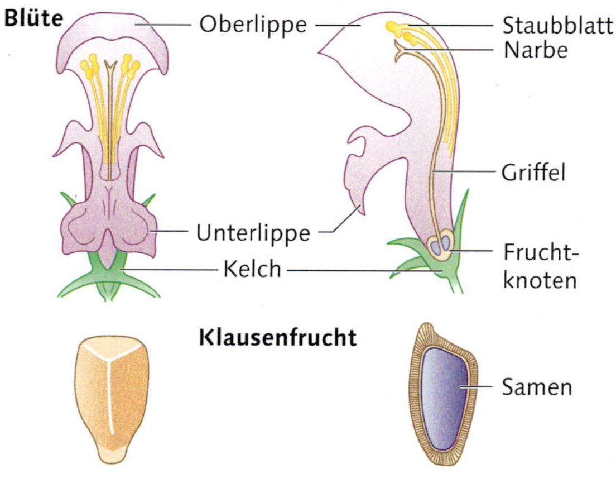

1 Blüte und Frucht der Lippenblütengewächse

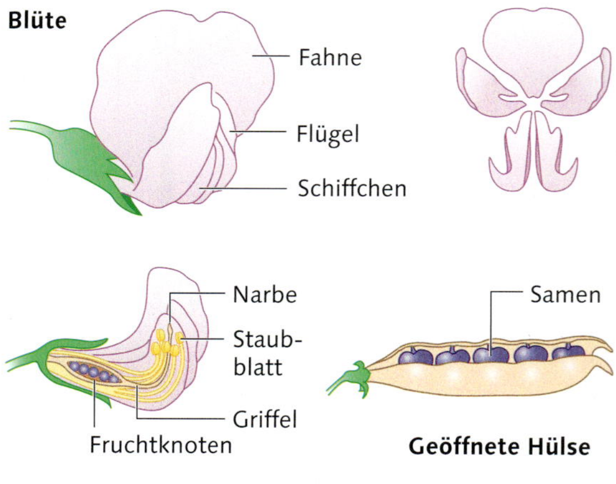

2 Blüte und Frucht der Schmetterlingsblütengewächse

Korbblütengewächse

Die Korbblütengewächse besitzen einen Blütenstand, den man für eine einzige Blüte halten könnte. Beispielsweise finden sich über 100 kleine Einzelblüten im »Kopf« der Sonnenblume. Da diese Blüten wie in einem Korb angeordnet sind, fasst man solche Pflanzen zur Familie der Korbblütengewächse oder Korbblütler zusammen.

Bei der Sonnenblume bilden Zungenblüten mit ihren gelben Blütenblättern einen auffälligen Rand. Dieser lockt Insekten zur Bestäubung an. Im Innern stehen viele kleine unauffällige Röhrenblüten dicht beieinander. Ihre Kelchblätter und winzigen Kronblätter sind jeweils zu einer Röhre verwachsen. Im Innern befinden sich Fruchtknoten und Staubblätter. Aus den Röhrenblüten entstehen nach der Bestäubung viele Früchte.

Bekannte Vertreter sind neben der Sonnenblume zum Beispiel Löwenzahn, Gemeine Wegwarte und Wiesenschafgarbe.

Der Mensch nutzt Teile einiger Korbblütengewächse als Nahrung, aber auch als Heilmittel oder Gewürzpflanze.

Rosenblütengewächse

Die Familie der Rosenblütengewächse ist sehr vielgestaltig. Ihr gehören neben Heckenrose, Erdbeere und Brombeere auch Obstbaumarten wie Apfel, Birne, Pfirsich, Pflaume und Kirsche an. Außerdem sind viele Wildkräuter und Heilpflanzen Rosenblütengewächse. Allen gemeinsam ist eine Blütenhülle aus fünf Kelchblättern und fünf Kronblättern. Die Blätter der Blütenhülle sind nicht miteinander verwachsen. Nach innen folgt ein Kranz, der aus vielen Staubblättern besteht.

Der Blütenboden ist angefüllt mit zahlreichen Fruchtknoten, welche die Samen enthalten.

Rosenblütengewächse entwickeln verschiedene Arten von Früchten: Die Erdbeere ist eine Sammelnussfrucht, der Apfel eine Balgfrucht und die Kirsche eine Steinfrucht.

Aufgaben

1 □ Wähle eine Pflanzenfamilie und nenne ihre typischen Merkmale.

2 □ Nenne die Bedeutung der Rosenblütengewächse.

3 ◪ Zungenblüten sind unfruchtbar. Erkläre.

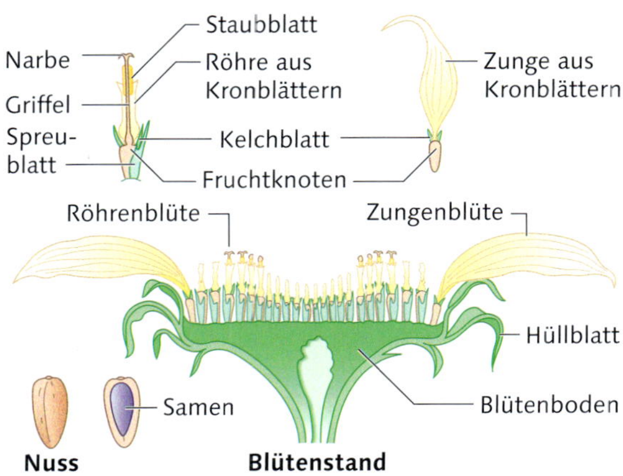

3 Blüte und Frucht der Korbblütengewächse

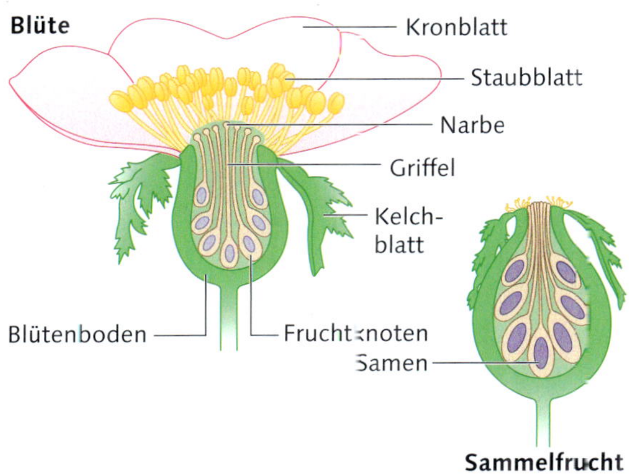

4 Blüte und Frucht der Rosenblütengewächse

Methode

Ein Legebild erstellen

Sicher hast du im Sommer schon einmal einen bunten Wiesenblumenstrauß gepflückt. Die Vielfalt der Formen und Farben der Blüten kann dabei sehr beeindruckend sein. Wenn du wissen willst, wie sich die Blüten im Aufbau voneinander unterscheiden, hilft dir ein Legebild.

1 Kreisvorlage erstellen Zeichne auf dem Arbeitsblatt mit einem Zirkel mehrere Kreise um einen Mittelpunkt. Der erste Kreis hat einen Radius von 1 cm. Achte bei den weiteren Kreisen darauf, den Abstand von 1 cm einzuhalten.

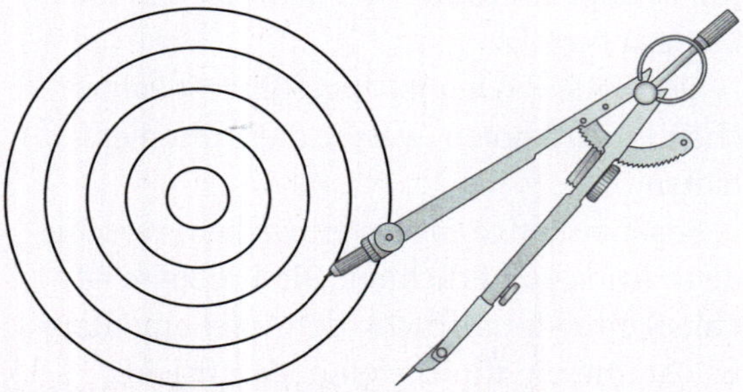

1 Zeichnen einer Kreisvorlage

2 Blüte zerlegen und anordnen Zupfe die Blütenteile mit der Pinzette vorsichtig von außen nach innen ab. Nimm, falls nötig, eine Lupe zu Hilfe. Ordne die einzelnen Blütenteile auf den vorbereiteten Kreisen so an, wie sie in der Blüte standen. Beginne mit dem äußeren Kreis. Kürze den Stempel so weit, dass er im mittleren Kreis aufgelegt werden kann.

3 Blütenteile aufkleben Klebe die einzelnen Blütenteile anschließend vorsichtig auf.

4 Legebild beschriften Beschrifte alle Blütenteile und gib jeweils die Anzahl an.

Aufgaben

1 □ Erstelle ein Legebild mit einer Blüte deiner Wahl und beschrifte die Blütenteile.

2 ◪ Vergleiche dein Legebild mit dem des Gilbweiderichs in Bild 2. Erstelle eine Tabelle, in der du die Anzahl der Blütenteile beider Legebilder gegenüberstellst.

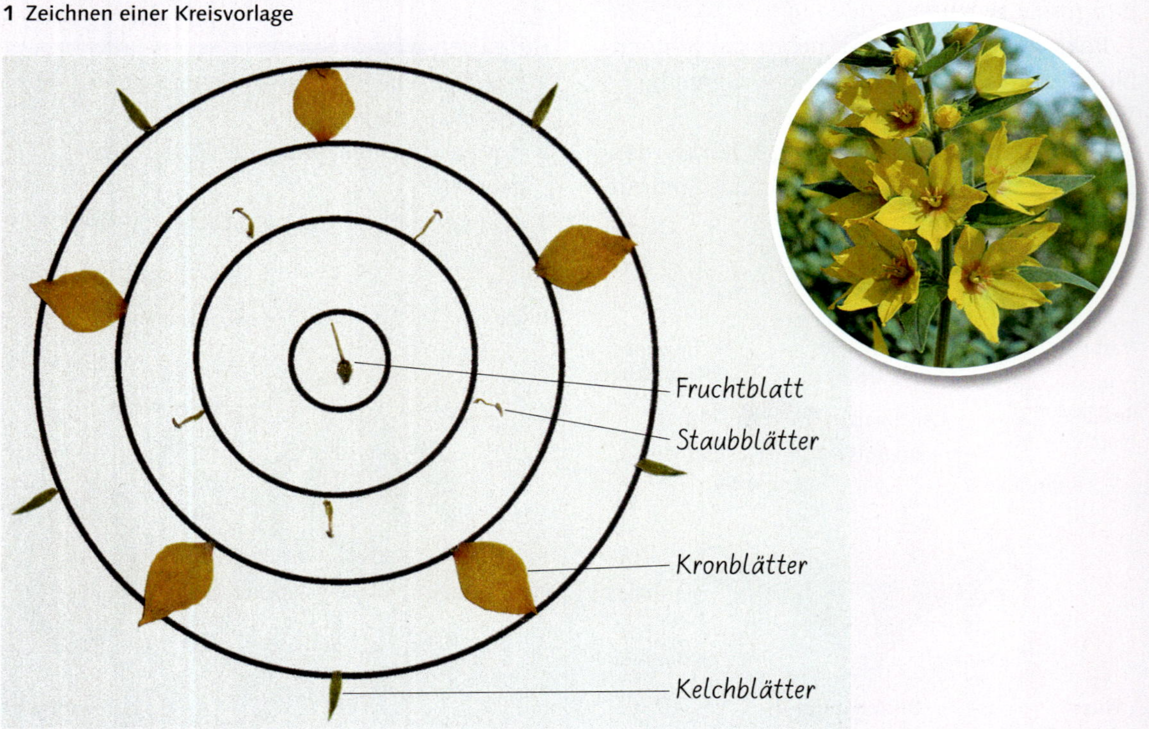

2 Legebild einer Gilbweiderichblüte

Praxis

Die Kirsche

A Untersuchung einer Kirschblüte

Material Kirschblüten, Papier, Klebstoff, Lupe, Pinzette, Skalpell, schneidfeste Unterlage, durchsichtiges Klebeband

Durchführung
- Betrachte mit der Lupe den Bau der Staubblätter und des Stempels der Kirschblüte. Streife mit dem Finger über den Staubbeutel. Beschreibe deine Beobachtungen. Nenne Eigenschaften der Pollen.
- Fertige ein Legebild von der Kirschblüte an.
- Stelle mit dem Skalpell vorsichtig (!) einen Längsschnitt durch die Blüte her, indem du die Blüte von oben nach unten durchschneidest. Vergleiche mit der Schemazeichnung.
- Klebe den Längsschnitt mit Klebeband in dein Heft und beschrifte ihn.

Auswertung Betrachte den Längsschnitt der Kirsche in Bild 1. Stelle die Merkmale der Kirschblüte in einer Tabelle zusammen.

1 Kirschblüte

B Beobachtungen am Kirschzweig

Material frisch erblühter Kirschzweig, Wassergefäß

Durchführung Stelle einen frisch erblühten Kirschzweig in einer Vase auf das Fensterbrett. Beobachte ihn über einige Tage hinweg. Sorge dafür, dass der Zweig stets mit ausreichend Wasser versorgt ist. Protokolliere deine Beobachtungen.

Auswertung
1 Wie lange dauert es vom Aufblühen bis zum Verblühen der Blüte?
2 Welche Blütenteile fallen ab, welche bleiben erhalten?
3 Wie verändert sich der Fruchtknoten im Verlauf der Zeit?

2 Kirschzweig und geöffnete Kirschblüte

Von der Blüte zur Frucht

Der ganze Kirschbaum, unter dem du stehst, scheint zu summen. An einem warmen Frühlingstag besuchen ihn unzählige Bienen. Zielstrebig steuern sie die duftenden Blüten an.

1 Eine Biene auf einer Kirschblüte

Bestäubung durch Insekten

Pflanzen, die von Bienen oder anderen Insekten bestäubt werden, haben meist auffällige, duftende Blüten. Sie locken die Insekten an. In den Blüten finden sie eiweißreichen *Pollen* und einen süßen Saft, den *Nektar,* der an der Innenseite der Kronblätter gebildet wird. Bienen sammeln Nektar, um daraus Honig herzustellen. Auf dem Weg in die Blüte bleibt Pollen von den Staubblättern am Haarkleid der Bienen hängen. Besuchen sie andere Blüten der gleichen Art, werden einige Pollenkörner aus ihrem Haarkleid an der klebrigen Narbe des Fruchtblatts der neuen Blüte abgestreift. Die Blüte wird somit *bestäubt.*

Befruchtung

Aus dem Pollenkorn, das auf der Narbe liegt, wächst ein Pollenschlauch durch den Griffel bis in den Fruchtknoten. Im Innern des Fruchtknotens befindet sich eine Samenanlage, die eine Eizelle enthält. Der Pollenschlauch wächst auf die Eizelle zu. Eine männliche Keimzelle dringt aus dem Pollenschlauch in die Eizelle ein. Ihr Kern verschmilzt mit dem Kern der Eizelle. Damit ist die Eizelle *befruchtet.*

Geschlechtliche Fortpflanzung

Die Staubblätter werden als männliche Organe, die Fruchtblätter als weibliche Organe bezeichnet. Wenn bei der Zeugung von Nachkommen zwei Geschlechter beteiligt sind, spricht man von *geschlechtlicher Fortpflanzung.*

Blüten, bei denen männliche und weibliche Organe gemeinsam vorkommen, nennt man *zwittrig.* Aus den *Samen* können neue Pflanzen heranwachsen.

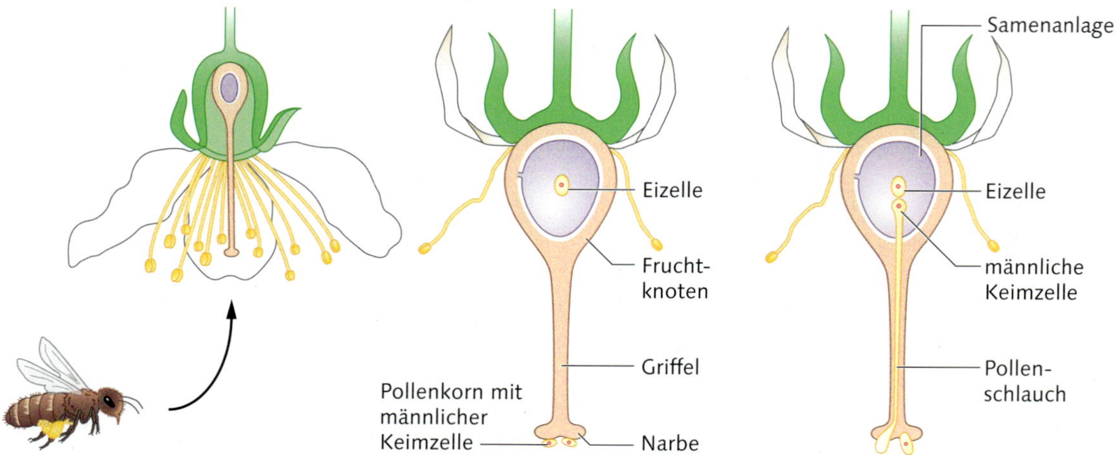

2 Von der Bestäubung zur Frucht

Verwandlung der Blüte

Nach der Befruchtung verändert sich die Blüte: Sie verblüht. Kelch-, Kron- und Staubblätter welken und fallen ab. Auch die Narbe vertrocknet. Im Innern des Fruchtknotens entwickelt sich aus der befruchteten Eizelle der Keimling. Er besitzt bereits eine Wurzel, einen Stängel und Blätter. Diese sind aber noch sehr klein.

Samen und Frucht

Der Samen besteht aus dem Keimling, einer Nährstoffreserve für dessen Entwicklung und der Samenschale.

Bei der Kirsche entsteht aus der inneren Schicht des Fruchtknotens die harte Schale des Steins um den Samen. Die mittlere Schicht lagert viel Wasser und Zucker ein. Sie wird zum süßen *Fruchtfleisch*. Die äußere Schicht entwickelt sich zur Haut der Kirsche. Der Samen und seine Hüllen bilden die Kirschfrucht. Der Reifungsvorgang dauert von Mai bis Mitte Juli. Die reifen Früchte einer Kirsche enthalten also jeweils einen einzelnen Samen, der von einer harten Steinschicht und von saftigem Fruchtfleisch umgeben ist. Man spricht, wie auch bei Pflaumen und Aprikosen, von einer *Steinfrucht*. Fällt eine reife Kirsche zu Boden, kann der Samen im nächsten Jahr keimen. Aus ihm wächst dann ein neuer Kirschbaum heran.

In Kürze

Bei der geschlechtlichen Fortpflanzung von Pflanzen sind Bestäubung und Befruchtung Voraussetzungen dafür, dass sich aus den Samenanlagen Samen entwickeln können. Sie bestehen aus Samenschale, Nährstoffreserve und dem Keimling. Teile des Fruchtknotens bilden die Hüllen, die den Samen umgeben. Samen und Hüllen bezeichnet man als Frucht.

Aufgaben

1 □ Beschreibe die Aufgabe der Bienen bei der Bestäubung der Kirschblüte.

2 ◪ Erläutere den Vorgang der Befruchtung.

3 ◪ Begründe, weshalb man hier von geschlechtlicher Fortpflanzung spricht.

Extra Bestäubung durch den Wind

Bei vielen Pflanzen, zum Beispiel der Birke, übernimmt der Wind den Transport von Pollenkörnern auf die Narbe. Blüten, die vom Wind bestäubt werden, sind meist klein und unscheinbar. Sie produzieren jedoch riesige Mengen von Pollenkörnern, sodass zur Blütezeit oft ganze Blütenstaubwolken in der Luft zu beobachten sind. Durch die große Menge an Pollen ist es wahrscheinlich, dass trotz dieser eher zufälligen Ausbreitung Pollen auf die klebrigen Narben fast aller weiblichen Blüten gelangt.

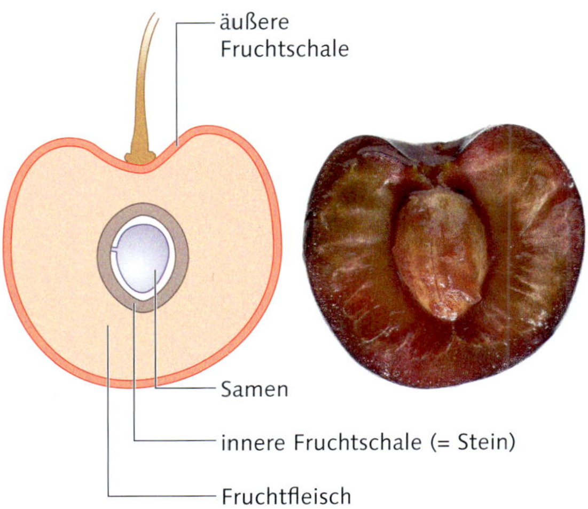

3 Das Innere einer Kirsche

4 Kirschen am Baum

Ausbreitung von Samen und Früchten

Pflanzen kannst du an den ungewöhnlichsten Orten finden. So wächst Löwenzahn auch auf Mauern und Birken und manchmal sogar in Dachrinnen. Dort wurden sie sicher nicht hingepflanzt. Aber wie gelangen sie dorthin?

Fliegen und Schweben

Bei vielen Pflanzen ist der Wind für die Ausbreitung verantwortlich. Die *Flugfrüchte* des Löwenzahns besitzen Härchen, die sie im Wind wie ein Fallschirm durch die Luft tragen. Die dünnen Häute der Samen von Birke und Feldulme wirken wie die Flügel eines Segelfliegers. Mit dem Wind gleiten sie durch die Luft. Früchte von Ahorn und Esche dagegen haben nur einen Flügel. Sie drehen sich wie der Rotor eines Hubschraubers, wenn sie zur Erde schweben.

Pflanzen produzieren sehr viele Samen. Dadurch erhöht sich die Wahrscheinlichkeit, dass sie auf fruchtbaren Boden fallen.

1 Wie kommt die Birke auf das Dach?

Streuen und Schleudern

Einige Pflanzen sorgen selbst für die Ausbreitung ihrer Samen. In den reifen *Schleuderfrüchten* des Springkrauts entsteht beim Trocknen im Innern eine Spannung. Ist diese groß genug oder werden die Früchte berührt, platzt die Frucht auf und schleudert die Samen meterweit weg. Wenn sich die reifen Samenkapseln des Mohns im Wind neigen, streuen sie ihre Samen aus. Diese nennt man *Streufrüchte*.

Schwimmen und Tauchen

Viele Wasserpflanzen wie der Wasserhahnenfuß und die Seerose bilden *Schwimmfrüchte*. Ihre Hohlräume sind mit Luft gefüllt. Dadurch treiben sie auf dem Wasser und breiten sich aus. So können Kokosnüsse oft an über tausend Kilometer entfernte Strände gelangen.

2 A Löwenzahn; B Feldulme; C Bergahorn; D Springkraut; E Mohnfrucht; F Seerosenfrucht; G Schneeglöckchen; I Hund mit Klettfrüchten; J Autoreifen mit Samen; H Ameise mit Samen

3 Eichhörnchen legt Wintervorrat an.

Fressen und Verschleppen
Viele Pflanzen bilden farbige und schmackhafte Früchte. Dadurch werden Tiere angelockt, die sie unbeabsichtigt an andere Orte bringen. Manchmal verlieren die Tiere Früchte beim Transport. Fressen sie die Früchte, werden die unverdaulichen Samen später mit dem Kot ausgeschieden. Einige Tiere, wie die Eichhörnchen, vergraben Samen als Wintervorrat. Da nicht alle Vorräte gefressen werden, können die übrigen Samen im Frühjahr keimen.

Andere Pflanzen wie das Schneeglöckchen, das Veilchen und die Taubnessel haben an ihren Samen fetthaltige Anhängsel, die Ameisen als Nahrung dienen. Sie transportieren die Samen zu ihrem Bau. Dabei gehen einige verloren, die dann keimen können.

Klettfrüchte bleiben mit ihren Haken im Fell von Tieren hängen und können so an andere Orte verschleppt werden.

Reisen und Transportieren
Auch der Mensch breitet die Samen vieler Pflanzen unbeabsichtigt aus. So können zum Beispiel die Samen des Breitwegerichs in den Profilen von Schuhen transportiert werden. Ebenso bringen Autos, Eisenbahnen, Schiffe und Flugzeuge viele Samen weltweit an neue Orte.

Der Riesen-Bärenklau und die Kanadische Goldrute wurden so unabsichtlich in Deutschland eingeschleppt. Hier breiten sie sich aus und können heimische Pflanzen verdrängen.

In Kürze
Früchte und Samen können durch Wind, Wasser, Tiere und den Menschen ausgebreitet werden. Die Ausbreitungsart hängt vom Bau der Samen ab. Je mehr Samen produziert werden, desto größer ist die Wahrscheinlichkeit, dass sie auf fruchtbarem Boden landen.

Aufgaben

1 □ Nenne Beispiele für die verschiedenen Ausbreitungsarten von Pflanzen.

2 ◪ Ordne die Fotos in Bild 2 den unterschiedlichen Ausbreitungsarten zu.

3 ◪ Erkläre, weshalb die Birke in Bild 1 in der Dachrinne wachsen kann.

4 ◪ Stelle Vermutungen darüber an, weshalb für Pflanzen eine möglichst weite Ausbreitung ihrer Samen von Vorteil ist.

Samen

A Flugverhalten von Früchten

Material Flugfrüchte verschiedener Waldbäume (Bergahorn, Linde, Hainbuche, Esche, Birke), Stoppuhr, Schere

Durchführung

- Lasst aus etwa zwei Meter Höhe nacheinander verschiedene Flugfrüchte zu Boden fallen. Beobachtet und vergleicht ihr Flugverhalten.
- Wiederholt den Versuch. Messt nun die Zeit mit der Stoppuhr, die jeder Samen für die gleiche Strecke benötigt. Protokolliert eure Beobachtungen und Messergebnisse.
- Entfernt mit einer Schere die Flugvorrichtungen der Früchte. Wiederholt den Versuch und messt wieder die Zeit. Protokolliert eure Beobachtungen.

Auswertung

1 Begründet die unterschiedlichen Flugzeiten.

2 Erläutert die Aufgaben der Flugvorrichtungen der Früchte.

1 Flugfrüchte verschiedener Pflanzen: A Bergahorn; B Hainbuche; C Linde; D Esche; E Birke

2 Papiermodell einer Flugfrucht des Ahorns

B Bau eines Hubschraubermodells

Material Papier (DIN A5), Schere, Büroklammer

Durchführung

- Zeichne die Linien wie in Bild 2 auf dein Papier und schneide das Papier an den roten Linien ein. Die zwei Seitenteile des »Fußes« werden an den grünen Linien gefaltet. Unten wird eine Büroklammer angehängt. Die beiden Flügel müssen in die entgegengesetzte Richtung gefaltet werden.
- Lass deinen Papierflieger aus circa zwei Meter Höhe zu Boden fliegen. Beobachte.
- Wiederhole den Flugversuch, nachdem du die Büroklammer entfernt hast.

Auswertung

1 Beschreibe das unterschiedliche Flugverhalten.

2 Vergleiche die Bestandteile des Papierfliegers mit einer Ahornfrucht.

3 Große Klette und Frucht

5 Scharfer Mauerpfeffer

C Die Klettfrucht

Material Früchte der Großen Klette, Klettverschluss, Lupe

Durchführung

- Betrachte die Frucht der Großen Klette mit der Lupe. Schaue genau die Enden der Fruchtblätter an.
- Betrachte die Teile eines Klettverschlusses mit der Lupe und zeichne sie.

Auswertung

1 Beschreibe die Klettmechanismen der Pflanze und des Klettverschlusses.
2 Beschreibe, wie die Früchte der Klette verbreitet werden.
3 Stelle Vermutungen auf, wie sich die Samen vom Fell lösen können.

4 Mikroskopische Aufnahme: Klettverschluss

D Verbreitung bei Regen

Material reife Früchte des Scharfen Mauerpfeffers, Petrischale, Wasser

Durchführung

- Betrachte die trockenen Früchte des Mauerpfeffers genau und zeichne eine Frucht.
- Fülle die Petrischale zur Hälfte mit Wasser. Lege einige Früchte hinein.
- Protokolliere deine Beobachtungen.

Auswertung

1 Erkläre die Verbreitung des Mauerpfeffers.
2 Da Mauerpfeffer an trockenen Wegrändern und auf Mauern und Felsen wächst, kannst du nun begründen, bei welchem Wetter die Samen verbreitet werden.

6 Scharfer Mauerpfeffer:
A Blütenstand; B Fruchtstand; C Frucht

Methode

Wie Naturwissenschaftler Lösungen finden

Hast du schon mal beobachtet, dass Samen in der Erde keimen? In einem Glas werden Feuerbohnen nicht keimen. Gibst du aber eine Bohne in einen Topf mit Erde und Wasser und stellst ihn auf die Fensterbank, wird bald eine Bohnenpflanze wachsen. Was sind die Voraussetzungen, damit Samen keimen?

Biologen wollen das Leben auf der Erde verstehen. Wie alle Naturwissenschaftler beobachten sie die Natur, stellen Fragen und suchen deren Antworten. Dabei gehen sie nach einem festen Schema vor.

1 Beobachten Wenn du mit offenen Augen durch die Natur gehst, kannst du viele Beobachtungen machen. Dazu musst du nur genau hinsehen. Auch Unwichtiges kann wichtig sein.

2 Fragen formulieren Leite aus deinen Beobachtungen Fragen ab. Formuliere die Fragen möglichst genau. Sie sollten nach einem bestimmten Ziel fragen.

3 Hypothesen aufstellen Versuche auf der Grundlage deiner Beobachtungen begründete Vermutungen aufzustellen. Das sind Hypothesen. Um diese Hypothesen zu überprüfen plant man den Lösungsweg. Dies kann zum Beispiel ein Versuch sein.

2 Bohnen aussähen

1 Ungekeimte Feuerbohnen

4 Versuch planen Überlege dir einen Versuch, mit dem man die Hypothesen überprüfen kann. Beginne dazu ein Versuchsprotokoll wie in Bild 3.

5 Versuch durchführen Führe den Versuch nach der Anleitung durch. Arbeite sorgfältig und sauber. Räume nach dem Versuch alle Materialien sauber weg. Protokolliere deine Messergebnisse in einer Tabelle.

6 Beobachtungen Alle Veränderungen, die man während des Versuchs sehen kann, sind Beobachtungen. Dabei können auch scheinbar unwichtige Beobachtungen später wichtig sein. Beobachte deshalb sorgfältig und protokolliere alle Veränderungen schriftlich in deinem Versuchsprotokoll.

7 Fehlerdiskussion Überlege, ob es bei dem Versuch zu Fehlern in der Durchführung gekommen ist. Wurden alle Vermutungen überprüft? Falls du Fehler entdeckst, kannst du deine Planung anpassen und den Versuch erneut durchführen. Manchmal kann man auch trotz ungenauer Messergebnisse zu einem eindeutigen Versuchsergebnis gelangen.

Versuchsprotokoll

Problemfrage:	...
Vermutungen:	...
Material:	Liste alle für den Versuch nötigen Geräte und Stoffe auf.
Skizze:	Fertige eine übersichtliche Skizze mit Bleistift an. Achte darauf, dass alle Materialien in der richtigen Anordnung zu sehen sind. Beschrifte die Skizze.
Durchführung:	Beschreibe kurz und präzise die Schritte der Durchführung des Versuchs. So können auch andere diesen Versuch nach der Anleitung durchführen.
Beobachtungen:	Protokolliere deine Beobachtungen genau. Alle Veränderungen, die du während des Versuchs erkennen kannst, müssen protokolliert werden. Bei einigen Versuchen müssen auch Messergebnisse notiert werden. Dies macht man übersichtlich in einer Tabelle.
Auswertung:	Beschreibe die Bedeutung deiner Beobachtungen. Setze sie in Bezug zu den Vermutungen.
Antwort:	Formuliere eine Antwort auf die Problemfrage.

3 Vorlage für ein Versuchsprotokoll

8 Auswertung Deute deine Beobachtungen im Hinblick auf deine zuvor aufgestellte Hypothese. Formuliere eine Antwort auf die Problemfrage.

Aufgabe

1 Suche nach weiteren Möglichkeiten, wie du Hypothesen auf ihre Richtigkeit überprüfen kannst.

Praxis

Keimung

Damit Samen keimen können, müssen mehrere Bedingungen erfüllt sein. Um diese Bedingungen einzeln zu untersuchen, musst du mehrere Versuche durchführen.

Material 6 Petrischalen, Kressesamen, Erde, Löffel, Wasser, Watte, Tiefkühlbeutel, Trinkhalm, Gummiband, Schuhkarton

Durchführung

In fünf Schalen werden mehrere Kressesamen ausgesät. In jeder Schale verändert man nur eine der Lebensbedingungen Wasser, Erde, Luft, Licht oder Wärme. Alle Petrischalen werden mit der jeweils fehlenden Bedingung beschriftet.

A Wasser

Fülle eine Schale mit trockener Erde und lege die Samen darauf.

B Erde

Lege eine Schale mit feuchter Watte aus und gib die Samen darauf.

C Luft

Fülle eine Schale mit feuchter Erde und gib die Samen darauf. Stelle die Schale in einen Tiefkühlbeutel und sauge die Luft mit einem Trinkhalm heraus. Verschließe den Beutel möglichst luftdicht mit einem Gummiband.

D Licht

Fülle eine Schale mit feuchter Erde und gib die Samen darauf. Stelle die Schale in einem Schuhkarton dunkel.

E Wärme

Fülle eine Schale mit feuchter Erde und gib die Samen darauf. Stelle die Schale in einen kalten, hellen Raum.

F Kontrollversuch

- Fülle eine weitere Schale mit feuchter Erde und gib die Samen dazu. Biete Luft, Licht und Wärme.
- Prüfe nach 3 bis 7 Tagen in jeder Schale, wie viele Samen gekeimt sind. Vergleiche die Keimlinge miteinander.
- Protokolliere deine Beobachtungen in einer Tabelle.

Auswertung

Nenne die Bedingungen, die erfüllt sein müssen, damit Kressesamen keimen können.

A Versuch ohne Wasser

B Versuch ohne Erde

C Versuch ohne Luft

D Versuch ohne Licht

E Versuch ohne Wärme

F Kontrollversuch

Die Keimung der Feuerbohne

»Chili con Carne« ist ein südamerikanisches Nationalgericht, das auch bei uns gerne gegessen wird. Eine wichtige Zutat ist die Feuerbohne. Sie stammt aus Südamerika, wo sie schon seit 8000 Jahren angebaut wird. Feuerbohnensamen enthalten viele Nährstoffe und können getrocknet einfach und lange gelagert werden.

1 Samen der Feuerbohne

Der Nährstoffvorrat dient dem Keimling

Im Innern jeder Bohne ist ein winziger *Keimling* angelegt. Steckt man eine Bohne in feuchte Erde, so nimmt sie Wasser auf und fängt an zu *quellen*. Damit beginnt die *Keimung:* Die *Keimwurzel* bricht durch die *Samenschale* und wächst mit der Schwerkraft nach unten in die Erde. Der *Keimstängel* streckt sich entgegengesetzt und zieht dabei die beiden *Keimblätter* aus der Samenschale. Die Stärkereserven in den beiden Keimblättern benötigt der Keimling zum Wachsen, bis er die ersten Laubblätter gebildet hat.

Die Feuerbohne ist eine Kletterpflanze

Die Feuerbohne ist eine schnell wachsende, buschige Kletterpflanze. Sie windet sich an Gegenständen empor. Die Blüten sind feurig rot oder weiß. Aus den bestäubten Blüten wachsen lange Hülsenfrüchte mit den neuen Bohnensamen heran.

In Kürze

Die Keimung der Bohnensamen beginnt mit der Quellung. Dann treiben die Keimwurzel und der Keimstängel aus. Die in den Keimblättern gespeicherten Nährstoffe werden vom Keimling während der Keimung zum Wachstum genutzt.

Aufgaben

1 □ Beschreibe in Stichpunkten den Vorgang der Keimung.

2 ◪ Wenn die ersten Laubblätter gebildet werden, verschwinden die Keimblätter. Suche nach einer Erklärung.

2 Die Keimung der Feuerbohne

Praxis

Wie Pflanzen wachsen

A Wir messen das Pflanzenwachstum

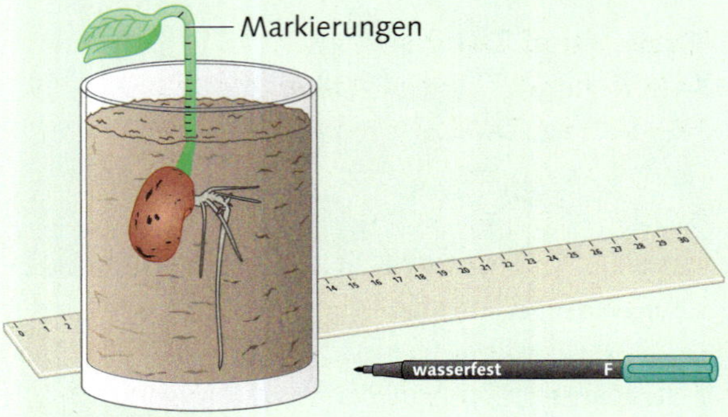

1 Stängelwachstum

Material Becherglas, feuchte Erde, gequollene Samen der Feuerbohne, wasserfester Stift, Lineal

Durchführung Fülle das Becherglas mit feuchter Erde. Drücke eine Bohne am Rand des Glases in die Erde, sodass du sie sehen kannst. Stelle das Glas hell und warm. Halte die Erde im Glas feucht. Warte, bis der Keimstängel zwei Zentimeter aus der Erde ragt. Zeichne mit einem wasserfesten Stift im Abstand von zwei Millimetern Markierungsstriche vorsichtig auf den Keimstängel.

Miss täglich zwei Wochen lang die gesamte Länge des Stängels und die Abstände zwischen den Markierungen. Beobachte auch das Längenwachstum der Keimwurzel. Protokolliere deine Beobachtungsergebnisse in einer Tabelle.

Auswertung Beschreibe das Wachstum des Keimstängels. Erstelle wie im Beispiel unten eine Wachstumskurve.

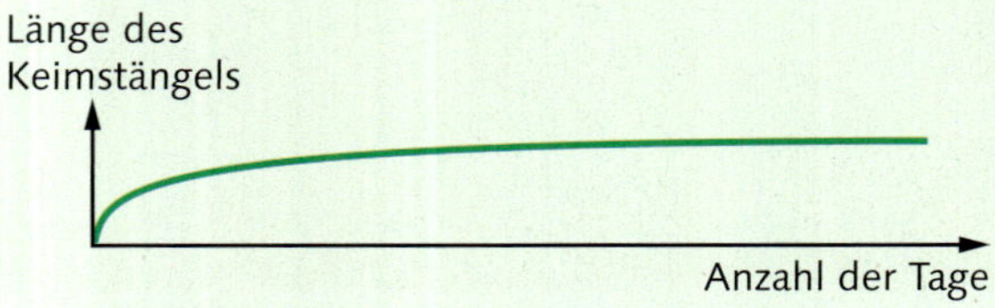

2 Beispiel für eine Wachstumskurve

B Pflanzen orientieren sich zum Licht

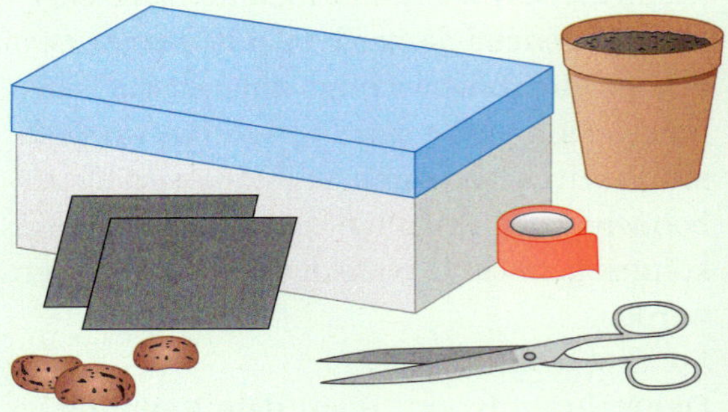
3 Material zum Versuch

Material Blumentopf, feuchte Erde, gequollene Samen der Feuerbohnen, Schuhkarton, Pappstreifen, Schere, Klebeband

Durchführung Pflanze die Samen in den Blumentopf. Warte, bis sich ein Keimling entwickelt hat. Klebe zwei Streifen Pappe versetzt in den Karton, sodass ein Labyrinth entsteht. In eine Ecke des Deckels schneidest du ein Loch. Stelle den Topf mit dem Keimling in den Schuhkarton. Lege den Deckel auf den Schuhkarton, sodass das Loch dem Keimling gegenüberliegt. Stelle den Schuhkarton an einen hellen, warmen Platz. Halte die Erde im Blumentopf feucht. Betrachte nach einer Woche die Pflanze im Schuhkarton. Beschreibe und zeichne das Wachstum der Pflanze.

Auswertung Erläutere das Wachstum der Pflanze im Labyrinth.

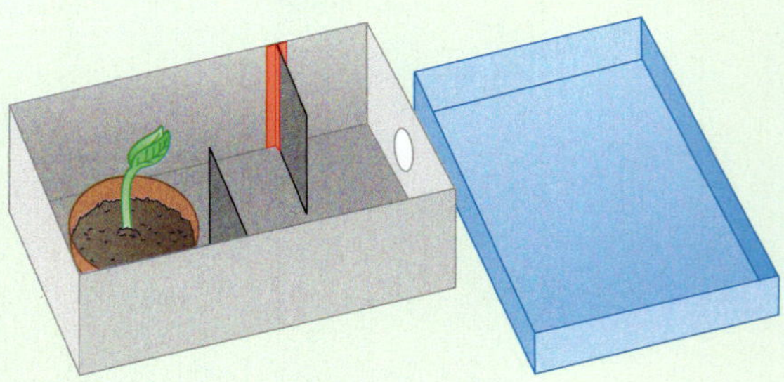
4 Pflanzen orientieren sich zum Licht.

Vermehrung ohne Samen

Die meisten Blütenpflanzen vermehren sich geschlechtlich, indem sich aus den bestäubten Blüten Früchte und Samen entwickeln. Einige Pflanzen können sich aber auch ohne Samen fortpflanzen. Diese *ungeschlechtliche Fortpflanzung* ermöglicht es ihnen, sich schnell an einem Standort auszubreiten.

Sprossausläufer

Die Erdbeere bildet *Sprossausläufer*, aus denen *Ableger* hervorgehen. Wenn die bogenförmigen Sprosse mit ihren Spitzen den Boden erreichen, beginnen sie zu wurzeln und bilden neue Sprosse. Auch die Grünlilie bildet an langen Sprossausläufern Ableger.

Bildung von Brutknospen

Die Brutblattpflanze bildet am Rand ihrer Blätter kleine Ableger. Das sind winzige Pflanzen mit Wurzeln und Blättern. Wenn sie auf die Erde fallen, wachsen sie zu ausgewachsenen Pflanzen heran.

Stecklingsvermehrung

Viele Pflanzen kann man durch *Stecklinge* vermehren. Die Blätter der Begonie bilden Wurzeln, wenn man sie in feuchte Erde steckt. Daraus wachsen neue Begonien heran. Da man Blätter in die Erde steckt, nennt man sie *Blattstecklinge*. Steckt man einen Zweig der Weide in Wasser, bilden sich neue Wurzeln. Man spricht hier von *Sprossstecklingen*.

Knollen und Zwiebeln

Kartoffeln oder Tulpen bilden unterirdisch *Knollen* oder *Zwiebeln*. Daraus können sich neue Pflanzen entwickeln. An den Kartoffelknollen gibt es sichtbare Vertiefungen, die als »Augen« bezeichnet werden. In diesen Vertiefungen sitzen Seitenknospen, aus denen sich Sprosse und Blätter entwickeln.

In Kürze

Manche Pflanzen können sich auch ungeschlechtlich vermehren. Dazu bilden sie Knollen, Zwiebeln, Ausläufer oder Ableger. Bestimmte Pflanzen lassen sich auch über Stecklinge vermehren.

Aufgaben

1 □ Nenne die Formen der ungeschlechtlichen Vermehrung und beschreibe sie.

2 ◪ Zäune, die aus in die Erde gesteckten Weidezweigen bestehen, schlagen aus und bekommen grüne Blätter. Erläutere.

3 ■ Nenne mögliche Vor- und Nachteile ungeschlechtlicher Vermehrung. Diskutiere.

1 Ableger der Grünlilie

2 Ableger der Brutblattpflanze

3 Blattsteckling der Begonie

Die Rotbuche

Rotbuchen sind die häufigsten einheimischen Laubbäume in Deutschland. In einem Buchenwald wachsen sie aufgrund ausreichender Niederschläge und gemäßigter Temperaturen zu mächtigen Baumriesen heran.

Merkmale einer Rotbuche

Rotbuchen erkennt man an ihrer hellgrau glänzenden Borke. Sie können bis zu 300 Jahre alt und bis zu 35 Meter hoch werden.

Ihre eiförmigen Blätter glänzen. Der Blattrand ist leicht gewellt und bei Jungblättern weich behaart. Rotbuchen besitzen verschiedene Blatttypen, mit denen sie die unterschiedlichen Lichtverhältnisse in der Baumkrone zur Fotosynthese optimal nutzen können. Die *Lichtblätter* am äußeren Rand der Baumkrone sind klein und dick. Die *Schattenblätter* im Innern der Baumkrone sind im Vergleich dazu größer und dünner.

1 Beeindruckende Baumkronen im Rotbuchenwald

Buchen sind Bedecktsamer

Die Rotbuche gehört zu den *einhäusigen, getrenntgeschlechtigen* Bäumen. Sie bildet auf einer Pflanze weibliche und männliche Blüten aus, die in getrennten Blütenständen heranwachsen. Durch den Wind gelangt der Pollen auf die Narbe. Die darunterliegende Samenanlage wird von den Fruchtblättern vollkommen umschlossen. Rotbuchen gehören daher zu den *Bedecktsamern*. In den stachligen Fruchtbechern entwickeln sich zwei dreieckige Nussfrüchte, die Bucheckern.

2 Rotbuche: A Wuchsform; B Blattform; C Blütenstände; D Knospe

3 A Fruchtbecher mit Bucheckern; B gekeimte Buchecker; C Entwicklung des Buchenkeimlings

Vom Samen zum Baum

Im Herbst fallen die Bucheckern zu Boden. Hier werden sie bald von dem herabfallenden Laub bedeckt und überdauern so den Winter. Im Frühling keimen die Bucheckern aus. Die Baumkrone, aus der sie fielen, lässt nur wenig Licht zum Boden durch. Die jungen Buchenkeimlinge kommen mit dem wenigen Licht gut aus. Durch diesen Vorteil kann die Rotbuche gegenüber anderen Baumkeimlingen schneller heranwachsen.

Ökologische Bedeutung

Buchenwälder produzieren viel Sauerstoff und binden den Staub aus der Luft. Durch ihre hohe Wasserverdunstung tragen sie zur Wolkenbildung bei. Die gute Durchwurzelung des Bodens wirkt sich positiv auf die Wasserbindung in tieferen Bodenschichten aus.

4 Eichhörnchen auf der Suche nach Bucheckern

Buchenlaub bildet nach der Zersetzung durch Bodenorganismen mineralstoffreichen Humus. Er dient als Mineralstofflieferant für heranwachsende Pflanzen, die ihrerseits von vielen Tieren als Nahrung genutzt werden. Viele Waldtiere ernähren sich von den ölhaltigen Bucheckern.

Nutzung des Holzes

Den Namen verdankt die Rotbuche ihrem rötlichen Holz. Dieses sehr harte Holz wird gerne für Möbel und Parkettböden genutzt. Im Winter liefert es als Brennholz lang anhaltende Wärme.

In Kürze

Die Rotbuche ist der häufigste heimische Laubbaum und bildet die Nahrungsgrundlage vieler Tiere. Sie ist ein getrenntgeschlechtlicher, einhäusiger Bedecktsamer.

Aufgaben

1 □ Benenne die Angepasstheiten der Rotbuche an die unterschiedlichen Lichtverhältnisse innerhalb der Baumkrone.

2 ◪ Stelle Vermutungen an, weshalb man die Buche auch »Mutter des Waldes« nennt. Erkläre deine Vermutungen.

Die Fichte

Ein Besuch im nahe gelegenen Fichtenwald bei beginnender Abenddämmerung hinterlässt bei dir deutliche Sinneseindrücke: modriger Geruch des Waldbodens, kühlere Temperatur als außerhalb des Waldes, feuchte Luft, auffällige Stille und schwache Lichtstrahlen, die vom Waldrand her in den dunklen Wald scheinen.

1 Fichtenwald in der Abenddämmerung

Merkmale einer Fichte

Die Fichte bevorzugt das feuchte und kühle Klima des Mittelgebirges und der Alpen. Hier kann sie mit ihrem gerade wachsenden Stamm eine Höhe von 40 Metern erreichen. Manche Fichten werden bis zu 600 Jahre alt. Ihr Stammdurchmesser beträgt dann bis zu 150 Zentimeter. Die rötlich graubraune Borke blättert in unregelmäßigen Schuppen ab. Die Baumkrone der Fichte ist kegelförmig. Ihre Zweige sind quirlig angeordnet. Die Fichtenwurzeln wachsen tellerförmig aus und dringen nicht tief in den Boden ein. Daher gehören Fichten zu den *Flachwurzlern*.

Nadeln sind speziell geformte Blätter

Die Fichte hat stechend spitze, vierkantige Nadeln. Im Gegensatz zu Laubblättern bleiben die Nadeln bis zu sieben Jahre am Baum. Die abgefallenen Nadeln werden nur schwer zersetzt. Dadurch bildet sich am Boden eine dicke Nadelschicht, die nur wenig Wasser durchlässt. Beim Abbau der Nadeln entstehen Stoffe, die die Ausbildung einer Kraut- und Strauchschicht verhindern.

2 Fichte: A Wuchsform; B Blütenstände; C Fichtennadel; D Querschnitt einer Fichtennadel

3 Vermehrung der Fichte: A Fichtenzapfen; B Fichtensamen; C Entwicklung des Fichtenkeimlings

Fichten sind Nacktsamer

Die einhäusigen, getrenntgeschlechtigen Fichten bilden ab einem Alter von etwa 30 Jahren im Mai und Juni ihre Blütenstände aus. Die männlichen Blüten geben riesige Pollenmengen frei, welche durch den Wind zu den weiblichen Zapfen transportiert werden. Dort bestäuben sie die vielen weiblichen Einzelblüten im Zapfeninnern. Die Fruchtschuppen der weiblichen Blüten tragen je zwei Samenanlagen. Sie liegen frei, umhüllende Fruchtblätter fehlen. Fichten zählen daher wie alle Nadelbäume zu den *Nacktsamern*. Nach gut einem Jahr spreizt der Zapfen bei Trockenheit seine Schuppen und die Flugfrüchte fallen heraus.

4 Orkanschäden in einem Fichtenwald

Anbau in Monokulturen

Fichten wachsen im Vergleich zu anderen Bäumen sehr schnell. Deshalb begann der Mensch sie wirtschaftlich zu nutzen. Jahrzehntelang wurden reine Fichtenwälder angepflanzt, sogenannte *Monokulturen*. Warme, trockene Sommer schwächen die Fichten. Schädlinge, wie der Fichtenborkenkäfer, können die geschwächten Bäume befallen. Da die Zahl ihrer Fressfeinde gering ist, werden die Käfer in ihrer Ausbreitung kaum gehemmt. Als Flachwurzler sind Fichten stark windwurfgefährdet.

In Kürze

Die Fichte ist der häufigste einheimische Nadelbaum. Fichten sind getrenntgeschlechtliche, einhäusige Nacktsamer und werden häufig in Monokulturen gepflanzt.

Aufgaben

1 ◪ »Willst du die Natur vernichten, pflanze Fichten, Fichten, Fichten!« Erkläre, was mit diesem Ausspruch gemeint ist.

2 ◪ Im Fichtenwald gibt es keine Kraut- und Strauchschicht. Begründe.

Weitere Baumarten kennenlernen

Ahorn

Der Ahorn gehört zu den Laubbäumen. Es gibt in Mitteleuropa drei verbreitete einheimische Ahornarten: Bergahorn, Spitzahorn und Feldahorn. Ihre Wuchshöhe variiert stark zwischen der Größe von Sträuchern bis zu Bäumen. Der Ahorn kann ein Alter von 500 Jahren erreichen. Ein besonderes Merkmal des Ahornbaumes sind seine fünflappigen Blätter. Sie sehen aus wie eine gespreizte Hand.

Blüten und Samen des Ahorns

Seine Früchte besitzen zwei lange Flügel. Sie drehen sich wie Propeller, wenn sie vom Baum fallen. Die grün-gelben Blüten bilden eine Dolde. Diese hat viele kleine Einzelblüten. Die Gesamtblüte oder »Dolde« sieht daher schirmförmig aus.

Verwendung

Das Holz des Ahornbaumes eignet sich für den Bau von Musikinstrumenten wie Flöte und Geige sowie für die Herstellung von Möbeln.

Eiche

Besondere Merkmale der Eiche sind ihre stark gefurchte Borke und der harte Stamm mit den knorrigen Ästen. Die Stieleiche und die Traubeneiche sind die am häufigsten in Mitteleuropa auftretenden Arten. Eichenbäume können eine Wuchshöhe von bis zu 40 Metern erreichen und über 1000 Jahre alt werden. Ihre tiefen Wurzeln reichen bis in Grundwassernähe.

Die wechselständigen Laubblätter sind dünn bis ledrig, gelappt oder ungelappt. Sie weisen glatte oder gezähnte Blattränder auf.

Blüten und Samen der Eiche

Die Früchte der Eiche werden auch Eicheln genannt. Sie sind Nahrungsquelle für viele Wildtiere wie Eichhörnchen und Wildschweine. Die Eiche ist getrenntgeschlechtig und einhäusig. Die männlichen Blüten setzen sich aus hängenden Blütenständen zusammen.

Verwendung

Das Eichenholz ist sehr hart und wetterbeständig. Daher wird es häufig für Eisenbahnschwellen, im Haus- und Schiffsbau sowie für Möbel und Böden verwendet.

1 Blüte und Früchte des Ahorns

2 Blüte und Früchte der Eiche

Kiefer

Wegen ihrer Anspruchslosigkeit gegenüber Boden und Klima zählt die Kiefer, auch Föhre genannt, zu den häufigsten Waldbäumen. Man erkennt sie an ihrer kegelförmigen Krone, die auf einem langen, astlosen Stamm sitzt. Tiefe und breite Wurzeln machen die Kiefer sturmfest. Sie erreicht eine Höhe von 45 Metern und kann etwa 600 Jahre alt werden. Ihre etwa 5 Zentimeter langen Nadeln sitzen immer paarweise am Zweig. Nadeln sind umgewandelte Blätter, deren Oberfläche stark verkleinert ist. Wegen einer dicken Wachsschicht an der Oberfläche verdunstet nur wenig Wasser, so kann die Kiefer auch im Winter ihre Blätter behalten. Sie ist immergrün.

Blüten und Samen der Kiefer

Die Kiefer blüht im Mai. Sie ist eine *getrenntgeschlechtige, einhäusige* Pflanze. Dies bedeutet, dass sich weibliche und männliche Blüten auf einer Pflanze befinden.

Verwendung

Das Kiefernholz eignet sich sehr gut für die Möbelherstellung sowie als Bau- und Konstruktionsholz.

Lärche

Lärchen gehören zu den Nadelbäumen und können bis zu 40 Meter hoch und über 1000 Jahre alt werden. Die Nadeln der Lärchen verfärben sich im Herbst gelb und werden schließlich abgeworfen. Behielte die Lärche ihre Nadeln, die keine schützende Wachsschicht besitzen, würde sie durch Verdunstung zu viel Wasser verlieren. Lärchen bilden die Baumgrenze und schützen vor Lawinen.

Blüten und Samen der Lärche

Die Lärche ist *getrenntgeschlechtig*. Die Zapfen stehen aufrecht an einem Stiel am Zweig. Die Samen sind weiß und besitzen kleine Flügel.

Verwendung

Das Holz der Lärche enthält sehr viel Harz und braucht daher nicht gegen Feuchtigkeit behandelt zu werden. Es ist gut geeignet für die Herstellung von Schindeln, Geräten für Kinderspielplätze und Fässern.

Aufgaben

1 □ Liste zu jeder Baumart eine Verwendungsmöglichkeit des Holzes auf.

2 ◪ Stelle Vermutungen an, welche Besonderheit zweihäusige Pflanzen besitzen.

3 Kiefernzapfen

4 Lärchenzapfen

Methode

Bestimmung von Bäumen

Es gibt eine Vielzahl an Pflanzen. Die richtige Bezeichnung für eine Blüte, Pflanze oder einen Baum finden Biologen, indem sie einen Bestimmungsschlüssel benutzen. Diese funktionieren alle nach dem gleichen Grundprinzip. Man vergleicht schrittweise unterschiedliche Merkmale der Pflanzen. Dazu eignen sich Blätter, Spross, Rinde, Blüten- und Fruchtstand. Hier lernst du, wie man einen Bestimmungsschlüssel benutzt und einen Baum anhand seiner Blätter bestimmt.

1 Laubblatt oder Nadelblatt? Blätter können sehr unterschiedlich gestaltet sein. Sie können als Laubblätter auftreten, wie man sie an einer Buche sieht, oder auch zu einer Nadel umgebildet sein, wie bei einer Fichte. Die Nadeln unterscheiden sich in Länge, Anzahl und Farbe voneinander.

2 Einfach oder zusammengesetzt? Ein Laubblatt kann einfach aufgebaut sein und eine ungeteilte Blattfläche besitzen. Ein zusammengesetztes Blatt besteht aus mehreren voneinander getrennten Blättchen. Sie können entlang des Sprosses sitzen. Dann werden sie gefiedert genannt. Ordnen sie sich um einen Punkt an, bezeichnet man sie als gefingert.

3 Welche Form hat das Blatt? Die Blattfläche von Laubblättern kann sehr unterschiedlich geformt sein. Einige Blätter sind lang gestreckt und werden daher als linealisch oder lanzettlich beschrieben. Andere sind von der Blattfläche her eher rundlich und können herz-, nieren- oder eiförmig sein.

4 Wie sieht der Blattrand aus? Der Blattrand ist von Art zu Art unterschiedlich. Er kann ganzrandig oder mit Einkerbungen versehen sein. Je nachdem, wie tief der Rand eingeschnitten ist, kann er gelappt, gebuchtet, gezähnt, gekerbt oder gesägt sein.

1 Bestimmungsmerkmale von Blättern

Beachte beim Bestimmen:

- Beginne am Startpunkt. Vergleiche das Blatt mit den Merkmalen der Weggabel. Entscheide dich dabei für eine Richtung.
- Verfolge den Weg, bis du zur nächsten Abzweigung gelangst.
- Wenn es keine weiteren Unterscheidungsmerkmale gibt, erhältst du den Namen der gesuchten Baumart.

Aufgabe

1 ◪ Bestimme Baumarten mit Hilfe der Blätter. Benutze den Bestimmungsschlüssel, um die Baumart zu bestimmen, deren Blatt du vorliegen hast.

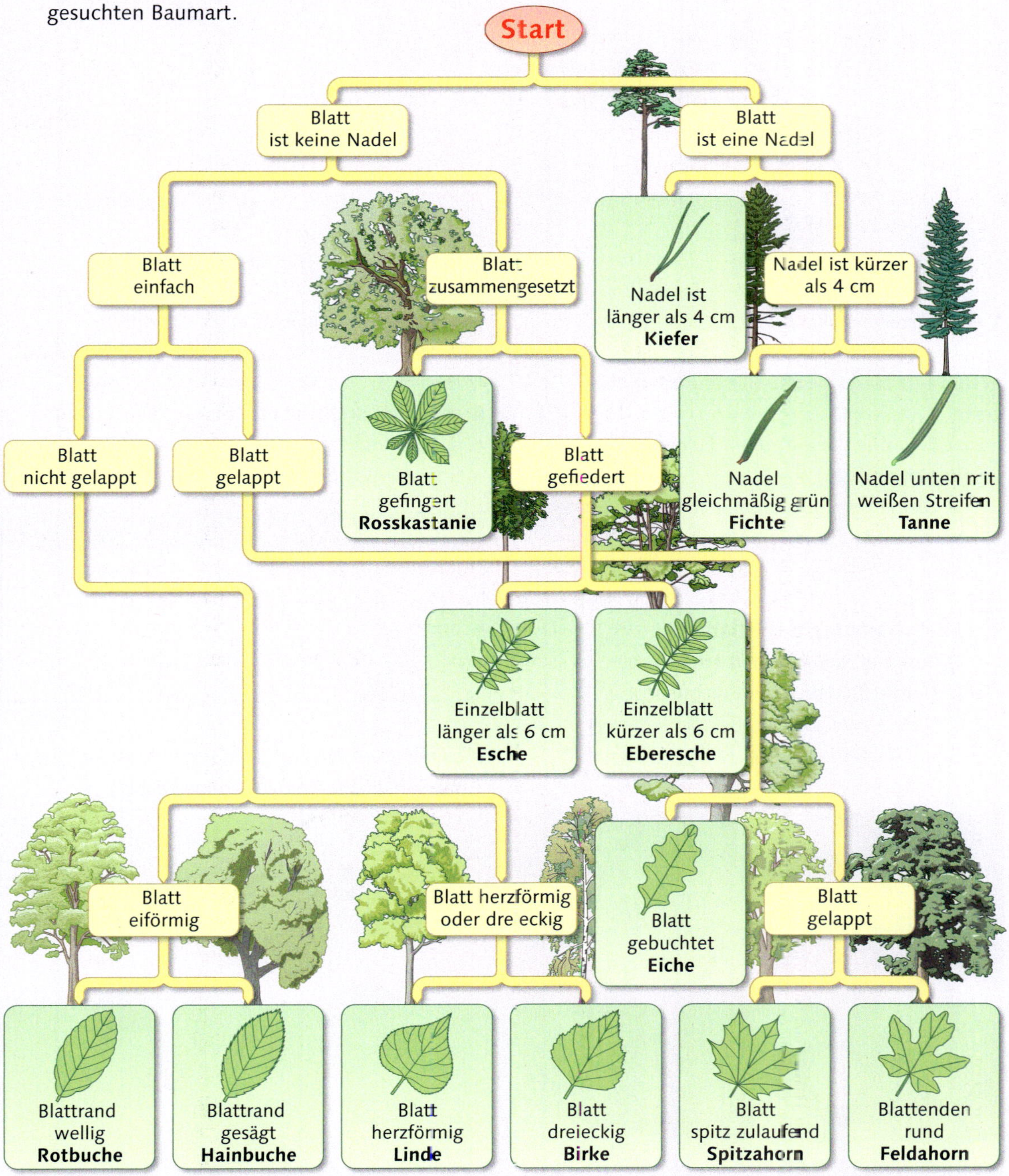

2 Bestimmungsschlüssel heimischer Bäume

Blütenpflanzen

1 Der Grundbauplan von Blütenpflanzen

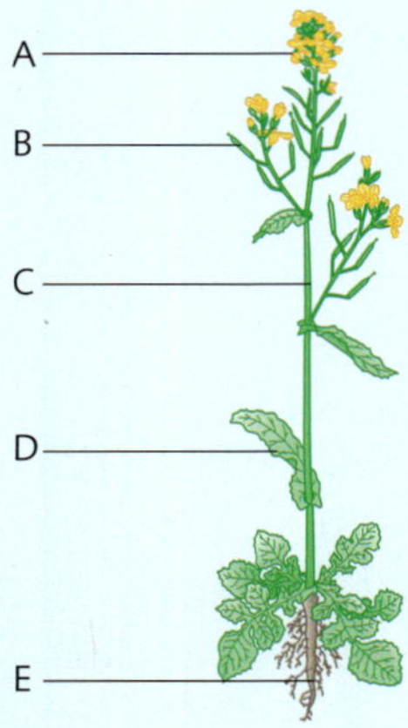

1 Bau einer Blütenpflanze

In Bild 1 ist eine typische Blütenpflanze dargestellt.

a □ Benenne die einzelnen Organe dieser Blütenpflanze.

b ◪ Ordne den einzelnen Bestandteilen entsprechende Funktionen zu.

2 Fortpflanzung bei Pflanzen

a □ Beschreibe die beiden Bilder unten.

b ◪ Nenne die Form der Fortpflanzung.

c □ Nenne zwei weitere Beispiele dieser Fortpflanzungsform bei Pflanzen.

2 Fortpflanzung beim Geldbaum:
A Blatt auf dem Boden; B junger Geldbaum

3 Der Bau der Blüten

3 Legebild einer Apfelblüte

Bild 3 zeigt das Legebild einer Apfelblüte.

a □ Ordne das Blütendiagramm einer Pflanzenfamilie zu. Begründe deine Entscheidung.

b □ Nenne drei Vertreter dieser Pflanzenfamilie.

c ◪ Übertrage folgende Tabelle in dein Heft und vervollständige sie:

Teile einer Blüte und ihre Funktion		
Blütenteil	**Farbe**	**Funktion**
Fruchtblatt		
	Gelb	
		Schutz

d ◪ Erläutere mit Hilfe des Legebildes die Blütenmerkmale der Kreuzblütengewächse.

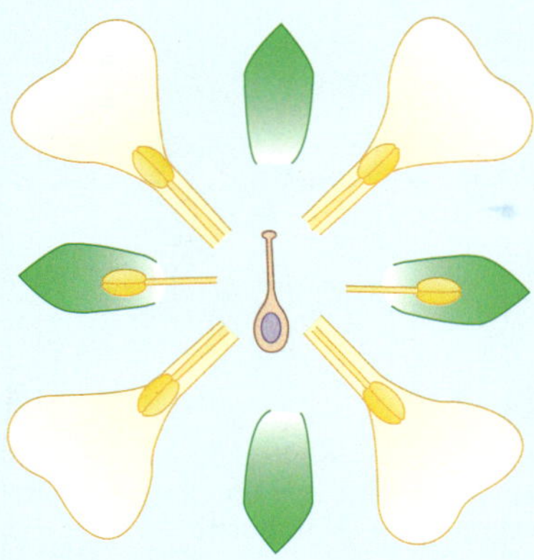

4 Legebild einer Kreuzblüte

4 Früchte und Samen

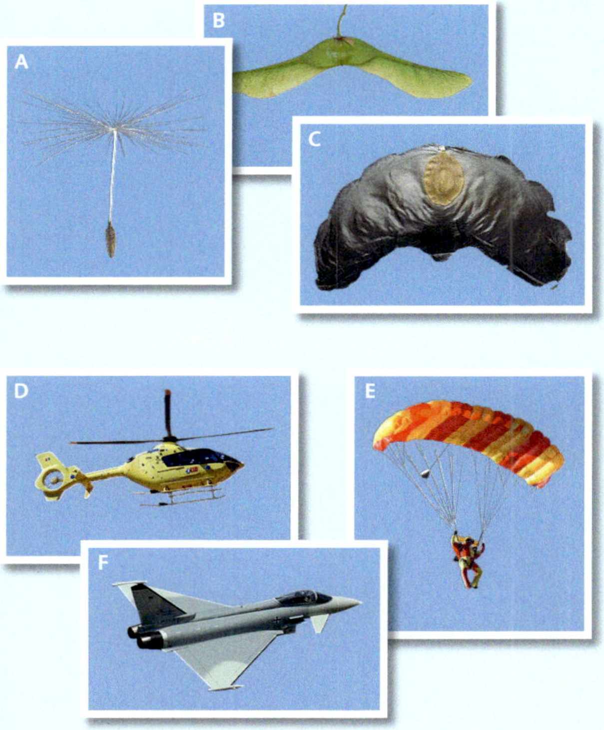

5 Flugfrüchte und Flugobjekte

a ◪ Ordne den Flugfrüchten in Bild 5 ein Flugobjekt zu. Erkläre.

b ◪ Stelle Vermutungen an, welche Verbreitungsform der Samen der Teufelskralle in Bild 6 nutzt. Nenne weitere Verbreitungsformen.

6 Samen der Teufelskralle

Auf den Punkt gebracht

Blütenpflanzen

- Bäume, Sträucher und Kräuter gehören zu den Blütenpflanzen. Trotz unterschiedlichen Aussehens ist der Grundbauplan aller Blütenpflanzen gleich.

- Die drei Grundorgane einer Blütenpflanze sind Wurzel, Sprossachse und Blatt. Sie erfüllen unterschiedliche Funktionen für die Pflanze.

- Blüten dienen der geschlechtlichen Fortpflanzung. Bei der Bestäubung gelangt Pollen auf die Narbe des Fruchtblatts. Bei der anschließenden Befruchtung verschmelzen Pollen und Samenanlage. Jetzt entstehen Früchte mit Samen. Diese werden durch Tiere, Wind oder Wasser verbreitet.

- Samen enthalten neben dem Embryo Nährstoffe, die der Keimling während der Keimung zum Wachstum benötigt.

- Pflanzen können sich auch ohne Samen vermehren. Man bezeichnet dies als ungeschlechtliche Fortpflanzung.

- Blütenpflanzen werden nach entsprechenden Blütenmerkmalen in bestimmte Pflanzenfamilien eingeteilt.

Lebensräume entdecken

Lebensräume in der Umgebung

Der Anblick von Tauben auf einem Marktplatz ist keine Seltenheit. Eigentlich sind sie Felsenbewohner. Die Stadttaube hat sich jedoch diesen Lebensraum erobert. Neben den Plätzen in der Innenstadt gibt es weitere Lebensräume in und um eine Stadt, die Tieren und Pflanzen zur Heimat geworden sind.

1 Tauben in der Stadt

Zum Begriff »Lebensraum«

Als Lebensraum bezeichnet man einen Bereich, der von bestimmten Tieren und Pflanzen besiedelt wird. In jedem Lebensraum herrschen ganz bestimmte Umweltbedingungen wie Niederschlagsmenge, Temperatur und Bodenqualität. Die Tiere und Pflanzen, die in diesem Lebensraum leben, finden dort Nahrung, Schutz vor Fressfeinden und können die Entwicklung ihrer Nachkommen sicherstellen. Alle Tiere und Pflanzen dieses Lebensraumes bilden eine *Lebensgemeinschaft*.

Lebensraum Stadt

Durch den Menschen verursacht, gibt es in der Stadt ein sehr gutes Nahrungsangebot. Unter achtlos weggeworfenen Lebensmitteln und in Mülltonnen finden die Tiere leicht etwas zu fressen. Gärten und Grünanlagen bieten gute Rückzugsmöglichkeiten. Mäuse, Ratten, aber auch Fuchs, Marder und sogar Wildschweine sind in den Wohnsiedlungen unterwegs. Solche Tiere nennt man *Kulturfolger*.

Lebensraum Park

Parks stellen einen Übergang zwischen städtischen und natürlichen Lebensräumen dar. Ein Park ist eine vom Menschen angelegte Landschaft, die verschiedene Lebensräume kombiniert. Es gibt ausgedehnte Rasenflächen, Hecken und Bäume sowie stehende und fließende Gewässer. Hier leben zum Beispiel Eichhörnchen, Amsel und Teichfrosch.

2 Typische Tiere im Park sowie am und im Gewässer

Lebensraum am und im Wasser

Stehende und fließende Gewässer sind Lebensräume für Fische, Amphibien, aber auch für viele Insekten. Manche Tiere, zum Beispiel Erdkröten, Libellen und Mücken, brauchen Gewässer zur Fortpflanzung und für die Entwicklung der Nachkommen. Viele Reptilien, Säugetiere und Vögel finden an und im Wasser ihre Nahrung.

Lebensraum Wald

Deutschland ist eines der waldreichsten Länder Europas. Je nach den klimatischen Bedingungen entstehen Laub-, Nadel- oder Mischwälder. Die verschiedenen Baumarten dieser drei Waldtypen bieten jeweils unterschiedlichen Tieren eine Lebensgrundlage. In Nadelwäldern zum Beispiel ist der Boden nur spärlich bewachsen. Deshalb gibt es dort nur wenige Pflanzenfresser. Dagegen finden viele Insekten und Vögel gute Lebensbedingungen vor. Größeren Tieren bieten Nadelwälder zudem gute Verstecke zum Schlafen.

In lichten Laubwäldern gibt es in der Bodenregion Farne, Sträucher und Kräuter. Hier leben zum Beispiel die Waldspitzmaus, Salamander, Erdkröten, Laufkäfer und Spinnen.

Auch unsere größten einheimischen Wildtiere wie Wildschwein, Rotwild und Dachs finden im Wald geeignete Nahrung und gute Schutzmöglichkeiten.

3 Laubwald

4 Feld und Wiese

Lebensraum Feld und Wiese

Die Lebensbedingungen in Feld und Wiese sind stark geprägt von der landwirtschaftlichen Nutzung. Allein wegen der Arbeit mit Landmaschinen sind viele Tiere gefährdet. Nach der Ernte gibt es auf den Feldern oft nur wenige Rückzugsmöglichkeiten für sie. Etwas größere Tiere wie Feldhase und Feldhamster suchen im oder dicht am Boden Schutz. Hecken, die die Felder eingrenzen, sind für viele Tiere ein dringend benötigter Schutzraum.

Wiesen bieten aufgrund der Vielfalt an Insekten und anderen Wirbellosen, die dort leben, vor allem Vögeln und anderen Insektenfressern reichhaltige Nahrung.

In Kürze

Ein Lebensraum ist gekennzeichnet durch bestimmte Umweltbedingungen sowie die Tiere und Pflanzen, die dort leben. Lebensräume bieten Tieren Nahrung, Schutz sowie Fortpflanzungs- und Entwicklungsmöglichkeiten. Städte Wohngebiete, Parks und landwirtschaftliche Flächen sind besonders durch den Menschen geprägte Lebensräume.

Aufgaben

1 □ Nenne geeignete Lebensräume für Tauben.

2 ◪ Erkläre, warum Städte viele Tiere anlocken.

3 ◪ Finde auf deinem Schulweg verschiedene Lebensräume. Erstelle dazu eine Liste und nenne jeweils einen typischen Lebensraum.

Lebensgemeinschaft Wiese

Eine bunte Blumenwiese mit vielen unterschiedlichen Blüten und Farben ist ein Erlebnis für alle Sinne. Hier wachsen die verschiedensten Blütenpflanzen in einem scheinbaren Durcheinander und ergeben ein buntes Mosaik. Wo eine so große Vielfalt an Pflanzen herrscht, kommen auch zahlreiche Tiere vor, die das reiche Angebot von Nektar und Pollen nutzen.

Lebensbedingungen auf der Wiese

Zwischen den dicht stehenden Wiesenpflanzen bleibt es lange feucht. Es ist windstill und die Temperatur schwankt nur wenig. Wird die Wiese gemäht, ändern sich die Lebensbedingungen jedoch schlagartig: Den Tieren fehlen Unterschlupf und Nahrung, Wind und Sonne haben einen viel stärkeren Einfluss. Die Wiesentiere sind an diesen Wechsel angepasst: Beispielsweise haben Zikadenlarven dann gerade ihre Entwicklung abgeschlossen. Heuschrecken ziehen in tiefere Stockwerk näher am Wiesenboden. Viele andere Arten weichen auf ungemähte Nachbarwiesen oder Randstreifen aus und kehren später zurück.

Trotz dieser wechselnden Lebensbedingungen können vielfältige Beziehungen zwischen den Wiesenbewohnern entstehen: Sie bilden eine Lebensgemeinschaft.

Blüten und Blütenbesucher

Bienen, Hummeln, Schmetterlinge und Fliegen werden von den Blüten der Wiesenkräuter angelockt. In ihnen finden sie Nektar und Pollen als Nahrung. Gleichzeitig bestäuben sie die Blüten. Viele Wiesenblumen können sich ohne ihre Bestäuber nicht fortpflanzen. Ohne die Blumen müssten aber auch die Insekten verhungern.

1 Blütenreiche Wiese

Ein »Schlaraffenland« für Pflanzenfresser

Wiesen bieten vielen Pflanzenfressern ein reiches Nahrungsangebot. Der kleine Feuerfalter saugt den Nektar der Wiesenblumen. Feldmäuse fressen junge Grastriebe, Feldheuschrecken bevorzugen junge Grasblätter. Die Larven der Wiesenschnaken nagen an Graswurzeln. Der Feldhase findet auf der Wiese die abwechslungsreiche Kräuterkost, auf die er angewiesen ist. Säftesauger, wie Blattläuse, Kleinzikaden und Wiesenwanzen, stechen mit ihrem Saugrüssel verschiedene Pflanzenorgane an.

2 Typische Wiesenpflanzen

Räuber und Beute

Ein Hermelin verfolgt eine Feldmaus im Grasdickicht. Eine Wespenspinne schneidet eine gefangene Feldheuschrecke aus ihrem Netz. Jedes Mal wird ein Pflanzenfresser zur Beute eines Fleischfressers, den man oft auch als »Räuber« bezeichnet. Wenn Räuber selbst das Opfer anderer Fleischfresser werden, entstehen Nahrungsketten aus mehreren Gliedern. Die Nahrungskette: Gras → Heuschrecke → Wespenspinne ist nur ein Beispiel.

Die meisten Nahrungsketten sind verzweigt: Das Gras wird nicht nur von der Heuschrecke, sondern auch von der Feldmaus gefressen. Die Wespenspinne fängt neben Heuschrecken andere Insekten und hat selbst Fressfeinde. So verzweigen sich die Nahrungsketten zum Nahrungsnetz.

Vielfalt der Wiesen

Wiesen können je nach Standort, der Art der Nutzung und den vorherrschenden Umweltbedingungen ganz unterschiedlich aussehen. So wachsen auf *Magerwiesen* Pflanzen, die an Trockenheit angepasst sind. Gräser und Blumen mit hohem Mineralstoffbedarf siedeln sich auf *Feuchtwiesen* an.

In Kürze

In einer Wiese ist es feucht und windstill, die Temperaturen schwanken kaum. Nach dem Mähen ändert sich dies schlagartig. Die Tiere und Pflanzen der Wiese sind daran angepasst. Die Lebewesen der Wiese stehen untereinander durch Nahrungsketten und Nahrungsnetze in Beziehung. Sie bilden eine Lebensgemeinschaft.

Aufgaben

1 □ Beschreibe die Lebensbedingungen auf einer Wiese. Beachte dabei besonders die Einflüsse des Menschen.

2 □ Nenne typische Pflanzenfresser und typische Fleischfresser auf einer Wiese. Nimm Bild 3 zu Hilfe.

3 ◪ Stelle mit den Angaben im Text und mit Hilfe von Bild 3 weitere Nahrungsketten zusammen.

A Mäusebussard
B Grauammer
C Blindschleiche
D Feldhase
E Feldmaus
F Maulwurf
G Kleiner Feuerfalter
H Ackerhummel
I Wespenspinne
J Wiesenschaumzikade
K Feldheuschrecke
L Goldlaufkäfer
M Ackerschnecke
N Regenwurm
O Wiesenschnakenlarve

3 Beispiele für Nahrungsketten in der Wiese

Die Wiese im Jahresverlauf

Im Verlauf eines Jahres verändert sich das Aussehen einer Wiese deutlich. Wiesen werden mindestens einmal im Jahr zur Gewinnung von Grünfutter gemäht. Die Mahd ist die größte Veränderung, die du auf einer Wiese beobachten kannst.

Das Wiesenjahr beginnt

Mehr braun als grün sieht eine Wiese nach dem langen Winter aus. Doch schon bald bringen Frühblüher wie Veilchen und Schlüsselblumen Farbtupfer hinein. Ab Ende April beginnen die Wiesengräser zu wachsen. Bald erstrahlt die ganze Wiese in frischem Grün.

Erster Hochstand

Nun ändert die Wiese von Woche zu Woche ihr Aussehen. Blühen schließlich Anfang Juni Lichtnelken, Glockenblumen, Wiesensalbei und eine Fülle von Gräsern, zeigt die Wiese ihr reichstes Blütenkleid.

Diesen farbenprächtigen Hochwuchs bezeichnet man als *ersten Hochstand.*

Die Mahd – ein starker Einschnitt

Mit der Mahd findet die Blütenpracht ein jähes Ende. Das Mähen bedeutet einen plötzlichen

1 Heuwender bei der Arbeit

Einschnitt, dem nur die bodennahen Blätter und Stängel entgehen. Aus den oberirdischen Pflanzenteilen wird Viehfutter, meist Heu.

Zweiter Hochstand

Nach der Heuernte treiben die Wiesenpflanzen erneut. Wärme und Regen ermöglichen ihnen im Hochsommer meist ein rasches Wachstum. Viele Arten blühen sogar ein zweites Mal. Allerdings werden die Pflanzen nicht mehr so hoch. Wenn im August das Gras seinen *zweiten Hochstand* erreicht, erfolgt die zweite Mahd. Wo es mild und feucht ist, kann man sogar ein drittes Mal mähen.

Wiesenpflanzen überstehen den Schnitt

Nach der Mahd haben alle Pflanzen gleiche »Startbedingungen«. Die neuen Sprosse abgeschnittener Gräser wachsen aus tief sitzenden Seitenknospen, die das Mähmesser nicht erreicht. Gräser können so besonders schnell nachwachsen. Sie sind deshalb die vorherrschenden Wiesenpflanzen.

Beim Weißklee werden höchstens Blätter und Blüten abgemäht, sein kriechender Spross entgeht dem Messer. Auch Gänseblümchen und Löwenzahn schmiegen ihre Blattrosetten eng an den Boden an. Nach dem Mähen haben sie wieder viel Licht.

Extra Lebensräume verändern sich

Wie die Wiese ändern alle Lebensräume ihr Aussehen mit dem Wechsel der Jahreszeiten. Ändern sich die Umweltbedingungen jedoch langfristig, beispielsweise als Folge des Klimawandels oder durch Eingriffe des Menschen, so ändert sich auch der Lebensraum in seiner Gesamtheit. So können bei ausbleibender Beweidung oder Mahd auf einer Wiese erst Sträucher und später auch Bäume wachsen. Die sich verändernden Umweltbedingungen haben weitreichende Folgen: Neue Pflanzen- und Tierarten können einwandern und bestehende Arten verdrängen.

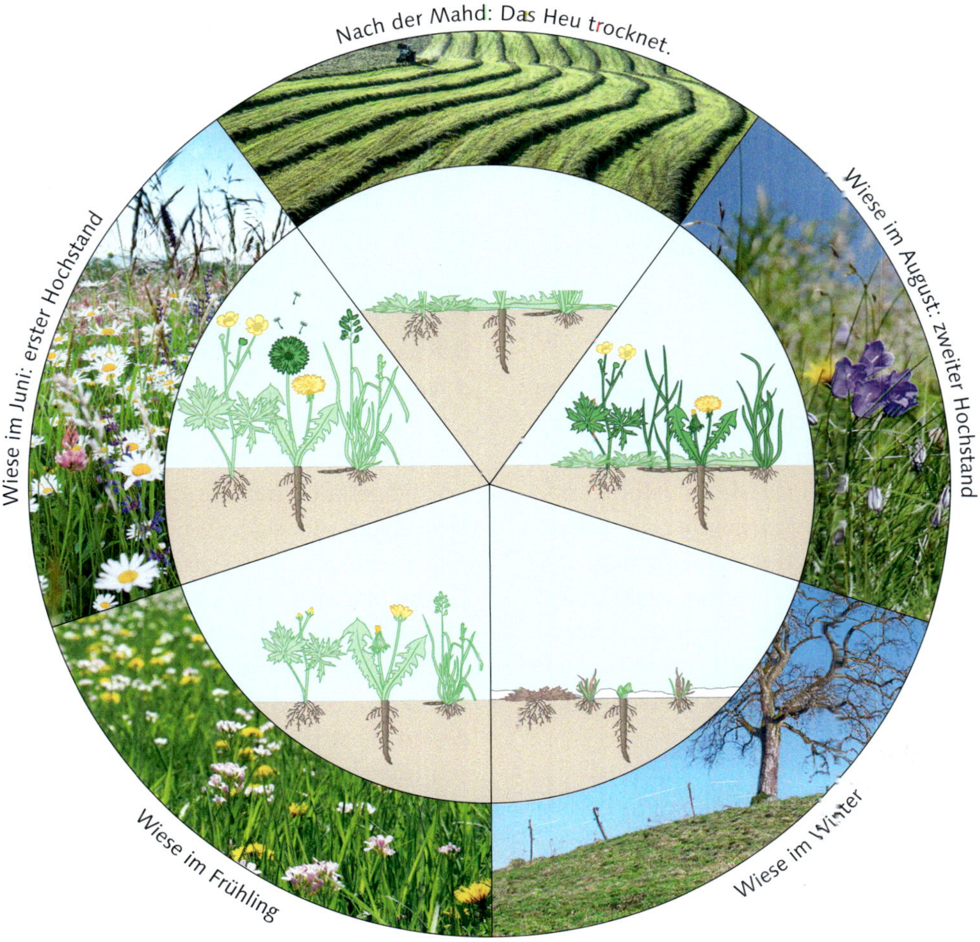

2 Wiese im Jahresverlauf

Früchte sichern das Überleben

Ende Mai schweben die reifen Fallschirmfrüchte des Löwenzahns über die Wiese. Auch die Frühblüher Schlüsselblume und Wiesenschaumkraut bilden noch vor der Mahd Früchte. Margerite und Sauerampfer, die erst im Mai blühen, schaffen das ebenfalls, wenn das Heu nicht zu früh geerntet wird.

Sommerblüher wie Kohldistel, Wilde Möhre und Bärenklau überstehen den ersten Schnitt mit grundständigen Blättern dicht am Boden. Sie bilden erst im August Blüten. Einen anderen Lebensrhythmus hat die Herbstzeitlose: Sie blüht im Herbst nach dem letzten Schnitt. Erst im nächsten Frühjahr bildet sie mit Hilfe der Speicherstoffe in der Knolle Blätter und Früchte.

In Kürze

Wiesen werden jährlich ein- bis dreimal gemäht. Die Pflanzen der Wiese halten dem Mähen stand. Gräser bilden nach dem Schnitt Ersatzsprosse. Andere Arten überleben mit grundständigen Blättern oder wachsen erst im Herbst vollständig heran.

Aufgaben

1 □ Beschreibe anhand von Bild 2 die jahreszeitlichen Veränderungen auf einer Wiese.

2 ◪ Vergleiche den ersten und zweiten Hochstand miteinander. Nenne Gemeinsamkeiten und Unterschiede.

3 ◪ Stelle an zwei Pflanzen beispielhaft Angepasstheiten an die Veränderungen des Lebensraums durch die Mahd dar.

Pflanzen in Pflasterritzen

Schulhöfe und Parkplätze sehen häufig grau und öde aus. Sie sind meist asphaltiert oder gepflastert. In den Ritzen zwischen den Pflastersteinen sieht man häufig einige Farbtupfer, die die triste Fläche auflockern.

1 Max betrachtet die Pflanzen auf dem Parkplatz.

Lebensraum Pflasterritze

Zwischen den Pflastersteinen sind die Ritzen häufig mit Sand aufgefüllt. Erst unter dem Sandbett befindet sich sehr fester Boden, der das Wasser sammelt und Mineralstoffe enthält. Das Regenwasser fließt über die Steine schnell ab, sodass der Boden rasch austrocknet. Außerdem kann die Sonne ungehindert die Steine und den Boden stark erwärmen. Die Pflanzen müssen sowohl starke Trockenheit als auch Nässe und Wärme aushalten.

Angepasstheit der Pflanzen

Einige Pflanzen sind an das Leben in Pflasterritzen angepasst. Mastkraut und Silbermoos widerstehen der Trittbelastung durch Fußgänger. Der niedrige Wuchs schützt sie wie andere Trittpflanzen vor Verletzungen. Dicke, harte Stängel und Blätter sichern den Breitwegerich und Vogelknöterich vor dem Zertretenwerden. Durch den niedrigen Wuchs breiten sich die Blätter oft rosettenförmig auf den Steinen aus. Gräser wachsen an weniger häufig betretenen Stellen. Sie richten sich nach Tritt rasch wieder auf. Der Löwenzahn und das Liegende Mastkraut besitzen lange Pfahlwurzeln, mit denen sie Wasser und Mineralstoffe aus tieferen Erdschichten aufnehmen können.

2 Lebensraum Pflasterritze: A Löwenzahn; B Einjähriges Rispengras; C Vogelknöterich; D Liegendes Mastkraut; E Silber-Birnmoos; F Strahlenlose Kamille; G Breitwegerich

Bedrohung durch den Menschen

Die meisten Menschen bemerken die Trittpflanzen in den Pflasterritzen gar nicht. Für viele sind sie aber ein großes Ärgernis. Deshalb werden sie häufig mit großem Aufwand bekämpft. Vielfach werden sie auf Terrassen oder Einfahrten ausgekratzt oder weggebrannt. Die Anwendung von Gift ist gesetzlich verboten, weil das Gift in die Kanalisation gelangt und das Wasser belastet.

In Kürze

Pflanzen in Pflasterritzen sind an die dort herrschenden Lebensbedingungen angepasst. Durch niedrigen Wuchs und feste, kleine, elastische Blätter können sie der Trittbelastung standhalten.

Aufgaben

1 ☐ Nenne die besonderen Lebensbedingungen in Pflasterritzen.

2 ◪ Ordne den Lebensbedingungen Angepasstheiten der Pflanzen zu.

Untersuchen mit Lupe und Binokular

Beim Betrachten von Pflanzen und Tieren kannst du viele Merkmale mit bloßem Auge nicht oder nur schwer erkennen, da sie sehr klein sind. Mit einer Lupe kannst du diese Feinheiten so vergrößern, dass sie für dich besser erkennbar werden.

Aus Klein wird Groß

Die Vergrößerung ist auf jeder Lupe mit einer Zahl angegeben. Beispielsweise bedeutet 5×, dass die Lupe um das Fünffache vergrößert. Rechts siehst du drei verschiedene Lupenarten, die sich im Einsatzbereich unterscheiden: Insekten lassen sich gut in der *Becherlupe* beobachten. Die *Klapplupe* passt für unterwegs in jede Hosentasche. Mit ihr kannst du sehr gut Pflanzenteile untersuchen.

Unter die Lupe nehmen

Um beispielsweise eine Blüte genauer zu betrachten, hält man eine Lupe zwischen Auge und Blüte. Man verkleinert den Abstand der Lupe zur Blüte, bis die Einzelheiten deutlich zu erkennen sind.

Arbeiten mit dem Binokular

Bei einem Binokular betrachtet man das Objekt mit beiden Augen gleichzeitig. Man nennt es daher auch *Stereolupe*. Einzelheiten sind wegen der starken Vergrößerung und des räumlichen Sehens besonders gut zu erkennen. Mit Hilfe eines Drehknopfs wird scharf gestellt. Meistens kann man den Gegenstand noch von oben beleuchten.

Beim Arbeiten mit dem Binokular legt man die zu betrachtenden Objekte am besten auf ein Stück Millimeterpapier. So bekommt man eine Vorstellung von der tatsächlichen Größe.

Aufgabe

1 □ Betrachte mit Lupe oder Binokular verschiedene Pflanzen oder auch Gegenstände. Erkennst du Strukturen, die du mit bloßem Auge nicht gesehen hast? Beschreibe.

Originalgröße

Leselupe: 2- bis 3-fache Vergrößerung

Becherlupe: 5-fache Vergrößerung

Klapplupe: bis zu 10-fache Vergrößerung

Binokular: bis zu 20-fache Vergrößerung

1 Lupen und ihre Vergrößerungen

Extra

Mahd – Nutzen und Schaden

Der Wiesenknopf-Ameisenbläuling kommt auf wenig genutzten feuchten Mähwiesen vor. Ausschließlich in die Blütenköpfchen des Großen Wiesenknopfs legt er seine Eier. Werden die Wiesen zu früh gemäht, finden die Falter keine Blüten zur Eiablage vor. Erfolgt die Mahd großflächig, kann auf diese Weise der gesamte Bestand dieser Falter vernichtet werden.

1 Wiesenknopf-Ameisenbläuling

Wirtschaftliche Interessen …

Milchbauer Sauter mäht seine Wiese. Er nutzt das Grünfutter für seine 60 Kühe im Stall. Früher mähten die Bauern mit der Sense ihre Wiesen erstmals um den Johannistag am 24. Juni. Heute wird der Zeitpunkt oft vorgezogen, um eine häufigere Mahd und somit mehr Futter zu erzeugen. Doch der vom Landwirt gewählte Zeitpunkt der Mahd hat große Auswirkungen auf einzelne Pflanzen und Tiere und damit auch auf die Lebensgemeinschaft Wiese.

… und Interessen des Naturschutzes

Der Wiesenknopf-Ameisenbläuling stellt nur ein Beispiel für viele gefährdete Arten dar, die durch intensive Landwirtschaft bedroht sind. Naturschutzorganisationen haben zum Ziel, die Vielfalt von Tieren und Pflanzen zu erhalten. Durch Vereinbarungen mit den Landwirten kann unter anderem der Zeitpunkt der Mahd festgelegt werden. Sinken dadurch die Einnahmen der Landwirte, weil sie weniger Grünfutter ernten, bekommen sie zum Ausgleich Geld.

Aufgaben

1 □ Stelle die Interessen der Landwirte den Interessen des Naturschutzes gegenüber.

2 ◪ Diskutiere, warum die einmalige Mahd Ziel des Naturschutzes ist. Nimm Bild 2 zu Hilfe.

3 ■ Stelle Vermutungen darüber an, wie sich die Häufigkeit der Mahd auf das jeweilige Aussehen der Wiese auswirkt.

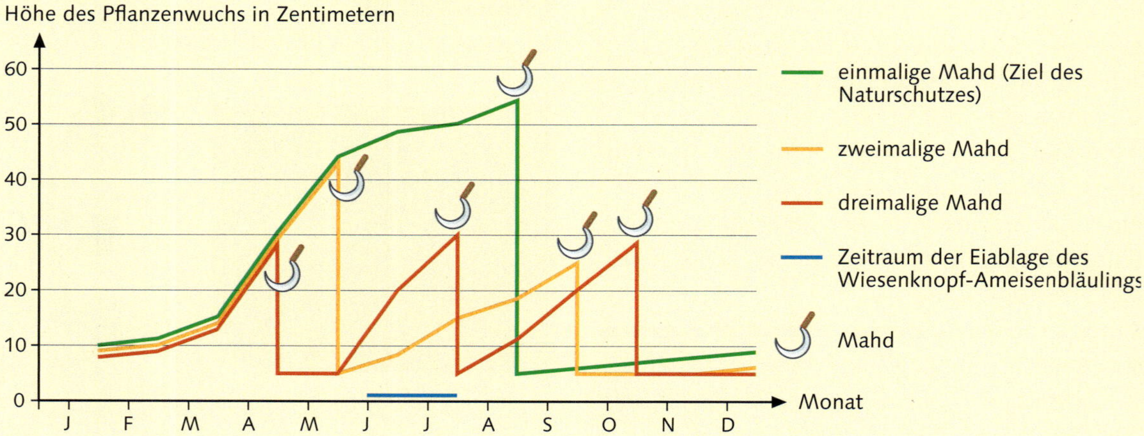

2 Auswirkungen der Mahd

Rasen und Wiese

1 Ein gepflegter Rasen

1 Rasen im Fußballstadion

Im Gegensatz zu einer Wiese besteht ein gepflegter Rasen ausschließlich aus Gräsern. Will man einen Rasen erhalten, muss man ihn häufig mähen, düngen, wässern und belüften.

a ◪ Ein Rasenstück im Garten soll in eine naturnahe Wiese umgewandelt werden. Beschreibe, wie man vorgehen müsste.

b ◪ Vergleiche den Verlauf der beiden Kurven in Bild 2.

c ◪ Entwickle einen Versuch, mit dem man zu diesen Ergebnissen kommt.

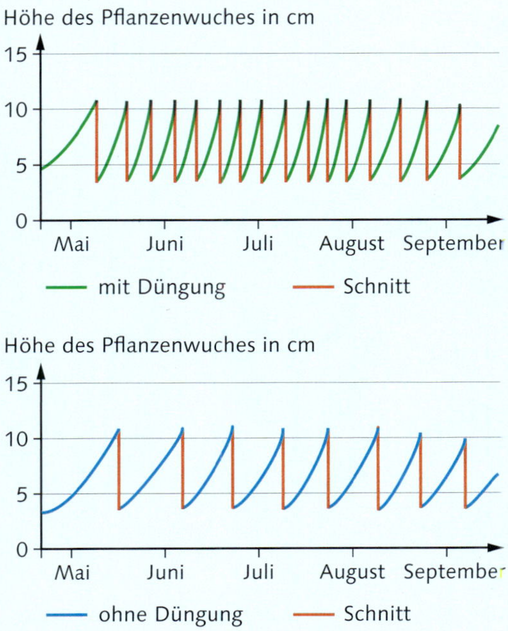

2 Pflege von Rasen mit und ohne Düngung

2 Düngung und Artenreichtum

3 Ungedüngte (A) und gedüngte Wiese (B)

a ◪ Vergleiche die beiden Wiesen in Bild 3.

b ◪ Um Wiesen für die Futterproduktion intensiv nutzen zu können, werden sie häufig gedüngt und gemäht.
Beschreibe anhand von Bild 4 die Auswirkungen auf die Pflanzen und Tiere einer Wiese.

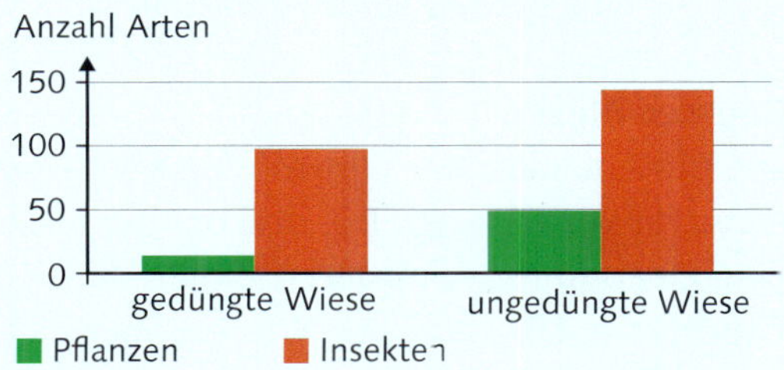

4 Artenvielfalt von gedüngter und ungedüngter Wiese

c ■ Erläutere, weshalb sich die Artenvielfalt der Insekten durch mehrmalige Mahd verändert.

d ◪ Ackerrandstreifen säumen Feldwege und Äcker und werden anders als die Ackerfläche nicht gedüngt. Beschreibe anhand von Bild 5 die Auswirkungen auf den Artenreichtum der Ackerrandstreifen.

5 Ackerrandstreifen

Bestimmungsmerkmale von Wiesenpflanzen

Auf einer Wiese im Sommer kannst du Hunderte bunter Blütenpflanzen beobachten. Man könnte annehmen, dass alle mit gleicher Farbe zu einer Gruppe gehören. Wenn du diese genauer anschaust und miteinander vergleichst, stellst du Unterschiede fest.

1 Wiesensalbei

Pflanzenfamilien

Je nach Bau und Form der Blüten fasst man Pflanzen zu bestimmten Pflanzenfamilien zusammen. Der Wiesensalbei gehört beispielsweise zur Pflanzenfamilie der *Lippenblütengewächse*. Im Bau der Blütenblätter, aber auch der Laubblätter und der Sprossachse besitzen die Angehörigen dieser Pflanzenfamilie gemeinsame Merkmale.

Bau der Blüten

Die Blütenblätter der Lippenblütler sind miteinander verwachsen. Die drei oberen bilden eine Ober-, die zwei unteren Blütenblätter die Unterlippe. Die Blüte des Wiesensalbeis ist *achsensymmetrisch*. Sie spiegelt sich nur an einer Achse. Die *drehsymmetrische* Blüte eines Gänseblümchens spiegelt sich dagegen in vielen Achsen.

Ein weiteres Bestimmungsmerkmal ist die Anordnung der Blüten. Selten stehen sie einzeln, meist sind sie zu mehreren in Blütenständen angeordnet. Der Wiesensalbei bildet mit seinen blauvioletten Blüten eine Traube. Traube, Ähre und einfache Dolde bilden einfache, Rispe und Dolde zusammengesetzte Blütenstände. Bei manchen Arten stehen die Blüten in Körbchen, die von Hüllblättern umgeben sind. Das Gänseblümchen zählt man deshalb zu den *Korbblütengewächsen*.

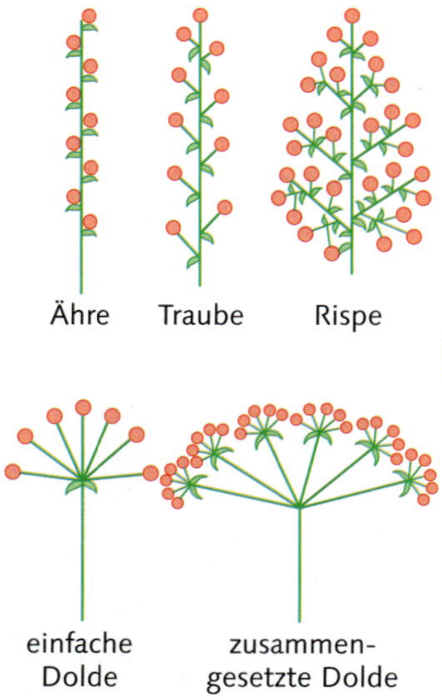

2 Blütenstände

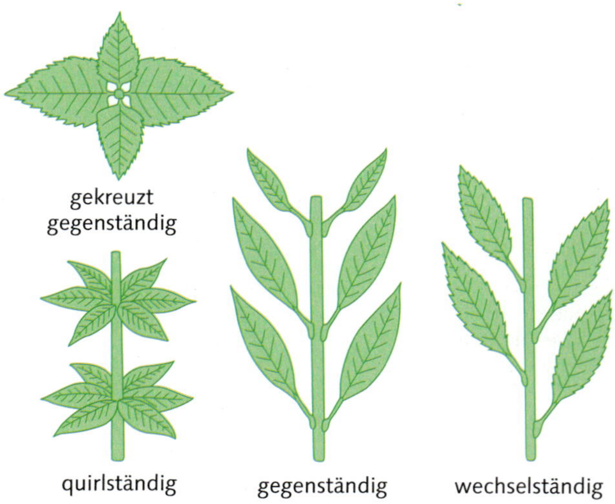

3 Blattstände

Unterschiede des Stängels und der Blätter

Der Stängel der Lippenblütler ist hohl und vierkantig. Die Blätter am Stängel sind oft gegenständig angeordnet. Es finden sich allerdings auch Arten, bei denen die Blätter quirlständig oder selten auch wechselständig am Stängel wachsen. Die Blattränder der Lippenblütler sind sehr unterschiedlich.

Besonderheiten der Lippenblütler

Diese Pflanzenfamilie zeichnet sich durch einen hohen Gehalt an ätherischen Ölen in den Blättern aus. Dadurch sind sie beliebte Gewürz-, Tee- und Heilpflanzen.

In Kürze

Der Bau und die Anordnung der Blüten sowie die Blattform und Blattstellung sind eindeutige Bestimmungsmerkmale von Pflanzen.

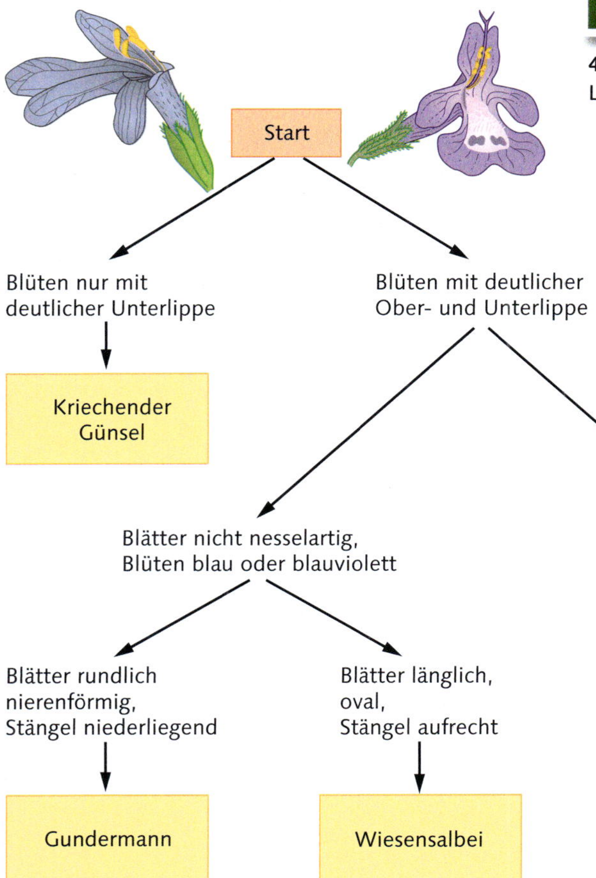

5 Bestimmungsschlüssel für häufige Lippenblütengewächse

Aufgaben

1 □ Nenne vier Merkmale, durch die man Blütenpflanzen unterscheiden kann.

2 □ Beschreibe, wie die Blüte der Familie der Lippenblütler aufgebaut ist.

3 ◪ Bestimme alle Blütenpflanzen in Bild 4 mit Hilfe des Bestimmungsschlüssels.

4 Vertreter von Lippenblütenwächsen

Ein Herbar anlegen

Ein Herbar ist eine Sammlung von getrockneten und gepressten Pflanzen. Mit Hilfe eines Herbars bekommst du einen Überblick über die Pflanzenwelt der Umgebung. Im Folgenden wird dir gezeigt, wie du die Blätter dauerhaft aufheben kannst.

1 Pflanzen am Ackerrand

Material Pflanzenpresse: zwei Holzplatten, ein Stapel Tageszeitungen, Paketschnur, Steine oder dicke Bücher, Zeichenkarton, durchsichtige Klebestreifen, Stifte

Durchführung

A Sammeln und Bestimmen

Pflanzen sind Lebewesen. Überlege dir daher genau, was du sammeln möchtest. Nimm nur Pflanzen mit, die genügend oft vorhanden sind. Folgende Fragen können dir bei der Auswahl der Pflanzen helfen:

- Welche Pflanzen sind bei uns häufig?
- An welchen Standorten kommen sie vor?

Versuche die Standorte zu beschreiben und mache dir Notizen. Bestimme die Pflanzen gegebenenfalls mit einem Bestimmungsbuch.

B Trocknen und Pressen

Trockne die Pflanze vor dem Aufkleben gut, sonst rollen sich später die Blätter ein. Lege sie dazu zwischen einen Stapel Zeitungen, den du oben mit einer Holzplatte bedeckst und mit einem Stein beschwerst. Wechsle nach zwei bis drei Tagen die Zeitungen. Diese werden durch den Pflanzensaft feucht und können schimmeln.

Je länger die Pflanzen trocknen, umso besser ist es. Mindestens zwei Wochen sind dafür notwendig

2 Schritte beim Anlegen eines Herbars

3 Fertiger Herbarbogen

4 Ausstellung im Klassenraum

C Beschriften

Notiere auf dem Blatt neben Art und Familie die Blütezeit und den Fundort mit Datum. Als Besonderheiten kannst du Giftigkeiten bestimmter Pflanzenteile oder einen Einsatz als Heilpflanze notieren. Denkbar ist auch eine Beschriftung mit dem Computer.

D Aufkleben

Jedes Blatt wird einzeln auf einen Zeichenkarton im Format DIN A4 gelegt. Klebe das Laubblatt mit durchsichtigen Klebestreifen vorsichtig auf den Zeichenkarton.

Denke daran, dass die krautige Pflanze nach dem Trocknen hart ist und leicht bricht.

Auswertung In eurem Herbar sollten sich fünf bis sieben Pflanzen eines Standortes befinden. Stelle deinen Fundort und die dazugehörigen Pflanzen deinen Mitschülern vor.
Vielleicht gestaltet ihr mit einigen besonders schönen Blättern eine kleine Ausstellung im Klassenraum oder im Schulgebäude. Später kannst du die Sammlung in einer Mappe aufbewahren.

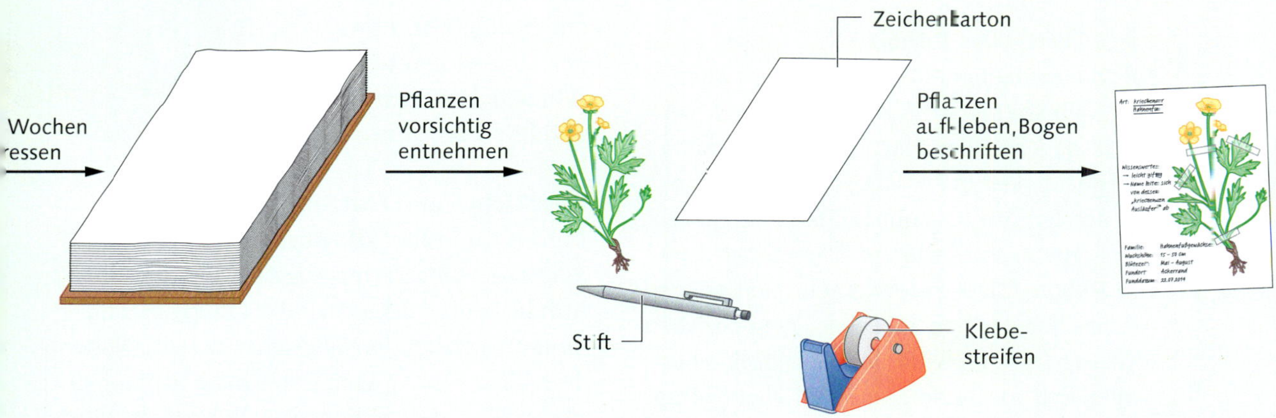

Die Streuobstwiese

Was gibt es Schöneres als die blühenden Obstbäume einer Streuobstwiese im Frühling? Die gelben Blüten des Löwenzahns verleihen den Wiesen kräftige Farbtupfer.

Verstreute Obstbäume

Die Streuobstwiese ist die traditionelle Form des Obstanbaus. Es finden sich dort hochstämmige Bäume verschiedener Arten wie Apfel, Birne und Zwetschge. Meist sind Streuobstwiesen an Ortsrändern zu finden, wo die Bäume in unregelmäßigen Abständen »verstreut« stehen. In Süddeutschland sind diese Wiesen ein wichtiger Bestandteil der Landschaft.

Vielfalt auf der Wiese

Da die Bäume auf der Streuobstwiese sehr weit voneinander entfernt wachsen, fällt viel Licht auf den Boden. So kann eine artenreiche Wildkräuterwiese mit vielen Gräsern und Blütenpflanzen entstehen. Typische Vertreter einer Streuobstwiese sind Wiesenschaumkraut, Hahnenfuß oder Wilde Möhre. Käfer, Bienen und Hummeln finden ihre Nahrung in den blütenreichen Obstwiesen.

Unter Totholz, Laub, Steinen oder Hecken leben zahlreiche *Reptilien-* und *Amphibienarten*, wie Zauneidechse, Blindschleiche und Erdkröte. Sie ernähren sich von Regenwürmern, Schnecken, Insekten, Käfern und Spinnen.

Extra Wertvolles Totholz

Obstbäume bilden mit zunehmendem Alter im Stamminnern morsches Holz. Der Grund hierfür ist, dass altes Holz löchrig wird und durch die Feuchtigkeit in der Luft zu faulen beginnt. Mit der Zeit wird es hohl und brüchig. Manchmal sterben ganze Äste ab. Man spricht dann von Totholz. Diese Besonderheit spielt bei der Artenvielfalt der Tiere im Lebensraum der Streuobstwiese eine große Rolle. Viele Insekten ernähren sich von Totholz, andere Tiere benötigen es als Versteck oder zur Aufzucht der Jungen.

1 Obstbaumblüte auf der Streuobstwiese

Obstbäume als Lebensraum

Ein Obstbaum allein kann mehr als 1000 verschiedene *wirbellose Tierarten* beherbergen. Bereits im Frühjahr locken die Blüten der Obstbäume zahlreiche Insekten an.

Schmetterlingsraupen ernähren sich von austreibenden Blättern. Blattläuse, Zikaden und Blattwespen sind auf Blätter, Knospen, Blüten oder den Saft der Obstbäume angewiesen. Viele Käferarten und Asseln ernähren sich von Totholz oder Holz geschwächter Bäume.

Die verlassenen Baumhöhlen von Bunt- und Grünspecht dienen *nachtaktiven Säugetieren* wie dem Siebenschläfer oder der Haselmaus als Nist- und Wohnhöhle. Viele Fledermausarten finden in alten Baumhöhlen Unterschlupf. *Vögel* wie die Kohlmeise, der Kleiber oder seltene Arten wie der Steinkauz und der Wendehals ziehen in den Höhlen ihre Jungen auf.

Geschichte und Nutzung

Bereits im Mittelalter wurden vor den Toren der Städte Obstgärten angelegt. Im 19. Jahrhundert entwickelte sich der Obstanbau zu einem bedeutenden Wirtschaftszweig. Neben dem Gras für das Vieh lieferte die Streuobstwiese Obst, das zu Kompott, Fruchtsaft, Most oder Schnaps weiterverarbeitet wurde.

2 A Kohlmeise; B Siebenschläfer; C Blattlaus; D Kleiner Fuchs; E Kleiber; F Wiesenschaumkraut; G Scharfer Hahnenfuß; H Wilde Möhre; I Erdkröte; J Blindschleiche

Heute sind viele Streuobstwiesen verschwunden. Gründe hierfür sind die mühsame Obsternte von hohen Bäumen, die preisgünstige Obstproduktion auf niedrig wachsenden Plantagenbäumen und billiges Obst aus dem Ausland. Auch der steigende Flächenbedarf von Städten und Gemeinden führte zum Rückgang der Streuobstwiesen.

In der Folge verschwanden viele Tierarten oder stehen kurz vor dem Aussterben. Mittlerweile setzen sich viele Gemeinden und Naturschutzorganisationen für die Rettung dieses wertvollen Lebensraumes ein.

In Kürze

Streuobstwiesen sind Flächen, auf denen hochstämmige Obstbäume wachsen. Sie bieten einen wertvolen Lebenraum für zahlreiche Pflanzen- und Tierarten.

Aufgaben

1 □ Nenne Pflanzen und Tiere, die in der Streuobstwiese leben.

2 ◪ Beschreibe die Bedeutung von Totholz für die Lebensgemeinschaft der Streuobstwiese.

3 ■ Erkläre, warum viele Gemeinden die Anpflanzung von Streuobstwiesen fördern.

Bäume, Sträucher und Kräuter

Sattes Grün, so weit das Auge reicht. Landschaftsbilder sind geprägt durch die Pflanzen, die dort vorkommen. Die verschiedenen Pflanzen sehen ganz unterschiedlich aus. Anhand ihrer Wuchsform kann man sie gut unterscheiden.

Bäume

Bäume haben einen dicken Stamm aus Holz, der sich erst einige Meter über der Erde verzweigt. In unseren Breiten werden Bäume bis zu 40 Meter hoch. Die höchsten Bäume der Erde können bis zu 130 Meter hoch werden. Bäume tragen viele Blätter und bilden auch Blüten. Man unterscheidet Nadel- und Laubbäume. Häufige heimische Bäume sind Buche, Eiche, Fichte, Kiefer, aber auch alle Obstbäume.

Sträucher

Sträucher sind mit bis zu 15 Metern kleiner als ausgewachsene Bäume. Sie besitzen keinen Stamm, sondern verzweigen sich schon dicht über dem Boden in viele fast gleich starke, verholzte Äste. Sträucher wachsen als Hecken. Sie bilden den Übergang zwischen Wald und Wiese. Häufige heimische Sträucher sind Haselnuss, Weißdorn, Holunder und Schlehe.

1 Eine Strauchlandschaft

Kräuter

Kräuter wachsen niedrig und sind nicht verholzt. Man bezeichnet sie auch als krautige Pflanzen. Die Wiesenpflanzen sind typische Kräuter. Nach ihrer Lebensdauer unterscheidet man einjährige Kräuter wie Kamille und Raps und mehrjährige Kräuter wie das Scharbockskraut.

In Kürze

Je nach Wuchsform und Verholzung der Pflanzenteile unterscheidet man Bäume, Sträucher und Kräuter.

Aufgabe

1 □ Erstelle eine Liste, in der die wesentlichen Eigenschaften von Bäumen, Sträuchern und Kräutern genannt werden.

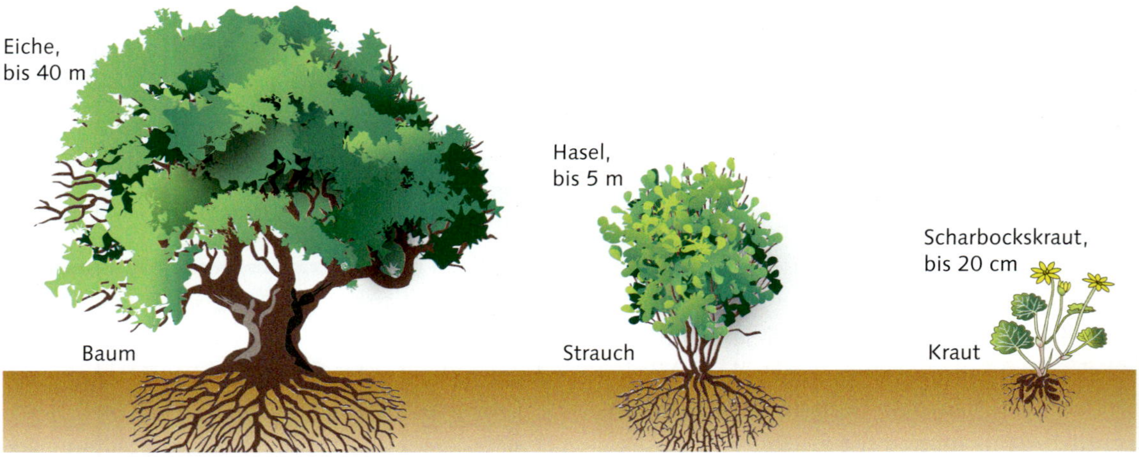

2 Drei Wuchsformen: Baum, Strauch und Kraut

Kartieren auf dem Schulgelände

Auch das Schulgelände bietet vielen Tieren und Pflanzen einen Lebensraum. Um die Vielfalt der vorkommenden Pflanzen auf eurem Schulgelände zu dokumentieren, könnt ihr eine Kartierung des Geländes durchführen. Dabei helfen euch die folgenden Schritte:

1 Überblick verschaffen Zuerst müsst ihr euch einen Lageplan des Schulgeländes beschaffen. Er ist die Grundlage für die Kartierung.

2 Aufteilen in Kleinflächen Nun beginnt die praktische Arbeit auf dem Schulgelände. Teilt dazu das Schulgelände in kleinere Flächen auf. Eine Größe von 7 m × 7 m ist gut zu überschauen. Erstellt von einer solchen Kleinfläche eine Detailskizze. Messt dazu mit Maßband und Meterstab, um das Gelände zu erfassen.

3 Pflanzen bestimmen Sucht auf den Kleinflächen Pflanzen und bestimmt sie mit Hilfe der Bestimmungsbücher.

4 Eintragen in die Detailskizze Tragt in der Detailskizze alle Gebäude, Wege, Grünflächen, Spielgeräte und alle erfassten Pflanzen standortgetreu ein. Findet verschiedene Symbole und Farben zur eindeutigen Kennzeichnung der Begebenheiten auf dem Gelände. Deren Bedeutung klärt ihr in einer Legende. Kommen bestimmte Pflanzen häufig vor, tauchen deren Symbole mehrfach auf.

5 Legende erstellen Erstellt nun eine Legende. Übertragt die Symbole und Farben aus eurer Detailskizze und benennt diese.

6 Eintragen in den Lageplan Übertragt eure Kartierungsergebnisse in den Lageplan.

Aufgabe

1 ◪ Beschaffe dir einen Lageplan deines Wohnortes oder deiner Straße. Wähle eine Kleinfläche aus und kartiere diese.

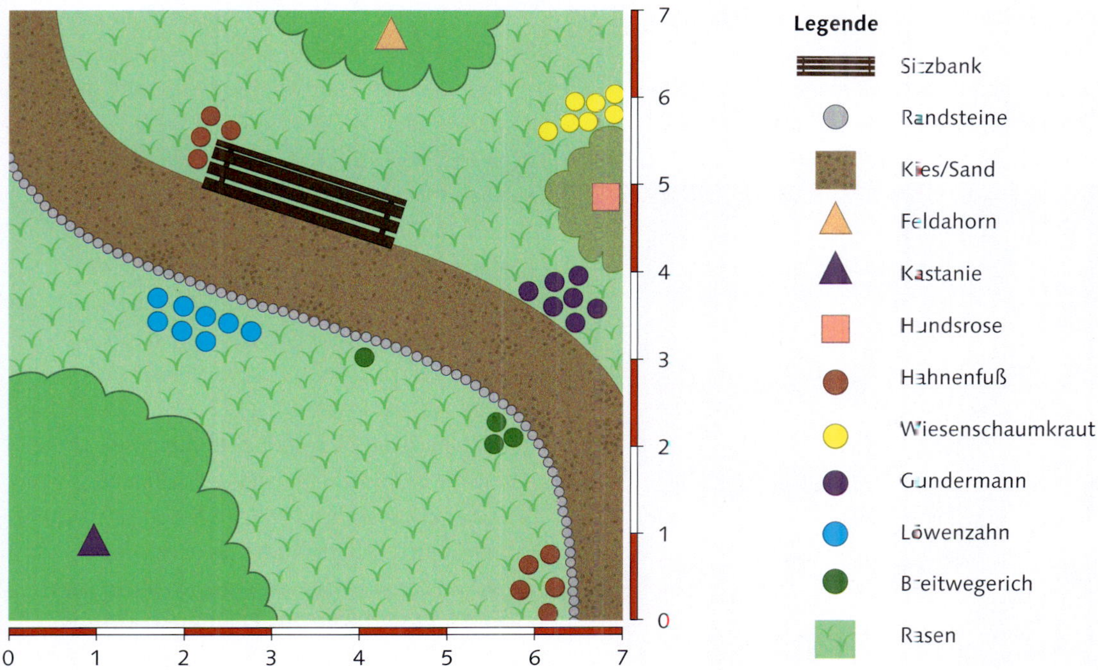

1 Detailskizze

Lebensräume entdecken

1 Lebensräume

a □ Gib die Definition für den Begriff Lebensraum an.

b □ Nenne fünf unterschiedliche Lebensräume und gib jeweils drei Beispiele für Tier- und Pflanzenarten an, die man darin findet.

c □ Nenne alle Funktionen, die ein Lebensraum den darin lebenden Tieren bieten muss.

d ◪ Erläutere den Begriff Kulturfolger an einem Beispiel.

2 Die veränderliche Krabbenspinne

Die Krabbenspinne findet man in vielen Lebensräumen. Sie fällt besonders durch ihre langen Vorderbeine auf, mit denen sie ihre Beute halten kann. Sie ist ein Lauerjäger, der auf Blüten sitzt. Sie jagt Insekten, Fliegen, Bienen und Hummeln. Mit einem Giftbiss in den Nacken betäubt sie ihre Beute. Da sie ihre Farbe von Grün über Gelb bis Weiß ändern kann, passt sie sich ihrem Untergrund an. Ihre Feinde sind Insektenfresser und Vögel.

a □ Nenne wichtige Bedingungen, die der Lebensraum der Krabbenspinne erfüllen muss.

b ◪ Erkläre den Vorteil der Farbanpassung des Körpers der Krabbenspinne an den Untergrund.

c ◪ Erstelle für den Lebensraum Wiese eine Nahrungskette mit der Krabbenspinne.

1 Die veränderliche Krabbenspinne

3 Lebensraum Wiese

2 A Bodenbrüter Feldlerche; B Heuernte; C Löwenzahn

a □ Beschreibe die Lebensbedingungen sowohl für Pflanzen als auch für Tiere auf einer Wiese.

b □ Nenne Gründe für den Artenreichtum der Insekten auf einer Wiese. Beschreibe dabei den Nutzen für Pflanzen und Tiere.

c ◪ Erläutere die Vorteile einer regelmäßigen Mahd für Wiesen.

d ◪ Wenn man eine Wiese nicht mehr mäht, dann wird sich in einigen Jahren ein Wald entwickeln. Erläutere diese Aussage.

e ◪ Stelle Vermutungen über die häufigste Samenverbreitungsart von Wiesenpflanzen auf und erkläre sie.

f ◪ Erkläre die Bedeutung der häufigen Mahd für die in Bild 2 dargestellte Feldlerche.

g ◪ Feuchtwiese und Magerwiesen sind schützenswerte Lebensräume. Erkläre.

h ■ Futterwiesen werden mehrmals im Jahr gedüngt und gemäht. Erläutere die Auswirkungen der intensiven Nutzung auf die Artenvielfalt der Pflanzen und Tiere.

4 Lebensraum Pflasterritze

a □ Nenne die Umweltbedingungen, die in Pflasterritzen herrschen.

b □ Beschreibe die verschiedenen Angepasstheiten von Pflanzen, die in Pflasterritzen leben.

c ◪ Stelle Vermutungen über besondere Schädigungsarten der Pflanzen in Pflasterritzen im Winter an.

d ◪ Pflanzen in Pflasterritzen produzieren meist viele Samen. Stelle Vermutungen an, wie diese verbreitet werden.

5 Lebensraum Streuobstwiese

Auf Streuobstwiesen wachsen in Deutschland über 3000 Obstsorten. Hier leben mehr als 5000 Tier- und Pflanzenarten.

a □ Nenne fünf verschiedene Tiergruppen, die auf Streuobstwiesen leben, und erläutere, weshalb sie dort heimisch sind.

b □ Erkläre die Vielfalt der Blütenpflanzen auf Streuobstwiesen. Beschreibe den Vorteil dieser Vielfalt für die Insekten.

c ◪ Erläutere den Nutzen von alten, morschen Obstbäumen für Vögel wie den Steinkauz.

d ◪ Auf Streuobstwiesen wachsen in Deutschland mehr als 1200 verschiedene Apfelsorten. Überlege, wie viele Apfelsorten du kennst. Recherchiere im Internet, weshalb es wichtig ist, die vielen Apfelsorten zu erhalten.

3 Vielfalt der Apfelsorten

Lebensräume entdecken

- Lebensräume sind Bereiche, die aufgrund ihrer spezifischen Umweltbedingungen von bestimmten Pflanzen und Tieren besiedelt werden. Viele Lebensräume sind durch den Menschen beeinflusst.

- Die Lebewesen eines Lebensraumes bilden eine Lebensgemeinschaft. Sie stehen in vielfältigen Beziehungen zueinander, zum Beispiel in Nahrungsketten und Nahrungsnetzen, und sind voneinander abhängig.

- Die Wiese ist ein Lebensraum mit wechselnden Lebensbedingungen. Durch die Mahd fehlt vielen Tieren Unterschlupf und Nahrung.

- Pflanzen, die in Pflasterritzen leben, sind besonders an Wasser-, Boden- und Nährstoffmangel angepasst. Durch feste, elastische Blätter und geringen Wuchs halten sie der Trittbelastung stand.

- Die Streuobstwiese ist ein besonders artenreicher Lebensraum. Sie liefert vielfältiges heimisches Obst. Sowohl die Bäume als auch die Wiese bietet unterschiedlichen Tieren Nahrung und Unterkunft.

Abfalltrennung und Recycling

Müll – Abfall und Rohstoff

Nicht nur im Haushalt, sondern überall in unserer Gesellschaft fällt Abfall an. Selbst im Wald stolperst du manchmal über weggeworfene Dinge. Der Abfall wird auf unterschiedlichste Arten beseitigt und ist vielfach neuer Rohstoff.

1 Kinder sammeln Müll im Wald.

Was ist Müll?

Mit dem Begriff *Müll* oder *Abfall* werden nicht mehr benötigte Reste in festem Zustand bezeichnet. Dazu gehören auch Flüssigkeiten oder Gase in Behältern. Chemische Rückstände wie Abwasser oder Abgase werden *Abfallstoffe* genannt.

Abfall im Haushalt

Wir produzieren täglich Müll. Nicht nur in der Küche werden Verpackungen von Lebensmitteln oder Getränken, Kaffee- und Teefilter, Reste von Nahrungsmitteln und Einwegtücher weggeworfen. In allen Bereichen des Haushalts fällt Abfall an. Dazu gehören Zeitungen, Kartons, alte Geräte oder Kleidung. All dieser Müll muss entsorgt werden. Dazu stehen uns unterschiedliche Mülltonnen oder spezielle Sammelstellen zur Verfügung. Durch Mülltrennung und Recycling werden aus vielen Wertstoffen, die zunächst weggeworfen wurden, neue Rohstoffe.

2 Sperrmüll an der Straße

Sperriger Müll

Manchmal fällt im Haushalt größerer Abfall an, der nicht in die Mülltonne passt. Dann kann man die Sperrmüllabfuhr bei der Stadtverwaltung bestellen. Kaputte Möbel, große Elektrogeräte oder Schrott wie alte Fahrräder werden abgeholt. Häufig werden noch gut erhaltene und brauchbare Dinge weggeworfen. In vielen Städten sieht man abends vor der Abfuhr Menschen, die den Sperrmüll nach verwendbaren Gegenständen durchsuchen. Der abgeholte Rest wird sortiert und unbrauchbarer Abfall im Müllheizkraftwerk verbrannt.

Abfall durch die Industrie

Industriemüll entsteht bei der Produktion der verschiedensten Materialien oder Geräte. Er muss je nach Art in verschiedene Kategorien eingeteilt und dementsprechend unterschiedlich behandelt und entsorgt werden. Dazu gehören zum Beispiel Metall-, Holz- und Kunststoffreste sowie giftige Chemikalien.

Schwieriger Sondermüll

Unter Sondermüll fasst man alle Abfälle zusammen, die besonders entsorgt werden müssen. In Deutschland bezeichnet man giftige, explosive oder brennbare Stoffe als Sondermüll. Abfälle, die unter Umständen Krankheitserreger enthalten, zählen zum Sondermüll. Sonderabfälle dürfen nicht einfach mit dem Hausmüll entsorgt werden. Leere Lack-

3 Sondermüll: A Batterien; B Altöl; C Spraydosen; D Lacke; E Tabletten

dosen enthalten giftige Reste von Chemikalien. Spraydosen können unter Hitzeeinwirkung explodieren und stellen eine Gefahrenquelle dar. Auch Altöl aus Autos oder leere Batterien zählen zum Sondermüll. Beides muss man an speziellen Sammelstellen abgeben. Dann können sie fachgerecht entsorgt werden, damit sie die Umwelt nicht belasten.

Wiederverwendung und Recycling

Ein Großteil aller Abfälle kann noch genutzt werden. Zur *Wiederverwendung* gehören zum Beispiel die Reinigung und Neubefüllung von Glasflaschen, die Altkleidersammlung und die Aufbereitung von Secondhandmöbeln. Unter *Wiederverwertung* versteht man die Aufbereitung von Abfällen zu neuen Rohstoffen. Kunststoffe, Metalle und Verpackungen werden gesammelt, nach Material getrennt und zu neuen Ausgangsstoffen für vielfältige Produkte verarbeitet.

Umgang mit Restmüll

Mülldeponien sind die älteste Art, Müll durch Vergraben zu beseitigen. Dabei traten aber Schwierigkeiten auf. Der Müll zog Ratten an, außerdem vermehrten sich Krankheitserreger. Bei der Verrottung entstanden umweltschädliche Gase und Stoffe, die Luft und Grundwasser belasteten. Da Gestank, Staub und Lärm die Menschen belästigen, wurden viele Mülldeponien außerhalb der Wohngebiete in eher ländliche Lebensräume gebaut. Dadurch wurden die dort lebenden Wildtiere belastet.

Ein Großteil des restlichen Mülls wird heute in großen Anlagen verbrannt. Dadurch wird zum einen das Volumen des Mülls reduziert und gleichzeitig Energie in Form von Wärme gewonnen.

In Kürze

In allen Lebensbereichen entsteht Abfall. Dieser wird sortiert und aufbereitet, wiederverwertet, als neuer Rohstoff verwendet oder entsorgt.

Aufgaben

1 □ Nenne unterschiedliche Abfallarten und gib jeweils vier Beispiele an.

2 ◪ Erläutere die Notwendigkeit von Recycling.

4 Müllverbrennungsanlage

Mülltrennung betrifft jeden

Sicherlich stehen in eurer Küche verschiedene Mülleimer. In einem wird Verpackungsmaterial gesammelt, in einem weiteren Küchenabfälle. Auch vor eurem Haus stehen unterschiedlich farbige Mülltonnen.

Trennung von Hausmüll

In Deutschland wird Müll sortiert. Diese Trennung ist Grundlage für eine sinnvolle Wiederverwertung. In der *grauen Restmülltonne* werden alle Reste des Haushalts wie Essensreste, Staubsaugerbeutel, kaputtes Porzellan oder Glasbruch, Kerzenreste, Asche, Windeln und Watte gesammelt. Dieser Abfall wird in der Müllverbrennungsanlage verbrannt. Die dabei freigesetzte Energie nutzt man zur Gewinnung elektrischer Energie oder zur Heizwärmegewinnung. Die zurückbleibende Schlacke wird auf Deponien gelagert. Verpackungen und Produkte mit dem grünen Punkt werden im *gelben Sack* oder der *gelben Tonne* sortiert. Diese unterschiedlichen Verpackungsmaterialien werden in der Müllsortieranlage nach Rohstoffen sortiert und dann auf vielfältige Art wiederverwertet. In einigen Gemeinden findet man zusätzlich die braune, grüne oder blaue Tonne vor dem Haus. Hier werden Papier oder kompostierbare Abfälle gesammelt.

1 Mülltrennung im Haushalt

Sammelstellen für Glas und Papier

Altglas und Altpapier sind wertvolle Rohstoffe. Deshalb werden sie in Containern an speziellen Stellen gesammelt. Nach einer entsprechenden Aufbereitung kann das alte Papier für die neue Papierherstellung als Rohstoff genutzt werden. Ebenso werden Glasflaschen und Konservengläser eingeschmolzen und neue Flaschen oder Gläser daraus hergestellt. Dadurch kann man große Mengen an Energie und Rohstoffen einsparen. Dazu ist das Sortieren des Altglases nach Farben wichtig. Falls eine Farbe nicht eindeutig bestimmbar ist, sollte es dem Grünglas zugeordnet werden. Spezialgläser, Trinkgläser oder Spiegel gehören nicht ins Altglas, da sie andere Stoffe enthalten, die eine Wiederverwertung schwierig machen.

2 Unterschiedliche Mülltonnen

3 Glas- und Altpapiercontainer

4 Das Pfandsystem Deutschlands

5 Müllsortierung beim Wertstoffhof

Pfandflaschen schonen die Umwelt

In Deutschland gibt es das Einweg- und das Mehrwegpfandsystem für Getränkeverpackungen. Bei beiden zahlt der Käufer einer Getränkeflasche einen bestimmten Betrag als Pfand, den er beim Zurückbringen der Flasche wiedererhält. Sinn dieser Pfandsysteme ist der umweltfreundliche Umgang mit Verpackungen.

Mehrere Systeme

Beim *Mehrwegpfandsystem* werden Glas- und Plastikflaschen gesammelt, chemisch gereinigt und neu befüllt. Die Flaschen aus Plastik bestehen meist aus dem festeren »PET«-Kunststoff. Glaspfandflaschen können bis zu 50-mal, »PET«-Flaschen bis zu 25-mal befüllt werden. Dadurch sind sie umweltfreundlicher als *Einwegpfandflaschen*. Diese werden nach der Rücknahme geschreddert, eingeschmolzen und als Kunststoffgranulat weiterverarbeitet. Solche Flaschen bestehen aus dem weicheren »PP«-Kunststoff. Einwegpfandflaschen müssen nicht aufwendig sortiert und zu den entsprechenden Abfüllern transportiert werden. Auch Getränkedosen zählen zum Pfandsystem. Die Rohstoffe Aluminium und Weißblech benötigen in der Herstellung viel Energie. Beim Recycling dagegen werden nur zehn Prozent dieser Energie benötigt. Deshalb ist es wichtig, Dosen zu sammeln.

Sammelstelle Wertstoffhof

Jeglicher Müll, der nicht in den normalen Mülltonnen entsorgt werden darf, kann zum *Wertstoffhof* der jeweiligen Gemeinde gebracht werden. Dazu gehören zum Beispiel Farbeimer, Teppiche, Chemikalien, Elektroschrott und Altmetalle. Haushaltsmüll, Grünabfälle und große Mengen an Plastikmüll können dort ebenso wie Leuchtstoffröhren, Spezialglas, Spiegel, Batterien und Kork abgegeben werden. Hier wird dieser Müll getrennt gesammelt und speziell recycelt oder entsorgt. Da der Müll auch wertvolle Rohstoffe enthält, ist die Abgabe in haushaltsüblichen Mengen meist kostenlos.

In Kürze

Der gesamte Abfall wird getrennt gesammelt und je nach Material gesondert behandelt, wiederverwertet oder entsorgt. Für die Umwelt ist es wichtig, Rohstoffe zurückzugewinnen und wiederzuverwerten.

Aufgaben

1 □ Beschreibe, wie und wo bei euch zu Hause der Abfall sortiert wird. Überlege, wie dieses Konzept erweitert werden kann.

2 ■ Diskutiert in Gruppen die Umweltverträglichkeit von Einweg- und Mehrwegflaschen sowie von Getränkedosen.

Mülltrennung in der Sortieranlage

Die Mülleimer in der Küche sind mal wieder voll. Tim bringt die Müllsäcke zu den Mülltonnen. Der Müll im gelben Sack wird gesondert von der Müllabfuhr abtransportiert.

1 Gelbe Säcke an der Straße

Was gehört in den gelben Sack?

In Deutschland wird Verpackungsmaterial in einem gelben Sack oder einer gelben Tonne gesammelt. In diesen gelben Sack werden nur Verpackungen aus Kunststoff, Metall oder Verbundstoffen gesammelt. Alle Verpackungen müssen löffelsauber in den gelben Sack sortiert werden. Dazu gehören zum Beispiel Joghurtbecher, Plastiktuben, Plastikflaschen, Milch- und Saftkartons, Tragetaschen, Kaffeeverpackungen, Dosen, Metallverschlüsse oder Umhüllungen aus Alufolie. Zahnbürsten, CDs, Einwegrasierer oder Verpackungen aus Pappe gehören nicht in den gelben Sack.

Auslesen von Hand

Der Müll aus den gelben Säcken oder den gelben Wertstofftonnen wird zur Recyclinganlage gefahren. Dort werden große Teile zunächst von Hand aussortiert. Falsch sortierte Bestandteile des Mülls werden entfernt und als Restmüll gesammelt.

Trennung in der Siebtrommel

In den Siebtrommeln werden die Abfälle der Größe nach sortiert. Im Innern der geschlossenen Trommel befindet sich ein grobmaschiges Gitter, durch das die Kleinteile hindurchfallen. Große Teile landen wieder auf einem Förderband. Dadurch erhält man Mischungen von Abfall in einheitlichen Größen.

Trennung durch Gebläse

Leichte Tüten und Verpackungsfolien werden durch ein Luftgebläse vom schweren Restmüll getrennt. Plastiktüten stellen in vielen Ländern ein besonderes Problem dar. Bis zu zwanzig Tüten werden dort bei einem Einkauf verwendet.

2 Handsortierung

3 Siebtrommel

Extra Magnetismus

Magnete befestigen Zettel ohne Klebestreifen am Kühlschrank und wirken durch viele Gegenstände hindurch, so auch durch eine Hand. Die Kraft solcher Magnete ist dauerhaft und wirkt auch über lange Strecken. Deshalb spricht man von *Dauermagneten*. Während Kunststoffe und Aluminium nicht angezogen werden, üben Magnete eine besondere Anziehungskraft auf Eisen, Nickel und Kobalt aus.

Nähert man dem Pol eines Magneten eine Büroklammer aus Eisen, kann sie selbst zum Magneten werden und andere Büroklammern anziehen. Man stellt sich die Magnetisierung so vor, dass sich im Eisendraht kleine, ungeordnete Magnete mit Nord- und Südpol befinden.

Diese *Elementarmagnete* richten sich beim Annähern eines Dauermagneten gleichmäßig aus und magnetisieren so die Büroklammer.

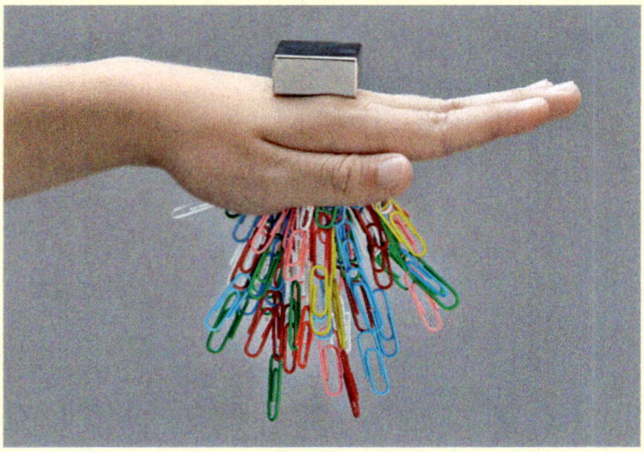

4 Dauermagnet zieht beschichtete Büroklammern an.

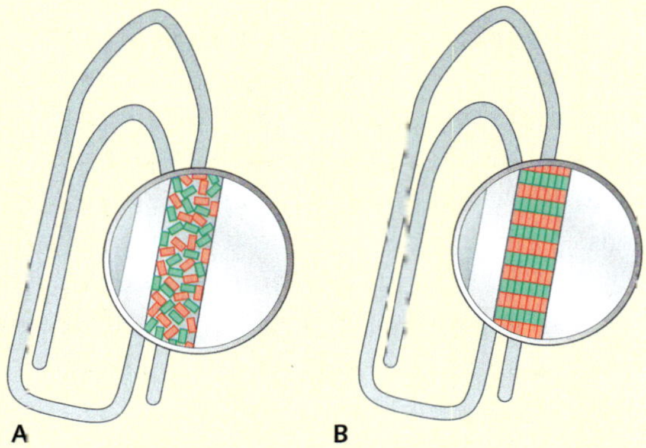

5 Elementarmagnete

Trennung durch Magnete

Über den Förderbändern hängen Magnete, die eisenhaltigen Müll anziehen. Schraubdeckel, Kronkorken und Konservendosen werden dadurch vom Müll getrennt und als Metallschrott weiterverarbeitet. Aluminiumdosen werden von Magneten nicht angezogen und schon vorher teilweise von Hand aussortiert und einer Verwertung zugeführt.

Die Schwimm-Sink-Wanne

Im anschließenden Wasserbad werden schwimmende von sinkenden Bestandteilen des Mülls getrennt. Unterschiedliche Schwimmeigenschaften der Materialien werden ausgenutzt. Im Müll befinden sich verschiedene Kunststoffarten. »PET«-Kunststoff, der er vor allem für Flaschen eingesetzt wird, sinkt zerkleinert im Wasser ab. »PP«-Kunststoff hingegen wird beispielsweise bei Joghurtbechern verwendet. Zerkleinert schwimmt dieser Kunststoff auf der Wasseroberfläche und kann so leicht abgeschöpft werden. Ein Recyclingcode auf der Verpackung gibt an, um welchen Kunststoff es sich handelt.

In Kürze

In Müllsortieranlagen werden die Verpackungsmaterialien aus dem gelben Sack in die verschiedenen Wertstoffe getrennt. Dabei nutzen unterschiedliche Trennverfahren die verschiedenen Materialeigenschaften des Mülls.

Aufgaben

1 □ Nenne die unterschiedlichen Trennverfahren in einer Recyclinganlage. Ordne ihnen in einer Tabelle die jeweils ausgenutzten Stoffeigenschaften zu.

2 □ Protokolliere drei Tage lang, welche Verpackungen zu Hause im gelben Sack gesammelt werden.

3 ◪ Erläutere mit der Vorstellung des Elementarmagneten, warum ein zerbrochener Magnet wieder zwei entgegengesetzte Magnetpole hat

Mülltrennung

A Trennung im Wasser

Material unterschiedliche Plastikverpackungen wie Flaschen und Joghurtbecher, Becherglas (600 ml), Wasser, Schere, Stab, wasserfester Stift

Durchführung Untersuche die Verpackungen auf ihre Plastikart. Zerschneide die unterschiedlichen Plastikverpackungen mit der Schere in kleine, ungefähr gleich große Schnipsel. Beschrifte die Stückchen mit Symbolen, sodass du weißt, aus welcher Plastikart sie bestehen. Fülle das Becherglas mit Wasser. Gib diese Stücke in das Wasser und rühre mit dem Stab um. Beobachte, welche Plastikart schwimmt und welche im Wasser sinkt. Protokolliere deine Beobachtungen.

Auswertung

1 Vergleiche deinen Versuchsaufbau mit der Schwimm-Sink-Wanne einer Mülltrennungsanlage.
2 Nenne die Stoffeigenschaft, die bei diesem Trennverfahren ausgenutzt wird.
3 Stelle Vermutungen über die Gründe einer sortenreinen Trennung der verschiedenen Plastikarten an.

B Trennung im Windsichter

Material Papier, Folie, Styropor, Joghurtbecher, 1,5 Liter dünnwandige Getränkeflasche, Föhn, Messer, Klebeband, Fliegengitternetz, Schere

Durchführung Nimm eine gesäuberte, trockene Getränkeflasche und schneide sie vorsichtig etwa 10 cm vom Flaschenhals entfernt ab. Klebe mit dem Klebeband ein Stück Fliegengitter über die Öffnung. Den oberen Teil der Flasche klebst du anschließend wieder darauf. Nun schneide den Flaschenboden ab. Gib in die Öffnung Papierschnipsel, Folienschnipsel, Styroporstückchen und Stücke des Joghurtbechers. Stelle den Föhn auf »Kalt«, da sonst das Klebeband schmilzt. Den Flaschenhals hältst du so über den Föhn, dass du einen Luftstrom durch die Flasche erhältst. Protokolliere deine Beobachtungen.

Auswertung

1 Vergleiche deinen Versuchsaufbau mit einem Windsichter einer Mülltrennungsanlage.
2 Nenne die Stoffeigenschaft, die bei diesem Trennverfahren ausgenutzt wird.

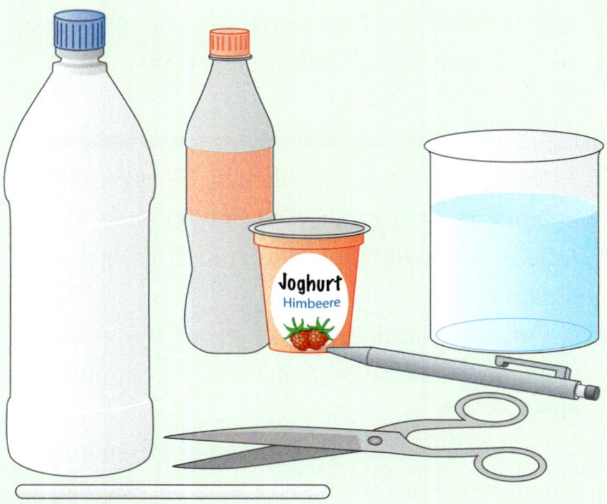

1 Material zu Versuch A

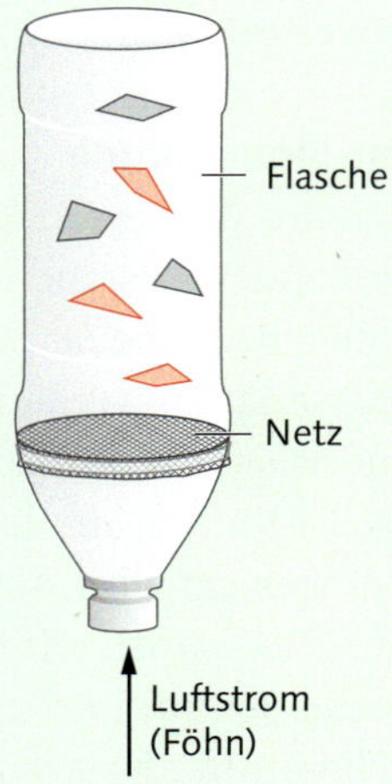

2 Skizze des Versuchsaufbaus

C Magnetische Anziehung

Material Stabmagnet, Eisennägel, Plastiktüte, dünnes Holzbrett, verschiedene Geldstücke, unterschiedliche Konservendosen

Durchführung Führe die folgenden Versuche mit dem Stabmagneten durch. Protokolliere jeweils deine Beobachtungen.
- Halte einen Stabmagneten in die Nägel.
- Hänge einen Nagel an den Magneten und versuche eine möglichst lange Kette aus Nägeln an den Magneten zu hängen.
- Überprüfe die Geldstücke, ob sie von dem Magneten angezogen werden.
- Halte eine Plastiktüte vor den Magneten und versuche einen Nagel mit dem Magneten anzuziehen. Wiederhole diesen Vorgang mit einem dünnen Holzbrett.
- Prüfe verschiedene Konservendosen mit dem Magneten.

Auswertung
1 Nenne die speziellen Eigenschaften von Magneten, die du untersucht hast.
2 Stelle Vermutungen an, aus welchen Metallen die unterschiedlichen Geldmünzen bestehen.
3 Begründe, weshalb nicht alle Konservendosen von Magneten angezogen werden.
4 Erkläre, warum man eine lange Nagelkette bilden kann.

D Magnetische Feldlinien

Material Stabmagnet, weißer Karton, Eisenpulver

Durchführung Lege den Stabmagneten auf den Tisch und den weißen Karton darüber. Streue vorsichtig etwas Eisenpulver auf den Karton über den Magneten. Klopfe leicht auf den Karton. Protokolliere und zeichne deine Beobachtungen.

Auswertung Jeder Magnet ist von unsichtbaren magnetischen Linien umgeben. Man nennt sie magnetische Feldlinien. Beschreibe ihren Verlauf. Wo sind sie am dichtesten?

E Magnete herstellen

Material Stabmagnet, Nagel, Stecknadel

Durchführung Berühre mit dem Nagel die Stecknadel. Streiche dann mit einem Pol des Magneten 40-mal in die gleiche Richtung über den Magneten. Berühre anschließend noch einmal mit dem Nagel die Stecknadel.

Auswertung Beschreibe die Vorgänge im Nagel und nenne deren Auswirkungen.

3 Materialien zu Versuch C

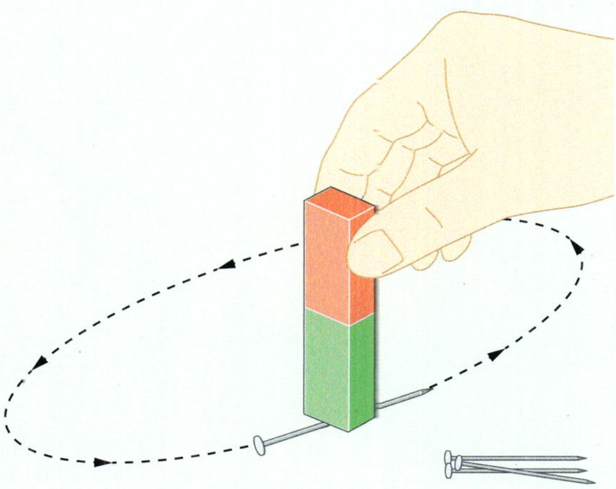

4 Skizze der Versuchsdurchführung E

Der Verbundkarton

Max trinkt zum Frühstück gerne ein Glas Milch. Er weiß, Milch ist gesund und steht immer in praktischen Verpackungen im Kühlschrank zu Hause. Im Supermarkt gibt es noch weitere Lebensmittel, die ähnlich verpackt sind. In Deutschland werden pro Jahr mehr als 76 Millionen dieser Kartons verkauft.

1 Max trinkt Milch.

Aufbau eines Verbundkartons

In einem Verbundkarton werden flüssige Nahrungsmittel verpackt. Je nachdem, was sich in einem Karton befindet, ist dieser unterschiedlich aufgebaut.

Bei Lebensmitteln mit kurzer Haltbarkeit besteht ein Verbundkarton aus einer dicken Schicht Karton und mehreren Schichten Kunststoff. Die Kartonschicht verleiht ihm seine stabile Form. Die Kunststoffschichten schützen den Karton davor, durch Feuchtigkeit von innen oder außen aufzuweichen.

Bei Lebensmitteln mit längerer Haltbarkeit wird zusätzlich eine Aluminiumschicht eingesetzt. Das Aluminium macht die Verpackung luft- und lichtundurchlässig. Die Zersetzung von Vitaminen oder Aromastoffen in den Lebensmitteln wird dadurch verhindert.

Vorteile dieser Verpackung

Neben der verlängerten Haltbarkeit der Lebensmittel und der Bewahrung des Geschmacks hat ein Verbundkarton noch weitere Vorteile. Beim Vergleich mit Flaschen werden die Vorteile deutlich: Eine Glasflasche mit einem Liter Inhalt wiegt schon leer 600 Gramm, ein Getränkekarton hingegen nur 50 Gramm. Da Getränkekartons um ein Vielfaches leichter und kompakter gebaut sind als Mehrwegflaschen, spart man Kosten bei ihrem Transport. Durch seine Quaderform kann ein Karton platzsparend gestapelt werden. So lässt sich auf der Ladefläche eine größere Menge unterbringen. Ebenso wird im Supermarkt und zu Hause Platz gespart, der für andere Lebensmittel genutzt werden kann.

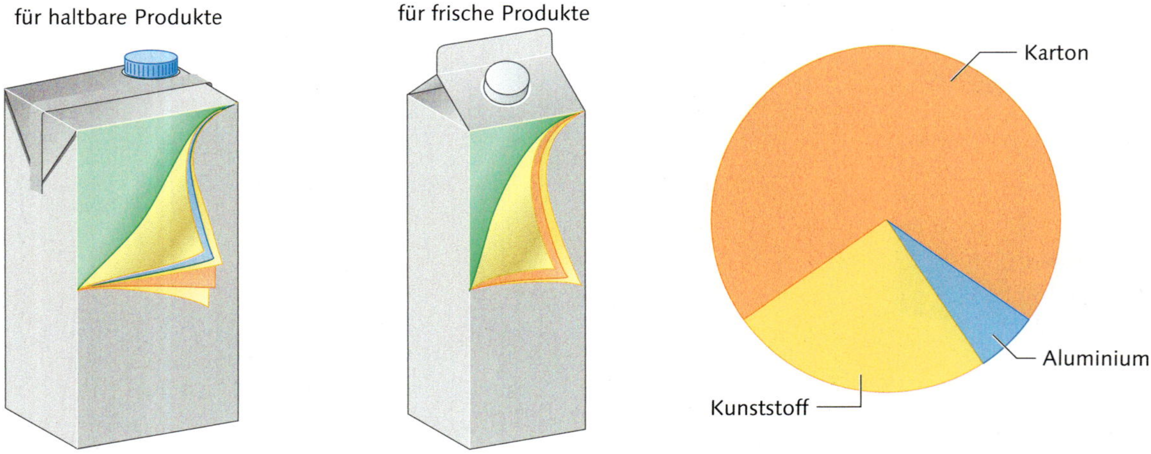

2 Bestandteile eines Getränkekartons

3 Wiederverwendung der Getränkekartonbestandteile

Die richtige Entsorgung

Ein Getränkekarton ist ein Verbundstoff aus unterschiedlichen Materialien. Die leeren Kartons werden im gelben Sack oder in der gelben Tonne gesammelt und von Entsorgungsunternehmen recycelt.

Trennung des Verbundmaterials

Getränkekartons können durch ein spezielles Verfahren in ihre Bestandteile zerlegt werden. Dabei werden die Kartons in einer Art riesigen Waschmaschine so lange gedreht, bis der Papieranteil aufgequollen ist und sich als Brei aus dem Verbund löst. Als Rest bleibt ein Kunststoff-Aluminium-Gemisch, das nicht weiter getrennt werden kann.

Wiederverwendung der Rohstoffe

Der Papierbrei wird getrocknet und zu langen Papierbahnen verarbeitet, die auf Rollen gewickelt werden. Das Papier dient als Rohstoff für unterschiedliche Altpapierprodukte, wie Tüten oder Kopierpapier.

Das Aluminium-Kunststoff-Gemisch kann ebenfalls weiterverarbeitet werden. Beide Stoffe werden zur Herstellung von Zement benötigt. Zement wird beim Gebäude- oder Brückenbau verwendet.

Probleme für die Umwelt

In Deutschland werden nur zwei Drittel aller Kartons dem Recycling zugeführt. Der Rest landet in der Restmülltonne. Dadurch können dessen Bestandteile nicht wiederverwendet werden. Die Kartonschicht der Getränkeverpackung kann man weiterverwenden. Es muss aber immer wieder frisches Holz als Rohstoff zugegeben werden. Die Herstellung von Aluminium benötigt sehr viel Energie. Dabei entsteht sehr viel Kohlenstoffdioxid, das die Umwelt belastet.

In Kürze

Verbundkartons bestehen aus unterschiedlichen Materialschichten, die begrenzt recycelt werden können. Die Verpackung ist leicht, gut stapelbar und vielseitig einsetzbar.

Aufgaben

1 □ Nenne die Bestandteile eines Getränkekartons für haltbare Milch.

2 ◪ Liste alle Vorteile eines Verbundkartons gegenüber anderen Verpackungen auf.

3 ■ Erläutere die Funktion der Aluminiumschicht im Getränkekarton.

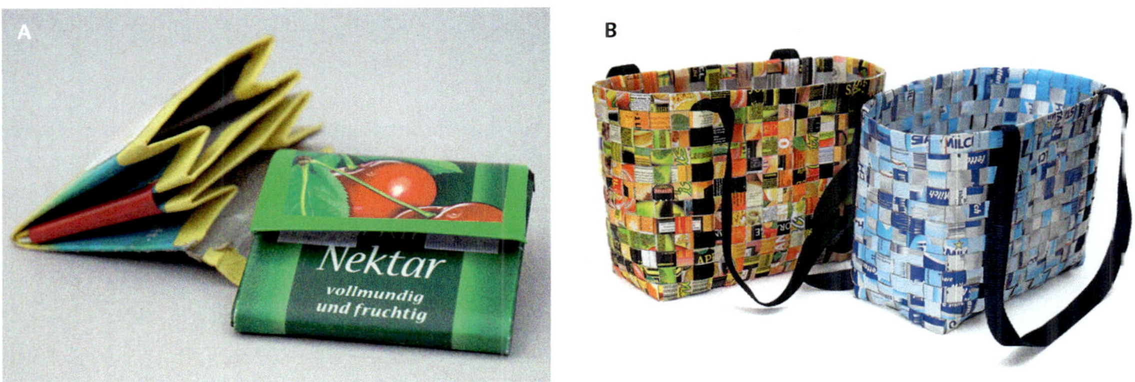

4 Beispiele für selbst gemachte Recyclingprodukte: A Geldbörse; B Tasche

Papier – ein wertvoller Rohstoff

Heute ist es endlich so weit: Die Schülerinnen und Schüler der siebten Klassen dürfen zur Belohnung für ihre Aktivitäten bei der Altpapiersammlung den Recyclingbetrieb besichtigen. Am meisten beeindruckt sie das Altpapierlager, das fast wie ein Gebirge aussieht.

Vom Holz zum Papier

Holz besteht zu einem Großteil aus Cellulose. Ihre langen, reißfesten Fasern bilden das Grundgerüst von Papier. Bei dessen Herstellung wird Holz fein zerrieben, in Wasser eingeweicht, anschließend gepresst und dann getrocknet. Wichtigster Rohstoff ist heute Altpapier. Durch den wiederholten Einsatz von Altpapier brechen dessen Fasern und werden immer kürzer, sodass kein stabiles Fasernetz mehr gebildet werden kann. Deshalb braucht man zur Papierherstellung stets auch Frischholz. Altpapier kann bis zu siebenmal recycelt werden.

Altpapier und Umweltschutz

Deutschland gehört zu den »Weltmeistern« im Papierverbrauch. Waren es 1950 etwa 30 Kilogramm Papier pro Einwohner und Jahr, so liegt dieser Wert heute bei über 250 Kilogramm. Rund 17 Millionen Tonnen Altpapier werden jährlich recycelt. Diese Steigerung senkte den Holz-, Wasser- und Energieverbrauch sowie den Ausstoß von Kohlenstoffdioxid erheblich. Sammeln von Altpapier ist aktiver Umweltschutz.

	Rohstoff	Wasserverbrauch	Energiebedarf
Frischfaserpapier	2,20 kg Holz	100 Liter	4,0 kWh
Recyclingpapier	1,15 kg Altpapier	15 Liter	1,5 kWh

2 Vergleich von Frischfaser- mit Recyclingpapier

1 Altpapierlager

Altpapier ist nicht gleich Altpapier

Papierabfälle aus Haushalten und Gewerbebetrieben werden von der Papierindustrie als wertvoller Rohstoff sehr geschätzt. Aber nicht jedes alte Papier gehört in die Altpapiertonne. Absolut verboten sind beschichtetes oder imprägniertes Verpackungsmaterial wie Getränkekartons, verschmutztes Hygienepapier, Tapeten oder Hochglanzpapier.

Der *Blaue Engel* kennzeichnet umweltfreundlich hergestelltes Recyclingpapier. Schreib- und Druckerpapiere müssen aus 100 % Altpapier hergestellt werden.

DER BLAUE ENGEL
JURY UMWELTZEICHEN
schützt
MENSCH UND UMWELT

In Kürze

Papier besteht aus verdichteten, vernetzten Cellulosefasern, die aus Holz und vor allem aus Altpapier gewonnen werden. Der Blaue Engel ist ein Gütesiegel für umweltfreundlich hergestelltes Papier.

Aufgaben

1 □ Beschreibe, wie man aus Holz Papier herstellt.

2 ◪ Nenne Gründe, weshalb das Sammeln von Altpapier ein Beitrag für den Umweltschutz ist.

3 ◪ Erkläre, weshalb man Altpapier nicht beliebig oft recyceln kann.

4 ◪ Der Blaue Engel ist ein Symbol für Nachhaltigkeit. Erkläre.

Papier schöpfen

Papier ist einer der ältesten Werkstoffe des Menschen. Als Buch, Zeitung und Heft sowie als Verpackungsmaterial ist es aus dem Alltag nicht mehr wegzudenken. Mit einfachen Mitteln könnt ihr Papier selbst herstellen.

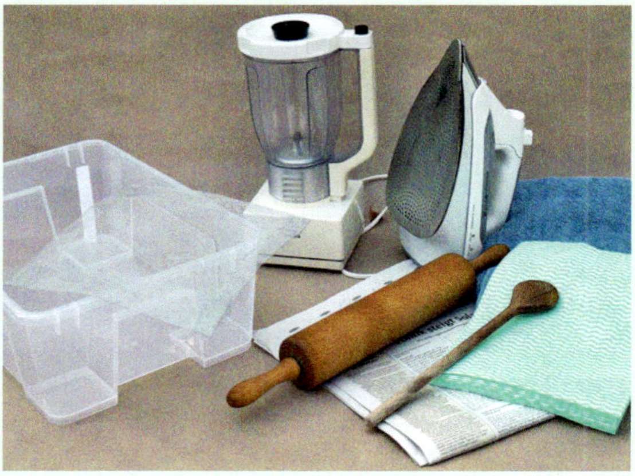

1 Zusammenstellung der Materialien

Material 2 quadratische Plastikwannen, Mixer, Drahtgitter entsprechend der gewünschten Papiergröße, großer Löffel, Nudelroller, alte Handtücher, Packung Küchenvlies, 10 bis 15 Liter Wasser, etwa 200 Gramm Zeitungspapier, Bügeleisen

Durchführung 1. Tag Zerreißt das Altpapier in möglichst kleine Schnipsel. Gebt sie in eine der beiden Wannen, übergießt sie mit Wasser, sodass die Schnipsel gut bedeckt sind. Rührt alles mit dem Löffel gründlich durch. Lasst die Masse über Nacht einweichen.

Durchführung 2. Tag Gebt einen Teil der eingeweichten Papierschnipsel in den etwa halb mit Wasser gefüllten Mixer. Zerkleinert die Masse, bis ein sämiger Papierbrei entstanden ist. Schüttet ihn in die zweite Wanne. Mit dem restlichen eingeweichten Papier verfahrt ihr ebenso. Füllt die Wanne etwa zu einem Viertel mit Wasser und rührt den Brei kräftig durch.

2 Papierbrei verteilen

Taucht das Fliegengitter senkrecht bis zum Wannenboden und hebt es dann waagerecht aus dem Papierbrei nach oben. Haltet es gerade und lasst das Wasser in die Wanne abtropfen. Bewegt das Fliegengitter mit der Masse vorsichtig hin und her, damit sich der Papierbrei auf dem Gitter verteilt. Bedeckt den abgetropften Papierbrei mit einer Lage Küchenvlies und kippt dann das Ganze mit dem Vlies nach unten auf ein Handtuch. Klopft auf das Fliegengitter und löst es vorsichtig von dem Papierbrei. Legt ein weiteres Küchenvlies auf den Brei und rollt mit dem Nudelholz darüber. Zwischendurch müsst ihr das Küchenvlies immer wieder auswringen. Wenn das Vlies kaum noch Feuchtigkeit enthält, könnt ihr das Blatt mit dem Bügeleisen trocken bügeln.

3 Abziehen des Vlies

Auswertung

1 Beschreibt, wie man vorgehen muss, um helles oder einfarbiges Papier herzustellen.
2 Findet heraus, womit man auf dem geschöpften Papier gut schreiben oder zeichnen kann. Berichtet.

Der Kompost

Paul bringt die gesammelten Küchenabfälle regelmäßig zum Kompost. Eines Tages findet er dort eine Kürbispflanze. Seine Mutter hatte letztes Jahr die Kürbisse von Halloween auf den Kompost gegeben. Aus den Abfällen hat sich im Laufe des Jahres neue Erde gebildet, in der die Samen keimen konnten.

1 Paul bringt Abfälle zum Kompost.

Biologische Abfallverwertung

Bei der Kompostierung wird verwertbares organisches Material in einem Mineralstoffkreislauf zu neuer Erde. Je vielfältiger der organische Abfall auf dem Kompost ist, desto schneller entsteht Humus. Mit ihm kann man den Boden im Garten auf natürliche Weise düngen. Humus ist besonders mineralstoffreicher Boden, der sehr viele Bodenorganismen enthält. Der aus Kompost entstandene Humus ist für das Wachstum der Pflanzen im Garten besonders förderlich, da er die enthaltenen Mineralstoffe nur langsam an die Pflanzen abgibt. Dadurch können sie besonders gesund und kräftig wachsen. Eine Überdüngung ist nicht möglich. Außerdem kann Kompost durch seine krümelige Schichtung Wasser speichern und sorgt für eine gute Durchlüftung des Bodens.

Kompostierbarer Abfall

Auf einem Kompost werden solche Abfälle gesammelt, die mit Hilfe von Milliarden Bodenorganismen langsam verrotten. Dazu gehören grundsätzlich alle pflanzlichen und tierischen Abfälle, die im Haushalt und im Garten anfallen. Ebenso zählen Haustiermist, Holzasche, gebrauchte Kaffeefilter und Eierschalen dazu. Allerdings sollte möglichst wenig gegartes Fleisch oder Gemüse auf den Kompost gegeben werden. Auch Gartenabfälle wie Laub, Strauchschnitt oder Sägemehl sind gut für den Kompost, da sie ihn auflockern und eine ausreichende Luftzufuhr garantieren. Außerdem kann überschüssiges Wasser schneller abfließen.

2 Was gehört auf den Kompost?

3 Aufbau eines Komposthaufens

Aufbau eines Komposthaufens

Der Komposthaufen sollte an einem windgeschützten, halbschattigen Platz liegen. Der Kompostuntergrund muss locker sein, damit Luft und Bodenorganismen eintreten können und Wasser ablaufen kann. Als Grundlage dient deshalb Reisig oder grobes Material. Darauf werden die gesammelten Abfälle gegeben. Wichtig ist immer eine gute Durchmischung der Materialien. Nachdem man genug Abfälle gesammelt hat, deckt man den Kompost mit Erde ab, damit die Verrottungsprozesse beginnen. Dabei wird der Kompost sehr warm. Sinnvoll ist eine Trennung in zwei bis drei unterschiedlich alte Komposthaufen, damit man während der Reifephase eines Haufens bereits Humus entnehmen oder neuen Abfall sammeln kann.

Vorgänge im Komposthaufen

Am Anfang, während der Abbauphase, zersetzen Bakterien und Pilze die Abfälle. Dabei wird Wärme freigesetzt. Steigt die Temperatur über 50 °C, machen sich besondere Arten von Zersetzern an die Arbeit, die Cellulose und Holz abbauen können. Kühlt das verrottende Material, die *Rotte,* wieder ab, beginnt die *Auf- und Umbauphase.* Kleintiere, zum Beispiel Regenwürmer, zerkleinern den Abfall und wandeln ihn zu Humus um. Diesen mineralstoffreichen Rohkompost kann man sehr gut zum Düngen verwenden. Lässt man ihn liegen, reift er weiter und entwickelt sich zu Erde. Im Sommer ist die Verrottung nach etwa sechs Monaten abgeschlossen. Im Winter dauert es drei Monate länger.

In Kürze

Auf einem Komposthaufen werden organische Abfälle gesammelt. Während der Verrottungsprozesse bauen Mikroorganismen und Kleintiere diese Abfälle unter Wärmeentwicklung zu Humus um.

Aufgaben

1 □ Beschreibe die drei Phasen der Rottungsprozesse in einem Komposthaufen.

2 □ Nenne Einsatzmöglichkeiten für Kompost im Garten.

3 ◪ Erkläre, weshalb man mit Kompost Geld einsparen kann.

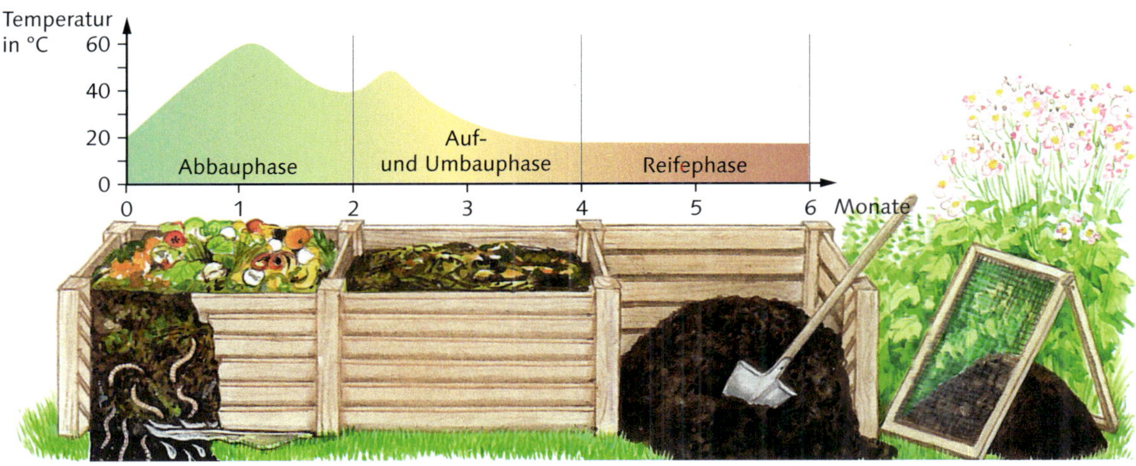

4 Der Kompostierungsprozess

Tiere im Waldboden

1 Kinder spielen im Laub.

Im herbstlichen Wald kann man im dichten Laubteppich wunderbar spielen und herumtollen. In einem Hektar Laubwald fallen jedes Jahr ungefähr vier Tonnen Laub, Äste und Früchte auf den Boden. Wo bleiben diese Blättermengen?

Lebewesen im Waldboden

In einer Handvoll Waldboden leben Millionen winzige Bodentiere. Sie ernähren sich von *organischen Abfällen,* den Resten von Lebewesen, und zersetzen das heruntergefallene Laub. Dadurch tragen sie zur Bildung von *Humus* bei. Das ist der dunkel gefärbte, mineralstoffreiche Boden, der mit den organischen Resten aus dem Abbau von toten Lebewesen angereichert ist.

Stufenweise Zersetzung des Blattes

Der Abbau des Laubs erfolgt über einen längeren Zeitraum. Die Zersetzung der Blätter wird in unterschiedliche Phasen eingeteilt, die man an ihrem jeweiligen Aussehen erkennen kann. Zunächst greifen Bakterien die Blattoberfläche an. Milben, Rindenläuse, Springschwänze und andere Kleintiere können nach dem Abbau der Blattoberfläche an das weiche Gewebe zwischen den Blattadern gelangen. Tiere wie der Regenwurm fressen größere Stücke der Blätter. Man nennt das Lochfraß. Mückenlarven fressen kleine Fenster in das Laub. Auch die Larven von Asseln, Schnecken und Ohrwürmern ernähren sich von den weichen Teilen des Blattes. Übrig bleiben die Blattadern, die aus dem Holzstoff *Cellulose* bestehen. Pilze und Bakterien zersetzen die Reste. Der Kot und die Abfälle dieser Bodenlebewesen bilden den Humus.

2 Zersetzung von Laub durch Bodenlebewesen

Tiergruppe	Anzahl pro m²
Bakterien	1000000000000
Pilze	11000000000
Algen	1000000
Fadenwürmer	1000000
Milben	100000
Springschwänze	50000
Rädertiere	25000
Borstenwürmer	10000
Vielfüßer	300
Käfer und Larven	100
Regenwürmer	80
Schnecken	50
Spinnen	50
Asseln	50

3 Häufigkeit von Bodenlebewesen im Waldboden

Nahrungsbeziehungen im Waldboden

Winzige Würmer ernähren sich von den Bakterien und vom Kot anderer Tiere, die am Blattabbau beteiligt sind. Raubmilben, Hundertfüßer und Bodenspinnen jagen die Tiere, die am Abbau der Blätter beteiligt sind. So bilden sich im Boden Räuber-Beute-Beziehungen aus.

Humus entsteht

Der obere Teil des Waldbodens besteht zu drei Vierteln aus Humus. Er ist reich an Mineralstoffen und macht den Boden fruchtbar. Die Mineralstoffe werden von den Pflanzen aufgenommen und dienen als Grundlage für ihr Wachstum. Deshalb muss im Wald kein Dünger eingesetzt werden. Die Durchmischung der Stoffe durch Regenwürmer und andere Bodenlebewesen durchlüftet und lockert den Humus. Dadurch können auch die Wurzeln der Pflanzen besser wachsen, die Pflanze fest verankern und Wasser und darin gelöste Mineralstoffe aufnehmen.

In Kürze

Die Lebewesen im Waldboden und in der Laubstreu zersetzen tote Tiere und Pflanzen. Dabei entsteht mineralstoffreicher, lockerer Humus, auf dem die Pflanzen des Waldes wachsen können.

Aufgaben

1 □ Nenne die ersten Lebewesen, die das Blatt zersetzen.

2 □ Nenne die Bedeutung der Regenwürmer für den Waldboden.

3 ◪ Erläutere die Entstehung von Humus.

Laub verschwindet

In Privatgärten und auch in öffentlichen Anlagen wird das abgefallene herbstliche Laub meist sorgfältig zusammengerecht und auf dem Kompost oder am Recyclinghof entsorgt. Nicht so in den Wäldern. Und trotzdem erstickt der Wald nicht in dem jährlich hinzukommenden Laub. Diese Praxisseiten helfen dir beim Beantworten der Frage nach dem Verbleib des Laubs.

A Auf der Suche nach Lebewesen im Laub

Material Küchensieb mit Maschenweite 3 mm, viereckiges weißes Tuch, Becherlupen, Pinsel, Protokolliermaterial, Laubstreu mit oberster Schicht des Waldbodens

Durchführung Fülle das Küchensieb mit Laub und der Bodenschicht. Bewege es vorsichtig über dem weißen Tuch hin und her. Streiche die auf das Tuch gefallenen Lebewesen mit dem Pinsel in die Becherlupen. Wiederhole diese Vorgänge, bis du genügend Tiere hast.
Bringe die Tiere und die Laubstreu nach Beendigung der Untersuchung wieder an die Entnahmestelle zurück.

Auswertung

1 Bestimme die gefangenen Tiere. Nimm Bild 1 zu Hilfe.

2 Wähle ein Tier aus und fertige von ihm eine möglichst genaue Zeichnung an. Zeichne nicht zu klein.

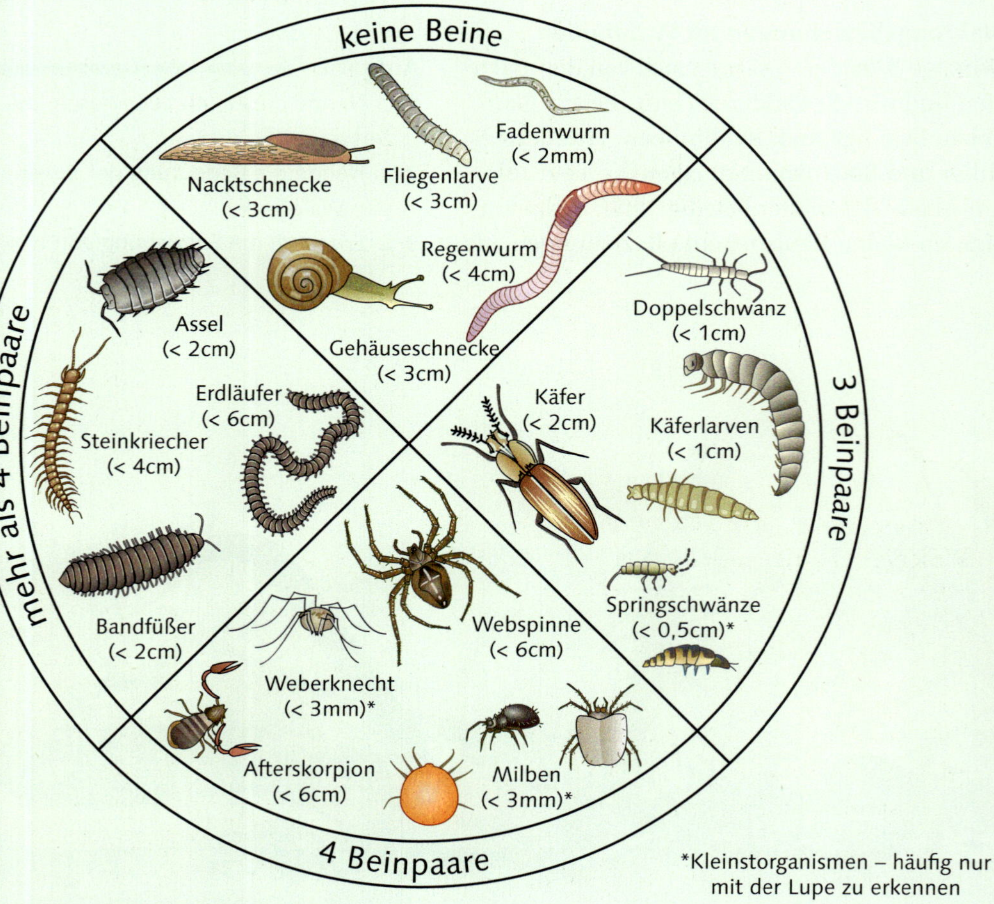

1 Bestimmungskreis: Lebewesen in der Laubstreu

B Das verschwundene Laub

Material Einmachglas etwa 1 Liter, Komposterde, heller Sand, Laub, Sprühflasche mit Wasser, 4 Regenwürmer, dunkles Handtuch zum Abdecken, Handy zum Fotografieren

2 Regenwurmschauglas zu Beginn des Versuchs

Durchführung Gib abwechselnd jeweils eine Schicht Erde und eine Schicht Sand in das Einmachglas. Feuchte die oberste Schicht gut mit Hilfe der Sprühflasche an. Lege die Regenwürmer auf die oberste Schicht. Bedecke sie mit Laub. Stelle das Glas an einen kühlen Ort und decke es mit dem Handtuch ab. Besprühe die Bodenoberfläche alle zwei Tage mit Wasser.

Protokolliere jeden zweiten Tag den Inhalt des Glases bezüglich Laub und Bodenschichten. Fertige jeweils eine Zeichnung an. Du kannst auch Fotos machen. Der Versuch soll etwa zwei Wochen laufen.

Auswertung

1 Werte das Beobachtungsprotokoll aus. Vergleiche dazu den Inhalt des Glases am Anfang und am Ende des Versuchs miteinander.

2 Versuche nun die Frage nach dem verschwundenen Laub zu beantworten.

C Abbauprozesse

Material zwei Bechergläser, Löschpapierstreifen, Wasser, Zeichenmaterial, leere Konservendose in der Größe der Bechergläser, Dosenöffner, Waldboden mit Laubstreu, Sand

Durchführung Baue den Versuch wie in Bild 3 gezeigt auf. Achte darauf, dass die Löschpapierstreifen an der Glasinnenseite gut zu sehen sind.
Entferne Deckel und Boden der Konservendose. Drücke diesen Stechzylinder in den Waldboden, sodass er im oberen Bereich auch Laubstreu enthält. Drücke nun den Waldboden mit der Laubstreu vorsichtig in eines der beiden Bechergläser. Das zweite wird mit Sand gefüllt. Halte beide Bodenproben leicht feucht.
Protokolliere wöchentlich das Aussehen der beiden Löschpapierstreifen. Fertige jeweils eine Zeichnung an. Du kannst auch Fotos machen. Der Versuch soll vier Wochen laufen.

Auswertung

1 Werte das Versuchsprotokoll aus: Vergleiche die beiden Löschpapierstreifen im Verlauf von vier Wochen. Beschreibe deine Beobachtungen.

2 Suche nach einer Erklärung für die Versuchsergebnisse.

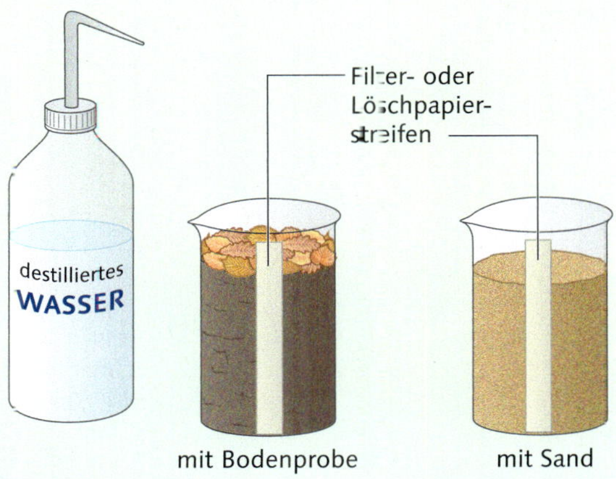

3 Versuchsaufbau

Elektroschrott ist Gold wert

Jedes Jahr ein neues Handy – für viele der Normalfall. In Deutschland liegen geschätzte 140 Millionen Althandys in den Schubladen. Eigentlich schade, denn sie enthalten wertvolle Rohstoffe.

Wertvolle Rohstofflager

Die Bedeutung der im Elektroschrott enthaltenen Wertstoffe ist nicht zu unterschätzen. Leiterplatten, Prozessoren und Stecker von sechs ausgedienten Computern enthalten so viel Gold wie zwei Tonnen Gestein aus afrikanischen Minen. Diese Förderart ist jedoch viel teurer als das Recycling. Zusätzlich enthält Elektroschrott Silber, Palladium, Kupfer und andere Metalle. Kunststoffe und keramische Werkstoffe sind weitere Rohstoffe, die wiederverwertet werden können. Pro Gerät fallen zwar nur geringe Mengen an, aber angesichts der Masse an Altgeräten ist Recyceln lohnend.

Metalle sind begehrt

Gold, Silber, Palladium, Kupfer und Zinn sind Beispiele aus der Stoffgruppe der Metalle. Diese haben besondere Eigenschaften, die sie für den Einsatz in der Industrie interessant machen. Die gute Leitfähigkeit von Wärme und elektrischer Energie wird in vielen technischen Bereichen benötigt. Metalle sind zudem gut verformbar, lichtundurchlässig und glänzend.

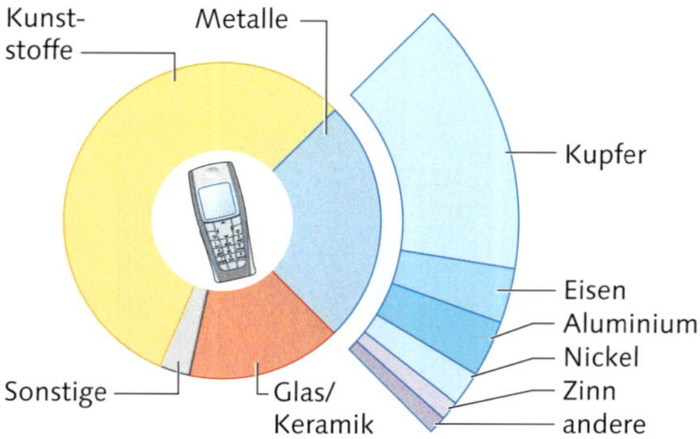

2 Das steckt alles in einem Handy!

1 Altgeräte sind wertvoll.

Neodym, Samarium, Coltan und Lanthan sind Beispiele für die *Seltenen Erden*. Sie kommen zumeist in kleinen Mengen, in sehr vielen weit verstreut lagernden Mineralien vor. Diese Gruppe von Metallen ist zum Beispiel für die Herstellung leistungsfähiger Elektromotoren sowie bei der Herstellung von Leuchtmitteln und Batterien von großer Bedeutung.

Recycling – keine leichte Aufgabe

Bei elektronischen Geräten sind Gift- und Wertstoffe oft miteinander verbunden. Das Recycling ist daher aufwendig. Die Altgeräte werden von Hand zerlegt und die einzelnen Bauteile gesammelt. Metallhaltige Bauteile wie Leiterplatten, Prozessoren und Stecker werden dann in einer Scheideanstalt weiterverarbeitet. Dort löst man in speziellen Bädern die einzelnen Metalle heraus.

In Kürze

Elektroschrott enthält viele Wertstoffe, die wiederverwertet werden können. Vor allem die enthaltenen Metalle sind von Bedeutung. Recycling ist zwar aufwendig, aber deutlich kostengünstiger als die konventionelle Förderung.

Aufgaben

1 □ Nenne wichtige Wertstoffe, die in einem Handy enthalten sind.

2 ■ Elektroschrott ist Müll. Bewerte diese Aussage.

Problemmüll im Haushalt

Endlich die Garage aufgeräumt! Die leeren Lack- und Spraydosen, das Altöl und die gesammelten Batterien müssen nur noch zur Sammelstelle für Problemabfälle. Doch warum dürfen auch Batterien oder Energiesparlampen nicht in die graue Tonne?

Müll, der Probleme macht

In privaten Haushalten und der Industrie fallen Abfälle an, die nicht auf dem normalen Weg entsorgt werden dürfen. Diese nennt man Sondermüll. Wird Sondermüll nicht sachgerecht entsorgt, kann dieser den Boden und das Grundwasser verseuchen. In Müllverbrennungsanlagen entstehen oft giftige Stoffe, die in die Luft abgegeben werden.

Batterien – einfach zu recyceln

In Batterien können giftige und umweltgefährliche Schwermetalle wie Blei und Cadmium enthalten sein. Batterien können heute fast vollständig recycelt werden. Deshalb sollte man sie in die Sammelboxen, die in vielen Geschäften stehen, einwerfen.

Energiesparlampen sind problematisch

Energiesparlampen enthalten giftiges Quecksilber. Werden Dämpfe eingeatmet, kann es zu schweren Vergiftungserscheinungen kommen. Quecksilber darf nicht in das Grundwasser gelangen.

Medikamente – gefährliche Reste

Oft bleiben Medikamente nach überstandener Krankheit übrig. Viele werfen diese in den Müll oder die Toilette. In Medikamenten sind viele Stoffe enthalten, die gefährlich für die Umwelt sind. Pflanzen und Tiere können über das Wasser und die Nahrung diese Stoffe wieder aufnehmen.

1 Problematischer Müll

Teure Entsorgung

Um Probleme zu vermeiden, sollte Sondermüll immer an Sammelstellen oder einem Schadstoff- oder Giftmobil abgegeben werden. Die Entsorgung von Sondermüll ist teuer. Er wird zum Teil in Sondermüllverbrennungsanlagen bei höheren Temperaturen als Hausmüll verbrannt. Der Rest wird auf abgedichteten Sondermülldeponien endgelagert, damit die Schadstoffe nicht in Luft oder Boden gelangen.

In Kürze

Sondermüll enthält Schadstoffe, die den Menschen und die Umwelt gefährden können. Deshalb muss er an besonderen Sammelstellen abgegeben und entsorgt werden.

Aufgabe

1 □ Erläutere, warum Batterien, Energiesparlampen und Medikamente nicht in den Hausmüll gehören.

2 Schadstoffmobil

Umweltbewusst handeln

Endlich Pause, genug gelernt. Der Pizzabote bringt die bestellte Pizza im Karton vorbei. Kaum zu glauben, dass jedes Jahr weltweit über eine Milliarde Pizzen ausgeliefert werden.

1 Die Pizza aus dem Karton

Produktionsweg einer Pizza

Es gibt heute immer mehr Betriebe, die schnell Pizzen und andere Gerichte auf Bestellung liefern. Für die Herstellung einer Pizza sind viele Schritte notwendig. Dabei wird die Umwelt auf verschiedene Weise belastet.

Die Tomatensauce wird oft in Italien hergestellt und abgepackt. Das Mehl stammt aus Frankreich, das Olivenöl aus Griechenland. Für den Anbau dieser Zutaten wird viel Wasser benötigt. Der Käse stammt häufig aus den Niederlanden, die Salami aus Ungarn. Alle Zutaten werden mit Lastwagen nach Deutschland transportiert. Dafür wird Energie in Form von Kraftstoff benötigt. Aus den Zutaten wird die Pizza zubereitet. Auch dafür braucht man Energie.

Anschließend wird die Pizza in einen Karton verpackt. Mit einem Auto oder Motorroller wird die Pizza zum Verbraucher gebracht. So wird auch beim Transport der fertigen Pizza Kraftstoff verbraucht. Bei der Verbrennung von Kraftstoff entsteht Kohlenstoffdioxid, das die Luft belastet und für die Erderwärmung mitverantwortlich ist. Nach dem Essen muss der Karton entsorgt werden.

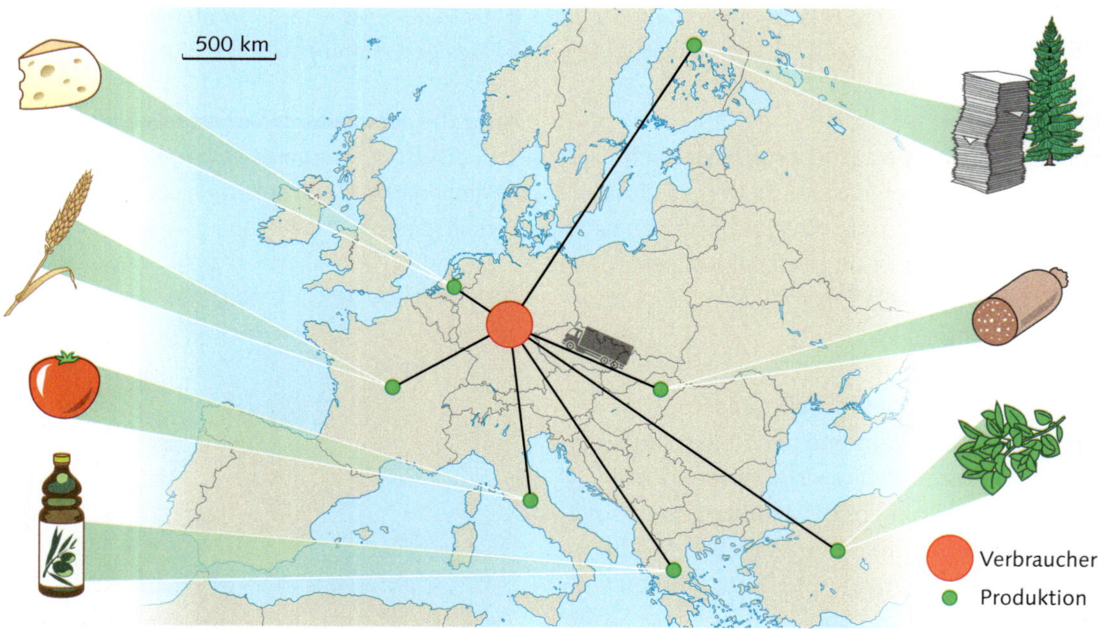

2 Auf dem Weg zum Verbraucher

Ökobilanz – umweltbewusst handeln

In der Ökobilanz wird der gesamte Lebensweg eines Produkts von der Herstellung und Verpackung über den Transport und Gebrauch bis zur Entsorgung unter dem Gesichtspunkt der Umweltverträglichkeit bewertet. Um die Auswirkungen eines Produkts auf die Umwelt zu erfassen wird berücksichtigt, welche Rohstoffe man während der Produktion der Umwelt entnommen hat und welche Abfälle und Abgase an die Umwelt abgegeben werden. Kennt man die Ökobilanz verschiedener Produkte, kann man vergleichen und beim Einkauf umweltbewusst handeln.

Schwere Entscheidung

Die Entscheidung, welches Produkt man kauft, ist manchmal gar nicht einfach zu treffen. Das zeigt die Betrachtung verschiedener Kaffeebecher. Herstellung und Transport eines Bechers aus Keramik erfordern viel Energie. Zudem werden beim Reinigen Spülmittel und Wasser verbraucht. Das Wasser wird verschmutzt. Der Keramikbecher kann aber mehrfach benutzt werden. Der Transport eines leichten Plastikbechers ist günstiger und er lässt sich einfach recyceln. Er wird jedoch nur einmal benutzt. Pappbecher werden aus Holz, einem nachwachsenden Rohstoff, hergestellt. Eine Innenbeschichtung aus Kunststoff erschwert aber das Recycling.

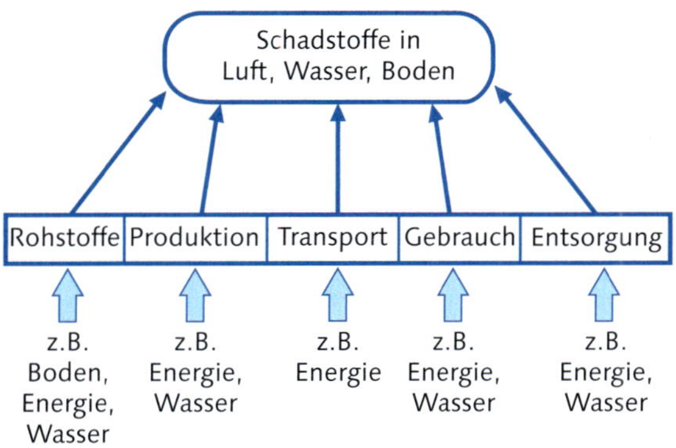

3 Umweltbelastungen des Produktionswegs

Extra Der »ökologische Fußabdruck«

Menschen haben unterschiedliche Lebensstile, die die Umwelt mal mehr und mal weniger belasten. Um die Auswirkungen auf die Umwelt durch unsere Lebensweise zu vergleichen, kann man einen ökologischen Fußabdruck erstellen. Dabei wird die Fläche ermittelt, die ein Mensch zur Erhaltung seines Lebensstils benötigt. Hierzu gehört die Fläche, um die Rohstoffe für die Ernährung zu erzeugen, also Ackerland für pflanzliche Nahrung und Weideland für tierische Produkte. Auch die Flächen, die für Häuser, Straßen oder Flughäfen gebraucht werden, fließen in den Fußabdruck ein. Wald- und Meeresflächen werden für den Bedarf an Holz- und Meeresprodukten berücksichtigt. Außerdem wird auch die Waldfläche einbezogen, die benötigt wird, um das beim Verbrauch fossiler Enegien entstehende Kohlenstoffdioxid wieder zu binden. Die benötigten Flächen werden addiert und ergeben den ökologischen Fußabdruck.

Ob man auf zu »großem Fuß« lebt und ob die Umwelt die eigene Lebensweise verträgt, kann man im Internet errechnen.

In Kürze

Beim Einkauf sollte man auf umweltfreundliche Produkte achten. Eine Hilfe dabei ist die Ökobilanz eines Produkts, bei der der Lebensweg eines Produkts unter dem Gesichtspunkt der Auswirkungen auf die Umwelt erfasst wird.

Aufgaben

1 □ Nenne die Staaten, aus denen die Zutaten einer Pizza kommen, und ermittle die Transportstrecke.

2 □ Stofftasche oder Plastiktüte? Diskutiere.

3 ■ Erstelle eine Liste von Dingen, die den persönlichen ökologischen Fußabdruck verringern.

Weiter gedacht

Müll und Recycling

1 Energie aus Müll

1 Restmüll im Heizkraftwerk

Heute darf der Restmüll nicht mehr auf einer Mülldeponie abgelagert werden, sondern muss vorher behandelt werden. Organische Abfälle kann man in einer Biogasanlage verwerten. Dabei entsteht ein Gas, das als Brennstoff genutzt wird. Anderer Restmüll wird durch die Verbrennung in einem Müllheizkraftwerk verwertet, in dem die enthaltene Energie nutzbar gemacht wird. Zudem enthält der Restmüll Bestandteile, die wieder verwertbar sind. Die giftigen Stoffe, die bei der Verbrennung entstehen, werden bei der Rauchgasreinigung gebunden und müssen als Sondermüll entsorgt werden. Dennoch verunreinigen Müllheizkraftwerke, wenn auch minimal, die Luft. Durch die bei der Verbrennung freigesetzte Wärmeenergie wird Wasser zu Wasserdampf. Dieser treibt Turbinen an, die über Generatoren elektrische Energie erzeugen. Nach der Verbrennung sind alle organischen Bestandteile des Mülls beseitigt. Übrig bleibt die Schlacke. Mit Magneten kann man Metalle von der Schlacke zur Wiederverwertung trennen. Der Rest kann nun auf einer Deponie abgelagert werden.

a □ Begründe, warum es sinnvoll ist, Restmüll nicht ohne Vorbehandlung zu deponieren.

b ◪ Erläutere, was der Ausspruch »riesige Mengen an Energie werfen wir weg« besagt.

c ◪ Müllheizkraftwerke stehen auch in der Kritik. Erläutere.

2 Müll – es geht auch ohne!

Der Kauf von Aluminiumdosen, Einmalflaschen und Plastiktragetüten führt zu immer mehr Müll.

a □ Finde weitere Beispiele für unnötigen Müll.

b ◪ Erstelle eine Tabelle, in der auf der einen Seite Müll produzierende und auf der anderen Seite Müll vermeidende Produkte aufgeführt sind.

c ◪ Viele Produkte werden aus Kunststoff hergestellt, obwohl es diese auch aus ökologisch abbaubaren Materialien gibt. Finde in einem Drogeriemarkt Produkte aus Kunststoff sowie deren umweltfreundliche Alternative.

3 Aus alt mach neu

Recyclingpapier ist umweltfreundlich, da es Rohstoffe, Wasser und Energie einspart. Leider gehen die Verkaufszahlen von Produkten aus Recyclingpapier zurück. Durch den Kauf dieser Produkte kann man jedoch besonders nachhaltig handeln.

Die Herstellung von 100 Blatt DIN-A4-Papier benötigt:

	Recyclingpapier	Frischfaserpapier
a 	Altpapier 0,6 Kilogramm	Holz 1,5 Kilogramm
b 	Wasserverbrauch 10,2 Liter	26 Liter
c 	Energiebedarf 2,1 Kilowattstunden	5,4 Kilowattstunden
d 	CO_2-Ausstoß bei der Herstellung 0,4 Kilogramm	0,5 Kilogramm

2 Rohstoffverbrauch von 100 Blatt DIN-A4-Papier
Quelle: IFEU 2006

a ◪ Ermittle die Anzahl der Schulhefte, die du im Laufe eines Schuljahres benötigst.

b ◪ Vergleiche jeweils Material- und Wasserverbrauch sowie den Energieverbrauch, wenn du Hefte aus Recyclingpapier oder Frischfaserpapier verwendest.

c ■ Erläutere aus deiner Sicht den Begriff »nachhaltiges Handeln«.

4 Plastik – im Meer allgegenwärtig

3 Gefährliche Plastiktüte

Der Müll gelangt über Abwässer ins Meer oder wird von Deponien an der Küste ins Wasser geweht. Viele Badegäste lassen ihre Abfälle am Strand liegen.

Es dauert mehrere Hundert Jahre, bis sich eine Plastikflasche im Meer vollständig zersetzt hat. Die Kunststoffe zerfallen dabei in immer kleinere Teile. Ein Teil des Plastikmülls wird von den Wellen an den Strand gespült. Der überwiegende Teil bleibt jedoch im Meer. Hier sinkt ein großer Teil des Plastikmülls auf den Meeresboden. Die Reste treiben durch die Ozeane. Die Kunststoffteile sammeln sich auf riesigen Flächen an, die durch Wind und Meeresströmung zusammengehalten und angetrieben werden.

Für die Tiere im Meer stellt der Plastikmüll eine Gefährdung dar. Er enthält Weichmacher und andere Giftstoffe. Seevögel fressen alles, was für sie aus der Luft wie Beute aussieht. Schildkröten und Delfine verfangen sich in Fischernetzen oder Nylonschnüren und ertrinken. Oft verwechseln sie Plastiktüten mit Quallen und fressen diese.

a □ Nenne die Ursachen für die Verschmutzung der Meere durch Kunststoffe.

b □ Beschreibe, wie Tiere durch Plastikabfall gefährdet sind.

c ◪ Erläutere, wie winzig kleine Plastikteilchen aus dem Meer auch unsere Gesundheit gefährden können.

d ■ Stelle Vermutungen an, wie man das Problem der Meeresverschmutzung durch Plastik mindern könnte.

5 Das zweite »Leben« eines Produkts

Geldbeutel aus alten Fahrradschläuchen, Taschen aus gefalteten Folien – aus Abfall können neue Produkte hergestellt werden. Man bezeichnet dies als Upcycling. Dadurch wird Müll vermieden, der aufwendig entsorgt werden müsste. Beim Upcycling werden Abfälle und Altmaterialien, die in ihrem ursprünglichen Zusammenhang wertlos geworden sind, zur Herstellung neuer Produkte verwendet. Im Gegensatz zum Recycling ist ein geringerer Energieaufwand und Ressourcenverbrauch nötig, um Neues zu schaffen, da die Materialien direkt weiterverwertet werden. Dadurch wird die Qualität des Abfalls nicht gemindert, sondern gesteigert. Es gibt unglaublich viele Produkte, die aus Abfall entstehen können. Für viele ist Upcycling eine Möglichkeit, der Wegwerfgesellschaft zu entkommen und Ressourcen zu schonen.

a □ Nenne die Vorteile des Upcyclings.

b ◪ Erläutere den Begriff Upcycling.

c ◪ In Bild 4 sind Upcycling-Produkte abgebildet. Stelle Vermutungen an, aus welchen ursprünglichen Materialien diese hergestellt wurden.

d ◪ Entwickle weitere Ideen, wie diese Materialien noch verwendet werden könnten.

e ■ Vergleiche Recycling mit Upcycling.

4 Upcycling

Müll kann vermieden werden

Im Jahr 2012 hat jeder Bürger der Bundesrepublik Deutschland im Schnitt unglaubliche 456 Kilogramm Müll produziert. Nur etwa die Hälfte davon konnte recycelt werden und ist nicht als Müll in einer Verbrennungsanlage gelandet. Zudem geschieht es leider immer wieder, dass Müll achtlos in der freien Natur entsorgt wird.

1 Wilde Müllkippe

Müll belastet unsere Umwelt

Oft wird Müll nicht sachgerecht entsorgt, sondern achtlos weggeworfen. Da der meiste Abfall nicht organisch ist, können Kleinstlebewesen diesen nur schwer oder überhaupt nicht zersetzen. Eine Plastiktüte zum Beispiel benötigt im Schnitt 10 000 Jahre, bis sie völlig abgebaut ist. Gelangen Altöl oder andere Chemikalien sowie Bestandteile von Altbatterien in den Boden, verseuchen sie das Grundwasser. Tiere können Müll bei der Futtersuche verschlucken, sich darin verheddern und daran sterben.

Müllvermeidung beim Einkauf

Ein großer Teil unseres Mülls kann nicht wiederverwendet werden. Deshalb ist es wichtig, dass wir die Entstehung von Müll vermeiden. Vor dem Einkaufen sollte man sich einen Einkaufszettel schreiben, damit nur das gekauft wird, was man wirklich braucht. Beim Einkauf ersetzen Stoffbeutel oder Einkaufskorb, die mehrfach genutzt werden können, die Plastiktüte zum Tragen. Des Weiteren kann man Glasflaschen statt Getränkekartons kaufen oder Mehrweg- und nicht Einwegflaschen nehmen. Der Kauf von Produkten mit der geringsten Umverpackung verringert späteren Abfall. Seife gibt es in Pumpspendern. Diese kann man nachfüllen, anstatt Neue zu kaufen. Jeder kann zur Verringerung seines eigenen Mülls beitragen.

Mehrfachnutzung schont die Umwelt

Auch durch Wiederverwertung von Stoffen im Abfall als Rohstoff kann der Restmüll verringert werden. So können zum Beispiel alte Schulhefte, Blöcke und auch Zeitungen zu neuem Papier verarbeitet werden. Wird Plastik sachgerecht entsorgt, kann daraus wieder neues Material hergestellt werden. Alte Flaschen und Gläser sollte man als Altglas entsorgen. So können sie als Ausgangsstoff für neue Flaschen dienen.

Durch die Wiederverwertung spart man Energie und Rohstoffe wie Holz und Wasser. Zudem wird wesentlich weniger Kohlenstoffdioxid freigesetzt.

In Kürze

Im Alltag entsteht ständig Müll. Dieser sollte sachgerecht entsorgt werden, um diesen sinnvoll wiederverwerten zu können. Jeder von uns kann dazu beitragen, seinen eigenen Müll zu verringern und dadurch die Umwelt zu schonen.

Aufgaben

1 □ Nennen verschiedene Möglichkeiten, wie du selbst bei dir zu Hause Müll vermeiden kannst.

2 ◪ Müll wild abzulagern ist strafbar. Erläutere diese Aussage.

Müllvermeidung, Mülltrennung

1 Die Zahl der Gebrauchtwarenhäuser wächst stetig.

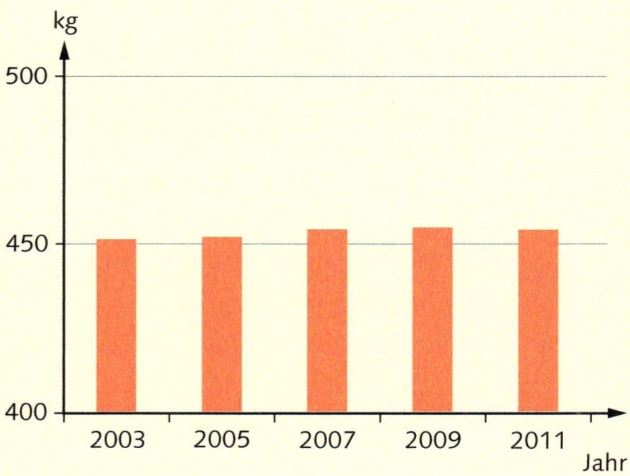

Quelle: Statista 2014

2 Haushaltsabfälle in Deutschland

Private Recyclingunternehmen in Deutschland	
Jahr	**Zahl der Unternehmen**
2008	215
2009	227
2010	239
2011	296

3 Zahl der Recyclingunternehmen in Deutschland

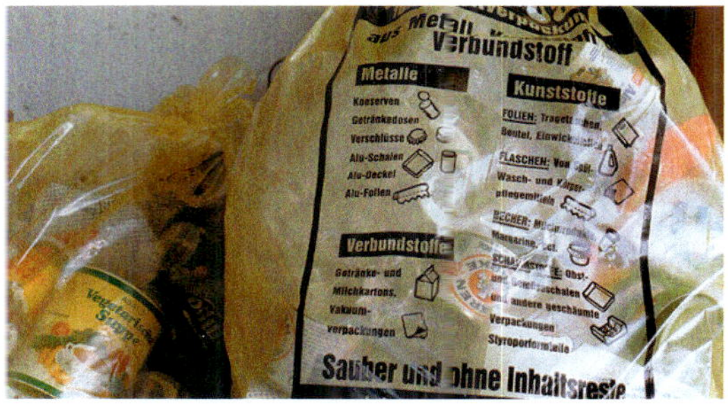

Die Bestimmungen des Mülltrennungssystems in Deutschland (DSD) sind für viele unverständlich: Im Gelben Sack dürfen nur Verpackungen entsorgt werden. Wertvoller Plastikmüll wie Plastikzahnbürsten gehört in den Restmüll. Der wird verbrannt und nicht recycelt.

4 Fragwürdiger Gelber Sack

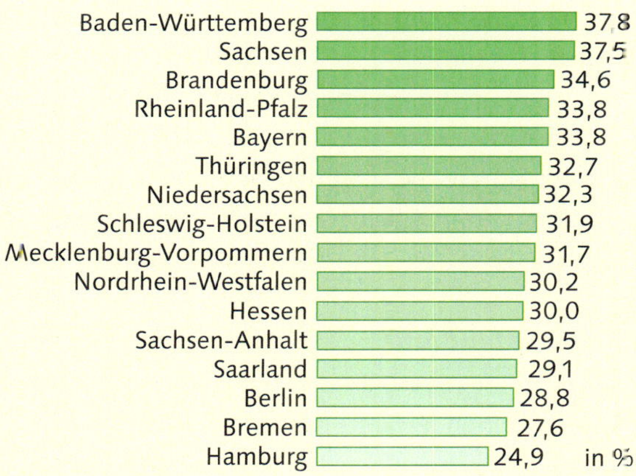

Quelle: Statista 2012

5 Mülltrennung in Deutschland (2012) in Prozent

- Die EU-Kommission erwägt Umweltsteuern auf Plastiktüten. Weltweit wurden 2010 fast 100 Milliarden Plastiktüten ausgegeben.
- Ab 2015 gibt es in ganz Deutschland eine neue Wertstofftonne. Das sieht das neue Kreislaufwirtschaftsgesetz vor, das seit 2012 gilt. Rund sieben Kilogramm wertvolle Reststoffe pro Jahr und Einwohner sollen nun zusätzlich in der orangen Tonne recycelt werden.

6 Meldungen aus dem Internet

Abfalltrennung und Recycling

1 Müll ist nicht gleich Müll

1 Wilde Müllkippe

a □ Nenne einige Müllsorten, die man in Bild 1 sehen kann.

b □ Beschreibe, wie man vorgeht, um Sperrmüll richtig zu entsorgen.

c ◪ Erläutere, weshalb die Anlage von Mülldeponien möglichst vermieden werden soll.

2 Mülltrennung

a □ Nenne je zwei Beispiele für Müll, der über die Tonnen in Bild 2 gesammelt werden soll.

b ◪ Vergleiche in einer Tabelle die Vor- und Nachteile des Pfandflaschensystems miteinander.

c ◪ Erläutere, was der grüne Punkt auf einer Verkaufsverpackung besagt.

2 Mülltrennung

3 Recyclingpapier

Papier besteht hauptsächlich aus langen, sich überlagernden und getrockneten Cellulosefasern.

a □ Nenne den Unterschied zwischen Frischfaser- und Recyclingpapier.

b □ Nenne Gründe, die für die Verwendung von Altpapier zur Papierherstellung sprechen.

c ◪ In Deutschland ist heute Altpapier der Hauptrohstoff für die Papierherstellung. Stelle Vermutungen darüber an, wie der Altpapieranteil bei der Herstellung von sehr hochwertigem Papier verändert wird. Erkläre deine Vermutung.

d ◪ Viele Gemeinden sammeln Altpapier im Gegensatz zum Restmüll kostenfrei. Begründe.

e ■ Lumpen sind alte Stoffreste, die meist aus Baumwollfasern bestehen. Stelle Vermutungen an, was der frühere Beruf des Lumpensammlers mit der Papierherstellung zu tun hatte.

4 Kompost

a □ Nenne Abfälle, die auf den Komposthaufen gehören.

b ◪ Erkläre, weshalb man beim Ansetzen des Komposthaufens grobes mit feinem und trockenes mit feuchtem Material mischen soll.

c ◪ Zähle Gründe auf, weshalb sich Komposterde besonders gut zum Düngen im Garten eignet.

d ■ Erkläre, ob das in Bild 3 zu sehende Material in der Schubkarre zum Kompostieren verwendet werden kann.

3 Material vom Baumschnitt

5 Elektroschrott

a □ Nenne Beispiele für Elektroschrott.

b ◪ Erläutere die Aussage: »Elektroschrott ist Gold wert.«

c ■ Nenne Verwendungsmöglichkeiten für Seltene Erden. Erkläre, wo sie in Bild 4 zu finden sind, und leite weitere Eigenschaften ab.

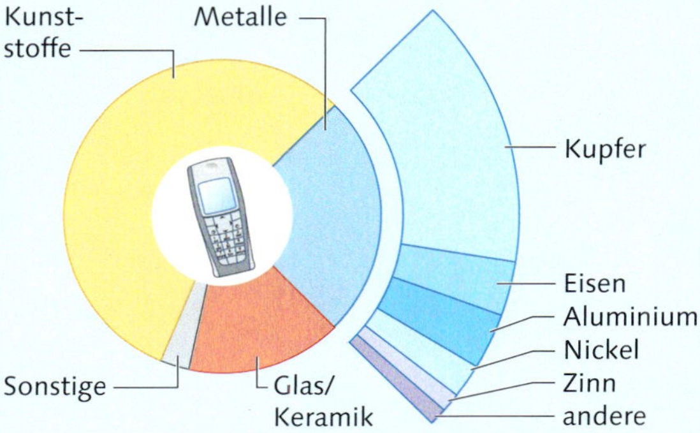

4 Materialzusammensetzung eines Handys

6 Problemmüll

a □ Nenne die Definition für Sonder- oder Problemmüll.

b ◪ Nenne Beispiele für Sondermüll und erläutere jeweils, weshalb es sich dabei um Problemmüll handelt.

c ◪ Erläutere, weshalb Problemmüll nicht in den Hausmüll gelangen und nicht »normal« verbrannt werden darf.

d ◪ Beschreibe mit Hilfe von Bild 5, wie man mit Sondermüll richtig umgeht.

e ■ Problemmüll kann häufig nur endgelagert werden. Erläutere.

5 Fachgerechte Sammlung von Problemmüll

Abfalltrennung und Recycling

- In allen Haushalten sowie in der Industrie entsteht Abfall oder Müll. Dieser wird nach bestimmten Inhaltsstoffen getrennt und in verschiedenen Behältnissen gesammelt. Ein Teil des Mülls kann wiederaufbereitet und als neuer Rohstoff verarbeitet werden.
- In Müllsortieranlagen wird der Abfall durch verschiedene Verfahren getrennt. Siebe, Gebläse, Magnete oder Schwimm-Sink-Wannen nutzen unterschiedliche Eigenschaften der Müllbestandteile zur Trennung.
- Verbundkartons sind leicht und gut stapelbar. In ihnen werden hauptsächlich Getränke gelagert. Verbundkartons bestehen aus verschiedenen Materialien, die nur begrenzt recycelt werden können.
- Der Hauptrohstoff für die Papierherstellung ist heute Altpapier. Dadurch werden weniger Holz, Wasser und Energie gebraucht.
- Organische Abfälle, zum Beispiel ungekochte Küchenabfälle, können als Kompost entsorgt werden. Der dadurch entstehende Humus ist ein wertvoller Dünger.
- Elektroschrott enthält neben Kunststoffen wertvolle Metalle, die recycelt werden können.

Lebensgrundlage Energie

Energie und Energieformen

Bei der Fahrt mit einer Achterbahn geht es rauf und runter. Stürzt die Achterbahn in die Tiefe, wird sie schneller, fährt sie bergauf, wird sie wieder langsamer. In den Naturwissenschaften kann man diesen Vorgang mit Hilfe der Energie beschreiben.

Energie

Bei allen Vorgängen, welche in der Umwelt oder Technik ablaufen, ist Energie im Spiel. Man könnte Energie als Voraussetzung oder Treibstoff für jeden Vorgang bezeichnen.

Dabei kann sich Energie von einer Form in andere Energieformen umwandeln: Befindet sich die Achterbahn an einem hoch gelegenen Punkt und fährt nur langsam, dann steckt die Energie vor allem in der Höhe – also der Lage; nur wenig Energie steckt in der Bewegung der Bahn. Befindet sich die Achterbahn an einem tiefer gelegenen Punkt und fährt schnell, dann steckt die Energie vor allem in der Bewegung; es ist nur wenig Energie in der Lage vorhanden.

Bewegungsenergie

Bewegungsenergie ist immer dann im Spiel, wenn sich Körper bewegen. Bewegt sich ein Körper schnell, besitzt er mehr Bewegungsenergie, als wenn er langsam ist. Ein Körper in Ruhe hat keine Bewegungsenergie.

Lageenergie

Ein hochgehobener Körper besitzt Lageenergie. Beim Skateboardfahren in einer Halfpipe kann der Fahrer die Lageenergie, die er am Rand der Halfpipe hat, für seinen Schwung nutzen.

Chemische Energie

In der Nahrung ist Energie gespeichert, die man chemische Energie nennt. Chemische Energie ist auch in Erdöl oder in einer Feuerwerksrakete gespeichert.

1 Auf der Achterbahn

Lichtenergie

Auch Licht ist eine Form von Energie. Die Sonne ist unsere wichtigste Quelle von Lichtenergie.

Wärmeenergie

Wärmeenergie kann aus vielen Energieformen entstehen. Sie tritt bei allen Vorgängen als Begleiterscheinung auf. So werden beim Bremsen mit dem Fahrrad Bremsbacken und Felgen warm: Hier wird Bewegungsenergie in Wärmeenergie umgewandelt.

Elektrische Energie

Für das tägliche Leben ist elektrische Energie wichtig. Kraftwerke, die elektrische Energie bereitstellen, indem sie Kohle, Erdöl oder Gas verbrennen, belasten jedoch die Umwelt; bei Kernkraftwerken ist zusätzlich der Betrieb mit Risiken verbunden.

Daher wird immer mehr auf die Energiegewinnung mit Hilfe von Wind, Wasser und Sonne gesetzt. Weil sich diese Energiequellen nicht erschöpfen, spricht man von *erneuerbarer* oder *regenerativer Energie*.

In Kürze

Energie ist Voraussetzung für jeden Vorgang. Energie ist nötig, um etwas zu bewegen, anzuheben, zu erwärmen oder zu beleuchten. Sie tritt in verschiedenen Formen auf.

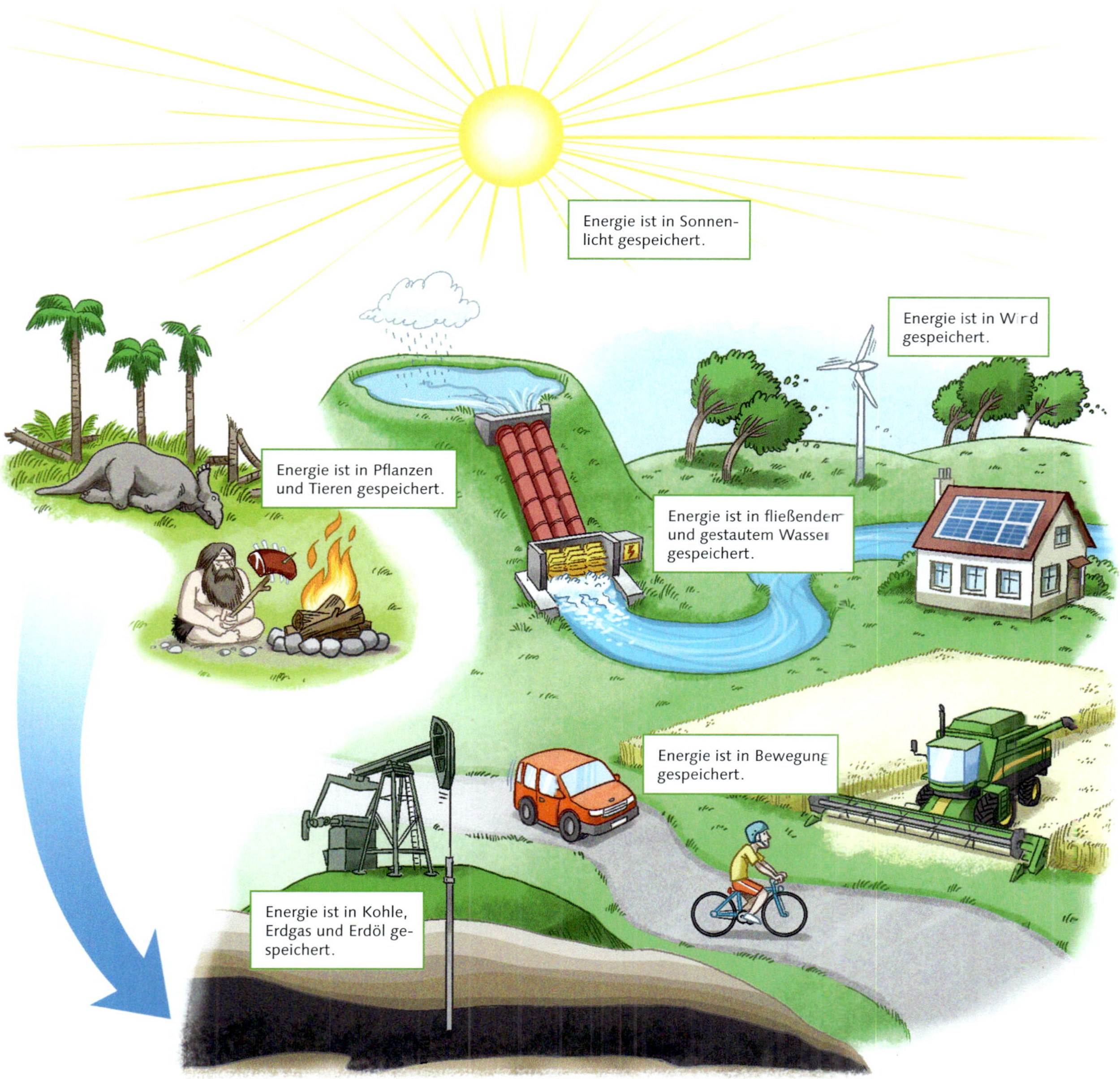

2 Wege der Energie

Aufgaben

1 □ Finde in Bild 2 Vorgänge, bei denen die verschiedenen Energieformen auftreten.

2 □ Überlege dir weitere Vorgänge in deinem täglichen Leben, die du Energieformen zuordnen kannst. Notiere sie.

3 ◪ Entscheide, welche Energieformen in Bild 2 für dein Leben wichtig oder weniger wichtig sind. Begründe deine Entscheidung.

4 ◪ Es wird immer wieder von »fossilen Energien« gesprochen. Informiere dich im Internet, was man darunter versteht.

5 ■ Wähle dir aus Bild 2 zwei Wege der Energie aus und beschreibe sie in deinen eigenen Worten.

6 ■ Welche der Energieformen im Bild 2 sind in kurzer Zeit erneuerbar? Nenne sie.

Energie sparen

1 Steckdosenleiste ausschalten spart Energie.

2 Energiesparen mit dem Fahrrad

Unsere Alltagsgewohnheiten sind häufig mit Energiebedarf und Kosten gekoppelt:

- Zum Kochen benötigen wir Energie. Sie wird durch Strom oder Gas bereitgestellt.
- Ohne Heizung ist es im Winter kalt. Wärmeenergie wird oft aus Erdöl oder Gas erzeugt.
- Schon für kurze Strecken nutzen wir Autos. Diesel und Benzin produziert man aus Erdöl.

Warum Energie sparen?

Zum einen müssen deine Eltern die Energie teuer bezahlen. Je mehr Energie du verbrauchst, desto weniger Geld bleibt übrig. Zum anderen werden für das Erzeugen von elektrischer Energie und Wärmeenergie in Deutschland häufig Brennstoffe wie Kohle, Gas oder Erdöl verbrannt. Sie sind nur begrenzt vorhanden, da die Vorräte der Erde zu Ende gehen werden.

Umweltschutz

Bei der Verbrennung von Kohle, Gas oder Erdöl gelangt viel *Kohlenstoffdioxid* CO_2 in die Luft. Auch der Straßenverkehr und viele andere unserer Lebensgewohnheiten erzeugen viel von diesem Gas. Dadurch steigt sein Anteil in der Luft. Leider gehört Kohlenstoffdioxid zu den Gasen, die zur Erwärmung der Erde beitragen.

Fahrrad statt Auto

Wie kommst du in die Schule? Wie kommst du zu deinen Freunden? Fahren deine Eltern dich mit dem Auto, verbraucht das Treibstoff. Wenn du hingegen zu Fuß gehst oder mit dem Fahrrad fährst, sparen deine Eltern Geld und die Umwelt wird weniger belastet.

Du kannst dein Taschengeld aufbessern, indem du mit deinen Eltern folgende Vereinbarung triffst: Für jeden Kilometer, den du nicht mit dem Auto gefahren wirst, erhältst du von deinen Eltern das eingesparte Geld.

Beispiel Schulweg

Ein Liter Benzin kostet ca. 1,50 Euro. Bei kaltem Motor braucht ein Auto etwa 10 Liter auf 100 Kilometer. Für jeden eingesparten Kilometer Fahrt spart man ca. 0,15 Euro. Bei einem Schulweg von 3 km (Hin- und Rückweg) bedeutet das: 3 km · 0,15 €/km = 0,45 €. Pro Monat kannst du so etwa 9 Euro verdienen.

In Kürze

Energie ist wertvoll.
Nutze Energie verantwortungsvoll und sinnvoll.

Aufgabe

1 □ Erläutere, warum mit Energie verantwortungsvoll umgegangen werden muss.

Energiesparfuchs

Durchführung

- Bildet für diesen Wettbewerb vergleichbare Gruppen, z. B. alle 6. Klassen deiner Schule oder du und deine Geschwister oder Dreier-Gruppen deiner Klasse.
- Für jedes Verhalten, mit dem Energie eingespart wird, gibt es entsprechend der Tabelle Energiesparpunkte. Besprich die grün markierten Felder mit deinen Eltern.
  Beispiel: Du überlegst dir, welche Lebensmittel du für das Abendbrot benötigst, und holst sie auf einmal aus dem Kühlschrank. Dafür erhältst du zwei Punkte.
- Jede Gruppe führt während des Spielzeitraums ein Energiespar-Tagebuch und stellt dieses im Unterricht vor.

Auswertung Gewonnen hat, wer am Ende des vereinbarten Zeitraums (z. B. ein Monat) am meisten Punkte gesammelt hat. Und die Umwelt gewinnt sowieso.

Aufgaben

1 □ Finde weitere Möglichkeiten, Energie zu sparen. Pro Idee erhältst du zwei Punkte.

2 □ Miss die Wassermenge, die während des Zähneputzens aus dem Wasserhahn laufen würde. Berechne die Wassermenge für die Anzahl der Tage des Spiels. Du erhältst vier Punkte.

3 ◪ Bringe auf dem Herd zweimal die gleiche Menge Wasser zum Kochen: einmal mit geschlossenem Deckel und einmal ohne Deckel. Gibt es Unterschiede? Du erhältst vier Punkte.

Licht	Schalte in ungenutzten Räumen das Licht aus.	2 P
	Ziehe bei Lampen mit Netzteilen den Stecker oder trenne sie mit einem Schalter vom Netz.	2 P
	Ersetze Glühlampen durch LED-Lampen.	1 P
Elektronik	Schalte den PC nur ein, wenn du ihn benötigst.	2 P
	Stelle den PC so ein, dass sich Bildschirm und Festplatte nach 10 Minuten ohne Nutzung ausschalten.	2 P
	Ziehe bei Ladegeräten den Stecker, wenn sie gerade keine Akkus aufladen.	2 P
	Schließe Fernseher, Stereoanlage und Receiver an eine Steckdosenleiste an. Schalte die Leiste bei Nichtgebrauch ab.	1 P
Heizen	Schließe im Winter früh die Rollläden.	2 P
	Regle die Temperatur in deinem Zimmer auf maximal 20 °C.	2 P
	Lüfte dein Zimmer 2- bis 3-mal täglich kurz, aber kräftig (Stoßlüften).	2 P
	Halte im Winter die Türen geschlossen.	2 P

Kühlen	Taue Gefriergut im Kühlschrank auf.	1 P
	Halte Kühl- oder Gefrierschrank nur so lange wie unbedingt nötig geöffnet.	2 P
	Öffne Kühl- oder Gefrierschrank nur so selten und so kurz wie möglich.	2 P
	Taue den vereisten Gefrierschrank ab.	1 P
Wasser	Wasche normal verschmutzte Wäsche mit niedriger Temperatur.	1 P
	Verzichte bei normal verschmutzter Wäsche auf den Vorwaschgang.	1 P
	Verwende keinen Trockner, sondern trockne die Wäsche an der Luft.	1 P
	Lass die Spülmaschine nur vollständig befüllt laufen.	1 P
	Wasche die Hände mit kaltem Wasser.	2 P
	Drehe nach dem Händewaschen den Wasserhahn immer gut zu, sodass er nicht tropft.	1 P
	Dusche statt zu baden.	2 P
	Stelle beim Duschen während des Einseifens das Wasser ab.	2 P

Energie von der Sonne

1 Kinder genießen die Frühlingssonne.

Maike und Jan verbringen den warmen Frühlingstag auf einer Blumenwiese. Sie genießen den Sonnenschein. Mit den Sonnenstrahlen gelangt Energie auf die Erde. Wir empfinden sie als Wärme auf unserer Haut. Pflanzen nutzen diese Sonnenenergie zum Wachsen.

Sonne liefert Energie
Die Sonne versorgt die Erde mit Energie. Die grünen Pflanzen nutzen die Energie der Sonne. Sie können die Sonnenenergie aufnehmen, speichern und so für andere Lebewesen nutzbar machen. Diesen Vorgang nennt man Fotosynthese. Pflanzen setzen dabei Kohlenstoffdioxid und Wasser zu dem energiereichen Zucker Glucose um. Dabei entsteht Sauerstoff, den Menschen und Tiere zum Atmen benötigen. Wenn Tiere Pflanzen fressen, nehmen sie die gespeicherte Energie auf.

Licht wird aufgenommen
Alle Pflanzen wachsen dem Licht entgegen. Zimmerpflanzen drehen ihre Blätter so, dass die Blattflächen zum Fenster zeigen. Auch Bäume stellen ihre Blätter so, dass sie alle freien Lücken zum Licht hin ausfüllen. Die Blätter stehen dann wie in einem Mosaik. Bei vielen Bäumen findet man an der äußeren Krone dicke, kleine *Lichtblätter*. Im Innern der Krone befinden sich größere und dickere *Schattenblätter*. So können Bäume möglichst viel Licht aufnehmen und die darin enthaltene Energie speichern.

Sonnenenergie wirkt auf der Erde
Die Sonne erzeugt den Wind auf der Erde. Warme Luft steigt nach oben. Die nachströmende Luft spürt man als Wind. Windräder nutzen diese Energieform. Die Sonne lässt Wasser verdunsten, welches später als Regen zu Boden fällt und die Flüsse füllt. Die Bewegungsenergie des Wassers in Gewässern wird in Mühlen auf die Mühlsteine übertragen. Diese können dann zum Beispiel Getreide zu Mehl mahlen.

2 Sonnenenergie kann umgewandelt werden.

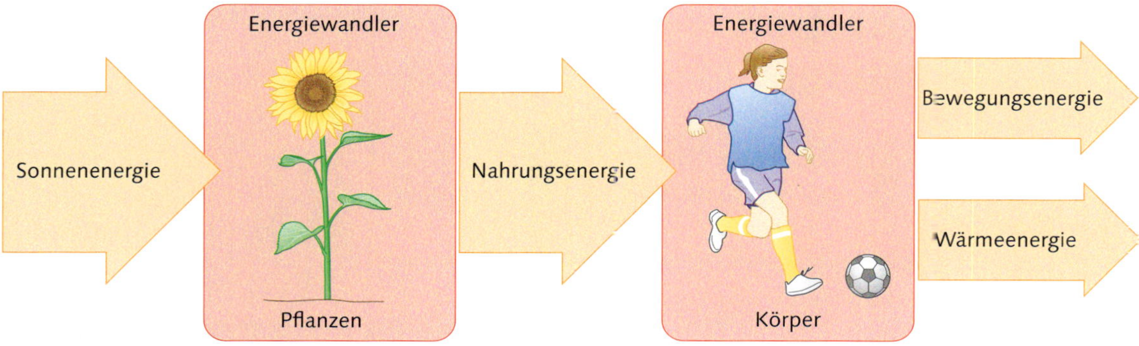

3 Energiekette von der Sonne zum Menschen

Energie wird umgewandelt

Es gibt unterschiedliche Energieformen, die sich alle ineinander umwandeln lassen. Bei jeder Energieumwandlung wird ein Teil der Energie in Form von Wärme abgegeben. Diese ist häufig unerwünscht, da sie sich nicht gut nutzen lässt. Eine Lampe wandelt elektrische Energie in Licht und Wärme um.

In unserer Umwelt und in der Technik gibt es viele *Energiewandler*. Dazu gehören alle Geräte, die elektrische Energie benötigen. Ein Dynamo am Fahrrad wandelt die Bewegungsenergie des Rades in elektrische Energie um, die für den Betrieb der Beleuchtung benötigt wird. Dabei wird auch Wärme frei. Pflanzen wandeln Sonnenenergie in chemische Energie, die Glucose, um. Solarzellen erzeugen elektrische Energie aus Sonnenlicht. Sonnenkollektoren erwärmen Wasser.

Schrittweise Umwandlung

In der Physik veranschaulicht man sich Energieumwandlungen in sogenannten *Energieketten*. Sie zeigen in den Pfeilen die Energieformen und in den Kästen die Energiewandler. Meistens wird eine Energieform in mehrere Energieformen umgewandelt. Die Menge der umgewandelten Energie wird durch die Breite des Pfeils dargestellt. Ein Mixer zum Beispiel wandelt elektrische Energie in Bewegungsenergie und Wärmeenergie um.

Häufig wird Energie nicht in einem einzigen Schritt umgewandelt. Die Sonnenenergie wird zunächst von den Pflanzen in chemische Energie umgewandelt. Der Mensch nimmt diese Energie mit der Nahrung auf. Die chemische Energie wird durch den zweiten Energiewandler, den menschlichen Körper, in Bewegung und Wärme gewandelt.

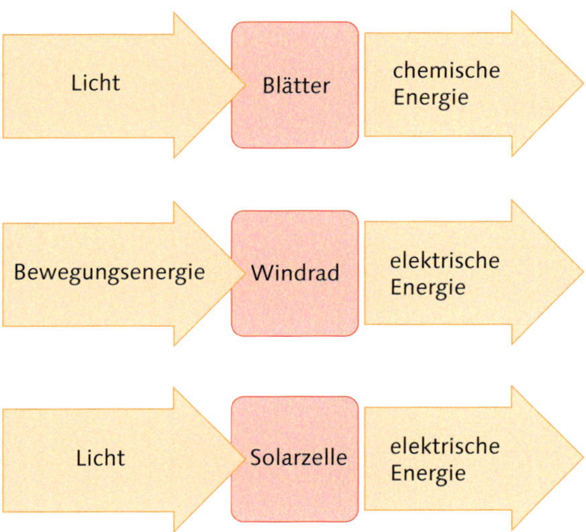

4 Energiewandler

In Kürze

Die Sonne ist die wichtigste Energiequelle der Erde. Ihre Energie wird von den Pflanzen in chemische Energie umgewandelt und für Tiere und Menschen nutzbar gemacht. Solche Energieumwandlungen werden in Energieketten dargestellt.

Aufgaben

1 □ Beschreibe die Energieumwandlung durch Pflanzen.

2 □ Nenne Vorgänge im menschlichen Körper, die Energie benötigen.

3 ■ Finde eigene Energieumwandlungen und zeichne sie als Energieketten wie in Bild 4 auf.

Bau und Funktion von Laubblättern

Alle Pflanzen besitzen grüne Blätter. Durch unterschiedliche Standortbedingungen haben sich vielfältige Blattformen entwickelt. Anhand der Form und des äußeren Baus der Blätter kann man verschiedene Pflanzenarten unterscheiden. Im Innern sind die Blätter aller Pflanzen aber sehr ähnlich aufgebaut.

1 Buche mit vielen Laubblättern

Die Begrenzung des Blattes

Oben und unten ist ein Blatt durch eine Schicht aus farblosen Zellen mit verstärkten Zellwänden begrenzt. Die *Blattoberhaut* und die *Blattunterhaut* sind von einer Wachsschicht, der *Cuticula,* überzogen. Sie schützt das Blatt vor Austrocknung. In der Blattunterhaut befinden sich Spaltöffnungen. Sie bestehen aus zwei bohnenförmigen *Schließzellen,* zwischen denen sich ein kleiner Spalt befindet. Die Größe des Spalts kann verändert werden. Dadurch wird der Austausch von Gasen und Wasserdampf reguliert.

Säulenförmige Zellen

Unter der Blattoberhaut liegt eine Reihe lang gestreckter Zellen. Sie werden als *Palisadengewebe* bezeichnet. Sie enthalten besonders viele Chloroplasten. Hier werden mit Hilfe des von oben auftreffenden Lichts energiereiche Stoffe aufgebaut.

Löchrig wie ein Schwamm

Unter dem Palisadengewebe findet man locker angeordnete, unregelmäßig geformte Zellen. Sie bilden viele Hohlräume und sind für den Gasaustausch mit der Umgebung und für die Abgabe von Wasser von großer Bedeutung. Wegen der vielen Hohlräume zwischen den Zellen wird das Gewebe *Schwammgewebe* genannt. Durch *Leitbündel,* die das Blatt durchziehen, werden Wasser, Mineralstoffe und Nährstoffe in der ganzen Pflanze verteilt.

In Kürze

Laubblätter sind aus Blattoberhaut, Palisadengewebe, Schwammgewebe und Blattunterhaut aufgebaut. Spaltöffnungen regulieren die Verdunstung und den Gasaustausch.

Aufgabe

1 □ Beschreibe den Aufbau von Laubblättern.

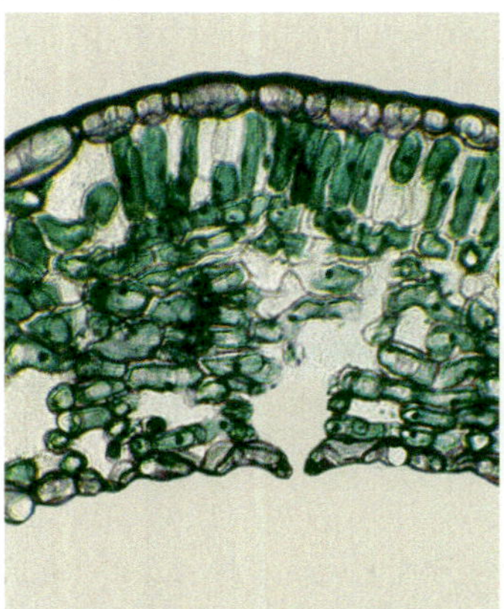

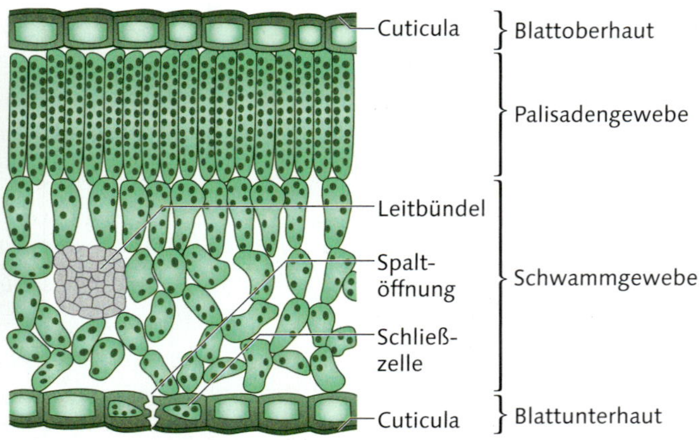

2 Querschnitt durch ein Blatt

Die Fotosynthese

Bestimmt stehen bei dir zu Hause auch Pflanzen in der Wohnung. Sie wachsen in Blumentöpfen mit Erde und müssen regelmäßig gegossen werden. Die meisten Topfpflanzen stehen auf der hellen Fensterbank im Licht.

Aufbau von Traubenzucker

Pflanzen sind die einzigen Lebewesen, die Nährstoffe selbst herstellen können. Mit Hilfe von Licht, Kohlenstoffdioxid und Wasser stellen sie Traubenzucker her. Diesen Vorgang nennt man *Fotosynthese*. Sie findet hauptsächlich in den Chloroplasten der grünen Blätter statt. Wasser wird über die Wurzeln aufgenommen und durch die Leitbündel im Blatt verteilt. Kohlenstoffdioxid gelangt über die Spaltöffnungen in das Schwammgewebe der Blätter. Neben Traubenzucker entsteht *Sauerstoff*, der über die Spaltöffnungen an die Luft abgegeben wird. Im Traubenzucker ist Sonnenenergie gespeichert. Er wird über die Leitbündel in der Pflanze verteilt.

Nährstoffe werden gespeichert

Aus dem Traubenzucker und den Mineralstoffen aus dem Boden können die Pflanzen alle Nährstoffe aufbauen, die sie zum Leben benötigen. Traubenzucker wird oft in den Früchten gespeichert. Ein Teil des Traubenzuckers wird in *Stärke* umgebaut und in anderen Pflanzenteilen, wie Körnern, Knollen, Zwiebeln oder Wurzeln, gespeichert. Andere Pflanzen speichern ihre Nährstoffe als Fette, zum Beispiel in Nüssen oder anderen Samen.

Kein Leben ohne Fotosynthese

Tiere und Menschen können keine Fotosynthese betreiben. Sie müssen energiereiche Stoffe mit der Nahrung aufnehmen. In den Zellen werden die Nährstoffe mit Sauerstoff abgebaut. Dabei wird Energie umgesetzt. Sie wird für alle Lebensvorgänge genutzt.

1 Topfpflanzen auf der Fensterbank

Gleichzeitig entsteht Kohlenstoffdioxid, das die Pflanzen wiederum für die Fotosynthese benötigen.

In Kürze

Pflanzen stellen aus Wasser und Kohlenstoffdioxid mit Hilfe der Chloroplasten und des Sonnenlichts Traubenzucker und Sauerstoff her. Der energiereiche Traubenzucker wird umgesetzt und zum Wachstum verwendet. Außerdem werden Nährstoffe in verschiedenen Organen gespeichert.

Aufgabe

1 □ Benenne Ausgangsstoffe und Produkte der Fotosynthese.

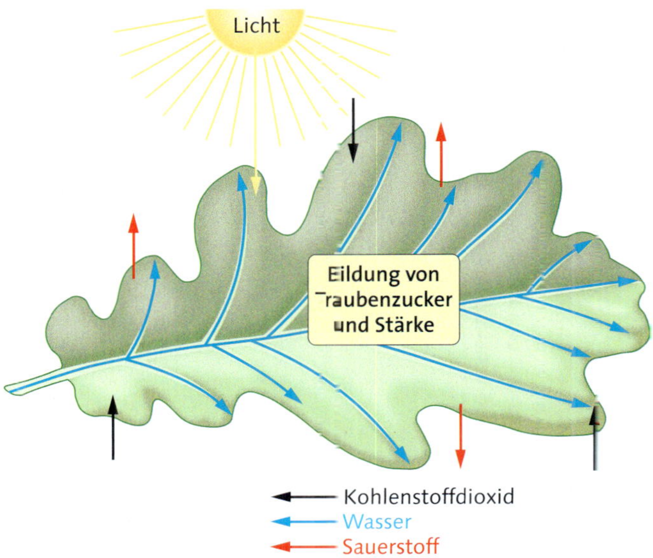

2 Fotosynthese im Blatt

Fotosynthese

A Nachweis der Sauerstoffproduktion

Material Zweige der Wasserpest, Becherglas, Trichter, Reagenzglas mit Stativ, Wasser, Holzspan, Feuerzeug

Durchführung Gib mehrere Stängel der Wasserpest in ein Becherglas mit Wasser. Stülpe den Glastrichter umgekehrt über die Wasserpest, sodass er ganz untertaucht. Fülle ein Reagenzglas mit Wasser. Stülpe es unter der Wasseroberfläche über den Trichter, sodass das Wasser im Reagenzglas bleibt. Stelle den Versuch für mehrere Tage ins helle Licht.

Wenn sich das Reagenzglas mit Gas gefüllt hat, hältst du es mit dem Daumen zu und nimmst es vom Trichter.

Entzünde einen Holzspan und lass ihn kurz brennen. Puste ihn aus, sodass die Spitze noch glüht. Halte den glimmenden Holzspan in das Gas im Reagenzglas. Protokolliere deine Beobachtungen.

Auswertung Versuche deine Ergebnisse mit Hilfe der Gasentstehung bei der Fotosynthese zu beschreiben.

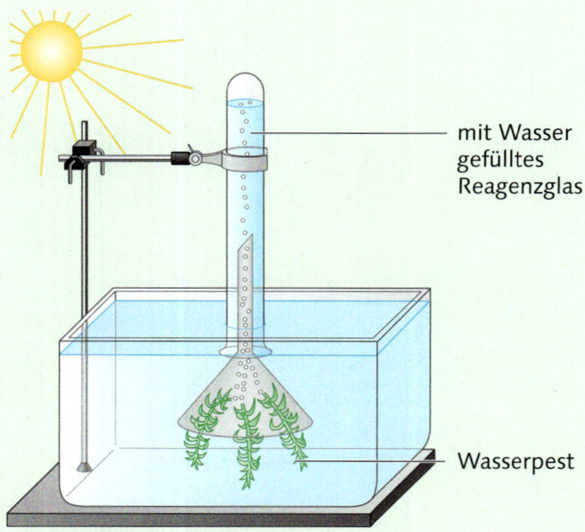

1 Skizze des Versuchsaufbaus

B Nachweis der Stärkeproduktion

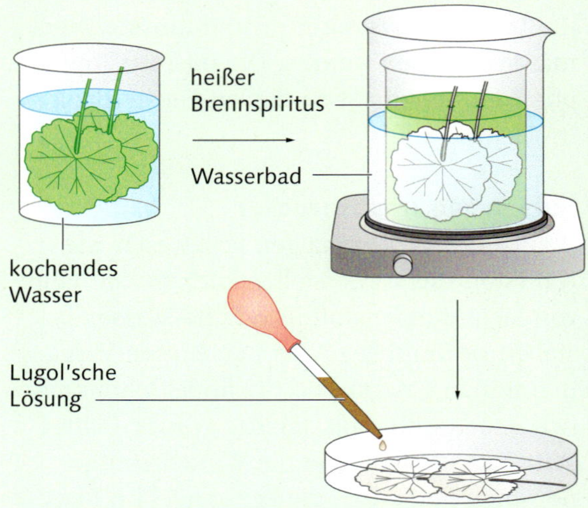

2 Skizze des Versuchsablaufs

Material Kapuzinerkresse, Alufolie, Becherglas, Heizplatte, Kochtopf, Petrischale, Pinzette, Pipette, Wasser, Brennspiritus, Lugol'sche Lösung, Speisestärke, Schutzbrille

> **Sicherheitshinweise:**
> Schutzbrille verwenden.
> Brennspiritus ist leicht entzündlich!

Durchführung Decke einen Streifen eines Blattes mit Alufolie ab. Stelle die Pflanze einen Tag lang ins Sonnenlicht. Trenne ein normales Blatt und das abgedeckte Blatt von der Pflanze ab. Lege sie kurz in kochendes Wasser. Stelle das Becherglas mit dem Brennspiritus in das heiße Wasser. Gib die Blätter in den heißen Spiritus, bis sie fast farblos sind. Entnimm die Blätter mit der Pinzette und spüle sie unter fließendem Wasser ab. Lege sie für etwa 15 Minuten in die Petrischale mit Lugol'scher Lösung. Gib zum Vergleich einige Tropfen Lugol'sche Lösung auf Speisestärke.

Auswertung Erkläre deine Beobachtungen.

Optimale Bedingungen für das Pflanzenwachstum

Du warst sicher schon einmal in einer Gärtnerei und hast die vielfältigen, schön gewachsenen Pflanzen bewundert.
Gärtner züchten Pflanzen in Gewächshäusern, damit sie möglichst viele Pflanzen in kurzer Zeit verkaufen können.

1 Pflanzen in der Gärtnerei

1 Pflanzen in Gewächshäusern

Die Wände der Gewächshäuser bestehen aus großen Glasflächen. Die Dächer lassen sich wie Fenster öffnen. Auf langen Tischen wachsen viele Pflanzen dicht nebeneinander. Automatische Bewässerungssysteme versorgen sie mit Wasser. Außerdem können sie mit Kohlenstoffdioxid begast werden.

- **a** ◪ Erläutere mit Hilfe von Bild 2 und 3, weshalb Gewächshäuser so große Glasflächen haben.
- **b** ◪ Erkläre, weshalb in großen Gewächshäusern Bewässerungssysteme wichtig sind.
- **c** ◪ Suche Gründe für das Öffnen der Dachfenster.
- **d** ◪ Erläutere mit Hilfe von Bild 4, weshalb Pflanzen mit Kohlenstoffdioxid begast werden.

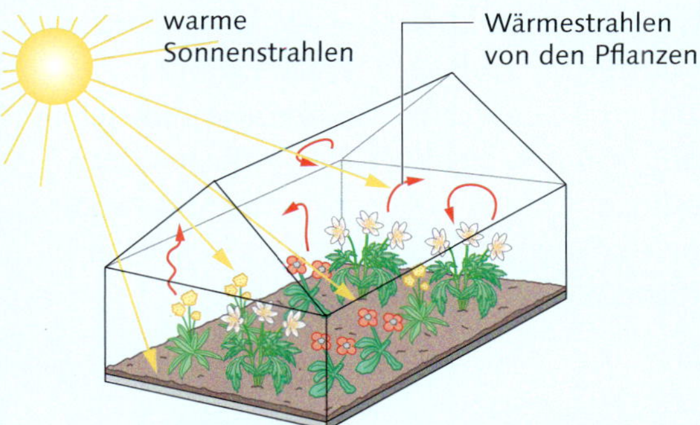

2 Wärmestrahlung im Gewächshaus

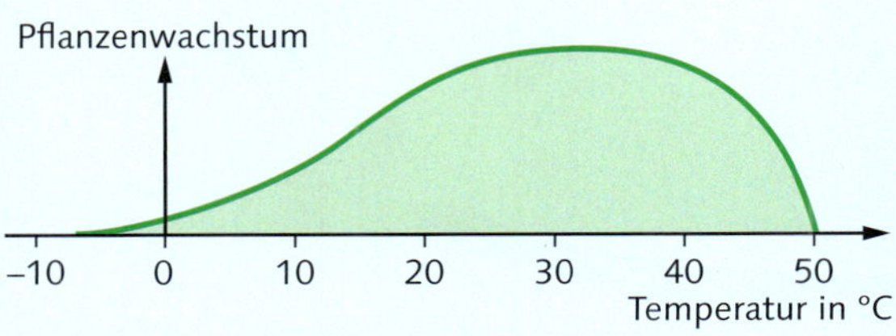

3 Pflanzenwachstum und Temperatureinfluss

2 Unterschiedliche Bedürfnisse

- **a** □ Geht in eine Gärtnerei oder in die Gartenabteilung eines Baumarkts und sucht eine Pflanze aus, die sich gut für euren Klassenraum eignet.
- **b** □ Informiert euch über die Bedürfnisse der Pflanze. Dabei helfen euch die Verkäufer, Schilder, Bücher oder auch das Internet.
- **c** □ Erstellt einen Steckbrief zur Pflanze.
- **d** ◪ Sucht im Klassenraum einen passenden Standort für die Pflanze. Nutzt dazu die Pflegeanleitung.

4 Geranie, mit CO_2 begast (A), und Geranie, normal gewachsen (B)

Bedeutung der grünen Pflanzen für das Leben

Auf der Erde leben über 500 000 verschiedene Pflanzenarten. Sie kommen überall vor: auf dem Land, im Wasser und manchmal sogar auf Tieren oder anderen Pflanzen. Ihre Größe ist genauso unterschiedlich wie ihr Aussehen.

Ein Mammutbaum kann über 100 Meter hoch wachsen. Die kleine Chlorella-Alge misst nur 0,002 Millimeter.

Pflanzen sind die »grüne Lunge« der Erde
Viele Wälder, besonders die Regenwälder, werden häufig als »grüne Lungen« bezeichnet. Gerade in den Regenwäldern herrscht ideales Klima, damit die großen Bäume mit ihren zahlreichen Blättern sehr intensiv Fotosynthese betreiben können. Sie produzieren den für uns lebenswichtigen Sauerstoff. Diesen Sauerstoff atmen Menschen und Tiere ein und nutzen ihn, um aus ihrer Nahrung Energie zu gewinnen. Dabei entsteht Kohlenstoffdioxid, das ausgeatmet wird. Die Pflanzen nehmen das Kohlenstoffdioxid wieder auf und setzen es bei der Fotosynthese unter anderem in Sauerstoff um. So entsteht ein Kreislauf. Viele Wälder sind aber von den Menschen bedroht. Besonders die Regenwälder werden abgeholzt, um landwirtschaftliche Flächen zu gewinnen, Rinder zu züchten, Rohstoffe abzubauen oder das Holz zu verwenden.

1 Ein 100 Meter hoher Mammutbaum

Pflanzen als Nahrungsgrundlage
Während der Fotosynthese bilden Pflanzen Zucker und speichern einen Teil davon. Menschen und Tiere ernähren sich von den Pflanzen und erhalten so energiereiche Nährstoffe. In den Meeren sind Algen die Nahrungsgrundlage für viele Fische und sogar für große Wale. Der Mensch baut Pflanzen als Nahrung an. Selbst in Wüsten können Pflanzen große und lange Trockenheit überstehen und wachsen bei den seltenen Regenfällen schnell. An diesen Lebensraum sind sie zum Beispiel durch besondere Wasserspeicher in Blättern oder Wurzeln angepasst.

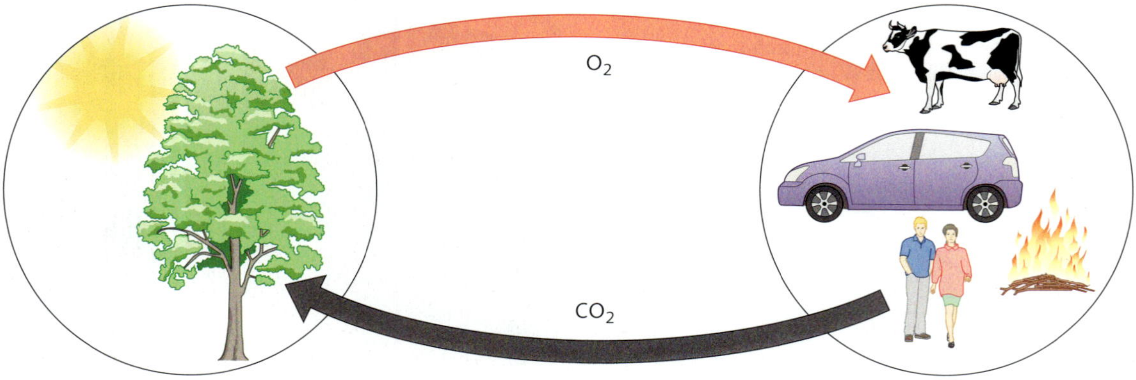

2 Sauerstoff- und Kohlenstoffdioxidkreislauf

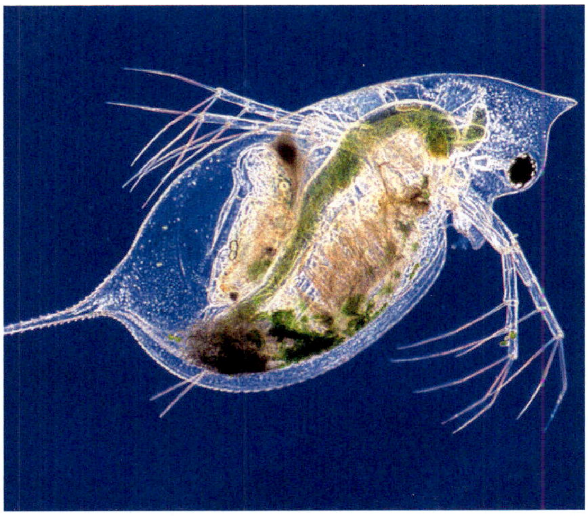

3 Wasserfloh mit Algen im Darm

Das Prinzip der Nachhaltigkeit

Vor knapp 300 Jahren wurde das Prinzip der Nachhaltigkeit zum ersten Mal formuliert. Damals konnte in Sachsen kein Silbererz mehr abgebaut werden, da kaum noch Holz zur Silbergewinnung vorhanden war. Ein Hauptmann gab die Anweisung, dass nur noch so viel Holz geschlagen werden durfte, wie in dem gleichen Zeitraum wieder nachwachsen konnte. Dieses Prinzip der Nachhaltigkeit gilt auch heute noch. Es bezieht sich auf alle Bereiche. Ziel ist, dass die Natur und die Umwelt für die nächsten Generationen erhalten bleiben. Dazu gehört auch, dass Strom und Kraftstoffe aus nachwachsenden Pflanzen gewonnen werden.

In Kürze

Pflanzen dienen anderen Lebewesen als Nahrungsgrundlage und Sauerstofflieferant. Sie haben alle Lebensräume der Erde besiedelt. Der Mensch sollte nur so viele Pflanzen verbrauchen, wie in der gleichen Zeit wieder nachwachsen. Dadurch wird die Pflanzenwelt erhalten.

Aufgaben

1 □ Nenne Beispiele für Pflanzen, die die Lebensräume Meer, Regenwald und Wüste besiedeln.

2 ◪ Erläutere das Prinzip der Nachhaltigkeit an einem Beispiel.

Extra Stoff- und Energieumwandlung

Wasserflöhe werden zur Reinigung von algenreichem Aquariumwasser eingesetzt. Algen wachsen bei Wärme und Licht gut und färben das Wasser grün. Da die wenigsten Aquarienfische Algen fressen, setzt man Wasserflöhe ein. Sie ernähren sich von den Algen und dienen den Fischen als Nahrung.

Pflanzen setzen während der Fotosynthese Kohlenstoffdioxid und Wasser in Zucker und Sauerstoff um. Tiere, die Pflanzen fressen, nehmen den Zucker auf und gewinnen daraus Energie. Energieärmere Stoffe und Kohlenstoffdioxid geben sie wieder an die Umwelt ab.

Alle Lebewesen nehmen Stoffe auf und wandeln sie um. Dabei gewinnen sie Energie für alle Lebensvorgänge. Die ausgeschiedenen Stoffe sind dann energieärmer.

4 Kohlekraftwerk

5 Biodiesel als Energielieferant

Nahrung liefert Energie und mehr

Frische Erdbeeren, leckere Backwaren oder eine komplette Mahlzeit – all dies gehört zu einem genussvollen Leben. Menschen müssen, um zu überleben, mehrmals am Tag essen. Weißt du, warum das so ist?

1 Essen – Genuss und Energie

Alles eine Frage der Energie

Egal ob man schläft, in der Schule arbeitet oder Sport treibt, der Körper benötigt dabei immer Energie. Die erforderliche Energie ist in der Nahrung gespeichert. Bestimmte Bestandteile der Nahrung dienen hauptsächlich als Energielieferanten. Sie werden als *Betriebsstoffe* bezeichnet. Ähnlich dem Kraftstoff für ein Auto stellen sie dem Körper Energie bereit.

Energie kommt in verschiedenen Formen vor

Licht, elektrische Energie und Bewegung sind sehr unterschiedliche Energieformen. Vereinfacht kann man sagen, dass Energie die Fähigkeit ist, Arbeit zu verrichten. Die Sonne liefert für das Leben auf der Erde die benötigte Energie. Pflanzen bilden mit Hilfe der Sonnenenergie energiereiche Stoffe, die in den Pflanzenteilen gespeichert werden. Diese gespeicherte Energie können wir durch Nahrung aufnehmen und zum Beispiel in Bewegungsenergie oder Wärmeenergie umwandeln. Dabei geht die Energie nie verloren, sondern wird immer nur von einer Form in eine andere umgewandelt. Der Energiegehalt von Lebensmitteln wird mit den Maßeinheiten Joule oder Kalorien, ihre Nährwerte meist in den größeren Einheiten Kilojoule, abgekürzt kJ oder Kilokalorie, abgekürzt kcal, angegeben.

Der Energiebedarf ist unterschiedlich

Der Energiebedarf eines Menschen ist abhängig von seiner Lebensweise. Wer körperlich aktiv ist und sich viel bewegt, setzt mehr Energie um als Menschen, die viel sitzen und wenig Sport treiben. Aber auch Alter, Geschlecht und Körpergewicht spielen eine große Rolle. So erfordert das Wachstum in Kindheit und Jugend sehr viel Energie. Mit zunehmendem Alter sinkt der Energiebedarf. Männer haben einen etwas höheren Energiebedarf als Frauen, da sie meist etwas mehr Muskelmasse besitzen.

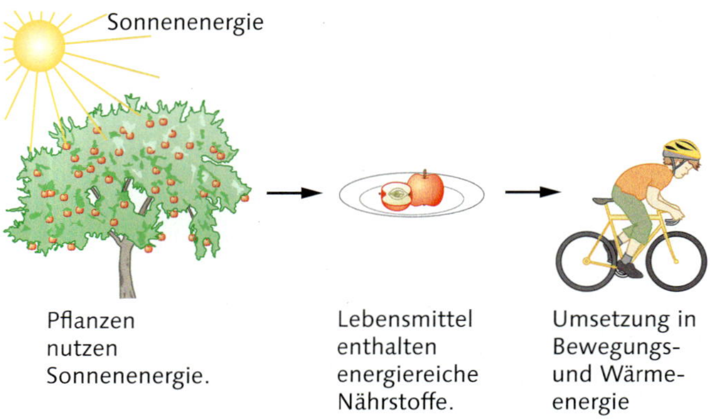

2 Lebensmittel enthalten gespeicherte Energie.

Durchschnittlicher Gesamtumsatz an Energie pro Tag		
Alter	weiblich kJ/kcal	männlich kJ/kcal
4–7	5800/1400	6200/1500
7–10	7000/1700	7900/1900
10–13	8300/2000	9500/2300
13–15	9100/2200	11200/2700
15–19	8300/2000	10400/2500
über 65	6600/1600	8300/2000

3 Der Energiebedarf ist von Lebensalter und Geschlecht abhängig.

Im Schlaf wird Energie umgesetzt

Auch in völliger Ruhe, zum Beispiel im Schlaf, braucht der Körper Energie, um alle Lebensvorgänge wie den Herzschlag, die Atmung und die Gehirntätigkeit sowie die Körpertemperatur aufrechtzuerhalten. Die Energiemenge, die ein Mensch in Ruhe in 24 Stunden benötigt, nennt man *Grundumsatz*. Der Grundumsatz in einer Stunde beträgt pro Kilogramm Körpergewicht ungefähr 4,18 Kilojoule oder 1 Kilokalorie. Ein Mensch mit einem Körpergewicht von 50 Kilogramm hat in 24 Stunden einen Grundumsatz von etwa 5000 Kilojoule oder 1200 Kilokalorien.

Aktivität benötigt mehr Energie

Jede körperliche oder geistige Aktivität erhöht den Energiebedarf, denn es muss zusätzliche Energie bereitgestellt werden. Je nach Tätigkeit und Anstrengung sind die Energiemengen, die erforderlich sind, sehr unterschiedlich. Um beispielsweise eine halbe Stunde zu schwimmen, wird zusätzlich eine Energiemenge von 1300 Kilojoule oder 320 Kilokalorien benötigt. Die Energiemenge, die zusätzlich zum Grundumsatz hinzukommt, wird als *Leistungsumsatz* bezeichnet. Die Gesamtmenge an Energie, die ein Mensch braucht, setzt sich also aus Grund- und Leistungsumsatz zusammen. Dies ist dann der *Gesamtumsatz*.

Energiebedarf bei verschiedenen Tätigkeiten (30 min)		
	1300 kJ	320 kcal
 mittleres Tempo	1580 kJ	380 kcal
	250 kJ	60 kcal
 15 km/h	830 kJ	200 kcal
	1080 kJ	260 kcal
	800 kJ	190 kcal
	380 kJ	90 kcal
	170 kJ	40 kcal

4 Die Tätigkeit bestimmt den Energiebedarf.

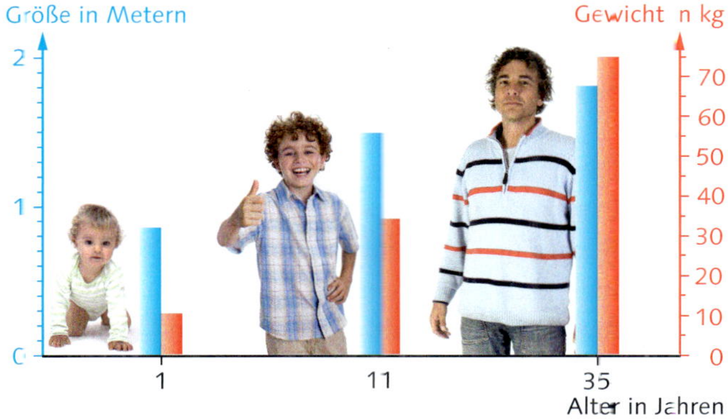

5 Entwicklung von Körpergewicht und Körperlänge

Der Körper – eine ständige Baustelle

Der Körper wird ständig aufgebaut und erneuert. Dies geschieht ein ganzes Leben lang. Besonders gut erkennbar ist das am Wachstum von Haaren und Fingernägeln oder bei der Wundheilung. Stoffe, aus denen sich ein Körper aufbaut oder erneuert, werden als *Baustoffe* bezeichnet. Sie sind auch in der Nahrung enthalten. Betrachtet man die Entwicklung in der Kindheit und Jugend, wird klar, dass hier große Mengen Baustoffe erforderlich sind, um zum Beispiel das Knochenwachstum und damit das Körperwachstum sowie die Gewichtszunahme zu ermöglichen.

In Kürze

Die Nahrung liefert dem Körper Betriebsstoffe und Baustoffe. Der Energiebedarf, auch als Gesamtumsatz bezeichnet, errechnet sich aus der Summe von Grund- und Leistungsumsatz.

Aufgaben

1 □ Nenne die Aufgaben, die Betriebsstoffe und Baustoffe im Körper haben.

2 ◪ Jakob fährt jeden Tag 15 Minuten mit dem Rad in die Schule. Berechne mit Hilfe von Bild 4 seinen Energiebedarf für den Schulweg.

3 ■ »Iss, Kind, iss – damit aus dir was wird!« Erläutere diese Aussage mit Hilfe von Bild 5.

Nährstoffe in unserer Nahrung

Die Lebensmittel in dem reich gefüllten Einkaufswagen unterscheiden sich in Farbe, Form und Geschmack deutlich. Jedoch enthalten alle Waren, die du siehst, fast immer die gleichen Inhaltsstoffe in unterschiedlicher Zusammensetzung und Menge. Diese bezeichnet man als Nährstoffe.

1 Lebensmittel liefern vor allem Nährstoffe.

Kohlenhydrate

Kohlenhydrate sind wichtige Energielieferanten für den Menschen. Sie liefern die Energie, die für die Muskel- und Gehirntätigkeit benötigt wird. Besonders in pflanzlichen Lebensmitteln kommen sie in großen Mengen vor. Die Kohlenhydrate Zucker und Stärke sind in vielen Lebensmitteln enthalten, zum Beispiel in Brot, Nudeln und Reis. Aber auch Süßigkeiten enthalten viele Kohlenhydrate, hier vor allem in Form von Zucker. Ein Gramm Kohlenhydrate liefert dem Körper 17 Kilojoule oder 4 Kilokalorien.

Fette

Fette sind für den Körper von besonderer Bedeutung, da sie zum einen Energie liefern und zum anderen auch als Baustoff wichtig sind. Unter der Haut dient Fett als Speicherstoff und als Schutz vor Wärmeverlusten, aber auch als Stoßdämpfer an Ferse und Ballen. Öle und Butter liefern viel Fett. In Wurst- oder Käsesorten sind Fette oft versteckt enthalten. Sie sind mit 38 Kilojoule oder 9 Kilokalorien pro Gramm die energiereichsten Nährstoffe.

Eiweiße

Eiweiße dienen dem menschlichen Körper als Baustoffe. In der Kindheit und Jugend ist eine gute Versorgung mit Eiweißen besonders wichtig, da hier das Körperwachstum am größten ist. Eiweißreiche Lebensmittel sind Fleisch, Fisch, Käse und Milchprodukte. Aber auch pflanzliche Lebensmittel wie Linsen, Bohnen und Soja enthalten viel Eiweiß. Ein Gramm Eiweiß liefert dem Körper 17 Kilojoule oder 4 Kilokalorien.

In Kürze

Kohlenhydrate, Fette und Eiweiße sind die wichtigsten Bestandteile der Nahrung. Sie werden als Nährstoffe bezeichnet. Sie liefern dem Körper Energie und Baustoffe.

Aufgaben

1 □ Betrachte die Nährstoffangaben auf Lebensmittelverpackungen. Nenne Lebensmittel, die besonders viele Nährstoffe einer Gruppe enthalten.

2 ◪ Erläutere, warum Neugeborene und Kleinkinder einen sehr hohen Eiweißbedarf haben.

3 ◪ Vor dem Wettkampf essen Sportlerinnen und Sportler bevorzugt Kohlenhydrate. Begründe.

Vitamine, Mineralstoffe und Ballaststoffe

Bei Vitaminen und Mineralstoffen denkst du vielleicht nur an Obst und Gemüse. Doch auch in Fleisch- und Milchprodukten sind viele dieser Stoffe enthalten. Eine ausgewogene Ernährung liefert diese Stoffe in ausreichender Menge.

Vitamine

Vitamine sind lebensnotwendig, da sie für viele Stoffwechselvorgänge unentbehrlich sind. Sie müssen mit der Nahrung aufgenommen werden. Obwohl nur geringste Mengen eines Vitamins notwendig sind, ist ein Mangel oft mit schweren Erkrankungen verbunden.

Vitamine werden mit den Großbuchstaben A, B, C, D, E, F und K gekennzeichnet. Viele Vitamine sind wärme- oder lichtempfindlich. Bei zu starkem Erhitzen werden sie zerstört. Deshalb sollten viele Lebensmittel kühl und dunkel gelagert werden.

Mineralstoffe

Die meisten Vorgänge im Körper können nur ablaufen, wenn neben den Nährstoffen genügend *Mineralstoffe* vorhanden sind. Von den Mineralstoffen Calcium, Magnesium und Natrium benötigen wir nur wenige Gramm pro Tag. Von Eisen und Fluorid müssen wir aber nur ganz wenige Milligramm aufnehmen. Deshalb werden diese Mineralstoffe auch als *Spurenelemente* bezeichnet.

Ballaststoffe

Einige Bestandteile der Nahrung kann der Körper nicht verarbeiten, dennoch sind sie wichtig: Unverdauliche Pflanzenteile werden als *Ballaststoffe* bezeichnet. Sie kommen vor allem in Getreide, Obst und Gemüse vor. Diese Ballaststoffe regen die Darmtätigkeit und die Verdauung an. Da Ballaststoffe im Magen aufquellen, wird das Sättigungsgefühl schneller erreicht.

1 Vitamin- und mineralstoffreiche Lebensmittel

Inhaltsstoff	wird benötigt für	enthalten in
Vitamin A	Sehen, Haut	Möhre, Paprika, Tomate, Butter, Milchprodukte
Vitamin B	Wachstum, Denken, Nervensystem	Fleisch, Eier, Gemüse Nüsse, Vollkornprodukte
Vitamin C	Knochen, Zähne, Blut, Abwehrkräfte	Zitrusfrüchte, Brokkoli, Tomate, Kartoffel
Vitamin D	Knochenaufbau, Immunsystem	Milchprodukte, Eier
Calcium	Zähne, Knochen	dunkelgrünes Gemüse, Milchprodukte, Hülsenfrüchte
Magnesium	Muskeln	Vollkornprodukte, Blattgemüse
Natrium	Wasserhaushalt, Nervensystem	Kochsalz
Eisen	Blutbildung, Sauerstoffversorgung	Fleisch, Eier, Hülsenfrüchte, grünes Blattgemüse
Fluorid	Zähne	Trinkwasser, Fisch

2 Bedeutung einiger Vitamine und Mineralstoffe

In Kürze

Vitamine und Mineralstoffe sind lebensnotwendig. Sie müssen mit der Nahrung aufgenommen werden. Ballaststoffe fördern die Darmtätigkeit und das Sättigungsgefühl.

Aufgaben

1 □ Nenne Lebensmittel, die besonders viele Vitamine und Mineralstoffe enthalten.

2 ◪ Auf langen Seereisen war die Mannschaft früher durch die Krankheit Skorbut gefährdet. Sie tritt durch Vitamin-C-Mangel auf. Überlege Gegenmaßnahmen und begründe sie.

Die Kartoffel

Im Spätsommer fahren die großen Kartoffelerntemaschinen über die Äcker. Trotz ihrer Hilfe ist die Ernte auch heute noch mit viel Handarbeit verbunden. Alle helfen mit.

1 Kartoffelernte

Herkunft
Ursprünglich stammt die Kartoffel aus Südamerika. Dort pflanzte man sie schon vor etwa 2000 Jahren in den Hochebenen der Anden an. Zu Beginn des 16. Jahrhunderts wurde die Kartoffel durch die spanischen Eroberer nach Europa gebracht. In Deutschland ist sie erst seit Ende des 17. Jahrhunderts als Gemüse bekannt.

Die Kartoffelpflanze
Die Kartoffelpflanze ist ein einjähriges Kraut mit großen, gefiederten Blättern und kantigem Stängel. Blätter, Stängel und Früchte sind giftig. Nur die Knollen, die eigentlichen Kartoffeln, kann man essen. Sie bilden sich an den Enden der unterirdischen Ausläufer des Sprosses. In den Knollen speichern die Pflanzen Vorratsstoffe wie zum Beispiel Stärke, die in den grünen Blättern gebildet wurden. Die Pflanzen gedeihen am besten in lockeren Böden. Steckt man eine Kartoffel in die Erde, wachsen aus den Augen die Triebe der neuen Kartoffelpflanze.

Verwendung
Die Kartoffel gehört zu unseren wichtigsten Grundnahrungsmitteln. Durch Züchtung sind viele Sorten mit unterschiedlichen Eigenschaften entstanden. Neben der Verwendung als Gemüse dienen sie als Viehfutter, zur Herstellung von Biokraftstoff und Stärkemehl.

In Kürze
Die Kartoffelpflanze ist eine wichtige Nutzpflanze. Nur die Knollen sind essbar: Sie sind die Vorratsspeicher der Pflanze.

Aufgaben

1 □ Nenne den Teil der Pflanze, aus dem die Kartoffel entsteht.

2 ◪ Erkläre, welche Funktion die Kartoffelknolle für die Pflanze hat.

2 Kartoffelpflanze mit Ausläufern und keimende Kartoffelknolle

Vielfalt der Hülsenfrüchte

Luisa geht auf dem Wochenmarkt einkaufen. Neugierig bleibt sie an einem besonders bunten Stand stehen. »Die Erbsen sind in diesen Schoten. Du hast sie sicher schon gegessen«, sagt die Marktfrau und reicht ihr eine Schote zum Probieren.

1 Auf dem Wochenmarkt

Herkunft der Hülsenfrüchte

Ursprünglich stammen viele Hülsenfrüchte aus Südamerika, dem östlichen Mittelmeer oder China. In diesen Regionen der Erde pflanzte man sie bereits vor 10 000 Jahren als energiereiche Pflanzen an. Die alten Griechen und Römer kannten schon die Erbse. Die Gartenbohne brachten die spanischen Eroberer aus Südamerika nach Europa.

Vielfalt der Hülsenfrüchte

Bohnen, Erbsen, Linsen, Sojabohnen, Lupinen und Erdnüsse zählen zu den Hülsenfrüchten. Sie gehören zur Familie der Schmetterlingsblütler. Zum Gedeihen benötigen sie ein warmgemäßigtes Klima. Die Blätter dieser einjährigen Pflanzen sind stark gefiedert und bilden Ranken. Die Samen reifen in einer Hülse heran. Je nach Art können darin zwei bis zehn Samen enthalten sein. Getrocknet kann man diese lange lagern. Die Samen enthalten neben Kohlenhydraten viel Eiweiß, Vitamine und Mineralstoffe.

2 Ranken und Blüten einer Erbsenpflanze

Anbau und Verwendung

Im Vergleich zu China und Amerika gibt es in Deutschland weniger Anbauflächen für Hülsenfrüchte. Hier werden bisher mehr Mais und Getreide angebaut. Deshalb möchte man in Zukunft durch den nachhaltigen Anbau von Hülsenfrüchten mehr Vielfalt auf die Äcker bringen.

Hülsenfrüchte können mit ihren Wurzeln den Stickstoff aus der Luft in Mineralstoffe für sich und andere Pflanzen umwandeln. Daher nutzen die Bauern den Anbau zur Erhaltung und Verbesserung der Bodenqualität.

Die Hülsenfrüchte liefern wichtige Nährstoffe und bieten viele Verwendungsmöglichkeiten. Sie sind ein fester Bestandteil der fleischarmen und vegetarischen Küche und finden Einsatz beim Backen des eiweißhaltigen Abendbrots. Dieses Brot hat durch den hohen Anteil an Weizen, Sojabohnen und Lupinen einen fünffach höheren Eiweißgehalt und weniger Kohlenhydrate als normales Brot.

In Kürze

Hülsenfrüchte wie Erbsen, Bohnen und Lupinen gehören zu den Schmetterlingsblütlern. Durch ihren Anbau verbessert sich die Bodenqualität. Die Samen sind sehr nährstoffreich.

Aufgaben

1 □ Erkläre den Namen Hülsenfrucht.

2 ◪ Erkläre, weshalb Hülsenfrüchte als Ersatz für fleischreiche Nahrung dienen können.

Pflanzen als Biokraftstoffe

Wenn du im Sommer Fahrrad fährst, kommst du vielleicht an Feldern vorbei. Dort wachsen Reihen von Maispflanzen und nebenan leuchtet gelber Raps. In Deutschland werden jährlich mehrere Millionen Tonnen Mais und Raps angebaut und geerntet. Allerdings ist der größte Anteil nicht als Nahrungsmittel gedacht.

1 Mais- und Rapsfeld

Energiereiche Pflanzensamen

Bei der Fotosynthese wandeln Pflanzen energiearme mit Hilfe der Sonnenenergie in energiereiche Stoffe. So können sie die Sonnenenergie in Form von Glucose speichern. Diese nutzen Pflanzen als Betriebsstoff. Die Glucose wird von Pflanzen in andere energiereiche Stoffe wie Stärke oder Öl umgebaut. Diese werden langfristig im Samen für den späteren Keimling gespeichert. Ein Maiskorn besteht zu drei Vierteln aus Stärke, ein Rapssamen fast zur Hälfte aus Öl. Keimt der Samen aus, so nutzt das neue Pflänzchen diese Energie, bis es sich durch Fotosynthese in grünen Blättern versorgen kann.

Frühe Nutzung

Bereits vor 800 000 Jahren verwendete man Holz als Energielieferanten. Dieses wurde für wärmendes und schützendes Lagerfeuer oder als Energiequelle zum Zubereiten von Speisen genutzt. Die Römer verwendeten Olivenöl als Brennstoff in einfachen Tonlampen. Dadurch hatten sie auch nachts Licht.

Mais als Energielieferant

Heute nutzen wir Pflanzen für die Produktion von *Biokraftstoffen*. Eine Möglichkeit, die in Mais gespeicherte Energie nutzbar zu machen, ist die Herstellung von Biogas. In *Fermentern* von Biogasanlagen bauen Bakterien Pflanzenbestandteile ab und erzeugen dabei Gas. Das entstandene Gas wird verbrannt. Die Wärmeenergie wird zum Heizen verwendet oder in

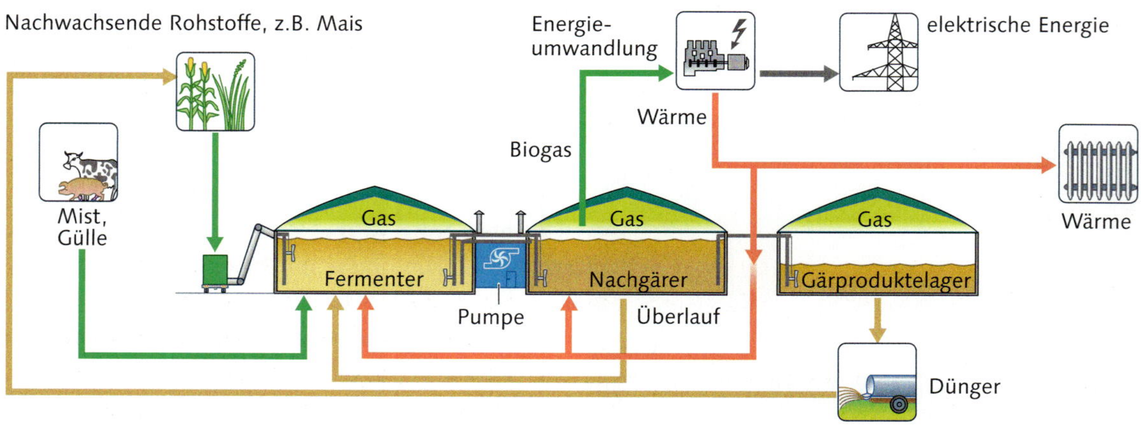

2 Aufbau einer Biogasanlage

elektrische Energie umgewandelt. Eine weitere Möglichkeit ist die Herstellung von Bioethanol. Dazu wird die Stärke aus den Maiskörnern durch den Prozess der Gärung mit Hilfe von Hefepilzen zu Bioethanol umgewandelt. Dieser wird dann Benzin beigemischt.

Aus Raps wird Biodiesel

Aus den Rapssamen, dem *Rapsschrot,* wird Öl gewonnen. Dazu werden die Samen in einer Mühle gepresst. Man erhält in mehreren Schritten Öl und die Reste der Samenschalen. Diese bezeichnet man als *Presskuchen.* Er wird als Viehfutter verwendet.

Je nachdem, wozu das Öl gebraucht wird, muss es unterschiedlich verarbeitet werden. Um das Öl als Speiseöl zu nutzen, wird es gereinigt und die Geruchs- und Geschmacksstoffe werden entfernt. Wird das Öl chemisch aufbereitet, kann es als Biodiesel verwendet werden.

Pflanzen als nachwachsende Rohstoffquelle

Bisher wird ein Großteil unserer Kraftstoffe aus Erdöl gewonnen. Dieser Vorrat ist aber begrenzt und wird Schätzungen zufolge 2060 zur Neige gehen. Pflanzen kann man immer wieder ansähen und daraus Biokraftstoffe herstellen. Deshalb bezeichnet man sie als nachwachsende Rohstoffe. Ein weiterer Vorteil ist, dass Pflanzen während ihres Wachstums ebenso viel Kohlenstoffdioxid binden, wie beim Verbrennen der Kraftstoffe entsteht.

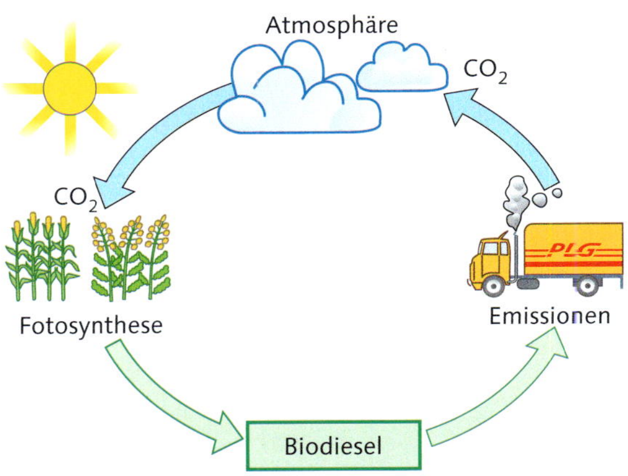

3 Vorteil der Biokraftstoffnutzung

4 Verarbeitungen von Rapssamen

Nachteilige Verwendung von Nutzpflanzen

Eigentlich sind Mais und Raps Futterpflanzen beziehungsweise Lebensmittel. Mittlerweile werden allerdings mehr Pflanzen für die Biokraftstoffherstellung erzeugt als für Lebensmittel. Deshalb gehen Anbauflächen für Nahrungsmittel verloren. Durch den großflächigen Anbau einer einzelnen Pflanzenart werden Tierarten verdrängt und können aussterben.

Energie durch Verbrennung

Ethanol, Benzin und Diesel sind verschiedene Brennstoffe. Bei der Verbrennung wird Energie freigesetzt. Diese wird unterschiedlich genutzt. Im Motor eines Fahrzeugs verbrennt Benzin, um so zum Beispiel ein Auto anzutreiben.

In Kürze

Biokraftstoffe können aus den Samen von Mais und Raps hergestellt werden. Die von den Pflanzen gespeicherte Sonnenenergie wird als Kraftstoff nutzbar.

Aufgaben

1 □ Nenne die Teile von Mais und Raps, aus denen Biokraftstoffe hergestellt werden.

2 ◪ Erläutere den Begriff »nachhaltiger Anbau«.

3 ■ Erstelle eine Liste mit Vor- und Nachteilen von Mais als nachwachsendem Rohstoff. Bewerte den Einsatz als Biokraftstoff.

Verbrennungen liefern Energie

Wer im Sommer schon einmal beim Grillen zugeschaut hat, weiß, dass man Holzkohle nicht entzünden kann, indem man einfach nur ein Streichholz an die Kohle hält. Mit einem Streichholz wird zunächst der Grillanzünder entzündet. Dieser entzündet dann die Holzkohle. Die Verbrennung der Holzkohle kann durch Einblasen von Luft beschleunigt werden.

1 Grillen – eine erwünschte Verbrennung

Bedingungen für eine Verbrennung

Für eine Verbrennung braucht man einen *Brennstoff*, also brennbares Material. In der Chemie spricht man anstelle von »Material« auch von »Stoff«. *Brennbare Stoffe* sind zum Beispiel Papier, Holz, Kohle, Heizöl, Erdgas, Benzin, Spiritus und Kerzenwachs.

Neben diesen brennbaren Stoffen muss auch *Luft* vorhanden sein. Ohne Luft kann keine Verbrennung stattfinden: Eine Flamme erlischt, wenn sie keine Luft bekommt, und ein Mensch würde ohne Luft ersticken. In unserem Körper müssen zur Energiegewinnung Nährstoffe verbrannt werden. Dabei entsteht zwar keine Flamme, aber Energie wird frei. Für diese Verbrennungsvorgänge im Körper benötigen wir ständig Luft, die wir durch Einatmen aufnehmen.

2 Das Verbrennungsdreieck zeigt die drei Bedingungen für die Entstehung eines Feuers.

Entzündungstemperatur

Ein Feuer wird erst dann entfacht, wenn eine dritte Bedingung erfüllt ist. Brennstoff und Luft alleine reichen nicht aus. Die *Entzündungstemperatur* des Brennstoffs muss erreicht sein. Unter der Entzündungstemperatur versteht man die Temperatur, auf die man einen brennbaren Stoff erhitzen muss, damit er sich in Gegenwart von Luft selbst entzündet.

Jetzt verstehst du auch, warum man die Grillkohle nicht mit einem Streichholz entzünden kann: Die Temperatur des Streichholzkopfs reicht nicht aus.

Flammtemperatur

Wie du in Bild 3 siehst, ist die Entzündungstemperatur von Autobenzin höher als die von Zeitungspapier. Warum ist dann auf dem Benzinkanister ein Gefahrensymbol, auf der Tageszeitung nicht?

Stoff	Entzündungstemperatur (in °C)
Streichholzkopf	80
Zeitungspapier	180
Kerzenwachs	250
Autobenzin	260
Fichtenholz	280
Rapsöl	300
Steinkohle	600

3 Entzündungstemperaturen verschiedener brennbarer Stoffe

Benzin verdampft bereits bei niedrigen Temperaturen und bildet mit Luft ein brennbares Gasgemisch, das durch einen Funken entzündet werden kann. Diese Temperatur, bei der Dampf über einem brennbarem Stoff entflammt werden kann, nennt man *Flammtemperatur*.

Kleine Stoffportionen – große Wirkung

»Mehlstaubexplosion in der Großbäckerei« – bei dieser Zeitungsschlagzeile handelt es sich um keinen Scherz. Stoffe mit einem hohen Zerteilungsgrad wie Mehl-, Holz- oder Metallstaub haben eine große Oberfläche. Je größer die Oberfläche, desto besser kann der Stoff mit Luft in Kontakt treten. Durch einen elektrischen Funken oder eine heiße Oberfläche kann der Staub leicht entzündet werden.

Explosion

Wenn Stoffe schlagartig mit Luft reagieren, spricht man von einer Explosion. Dabei werden große Mengen heißer Verbrennungsgase gebildet und es wird sehr viel Energie auf einmal freigesetzt.

Entstehung einer Kerzenflamme

Hält man ein Streichholz an den Docht, verdampft etwas von dem Wachs, mit dem der Docht überzogen ist. Es entsteht ein Wachsdampf-Luft-Gemisch, das sich entzündet. Die Verbrennungswärme lässt das Wachs um den Docht schmelzen. Das flüssige Wachs steigt im Docht hoch bis zur Flamme, wo es verdampft und verbrennt.

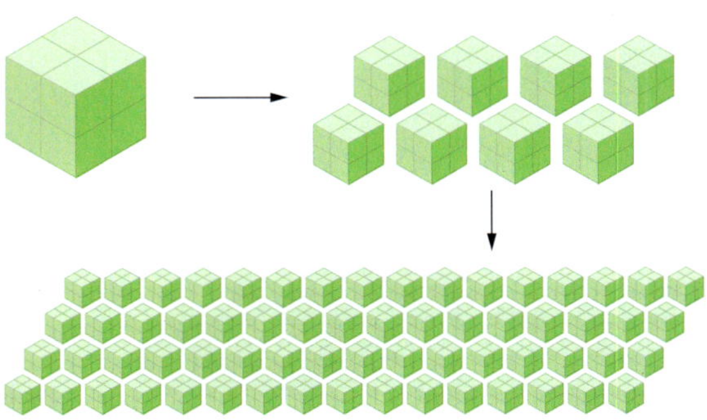

5 Ein fein zerteilter Stoff besitzt eine große reaktionsbereite Oberfläche.

Stoff	Flammtemperatur (in °C)
Feuerzeuggas	−60
Autobenzin	< −20
Diesel	> 55
Rapsöl	230

4 Flammtemperaturen verschiedener brennbarer Stoffe

Flammenzonen einer Kerze

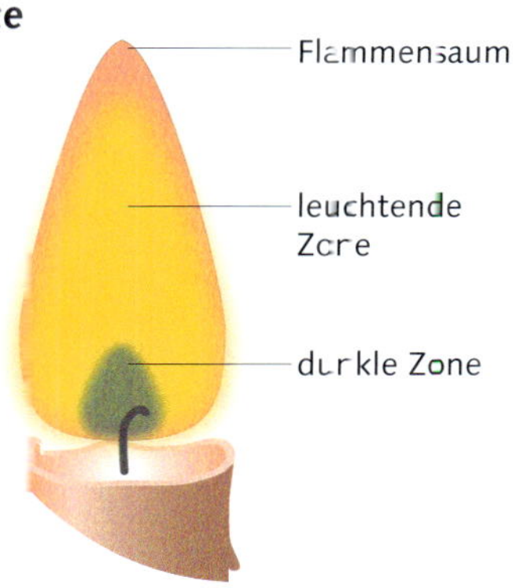

Eine Kerzenflamme kann in verschiedene Zonen unterteilt werden. Der *Flammensaum* ist der heißeste Bereich; hier werden Temperaturen bis 1400 °C erreicht. Er legt sich wie ein Saum um die leuchtende Zone. In dieser farblosen Außenzone kann die Verbrennung optimal ablaufen. In der *leuchtenden Zone* beträgt die Temperatur 1200 °C. Noch nicht verbrannte, glühende Rußpartikel bewirken das gelbe Leuchten der Flamme. In der *dunklen Zone* verdampft das Wachs bei Temperaturen von 600 bis 800 °C, kann aber nicht optimal verbrennen, da im Flammenkern zu wenig Luft ist.

In Kürze

Ein Feuer entsteht, wenn ein Brennstoff und Luft vorhanden sind und die Entzündungstemperatur erreicht ist.
Wie leicht ein Stoff entflammbar ist, hängt von der Entzündungstemperatur, der Flammtemperatur und seinem Zerteilungsgrad ab.

Aufgaben

1 □ Nenne die Bedingungen für die Entstehung eines Feuers.

2 ◪ Holzkohle kann man mit einem Streichholz nicht entzünden. Begründe, warum dies nicht möglich ist.

3 ◪ Bei einem Gasfeuerzeug genügt ein Funke, um das Gas zu entzünden. Erkläre, warum das bei einer Kerze nicht funktioniert.

Heizquellen im Labor

1 Unterschiedliche Heizquellen: Heizplatte – Teelicht – Kartuschenbrenner – Teclubrenner

Im naturwissenschaftlichen Unterricht wirst du häufig Versuche durchführen, bei denen du flüssige oder feste Substanzen erhitzt. Dazu stehen unterschiedliche Heizquellen zur Verfügung. Beim Arbeiten mit diesen musst du immer auf eine wärmebeständige Unterlage achten.

Heizplatte

Eine Heizplatte wird bei leicht entzündlichen Flüssigkeiten und bei Substanzen, die man sehr schonend erhitzen muss, eingesetzt. Wenn du nur kurz und nicht so stark erhitzen möchtest, reicht auch ein Teelicht.

Gasbrenner

Kartuschenbrenner oder Teclubrenner sind Gasbrenner. Sie werden häufig verwendet, um hohe Temperaturen zu erzeugen. Sofort nach dem Anzünden des Brenners stehen diese hohen Temperaturen zur Verfügung. Da der Umgang mit dem Gasbrenner gefährlich sein kann, ist es wichtig, dass du den Aufbau und die Funktionsweise eines Gasbrenners kennst.

Aufbau des Teclubrenners

An einer Seite des Teclubrenners befindet sich eine Regulierschraube zum Einstellen des Gasstroms. Öffnest du diese Schraube, gelangt Gas in das Brennerrohr. Am oberen Ende des Brennerrohrs kannst du nun das Gas entzünden. Durch Verstellen des Luftreglers am unteren Ende des Brennerrohrs lassen sich verschiedene Flammentypen einstellen.

Extra Dosenbrenner

Aus einer alten Getränkedose kann man leicht einen kleinen Brenner herstellen. Dazu wird die Dose vorsichtig etwa 6 Zentimeter vom Boden waagerecht durchgeschnitten. Der untere Teil wird nun umgedreht, sodass der Boden nach oben zeigt. Ausgehend vom Rand werden nun Dreiecke in die Dosenwand geschnitten. Dann wird der Brenner über eine brennende Kerze geschoben.

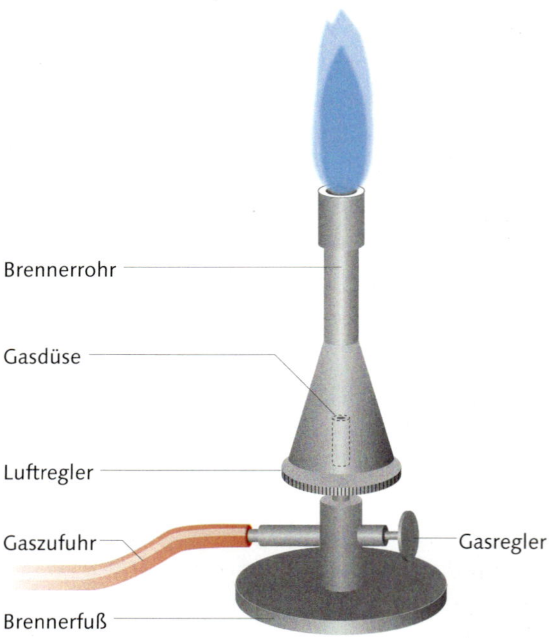

2 Aufbau eines Teclubrenners

3 Leuchtende, nicht leuchtende und rauschende Flamme im Vergleich

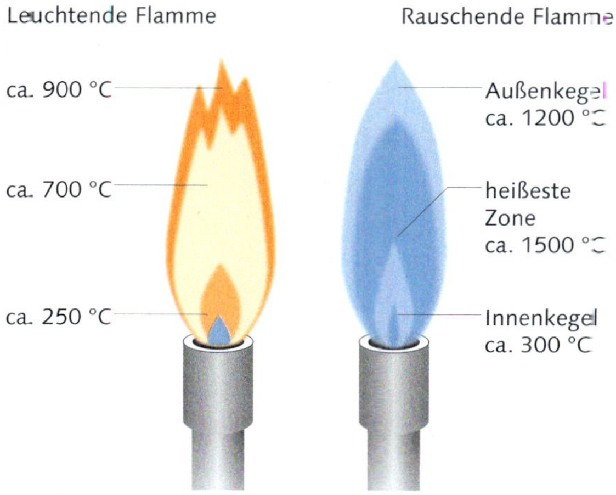

4 Leuchtende Flamme und rauschende Flamme mit Temperaturzonen

Leuchtende und nicht leuchtende Flamme

Bei geschlossenem Luftregler siehst du beim Teclubrenner eine leuchtend gelbe Flamme. Diese Flamme hat eine Temperatur von etwa 900 °C. Sie rußt sehr stark. Wenn du eine Porzellanschale in diese Flamme hältst, wirst du den Ruß deutlich sehen können.

Wenn du den Luftregler langsam öffnest, strömt Luft von außen in das Brennerrohr ein. Die Flamme ist nun fast durchsichtig und leuchtet nicht. Mit dieser Flamme wirst du oft experimentieren, da die Temperatur dieser Flamme für die meisten Experimente ausreicht. Außerdem rußt diese Flamme fast gar nicht.

Darauf solltest du beim Umgang mit dem Gasbrenner achten!

- Der Gasschlauch darf nicht brüchig sein.
- Wenn du den Gasbrenner am Gashahn des Tisches anschließt, muss der Gasschlauch fest mit dem Gasbrenner und dem Gashahn verbunden sein. Ansonsten kann das Gas unkontrolliert entweichen und sich entzünden.
- Sollte die Gasflamme plötzlich ausgehen, musst du den Gashahn am Tisch sofort schließen.
- Falls du beim Experimentieren den Brenner kurzzeitig nicht benötigst, stelle eine kleine leuchtende Flamme ein.

Rauschende Flamme

Öffnest du den Luftregler noch weiter, hörst du ein Rauschen. In der rauschenden Flamme kannst du einen Innenkegel und einen Außenkegel erkennen. An der Spitze des Innenkegels befindet sich die heißeste Stelle der Flamme. Dort können Temperaturen von etwa 1500 °C erreicht werden. Die rauschende Flamme rußt nicht, da das Gas bei diesen Temperaturen vollständig verbrennt.

In Kürze

Um hohe Temperaturen beim Experimentieren zu erzeugen, verwendet man einen Teclubrenner.
Je nachdem, wie viel Luft dem Teclubrenner zugeführt wird, erhält man eine leuchtende, nicht leuchtende oder rauschende Flamme mit unterschiedlichen Flammentemperaturen.

Aufgaben

1 □ Zum Erhitzen von Stoffen wird häufig der Teclubrenner eingesetzt. Nenne die Bauteile des Teclubrenners und ihre Funktion.

2 □ Beim Arbeiten mit dem Gasbrenner musst du vorsichtig sein. Beschreibe mögliche Gefahrenquellen.

3 ◪ Beschreibe die drei Arten von Flammen, die man mit dem Teclubrenner erzeugen kann. Erläutere, worin sich die Flammentypen unterscheiden.

Methode

Sicher arbeiten mit dem Gasbrenner

1 Veränderung der Flamme durch Einstellen der Luftregulierung beim Teclubrenner

A Sicheres Erhitzen mit dem Gasbrenner

Bei manchen Versuchen benötigst du einen Gasbrenner. Beim Entzünden und Löschen der Brennerflamme musst du folgende Punkte beachten:

1 Vor dem Versuch

- Setze die Schutzbrille auf und binde lange Haare zusammen.
- Entferne alle brennbaren Gegenstände auf dem Experimentiertisch.
- Prüfe am Gasbrenner, ob die Luftzufuhr und die Gaszufuhr geschlossen sind.
- Stelle den Gasbrenner in die Mitte des Tisches auf eine feuerfeste Unterlage.
- Schließe den Gasschlauch an die Gasleitung am Experimentiertisch an.

2 Entzünden der Brennerflamme

- Halte die Zündquelle bereit.
- Öffne den Gashahn am Tisch.
- Öffne den Gasregler am Brenner, entzünde sofort das austretende Gas und reguliere die Flammenhöhe.
- Öffne je nach Flammentyp die Luftzufuhr.

3 Löschen der Brennerflamme

- Drehe zuerst die Luftzufuhr zu.
- Schließe die Gaszufuhr am Gasbrenner.
- Schließe den Gashahn am Experimentiertisch.

B Erhitzen im Reagenzglas

- Fülle nur kleine Stoffmengen (etwa 1–2 cm) in das Reagenzglas.
- Wenn Flüssigkeiten erhitzt werden, füge immer 1–2 Siedesteinchen hinzu.
- Halte das Reagenzglas mit dem Reagenzglashalter fest.
- Bewege das Reagenzglas beim Erhitzen gleichmäßig in der Flamme hin und her.
- Achte immer darauf, dass du die Reagenzglasöffnung nicht auf Personen richtest.

2 Eine Flüssigkeit wird im Reagenzglas erhitzt.

Arbeiten mit dem Gasbrenner

A Die Temperaturzonen der Brennerflamme

Material Gasbrenner, Magnesiastäbchen

Durchführung
- Halte ein Magnesiastäbchen waagerecht in die verschiedenen Zonen der Brennerflamme.
- Führe den Versuch zuerst mit der leuchtenden und dann mit der nicht leuchtenden Flamme durch.

Auswertung Notiere deine Beobachtungen. Ist die leuchtende oder die nicht leuchtende Flamme heißer? Wo befindet sich die heißeste Zone der jeweiligen Flamme?

B Schmelzen von Glas

Material Gasbrenner, Glasrohr, schwer schmelzbares Reagenzglas (Duran), Reagenzglashalter, Tiegelzange

Durchführung
- Halte das Glasrohr in die heißeste Zone der rauschenden Brennerflamme. Drehe dabei das Glasrohr gleichmäßig, bis du Veränderungen feststellst.
- Erhitze ein schwer schmelzbares Reagenzglas in der heißesten Zone der Brennerflamme. Nimm es aus der Flamme und versuche mit der Tiegelzange, das Glas an der heißen Stelle zu verformen.

Auswertung Notiere für beide Experimente deine Beobachtungen.

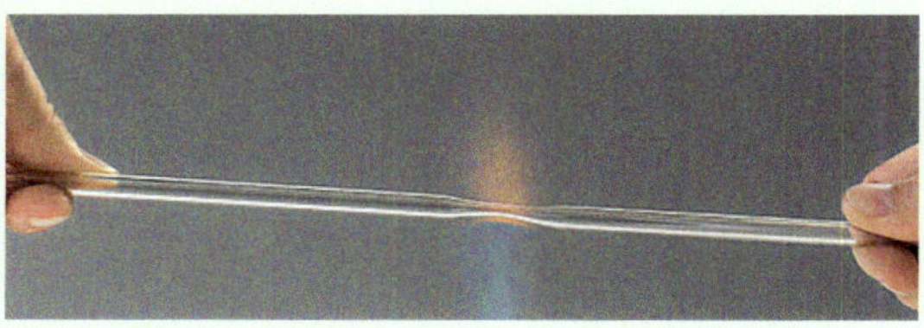

1 Schmelzen eines Glasrohrs

C Erhitzen von Wasser

Material Gasbrenner, Reagenzglas, Reagenzglashalter, Siedesteinchen, Wasser

Durchführung
- Fülle ein Reagenzglas etwa 2 cm hoch mit Wasser und füge zwei Siedesteinchen hinzu.
- Entzünde den Gasbrenner und stelle die nicht leuchtende Flamme ein.
- Halte das Reagenzglas mit Hilfe des Reagenzglashalters schräg in die nicht leuchtende Flamme.
- Bringe das Wasser im Reagenzglas zum Sieden.
- Bewege dabei das Reagenzglas vorsichtig hin und her.
- Beende den Versuch, sobald die Hälfte der Flüssigkeit verdampft ist.

Auswertung
1. Notiere deine Beobachtungen.
2. Begründe, wieso es wichtig ist, das Reagenzglas während des Erhitzens hin- und herzubewegen.
3. Nenne die Funktion der Siedesteinchen.

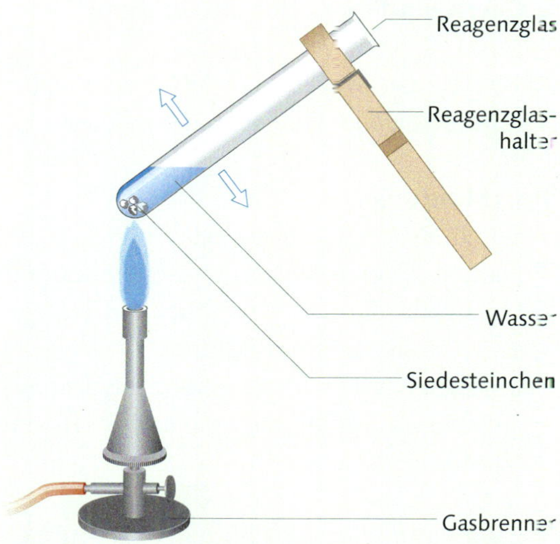

2 Erhitzen im Reagenzglas

Verbrennen von Stoffen

A Temperaturzonen einer Kerzenflamme

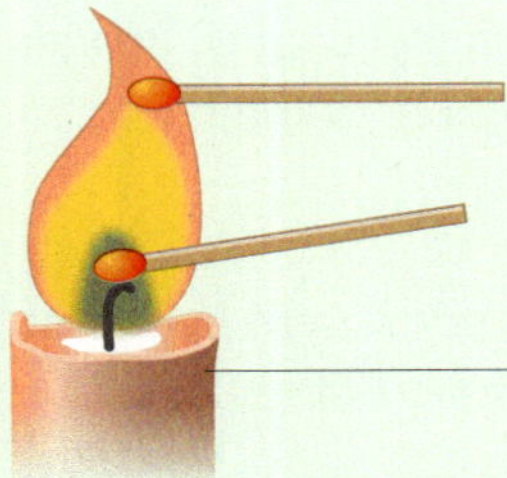

1 Temperaturzonen einer Kerzenflamme

Material Kerze, Streichhölzer

Durchführung
- Entzünde die Kerze.
- Halte zuerst einen Streichholzkopf in die dunkle Zone der Kerzenflamme.
- Halte dann einen anderen Streichholzkopf in den Flammensaum.
- Achte beide Male darauf, wie lange es bis zur Entzündung dauert.

Auswertung Was kannst du über die Temperaturen in den verschiedenen Zonen einer Kerzenflamme sagen? Erkläre deine Beobachtung.

B Geschwindigkeit der Entzündung

Material Gasbrenner, Tiegelzange, Stoppuhr, Holzwolle, Holzspan, Holzscheit

Durchführung
- Entzünde den Gasbrenner.
- Halte mit der Tiegelzange nacheinander die Holzwolle, den Holzspan und den Holzscheit in die Brennerflamme.
- Miss jeweils mit der Stoppuhr die Zeit, wie lange es dauert, bis sich die drei Stoffe entzünden.

Auswertung Notiere deine Beobachtungen und erkläre sie.

C Untersuchen der Entzündungstemperatur

Material Gasbrenner, 2 Reagenzgläser, Reagenzglashalter, Streichhölzer

Durchführung
- Brich die Streichholzköpfe von 3 Streichhölzern ab.
- Gib die Köpfe in das eine und die Hölzchen in das andere Reagenzglas.
- Erhitze die beiden Reagenzgläser mit dem Gasbrenner.

Auswertung Vergleiche die Entzündungstemperaturen von Holz und Streichholzkopf.

D Bestimmung der Flammtemperatur

Material feuerfeste Unterlage, 2 Porzellanschalen, Metallplatte, Brennspiritus, Petroleum (Lampenöl), Holzspan

Sicherheitshinweis:
Brennspiritus ist leicht entzündlich, Petroleum gesundheitsschädlich.

Durchführung
- Gib ca. 10 Tropfen Brennspiritus und 10 Tropfen Lampenöl in jeweils eine Porzellanschale und stelle diese auf die feuerfeste Unterlage.
- Nähere den Flüssigkeiten langsam von oben einen brennenden Holzspan.
- Decke das Feuer rasch mit der Metallplatte ab.

Auswertung
1 Ordne die Flüssigkeiten nach ihren Flammtemperaturen.
2 Überlege dir Möglichkeiten, das Lampenöl ebenfalls zu entzünden.

E Erzeugung einer Tochterflamme

Material 6 cm langes Glasrohr, Tiegelzange, Kerze, Streichholz

Durchführung
- Entzünde die Kerze.
- Halte die eine Öffnung des Glasrohrs mit der Tiegelzange in die dunkle Zone der Kerzenflamme.
- Versuche, das ausströmende Gas am anderen Ende des Glasrohrs zu entzünden.

Auswertung Erkläre die Entstehung der Tochterflamme.

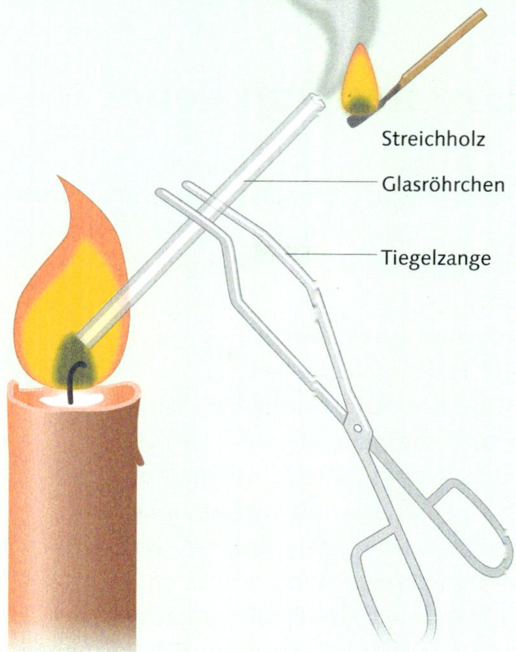

2 Erzeugung einer Tochterflamme

F Explosive Verbrennung

Material Pappdose mit Deckel (zum Beispiel leere Chipsdose), Tropfpipette, kleiner Gummistopfen, Stativmaterial, Brennspiritus, Glimmspan

> **Sicherheitshinweis:**
> Brennspiritus ist leicht entzündlich. Informiere dich bei deiner Lehrkraft über Umgang und Entsorgung.
> Achtung: Der Deckel der Dose fliegt in hohem Bogen davon.

Durchführung
- Bohre 5 cm über dem Boden ein Loch mit dem Durchmesser 1 cm in die Dose.
- Gib ca. 10 Tropfen Brennspiritus und einen kleinen Gummistopfen in die Dose.
- Verschließe die Dose mit dem Deckel, halte das Loch mit einem Finger zu und schüttle.
- Spanne die Dose schräg am Stativ ein.
- Entzünde das Brennspiritus-Luft-Gemisch, indem du einen brennenden Holzspan an das Loch hältst.

Auswertung Warum kann der Brennspiritus explosiv verbrennen und der Deckel wegfliegen? Erkläre.

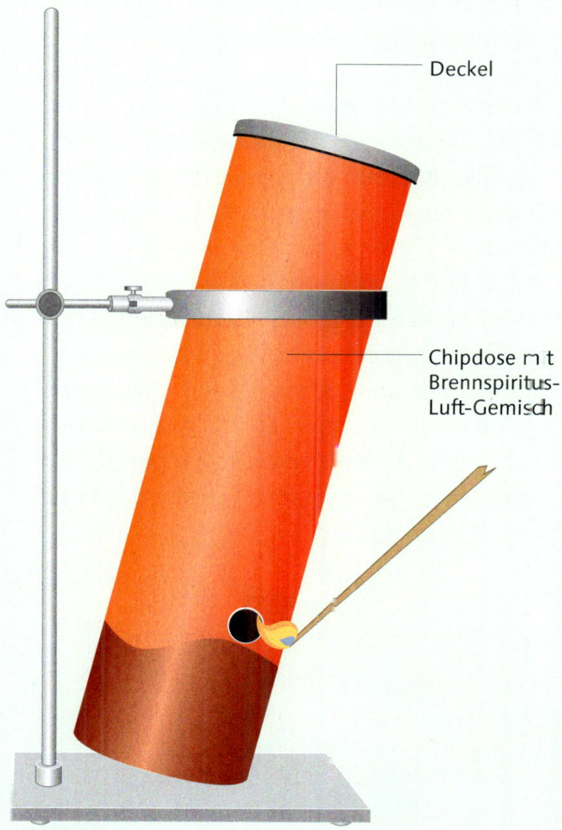

3 Versuchsaufbau zur Explosion

Löschen von Feuer

Vielleicht hast du auch schon einmal einen Kerzenlöscher benutzt. Hast du dir dabei überlegt, warum die Flamme ausgeht?

Löschen eines Feuers

Ein Feuer entsteht, wenn

- ein Brennstoff vorhanden ist,
- Luft vorhanden ist und
- die Entzündungstemperatur erreicht ist.

Um ein Feuer zu löschen, muss man dieses Verbrennungsdreieck »zerstören« wie in Bild 2 angedeutet.

Man muss also dafür sorgen, dass mindestens eine der drei Bedingungen für die Verbrennung nicht mehr erfüllt ist. Man entfernt den brennbaren Stoff, verhindert den Luftzutritt oder kühlt die brennbaren Stoffe unter die Entzündungstemperatur ab.

Um einen Brand möglichst schnell und sicher zu löschen, werden zwei oder alle drei Löschmethoden gleichzeitig angewandt.

Brennstoff abkühlen

Wenn die brennenden Stoffe unter die Entzündungstemperatur abgekühlt werden, erlöschen die Flamme. Zum Abkühlen wird meistens *Wasser* in die Flammen gespritzt wie in Bild 3.

Wasser kann sehr viel Wärmeenergie aufnehmen. Dadurch kühlt das Wasser den Brand stark ab, während es sich selbst erwärmt und verdampft. Sobald der Brandherd nicht mehr die Entzündungstemperatur der brennbaren Stoffe besitzt, erlischt das Feuer.

2 Das Verbrennungsdreieck zerfällt.

1 Auslöschen von Kerzenflammen

Wasser eignet sich allerdings nicht bei allen Bränden als Löschmittel. Bei einem Fettbrand oder bei brennenden Flüssigkeiten ist es sogar extrem gefährlich, mit Wasser zu löschen.

Auch Brände an elektrischen Geräten oder elektrischen Anlagen dürfen nicht mit Wasser gelöscht werden. Da Wasser den elektrischen Strom leitet, besteht die Gefahr eines Stromschlags.

3 Die Feuerwehr löscht einen Hausbrand mit Wasser.

Luftzutritt verhindern

Ohne den Sauerstoff der Luft »erstickt« die Flamme. Einen kleinen Brand kann man daher durch *Abdecken* mit einer Löschdecke, Sand oder Erde löschen. Der Kerzenlöscher aus dem Eingangsbeispiel funktioniert so. Wenn du die Überreste eines Lagerfeuers löschen willst, kannst du die Flammen ersticken, indem du sie mit Erde zuschüttest. Dadurch wird die Luftzufuhr unterbunden.

Die Feuerwehr setzt zu diesem Zweck Schaumlöscher ein.

Brennstoff entfernen

Wenn der Brennstoff entfernt ist, findet das Feuer keine »Nahrung« mehr. Um der Gefahr von Waldbränden vorzubeugen, werden darum Feuerschneisen angelegt. Das sind breite, baumfreie Zonen, in denen die Feuerwalze keine Nahrung mehr findet und somit gestoppt werden kann.

In Kürze

So löscht man ein Feuer:

- Brennstoff entfernen,
- Luftzufuhr unterbinden,
- Brennstoff unter die Entzündungstemperatur abkühlen.

Aufgaben

1 □ Gib an, welche drei grundsätzlichen Methoden es gibt, um Brände zu löschen.

2 ◪ Erläutere die drei Löschmethoden jeweils an einem Beispiel.

3 ◪ Erkläre, warum Brände an elektrischen Geräten niemals mit Wasser gelöscht werden dürfen.

4 □ Erkundet gemeinsam den Fluchtweg aus eurem Klassenzimmer im Brandfall.

5 ◪ Überlege dir, wie man einen Brand bei der Feuerwehr meldet. Spiele das Gespräch mit einem Partner durch.

4 Ersticken der Flammen mit Schaum

Wenn es brennt:

Schnelles Handeln ist wichtig, aber Panik und Hektik verursachen eher Gefahr.

Brand melden

Feuermelder betätigen

Notruf 112

Telefonisch Feuerwehr alarmieren und folgende Angaben machen:

- Wer meldet?
- Wo brennt es?
- Was brennt?
- Sind Personen verletzt, wenn ja wie viele?

Löschversuch unternehmen

Bei kleinen Bränden mit geeigneten Löschmitteln einen Löschversuch unternehmen.
Ist das Löschen aussichtslos, Brandstelle sofort verlassen – Fenster und Türen schließen.

In Sicherheit bringen

Gefährdete Personen warnen!
Hilflose, Verletzte mitnehmen!
Haus über gekennzeichnete Fluchtwege verlassen!
Keinen Aufzug benutzen!
Wenn keine Flucht möglich ist, sich bemerkbar machen!

Unverzüglich Sammelstelle aufsuchen!

Extra

Besondere Brände

Bloß kein Wasser auf brennendes Fett

Vergisst man die Pfanne mit dem Speisefett oder Speiseöl auf der eingeschalteten Herdplatte, kann dies schlimme Folgen haben: Bei etwa 300 °C entzündet sich das Fett. Dieser Fettbrand kann nicht mit Wasser gelöscht werden. Das Zuführen von Wasser vergrößert den Brand enorm.

Wasser – ein »Brandbeschleuniger«?

Von einer Fleischbrühe wissen wir, dass das Fett oben schwimmt und sich großflächig an der Wasseroberfläche verteilt. Wenn man Wasser in brennendes, mehrere Hundert Grad heißes Fett spritzt, verdampft das Wasser schlagartig. Dabei entstehen aus einem Liter flüssigem Wasser 1700 Liter Wasserdampf. Dieser Wasserdampf enthält Millionen winziger Wassertröpfchen, die, wie bei der Fleischbrühe, mit Fett überzogen sind. So nimmt das Fett eine große Oberfläche ein und kann mit der Luft gut in Kontakt kommen. Daher läuft die Verbrennung explosionsartig, mit einer großen Stichflamme, ab.

Löschen eines Fettbrands

Solange die Flamme noch klein ist, kann der Brand mit einem Deckel oder einer Feuerlöschdecke erstickt werden.

2 Wassertröpfchen mit Fett überzogen – guter Luftzutritt

1 Löschversuch eines Fettbrands mit Wasser

Bei einer größeren Flamme kann man sich bei einem Löschversuch schwere Verbrennungen zuziehen. Daher sollte man unter dem Notruf 112 die Feuerwehr rufen. Die Feuerwehr setzt spezielle Feuerlöscher für Fettbrände ein. Das darin enthaltene Löschmittel legt sich wie ein Schutzschirm über den Brand und verhindert dadurch den Zutritt von Luft. Gleichzeitig kühlt und bindet es die brennende Flüssigkeit.

Flammen aus dem Fernseher

Elektrische Geräte oder elektrische Anlagen können durch einen Kurzschluss in Brand geraten. Da Wasser den elektrischen Strom leitet, besteht die Gefahr eines Stromschlags. Daher kommt Wasser als Löschmittel nicht in Frage.

Man setzt einen Kohlenstoffdioxid-Löscher ein. Kohlenstoffdioxid erstickt die Flamme. Es leitet den elektrischen Strom nicht und verursacht von allen Löschmitteln die geringsten Folgeschäden.

Praxis

Brandbekämpfung

A Löschen durch Abdecken

Material Porzellanschale, Teelicht, Metallblech, Bierdeckel, Frischhaltefolie, Baumwolltuch, Papier

Durchführung
- Stelle das Teelicht in die Porzellanschale und entzünde es.
- Bedecke die Schale mit der brennenden Kerze nacheinander mit der Frischhaltefolie, dem Papier, dem Bierdeckel, dem Baumwolltuch und dem Metallblech.

Auswertung Beschreibe die Löschmethode und vergleiche die verschiedenen Löschmaterialien.

B Löschen wie von Zauberhand

Material Kristallisierschale, Teelicht, Backpulver (Natriumhydrogencarbonat), Citronensäure, Wasser

Durchführung
- Fülle 40 ml Wasser in die Kristallisierschale und verrühre darin 2 Spatel Natriumhydrogencarbonat.
- Stelle das Teelicht in die Kristallisierschale und entzünde es.
- Gib in die Flüssigkeit einen Spatel Citronensäure.

Auswertung Erkläre, was das Feuer löscht.

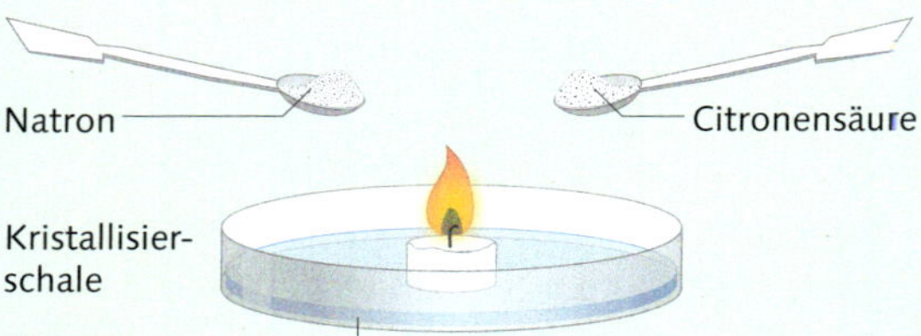

1 Versuchsaufbau zu Versuch B

C Selbst gebauter Feuerlöscher

Material Erlenmeyerkolben, durchbohrter Stopfen, gewinkeltes Glasrohr, Porzellanschale, Backpulver (Natriumhydrogencarbonat), Citronensäure, Spülmittel, Teelicht, Lampenöl (Petroleum)

> **Sicherheitshinweis:**
> Natriumhydrogencarbonat ist gesundheitsgefährdend, Petroleum gesundheitsschädlich.

Durchführung
- Gib ca. 150 ml Wasser, 2 Spatel Natriumhydrogencarbonat und ein paar Tropfen Spülmittel in den Erlenmeyerkolben.
- Gib 2 Spatel Citronensäure hinzu.
- Setze rasch den Stopfen mit dem Glasrohr auf.
- Schüttle den Kolben, bis am Glasrohr Schaum austritt.
- Entzünde in der Porzellanschale etwa 3 ml Lampenöl und versuche, den Ölbrand zu löschen.
- Drücke dabei den Stopfen mit dem Glasrohr fest in den Erlenmeyerkolben.

Auswertung Beschreibe die Wirkungsweise dieses Feuerlöschers.

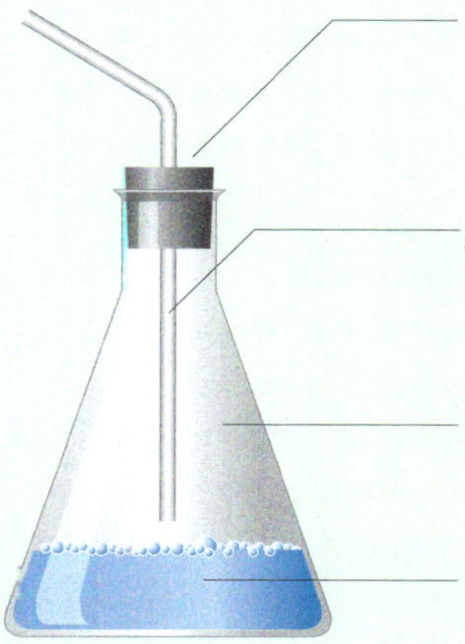

2 Versuchsaufbau zu Versuch C

Temperaturmessung

1 Die Temperatur wird unterschiedlich gefühlt.

2 Temperaturmessung im Pool

Temperaturen kann man über die Haut wahrnehmen. Die gleiche Temperatur kann sich aber für verschiedene Personen unterschiedlich anfühlen, wie die Temperatur des Wassers in Bild 1.

Temperaturen messen
Möchte man Temperaturen vergleichen, benötigt man daher ein unabhängiges Messgerät. Das Messgerät für Temperaturen ist das *Thermometer*. Temperaturen werden bei uns in *Grad Celsius* angegeben. Die Abkürzung dafür steht auf vielen Thermometern: °C.

In Kürze
Messungen müssen mit einem geeigneten Messgerät durchgeführt werden.
Misst man den gleichen Stoff unter gleichen Bedingungen, erhält jeder denselben Messwert.

Beispiel Fieberthermometer
Ein bekanntes Messgerät für Temperaturen ist das Fieberthermometer. Die Skala des Fieberthermometers reicht nur von +35 °C bis +42 °C. Bei 37 °C liegt die normale Körpertemperatur. Schon geringe Abweichungen von der normalen Körpertemperatur führen dazu, dass wir uns krank fühlen.

Methode Temperaturmessung

- Temperaturmessungen benötigen Zeit. Das Thermometer muss erst die Temperatur annehmen, die der zu messende Stoff hat. Das erkennt man daran, dass sich die Temperatur auf dem Thermometer nicht mehr ändert.
- Bei der Temperaturmessung von Flüssigkeiten muss das Thermometer tief genug in die Flüssigkeit eingetaucht sein.
- Zum Ablesen der Temperatur von Flüssigkeiten darf das Thermometer nicht aus der Flüssigkeit herausgenommen werden. Das Thermometer muss immer einen guten Kontakt zur Flüssigkeit haben.
- Um die Temperatur fester Stoffe zu messen, benötigt man spezielle Thermometer, die einen ausreichend großen Kontakt zu dem festen Stoff herstellen können.
- Möchte man die Lufttemperatur an einem sonnigen Tag messen, so darf das Thermometer nicht in der Sonne liegen. Die Lufttemperatur wird im Schatten gemessen.

	Analoge Thermometer	Digitale Thermometer
Genauigkeit	Der Abstand in Grad zweier Teilstriche auf der Skala gibt vor, wie genau man das Thermometer ablesen kann.	Es gibt digitale Thermometer, die die Temperatur sogar als Kommazahl angeben.
Ablesefehler	Man muss gerade auf die Skala schauen, da sonst die Temperatur falsch abgelesen wird. 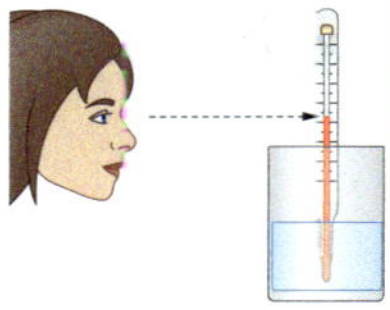	Die Zahl auf dem Display kann man sehr einfach richtig ablesen. 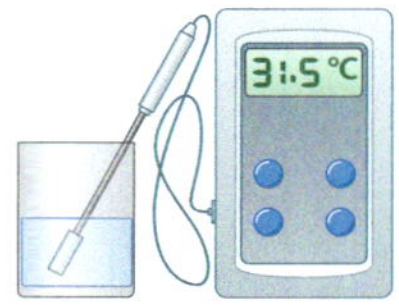
Zeit	Die Anpassung an die zu messenden Temperatur benötigt einige Zeit.	Die Anpassung an die zu messende Temperatur geht recht rasch.
Batterie	Es ist keine Batterie nötig.	Das Gerät benötigt eine Batterie oder eine Steckdose.
Defekte	Kann durch Herunterfallen leicht kaputtgehen.	Geht nicht so leicht kaputt.
Zusatzfunktionen	Analoge Thermometer haben in der Regel keine Zusatzfunktionen.	Verschiedene Zusatzfunktionen sind je nach Thermometer möglich.

3 Thermometer im Vergleich

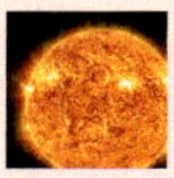	14800000 °C	im Inneren der Sonne
	5500 °C	an der Oberfläche der Sonne
	1538 °C	Eisen schmilzt
	1200 °C	Lava ist flüssig
	800 °C	blaue Bunsenbrennerflamme
	360 °C	Papier beginnt zu brennen
	100 °C	Wasser siedet
	37 °C	gesunder Mensch
	20 °C	Zimmertemperatur
	5 °C	Murmeltier im Winterschlaf
	0 °C	Eis schmilzt
	–18 °C	Gefriertruhe
	–89 °C	kälteste gemessene Lufttemperatur (Wostock, Antarktis)
	–160 °C	Nachtseite des Mondes
	–270 °C	Temperatur im Weltall

4 Typische Temperaturen

Aufgaben

1 ☐ Nenne möglichst viele Wörter, die Temperaturen beschreiben.
Beispiele: eiskalt, lauwarm …
Bewerte jeweils, wie genau diese Angaben sind.

2 ☐ Begründe, warum Temperaturen mit einem Thermometer gemessen werden sollen, obwohl wir mit unseren Fingern auch Temperaturen fühlen könnten.

3 ◪ Könnte ein Raumschiff mit Astronauten an Bord auf der Sonne landen? Begründe deine Antwort.

4 ◪ Nimm ein Thermometer zwischen Daumen und Zeigefinger. Notiere:
- die angezeigte Temperatur in Abständen von 10 Sekunden.
- welche Temperatur sich höchstens einstellt.
- wie du die Temperatur beeinflussen kannst.

5 ◪ Nimm ein Thermometer und miss die Temperaturen:
- auf der Sonnenseite und der Schattenseite eines Hauses.
- im Keller und auf dem Dachboden eines Hauses.
- im Kühlschrank und im Gefrierfach.

Bestimme jeweils die Differenz der gemessenen Werte. Vergleiche sie mit den Werten deiner Mitschüler. Wer hat die größte Temperaturdifferenz gemessen?

Wärmetransport

1 Haare werden mit dem Föhn getrocknet.

2 Im Solarkocher wird Wasser erwärmt.

Wärmeströmung

Elektrische Energie wird im Heizdraht des Haartrockners in Wärmeenergie umgewandelt. Der Heizdraht erwärmt die Luft. Der Ventilator erzeugt einen Luftstrom, der die erwärmte Luft zu den Haaren bringt.

Hier wird Wärmeenergie durch Strömung transportiert.

Beispiel Wind

Wärmeströmungen kommen in der Natur in großem Ausmaß vor. Luft, die durch die Sonne erwärmt wurde, steigt nach oben. Dadurch entstehen Luftströmungen, die wir als Wind bemerken. Der sogenannte Aufwind (Thermik) kann sogar Segelflugzeuge nach oben transportieren.

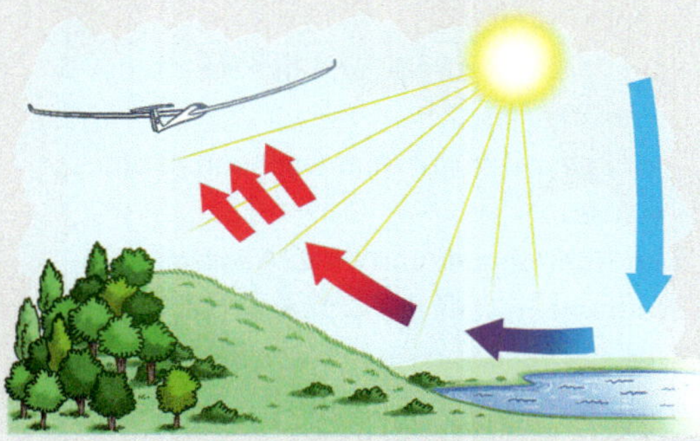

Wärmestrahlung

Die Energie der Sonne wird mit Hilfe des Solarkochers zum Erwärmen des Wassers genutzt. Trotz der riesigen Entfernungen im Weltall erreicht uns auf der Erde die Energie der Sonne. Die Energie der Sonne wird durch den luftleeren Raum im Weltall über große Entfernungen zur Erde transportiert. Diese Art des Transports nennt man Strahlung, in diesem Fall: Wärmestrahlung.

Hier wird Wärmeenergie durch Strahlung transportiert.

Beispiel Tageszeiten

Wärmestrahlung erlebt man auch im Alltag, zum Beispiel an einem Lagerfeuer. Sitzt man mit dem Gesicht zum Feuer, so spürt man die Wärmestrahlung im Gesicht. Die dem Feuer abgewandte Seite des Gesichts bleibt kühl.

Das gleiche Phänomen erleben wir auch auf der Erde. Tagsüber befinden wir uns auf der sonnenzugewandten Seite der Erde. Nachts erreicht uns die Strahlung der Sonne auf der sonnenabgewandten Seite der Erde nicht, daher ist es nachts kälter als tagsüber.

3 Das Grillbesteck wird heiß.

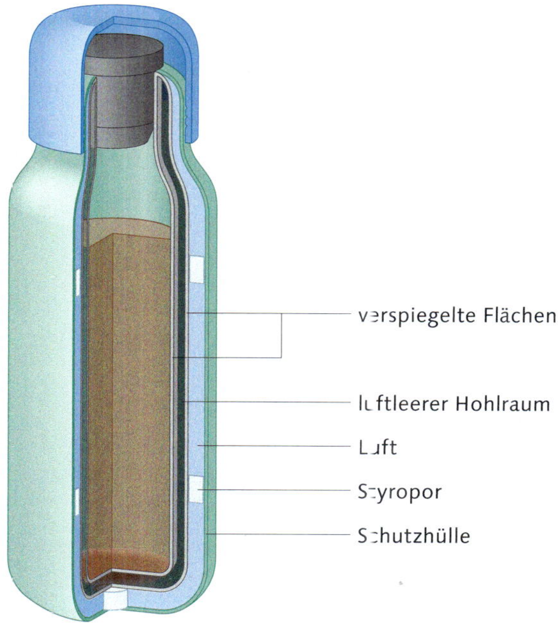

4 Thermoskanne verhindert Wärmeenergietransport.

Wärmeleitung

Die Wärmeenergie der Grillkohle wird durch das Metall des Grillbestecks zum Griff geleitet. Hier wird Wärmeenergie durch Leitung übertragen.

Metalle leiten die Wärmeenergie besonders gut. Andere Stoffe wie Holz oder Kunststoff leiten die Wärme schlecht.

Praxis Wärmeleitung im Löffel

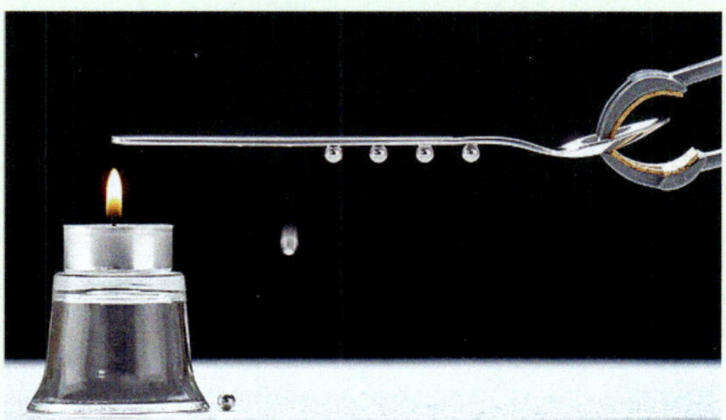

Am Löffel sind Perlen mit Wachstropfen befestigt. Der Löffel wird in eine Kerzenflamme gehalten. Man beobachtet, dass die Perlen nacheinander herunterfallen. Die Ursache dafür ist die Wärmeenergie, die sich entlang des Löffels ausbreitet.

Verhindern des Wärmetransports

Um Verluste an Wärmeenergie klein zu halten, muss man alle drei Arten des Wärmetransports verhindern. Bei der Thermoskanne

- lässt die verspiegelte Innenseite die Wärmestrahlung im Getränk bleiben.
- befinden sich für die Wärmeleitung zwischen den Kannenwänden zu wenig Luftteilchen.
- verhindert der Deckel, dass warmer Dampf aus der Kanne strömen kann.

In Kürze

Wärmeenergie kann durch Wärmeströmung, Wärmestrahlung oder Wärmeleitung transportiert werden. Um möglichst wenig Wärmeenergie zu verlieren, muss man alle drei Arten des Wärmetransports verhindern.

Aufgaben

1 □ Was versteht man unter »Wärmestrahlung«, »Wärmeströmung« und »Wärmeleitung«? Gib je ein Beispiel an und erkläre, wie die Wärmeenergie von Ort zu Ort kommt.

2 ◪ Welche Art des Wärmetransports steckt jeweils dahinter? Begründe.
- Diane haucht in ihre Hände
- Samuel fasst einen Türgriff aus Metall an.

Aufnahme von Wärmestrahlung

Der Sattel eines Fahrrads kann sehr heiß werden, wenn es länger in der Sonne steht. Vorsicht beim Aufsteigen!

Wärmestrahlung nutzen

Die Oberfläche des schwarzen Sattels wird durch die Sonne stärker erhitzt als helle Flächen. Diese Erfahrung macht man auch, wenn man mit einem schwarzen oder einem weißen T-Shirt in der Sonne steht. Schwarze Farbe kann also dabei helfen, die Wärmestrahlung der Sonne möglichst gut zu nutzen. Darum sind die Sonnenkollektoren, die man inzwischen auf vielen Hausdächern sieht, schwarz. Im Gegensatz dazu gibt man Häusern am Mittelmeer, die kühl bleiben sollen, einen hellen Anstrich.

In Kürze
Dunkle Stoffe nehmen mehr Wärmestrahlung auf als helle Stoffe.

1 Der heiße Sattel

Aufgaben

1 □ Wie kann man das Problem des Fahrradsattels lösen? Begründe physikalisch.

2 ◪ Auf welchem Straßenbelag kannst du barfuß gehen, wenn die Sonne brennt? Begründe.

3 ■ Stelle die Werte aus dem Experiment links unten im Diagramm dar: Trage die Zeit auf der waagerechten Achse, die Temperatur auf der senkrechten Achse ein.

4 ■ Was kannst du am Diagramm erkennen? Erläutere, woran du im Diagramm erkennst, dass die Endtemperatur erreicht ist.

Praxis **Weißer und schwarzer Würfel**

Ein schwarzer und ein weißer Würfel werden in die Sonne gestellt. In regelmäßigen Abständen, zum Beispiel jede Minute, wird die Temperatur des Innenraums gemessen und in einem Versuchsprotokoll notiert.
Man kann feststellen, dass sich der Innenraum im schwarzen Würfel schneller erwärmt.

Extra **Zebras**

In einem Reiseführer steht, dass die schwarzen und weißen Streifen im Fell von Zebras zur Kühlung beitragen. Die schwarzen Streifen erwärmen sich deutlich stärker als die weißen. Durch den Temperaturunterschied über dem Fell soll ein kühlender Luftstrom entstehen. Diskutiert, ob das stimmt.

Der Heißluftballon

1 Ein Solarballon steigt bei Sonnenschein in die Höhe.

2 Eine schwebende Mülltüte

A Solarballons

Material 2 luftgefüllte Solarballons, Sonnenschein

Durchführung

- Lege einen Solarballon in die Sonne, den anderen in den Schatten.
- Beschreibe deine Beobachtung.

Auswertung

1 Überlege, aus welchem Grund Solarballons dunkel gefärbt sind.

2 Beschreibe, was mit der Luft in einem Solarballon geschieht, wenn er in der Sonne liegt.

3 Erläutere, wodurch sich warme Luft von kalter Luft unterscheidet.

4 Erkläre, weshalb einer der Solarballons zuerst aufsteigt.

3 Echte Heißluftballons steigen dadurch auf, dass mit großen Gasbrennern heiße Luft erzeugt wird.

B Fliegende Mülltüte

Material Toaster, Mülltüten, Trinkhalme, durchsichtiges Klebeband

Durchführung

- Stabilisiere mit den Trinkhalmen die Öffnung der Mülltüte. Es ist wichtig, dass du so wenig Material wie möglich verwendest.
- Halte die Öffnung der Mülltüte über den Toaster und schalte den Toaster ein. Beachte: Die Mülltüte darf den heißen Toaster nicht berühren.
- Bei welcher Gruppe steigt die Mülltüte am höchsten? Bei welcher Gruppe bleibt die Mülltüte am längsten in der Luft?

Auswertung

1 Beschreibe, welche Veränderung die eingeschlossene Luft durch die zugeführte Wärmeenergie erfährt.

2 Erläutere, wodurch sich warme Luft von kalter Luft unterscheidet.

3 Gib die Quelle für die Wärmeenergie an und zeichne eine Energiekette.

4 Erkläre, weshalb die Mülltüten nach einiger Zeit wieder absinken.

Wärmeverluste

Der Hundeschlittenführer schützt sich mit seiner dicken Jacke vor Wind und Wetter. Die Jacke verhindert, dass die Körperwärme an die kalte Umgebung abgegeben wird.

Temperaturausgleich

Bei einem Temperaturunterschied zwischen Körper und Umgebung gleicht sich die Temperatur mit der Zeit aus. Die Wärmeenergie wird dabei vom Warmen zum Kalten transportiert. Erst wenn ein Ausgleich stattgefunden hat, endet der *Wärmeenergietransport*. Dann gibt es keinen Temperaturunterschied mehr.

Wärmeverluste

Der Mensch muss sich durch Kleidung vor Wärmeverlusten schützen. Beim Husky geschieht dies durch sein Fell. Sowohl die Jacke als auch das Fell haben die Aufgabe, den hier unerwünschten Transport der Wärmeenergie an die Umgebung möglichst gering zu halten.

Im Fell und zwischen den Fasern des Jackenfutters gibt es kleine luftgefüllte Zwischenräume. Die eingeschlossene Luft ist warm. Es findet aber kein Austausch der warmen Luft mit der kalten Luft der Umgebung statt – und somit kaum Transport von Wärmeenergie. Die eingeschlossene Luft wirkt hier als *Wärmedämmung*.

1 Hundeführer mit Schlittenhunden

In Kürze

Temperaturunterschiede führen zum Transport von Wärmeenergie vom Warmen zum Kalten. Beim unerwünschten Transport von Wärmeenergie spricht man von Wärmeverlust. Wärmedämmung verringert den Wärmeverlust.

Aufgaben

1 □ Beschreibe die Aufgabe deiner Bettdecke bei Nacht.

2 □ Erkläre, warum es bei manchen Säugetieren im Frühjahr und im Herbst einen Fellwechsel gibt.

3 ◪ Nenne Voraussetzungen, unter denen sich ein Gegenstand auf 0 °C abkühlt.

4 ◪ Vögel plustern sich im Winter auf. Erläutere die Gründe und die Folgen des Aufplusterns.

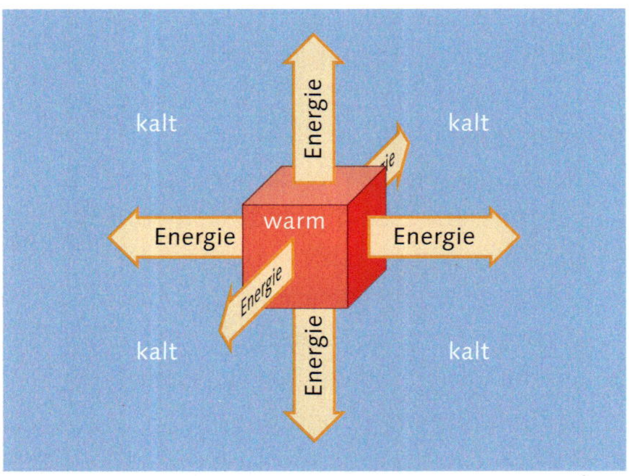

2 Wärmeenergie strömt von warm zu kalt.

3 Ein Rotkehlchen im Winter

Wärmedämmung hilft Energie sparen

Untersucht in Gruppen, welche Materialien sich am besten zur Energieeinsparung durch eine möglichst gute Wärmedämmung eignen.

Material

- Becherglas
- Reagenzglas
- Thermometer
- Stoppuhr
- heißes Wasser
- Testmaterialien, wie Sand, Watte, Zeitungspapier, Sägespäne, Wollschal

1 Versuchsaufbau zum Wärmedämmungstest

Durchführung

- Stellt ein Reagenzglas in die Mitte eines Becherglases. Das Reagenzglas sollte etwas höher sein als das Becherglas. Zwischen den beiden Gläsern muss genügend Platz für die Testmaterialien bleiben.
- Wählt ein Testmaterial aus und füllt den Raum zwischen Reagenzglas und Becherglas damit.
- Füllt bis zur Höhe des Testmaterials heißes Wasser in das Reagenzglas.
- Beginnt sofort nach dem Einfüllen des Wassers mit der Zeitmessung.
- Messt die Temperatur des Wassers in gleichen Zeitabständen, beispielsweise alle 2 Minuten.
- Notiert eure Messergebnisse in einem Versuchsprotokoll. Eure Tabelle könnte ähnlich aussehen wie die in Bild 2.

Wichtig: Jede Gruppe führt die Messungen mit einem anderen Material durch. Vergleicht am Ende eure Ergebnisse.

Die Versuchsergebnisse kann man nur dann vergleichen, wenn alle Materialien auf die gleiche Weise getestet wurden. Beachtet daher:

- Das Testmaterial muss bei allen Tests gleich hoch in das Becherglas gefüllt werden.
- Das Wasser muss immer bis auf die Höhe des Testmaterials in das Reagenzglas gefüllt werden.
- Das Wasser muss immer die gleiche Starttemperatur haben.

Auswertung

1 Tragt eure Messwerte wie in Bild 2 in ein Diagramm ein.

2 Erläutert, welchen Vorteil die Darstellung im Diagramm hat

3 Diskutiert, was eure Ergebnisse für die Energieeinsparung bedeuten.

Zeit in min	Temp. in °C
0	
2	
4	
6	
8	
10	
12	

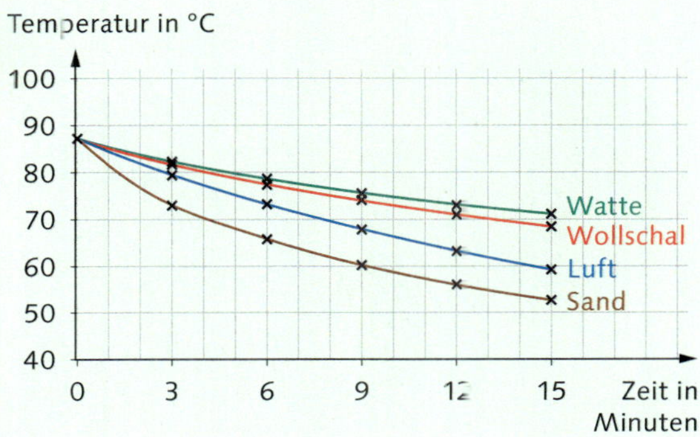

2 Tabellarische und grafische Darstellung der Versuchsergebnisse

Das Igeljahr

Es ist Nacht. Im Garten sucht ein Igel nach energiereicher Nahrung. Neben Insekten ernährt er sich auch von Schnecken, Spinnen, Regenwürmern und selten von Obst. Besonders im Herbst frisst er sehr viel, da er sich für den Winter eine dicke, energiereiche Speckschicht anlegen muss.

1 Igel auf Futtersuche

Durch Stacheln geschützt

Der Rücken des Igels ist vom Kopf bis zum Schwanz mit mehreren Tausend Stacheln bedeckt. Der Igel kann vor Feinden mit seinen kurzen Beinen nicht flüchten. Deshalb richtet er bei Gefahr die Stacheln auf und rollt sich zu einer Stachelkugel ein. Die meisten Angreifer können sie nicht durchdringen.

Im Sommer ist Paarungszeit

Im Juni wandern die Männchen umher und kämpfen gegeneinander um ein Weibchen. Nach der Begattung bauen die Igelweibchen ein geschütztes Nest unter Laubhaufen. Dort bringen sie im August fünf bis sieben Junge zur Welt. Igel gehören zu den Säugetieren. Die Jungen werden nach der Geburt sechs bis sieben Wochen von der Mutter gesäugt. Ihre Augen öffnen sich nach drei Wochen. Igeljunge sind Nesthocker. Nach etwa sieben Wochen können sie sich selbst versorgen.

Vorbereitungen für die kalte Jahreszeit

Im Herbst sind alle Igel besonders intensiv auf Nahrungssuche. Zu dieser Jahreszeit ist das Angebot an Insekten besonders reichhaltig und die Igel fressen sich eine dicke Fettschicht an. Sie schützt die gleichwarmen Tiere im Winter vor Wärmeverlust und dient als Nahrungsreserve. Wenn die Tage im Spätherbst kürzer und kälter werden, baut sich jeder Igel ein trockenes, vor Nässe und Kälte geschütztes Nest. Geeignete Plätze finden sie in dichtem Gebüsch, Laub-, Holz- oder Komposthaufen. Deshalb sollten Holzhaufen vor dem Abbrennen erst umgeschichtet werden. Oft überwintern Igel auch in verlassenen Kaninchenbauten.

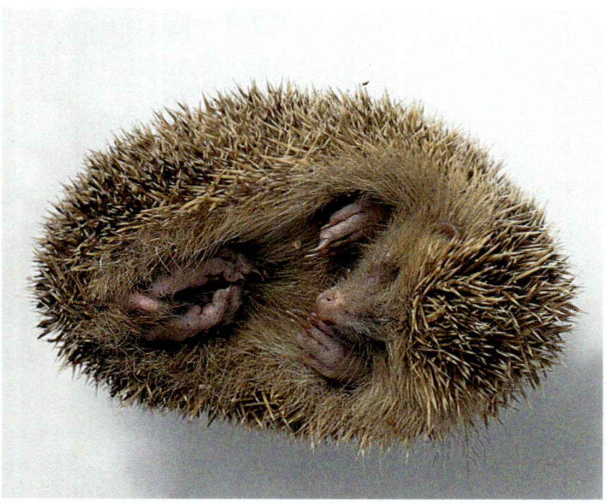

2 Eingerollter Igel von unten

3 Igelmutter mit Jungtieren

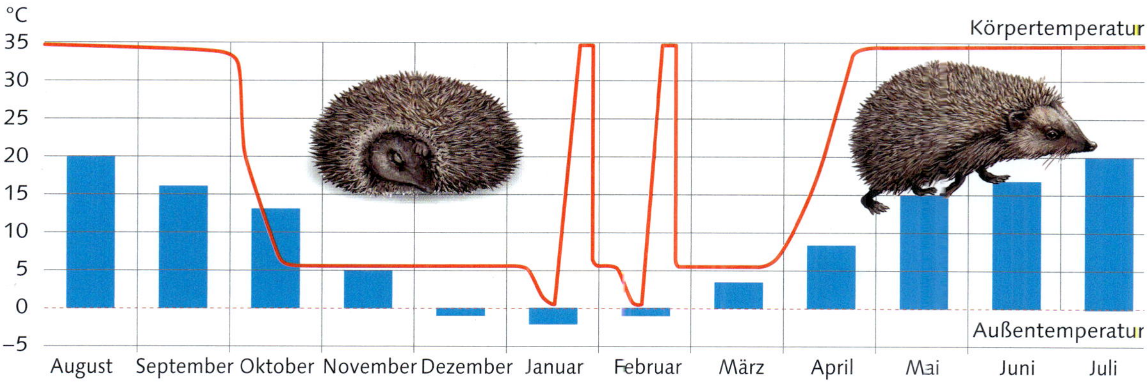

4 Körpertemperatur des Igels im Jahresverlauf

Igel im Winter

Wenn die Temperatur im November unter 10 °C fällt, rollt sich der Igel in seinem Nest zu einer Kugel zusammen. So verbringt er die Zeit bis zum nächsten März im *Winterschlaf*. Dabei sinkt seine Körpertemperatur auf circa 5 °C ab. Die Anzahl der Herzschläge vermindert sich von 200 auf zwei bis zwölf Schläge pro Minute. Er atmet nur noch wenig. Durch die Verringerung der Lebensfunktionen spart er Energie. Während des Winterschlafs erhält der Igel die benötigte Energie aus einem Fettdepot unter den Stacheln am Rücken. Dieses Fett dient nicht nur als Nahrungsreserve, es schützt auch vor Kälte.

Erwachen im Winter

Manchmal erwachen Igel für kurze Zeit aus dem Winterschlaf. Dann benötigt ihr Körper besonders viel Energie. Diese liefert ihm ein spezielles braunes Fett, das zwischen den Schultern und am Hals eingelagert ist. Durch das Wachwerden schützt sich der Körper vor dem Erfrieren, da die Körpertemperatur kurzzeitig wieder auf 35 °C erhöht wird.

Erwachen im Frühling

Wenn die Igel zwischen März und April aus ihrem Winterschlaf erwachen, haben sie etwa ein Drittel ihres Körpergewichts verloren. Dann finden sie jedoch reichlich Nahrung, um ihre Energiereserven wieder aufzufüllen. Sobald ein Igel aufwacht, erhöhen sich Körpertemperatur, Herzschlag und Atmung.

Gefährdung des Igels

Viele Igel werden jedes Jahr von Autos überfahren, während sie auf Nahrungssuche auch über Straßen laufen. Da sie sich vor Angreifern zusammenrollen und nicht fliehen, stellen Autos eine besondere Gefahr dar.

Igel finden in unseren aufgeräumten, laubfreien Gärten oft keine Schlafmöglichkeiten mehr. Ebenso fehlen ihnen die Hecken zwischen den Äckern und Wiesen.

Durch den Einsatz von Giften zur Schädlingsbekämpfung wird die Nahrung des Igels vergiftet.

In Kürze

Igel fressen vor allem Insekten. Ihre Stacheln schützen sie vor Feinden. Igel halten Winterschlaf. Dabei werden der Herzschlag und die Atmung stark heruntergesetzt. Dadurch benötigen sie sehr wenig Energie aus ihren Fettreserven.

Aufgaben

1 □ Erkläre, wie Igel den Winter überleben können.

2 ◪ Gerade im Herbst, aber auch im Sommer liegen oft tote Igel auf den Straßen. Erkläre.

3 □ Werte das Diagramm in Bild 4 aus. Suche nach Gründen, warum nicht alle Igel den Winterschlaf überleben.

Leben in Eis und Schnee

Es ist März geworden in der Arktis. Die Eisbärenmutter hat vor zwei Monaten zwei Junge geboren. Heute sind sie das erste Mal mit ihrer Mutter unterwegs.

Leben in der Arktis

In der Arktis herrschen Temperaturen unterhalb von –40 °C. Schneestürme, Packeis und endlose Eisflächen lassen diesen Lebensraum unwirklich erscheinen. Eisbären weisen Angepasstheiten auf, die es ihnen ermöglichen, hier zu überleben.

Ein Leben in klirrender Kälte

Unter den Deckhaaren im Eisbärenfell befindet sich dichte Unterwolle. Sie wird durch Talg aus Drüsen in der Haut wasserabweisend. Die luftgefüllten Haare schützen vor Wärmeverlust und sorgen beim Schwimmen für Auftrieb. Eine dicke Fettschicht schützt die Eisbären zusätzlich vor Kälte. Ihre schwarze Haut wandelt Sonnenstrahlen in Wärme um. Mit den großen, behaarten Tatzen laufen sie wie mit Schneeschuhen. Im Wasser dienen die Pfoten mit Schwimmhäuten zwischen den Zehen als Paddel. Die Ohren der Eisbären sind nur klein und ihr Schwanz ist kurz, um darüber nicht zu viel Wärme abzugeben.

1 Eisbärenmutter mit zwei Jungtieren

Eisbären sind auch im Winter aktiv

Die Eisbären sind das ganze Jahr über aktiv. Am Rand des Packeises suchen sie im Sommer nach Nahrung, um Fettpolster für den Winter aufzubauen. Auf ihrem Speisezettel stehen meist Robben. Der Eisbär lauert ihnen an ihren Atemlöchern im Eis auf. Mit einem Prankenhieb zieht er eine Robbe aus dem Wasser und tötet sie.

Nachwuchs in der Schneehöhle

Die trächtigen Weibchen suchen sich vor dem Winter einen nach Süden gerichteten Hang. Dort graben sie eine Höhle und lassen sich einschneien, um ihre ein bis zwei Junge zur Welt zu bringen. Erst vier Monate später verlassen sie die gut isolierte Schneehöhle wieder.

2 Angepasstheit des Eisbären an das Leben in der Arktis

Kaiserpinguine in der Antarktis

Die Antarktis ist mit bis zu −70 °C im Winter die kälteste Region der Erde. Hier leben die Kaiserpinguine. Sie werden bis zu 130 Zentimeter groß und 37 Kilogramm schwer. Ihre kurzen, schuppenartigen Deckfedern sind dachziegelartig angeordnet. Jede einzelne Feder wird mit Hilfe des Schnabels gut eingefettet. So kommt die Haut der Pinguine nie mit dem eisigen Wasser in Kontakt. Unter den Deckfedern liegen Daunenfedern. Sie tragen zusammen mit der dicken Fettschicht unter der Haut ebenfalls zum Kälteschutz bei. Die stark verkürzten Flügel dienen zum Steuern unter Wasser.

Fortpflanzung der Kaiserpinguine

Im Juli herrscht in der Antarktis tiefster Winter. Jetzt legt jedes Weibchen ein Ei und übergibt es dem Männchen zum Brüten. Das Männchen legt das Ei auf seine Füße und umschließt es mit seiner wärmenden Bauchfalte. Die Oberseite seiner Füße ist stark durchblutet, die Unterseite dagegen fast gar nicht. Für die nächsten 60 Tage steht das Männchen fast regungslos auf dem Eis. In dieser Zeit nimmt es keine Nahrung auf.

3 Männchen beim Brüten

4 Kindergarten der Pinguine

Aufzucht der Jungtiere

In regelmäßigen Abständen wechseln die Pinguine von den inneren, wärmeren und windgeschützten Bereichen nach außen an den Rand der Kolonie. Die Weibchen haben sich auf den langen Weg zum Meer gemacht, um Futter zu holen. Nachdem die Jungen geschlüpft sind, müssen sie gefüttert werden. Nach der Rückkehr der Weibchen suchen beide Elterntiere abwechselnd nach Nahrung für den Nachwuchs und um ihre verbrauchten Fettreserven aufzufüllen. Die Jungtiere bleiben in kleinen Gruppen, den Kindergärten, zurück. Sie stehen dicht beieinander, um sich vor Kälte und vor dem eisigen Wind zu schützen. Im Alter von sechs Monaten verlassen die Jungen die Kolonie und sind selbstständig.

In Kürze

Eisbären und Pinguine sind durch ihren Körperbau und ihr Verhalten an ein Leben in den kältesten Regionen unserer Erde angepasst. Sowohl das dichte Fell und die schwarze Haut des Eisbären als auch das Federkleid des Pinguins mit den dichten Daunenfedern und die dicken Fettpolster unter ihrer Haut schützen die Tiere vor Wärmeverlust.

Aufgaben

1 ☐ Nenne Angepasstheiten der Eisbären und der Kaiserpinguine an das Leben in der Kälte.

2 ◪ Begründe, warum der Kaiserpinguin das Ei auf seinen Füßen ausbrütet.

Tiere schützen sich vor Wärmeverlust

Tiere in sehr kalten Regionen verfügen über besondere Möglichkeiten, mit denen sie sich vor Wärmeverlust schützen. Mit folgenden Versuchen kannst du diese nachvollziehen.

A Je enger, desto wärmer

Material großes Becherglas, 8 Reagenzgläser, Reagenzglasständer, 3 Thermometer, Gummiband, Wasser, Wasserkocher, Eiswürfel, Stoppuhr

Durchführung Füllt das Becherglas halbhoch mit Wasser und wenigen Eiswürfeln. Befüllt danach alle Reagenzgläser mit 60 °C warmem Wasser. Bindet sieben mit dem Gummiband zusammen und stellt sie in das Becherglas. Das letzte verbleibt im Reagenzglasständer.
Messt die Temperatur alle 20 Sekunden über einen Zeitraum von vier Minuten:

- in dem einzelnen Reagenzglas,
- in dem mittleren Reagenzglas,
- in einem der Randreagenzgläser.

Protokolliert eure Messergebnisse in einer Tabelle.

Auswertung

1 Stellt die Messergebnissen in einem Diagramm dar und wertet es aus. Verwendet dabei pro Reagenzglas eine andere Farbe.

2 Begründet anhand der Ergebnisse das Zusammenstehen von Pinguinen in der Antarktis.

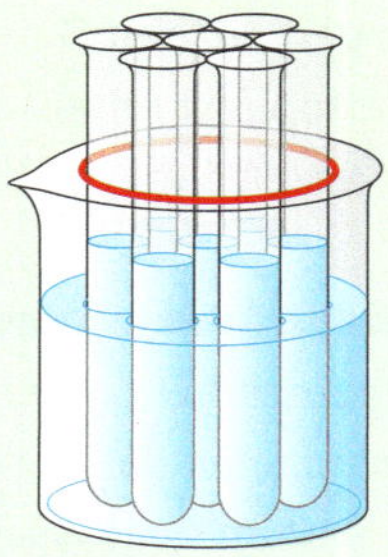

1 Versuch zum Wärmeverlust

B Fett als Isolationsschicht

Material Stativ, 2 große Reagenzgläser, 2 Bechergläser, 2 Thermometer, Wasser, Wasserkocher, Eiswürfel, Vaseline, Stoppuhr

Durchführung Befüllt beide Bechergläser halbhoch mit Wasser und gebt einige Eiswürfel ins Wasser. Bestreicht ein Reagenzglas dick mit Vaseline, das andere bleibt ohne Fett. Befestigt beide Reagenzgläser so am Stativ, dass sie gleich hoch im Wasser stehen. Befüllt diese anschließend mit 50 °C warmem Wasser.
Messt die Temperatur alle 20 Sekunden über einen Zeitraum von vier Minuten. Protokolliert dabei die Messergebnisse in einer Tabelle.

Auswertung

1 Erstellt ein Kurvendiagramm aus den Messergebnissen, verwendet dabei pro Reagenzglas eine andere Farbe.

2 Erläutert den Begriff Isolationsschicht.

3 Begründet anhand eurer Ergebnisse, weshalb viele Tiere im Herbst doppelt so viel Nahrung zu sich nehmen, wie in den Sommermonaten.

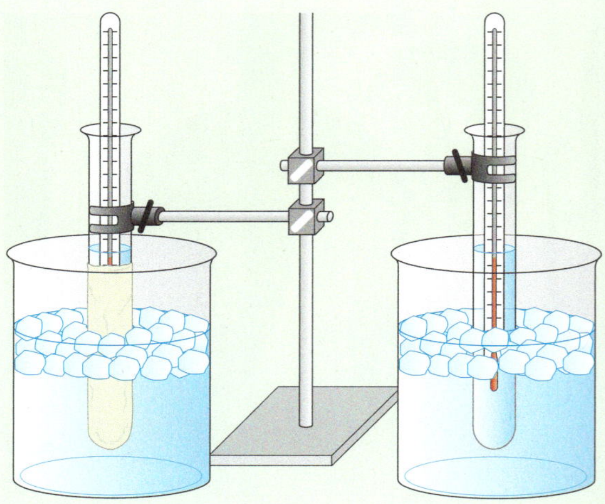

2 Die Wirkung von Fett

Säugetiere im Winter

1 Schützendes Winterfell

Fast alle Säugetiere haben ein besonderes Winterfell. Dieses ist sehr dicht und schützt dadurch vor Wärmeverlust.

a □ Beschreibe die Unterschiede zwischen dem Sommerfell und dem Winterfell des Hermelins.

b ◪ Erkläre den Zusammenhang zwischen den dichten Wollhaaren und der Luft als schlechtem Wärmeleiter.

c ◪ Erläutere den Farbwechsel des Hermelinfells.

d ■ Nenne Gründe, weshalb es so wichtig ist, dass die Grannenhaare wasserabweisend sind. Erläutere.

2 Überwinterungsstrategien

Säugetiere überwintern auf unterschiedliche Arten. Einige sind den gesamten Winter aktiv, andere halten Winterschlaf. In den Diagrammen sind die Körpertemperatur und die Herzschläge pro Minute im Jahresverlauf für das Eichhörnchen und die Fledermaus angegeben.

a □ Ordne den beiden Tierarten jeweils eine Überwinterungsform zu.

b ◪ Vergleiche die Diagramme in Bild 3 von Eichhörnchen und Fledermaus miteinander.

c ■ Eichhörnchen ernähren sich von Nüssen und Samen. Fledermäuse sind Insektenfresser. Suche Zusammenhänge zwischen der Nahrung und der Überwinterungsformen.

1 Hermelin im Sommerfell

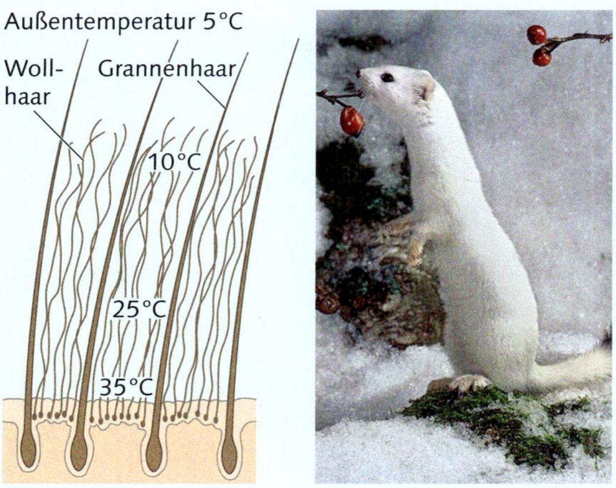

2 Hermelin im Winterfell

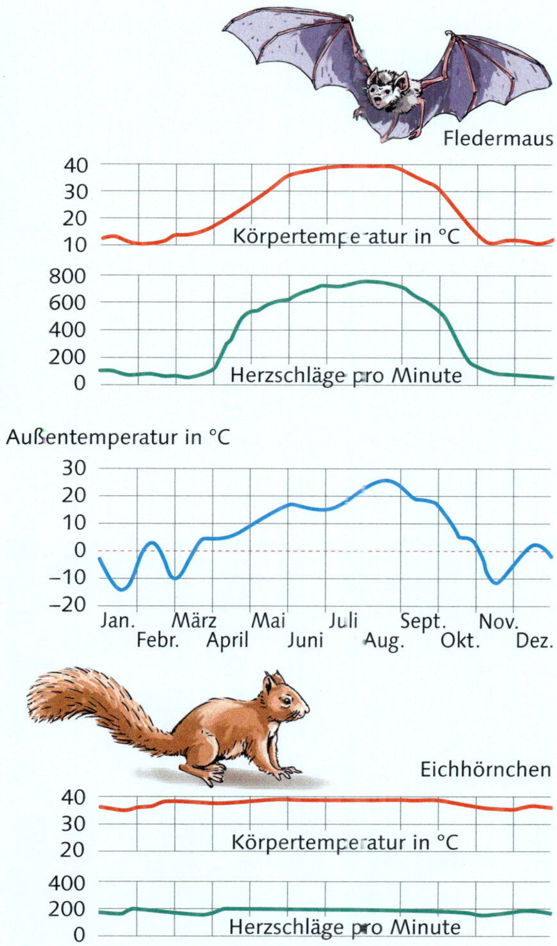

3 Körpertemperatur und Herzschläge von Eichhörnchen und Fledermaus im Jahresverlauf

Wechselwarme Tiere im Winter

Daniel hilft seinem Vater beim Umsetzen des Komposthaufens. Plötzlich erschrickt er, denn er ist auf einen Hohlraum gestoßen. Darin liegen mehrere Eidechsen dicht beieinander.

1 Zauneidechsen im Winterquartier

Lurche und Kriechtiere

Erdkröten und Eidechsen benötigen zum Überwintern frostsichere Verstecke. Das können Komposthaufen oder Erdhöhlen sein. Oft findet man Gruppen von Lurchen und Kriechtieren, die zusammen die kalte Jahreszeit überdauern. Während des Winters sinkt die Körpertemperatur dieser Tiere. Dadurch sind sie fast regungslos und nehmen keine Nahrung auf. Sie befinden sich in *Winterstarre.* Grasfrösche und Feuersalamander können Temperaturen bis −5 °C überleben. Ein bestimmter Stoff im Blut wirkt wie ein Frostschutzmittel und verhindert das Einfrieren.

Fische in der kalten Jahreszeit

Fische ziehen sich, je nach Art des Gewässers, in dem sie leben, in wärmere Bereiche zurück.

Karpfen suchen sich im Winter tiefe Stellen im Teich. Hier hat das Wasser immer 4 °C. Nach oben hin wird es kälter. Forellen können in schnell fließenden Gewässern überwintern, da diese im Winter nicht ganz zufrieren.

Insekten und andere Wirbellose

Zitronenfalter, Marienkäfer und auch die Weinbergschnecken müssen die kalte Jahreszeit überstehen. Dazu suchen sie sich geeignete Verstecke. Das können hohle Baumstümpfe, Laubhaufen, Steinmauern, aber auch Dachböden und Stellen rund um das Haus sein. Wichtig ist, dass dort die Temperatur nicht dauerhaft unter 0 °Celsius fällt.

Bei einigen Insektenarten sterben die erwachsenen Tiere vor dem Winter. Nur ihre Nachkommen überleben im Larven- oder Puppenstadium. Manche Käferarten produzieren eine Art Frostschutzmittel, das das Gefrieren der Körperflüssigkeiten verhindert. Die Weinbergschnecke vergräbt sich im Boden. Zusätzlich verschließt sie ihr Haus bis zum Frühjahr mit einem Deckel aus Kalk.

2 Ein Forellengewässer im Winter

3 Weinbergschnecke mit Kalkdeckel

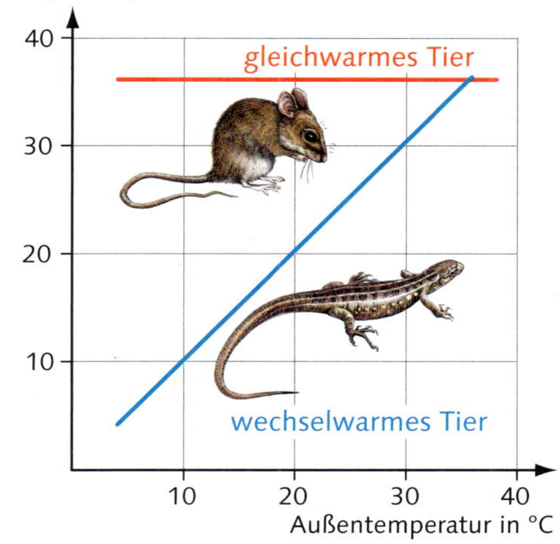

4 Körpertemperatur bei Wechsel- und Gleichwarmen

Körpertemperatur im Winter

Bei Lurchen, Fischen, Insekten und der Weinbergschnecke passt sich die Körpertemperatur an die Umgebungstemperatur an. Man bezeichnet sie deshalb als wechselwarme Tiere. Mit sinkender Körpertemperatur sinkt auch ihre Körperaktivität: Atmung, Herztätigkeit und Stoffwechsel verlangsamen sich. Die Tiere fallen in die Winterstarre.

Im Gegensatz dazu sind Säugetiere und Vögel gleichwarme Tiere. Sie halten ihre Körpertemperatur stets gleich hoch. Dazu ist Energie notwendig, die die Nahrung liefert. Zusätzlich ist ihr Körper durch Fettschichten, Fell oder Federn vor Wärmeverlust geschützt.

In Kürze

Die Körpertemperatur wechselwarmer Tiere passt sich der Umgebungstemperatur an. Bei niedrigen Temperaturen fallen sie in die Winterstarre. Herzschlag und Kreislauf verlangsamen sich. Die Tiere bewegen sich nicht mehr und nehmen keine Nahrung auf.

Aufgaben

1 □ Nenne zwei Möglichkeiten, wie wechselwarme Tiere die kalte Jahreszeit überstehen.

2 ◪ Erkläre, warum insbesondere Reptilien häufig in den warmen Zonen der Erde leben.

3 ■ Eine Maus benötigt etwa viermal so viel Nahrung wie eine Eidechse. Erläutere den Grund unter Verwendung von Bild 4.

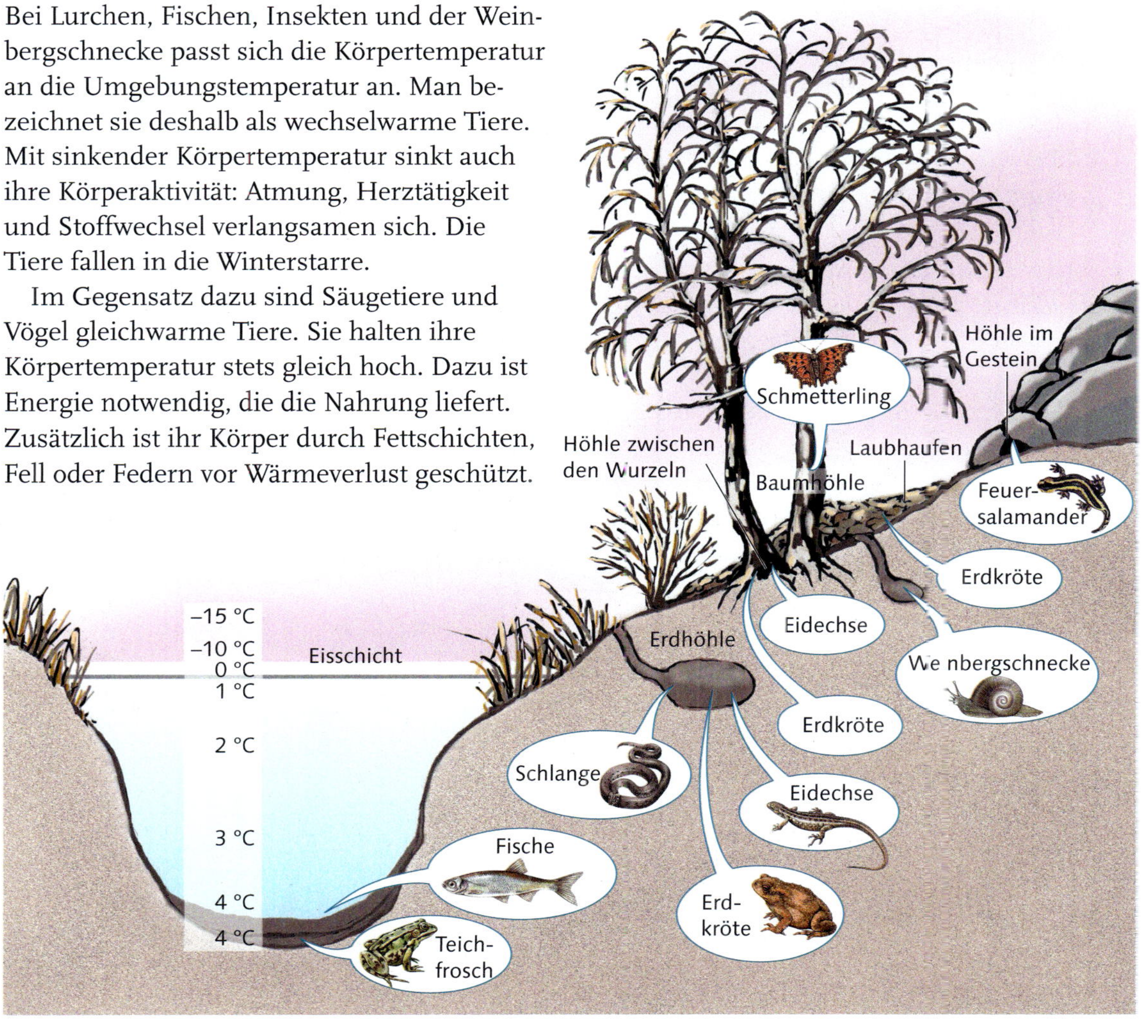

5 Winterquartiere einiger wechselwarmer Tiere

Weiter gedacht

Angepasstheit an Kälte und Hitze

Tiere, die die extremen Lebensräume wie Wüsten und Polarregionen bewohnen, zeigen besondere Angepasstheiten. Nur so können sie in diesen Regionen überleben.

1 Lebensräume der Pinguine

Pinguine leben in ihren natürlichen Lebensräumen ausschließlich auf der Südhalbkugel der Erde.

a □ Ordne mit Hilfe der unteren Grafik den abgebildeten Pinguinen ihre Lebensräume zu. Die Angaben der Breitengrade helfen dir dabei.

b ◪ Untersuche, ob es eine Abhängigkeit zwischen Körpergröße und Verbreitungsgebiet der Pinguine gibt. Formuliere dein Ergebnis in einem Satz.

c ■ Der Galapagospinguin lebt auf den Galapagosinseln in der Nähe des Äquators. Stelle Vermutungen über die Größe des Galapagospinguins an. Begründe.

2 Modellversuch zur Auskühlung

In einem Versuch hat man 80 °C heißes Wasser in verschieden großen Gefäßen abkühlen lassen. Zu bestimmten Zeiten wurde die Temperatur des Wassers gemessen. Die Ergebnisse siehst du in der Tabelle.

Erkalten von Wasser in verschieden großen Gefäßen

	100 ml	250 ml	1000 ml
nach 5 Minuten	70 °C	73 °C	75 °C
nach 10 Minuten	67 °C	69 °C	73 °C
nach 15 Minuten	57 °C	66 °C	71 °C
nach 20 Minuten	54 °C	64 °C	69 °C

a ◪ Erstelle mit den Werten aus der Tabelle ein Kurvendiagramm. Verwende für jedes Gefäß eine andere Farbe.

b ■ Werte das Diagramm aus und versuche dein Ergebnis aus Aufgabe 1b zu begründen.

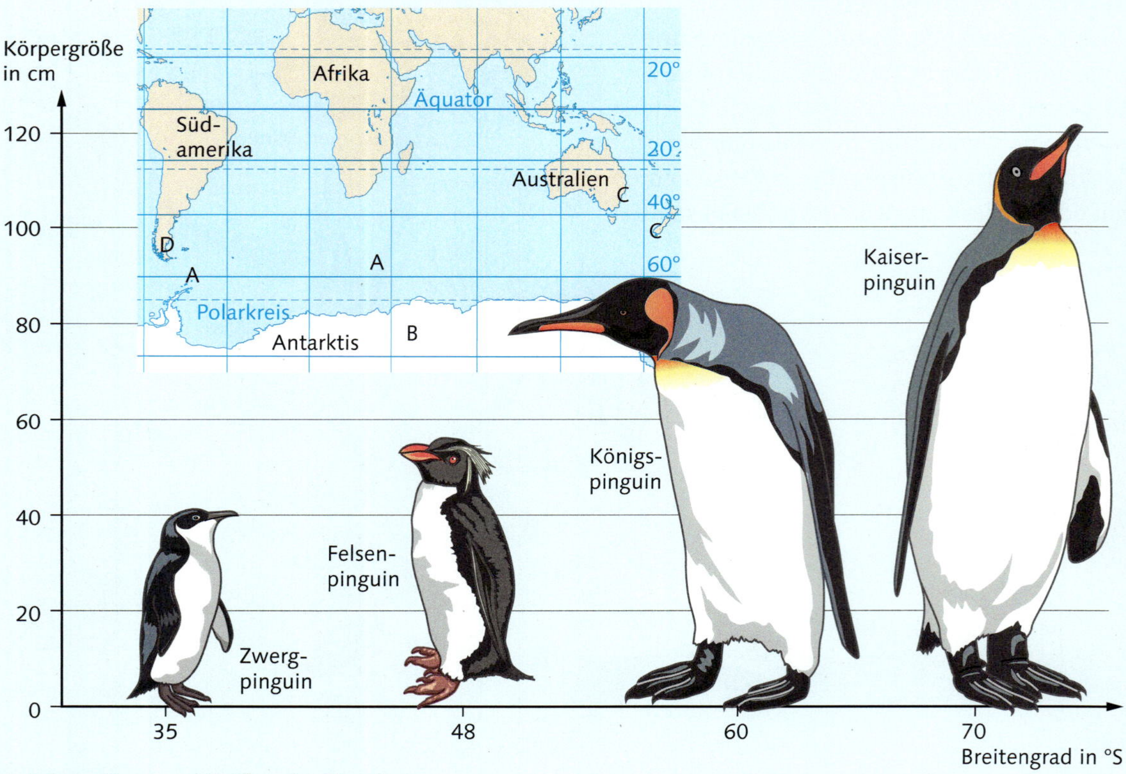

1 Lebensräume und Größen der Pinguine

3 Modellversuch dunkles Fell

2 Seeelefant beim Sonnenbaden

Seeelefanten leben in der Antarktis.

a ◪ Warum haben Seeelefanten dunkles Fell? Formuliere eine Hypothese zu dieser Frage.

b ■ Überlege dir einen geeigneten Versuchsaufbau, um die Hypothese zu überprüfen. Wähle dazu aus den unten dargestellten Materialien die aus, die du benötigst.

c ◪ Fertige eine Skizze deines Versuchsaufbaus an.

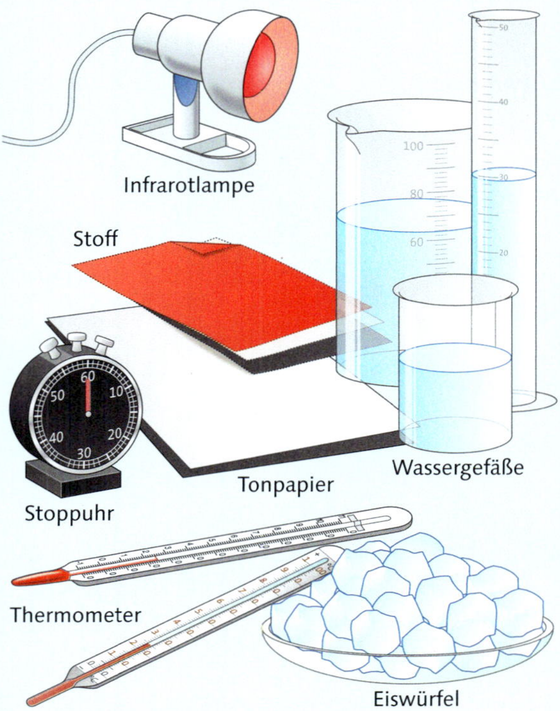

3 Mögliche Versuchsmaterialien für Aufgabe 3

4 Regelung der Körpertemperatur

Für Tiere, die in sehr heißen oder sehr kalten Gebieten leben, ist es besonders wichtig, ihre Körpertemperatur, unabhängig von der herrschenden Außentemperatur, stets auf einem gleichbleibend hohen Wert zu halten. Wir Menschen regulieren unsere Körpertemperatur durch Schwitzen oder durch Zittern. Tiere ohne Schweißdrüsen nutzen andere Mechanismen

4 Zwei Fuchsarten in verschiedenen Lebensräumen

a □ Beschreibe, worin sich die beiden Füchse auffallend voneinander unterscheiden.

b □ Körperanhänge wie Beine oder Ohren sind von sehr vielen Blutgefäßen durchzogen. Blut transportiert unter anderem auch Wärme durch den Körper. Bild 4 zeigt einen Polarfuchs und einen Wüstenfuchs oder Fennek. Ordne jedem Buchstaben das richtige Tier zu. Begründe.

c ◪ Fennek und Polarfuchs unterscheiden sich auch in der Länge ihrer Beine. Gib an, welche der beiden Fuchsarten deiner Meinung nach die kürzeren Beine hat. Begründe.

d ■ Vergleiche den bei uns lebenden Rotfuchs mit dem Fennek und dem Polarfuchs.

Wie Vögel fliegen

1 Erste Flugversuche gegen Ende des 19. Jahrhunderts

Vögel gleiten scheinbar schwerelos durch die Luft. Dies hat die Menschen seit jeher fasziniert. Als man begann, erste Fluggeräte zu konstruieren, dienten Vögel als Vorbilder.

Eine Körperform zum Fliegen

Alle flugfähigen Vögel haben eine spindelförmige Gestalt. Entlang dieser *Stromlinienform* »fließt« die Luft ohne Verwirbelungen um den Körper, sodass der Luftwiderstand gering ist.

Ein Skelett in Leichtbauweise

Vogelknochen sind hohl, anders als die Markknochen der Säugetiere. Feine Verstrebungen sorgen für Stabilität.

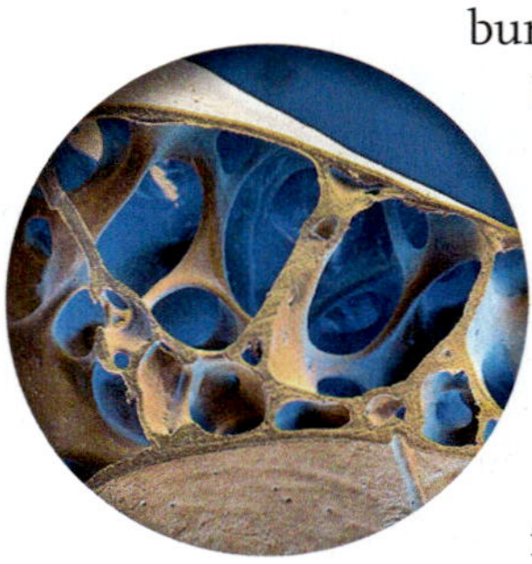

Einige Knochen werden von *Luftsäcken* durchzogen. Diese Ausstülpungen der Lunge füllen große Teile des Vogelkörpers aus. Deshalb sind Vögel viel leichter als Säugetiere ähnlicher Größe. Der innere Aufbau des Flügels und des menschlichen Arms ähneln sich. Sie bestehen aus Oberarm-, zwei Unterarm- und den Handknochen. Die Fingerknochen sind zum Teil verwachsen.

Nur Vögel haben Federn

Vögel sind außer am Schnabel und an den Füßen vollständig von Federn bedeckt. Kleine *Daunenfedern* umhüllen den Körper. Sie bilden ein Luftpolster, das vor Wärmeverlust schützt. Darüber bilden dachziegelartig angeordnete *Deckfedern* eine glatte Oberfläche. Mit den langen Schwanzfedern,

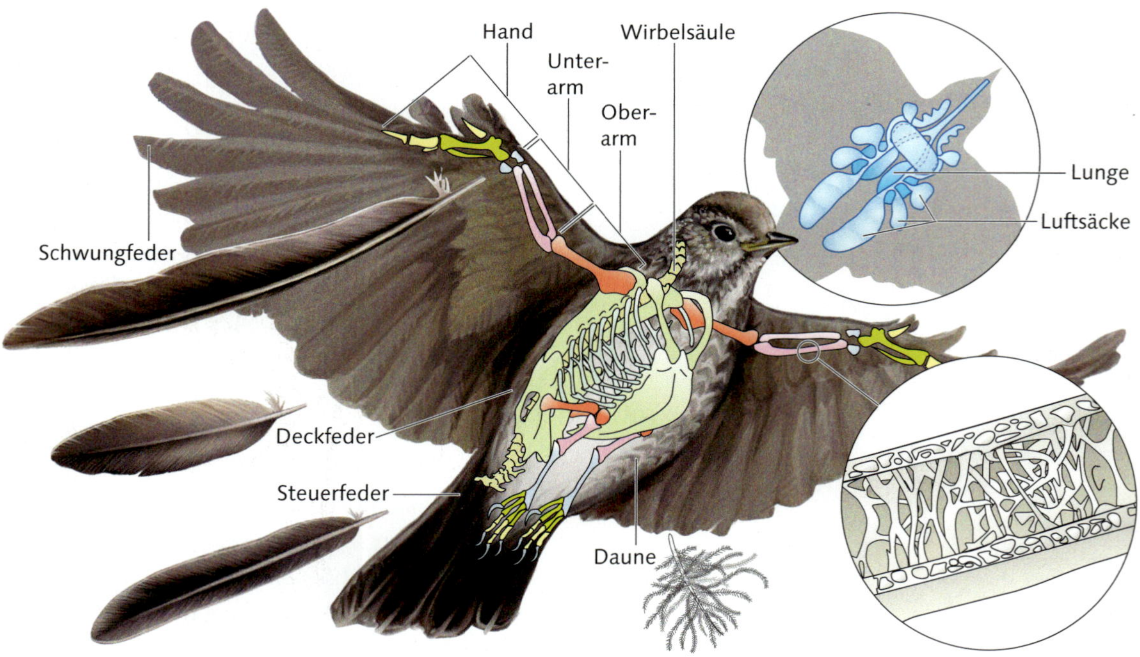

2 Flügel und Federn eines Vogels

den Steuerfedern, lenken die Vögel ihre Flugbahn und bremsen die Geschwindigkeit ab. An den Flügeln bilden die Schwungfedern die zum Fliegen notwendigen Tragflächen.

Ständige Bewegung, hoher Stoffwechsel

Vögel bewegen sich ständig. Dabei wird viel *Energie* umgesetzt. Deshalb benötigen Vögel energiereiche Kost. Sie fressen häufig, aber kleine Portionen. Die Nahrung wird rasch verdaut. Vögel haben ein besonderes Atmungssystem, das aus der Lunge und angeschlossenen Luftsäcken besteht. Beim Einatmen werden auch diese mit sauerstoffreicher Luft gefüllt, die dann beim Ausatmen wieder durch die Lungen strömt. Dies sorgt dafür, dass die Muskeln mit Sauerstoff versorgt werden.

Fliegen – Arbeit gegen die Schwerkraft

Trotz der Leichtbauweise hält die Schwerkraft den Vogel am Boden. Um fliegen zu können, müssen Kräfte erzeugt werden, die entgegengesetzt zur Schwerkraft wirken. Solche Kräfte entstehen, wenn Luft über eine gewölbte Fläche strömt. Je schneller der Luftstrom, umso stärker sind die Kräfte. Der Vogelflügel bildet eine geschlossene Fläche aus Federn. Durch seine nach oben gewölbte Form muss die Luft auf der Oberseite sehr schnell fließen, auf der Unterseite fließt sie langsamer. Der Druck, der auf der Oberseite entsteht, ist geringer als der normale Druck auf der Unterseite. Von unten wirkt der normale Druck nach oben, von oben der verringerte Druck nach unten. Die Differenz des Drucks bewirkt den *Auftrieb*, der den Vogel in die Luft hebt.

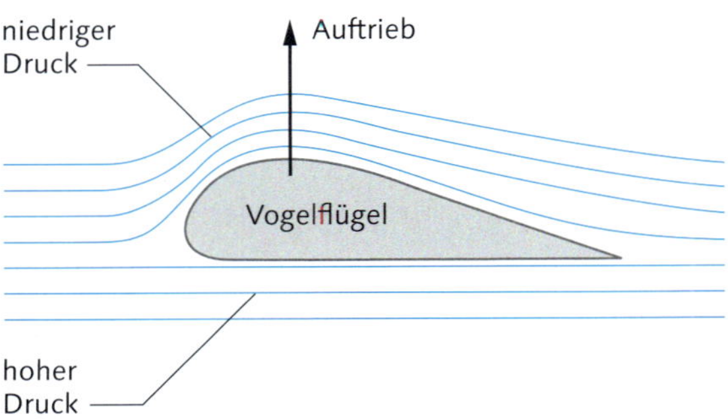

4 Luftströmungen am Flügel

3 Milan über einem Feld

Flugarten und Energie

Meist fliegen die Vögel im Ruderflug. Sie müssen ihre Flügel ständig auf und ab bewegen. Dafür brauchen sie viel Muskelkraft. Diese wird durch Nahrungsaufnahme und von körpereigenen Reserven bereitgestellt. Um Energie zu sparen, legen die Vögel kurze Segel- oder Gleitflugphasen ein. Sie nutzen erwärmte Luft, um aufzusteigen, ohne aktiv die Flügel zu bewegen. Diese Aufwinde entwickeln sich besonders über Gebieten wie Getreidefeldern oder Wüsten, da der Boden dort stark von der Sonne erwärmt wird. Einige Vogelarten nutzen bei der Nahrungssuche den Rüttelflug. Dabei bewegen sie die Flügel sehr schnell, sodass sie nicht an Höhe verlieren. Dies braucht viel Energie.

In Kürze

Der Körper der Vögel ist von Federn bedeckt. Er ist durch die dünnen, hohlen Knochen sehr leicht. Die Luftsäcke verringern ebenfalls das Gewicht und ermöglichen eine gute Sauerstoffversorgung, die aufgrund des hohen Stoffwechsels nötig ist. Durch Luftströmungen am Flügel entsteht der Auftrieb.

Aufgaben

1 ☐ Nenne zwei Aufgaben der Federn.
2 ☐ Beschreibe den besonderen Aufbau eines Vogelknochens.
3 ◪ Vögel fliegen beim Vogelzug über die Meeresengen und nicht über das offene Meer. Erkläre.

Flugformen

Der große Mäusebussard gleitet scheinbar schwerelos und ohne Bewegung durch die Lüfte. Der kleine Zaunkönig dagegen flattert mit schnellen, kurzen Flügelschlägen, ehe er im Gebüsch verschwindet. Vögel können sich auf sehr unterschiedliche Weise durch die Luft bewegen.

1 Mäusebussard im Gleitflug

Fliegen ohne Flügelbewegungen

Wenn ein Vogel von einem hohen Punkt aus starten kann oder sich schon in der Luft befindet, gleitet er ohne Flügelbewegungen dahin. Je nach Größe des Vogels und der Form der Flügel können mit dieser energiesparenden Art des Fliegens weite Strecken zurückgelegt werden. Bei diesem *Gleitflug* verlieren die Vögel aber stets an Höhe.

Gleitflug im Aufwind

Erwärmt die Sonne Äcker, Felsen oder Wiesen, so steigt erwärmte Luft in die Höhe. Solche Aufwärtsbewegungen der Luft werden als *Aufwinde* bezeichnet. Auch wenn der Wind von einem Berg nach oben gelenkt wird, entstehen Aufwinde. Gewinnen Vögel an diesen Orten auch ohne Flügelbewegungen an Höhe, so spricht man vom *Segelflug*.

Fortbewegung durch Muskelkraft

Beim *Ruder-* oder *Schlagflug* werden die Flügel mit Hilfe der kräftigen Brustmuskeln mehrmals pro Sekunde auf- und abgeschlagen. So fliegt ein Vogel, um vom Boden abzuheben und nach Gleitphasen wieder an Höhe zu gewinnen. Die Flügel werden mehrmals pro Sekunde auf und ab bewegt. Der Ruderflug ist sehr energieaufwendig.

Auf der Stelle fliegen

Der *Rüttelflug* ist ein Ruderflug auf der Stelle. Durch heftiges Flügelschlagen und Aufstellen des Körpers »stehen« die Vögel in der Luft. Beim *Schwirrflug* der Kolibris bewegen sich die Flügel bis zu 80-mal in der Sekunde.

In Kürze

Vögel fliegen beim Gleit- und beim Segelflug ohne Flügelschlag. Das Schlagen mit den Flügeln beim Ruderflug erfordert Muskelkraft. Beim Rüttelflug steht der Vogel auf der Stelle.

Aufgaben

1 □ Nenne Flugformen und beschreibe sie stichpunktartig.

2 ◪ Ein Greifvogel fliegt zunächst über einen Acker, überquert dann einen kleinen See und kreist anschließend über einem Berghang. Begründe, welche Flugtechnik er jeweils einsetzt.

2 Ruderflug

Vogelfedern und Flügelform

A Eigenschaften von Federn

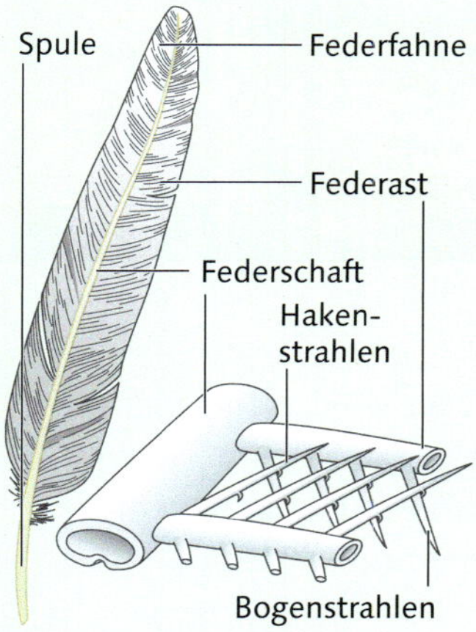

1 Aufbau einer Feder

Material Deck- oder Schwungfeder, Lupe, Kerze, Feuerzeug, Trinkhalm, Schreibzeug

Durchführung

- Fertige eine Übersichtsskizze der Feder an. Beschrifte deine Zeichnung mit Hilfe von Bild 1.
- Betrachte nun die Feder durch die Lupe. Welche Bestandteile sind erkennbar, welche nicht?
- Versuche eine brennende Kerze mit dem Trinkhalm auszupusten. Halte zwischen Blasrohr und Flamme eine Feder.

Achtung: **Brandgefahr!** Der Kerze mit der Feder nicht zu nahe kommen!

Auswertung

1 Beschreibe das Ergebnis.
2 Stelle die Bedeutung für den Vogelflug dar.

B Auftrieb

Material Blatt Papier DIN A5, Bleistift, Büroklammern

Durchführung

- Halte ein Blatt Papier wie in Bild 2 gezeigt. Puste über das Blatt hinweg.
- Wiederhole den Versuch mit eingehängten Büroklammern (wie in Bild 2). Notiere deine Beobachtungen. Wie viele Büroklammern kannst du an das Blatt hängen?

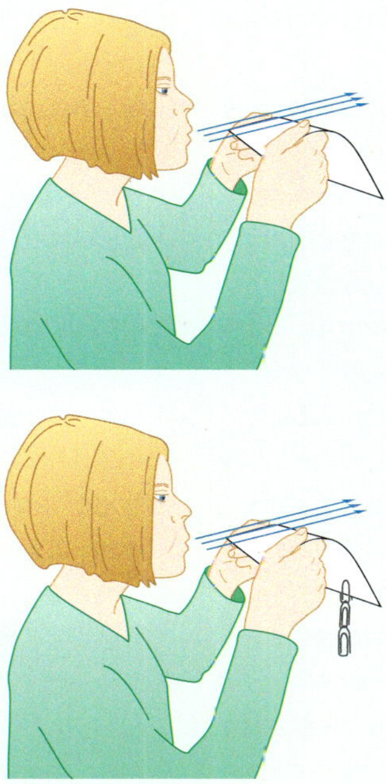

2 Versuch zum Auftrieb

Auswertung

1 Vergleiche das Papierblatt mit einem Vogelflügel.
2 Erkläre die Beobachtungen.

C Künstliche Flügel

3 Künstliche Flügel

Material feste Pappe, Holzleisten, Spanngurte, Stoppuhr

Durchführung

- Erstelle aus den Materialien künstliche Flügel.
- Schlage die künstlichen Flügel eine Minute lang möglichst häufig auf und ab. Ein Partner zählt deine Flügelschläge und notiere sie.

Auswertung

Vergleiche dein Ergebnis mit der Tabelle.

Vogelart	Flügelschläge pro Minute
Amsel	330
Taube	480
Haussperling	780
Storch	120

Der Vogelzug

Scharen von Vögeln fliegen durch die klare Nacht. Man kann sie eher hören als sehen und ahnt: Es sind sehr viele. Die Zeit des Vogelzugs hat begonnen. Zu Tausenden verlassen die heimischen Singvögel im Spätsommer und Herbst ihre Brutgebiete und ziehen in wärmere Gebiete, wo sie Nahrung finden.

1 Vogelschwarm

Ursache des Vogelzugs

Als gleichwarme Tiere müssen die Vögel ihre Körpertemperatur aufrechterhalten. Dafür ist die Energiegewinnung über die Nahrung notwendig. Im Winter finden die Vögel bei uns kaum Nahrung wie zum Beispiel Insekten oder Beeren. Viele fliegen dann in wärmere Gebiete.

Unterschiedliches Zugverhalten

Nach ihrem Zugverhalten teilt man die Vogelarten in drei Gruppen ein: Stand-, Strich- und Zugvögel.

Standvögel wie die Blaumeise bleiben ganzjährig in den Brutgebieten und verlassen sie nur selten. Sie bewegen sich im Winter weniger, um Energie zu sparen. Standvögel fressen im Winter fettreiche Körner und Samen, die sie mit ihrem Schnabel unter dem Schnee aufspüren. Außerdem können sie ihr Gefieder als Wärmespeicher aufplustern.

Strichvögel wie der Graureiher bewegen sich bei schlechter Witterung und Nahrungsmangel in der Region. Im Winter suchen zum Beispiel Wasservögel in nahe gelegenen wärmeren Regionen nach nicht zugefrorenen Gewässern.

Als *Zugvögel* bezeichnet man Arten, die regelmäßig Wanderungen über große Strecken in den Süden durchführen wie zum Beispiel Stare und Störche. Sie benötigen für diesen Flug viel Energie und müssen daher ihr Fettdepot unterwegs immer wieder auffüllen. Bei den Zwischenstopps senken sie ihre Körpertemperatur und benötigen dadurch weniger Energie für die Temperaturerhaltung.

Energie sparen, Energie nutzen

Viele Zugvogelarten fliegen im V-förmigen Formationsflug. Dabei nutzen sie den Aufwind des voranfliegenden Schwarmmitglieds und können so bis zu 20 Prozent an Energie einsparen. Gänse und Schwäne können sogar in Höhen von über 8000 Kilometern fliegen und nutzen dort einen starken Wind, den Jetstream, um Energie einzusparen. Mit der zunehmenden Erderwärmung ziehen manche Vogelarten nur noch kürzere Strecken.

Zeit für den Abflug

Zugvögel besitzen eine angeborene »innere Uhr«, die sie zu den Zugzeiten in Unruhe versetzt. Die kürzer werdenden Tage, zurückgehende Temperaturen sowie weniger Nahrung lösen dann den Zeitpunkt des Abflugs aus.

2 Formationsflug

Orientierung der Zugvögel

Das Wissen über die Richtung und das Ziel der Zugroute ist weitgehend angeboren. Während des Flugs orientieren sich *Tagflieger* am Stand der Sonne, *Nachtflieger* an den Sternen. Das Magnetfeld der Erde können manche Vögel ebenfalls zur Navigation nutzen. Große Gebirge, Städte, Seen oder Flüsse geben den Tieren weitere Orientierungsmöglichkeiten. Fliegen die Vögel in Gruppen, so lernen die Jungvögel beispielsweise geeignete Rastplätze kennen. Andere Vögel wie der Kuckuck fliegen alleine und finden auch beim ersten Mal den Weg ins Winterquartier und zurück zu den Brutplätzen.

Nach Afrika und wieder zurück

Auf ihrem Flug in den Süden bewegen sich die Vögel auf bestimmten *Zugrouten,* die nicht immer der kürzeste Weg sind. Um nicht über das offene Meer, über Wüsten oder Gebirge fliegen zu müssen, nehmen sie Umwege von mehreren Hundert Kilometern in Kauf.

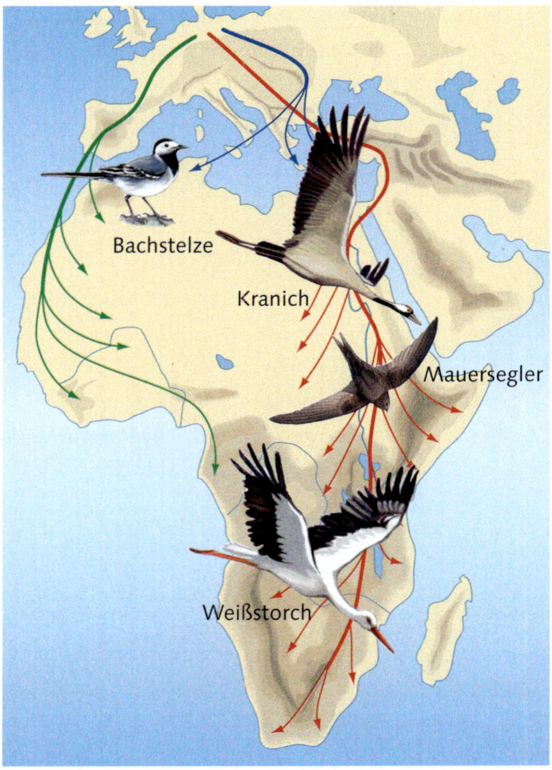

3 Überwinterungsorte verschiedener Vogelarten

Viele Zugvögel nutzen die Westroute über Frankreich, Spanien und Marokko. Die Ostroute verläuft über Südosteuropa nach Griechenland und in die Türkei.

Auf der Reise lauern Gefahren

Bei der Überquerung von Meeren, Wüsten oder Gebirgen drohen den Tieren vor allem bei schlechtem Wetter Erschöpfung und Nahrungsmangel. Weitaus schwerwiegender ist die Jagd auf Singvögel in einigen Ländern und die Zerstörung von geeigneten Rastplätzen entlang der Wanderrouten.

Methoden der Vogelzugforscher

Neben der einfachen Sichtbeobachtung beringen Forscher Vögel. Die Auswertung der Ringe von toten oder gefangenen Vögeln ermöglicht es, Zugrouten verschiedener Arten herauszufinden. Größere Vögel werden mit Minisendern ausgestattet, deren Signale von Satelliten aufgefangen werden. Radarmessungen geben Auskunft über die Anzahl der nachts ziehenden Vögel.

In Kürze

Der Vogelzug ist der regelmäßige Flug von Vögeln zwischen ihrem Brutgebiet und einem weit entfernten Winterquartier. Die Vögel ziehen aufgrund der Nahrungsknappheit während der Wintermonate. Dabei orientieren sie sich an der Sonne, den Sternen oder dem Magnetfeld der Erde. Viele Verhaltensweisen sind angeboren.

Aufgaben

1 □ Nenne Ursachen, weshalb Zugvögel im Herbst ihre Brutgebiete verlassen.

2 ◪ Beschreibe die unterschiedlichen Möglichkeiten, um Energie beim Vogelzug einzusparen.

3 ◪ Beschreibe mit Hilfe von Bild 3 die Westroute und die Ostroute. Suche die Stellen, an denen die Zugvögel möglichst häufig landen können.

Lebensgrundlage Energie

1 Energieformen in der Halfpipe

1 Skater in einer Halfpipe

a □ Nenne Energieformen, die während einer Fahrt in einer Halfpipe auftreten.

b ◪ Erkläre aus physikalischer Sicht, weshalb das Fahren in einer Halfpipe anstrengend ist.

2 Energieumwandlung beim Rollerfahren

a □ Zeichne die Energiekette für das Fahren mit einem Cityroller.

b ◪ Beim Rollerfahren beugt und streckt sich das Standbein, das Kickbein bewegt den Roller nach vorne. Welches Bein ermüdet beim Fahren auf ebener Strecke schneller? Begründe.

3 Nahrung liefert Energie

a □ Nenne die in der Nahrung enthaltenen Betriebs- und Baustoffe.

b ◪ Ein Bauarbeiter hat einen höheren Leistungsumsatz als eine Bürokauffrau. Begründe.

c ■ »Wenn ich mit dem Fahrrad fahre, stammt die Energie dafür von der Sonne.« Begründe.

4 Pflanzen nutzen Licht

Buschwindröschen findet man häufig in Laubwäldern. Sie blühen und wachsen zeitig im Frühjahr. Ihre unterirdischen Speicherorgane, in denen Energie in Form von Stärke gespeichert ist, kann man im gesamten Jahr im Erdboden finden.

a ◪ Erkläre mit dem Diagramm in Bild 2, welchen Vorteil es für die Frühblüher hat, direkt nach dem Winter zu wachsen.

b ◪ Erläutere, weshalb im Sommer nur wenige Pflanzen auf dem Waldboden wachsen.

c ◪ Erkläre, welche Auswirkungen die Sonnenenergie im Frühjahr auf den Boden hat.

d ■ Frühblüher wachsen in vielen Laubwäldern, aber nicht in Nadelwäldern. Begründe.

2 Lichtintensität in einem Laubwald im Jahresverlauf

5 Verbrennung – Brände löschen

In Altstädten mit vielen Fachwerkhäusern sind Brände besonders gefährlich. Da die Häuser eng beieinander stehen, greift das Feuer oft auch auf benachbarte Gebäude über. Um das zu verhindern, bespritzt die Feuerwehr auch die umliegenden Gebäude mit Wasser.

a □ Nenne die Bedingungen für eine Verbrennung.

b ◪ Erkläre, welche Möglichkeiten es gibt, einen Brand zu löschen.

c ■ Begründe, warum das Bespritzen der Nachbargebäude mit Wasser die Ausbreitung des Brandes verhindern kann.

6 Lebensbedingungen im Winter

Tiere, die in der kalten Jahreszeit nicht ausreichend Nahrung finden, überstehen den Winter auf unterschiedliche Weise.

a □ Nenne mögliche Überwinterungsformen.

b ■ Ordne die Tiere in den Textkästen unten einer Überwinterungsstrategie zu. Begründe.

Schwalbe Insekten, die auf ihrem Speiseplan stehen, findet sie im Winter in Afrika.

Siebenschläfer Das Nagetier übersteht den Winter ohne Vorräte. Fast auf 0 °C fällt die Körpertemperatur ab. Die Atmung verringert sich auf 1–2 Atemzüge pro Minute. Beim Aufwachen liefert das braune Fettgewebe schnell Energie.

Teichmolch Ende Herbst zieht er sich in einen frostsicheren Unterschlupf zurück. Manche überwintern nicht an Land, sondern im Gewässer.

Dachs Für die kalte Jahreszeit frisst er sich reichlich Speck an, ehe er sich in einen frostfreien Bau zurückzieht. Seine Körpertemperatur und die Atemfrequenz verändern sich kaum.

Lebensgrundlage Energie

- Energie ist notwendig, um etwas zu bewegen, anzuheben, zu erwärmen oder zu beleuchten. Energie tritt in verschiedenen Formen auf, die ineinander umgewandelt werden können.

- Ohne die grünen Pflanzen wäre kein tierisches und menschliches Leben auf der Erde möglich. In den grünen Blättern stellen Pflanzen bei der Fotosynthese Traubenzucker und Sauerstoff her. Dabei wandeln sie die Energie des Sonnenlichts in chemische Energie um.

- Brennstoffe wie Holz, Erdöl oder Erdgas verbrennen nur dann, wenn genügend Luft vorhanden ist und die Entzündungstemperatur des Brennstoffs erreicht wird. Bei der Verbrennung liefern sie Wärmeenergie.

- Temperaturunterschiede führen zum Transport von Wärmeenergie. Sie kann durch Strahlung, Strömung oder Leitung übertragen werden. Dunkle Stoffe nehmen Wärmestrahlung besonders gut auf.

- Tiere besitzen unterschiedliche Überwinterungsformen. Sie reichen von körperlichen Angepasstheiten bis zum aktiven Aufsuchen wärmerer Regionen.

- Der Körper der Vögel ist durch dünne, hohle Knochen und Luftsäcke sehr leicht. Luftströmungen am Flügel sorgen für den Auftrieb, der den Vogel in die Luft hebt.

Lebensgrundlage Wasser

Wasser ist lebensnotwendig

1 Menschen benötigen Wasser zum Leben.

Beim Sport oder im Sommer, wenn es sehr heiß ist, bekommst du ganz schnell einen trockenen Mund. Du hast Durst. Durst ist ein Signal deines Körpers: Er sagt dir damit, dass du etwas trinken musst.

Wassergehalt in Mensch, Tier und Pflanze

Der Mensch besteht zu etwa 60 % aus Wasser. Den Rest machen Fett, Muskelmasse, Knochen und andere Stoffe aus. Körperflüssigkeiten wie Blut, Schweiß, Speichel, Urin oder Tränen bestehen hauptsächlich aus Wasser. Ein Erwachsener scheidet täglich etwa 2–3 Liter Wasser aus, das er mit der Nahrung wieder aufnehmen muss. Auch Pflanzen können nicht ohne Wasser wachsen. Manche Pflanzen bestehen zu über 90 % aus Wasser. Viele Tiere und Pflanzen benötigen das Wasser auch als Lebensraum.

Wasservorkommen auf der Erde

Auf der Erde gibt es insgesamt 1,38 Milliarden Kubikkilometer Wasser. 71 Prozent der Erdoberfläche sind mit Wasser bedeckt. 97,4 Prozent des Wassers sind *Salzwasser.* Nur 2,6 Prozent sind *Süßwasser.* Von der gesamten Süßwassermenge sind weniger als 1 Prozent für uns als Trinkwasser erreichbar, denn ein großer Teil des Süßwassers befindet sich als Eis an Nord- und Südpol. Auf unserem Planeten ist also das Trinkwasser nicht gleichmäßig verteilt.

2 Lebewesen bestehen zu unterschiedlichen Anteilen aus Wasser.

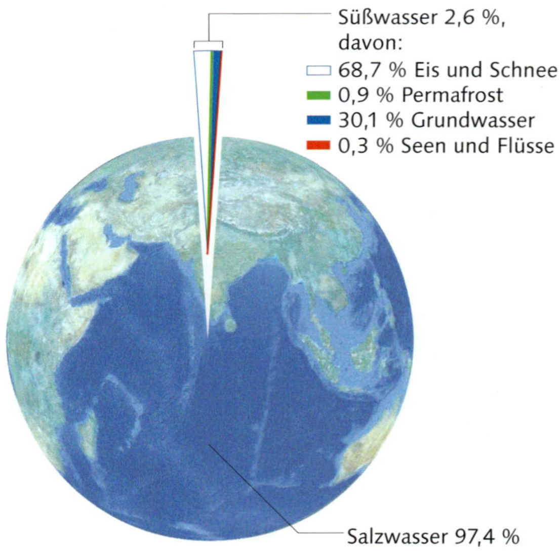

3 Wasserverteilung auf der Erde: Das meiste Wasser ist ungenießbares Salzwasser.

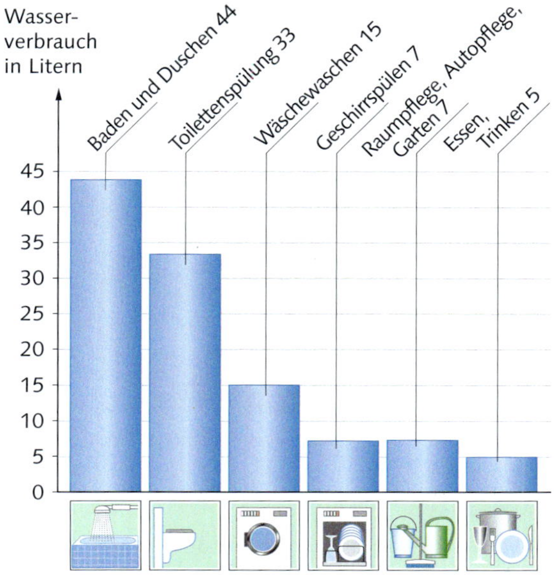

4 Die Verwendung von Trinkwasser im Haushalt (Stand: 2011)

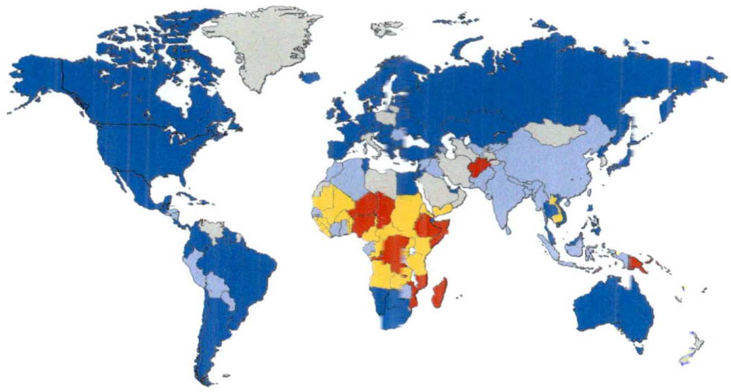

5 Zugang der Weltbevölkerung zu sauberem Trinkwasser (Stand: 2008)

Trinkwasserverwendung

In jedem *Haushalt* sind Wasseruhren zu finden. Durch sie fließt das Wasser, das verbraucht wird. Die Mengenangabe wird in Kubikmetern angezeigt. Wasser wird nicht nur getrunken, sondern in vielen Bereichen des täglichen Lebens genutzt, zum Beispiel zum Duschen, Wäschewaschen und Geschirrspülen.

Jeder Einwohner verwendet in Deutschland durchschnittlich etwa 120 Liter Wasser am Tag. Hinzu kommt das Wasser, das in Kraftwerken, Industrie, Landwirtschaft und Handel sowie in öffentlichen Einrichtungen wie Schwimmbädern und Krankenhäusern benötigt wird.

Trinkwasserversorgung in aller Welt

Nach aktuellen Schätzungen der Weltgesundheitsorganisation WHO haben etwa 783 Millionen Menschen keinen Zugang zu sauberem Trinkwasser. Das entspricht 11 % der Weltbevölkerung. Ohne sauberes Trinkwasser leiden diese Menschen an Austrocknung und Krankheiten, die durch verschmutztes Wasser entstehen. Durch verschmutztes Wasser sterben jährlich zehnmal so viele Menschen wie durch Kriege. Mit steigender Weltbevölkerung steigt der Bedarf an Trinkwasser.

In Kürze

Wasser ist die Grundlage allen Lebens auf der Erde. Nur ein geringer Teil davon steht auf der Erde als Trinkwasser zu Verfügung.
Trinkwasser wird in Haushalten sowie in Industrie, Landwirtschaft und Handel verwendet.

Aufgaben

1 Ermittle mit Hilfe der Wasseruhr bei dir zu Hause:
a □ Wie viel Wasser verbraucht deine Familie an einem Tag? Vergleiche mit den Werten in Bild 4.
b □ Notiere, wofür das Wasser verwendet wurde.
c □ Überlege Maßnahmen, wie du persönlich deinen Trinkwasserverbrauch verringern kannst.

2 ◪ Suche aus Bild 5 die Länder heraus, in denen größte Wassernot herrscht. Überlege, warum das Wasser in diesen Ländern knapp ist.

Wasser – Bedeutung und Nutzung

Noah malt im Kunstunterricht mit Wasserfarben. Dazu taucht er zuerst den Pinsel in einen Behälter mit Wasser und vermischt anschließend den nassen Pinsel mit der Farbe. Nun kann er die Farbe mit dem Pinsel auf das Papier übertragen und sein Bild malen.

1 Wasserfarben enthalten wasserlösliche Farbstoffe.

Wasser als Lösungsmittel

Beim Malen mit Wasserfarben lösen sich die Farbstoffteilchen im Wasser. Das kannst du besonders gut beobachten, wenn du den Pinsel im Wasserbehälter auswäschst: Die Farbe zieht zunächst Schlieren und verteilt sich dann gleichmäßig im Wasser.

Aber nicht nur Wasserfarben lösen sich in Wasser: Wenn du zum Beispiel Zucker oder Salz in ein Glas mit Wasser einrührst, lösen sie sich ebenfalls auf. Wasser ist für alle diese Stoffe ein *Lösungsmittel*.

Mineralwasser

Bestimmt ist dir schon einmal aufgefallen, dass auf Mineralwasserflaschen viele verschiedene Angaben abgebildet sind. Was verbirgt sich dahinter?

In Mineralwasser sind unterschiedliche *Mineralien* gelöst, zum Beispiel Magnesium- und Calciumsalze. Die Mineralien stammen aus tiefen Gesteinsschichten der Erde. Das dort vorhandene Grundwasser löst diese Mineralien und wird später für die Trinkwasseraufbereitung verwendet.

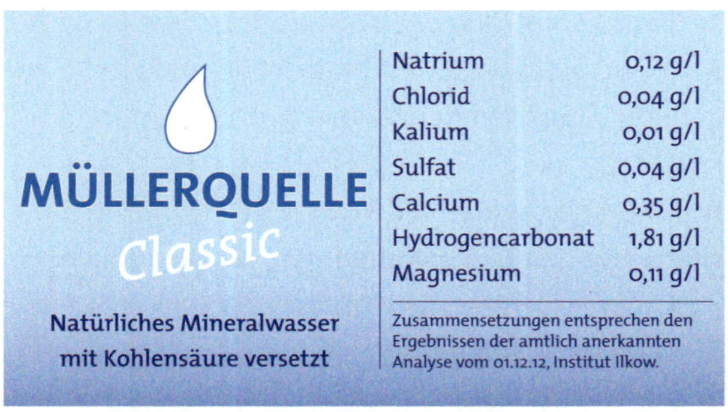

2 Auf Mineralwasseretiketten wird oft der Salzgehalt angegeben.

Salzwasser

Fast das gesamte Wasservorkommen der Erde besteht aus Salzwasser. Wie der Name schon sagt, enthält Salzwasser sehr viele gelöste Salze. Das merkt man sehr schnell, wenn man zum Beispiel beim Baden im Urlaub aus Versehen Meerwasser geschluckt hat. Das Tote Meer enthält sogar so viele gelöste Salze, dass man gemütlich im Wasser liegen kann, ohne unterzugehen.

Süßwasser

Im Gegensatz zum Salzwasser befinden sich im Süßwasser keine oder nur geringe Spuren von gelösten Salzen. Süßwasser kommt hauptsächlich in Form von Eis und Schnee und als Grundwasser vor. Auch Seen und Flüsse bestehen größtenteils aus Süßwasser und bieten einen Lebensraum für unterschiedliche Tier- und Pflanzenarten. Das Wasser, das bei uns aus der Leitung kommt, ist ebenfalls Süßwasser.

3 Der Bodensee ist der größte Süßwasserbinnensee Europas.

4 Herabfließendes Wasser treibt die Turbine des Wasserkraftwerks an.

5 Umweltverschmutzung durch ausgelaufenes Mineralöl bei einem Tankerunglück

Wasserkraft

Schon seit Jahrhunderten wird die Kraft des Wassers für den Antrieb von Mühlen genutzt. Diese Technik wurde weiterentwickelt: In großen Wasserkraftanlagen strömt heute das Wasser durch Turbinen und treibt dadurch Generatoren an. So wird Strom erzeugt, der eine sinnvolle und saubere Alternative zu Erdgas, Erdöl, Kohle oder Kernkraft ist.

Wasser als Kühlmittel

Der Körper nutzt Wasser zur Kühlung. Wenn wir Sport treiben oder Fieber haben, schwitzen wir. Dabei wird Wasser über die Hautporen ausgeschieden und sorgt bei der Verdunstung für Kühlung. Auch in der Technik dient Wasser zur Kühlung. In Autos werden Motoren mit Wasser gekühlt. In der Industrie, zum Beispiel in Kraftwerken, sorgt eine Wasserkühlung dafür, dass die Generatoren nicht zu heiß laufen.

Wasser als Transportmittel

Wasser wird als Transportmittel und Transportweg genutzt. Mit Hilfe des Wassers wird Schmutz durch die Kanalisation zu den Kläranlagen transportiert.

Frachtschiffe bringen auf großen Flüssen wie Rhein, Main und Donau oder auf Kanälen Waren in verschiedene Länder. Große Containerschiffe bringen ihre Ladung über das Meer in alle Welt.

Gefährdung des Lebensraums Wasser

Um das Wasser als Verkehrsweg zu nutzen, begradigt der Mensch Flüsse und baut Kanäle. So wird das Ökosystem Wasser bedroht. Viele Pflanzen werden beseitigt und Tiere verlieren ihren Lebensraum. Zudem werden Hochwasserkatastrophen begünstigt, weil das Wasser nicht durch die Nebenarme oder Wiesen zurückgehalten wird. Auf dem Meer kommt es immer wieder zu Unfällen. Wenn Öltanker auseinanderbrechen, laufen Millionen Liter Mineralöl aus, verschmutzen das Wasser und gefährden den Lebensraum vieler Tiere.

In Kürze

Wasser hat eine große Bedeutung als Lösungsmittel für Mineralien und Salze. Es wird zur Energiegewinnung, zur Kühlung und als Transportmittel genutzt. Wird dabei in die Natur eingegriffen, ist ein sorgfältiger Umgang wichtig.

Aufgaben

1 □ Nenne den Unterschied zwischen Salz- und Süßwasser.

2 □ Nenne verschiedene Nutzungsmöglichkeiten von Wasser in Technik, Industrie, Haushalt und in der Freizeit. Fertige eine Tabelle an.

3 ◪ Begründe, warum man zum Malen mit Wasserfarben immer einen Becher mit Wasser benötigt.

4 ◪ Erläutere, woher die gelösten Mineralien und Salze im Mineralwasser stammen.

Der Wasserkreislauf

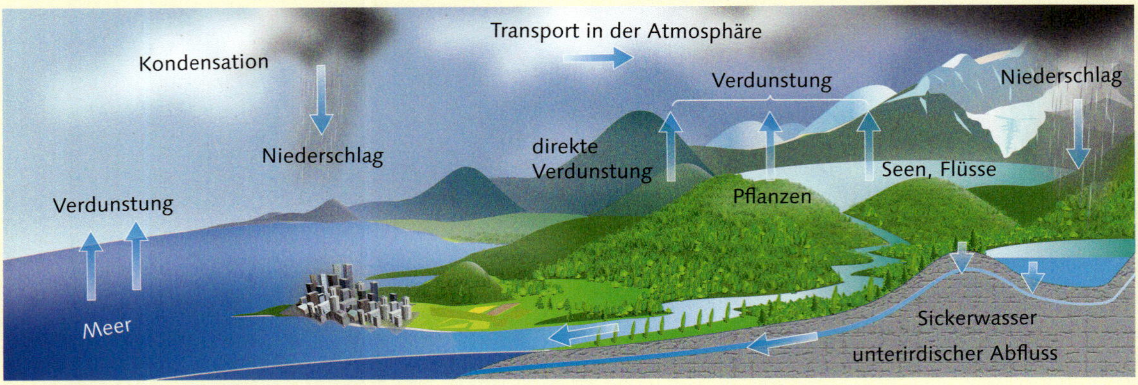

1 Der Kreislauf des Wassers

Wasser im Kreislauf des Lebens

Unser Trink- und Brauchwasser wird aus Oberflächenwasser wie Bächen, Seen oder Flüssen und aus Grundwasser gefördert. Wir nutzen zwar das Wasser, doch es geht nicht verloren. Die Gesamtmenge an Wasser auf der Erde nimmt weder zu noch ab. Das Wasser befindet sich in einem Kreislauf aus Verdunstung und Kondensation. Auch wir Menschen sind durch Trinken, Verdunstung und Ausscheidung Teil dieses Kreislaufs.

Verdunstung und Kondensation

Durch die Wärme der Sonne verdunstet Wasser aus dem Meer, den Flüssen und Seen. Außerdem verdunstet Wasser aus dem Boden und von den Pflanzen. Der entstehende *Wasserdampf* steigt in die Atmosphäre auf und bildet Wolken.

Die Temperatur in der Erdatmosphäre wird mit zunehmender Höhe geringer, sodass der aufgestiegene Wasserdampf in der Luft abkühlt. Das Wasser fällt als *Niederschlag* in Form von Regen, Hagel oder Schnee wieder auf die Erde herunter. Diese Niederschläge werden als Oberflächenwasser direkt von Seen oder Flüssen aufgenommen.

Der Weg im Boden

Das Wasser wird von den Pflanzen aufgenommen und sickert in den Boden ein, bis es auf eine wasserundurchlässige Schicht trifft. Dort sammelt sich das Wasser als Grundwasser und tritt als Quelle wieder hervor. Aus Quellen werden Bäche, aus Bächen werden Flüsse, die schließlich zum Meer fließen.

Verweildauer von Wasser auf der Erde

Ein Großteil des Süßwassers verbleibt im Eis an Nord- und Südpol und entzieht sich damit dem Kreislauf. Das Wasser, das im Kreislauf eingebunden ist, verbleibt:

- einige Tage in der Atmosphäre,
- einige Wochen in einem Fluss,
- ein paar Wochen bis Jahrtausende in einem See oder im Grundwasser,
- einige Hundert Jahre in einem Alpengletscher,
- Tausende von Jahren im Tiefenwasser des Ozeans,
- Zehntausende bis Hunderttausende von Jahren im Eis der Pole.

Aufgaben

1 □ Beschreibe die Vorgänge der Verdunstung und Kondensation im Wasserkreislauf.

2 ◪ Woher kommt das Gießwasser für Pflanzen bei dir zu Hause? Erläutere den Weg des Wassers im Kreislauf.

Extra

Umgang mit Wasser

Wie viel Wasser für ein Rindersteak?

Von der Jeans bis zur Tomate – Wissenschaftler haben untersucht, wie viel Wasser zur Herstellung verschiedener Produkte benötigt wird. Wenn man alle Produkte zusammenzählt, die gekauft werden, verbraucht jeder Deutsche täglich etwa 4 000 Liter Wasser. Die Menge an Wasser, die in einem Produkt enthalten ist und die benötigt wird, um es herzustellen, heißt *»virtueller Wasserverbrauch«*.

Für ein Rindersteak muss man berücksichtigen, dass ein Rind etwa drei Jahre alt ist, wenn es geschlachtet wird. Bis dahin trinkt und frisst das Tier. Besonders für die Herstellung des Futters wird viel Wasser benötigt – für ein Kilogramm Rindfleisch sind es 15 500 Liter Wasser.

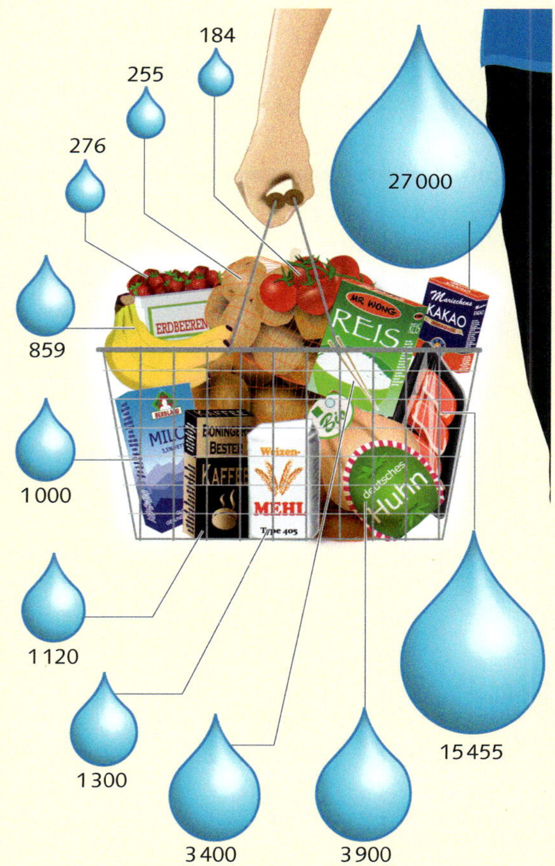

1 Tatsächlicher Wasserverbrauch (in Litern) zur Herstellung je eines Kilogramms verschiedener Produkte

Sauberes Wasser aus Plastikflaschen

In vielen Entwicklungsländern werden Menschen krank, weil sie Wasser trinken, das durch Keime verunreinigt ist. Besonders Kinder leiden oft unter Durchfallerkrankungen: Jeden Tag sterben weltweit mehr als 4 000 Kinder an den Folgen davon.

Das SODIS-Verfahren ist ein einfaches Verfahren, um Krankheitskeime abzutöten. Die Abkürzung SODIS stammt vom englischen *»solar water disinfection«*, das bedeutet solare Wasserdesinfektion. Dabei wird Wasser in klare, durchsichtige PET-Flaschen oder Plastikbeutel gefüllt und mindestens sechs Stunden in die Sonne gelegt. In dieser Zeit töten die UV-Strahlen der Sonne die Krankheitskeime im Wasser ab.

2 Behandlung des Wassers in PET-Flaschen

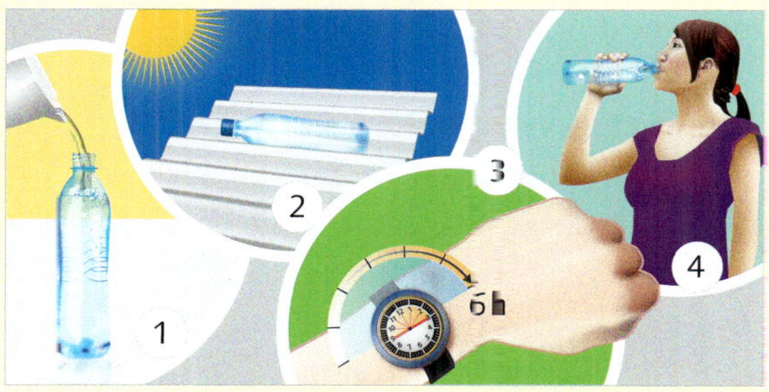

3 Anweisung zum SODIS-Verfahren

Aufgaben

1 □ Beschreibe die Anweisungen zum SODIS-Verfahren unter Verwendung von Bild 3.

2 ◪ Erkläre den Begriff »virtueller Wasserverbrauch«.

3 ■ Timon isst am liebsten Hünnchen mit Reis. Sein Lieblingsgetränk ist Kakao. Bewerte Timons Leibspeisen mit Blick auf seinen »virtuellen Wasserverbrauch«. Was rätst du ihm?

Gewinnung von Trinkwasser

Um das Grundwasser rund um ein Wasserwerk vor Verunreinigung zu schützen, wird die Umgebung als Wasserschutzgebiet gekennzeichnet. Vielleicht hast du so ein blaues Schild schon einmal beim Wandern gesehen. Es macht deutlich, dass zum Beispiel Fahrer von Tanklastern mit wassergefährdenden Stoffen besonders vorsichtig sein müssen.

1 Wasserschutzgebiete werden gekennzeichnet.

Woher kommt unser Trinkwasser?

Trinkwasser wird aus Grundwasser, aus Stauseen oder Flüssen und aus Quellen gewonnen. Dieses Grund- und Oberflächenwasser ist bereits recht sauber. Damit es aber die Qualität von Trinkwasser erreicht, muss es in einem Wasserwerk aufbereitet werden.

Trinkwasseraufbereitung

In einem *Wasserwerk* gibt es eine Reinigungsanlage mit verschiedenen Grob- und Feinfiltern. Wenn das Wasser hindurchfließt, werden Verunreinigungen aus dem Wasser entfernt. Eine Entkeimung des Wassers findet durch Chlorzusatz, durch Bestrahlung mit UV-Strahlen oder durch Ozonbeigabe statt.

Trinkwasserverordnung

Sauberes Trinkwasser verdanken wir auch einer Trinkwasserverordnung. Sie verpflichtet die Wasserwerke, regelmäßig zu überprüfen, ob alle Schadstoffgrenzwerte und Anforderungen an das Trinkwasser eingehalten werden.

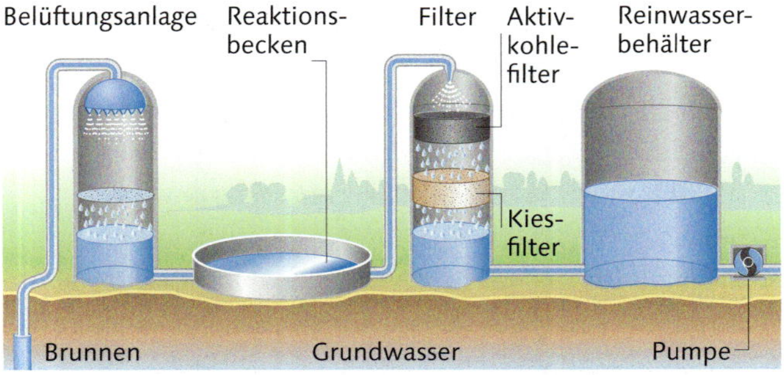

2 Anlage zur Aufbereitung von Trinkwasser aus Grundwasser

Schadstoffe wie Düngesalze oder Schädlingsbekämpfungsmittel gelangen in das Grund- und Oberflächenwasser, weil sie durch Niederschläge aus dem Ackerboden gewaschen werden. Auch für andere Stoffe wie Blei oder Cadmium gelten bestimmte Grenzwerte.

In Kürze

Trinkwasser kann durch Filtrieren von Grobstoffen und Entkeimung aus Grund- und Oberflächenwasser gewonnen werden.

Aufgaben

1 □ Beschreibe, wie in einer großtechnischen Anlage Trinkwasser aufbereitet wird.

2 ◪ Erläutere, was die Trinkwasserverordnung regelt.

3 ■ Erkunde bei deinem örtlichen Wasserwerk, woher das Wasser in deinem Heimatort stammt.

Inhaltsstoff	Grenzwert (mg/l)
Pflanzenschutzmittel	0,0005
Blei	0,01
Cadmium	0,003
Kupfer	2,0
Nitrat	50
Natrium	200
Chlorid	250
Quecksilber	0,001
Sulfat	240

3 Grenzwerte nach der Trinkwasserverordnung (Stand: 2014)

Qualität unserer Gewässer

Klares Wasser ist ein Zeichen für eine gute Wasserqualität. Um die Qualität eines Gewässers festzustellen, muss man aber auch noch andere Merkmale untersuchen.

Einteilung in Gewässergüteklassen

In Deutschland wird die Gewässerqualität in einem einheitlichen Bewertungsverfahren eingestuft. Die Gewässergüte von Fließgewässern wird auf der Grundlage biologischer Merkmale bewertet und dann einer Güteklasse zugeordnet.

Lebewesen geben uns Auskunft

Bachforellen benötigen zum Leben besonders klare und sauerstoffreiche Fließgewässer.

Gewässergüteklasse	Merkmale des Wassers	Ökologischer Zustand
I unbelastet bis sehr gering belastet	klar, nährstoffarm, sehr hoher Sauerstoffgehalt, wenig Bakterien, mäßig dicht besiedelt mit Algen, Insektenlarven, Strudelwürmern	sehr gut
I–II gering belastet	klar, Nährstoffgehalt gering, sauerstoffreich	
II mäßig belastet	hoher Sauerstoffgehalt; große Artenvielfalt; viele Fischarten	gut
II–III kritisch belastet	trüb; geringer Sauerstoffgehalt	
III stark verschmutzt	trüb; niedriger Sauerstoffgehalt; Faulschlammablagerungen; kaum Algen; viele Schwämme, Egel, Wasserasseln, Bakterien; Fischsterben	mäßig
III–IV sehr stark verschmutzt	trüb, Faulschlamm, großer Sauerstoffmangel; sehr wenige Fische	unbefriedigend
IV übermäßig verschmutzt	sehr geringer Sauerstoffgehalt, Fäulnisprozesse; viele Bakterien, keine Fische	schlecht

2 Bewertung der Gewässergüte

1 Wie kann man die Wasserqualität feststellen?

Nimmt der Sauerstoffgehalt ab, verringert sich auch ihr Bestand. Ihr Vorkommen oder Fehlen zeigt also an, ob das Wasser in dem jeweiligen Flussabschnitt sauerstoffreich oder sauerstoffarm ist. Daraus lassen sich Rückschlüsse auf die dortige Wasserqualität ziehen. Bachforellen sind *Zeigerorganismen*.

Zeigerorganismen sind Tier- und Pflanzenarten, die bestimmte Umweltbedingungen anzeigen. Es gibt Zeigerorganismen für unbelastete Gewässer und solche für schlechte Wasserqualität. Wenn man Vorkommen und Häufigkeit solcher Gewässerbewohner bestimmt, dann kann man Rückschlüsse auf die Belastung des Gewässers ziehen.

Einflüsse auf die Gewässergüte

Die Gewässergüte ist von vielen Faktoren abhängig. Eine niedrige Wassertemperatur und eine Verwirbelung des Wassers führen zur Anreicherung von Sauerstoff. Kommt es zur Erwärmung des Wassers, löst sich darin weniger Sauerstoff. Bei der Zersetzung abgestorbener Tiere und Pflanzen wird viel Sauerstoff verbraucht. Dadurch sinkt die Wasserqualität.

In Kürze

Temperatur, Sauerstoffgehalt und Nährstoffgehalt haben Einfluss auf die Gewässergüte eines Fließgewässers.

Aufgaben

1 ☐ Nenne Qualitätsmerkmale von gutem Wasser.

2 ◪ Erläutere den Begriff Zeigerorganismus.

Praxis

Wir untersuchen Wasser

A Vorbereiten einer Wasserprobe

Material Glas mit Schraubverschluss, Thermometer, Uhr, Gewässerprobe

Durchführung Entnimm ca. 500 ml Wasser aus einem Gewässer deiner Wahl. Miss die Temperatur des Wassers und der Luft.

Auswertung Notiere Ort, Gewässerart, Datum und Zeit der Probenentnahme sowie die Temperatur des Wassers und der Luft. Lege ein Untersuchungsprotokoll an, in das du alle Untersuchungsergebnisse der Versuche A bis F einträgst.

Protokoll zur Wasseruntersuchung	
Ort	
Datum	
Uhrzeit	
Art des Gewässers	
Name des Gewässers	
Standort	
Lufttemperatur [°C]	
Wassertemperatur [°C]	
Geruch	
Aussehen	
Kleinstlebewesen	
Trockenrückstand	
Nitritgehalt	
Nitratgehalt	
Phosphatgehalt	
Kalkgehalt	

1 Versuchsprotokoll zu den Versuchen A bis F

B Wassertest mit Auge und Nase

Material 2 Bechergläser, Gewässerprobe, dest. Wasser

Durchführung Fülle das erste Becherglas mit deiner Wasserprobe und das zweite Becherglas mit destilliertem Wasser. Vergleiche Farbe, Trübung und Geruch der beiden Wasserarten.

Auswertung Trage deine Ergebnisse in das Untersuchungsprotokoll ein. Wasser kann klar, trüb, milchig, schlierig, geruchlos, muffig ... sein. Nutze Adjektive zur Beschreibung.

C Lebewesen im Wasser

Material Becherglas, Tropfpipette, Lupe oder Mikroskop, Gewässerprobe

Durchführung
- Entnimm vom Boden des Gefäßes eine Wasserprobe.
- Gib mit Hilfe einer Tropfpipette einen Tropfen der Gewässerprobe auf einen Objektträger.
- Decke den Objektträger mit einem Deckgläschen ab.
- Schaue mit Hilfe einer Lupe oder eines Mikroskops nach, ob und wie viele Kleinstlebewesen im Wasser vorhanden sind.

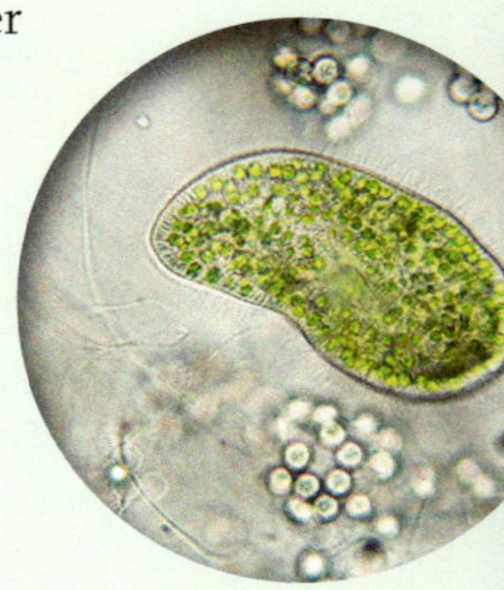

Auswertung Beschreibe Aussehen und evtl. Fortbewegung der Lebewesen. Trage die Ergebnisse in dein Untersuchungsprotokoll ein.

D Wie groß ist der Trockenrückstand im Wasser?

Material Becherglas, Dreifuß mit Ceranplatte, Gasbrenner, Waage, Gewässerprobe

Durchführung
- Wiege das Becherglas und notiere die Masse.
- Stelle das Becherglas mit der Wasserprobe auf den Dreifuß mit der Ceranplatte und entzünde den Gasbrenner darunter.
- Fülle genau 50 g des Wassers ab. Erhitze das Wasser so lange, bis es vollständig verdampft ist.
- Lass das Becherglas abkühlen und wiege es dann erneut.

Auswertung Stelle die Menge der Feststoffe in 50 g Wasser fest. Multipliziere das Ergebnis mit 2 und du erhältst den Prozentsatz der gelösten Feststoffe im Wasser. Trage die Ergebnisse in dein Untersuchungsprotokoll ein.

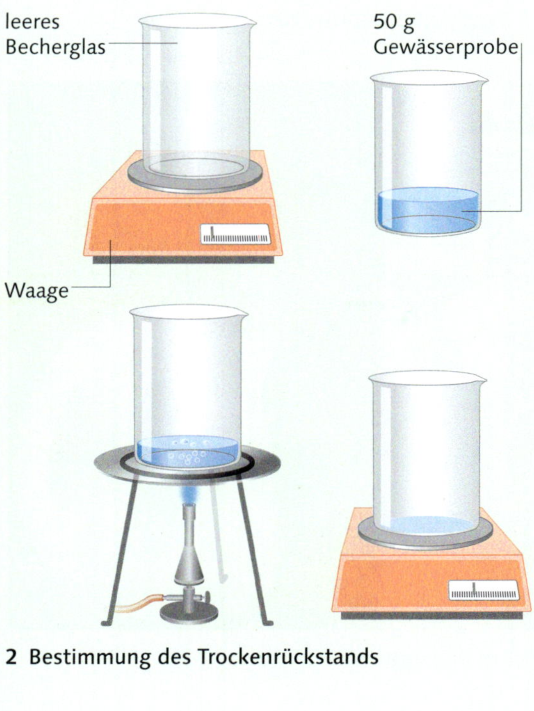

2 Bestimmung des Trockenrückstands

E Sind Schadstoffe im Wasser gelöst?

Material Reagenzgläser, Gewässerprobe, Teststäbchen für Nitrat, Nitrit und Phosphat

Durchführung Halte je ein Teststäbchen in ein Reagenzglas und warte die angegebene Zeit.

Auswertung Vergleiche die Farbe auf dem jeweiligen Teststäbchen mit der Farbskala und trage die Werte in dein Untersuchungsprotokoll ein.

F Wie verkalkt ist die Wasserprobe?

Material 3 Erlenmeyerkolben (250 ml), 3 Gummistopfen, Messpipette, dest. Wasser, Mineralwasser, Gewässerprobe, Seifenlösung (Boutron-Boudet)

Durchführung
- Fülle jeweils 100 ml der Wasserprobe in je einen Erlenmeyerkolben.
- Gib mit Hilfe einer Messpipette 0,5 ml der Seifenlösung hinzu, verschließe den Kolben und schüttle kräftig.
- Wiederhole diesen Vorgang, bis der Schaum dauerhaft bestehen bleibt.
- Notiere den Gesamtverbrauch der Seifenlösung für jede Wasserart im Versuchsprotokoll.

Auswertung
1 Vergleiche die Werte der drei Wasserarten miteinander und bewerte das Wasser der Gewässerprobe.
Hinweis: Je höher der Verbrauch der Seifenlösung ist, desto höher ist der Kalkgehalt im Wasser.
2 Beschreibe, auf welche Weise sich ein hoher Kalkgehalt des Wassers im Haushalt bemerkbar macht.

Aggregatzustände und Übergänge

Simon und Clara möchten gemeinsam für ihre Familie das Mittagessen zubereiten. Es soll etwas geben, das jedem Familienmitglied gut schmeckt. Deshalb haben sie sich für Spaghetti entschieden.

Nachdem sie einen Topf mit Wasser auf den Herd aufgesetzt haben, warten sie gemeinsam darauf, die Nudeln in das kochende Wasser geben zu können. Dabei bemerken sie, dass während des Kochvorgangs das Küchenfenster beschlägt, sodass sie nicht mehr nach draußen schauen können. Simon und Clara fragen sich nun, ob die beschlagene Fensterscheibe mit dem Kochen der Spaghetti zusammenhängt.

1 Beim Spaghettikochen

Mehrere Zustandsformen

Bei Zimmertemperatur liegt Wasser in flüssiger Form vor. Wenn man Wasser stark erhitzt, steigt Wasserdampf auf. Kühlt man Wasser dagegen ab, so gefriert es zu Eis. Wasserdampf, flüssiges Wasser und Eis sind drei verschiedene Zustandsformen von Wasser. Diese Zustandsformen werden *Aggregatzustände* genannt.

Temperatur und Aggregatzustand

Für Wasser sind uns die Veränderungen des Aggregatzustands aus dem Alltag bekannt. Wir wissen, dass die Zustandsform des Wassers von der Temperatur abhängig ist. Eisen dagegen ist uns nur in fester Form vertraut. Der flüssige und der gasförmige Aggregatzustand von Eisen werden erst bei sehr hohen Temperaturen, wie sie in einem Hochofen herrschen, erreicht. Die Luft, die uns umgibt, ist gasförmig. Erst bei etwa –190 °C liegt sie im flüssigen Aggregatzustand vor.

2 Der Stoff Wasser liegt – je nach Temperatur – in unterschiedlichen Aggregatzuständen vor.

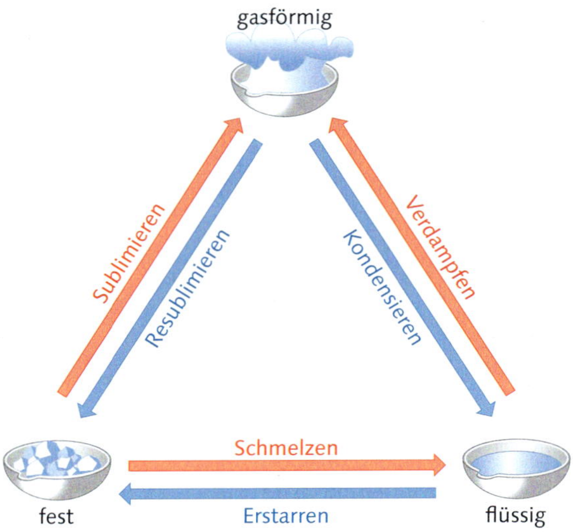

3 Aggregatzustände und Übergänge

4 Reif – ein Beispiel für Resublimation

Schmelzen und Erstarren

Eis schmilzt bei Erwärmung und wird bei einer Temperatur von 0 °C flüssig. Durch Schmelzen erfolgt der Übergang vom festen in den flüssigen Aggregatzustand. Wasser erstarrt bei einer Temperatur von 0 °C. Der Übergang vom flüssigen in den festen Aggregatzustand wird Erstarren genannt.

Verdampfen und Kondensieren

Wasser siedet, wenn es auf 100 °C erhitzt wird. Es bildet sich Wasserdampf. Den Übergang vom flüssigen in den gasförmigen Aggregatzustand nennt man Verdampfen. Bei Raumtemperatur kondensiert Wasserdampf zu flüssigem Wasser. Gas geht durch Kondensation in den flüssigen Zustand über.

5 Wäsche trocknet auch im Winter.

Sublimieren und Resublimieren

Geht der Feststoff Eis direkt in den gasförmigen Zustand Wasserdampf über, dann nennt man diesen Vorgang Sublimation. Wenn sich gasförmiges Wasser auf einer kalten Glasfläche als Eis in Form von Reif niederschlägt, läuft der umgekehrte Vorgang ab. Das Gas resublimiert.

In Kürze

Wasser kann je nach Temperatur als Feststoff, Flüssigkeit oder Gas vorliegen. Man nennt diese Zustandsform eines Stoffes Aggregatzustand.

Aufgaben

1 □ Schreibe 20 Materialien auf, die du aus deinem Alltag kennst, und ordne sie nach ihrem Aggregatzustand bei Zimmertemperatur. Was stellt du fest?

2 Erkläre folgende Beobachtungen:

a □ An einem kalten Wintertag beschlagen die Brillengläser von Brillenträgern, wenn sie zum Beispiel in eine Bäckerei kommen.

b ◪ Bleibt die Tür einer Gefriertruhe länger geöffnet, setzt sich zunehmend mehr Eis an den Innenwänden an.

c ■ Wäsche trocknet auch im Winter bei Frost im Freien. Die Wäschestücke werden erst sehr hart, nach einiger Zeit sind sie wieder weich und trocken.

Wasser hat verblüffende Eigenschaften

Bestimmt hast du schon einmal beobachtet, dass manche Tiere auf dem Wasser laufen können. Sie sinken dabei zwar ein wenig ein, brechen aber nicht durch die Wasseroberfläche.

1 Warum geht der Wasserläufer nicht unter?

Wasser hat eine »Haut«

Wenn du einen Wasserhahn ganz leicht öffnest, beobachtest du, dass das Wasser kugelförmige Tropfen bildet. Das Wasser wird wie durch eine Haut zusammengehalten. Man spricht von *Oberflächenspannung*. Diese »Wasserhaut« ist gleichzeitig stabil und wie eine Folie elastisch. Deshalb kann der Wasserläufer auf ihr laufen.

Auch flache Gegenstände aus Metall, zum Beispiel in Form einer Rasierklinge, schwimmen darum auf der Wasseroberfläche. Wird Seife oder Spülmittel ins Wasser gegeben, so wird die Oberflächenspannung des Wassers reduziert. Als Folge geht die typische Wölbung der Wasseroberfläche verloren und schwimmende Teile sinken zu Boden.

Wärmespeicher Wasser

Wasser kann fast zehnmal so viel Wärme speichern wie Eisen. Das bedeutet, dass zum Erwärmen von Wasser viel Energie benötigt wird. Wasser gibt aber auch ebenso viel Energie beim Abkühlen wieder ab.

Besonders wichtig ist diese Eigenschaft des Wassers für unser Klima. Die Fähigkeit der Meere, Wärme zu speichern, sorgt dafür, dass verhältnismäßig ausgeglichene Temperaturen auf der Erde herrschen.

Das Volumen ändert sich

Die meisten Materialien dehnen sich bei Erwärmung aus. Beim Wasser ist das genauso. Jedoch besitzt Wasser die Besonderheit, dass es sich nicht nur beim Erwärmen, sondern auch beim Gefrieren ausdehnt. Der Fachbegriff dafür ist *Dichteanomalie*. Aus diesem Grund sollte man Getränkeflaschen auch nicht im Eisfach vergessen.

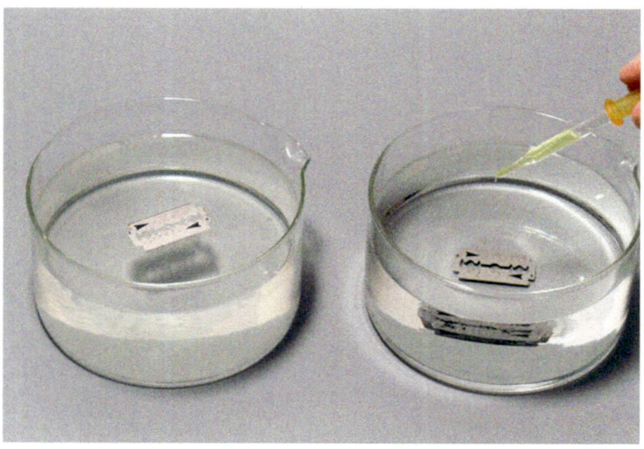

2 Seife reduziert die Oberflächenspannung.

In Kürze

Die Fähigkeit des Wassers, eine feste, aber gleichzeitig elastische Oberfläche zu bilden, wird Oberflächenspannung genannt.
Wasser ist außerdem ein guter Wärmespeicher. Anders als die meisten Materialien dehnt sich Wasser beim Gefrieren aus.

Aufgaben

1 Erkläre, warum eine Büroklammer aus Metall auf Wasser schwimmen kann.

2 Wofür wird Wasser als Wärmespeicher genutzt? Nenne Beispiele.

Siedetemperatur von Wasser bestimmen

Schmelz- und Siedetemperatur

Wasser hat eine charakteristische Schmelz- und Siedetemperatur. Zur Ermittlung der Schmelztemperatur reicht es allerdings nicht aus, ein Thermometer an einen schmelzenden Eiswürfel zu halten, denn der gemessene Wert wäre ungenau. In die ermittelte Temperatur würde die Temperatur der wärmeren Umgebungsluft ebenso einfließen wie die Temperatur des Eises an der Spitze des Thermometers. Die Spitze des Thermometers muss bei der Messung vollständig von dem Stoff umgeben sein, dessen Temperatur bestimmt werden soll.

1 Versuch aufbauen Baue den Versuch wie in Bild 1 auf. Tauche das Thermometer so in das Wasser ein, dass die untere Spitze vollständig von der Substanz umschlossen ist.

2 Werte bestimmen Miss in kurzen zeitlichen Abständen (alle 20 bis 30 s) die Temperatur.

3 Tabelle anlegen Halte die gemessenen Werte in einer Tabelle fest. Trage dazu die Zeit (20, 40, 60, 80, 100, 120, … s) und die entsprechende Temperatur in °C in jeweils zwei Spalten nebeneinander ein.

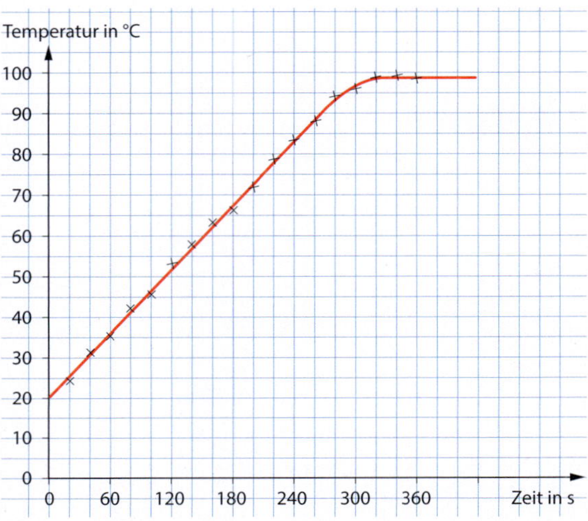

2 Temperatur-Zeit-Diagramm für die Bestimmung der Siedetemperatur von Wasser

1 Versuchsaufbau zur Bestimmung der Siedetemperatur von Wasser

4 Achsen festlegen Lege zunächst fest, an welche Achse (x-Achse oder y-Achse) die Messwerte angetragen werden sollen. Die gemessene Größe wird dabei meist an der y-Achse angetragen, also in diesem Fall die Temperatur. Auf der x-Achse wird dann die Zeit angetragen.

5 Maßstab wählen Berücksichtige den dir zur Verfügung stehenden Platz und bestimme die größtmögliche Differenz zwischen den Werten. Beschrifte die Achsen.

6 Diagramm zeichnen Übertrage deine Messwerte aus der Tabelle als Punkte in das Diagramm. Verbinde die Punkte zu einer Kurve.

7 Diagramm auswerten Der Kurvenverlauf im Temperatur-Zeit-Diagramm zeigt zunächst einen Anstieg, weist dann aber einen Bereich auf, in dem die Temperatur über mehrere Zeitabschnitte unverändert bleibt. Dies ist die Siedetemperatur von Wasser.

Aufgaben

1 ◪ Bestimme mit Hilfe von Bild 2 die Siedetemperatur von Wasser. Erkläre die Abweichung zu dem dir bekannten Wert.

2 ■ Plane einen Versuch, mit dem man die Schmelztemperatur von Wasser bestimmen kann.

Eigenschaften des Wassers

A Der Wasserberg

Material 4 Teelichthüllen, Wasser, Brennspiritus, Speiseöl, Cola

Durchführung Fülle die Teelichthüllen randvoll mit den Flüssigkeiten. Richte deinen Blick gerade auf die Oberfläche der Flüssigkeiten.

Auswertung Zeichne die Teelichthüllen mit den Flüssigkeiten. Beschreibe die Unterschiede, die du feststellst.

B Die Oberflächenspannung

Material kleine Bechergläser, 3 Büroklammern, Wasser, Brennspiritus, Speiseöl

Durchführung Fülle die 3 Bechergläser mit den Flüssigkeiten. Lege in jedes Becherglas von oben herab vorsichtig eine trockene Büroklammer.

Auswertung Zeichne und beschreibe das unterschiedliche Verhalten der Büroklammern.

C Wenn Wasser erstarrt

Material 2 Teelichthüllen, Kerze, Wasser

Durchführung
- Fülle eine Teelichthülle randvoll mit Kerzenwachs, eine zweite Teelichthülle randvoll mit Wasser. Stelle beide Teelichthüllen in ein Gefrierfach.
- Hole die Teelichthüllen nach dem Erstarren wieder heraus.

Auswertung Notiere deine Beobachtungen und erkläre die Unterschiede.

D Untersuchen der Temperaturverteilung in Eiswasser

Material Standzylinder, Thermometer, Wasser, Eis

Durchführung
- Fülle einen hohen Standzylinder zur Hälfte mit kaltem Wasser.
- Gib vorsichtig bis zum Rand zerkleinertes Eis dazu.
- Miss mit einem Thermometer die Temperatur im Messzylinder
- Beginne damit am Boden des Messzylinders und führe weitere Messungen durch, indem du das Thermometer jeweils um ca. 5 cm nach oben bewegst.

Auswertung Notiere die Messergebnisse. Erkläre die Ergebnisse.

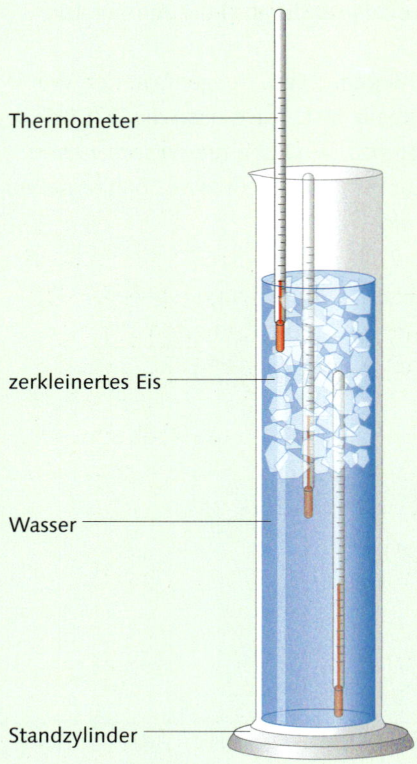

1 Temperaturverteilung in Eiswasser

Praxis

Wasser – ein vielfältiges Lösungsmittel

A Löslichkeit von Feststoffen

Material 6 Reagenzgläser, Spatel, Brenner, Reagenzglashalter, Zucker, Kochsalz, Waschsoda (Natriumcarbonat), Mehl, Gips (Calciumsulfat), Kreide (Calciumcarbonat), Wasser, Wachsstücke

Durchführung
- Fülle ein Reagenzglas halbvoll mit Wasser.
- Gib einen halben Spatel eines Stoffes in ein Reagenzglas und schüttle das Reagenzglas vorsichtig.
- Falls sich der Stoff gelöst hat, gib einen weiteren halben Spatel dieses Stoffes in das Reagenzglas. Erhitze nicht weiter.

Auswertung Beschreibe, wie sich die Stoffe in Wasser lösen.

B Löslichkeit von Flüssigkeiten

Material 6 Reagenzgläser, 6 Tropfpipetten, Reagenzglasständer, Milch, Anisschnaps, Essig, Pflanzenöl, Waschbenzin, Wasser

Durchführung
- Fülle die Reagenzgläser halbvoll mit Wasser und stelle sie in den Reagenzglasständer.
- Gib je eine halbe Tropfpipette voll einer Flüssigkeit in ein Reagenzglas.

Auswertung Zeichne deine Beobachtungen in dein Heft. Beschreibe, wie sich die Stoffe in Wasser lösen.

C Gase in Wasser

Material 2 Spritzen mit Hahn, Gummischlauch (ca. 5 cm), Stativmaterial, kaltes destilliertes Wasser, Sauerstoff, Kohlenstoffdioxid

> **Sicherheitshinweis:**
> Sauerstoff ist brandfördernd.
> Lass dir beim Abfüllen der Gase von deiner Lehrkraft helfen.

Durchführung
- Fülle eine Spritze mit 100 ml kaltem destilliertem Wasser, die andere mit 100 ml Sauerstoff.
- Spanne jede Spritze in ein Stativ und verbinde die zwei Spritzen mit dem Gummischlauch wie in Bild 1.
- Öffne die Hähne der Spritzen und schiebe den Sauerstoff mehrmals durch das Wasser, bis sich kein Sauerstoff mehr löst.
- Verschließe dann beide Spritzen wieder.
- Notiere das Endvolumen in der Spritze mit Sauerstoff.
- Führe den gleichen Versuch mit Kohlenstoffdioxid durch.

Auswertung
1 Beschreibe, wie viel Sauerstoff sich in 100 ml Wasser löst.
2 Beschreibe, wie viel Kohlenstoffdioxid sich in 100 ml Wasser löst.
3 Vergleiche die Löslichkeit von Sauerstoff in Wasser mit der Löslichkeit von Kohlenstoffdioxid in Wasser.

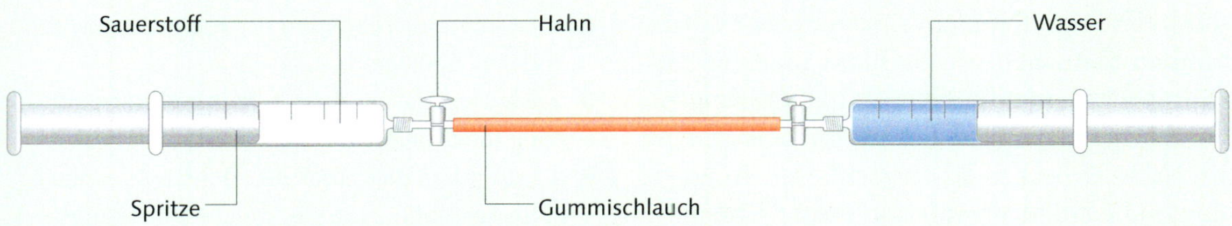

1 Versuchsaufbau zur Löslichkeit von Gasen in Wasser

Reinigung von Abwasser

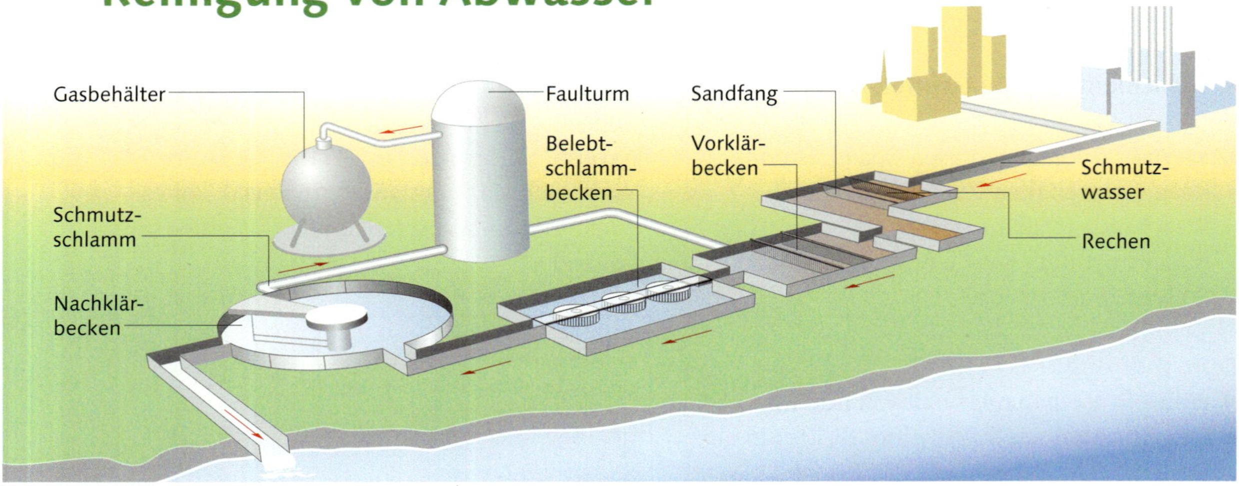

1 Kläranlage

Gebrauchtes Wasser gelangt als Abwasser in Kläranlagen. Dort wird es in mehreren Stufen gereinigt.

1. Stufe: mechanische Abwasserreinigung
Durch mechanische Reinigung werden etwa 30 Prozent der Schmutzstoffe beseitigt. Grobe Feststoffe wie Dosen, Papier, Flaschen oder Äste werden durch einen *Rechen* entfernt. Im *Sandfang* lagern sich grobe Stoffe am Boden ab, die wie Kies und Sand schwerer als Wasser sind.

Im *Vorklärbecken* wird das Wasser etwa zwei Stunden zurückgehalten, damit sich die feinen Schwebstoffe als Schlamm am Boden absetzen. Dieser Rohschlamm wird abgesaugt, eingedickt und in einen Faulraum befördert. Leichtstoffe wie Fette oder Mineralöle, die zur Wasseroberfläche aufgetrieben werden, werden in einen besonderen Behälter abgelassen.

2. Stufe: biologische Abwasserreinigung
Weitere 60 % der Schmutzstoffe werden biologisch beseitigt. In einem *Belebtschlammbecken* können Kleinstlebewesen durch Sauerstoffzufuhr gelöste organische Stoffe als Nahrung aufnehmen. Die Kleinstlebewesen sinken dann im Nachklärbecken als Klärschlamm zu Boden und werden abgepumpt. Damit sind die biologisch abbaubaren Schadstoffe entfernt.

3. Stufe: chemische Abwasserreinigung
Die restlichen etwa 10 % Verunreinigungen werden durch chemische Prozesse beseitigt. Im *Nachklärbecken* wird dem Abwasser ein chemisches Flockungsmittel zugesetzt. Dieses bindet die Schadstoffe und setzt sich mit dem Restschmutz am Boden ab.

Der entstehende Schmutzschlamm wird durch Entwässerung eingedickt und anschließend dem *Faulturm* zugeführt. Das dabei entstehende Faulgas wird in einem Behälter gespeichert und für Heizzwecke verwendet. Das gereinigte Wasser kann in ein natürliches Gewässer eingeleitet werden.

In Kürze
Abwässer werden durch mechanische Trennmethoden sowie biologische und chemische Verfahren von Schmutz und Schadstoffen gereinigt.

Aufgaben

1 □ Nenne die Reinigungsstufen einer Kläranlage und gib an, was jeweils entfernt wird.

2 ◪ Erläutere die Funktion der Kleinstlebewesen in der Kläranlage.

3 ◪ Erkläre, wie die chemische Abwasserreinigung funktioniert.

4 ◪ Informiere dich über die nächste Kläranlage in deiner Nähe. Notiere, welche Reinigungsstufen es dort gibt.

Wasserreinigung

A Herstellung eines Modell-Abwassers

Material Becherglas, Spatel, Rührstab, Wasser, Gartenerde, Sand, kleine Kiesel, Tinte, Mehl, Styropor

Durchführung Vermische alles gut und lass das Becherglas 3 Minuten stehen.

Auswertung Beschreibe das unterschiedliche Verhalten der Substanzen im Wasser.

B Trennung der Verunreinigungen

Material 2 Bechergläser, Pinzette, Rundfilter, 2 Erlenmeyerkolben, Spatel, Gummistopfen, Rührkern, Magnetrührer, Modell-Abwasser, Aktivkohle

Durchführung

- Sortiere das Styropor mit der Pinzette heraus. Gieße die Flüssigkeit, die über dem Bodensatz steht, in ein anderes Becherglas.

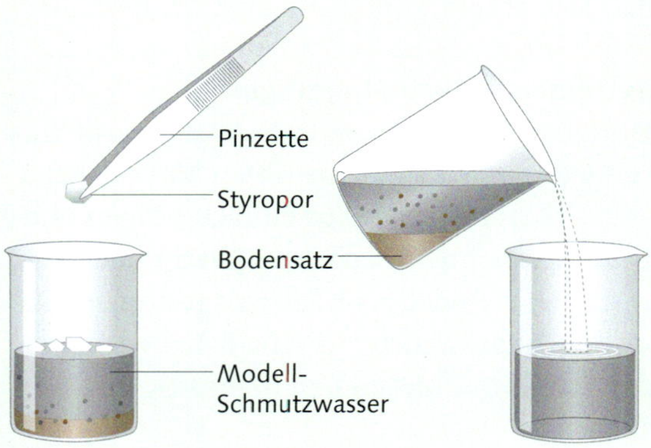

1 Sortieren und Abgießen

- Filtriere die abgegossene Flüssigkeit durch den Rundfilter in einen Erlenmeyerkolben.

2 Filtrieren

- Gib einen Rührkern in den Erlenmeyerkolben, dazu einen Spatel Aktivkohle. Stelle den Erlenmeyerkolben auf einen Magnetrührer und rühre bei mittlerer Geschwindigkeit 3 Minuten.

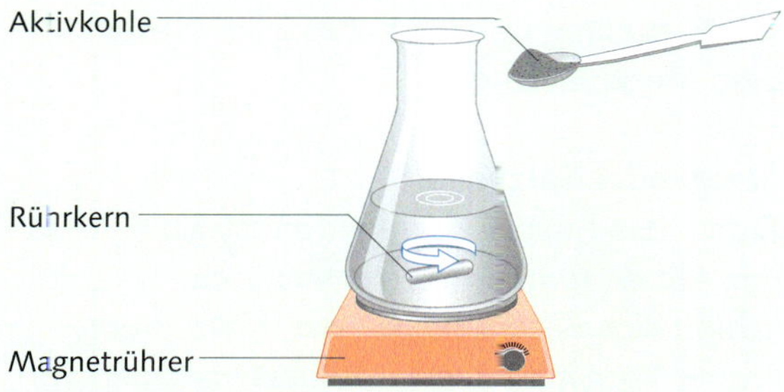

3 Reinigen mit Aktivkohle

- Filtriere die Flüssigkeit noch einmal durch einen Rundfilter in einen Erlenmeyerkolben.

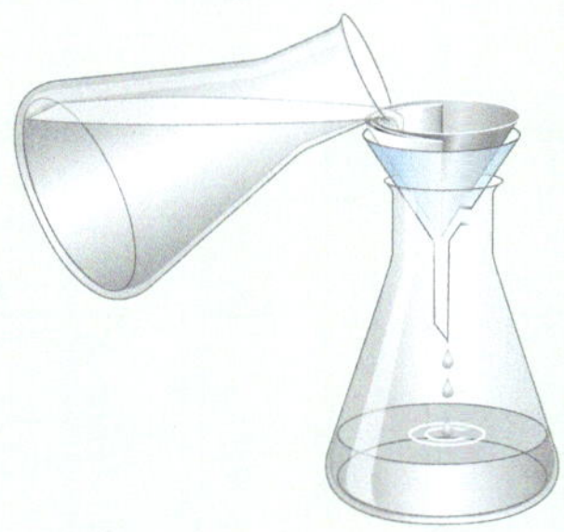

4 Erneutes Filtrieren

Auswertung

1. Beschreibe deine Beobachtungen.
2. Nenne die einzelnen Trennschritte und gib an, welche Verunreinigungen jeweils entfernt werden.

Extra

Das Tote Meer – ein besonderer See

Kurz vor den Ferien begeben sich Tausende Menschen in Reisebüros, um ein Ferienziel auszusuchen. Viele Touristen entscheiden sich dabei für einen sehr unwirtlichen Ort: das *Tote Meer* im Nahen Osten.

Entstehung des Toten Meeres

Das Tote Meer entstand vor über 1,5 Millionen Jahren. Die Landschaften des heutigen Israels und Jordaniens bedeckte einst ein großer Ozean. Starke Erdbeben bildeten eine Vertiefung in dieser Gegend. Durch das heiße und trockene Klima verdunstete das Wasser und es entstanden mehrere Seen. Der einzige See, der heute noch sichtbar ist, ist das Tote Meer. Es ist 76 km lang und liegt etwa 420 m unter dem Meeresspiegel.

Steigender Salzgehalt

Durch das Austrocknen der meisten zuleitenden Flüsse und die Verdunstung des Wassers erhöht sich der Salzgehalt des Toten Meeres. Dieser Vorgang dauert seit Jahrtausenden an. Heute ist der Salzgehalt des Toten Meeres im Vergleich zum Mittelmeer ungefähr zehnmal so hoch. Der einzige Wasserzulauf ist der Fluss Jordan, dessen Wasser aber zunehmend für die Bewässerung von Feldern entnommen wird. Von Zeit zu Zeit versiegt er sogar ganz.

1 Das Tote Meer

Das Wasser des Toten Meeres verdunstet jedoch weiter. Das Salz dieses Sees ist wertvoll und wird in speziellen Verdunstungsbecken gewonnen. Auch hier verdunstet eine große Menge Wasser. Daher ist zu erwarten, dass das Tote Meer irgendwann austrocknet.

Extreme Lebensbedingungen

Durch die hohe Konzentration an den im Wasser gelösten Salzen ist im Toten Meer nahezu kein Leben möglich. Nur einfache Algen und Bakterien können in diesem Wasser überleben.

Am Ufer findet man Salzablagerungen. Diese zeigen, dass auch außerhalb des Wassers der Boden mit Mineralien übersättigt ist.

2 Vergleich des Salzgehalts

3 Salzablagerungen am Ufer des Toten Meeres

4 Queller am Ufer des Toten Meeres

6 Treiben an der Oberfläche

Salzresistente Pflanzen

Der hohe Salzgehalt im Boden führt dazu, dass die meisten Pflanzen dort nicht wachsen können. Das Salz entzieht ihnen Wasser und stört ihre Stoffwechselvorgänge. *Salzresistente Pflanzen* kommen mit der erhöhten Salzkonzentration des Bodens zurecht. Der Queller ist eine wasserspeichernde Pflanze. Er entzieht dem Salzwasser das Wasser. Die gelösten Salze bleiben im Boden zurück. Andere Arten wie die Melde haben Absalzhaare. Salz wird in diese Haare transportiert und abgelagert.

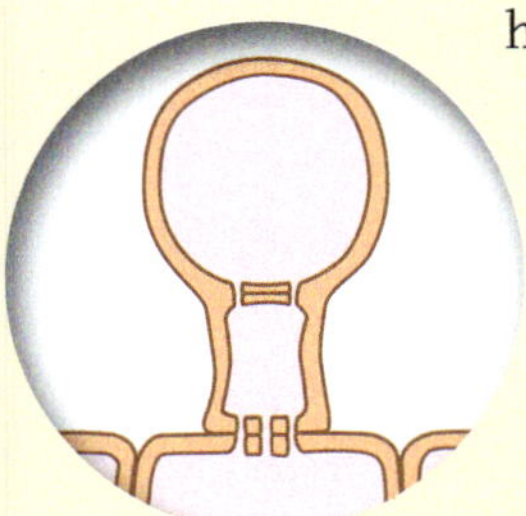

5 Heilsamer Schlamm

Schwimmen im Toten Meer

Durch die hohe Salzkonzentration im Toten Meer kann man auf der Oberfläche treiben und Zeitung lesen. Selbst Nichtschwimmer können dort nicht untergehen. Der hohe Salzgehalt verändert eine Stoffeigenschaft des Wassers. Im Süßwasser ist der Auftrieb des menschlichen Körpers kleiner als im Toten Meer. Ohne Schwimmbewegungen würde ein Mensch untergehen. Im Meerwasser ist der Auftrieb durch das Salz merklich größer.

Heilmittel aus dem Toten Meer

Das Wasser ist angereichert mit Bromid-, Iodid-, Kalium- und Calciumsalzen. Es ist nicht zum Trinken geeignet, jedoch findet es Anwendung bei der Behandlung verschiedener Krankheiten. Das Salzwasser besitzt eine juckreizlindernde Wirkung bei Hautkrankheiten wie Neurodermitis oder Schuppenflechte. Der Schlamm hat heilende Wirkung und wird zur Behandlung bei unreiner Haut und Akne empfohlen. Schlamm und Salz aus dem Toten Meer werden als Pflegeprodukte verkauft.

Aufgaben

1 □ Beschreibe die Entstehung der hohen Salzkonzentration im Toten Meer.

2 ◪ Erläutere zwei verschiedene Möglichkeiten, mit deren Hilfe salzresistente Pflanzen überleben.

3 ■ Stelle Vermutungen an, weshalb man das Wasser des Toten Meeres nicht trinken darf.

Masse und Volumen

1 Der Stein (A) ist schwerer als der Styroporblock (B).

Masse

Der Kraftsportler kann den Stein kaum anheben. Der Styroporquader, den das Kind trägt, ist leichter. Er hat eine kleinere Masse.

Die Masse eines Körpers bestimmt man mit einer *Waage*. Früher waren Balkenwaagen üblich. Solche Waagen vergleichen die Masse eines Körpers mit einem bekannten Massenstück. Bei gleichen Massen ist die Waage im Gleichgewicht.

Heute nutzt man elektronische Waagen. Der Vergleich ist in die Waage einprogrammiert. Sie kann die Masse direkt angeben.

In Kürze

Jeder Körper hat eine Masse. Sie beschreibt, wie schwer ein Körper ist. Die Einheit der Masse ist das Kilogramm: 1000 g = 1 kg.

Volumen

Der Styroporquader ist größer als der Stein. Spricht man von der Größe eines Körpers, so ist in der Regel gemeint, wie viel Platz der Körper braucht. Den Raum, den ein Körper einnimmt, nennt man Volumen.

In Kürze

Jeder Körper hat ein Volumen. Es beschreibt, welchen Raum der Körper einnimmt.
Die Einheit des Volumens ist ein Liter:
$1\,l = 1\,dm^3 = 1000\,cm^3$.

Das Volumen eines Quaders, zum Beispiel des Styroporblocks, kann man berechnen: Dazu multipliziert man Länge, Breite und Höhe. Das Volumen eines unregelmäßigen Körpers wie eines Steins kann man nur durch einen Versuch bestimmen.

2 Balkenwaage und elektronische Waage

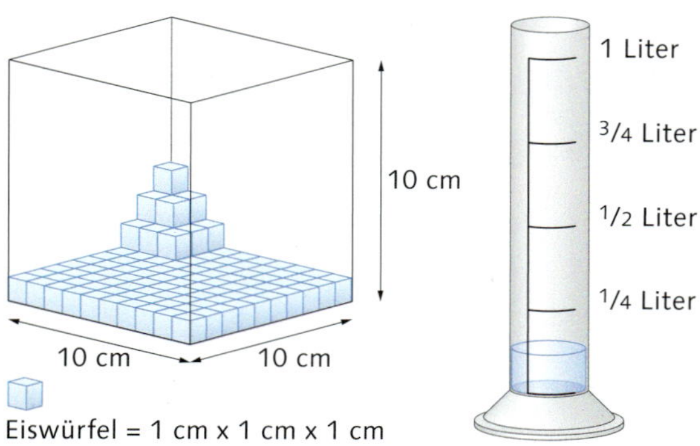

3 Volumenberechnung

Volumen bestimmen

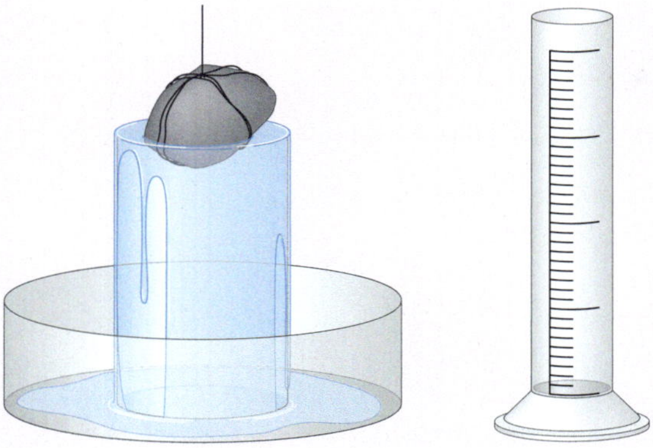

1 Überlaufmethode

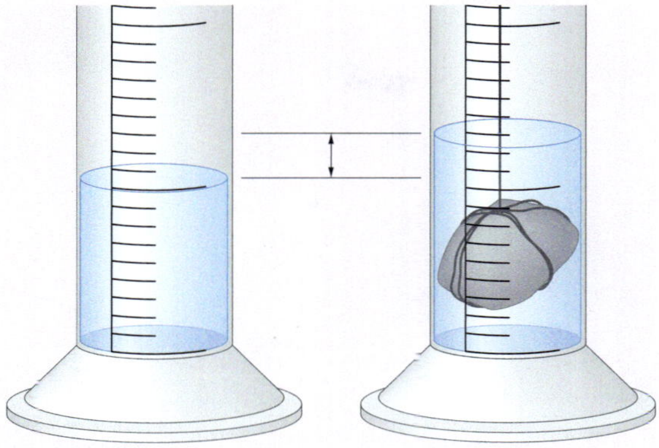

2 Steigmethode

Wird ein Körper vollständig in Wasser eingetaucht, verdrängt er genau die Menge Wasser, die seinem Volumen entspricht.

A Überlaufmethode
Bei der Überlaufmethode läuft das verdrängte Wasser in ein Auffanggefäß. Dann bestimmst du das Volumen des aufgefangenen Wassers mit Hilfe eines Messzylinders. Dazu benötigst du zwei unterschiedlich große Gefäße, einen Messzylinder und einen Faden.

1 **Vorbereitung** Stelle das kleinere Gefäß in das größere Gefäß. Fülle das kleinere Gefäß bis zum Rand mit Wasser.

2 **Eintauchen** Befestige den Köper an einem Faden. Tauche den Körper vollständig in das randvoll mit Wasser gefüllte Gefäß. Ziehe den Körper anschließend vorsichtig wieder aus dem Wasser.

3 **Umfüllen** Fülle das übergelaufene Wasser möglichst vollständig in den Messzylinder. Es darf kein Wasser im Überlaufgefäß zurückbleiben.

4 **Ablesen** Das Volumen des übergelaufenen Wassers entspricht dem Volumen des Körpers. Du kannst das Volumen am Messzylinder ablesen.

B Steigmethode
Bei der Steigmethode steigt der Wasserstand durch das verdrängte Wasser. Du bestimmst das Volumen, indem du den Wasserstand vor und nach dem Eintauchen vergleichst. Du benötigst Messzylinder und Faden.

1 **Vorbereitung** Fülle den Messzylinder mit Wasser. Lass ausreichend Platz, damit das Wasser später nicht überläuft Notiere den Wasserstand.

2 **Eintauchen** Befestige den Körper an einem Faden. Tauche ihn vollständig in das mit Wasser gefüllte Gefäß.

3 **Ablesen** Lies den Wasserstand ab. Der Unterschied zwischen den beiden Wasserständen entspricht dem Volumen des eingetauchten Körpers.

Beachte:
Stelle den Messzylinder auf den Tisch. Deine Augen müssen sich beim Ablesen auf Höhe der Wasseroberfläche befinden.

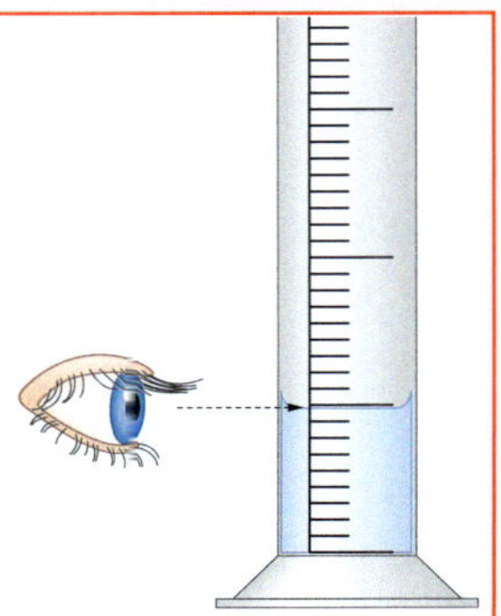

Die Dichte

1 Aus einem Stück Würfelzucker kann man eine Riesenportion Zuckerwatte herstellen.

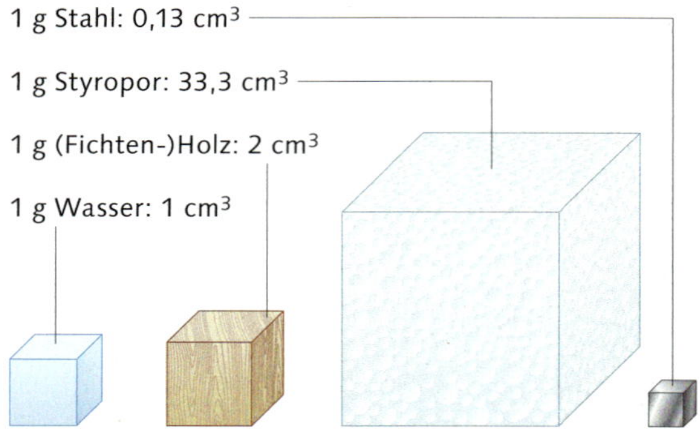

2 Bei gleicher Masse unterscheiden sich die Materialien in ihrem Volumen.

Zucker und Zuckerwatte

Auf dem Jahrmarkt gibt es Zuckerwatte. Um eine Portion Zuckerwatte herzustellen, braucht man etwa ein Stückchen Würfelzucker. Das Stück Würfelzucker und die Zuckerwatte wiegen beide gleich viel.

Die Masse des Zuckers hat sich nicht verändert. Die Zuckerwatte hat jedoch ein viel größeres Volumen als der Würfelzucker.

Diese Beobachtung kann man häufig machen: Zwei Körper können trotz gleicher Masse unterschiedlich viel Raum einnehmen: Ihr Volumen unterscheidet sich.

In Kürze

Zwei Körper gleicher Masse können unterschiedliches Volumen einnehmen.

Beispiel Schneemann

Ein mittelgroßer Schneemann hat ungefähr die Größe eines 12-jährigen Kindes. Seine Masse beträgt etwa 20 Kilogramm.

Schmilzt der Schnee, verringert sich dadurch sein Volumen: Eingeschmolzen ergibt der Schnee nur etwa einen 20-Liter-Eimer voll Wasser.

Schneemann und Wassereimer haben die gleiche Masse von 20 Kilogramm, unterscheiden sich aber in ihrem Volumen.

Die Dichte

In Bild 2 sind vier verschiedene Körper dargestellt, die bei gleicher Masse unterschiedlich viel Raum einnehmen. Wie viel Raum sie einnehmen, hängt vom Material ab, aus dem sie bestehen.

Man kann sich das Material, aus dem die Körper bestehen, unterschiedlich dicht gepackt vorstellen. In der Physik nennt man diese Materialeigenschaft Dichte. Die Dichte kann sehr unterschiedlich sein.

Nimmt ein Körper bei gleicher Masse weniger Raum ein, ist er dichter gepackt. Man sagt, er hat eine größere Dichte. Nimmt ein Körper bei gleicher Masse mehr Raum ein, ist er weniger dicht gepackt. Man sagt, er hat eine geringere Dichte.

In Kürze

Bei gleicher Masse hat der Körper mit kleinerem Volumen die größere Dichte.
Bei gleicher Masse hat der Körper mit dem größeren Volumen die kleinere Dichte.

Beispiel Schokolade und Popcorn

100 Gramm Schokolade und 100 Gramm Popcorn haben die gleiche Masse. Das Popcorn hat das größere Volumen. Es hat also eine geringere Dichte.

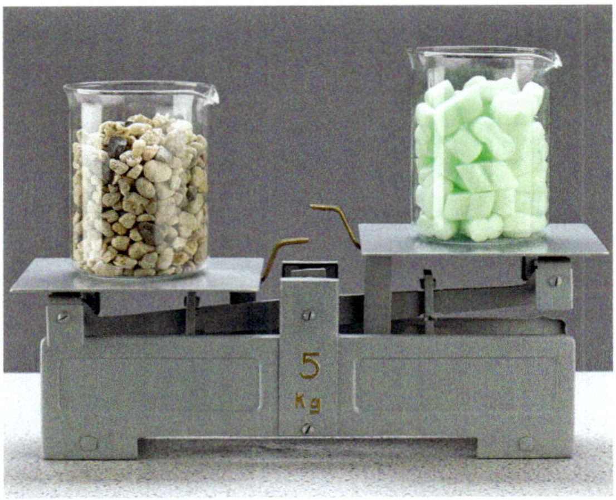

3 Gleich große Bechergläser können unterschiedlich schwer befüllt sein. Styropor ist viel leichter als Kies.

Gleich viel Inhalt

Beide Bechergläser in Bild 3 haben das gleiche Volumen, ihr Inhalt wiegt aber unterschiedlich viel. Obwohl beide Gläser gleich weit befüllt sind, ist ihre Masse verschieden groß.

Da sich bei gleichem Volumen die Masse unterscheidet, unterscheidet sich auch die Dichte. Der Füllstoff mit der größeren Masse ist im Inneren dichter gepackt, hat also die größere Dichte. Umgekehrt hat der im Inneren weniger dicht gepackte Füllstoff die kleinere Masse und somit die geringere Dichte.

In Kürze

Zwei Körper mit demselben Volumen können unterschiedlich schwer sein.
Bei gleichem Volumen hat der Körper mit der größeren Masse die größere Dichte.
Bei gleichem Volumen hat der Körper mit der kleineren Masse die geringere Dichte.

Aufgaben

1 ◪ Zwei Körper haben das gleiche Volumen. Erläutere, wie man feststellen kann, welcher Körper die kleinere Dichte hat.

2 ◪ Verändert sich die Dichte von Heu, wenn man es stark zusammenpresst? Begründe.

3 ■ Mark behauptet: Cola light hat eine geringere Dichte als Cola. Erläutere, wie man diese Aussage überprüfen kann.

Extra Archimedes und die gefälschte Krone

Archimedes war ein Wissenschaftler in der Antike. Er lebte etwa 250 vor Christus in Griechenland und war mit König Hieron von Syrakus befreundet. Folgende Geschichte erzählt man über ihn:

König Hieron ließ sich eine neue Krone anfertigen. Er gab dem Goldschmied einen großen Klumpen Gold, aus dem der Schmied die Krone anfertigen sollte. Die fertige Krone war zwar genauso schwer wie der Goldklumpen, den der Schmied erhalten hatte. Trotzdem vermutete der König, dass die Krone weniger Gold enthielt. Er bat Archimedes, das zu überprüfen.

Archimedes nahm erst einmal ein Bad. Als er in die Wanne stieg, lief sie über. Da begann er zu grübeln. Archimedes wusste, dass jedes Material eine bestimmte Dichte hat. Daraus schloss er, dass die Krone, falls sie aus reinem Gold gefertigt worden war – und nur dann –, genauso viel Wasser verdrängen musste wie ein Goldklumpen mit gleicher Masse.

Als Archimedes das erkannt hatte, sprang er vor Freude aus der Wanne und rannte nackt durch die Stadt zum Palast, um dem König sein Ergebnis mitzuteilen.

Die meisten Metalle haben eine geringere Dichte als Gold und nehmen daher bei gleicher Masse mehr Raum ein. So ließ sich der Betrug beweisen: Da die neue Krone mehr Raum einnahm und mehr Wasser verdrängte als eine Krone aus reinem Gold, war klar: Der Schmied hatte einen Teil des Goldes durch billigeres Material ersetzt.

Schwimmen und Sinken

1 Floß mit Geländewagen auf dem Wasser

Im Alltag benutzt man häufig die Formulierung »Der Fisch schwimmt im Wasser«. In der Physik spricht man dagegen nur dann von »Schwimmen«, wenn ein Körper an der Wasseroberfläche treibt – wie das Floß in Bild 1.

Schwimmen nur leichte Körper?

Nein! Ein großes Floß kann selbst ein tonnenschweres Auto transportieren. Hingegen sinken selbst leichte Sandkörner zu Boden. An der Masse allein kann es also nicht liegen, ob ein Körper schwimmt.

Die Dichte entscheidet

Ob ein Körper schwimmt oder sinkt, hängt vom Material ab. Genauer gesagt hängt es davon ab, welche Dichte das Material hat. Ist die Dichte des Körpers kleiner als die Dichte von Wasser, steigt er im Wasser auf, bis er die Oberfläche erreicht und schwimmt.

Im Experiment auf der rechten Seite wird untersucht, ob die Dichte eines Materials größer oder kleiner ist als die von Wasser.

In Kürze

Ob ein Körper im Wasser steigt oder sinkt, hängt von seiner Dichte ab.
Ist die Dichte des Körpers größer als die Dichte von Wasser, sinkt er.
Ist die Dichte des Körpers kleiner als die Dichte von Wasser, steigt er, bis er schwimmt.

Praxis Schwimmen und Sinken

2 Kapseln mit Flüssigkeit und Feststoff füllen

Identische Kapseln werden vollständig mit unterschiedlichem Inhalt befüllt und gewogen. Anschließend werden sie ins Wasser gelegt.

Füllmaterial	Masse	Beobachtung
Wasser	30 g	schwimmt
Mehl	25 g	schwimmt
Sand	38 g	sinkt
Zucker	35 g	sinkt
Knetmasse 1	25 g	schwimmt
Knetmasse 2	42 g	sinkt
Milch	35 g	sinkt
Salzwasser (1 EL)	35 g	sinkt
Cola	31 g	sinkt
Cola light	27 g	schwimmt
Luft	5 g	schwimmt
...		

Alle Kapseln haben dasselbe Volumen, also gilt: Je schwerer die Kapsel, desto größer ist die Dichte des Füllstoffs. Kapseln, die eine größere Masse haben als Wasser, sinken. Eine Kapsel schwimmt dann auf dem Wasser, wenn ihre Dichte kleiner ist als die von Wasser.
Das Beispiel der unterschiedlichen Knetmassen zeigt: Ähnliche Materialien können sehr unterschiedliche Dichte haben.

3 Warum schwimmt ein Schiff?

Genauer – die mittlere Dichte entscheidet

Obwohl Containerschiffe aus Stahl bestehen und tonnenschwer sind, können sie schwimmen. Das liegt daran, dass das Innere des Schiffs nicht aus Stahl besteht. Im Innern des Schiffs befindet sich Luft. Diese eingeschlossene Luft verringert die Dichte des Schiffs. Die mittlere Dichte des Schiffs ist dadurch geringer als die Dichte des umgebenden Wassers. Das Schiff schwimmt.

In Kürze

Enthält ein Körper verschiedene Materialien, entscheidet die mittlere Dichte, ob er schwimmt oder sinkt.

Aufgaben

1 ◪ Lass einige Rosinen in ein Glas mit Sprudel fallen. Notiere deine Beobachtungen und erkläre sie.

2 ◪ Erkläre den Begriff der mittleren Dichte. Finde Beispiele aus dem Alltag, bei denen die mittlere Dichte eine Rolle spielt.

3 ■ Zwei gleiche Gläser sind mit Wasser gefüllt und auf einer Balkenwaage im Gleichgewicht. Wenn du ein Stück Holz in eines der Gläser gibst, bleibt die Waage dann im Gleichgewicht? Begründe.

Extra Schwimmen anders betrachtet

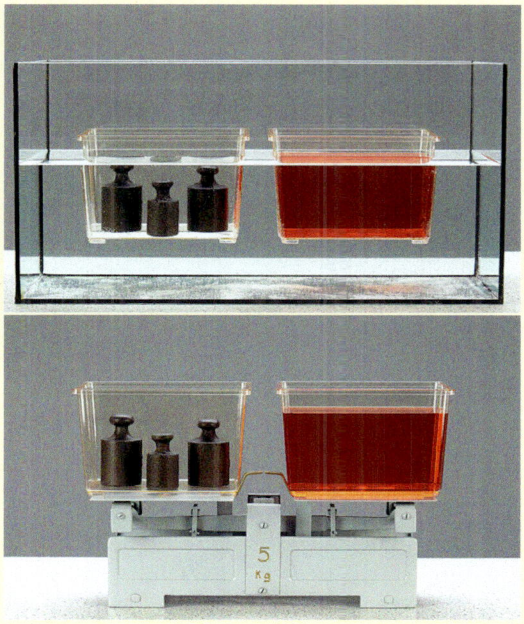

4 Auf beiden Seiten dasselbe Gewicht

Wäre nur das Gewicht eines Schiffs von Bedeutung, würde es untergehen. Aber das Wasser wirkt dem Sinken entgegen, indem es von allen Seiten gegen den Schiffsboden drückt. Physiker sprechen von *Auftrieb*.

Im Experiment verwenden wir als Modell für das Containerschiff eine schwer beladene Schale. Wir gießen so lange gefärbtes Wasser in eine zweite, leere Schale, bis sie genauso weit eintaucht wie unser »Containerschiff«. Im oberen Bild siehst du, dass dazu ebenso viel gefärbtes Wasser nötig ist, wie durch die Schale verdrängt wird.

Wenn wir nun, wie im unteren Bild, beide Schalen auf eine Waage stellen, dann zeigt sich, dass das verdrängte Wasser gleich viel wiegt wie unser Containerschiff. Auftrieb und Gewicht des Schiffs halten sich also genau dann die Waage, wenn das Schiff die Menge an Wasser verdrängt, die seinem Gewicht entspricht. Der Erste, der dies erkannte, war Archimedes. Deshalb spricht man vom *archimedischen Prinzip*.

Schweben

1 Taucher bei Unterwasserarbeiten

2 Schweben unter Wasser

Weder sinken noch steigen

Ein Körper schwebt im Wasser, wenn er weder steigt noch sinkt. Um einen Körper schweben zu lassen, müssen sich Gewicht und Auftrieb die Waage halten. Das ist dann der Fall, wenn die mittlere Dichte des schwebenden Körpers genauso groß ist wie die Dichte des Wassers, das den Körper umgibt.

In Kürze
Ein Körper schwebt dann im Wasser, wenn die mittlere Dichte des Körpers gleich der Dichte von Wasser ist.

Ein kompliziertes Gleichgewicht

Der Taucher in Bild 1 schwebt im Wasser. Durch den hohen Luftanteil in seinem Tauchanzug würde er auf dem Wasser schwimmen. Deshalb legt er einen Bleigürtel an, um seine Masse und damit seine mittlere Dichte zu vergrößern.

Tarieren mit Hilfe des Volumens

Taucher ändern ihre mittlere Dichte, um im Wasser zu schweben. Der Taucher hat eine Weste an, mit der er sein Volumen verändern kann. Über einen Schlauch ist sie an die Taucherflasche angeschlossen. Auf Knopfdruck kann der Taucher genau so viel Luft in die Weste blasen, bis die mittlere Dichte von Weste und Taucher der Dichte des Wassers entspricht. Das Einstellen des Luftvolumens, um in der gewünschten Wassertiefe zu schweben, wird *tarieren* genannt.

Auch mit der Lunge kann ein Taucher tarieren: Der Mann in Bild 2 kann frei im Wasser schweben, indem er die passende Menge Luft ausatmet.

In Kürze
Die Dichte eines Körpers lässt sich regulieren, indem man bei gleichbleibender Masse das Volumen ändert.

3 Tauchgang mit Weste (Jacket)

Tarieren mit Hilfe der Masse

Beim U-Boot wird die mittlere Dichte nicht über das Volumen, sondern über die Masse verändert. Die Dichte des U-Boots ist zunächst kleiner als die Dichte des umgebenden Wassers. Grund dafür ist der luftgefüllte Innenraum des Bootes, der zu einer geringeren mittleren Dichte führt. Trotz seiner Stahlwände kann das U-Boot daher schwimmen.

Um ein U-Boot zum Sinken zu bringen, ist es notwendig, seine mittlere Dichte zu erhöhen. Dazu hat das U-Boot in der Außenhülle abgetrennte Kammern, die Ballasttanks, die mit Meerwasser gefüllt werden können. So erhöht das U-Boot seine Masse, bis die Dichte größer ist als die des Wassers.

Um aufzutauchen, muss das U-Boot seine mittlere Dichte verringern. Das geschieht durch das Leeren der Wassertanks mit Pressluft. Beim schnellen Notauftauchen kommt es sogar vor, dass das U-Boot kurzzeitig vollständig aus dem Wasser herausspringt.

Um ein U-Boot zum Schweben zu bringen, muss seine Dichte an die Dichte des umgebenden Wassers angepasst werden. Hierzu muss das Boot genau tariert werden. Wurde zu viel Wasser in die Luftkammern der Außenhülle geflutet, kann es mit der mitgeführten Pressluft wieder herausgepresst werden.

In Kürze

Die Dichte eines Körpers lässt sich regulieren, indem man bei gleichbleibendem Volumen die Masse ändert.

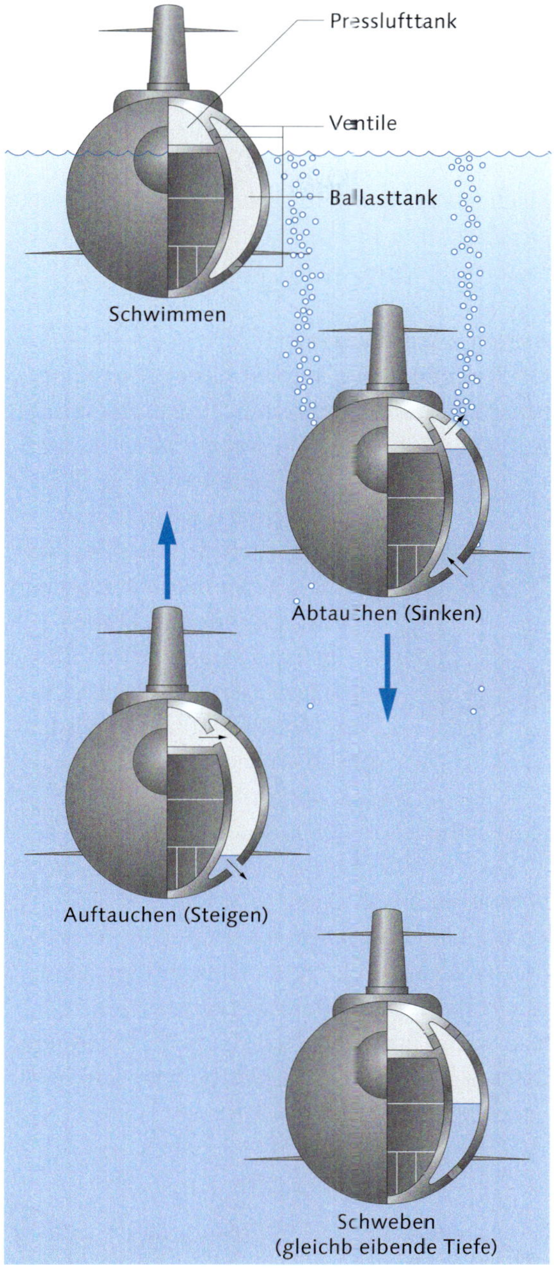

4 Tarieren beim U-Boot

5 Schwimmen, Schweben, Sinken

Aufgaben

1 ◪ Gib an, welche Voraussetzung erfüllt sein muss, damit ein Körper

a schwimmt,

b sinkt,

c steigt.

2 ■ In Bild 5 sind drei Kapseln zu sehen. Stelle Vermutungen an, womit sie gefüllt sind. Begründe deine Entscheidungen.

Fische sind an das Leben im Wasser angepasst

Wie wir Menschen, so brauchen auch die Fische Sauerstoff zum Leben. Mit speziellen Organen, den *Kiemen,* können sie diesen Sauerstoff unter Wasser aufnehmen.

Atmen unter Wasser

Die Kiemen liegen seitlich hinter dem Kopf, geschützt unter den harten Kiemendeckeln. Auf jeder Seite sind vier *Kiemenbögen* mit den stark durchbluteten *Kiemenblättchen*. Öffnet ein Fisch sein Maul, fließt frisches Wasser zu den Kiemenblättchen. Dort tritt der im Wasser gelöste Sauerstoff ins Blut über. Das im Blut enthaltene Kohlenstoffdioxid wird zugleich an das vorbeiströmende Wasser abgegeben. Diesen Vorgang nennt man *Atmung* oder *Gasaustausch*.

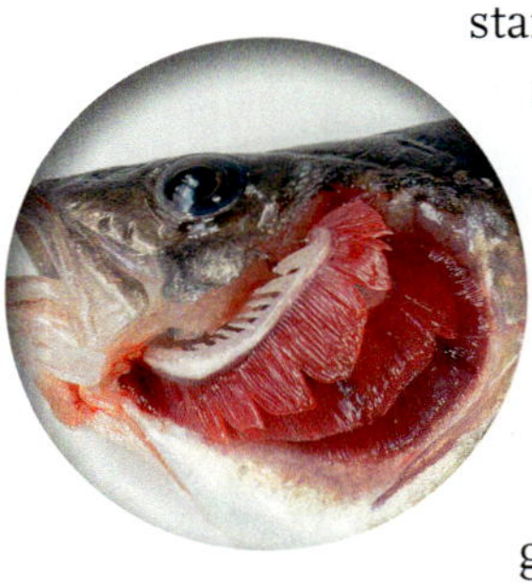

Schweben im Wasser

Fische können im Wasser schweben, ohne ihre Flossen zu bewegen. Dies gelingt ihnen mit Hilfe der *Schwimmblase*. Das ist ein mit Gas, meist Luft, gefüllter Hautsack im Innern des Körpers. Durch Aufnahme oder durch Abgabe von Gas verändert sich die Größe der Schwimmblase. Dadurch kann sich der Fisch an die Druckverhältnisse in unterschiedlichen Wassertiefen anpassen und schweben.

2 Lage der Schwimmblase.

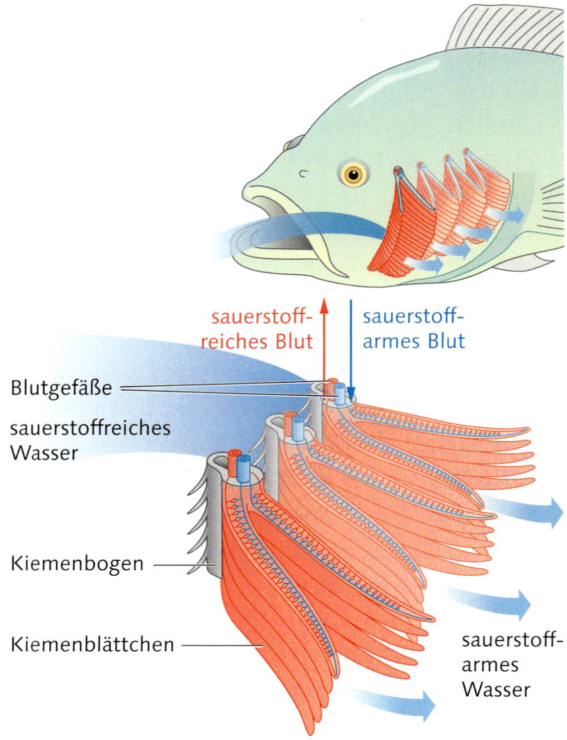

1 Sauerstoffreiches Wasser durchströmt die Kiemen.

In Kürze

Fische atmen mit Kiemen. Dort erfolgt der Gasaustausch, die Aufnahme von Sauerstoff und die Abgabe von Kohlenstoffdioxid.
Mit Hilfe der Schwimmblase können Fische im Wasser schweben.

Aufgaben

1 □ Nenne Angepasstheiten der Fische an das Leben im Wasser.

2 ◪ Erläutere am Beispiel der Atmung bei Fischen, was man unter »Gasaustausch« versteht.

3 ■ Am Boden lebende Fische haben oft keine Schwimmblase. Stelle Vermutungen an.

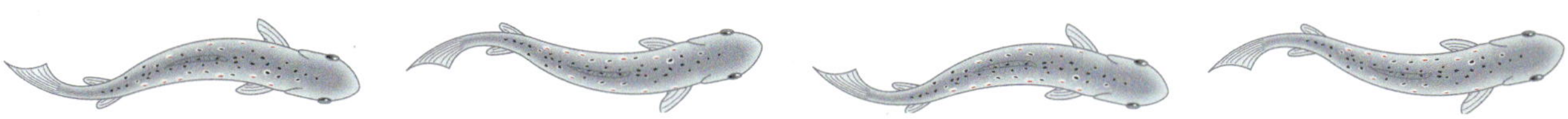

Schwimmen

A Bedeutung der Körperform

Material Knetmasse, Waage, mit Wasser gefüllter Standzylinder (mindestens 30 cm hoch), langer Stab, Stoppuhr, Körpercreme

Durchführung

- Stellt mit Hilfe der Waage fünf gleich schwere Teile aus Knetmasse her. Bildet daraus die abgebildeten Körperformen.
- Lasst nun jeden Knetmassekörper in den mit Wasser gefüllten Standzylinder zu Boden sinken.
- Ermittelt mit der Stoppuhr, wie lange jeder Körper braucht, bis er am Boden ankommt. Tragt die gemessene Zeit in die Tabelle ein.
- Mit dem Stab könnt ihr die Körper wieder aus dem Wasser holen.
- Fettet die Form mit dem besten Versuchsergebnis mit Creme ein und ermittelt die Absinkzeit erneut.

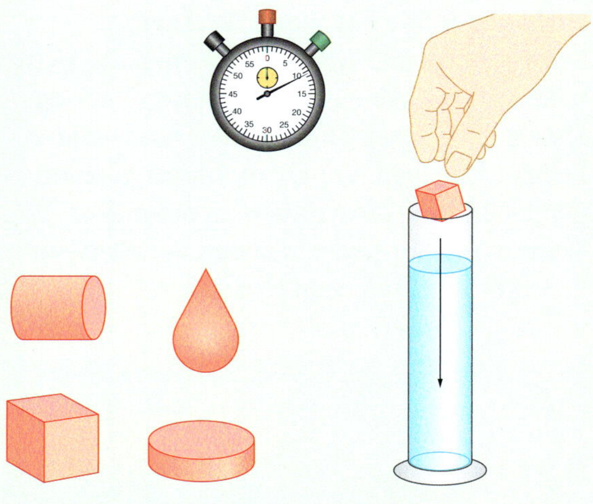

1 Versuch zur Bedeutung der Körperform

Auswertung

1 Vergleicht die ermittelten Absinkzeiten der verschiedenen Körper miteinander.
2 Stellt einen Zusammenhang mit der Körperform der Forelle her.
3 Sucht nach einer Entsprechung für die Creme beim lebenden Fisch.

B Flaschentaucher – Schweben im Wasser

Material 1-Liter-Plastikflasche mit Deckel, Tintenpatrone, Pinnwandnagel, Wasser, Schale

Durchführung

- Bohre mit dem Pinnwandnagel am unteren Ende seitlich in die Tintenpatrone ein Loch. Drücke die Tinte durch das Loch aus.
- Spüle die Patrone aus. Halte sie mit dem gebohrten Loch nach oben und presse sie zusammen, dadurch entweicht die Luft. Unter Wasser lässt du wieder los und das Wasser strömt ein. Wiederhole dies einige Male.
- Fülle dann die Patrone so mit Wasser, dass oben eine kleine Luftblase bleibt.
- Stecke den Pinnwandnagel durch den Boden der Tintenpatrone.
- Die Tintenpatrone muss im Wasser der Schale schwimmen. Sinkt sie ab, ist zu viel Wasser darin. Drücke etwas Wasser heraus, so lange bis die Patrone schwimmt.
- Fülle die Flasche bis zum Rand mit Wasser. Gib die Patrone hinein und verschließe die Flasche.
- Drücke die Flasche zusammen, lass wieder los. Beobachte die Luftblase in der Patrone.
- Versuche, die Patrone im oberen, im mittleren und im unteren Drittel der Flasche schweben zu lassen.
- Protokolliere deine Beobachtungen und erstelle eine aussagekräftige Zeichnung.

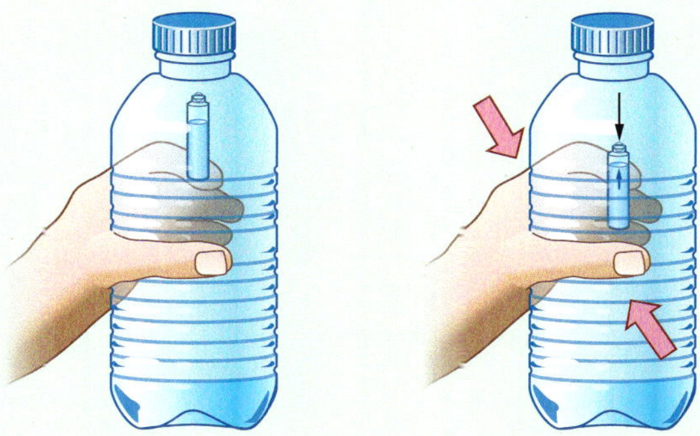

2 Flaschentaucher oder kartesischer Taucher

Der See – Lebensraum Wasser

Endlich Sommerwetter! Du beschließt, an einen See zu fahren. Dort springst du gleich ins kühle Nass. Was für dich ein Ort für Freizeitspaß ist, bildet den Lebensraum für viele Tiere und Pflanzen.

1 Ausflugsziel See

Viele Faktoren bilden einen Lebensraum

Jeder See ist in Ufer, Untergrund und Wasserbereich gegliedert. Zu den charakteristischen Umweltfaktoren eines Sees zählen unter anderem die Beschaffenheit des Seegrunds, die Temperatur und die Windverhältnisse. Außerdem beeinflussen sämtliche Eigenschaften des Wassers das Leben im See.

Die Temperatur in Seen

In einem See beeinflussen nicht nur die Jahreszeit und die Sonnenstrahlen, sondern auch die Wassertiefe und der Untergrund die Temperatur des Wassers. Während in flachen Weihern die Temperatur weitgehend einheitlich ist, bilden sich im Sommer in tieferen Seen unterschiedlich warme Wasserschichten. Dies liegt an der Dichte des Wassers. Sie ändert sich abhängig von der Temperatur. Bei 4 °C hat Wasser die größte Dichte und sinkt nach unten. Je wärmer oder kälter das Wasser wird, desto geringer wird die Dichte und steigt nach oben. Gefrorenes Wasser hat die geringste Dichte und schwimmt auf dem Wasser. In tiefen Seen sammelt sich also Wasser mit 4 °C auf dem Grund. Deshalb können Tiere hier überwintern. Im Frühjahr und im Herbst werden die Wasserschichten durch Stürme und heftigen Wind durchmischt. Dadurch besitzt das Wasser überall eine gleichmäßige Temperatur.

Nicht jeder See hat klares Wasser

Schwebstoffe und Algen bestimmen die Sichttiefe des Sees. Ab einer bestimmten Tiefe des Sees ist es dunkel. Hier können nur wenige Lebewesen leben. Vor allem Pflanzen benötigen Licht, um Fotosynthese zu betreiben. Wärme und Sonnenlicht lassen vor allem im Sommer Pflanzen besser wachsen.

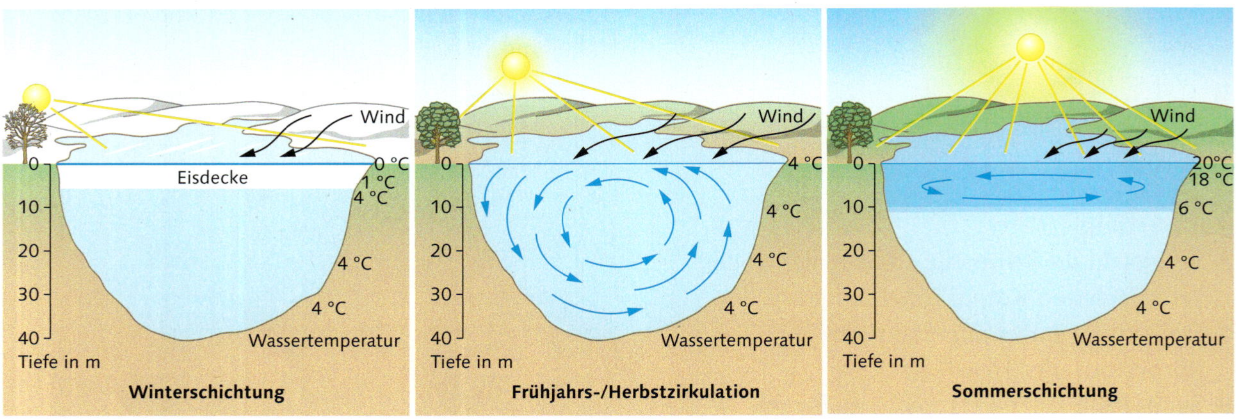

2 Ein See im Jahresverlauf

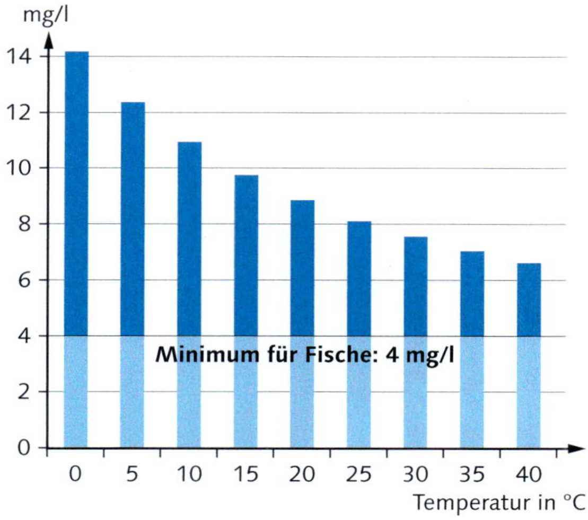

3 Sauerstofflöslichkeit in Wasser

Mineralstoffe werden eingeschwemmt

Wasser ist ein Lösungsmittel für viele Stoffe wie zum Beispiel Salze. Durch den Abbau von abgestorbenen Lebewesen am Seegrund gelangen viele Mineralsalze in das Seewasser und den Seeboden. Über Zuflüsse werden weitere Mineralsalze wie Phosphat oder Nitrat in den See geschwemmt. Der steigende Mineralsalzgehalt wirkt als Pflanzendünger. Dies führt zu einem verstärkten Wachstum von Pflanzen und Algen.

Sauerstoffgehalt im See

In Wasser können sich nicht nur feste Stoffe wie Salz lösen, sondern auch Gase wie Sauerstoff und Kohlenstoffdioxid. Diese Eigenschaft des Wassers ist für die Lebewesen in einem See überlebenswichtig. Kaltes Wasser ist sauerstoffreicher als warmes Wasser, weil sich Sauerstoff in kaltem Wasser besser löst. Wassertiere nehmen ihn über ihre Kiemen auf und geben Kohlenstoffdioxid an das Wasser ab. In der lichtdurchfluteten Oberflächenschicht produzieren Wasserpflanzen sehr viel Sauerstoff, der an das Wasser abgegeben wird. Am dunklen Seegrund fehlt er dagegen meist.

Angepasstheiten im See

Ein See wird von einer Vielzahl von Pflanzen und Tieren als Lebensraum genutzt. Alle Lebewesen dieser Lebensgemeinschaft zeigen besondere Angepasstheiten an das Wasser. Fische besitzen zum Beispiel Kiemen zum Atmen. Seerosen haben besondere Schwimmblätter. Die Wasserlinse bildet Schwimmwurzeln aus, während die Seerose mit Wurzeln im Boden verankert ist.

In Kürze

Das Leben im See wird durch die besonderen Stoffeigenschaften des Wassers bestimmt. Alle Lebewesen sind an das Leben im Wasser angepasst.

Aufgaben

1 □ Beschreibe die Veränderungen der Temperatur und des Sauerstoffgehalts im See im Jahresverlauf.

2 ■ Wasser ist als Lösungsmittel für alle Lebewesen im See wichtig. Begründe.

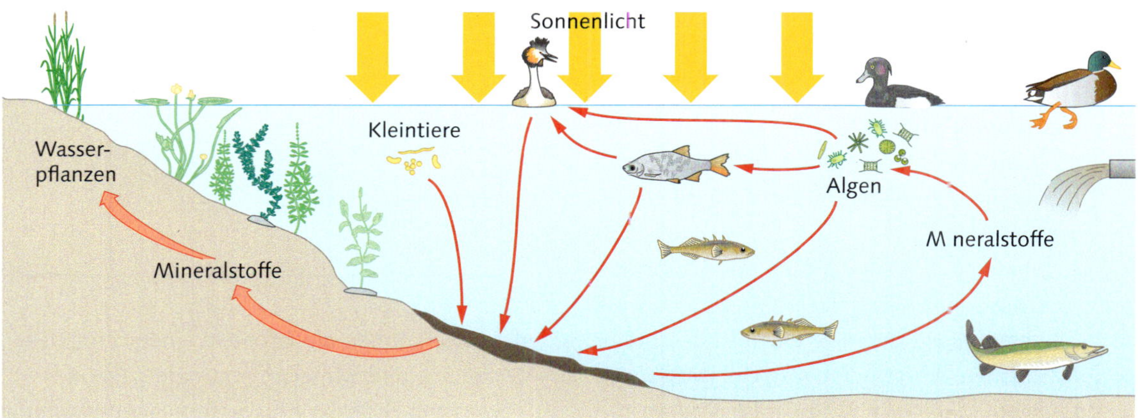

4 Lebensbedingungen im See

Teste dich

Lebensgrundlage Wasser

1 Wie wird Wasser zu Trinkwasser?

1 Ein Trinkwasserspeicher der Stadt Stuttgart

Weniger als drei Prozent des gesamten Wasservorkommens auf der Erde sind Süßwasser. Um daraus Trinkwasser zu gewinnen, wird das Wasser in Deutschland in Wasserwerken aufbereitet. Anders als in vielen Teilen der Welt ist Trinkwasser bei uns nicht knapp und wird vielfältig genutzt.

a □ Gib an, wofür in Deutschland Trinkwasser verwendet wird.

b ◪ Erläutere in wenigen Sätzen, wie man in Deutschland Trinkwasser gewinnt.

2 Qualität unserer Gewässer

Um die Qualität eines Gewässers festzustellen, entnimmt man diesem eine Wasserprobe und untersucht sie näher.

a □ Nenne die Faktoren, die die Gewässergüte eines Flusses beeinflussen.

b ◪ Beschreibe, wie du bei der Entnahme einer Wasserprobe vorgehst.

c ◪ Gib an, welche Merkmale du überprüfst und nenne die Hilfsmittel, die du dazu verwendest.

d ◪ Gebrauchtes Wasser gelangt als Abwasser zunächst in eine Kläranlage. Erst danach wird es in einen Fluss oder See geleitet. Beschreibe mit eigenen Worten den Weg des Wassers durch ein Kläranlage mit zwei Reinigungsstufen und die Reinigungswirkung.

3 Eigenschaften des Wassers

2 Fische werden durch ein Eisloch geangelt.

Das Eisfischen ist in den letzten Jahren auch in Deutschland immer beliebter geworden. Dabei bohrt man ein Loch in das Eis eines zugefrorenen Sees. Dann wirft man die Angel aus und wartet darauf, dass Fische anbeißen.

a □ Eis ist ein Aggregatzustand von Wasser. Zeichne eine Übersicht über alle Aggregatzustände des Wassers und benenne darin auch alle Übergänge.

b ◪ Nenne zwei besondere Eigenschaften des Wassers und beschreibe sie.

c ◪ Die Wassertemperaturen in einem See ändern sich mit den Jahreszeiten. Erstelle in deinem Heft eine Tabelle nach folgendem Muster und ergänze sie:

Temperatur	Frühling/ Herbst	Sommer	Winter
Wasser an der Oberfläche			
Wasser am Seegrund (in 30 m)	4 °C		

d ■ Wie können die Fische in einem zugefrorenen See überwintern? Begründe deine Antwort mit Hilfe der besonderen Eigenschaften von Wasser.

4 Dichte in der Küche

Wird Eiweiß zu Eischnee geschlagen, nimmt sein Volumen zu, aber die Masse bleibt gleich.

a □ Simon behauptet: »Die Dichte des Eischnees ist kleiner als die Dichte des Eiweißes.« Stimmt diese Aussage? Begründe.

b ◪ Lässt man Eischnee zu lange stehen, fällt er wieder zusammen. Beschreibe, wie sich dabei die Dichte verändert.

c ■ Um Eischnee weiterzuverarbeiten, wird häufig Zucker hineingerührt. Erkläre, warum man durch Hinzufügen von Zucker die ursprüngliche Dichte des Eiweißes wiederherstellen kann. Argumentiere ganz genau.

5 Schwimmen, Schweben, Sinken

3 Nur die Stahlkugel im Plastik-Ei schwimmt.

Bei zwei identischen Stahlkugeln wird getestet, unter welchen Bedingungen sie schwimmen. Während die erste Kugel direkt ins Wasser gelegt wird, wird die zweite Kugel in ein Plastik-Ei gesteckt.

a □ Nenne die Voraussetzungen dafür, dass ein Gegenstand im Wasser schwimmt, schwebt oder sinkt.

b ◪ Erkläre, warum die eine Kugel sinkt, die andere schwimmt. Verwende Fachbegriffe.

c ■ Wie müsste man das Plastik-Ei befüllen, damit es schwebt? Begründe.

d ■ Es gibt zwei Möglichkeiten, die Dichte eines Körpers zu regulieren. Nenne jeweils ein Beispiel aus der Praxis und begründe, warum beim Plastik-Ei nur eine der Möglichkeiten funktioniert.

Auf den Punkt gebracht

Lebensgrundlage Wasser

- Wasser ist ein kostbares Gut. Nur ein geringer Teil des Wassers auf der Erde ist leicht zugängliches Trinkwasser. Das meiste Wasser ist ungenießbares Salzwasser.

- Wir nutzen Wasser als Lebens- und Reinigungsmittel. Außerdem ist es ein hervorragendes Lösungsmittel und dient uns als Transport- und Kühlmittel. Mit Hilfe von Wasserkraft kann elektrische Energie gewonnen werden.

- Bei der Nutzung von Wasser entstehen oft Abwässer, die in Kläranlagen gereinigt werden müssen.

- Je nach Temperatur liegt Wasser im festen, flüssigen oder gasförmigen Aggregatzustand vor.

- Wasser verfügt über besondere Eigenschaften: Es hat eine Oberflächenspannung und dehnt sich im Gegensatz zu anderen Stoffen beim Erstarren aus.

- Ob ein Körper in Wasser schwimmt, schwebt oder sinkt, hängt davon ab, ob seine Dichte größer oder kleiner ist als die von Wasser.

- Wasser ist Lebensraum für zahlreiche Pflanzen und Tiere, die sich an das Leben im Wasser angepasst haben.

Pubertät – Zeit der Veränderung

Was in der Pubertät geschieht

Irgendwann im Alter zwischen 10 und 15 fängt dein Körper an, sich zu verändern. Mit ihm verändern sich auch die Gefühle. Mal bist du super drauf und dann wieder total genervt und voller Selbstzweifel. Oft weißt du selbst nicht mehr, wie dir geschieht. Das Leben nimmt eine radikale Wende. Man sagt auch: Du bist in der Pubertät – die Zeit, in der du erwachsen wirst.

1 Sehe ich auch gut genug aus?

Alles ist anders

Helena, 12 Jahre alt, ist in letzter Zeit ziemlich reizbar. Manchmal nerven sie schon Kleinigkeiten. Neulich schrie sie ihren kleinen Bruder wütend an, als er in ihr Zimmer stürmte, ohne anzuklopfen. Mit ihren Eltern hat Helena öfter Streit. Zum Beispiel darüber, wann sie abends zu Hause sein muss. Als ob sie noch ein kleines Kind wäre! Und ihre Freundinnen dürfen auch länger ausgehen. Manchmal könnte sie heulen vor Wut. Am liebsten zieht sie sich dann in ihr Zimmer zurück, setzt die Kopfhörer auf, hört ihre Lieblingsmusik und träumt vor sich hin. Auch sonst ist vieles anders geworden. Als Benni, der tolle Junge aus der anderen Klasse sie neulich anschaute, klopfte ihr Herz auf einmal wie wild. Er sah einfach super aus. Was für ein Junge! Aber sie brachte keinen Ton heraus. In den nächsten Tagen dachte sie nur noch an ihn. Ob sie in ihn verknallt war?

2 Was ist nur los mit mir?

Es passiert jedem

Die Zeit der Pubertät macht jeder durch. Für einige beginnt sie schon mit 10 Jahren, für andere erst mit 15 oder 16. Jeder wächst und verändert sich verschieden schnell und zu unterschiedlichen Zeiten. Jeder Körper hat sein eigenes Tempo.

Die Pubertät – wozu ist sie gut?

Aus Mädchen werden langsam junge Frauen, aus Jungen junge Männer. Pubertät ist eine Bezeichnung für diesen Lebensabschnitt. Das Wort *Pubertät* kommt aus dem Lateinischen und bedeutet so viel wie »erwachsen«. Es umschreibt nicht nur die körperlichen Veränderungen in dieser Zeit, sondern auch die seelischen sowie die Veränderungen in den zwischenmenschlichen Beziehungen und das sich entwickelnde Verantwortungsgefühl. Die meisten dieser Veränderungen haben damit zu tun, dass man Kinder zeugen und bekommen kann.

Hormone bewirken Veränderungen

Die vielen Veränderungen, die während der Pubertät in deinem Körper stattfinden, werden durch *Hormone* hervorgerufen. Das sind Botenstoffe, die in besonderen Drüsen des Körpers gebildet werden. Sie wandern im Blut von ihrem Herstellungsort dorthin, wo sie ihre Aufgaben verrichten. Sie steuern deine Entwicklung zur *Geschlechtsreife*. Den Befehl dazu gibt das Gehirn, genauer die *Hirnanhangsdrüse*.

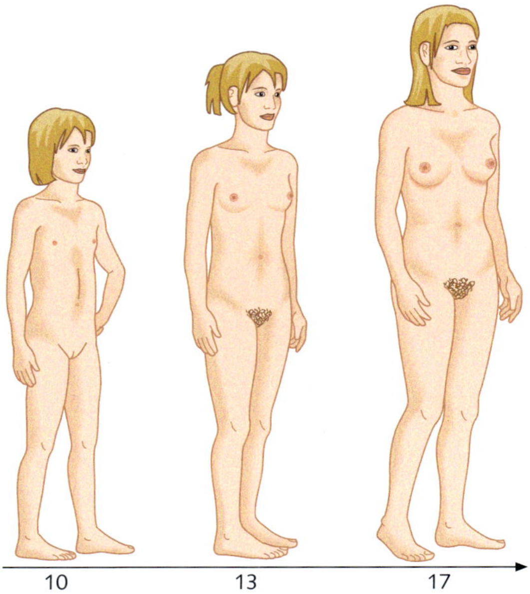

3 Vom Mädchen zur Frau

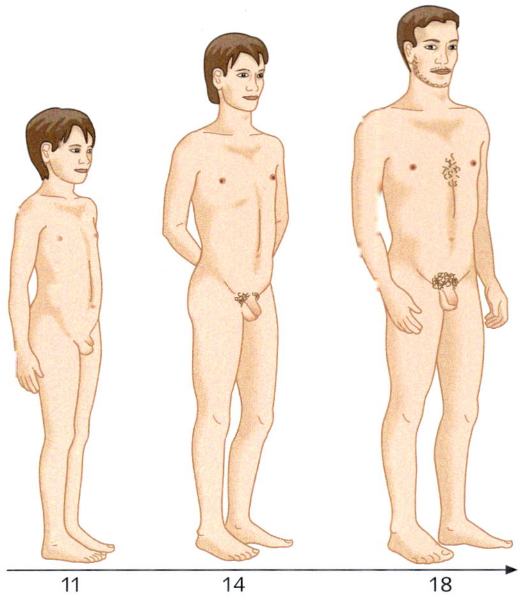

4 Vom Jungen zum Mann

Der Körper verändert sich

Hormone verändern deinen Körper so, dass er einem erwachsenen Körper immer ähnlicher wird. Am auffälligsten ist das relativ schnelle *Wachstum*. Unter den Achseln und im Schambereich wachsen Haare. Bei Mädchen entwickeln sich *Brüste*, Jungen bekommen einen *Bart*, die Stimme verändert sich. Die Geschlechtsorgane bei Jungen und Mädchen werden größer und empfindlicher, vor allem verändern sich ihre Funktionen.

Auch das Gehirn wird umgebaut. Es wird fit gemacht für den Eintritt ins selbstständige Leben.

Achterbahn der Gefühle

Die Hormone beeinflussen auch die *Gefühle, Stimmungen* und *Bedürfnisse*. Ein unbestimmtes Sehnen nach dem großen Abenteuer erwacht. Beste Freundinnen und Freunde werden oft wichtiger als die Eltern. Es gefällt dir, etwas Eigenes zu leisten, du selbst zu sein. Vielleicht entdeckst du mit großem Herzklopfen, dass du mit deinem Aussehen und Verhalten die Blicke anderer auf dich lenken kannst. Vielleicht verliebst du dich zum ersten Mal.

In Kürze

In der Pubertät verändern sich dein Körper, deine Gefühle und Interessen. Den Befehl zu deiner Verwandlung gibt das Gehirn. Hormone steuern die Entwicklung zur Geschlechtsreife.

Aufgaben

1 □ Es gibt Veränderungen in der Pubertät, die man von außen beobachten, und solche, die man nicht beobachten kann. Nenne Beispiele.

2 ◪ Erkläre die Bedeutung der Pubertät.

3 ◪ In der Pubertät erleben viele eine »Achterbahn der Gefühle«. Erläutere, was damit gemeint ist.

Extra Entwicklung

Manche Organe erlangen erst nach einer bestimmten Entwicklungszeit eine Funktion. Beispielsweise produzieren die Hoden des Jungen erst ab der Pubertät Geschlechtszellen oder Spermien.

Alle Organe und alle Lebewesen verändern sich. Sie durchlaufen dabei verschiedene Stufen der Entwicklung. Aus einem Baby wird einmal ein alter Mann oder eine alte Frau. Alles, was lebt, entwickelt sich, wächst, verändert sich und stirbt irgendwann.

Vom Mädchen zur Frau

Wenn die Pubertät beginnt, werden erstmals größere Mengen von weiblichen Geschlechtshormonen gebildet. Diese Östrogene verwandeln das Mädchen allmählich in eine junge Frau. Die Hüften werden breiter, die Brüste nehmen an Größe zu, Schamhaare wachsen und die erste Regelblutung setzt ein. Auch die romantischen und sexuellen Gefühle werden intensiver.

Äußere Geschlechtsorgane

Die äußeren weiblichen Geschlechtsorgane liegen geschützt zwischen den Oberschenkeln. Die äußeren und inneren *Schamlippen* bedecken die Klitoris, die Öffnung der *Harnröhre* und den Scheideneingang. Die *Klitoris* ist eine kleine Erhebung von der Größe einer Erbse. Wenn sie berührt und gestreichelt wird, kann ein lustvolles Gefühl entstehen.

Der Scheideneingang ist bei jungen Mädchen durch das *Jungfernhäutchen* geschützt. Wenn ein Mädchen sportlich aktiv ist, kann es sich dehnen und einreißen, sodass sich der Scheideneingang etwas vergrößert. Das Gleiche passiert auch beim ersten Geschlechtsverkehr.

Innere Geschlechtsorgane

Die *Scheide,* ein dehnbarer Muskelschlauch, führt zur *Gebärmutter,* in der ein Kind während der Schwangerschaft heranwächst. Die Gebärmutter gleicht einer auf den Kopf gestellten Birne. Sie ist innen hohl und mit einer zarten Schleimhaut ausgekleidet. Außen ist sie von einem starken Muskel umgeben. Von der Gebärmutter führen links und rechts zwei dünne Kanäle, die *Eileiter,* zu den beiden *Eierstöcken.* In diesen befinden sich schon bei der Geburt des Mädchens oft mehr als eine Million Eizellen.

Der weibliche Zyklus

Von der Pubertät an bereitet sich der Körper einer Frau immer wieder darauf vor, ein Kind bekommen zu können. Gesteuert durch die Geschlechtshormone reift dabei jedes Mal im Eierstock eine Eizelle heran.

Währenddessen öffnet sich das untere Ende der Gebärmutter, der *Gebärmutterhals.* Er bildet eine nährstoffreiche Flüssigkeit, den *Zervixschleim.* Dieser lässt vorhandene Spermien in die Gebärmutter eindringen und bewirkt, dass sie dort bis zu fünf Tage lang überleben können. Außerdem wächst die Gebärmutterschleimhaut auf das Vierfache ihrer normalen Dicke heran.

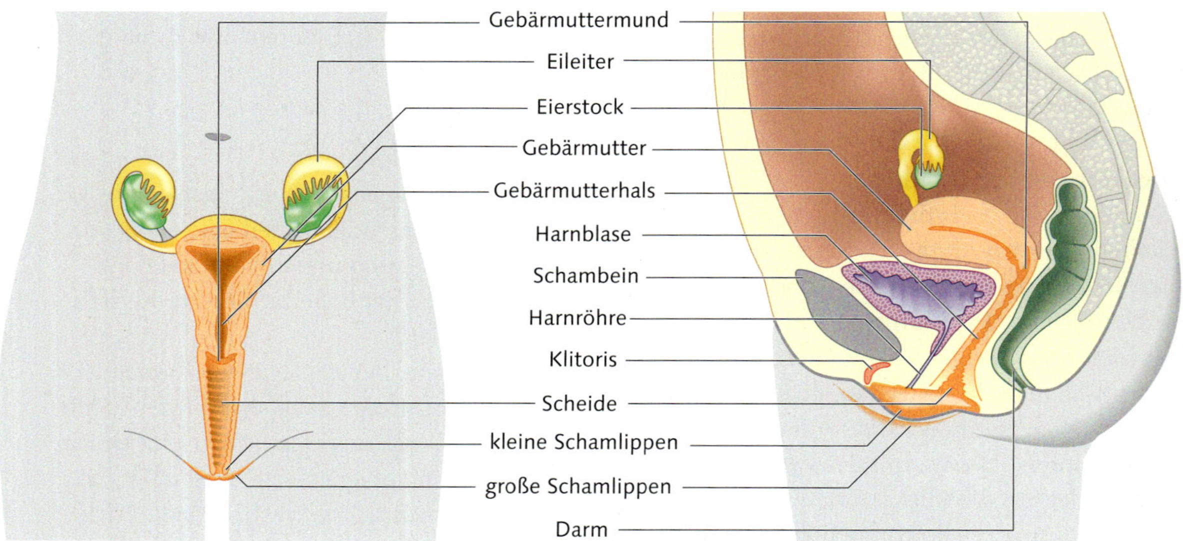

1 Weibliche Geschlechtsorgane

2 Weibliches Becken (Schnitt)

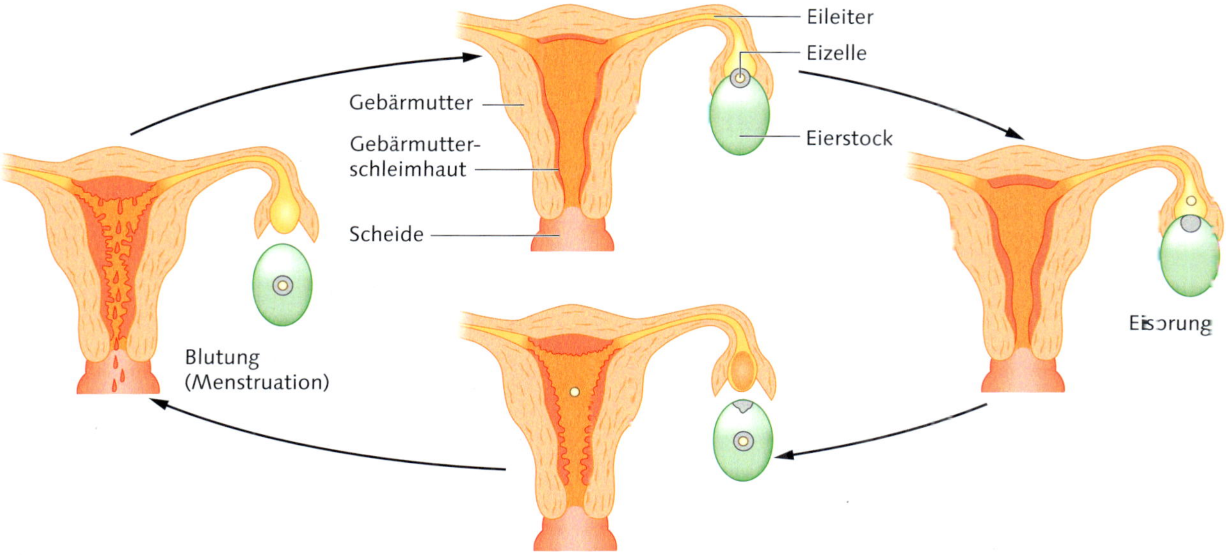

3 Ein Menstruationszyklus dauert zwischen 23 und 35 Tagen.

Wenn die Eizelle reif ist, kommt es zum *Eisprung*. Dabei platzt das *Eibläschen*, das die Eizelle im Eierstock schützend umgibt. Die freie Eizelle wird von der trichterförmigen Öffnung eines Eileiters aufgenommen und kann etwa einen Tag lang befruchtet werden.

Kommt es nicht zu einer Befruchtung, löst sich der größte Teil der aufgebauten Gebärmutterschleimhaut ab und wird mit Blut durch die Scheide ausgeschieden. Das ist die *Regelblutung*. Sie wird auch als *Menstruation* oder *Periode* bezeichnet. Bereits während der Blutung bereitet sich der Körper des Mädchens wieder darauf vor, schwanger werden zu können. Dieser wiederkehrende Kreislauf von der Vorbereitung auf eine mögliche Schwangerschaft und den »Aufräumarbeiten« des Körpers wird *»Zyklus«* genannt.

Schwanger vor der ersten Regel?

Wenn ein Mädchen zum ersten Mal seine »Tage« bekommt, ist die erste Vorbereitung auf eine mögliche Schwangerschaft, also der erste Zyklus, bereits abgeschlossen. Da etwa zwei Wochen vorher bereits die erste reife Eizelle aus dem Eierstock gesprungen ist und befruchtungsfähig war, kann ein Mädchen schon vor ihrer ersten Regelblutung schwanger werden.

Hygiene während der »Tage«

Die Regelblutung ist ein natürlicher, gesunder Vorgang. Es gibt keinen Grund, sich dabei anders zu verhalten als sonst. Dennoch sind Mädchen bei der ersten Regel oft darüber besorgt, dass so viel Blut über die Scheide den Körper verlässt. Frauen verwenden Binden oder Tampons, um das Blut aufzusaugen. Sie werden mehrmals am Tag gewechselt – wie oft, hängt von der Stärke der Blutung ab.

In Kürze

Mit der Pubertät beginnen die weiblichen Geschlechtshormone ein Mädchen in eine junge Frau zu verwandeln. Ihr Körper entwickelt sich so, dass sie Kinder bekommen kann. Mit der ersten Regelblutung ist von außen erkennbar, dass sie ihren ersten Menstruationszyklus abgeschlossen hat und geschlechtsreif ist. Die Dauer eines Zyklus kann von Frau zu Frau und von Zyklus zu Zyklus unterschiedlich sein.

Aufgaben

1 ❑ Nenne die äußeren, und die inneren Geschlechtsorgane der Frau.

2 ◪ Erkläre die Funktion der Regelblutung.

3 ■ Mädchen können schwanger werden, bevor sie ihre erste Regelblutung haben. Erkläre.

Vom Jungen zum Mann

Wenn die Pubertät beginnt, werden erstmals größere Mengen des männlichen Geschlechtshormons gebildet. Dieses Testosteron verwandelt einen Jungen in einen jungen Mann. Die Schultern werden breiter, die Geschlechtsorgane werden größer, die Stimme wird tiefer und dunkler, die Körperbehaarung wird dichter und der Bart fängt an zu wachsen. Die Muskeln entwickeln sich und es werden häufiger sexuelle Empfindungen spürbar. Die Jungen erleben den ersten Samenerguss.

Die männlichen Geschlechtsorgane

Die männlichen Geschlechtsorgane befinden sich hauptsächlich außerhalb des Körpers. Im *Hodensack* liegen die zwei pflaumenförmigen *Hoden*. In ihnen werden die männlichen Geschlechtszellen oder *Spermien* gebildet. Die Hoden liegen außen, damit sie kühl bleiben. Spermien wachsen am besten bei Temperaturen etwas unter der normalen Körperwärme. Die Nebenhoden umgeben jeweils die Hoden halbmondförmig. Sie sind von feinen Kanälchen durchzogen. In ihnen reifen die Spermien und werden gespeichert. Kommt es zu einem Samenerguss, machen sich die Spermien auf den Weg in die beiden *Samenleiter*. Verschiedene Drüsen geben Flüssigkeiten hinzu. Sie machen die Spermien beweglich. Die beiden Samenleiter vereinigen sich mit der Harnröhre. Diese führt Harn oder Spermien durch das *Glied*, das auch *Penis* genannt wird. Er besteht aus weichem Bindegewebe und aus Blutgefäßen. Das Penisende wird als *Eichel* bezeichnet. Sie wird von der *Vorhaut* bedeckt.

Der Samenerguss

Bei den meisten Jungen beginnen die Hoden zwischen dem 12. und 13. Lebensjahr Spermien zu bilden. Dann kann es zu einem Samenerguss kommen. Der erste Samenerguss passiert meist im Schlaf. Der Penis versteift sich plötzlich. Dabei füllen sich die *Schwellkörper* in seinem Innern mit Blut. Er wird dicker und länger und richtet sich auf. Das nennt man Versteifung oder *Erektion*. Ein Samenerguss kann aber auch ausgelöst werden, wenn der Penis gestreichelt oder gerieben wird. Dies führt zu lustvollen Gefühlen. Auf dem Höhepunkt der Erregung, dem *Orgasmus*, wird die Spermienflüssigkeit, das *Sperma*, durch die Penisöffnung herausgespritzt. Mit dem ersten Samenerguss ist ein Junge geschlechtsreif. Er kann ab jetzt Kinder zeugen.

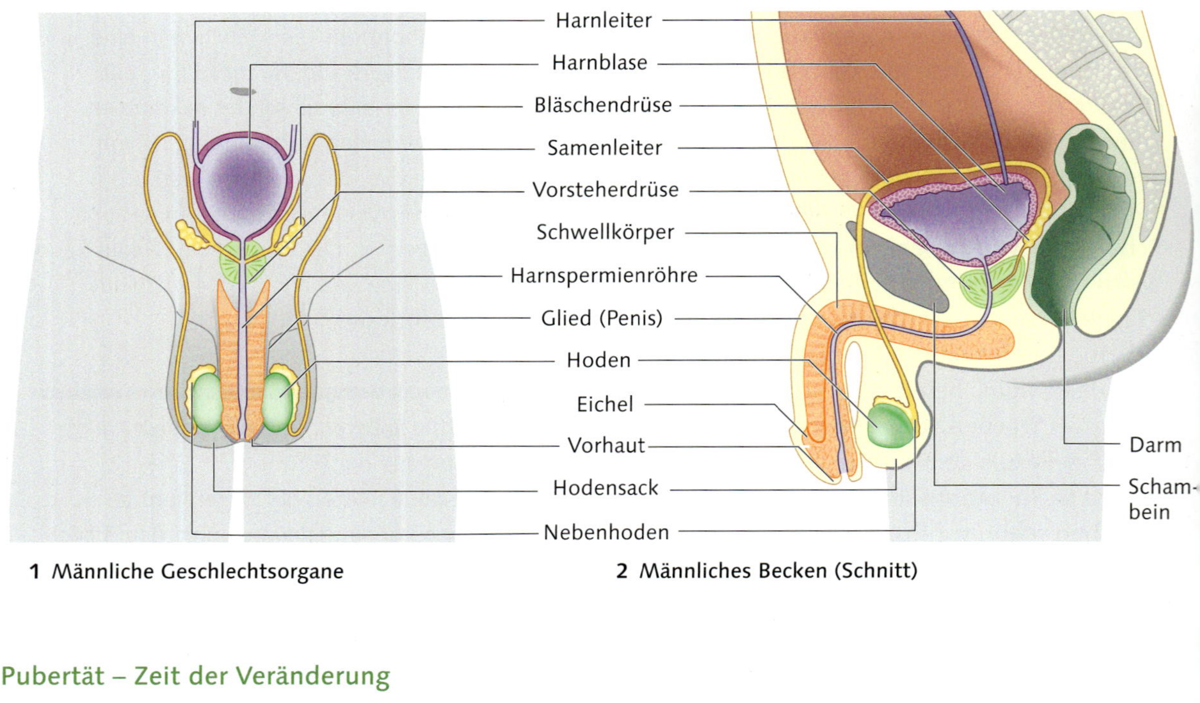

1 Männliche Geschlechtsorgane

2 Männliches Becken (Schnitt)

Sperma – was ist das?
Das Sperma ist weißlich, trübe und etwas klebrig. Es besteht aus Spermien – so lautet die Mehrzahl von Spermium (Samenzelle) – und einer Flüssigkeit mit verschiedenen Substanzen, die die Spermien schützen und beweglicher machen.

Etwa 200 bis 500 Millionen Spermien verlassen den Körper, wenn er Sperma ejakuliert. Ejakulieren bedeutet etwas plötzlich freisetzen.

Was beim Stimmbruch passiert
Die Stimme wird im Kehlkopf erzeugt. Dieser sitzt am oberen Ende der Luftröhre. In ihm befinden sich die Stimmlippen, in denen feine Muskelstränge verlaufen; sie werden auch Stimmbänder genannt. In der Pubertät wird beim Jungen der Kehlkopf größer als bei Mädchen.

Während des Wachstums verlängern sich die Stimmbänder beim Jungen um bis zu einen Zentimeter, wodurch die Stimmlage tiefer wird. Die Stimme klingt dann etwas rau und kippt oft zwischen der männlichen und kindlichen Stimmlage. Als Ursache hierfür vermutet man, dass beide Stimmbänder nicht genau gleichartig gespannt werden können.

In Kürze
In den Hoden werden das männliche Geschlechtshormon und die Spermien gebildet. Beim Samenerguss werden etwa eine halbe Milliarde Spermien aus dem Penis ausgestoßen. Mit dem ersten Samenerguss sind Jungen geschlechtsreif und können Kinder zeugen.

Aufgaben
1 □ Nenne die Geschlechtsorgane des Mannes.
2 □ Nenne den Entstehungsort der Samenzellen.
3 ◪ Der erste Samenerguss ist ein wichtiger Schritt auf dem Weg zum Erwachsenwerden. Erkläre diese Aussage.
4 ■ Stelle Vermutungen an, warum so viele Samenzellen gebildet werden.

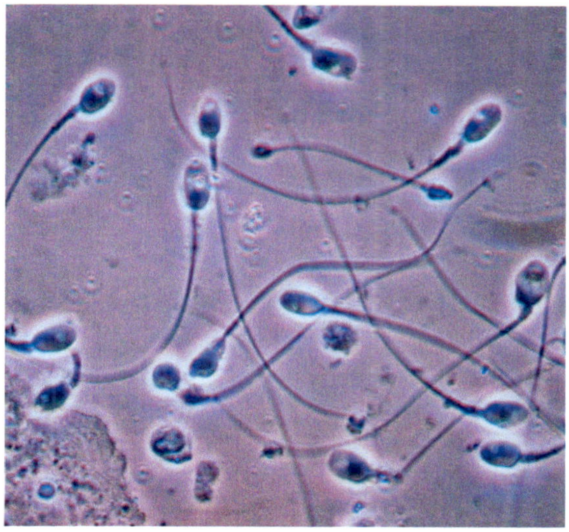

3 Spermien (etwa 1000-fach vergrößert)

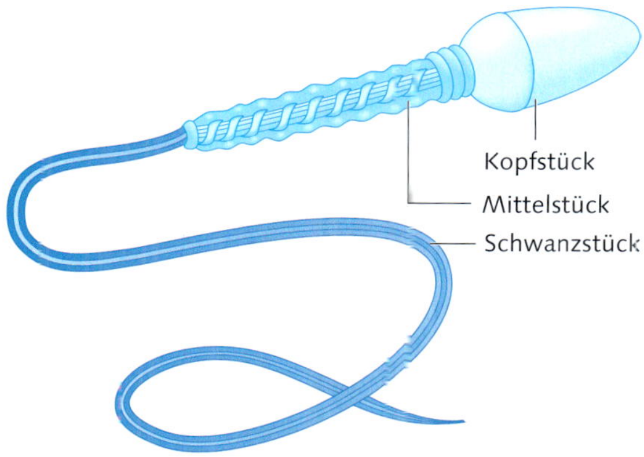

4 Aufbau einer Spermienzelle

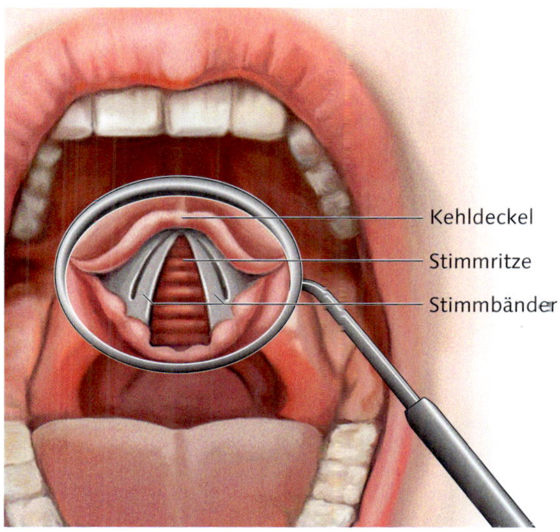

5 Kehlkopf mit Stimmbändern

Auf den eigenen Körper achten

Bis jetzt hatten Pia und David kaum Interesse an dieser Abteilung im Kaufhaus, heute dagegen – fast über Nacht – zieht es die beiden hin: in die Kosmetikabteilung. Pia benötigt plötzlich Make-up und David sucht nach einem passenden Gesichtswasser. Ach ja, ein Deo brauchen die beiden auch noch.

1 Auf der Suche nach duftenden Tinkturen

Jeder Körper will gepflegt sein

In der Pubertät können Pickel, fettige Haare und Körpergeruch zum Problem werden. Durch die hormonelle Veränderung kommt es zu einer verstärkten Talgproduktion in den Talgdrüsen der Haut. Verstopfen diese, entstehen Mitesser. Entzünden sie sich, entwickeln sich Pickel. Die betroffenen Hautstellen können mit pH-neutralen Seifen und Feuchtigkeitscremes auf Wasserbasis gereinigt werden. Reicht dies nicht aus, sollte man zum Hautarzt gehen.

Zudem bekommen viele Jugendliche plötzlich fettige Haare und schwitzen stark. Dabei kann ein unangenehmer Körpergeruch entstehen. Auf sich selber achten ist jetzt besonders wichtig. Dazu gehören regelmäßig die Kleidung wechseln, mehrmals in der Woche Haare waschen und duschen.

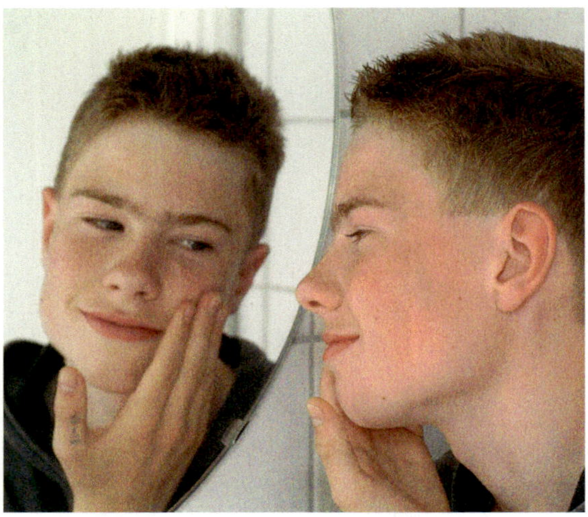

2 Ein Pickel soll kein großes Problem sein?

Während der Pubertät kommt es zu einem großen Wachstumsschub. Müdigkeit, stärkeres Hungergefühl, Gelenkschmerzen und zu niedriger Blutdruck können Anzeichen dafür sein.

Dein Körper ist okay

Viele Jugendliche zweifeln daran, ob bei ihnen alles »normal« läuft. Jungen sorgen sich um die Größe ihres Penis und den Stimmbruch, Mädchen um das Wachstum ihrer Brust und den Beginn der Menstruation. Es ist normal, dass Gleichaltrige unterschiedlich weit entwickelt sind. Jeder Körper hat sein eigenes Tempo. Entscheidend ist nicht, was andere sagen, sondern dass man sich in seiner Haut wohlfühlt.

In Kürze

In der Pubertät verändert sich der Körper. Dabei kommt es zu einer verstärkten Talg- und Schweißproduktion. Zum Wohlfühlen gehört es, den Körper zu waschen und zu pflegen. Jeder Körper entwickelt sich in unterschiedlichem Tempo.

Aufgaben

1 ◪ Erläutere, warum in der Pubertät die Hygiene besonders wichtig ist.

2 ◪ Erstelle eine Liste wichtiger hygienischer Maßnahmen.

Typisch Mädchen!? Typisch Jungs!?

1 Typisch für Jungs?

3 Typisch für Mädchen?

Was von Mädchen und Jungs alles erwartet wird

Als Kind hast du vielleicht schon oft gehört: Jungen spielen mit Autos, Mädchen mit Puppen. Jungen weinen nicht, Mädchen ziehen sich hübsch an, Jungen spielen Fußball, Mädchen tanzen lieber. Sicher kennst du noch viele andere Erwartungen, die man an dich als Mädchen oder Junge stellt. Solche Erwartungen werden oft von einer Generation an die andere weitergegeben. Sie können unser ganzes Leben bestimmen, manchmal sogar sehr einschränken.

Benutzername | Login

Mein Account | Videos | Sites | Mitglieder | Freunde | **Forum** | Chat

Du befindest dich hier: Startseite » Forum » **Liebe**

Beitrag	Antworten	Zugriffe	Letzte Antwort
Flirten	6	720	07.08.2011 17:26:26 von:lena13

Boah, ich hab keen Bock, nen Kerl anzuquatschen und den zu fragen, ob wir zusammen was machen wollen. Sonst ist der noch voll irre und denkt ich bin ne bitch. Oder er hat keen Respekt mehr vor mir...

von:lena13 am: 07.08.2011 17:26:26

Beitrag	Antworten	Zugriffe	Letzte Antwort
Flirten	10	604	15.03.2011 19:36:23 von:andy 14

Viele Kumpel, die ich kenne, haben voll Schiss ein Mädchen anzuquatschen. Ich mein, für mich ist es auch nicht so easy, ein Mädel anzumachen. Fände es manchmal besser, wenn sie mich fragen würde, ob wir was zusammen machen...

von:andy14 am: 12.11.2009 18:08:51

Neues Thema erstellen

2 Aus einem Jugendchat

»Mädchen tun das nicht!«

Verhaltensregeln für Jungen und Mädchen sind häufig ganz verschieden. So wird Mädchen geraten, wenn es um Verabredungen geht, nicht den ersten Schritt zu tun. Sie sollten lieber warten, bis sie jemand fragt. Dabei fällt es aber vielen Mädchen schwer, herumzusitzen und zu warten, bis ein Junge sie anspricht. Andererseits sind viele Jungen viel zu schüchtern, um ein Mädchen anzusprechen.

»Jungen sind cool!«

Wer »cool« ist, wird von Gleichaltrigen eher respektiert. »Cool sein« gilt als Merkmal für Männlichkeit. Schon kleine Jungs wollen »cool« sein. Aber ist es nicht auch für Jungen gut, Gefühle zu zeigen, zu weinen und persönliche Empfindungen offen auszudrücken, wie das auch viele Mädchen tun?

Wie Psychologen darüber denken

Jeder sollte das Recht haben, nach seinen eigenen Empfindungen handeln zu dürfen, ohne dass jemand sagt, was ein Junge oder Mädchen zeigen darf und was nicht. Nicht alle Situationen verlangen von einem Jungen einen »coolen« Auftritt oder den ersten Schritt. Es gibt Momente, in denen es angebracht ist, den persönlichen Gefühlen und eventuell auch Tränen freien Lauf zu lassen.

Erste Liebe

1 Lovestory

Schmetterlinge im Bauch

Das Verliebtsein kommt ganz plötzlich. Du fühlst dich wie verzaubert, im siebten Himmel, auf rosaroten Wolken. Du fühlst dich zu einem anderen Menschen hingezogen. Du kannst an nichts anderes mehr denken. Du möchtest immer in seiner Nähe sein. Ob mehr daraus wird, entscheidet sich erst später.

Achterbahn der Gefühle

Wenn es dich »erwischt« hat, wird in deinem Gehirn ein Hormon freigesetzt. Es verändert Milliarden von Schaltungen im Gehirn und schärft die Sinne für alles Schöne. Weitere Hormone rufen Glücksgefühle hervor, alles erscheint dir rosarot. Zugleich aber bist du auch verletzlicher. Gefühle können blitzschnell umschlagen: von himmelhoch jauchzend bis zu Tode betrübt.

Und was ist mit Sex?

Verliebtsein führt zu der aufregenden Chance, einen anderen Menschen näher kennenzulernen: seine Gedanken und Ansichten, sein Verhalten, den Körper, seine Gefühle und Empfindungen. Ob Sex auch schon dazugehört? Niemand darf sich unter Druck setzen lassen. Jeder muss den richtigen Zeitpunkt für sich finden. Vielleicht fühlst du dich noch nicht reif dafür. Oder du möchtest einfach warten, bis der richtige Partner kommt und ihr beide auch frei und gern dazu bereit seid. Die meisten Jugendlichen wünschen sich Sex erst in einer länger andauernden Liebesbeziehung.

Aufgaben

1 □ Beschreibe, wie die »Foto-Lovestory« in Bild 1 weitergehen könnte.

2 ■ Erläutere das Phänomen des Verliebtseins.

Extra

Ist das Liebe?

Irmi, 13 Jahre: »Ich war mit einem Freund auf einer Party. Als ich mit einem anderen Jungen eng und langsam tanzte, verliebte ich mich plötzlich in den. Wenn er mich nur berührte, dann zitterte ich schon. Und als wir tanzten, meinte ich, auf einer Wolke zu schweben.«

Jonas, 11 Jahre: »Ich mag zum Beispiel meine Katze furchtbar gern, meine Schwester und die Oma auch, und natürlich meine Eltern.«

Helena, 15 Jahre: »Wenn ich verliebt bin, fühle ich mich ganz plötzlich zu jemandem hingezogen. Es überkommt einen, ob man will oder nicht. Liebe dagegen ist etwas Aktives. Wenn ich liebe, dann gebe ich – ohne Gegenleistung. Ich freue mich, wenn ich meinem Freund eine Freude machen kann. Wir respektieren einander, und wenn etwas nicht stimmt zwischen uns, dann reden wir darüber.«

Tobias, 13 Jahre: »Ob mich wirklich jemand mag, merke ich daran, dass er mich so nimmt, wie ich bin, dass er mich nicht ausnützt, dass er mir zuhört und mich nicht anlügt und wir über alles reden können.«

Aufgaben

1 Was ist für dich »Liebe«? Stelle deine Sichtweise dar. Liebe ist, wenn …

2 Laut Helena ist Liebe mehr als Verliebtsein. Erläutere diese Aussage.

1 Sonja liebt ihre Oma.

2 Andy mag seinen Freund Dominik.

3 Julia liebt ihren David.

Neues Leben entsteht

Wenn Menschen ineinander verliebt sind, tauschen sie Zärtlichkeiten aus, küssen sich, schmusen miteinander, streicheln sich. Sie berühren sich am ganzen Körper und empfinden dabei sehr schöne Gefühle.

1 Verliebte drängt es manchmal auch nach mehr.

»Miteinander schlafen«
Der Austausch von Zärtlichkeiten am ganzen Körper – man nennt dies auch *Petting* – kann zu sexueller Erregung führen. Mädchen spüren das, wenn ihre Scheide feucht wird; bei Jungen wird der Penis steif. Aus dem Kuscheln kann ein anderer Wunsch entstehen: Sie möchten »miteinander schlafen«. Dies bedeutet, dass sie Geschlechtsverkehr haben. Hierbei wird der steife Penis vorsichtig in die Scheide der Frau eingeführt. Rhythmische Bewegungen der Liebenden kann den Geschlechtsverkehr zu einem sehr lustvollen Erlebnis werden lassen. Der Höhepunkt der Lust wird *Orgasmus* genannt. Aber nicht jedes Mal führt sexuelle Erregung beim Petting oder Geschlechtsverkehr zum Orgasmus.

Eine Eizelle wird befruchtet
Wenn der Mann seinen sexuellen Höhepunkt erreicht, wird Samenflüssigkeit aus dem Penis ausgestoßen. Findet der Samenerguss in der Scheide statt, gelangen damit bis zu 500 Millionen Spermien in den Körper der Frau. Wenn sich eine Frau in den Tagen vor dem Eisprung befindet, öffnet sich der Gebärmutterhals. Der hier gebildete Zervixschleim lässt Spermien bis zu fünf Tage überleben. So ist es möglich, dass viele von ihnen weiter zu den Eileitern hinaufschwimmen und schließlich ein Spermium mit einer Eizelle verschmilzt. Diesen Vorgang nennt man *Befruchtung*. Mit ihr beginnt die Entwicklung zu einem neuen Menschen.

Wie die Schwangerschaft beginnt
Gleich nach der Befruchtung beginnt die Eizelle, sich fortlaufend zu teilen. Der *menschliche Keim* wandert im Eileiter in Richtung

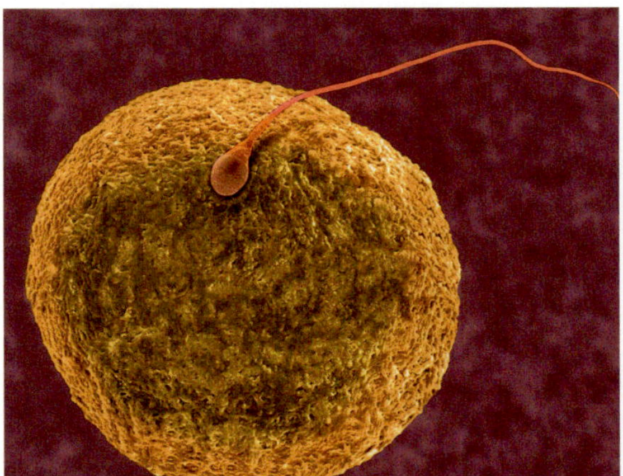

2 Ein Spermium trifft auf eine Eizelle.

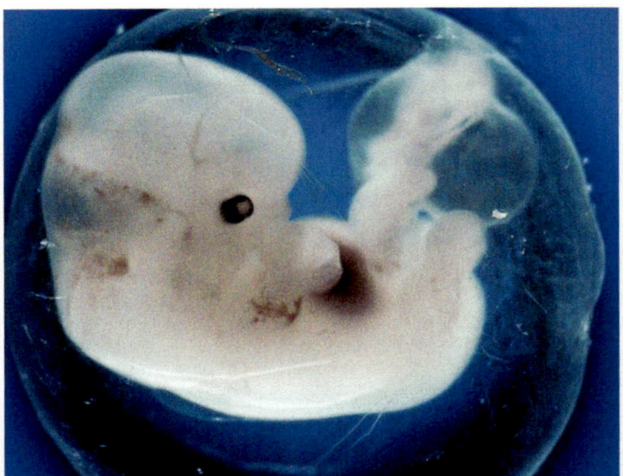

3 Embryo, sechs Wochen alt

Gebärmutter. Dort nistet er sich in die Gebärmutterschleimhaut ein. Von jetzt an beginnt die *Schwangerschaft*. Der menschliche Keim wird nun *Embryo* genannt. Um ihn herum bildet sich eine Blase. Man bezeichnet sie als *Fruchtblase* und die Flüssigkeit darin als *Fruchtwasser*. Sie ist warm und schützt den Embryo vor Erschütterungen und Stößen.

Vom Embryo bis zur Geburt

Vier Wochen nach der Einnistung ist der *Embryo* etwa 5 mm lang. Sein Herz schlägt bereits. Das Gehirn beginnt sich zu entwickeln. Nach acht Wochen sind alle Organe angelegt.

Ab der neunten Woche nach der Befruchtung wird das Kind *Fetus* genannt. Größe und Gewicht des Fetus nehmen schnell zu, alle Organe werden bis zur Geburt stets weiterentwickelt.

Versorgung über die Plazenta

Aus Zellen der Gebärmutterschleimhaut und Zellen des Embryos entwickelt sich der *Mutterkuchen*. Man bezeichnet ihn auch als *Plazenta*. Über die Nabelschnur führen Blutgefäße des Embryos in die Plazenta hinein. Hier treffen sie auf Blutgefäße der Mutter. Aus dem mütterlichen Blut erhält der Embryo so Nährstoffe und Sauerstoff. Umgekehrt gibt er Abfallstoffe an das mütterliche Blut zurück.

Fruchtbare Tage

Ein Mädchen oder eine Frau kann grundsätzlich fast an jedem Tag des Zyklus schwanger werden. Die »fruchtbare Phase« ist zwar nur sechs Tage lang, aber wann genau diese Phase ist, hängt davon ab, wie lange es dauert, bis eine Eizelle herangereift ist und es zum Eisprung kommt. Das dauert von Frau zu Frau und von Zyklus zu Zyklus unterschiedlich lange. Nur wer gelernt hat, bestimmte Körperzeichen genau zu beobachten, kann diese Zeit gut eingrenzen. Dazu ist jedoch fachkundige Anleitung nötig. Falls ihr also keine Schwangerschaft riskieren möchtet, müsst ihr verhüten oder auf Geschlechtsverkehr verzichten.

In Kürze

Die Vereinigung von Spermium und Eizelle wird Befruchtung genannt. Mit ihr beginnt ein neues Leben. Sobald sich die befruchtete Eizelle in die Gebärmutter einnistet, beginnt die Schwangerschaft. Im Verlauf von neun Monaten wächst das Kind im Mutterleib heran.

Aufgaben

1 □ Beschreibe die Entwicklung des ungeborenen Kindes. Verwende dabei die Fachbegriffe für die einzelnen Entwicklungsphasen.

2 ◪ Erkläre, warum ein Mädchen grundsätzlich an fast jedem Zyklustag schwanger werden kann.

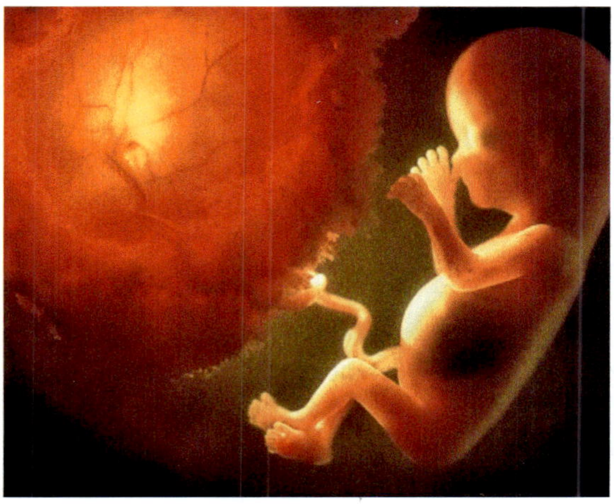

4 Fetus, drei Monate alt

5 Aus der befruchteten Eizelle hat sich ein neuer Mensch entwickelt.

Schwangerschaft

Bleibt bei einem Mädchen die Periode aus, so besteht die Möglichkeit, dass sie schwanger ist. Klarheit liefert ein Test. Ist dieser positiv, bedeutet dies für die werdenden Eltern eine einschneidende Veränderung in ihrem Leben. Eine große Verantwortung kommt auf sie zu.

Für die Mutter verändert sich einiges

Vor allem in den ersten drei Monaten können die körperlichen Veränderungen eine Schwangere sehr belasten. Viele leiden unter Müdigkeit, andere klagen über Übelkeit. Glücksmomente und Ängste wechseln sich ab. Vom vierten Monat an können Frauen ihr Baby zum ersten Mal deutlich spüren. Woche für Woche nimmt der Fetus an Größe und Gewicht zu. Der Körper der Mutter passt sich entsprechend an. Weil der Fetus auch auf die inneren Organe drückt, leidet die Mutter manchmal unter Atemnot. Auch Rückenschmerzen können das Leben erschweren.

Das ungeborene Kind braucht Schutz

Schon vor der Geburt sind Babys sehr empfindsam. Sie reagieren auf Stimmungen und Gefühle der werdenden Mutter. Zärtliches Streicheln des Bauchs, vertraute Stimmen und entspannende Musik beruhigen es. Wichtig für die Gesundheit des Babys ist eine ausgewogene Ernährung. Rauchen und das Trinken von Alkohol schädigen das Kind.

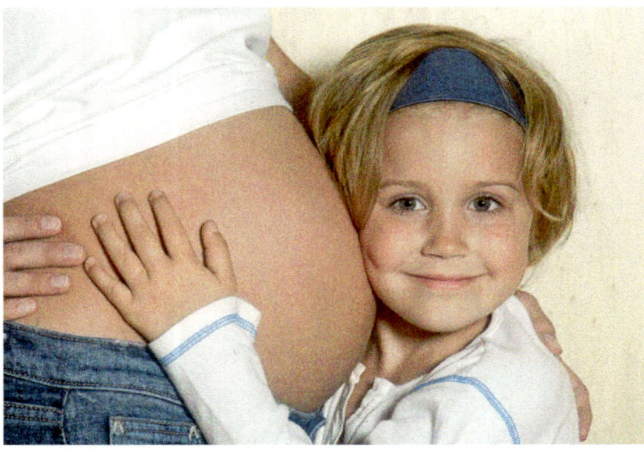

2 Gemeinsame Freude aufs Baby

1 Schwangerschaftstest positiv

Regelmäßige Vorsorge ist wichtig

Sobald eine Schwangerschaft von einem Arzt festgestellt worden ist, wird die werdende Mutter regelmäßig untersucht. Diese *Vorsorgeuntersuchungen* dienen dazu, die Entwicklung des Kindes von Anfang an zu verfolgen und dabei mögliche Risiken und Beschwerden frühzeitig zu erkennen.

Mit speziellen Ultraschalluntersuchungen lassen sich Größe und Lage des Babys bestimmen und die Entwicklung seiner Organe erkennen.

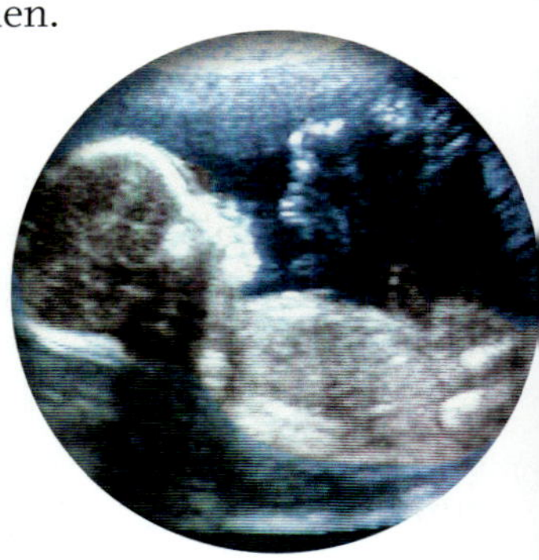

In Kürze

Eine Schwangerschaft bedeutet eine große körperliche und seelische Umstellung für die Frau. Gesunde Lebensweise, liebevolle Zuwendung und regelmäßige medizinische Betreuung von Anfang an kommen der Entwicklung des Kindes zugute.

Aufgaben

1 □ Nenne Maßnahmen, die dazu beitragen, dass sich ein ungeborenes Kind gesund entwickelt.

2 ◪ Beschreibe mögliche Probleme, denen vor allem sehr junge Eltern begegnen.

Ein Kind wird geboren

Neun Monate nach der Befruchtung ist es so weit: Das Baby ist vollständig entwickelt und bereit, auf die Welt zu kommen. Die Geburt eines Kindes ist ein aufregendes Ereignis.

Erste Anzeichen
Der Schleimpfropf, der den Gebärmuttermund verschließt, löst sich ab. Schmerzen in Bauch und Rücken, die *Wehen*, kündigen die Geburt an. Wehen entstehen durch das rhythmische Zusammenziehen der Muskeln der Gebärmutter. Häufig platzt zu Beginn der Geburt die Fruchtblase und das Fruchtwasser tritt aus.

Ein entscheidender Moment
Wenn die Wehen in immer kürzeren Abständen kommen und die einzelne Wehe immer länger dauert, wird die erste Phase der Geburt eingeleitet: die *Eröffnung*. Der Gebärmuttermund öffnet sich dabei vollständig. Es folgt die Phase der *Austreibung*, in der starke Wehen das Kind durch den Geburtskanal drücken. Die Mutter unterstützt die Wehen durch Pressen. Der schwierigste Teil ist die Geburt des Kopfes. Die Knochen des Schädels sind noch nicht fest verwachsen und geben nach. Ist der Kopf geboren, schiebt sich der restliche Körper des Babys heraus.

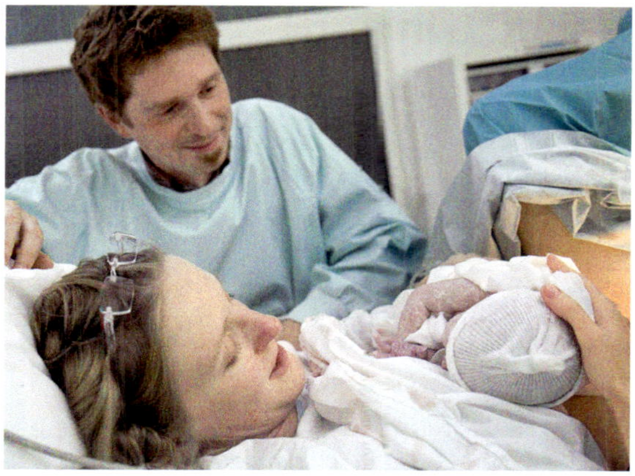
1 Mutter und Vater mit ihrem Baby

Was kurz nach der Geburt passiert
Der Vater klemmt die Nabelschnur ab und durchtrennt sie. Mit dem ersten Schrei beginnt das Neugeborene zu atmen. Die Hebamme untersucht das Kind, wiegt und misst es und überprüft seinen Allgemeinzustand. Bei der Mutter werden durch die *Nachwehen* Plazenta und Fruchtblase ausgestoßen. Dies wird auch als Phase der *Nachgeburt* bezeichnet. Die Gebärmutter zieht sich nach und nach zusammen, bis sie die ursprüngliche Größe wieder erreicht hat.

In Kürze
Die Geburt beginnt mit den Wehen. Sie verläuft in drei Phasen: Eröffnung, Austreibung und Nachgeburt. Mit der Durchtrennung der Nabelschnur wird das Kind von der Versorgung der Mutter mit Sauerstoff und Nährstoffen entbunden.

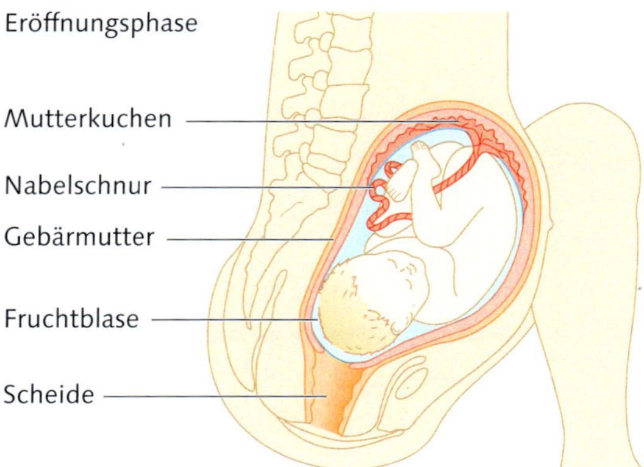

2 Erste Phase der Geburt

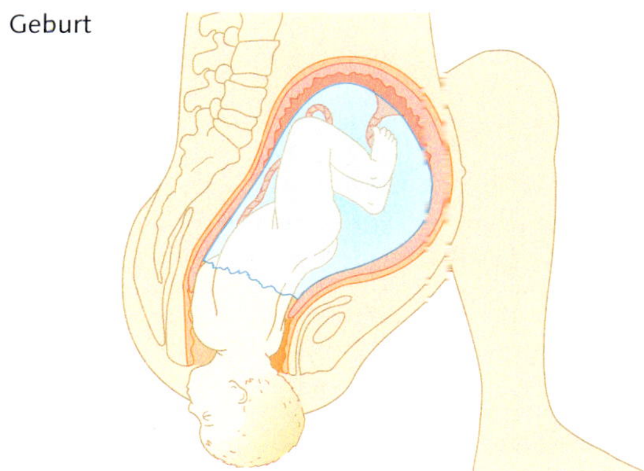

3 Zweite Phase der Geburt

Verhütung

Jedes Mal wenn ein Paar »miteinander schläft«, besteht die Möglichkeit, dass das Mädchen schwanger wird. Verhütungsmittel können dies verhindern.

Ihre oder seine Sache?

Für die *Schwangerschaftsverhütung* sind immer beide Partner in gleichem Maße verantwortlich. Sie ist niemals die Sache nur des Jungen oder nur des Mädchens. Verhütung ist viel zu wichtig, als sie mit dem Gedanken abzutun, es werde schon nichts passieren oder der andere kümmert sich schon darum.

Eine sichere Verhütung ist nur möglich, wenn die Partner darüber sprechen, sich in der Anwendung der Methode einig sind und dabei keine Unklarheiten bestehen. Niemand sollte sich zu einer bestimmten Verhütungsmethode überreden lassen. Wenn man sie nicht voll akzeptieren kann, wird sie meist nicht richtig angewendet und versagt deshalb oft.

Die bekanntesten *Verhütungsmittel* sind Kondom und Antibabypille. Diese beiden Verhütungsmittel gelten bei richtiger Anwendung als relativ sicher.

Grundsätzlich aber gilt: Es gibt kein Verhütungsmittel, das hundertprozentig sicher ist.

Verhütungsregeln
- Plane die Verhütung schon vor dem ersten Mal.
- Bestehe auf Verhütung.
- Schütze dich mit Kondomen, auch vor Krankheiten wie zum Beispiel Aids.
- Achte auf die regelmäßige Einnahme der Pille.
- Verhüte auch während der Regel.
- Suche bei Verhütungspannen sofort Rat und Hilfe.

2 Regeln für die Verhütung

1 Verhütung geht beide Partner an.

Kondom und Antibabypille

Das *Kondom* ist eine weiche, dünne Gummihaut, die durch spitze Fingernägel oder Gegenstände leicht eingerissen werden kann. Es wird vor dem Geschlechtsverkehr vorsichtig über dem steifen Penis abgerollt. Es verhindert, dass Spermien in die Scheide gelangen. Das Kondom schützt aber auch davor, mit sexuell übertragbaren Krankheiten wie Aids angesteckt zu werden.

Die *Antibabypille* enthält künstliche Hormone, die den körpereigenen Zyklus ausschalten. Damit verhindern sie auch den Eisprung und die Befruchtung einer Eizelle. Sie muss von einem Arzt verschrieben werden. Mädchen, die die Pille nehmen, sollen mindestens zweimal im Jahr zum Frauenarzt gehen. Nicht alle Mädchen vertragen die Pille. Sie kann Nebenwirkungen haben.

In Kürze

Für die Verhütung sollten sich beide Partner verantwortlich fühlen. Kondom und Pille sind bei richtiger Anwendung geeignete und sichere Verhütungsmittel. Kondome schützen zudem vor sexuell übertragbaren Krankheiten, zum Beispiel Aids.

Aufgaben

1 Erkläre, was Schwangerschaftsverhütung ist.

2 Informiere dich im Internet über weitere Verhütungsmittel zum Beispiel unter www.bzga.de und stelle deine Ergebnisse dar.

Einen Experten befragen

Nicht immer können alle eure Fragen im Unterricht, durch das Schulbuch oder das Internet geklärt werden. Dann empfiehlt es sich, mit einem Experten zu sprechen. Zum Thema Schwangerschaftsverhütung, Schwangerschaft und Geburt können euch zum Beispiel eine Ärztin oder eine Hebamme Auskunft geben.

Die folgende Übersicht kann euch helfen, eine Expertenbefragung vorzubereiten, durchzuführen und auszuwerten:

1 Die Klasse 6c befragt eine Hebamme.

1 Einen Experten finden Ihr könnt im Telefonbuch oder Internet nach Fachleuten suchen. Bei medizinischen Themen fragt ihr am besten beim Gesundheitsamt, im Krankenhaus oder bei Beratungsstellen nach. Legt fest, wer den Experten anrufen soll. Derjenige vereinbart telefonisch einen Termin und den Ort der Befragung. Weist darauf hin, dass kein Vortrag, sondern eine Befragung erwünscht ist. Diese kann im Klassenzimmer oder am Arbeitsort des Experten stattfinden.

2 Sich auf die Befragung vorbereiten
Überlegt zunächst einmal gemeinsam:
- Was wisst ihr bereits über das Thema?
- Welche Fragen sind noch offen?
- Was erscheint euch besonders interessant?

Sammelt in der Klasse oder in Kleingruppen Fragen, schreibt sie auf und ordnet sie. Vereinbart miteinander, wer fragt, in welcher Reihenfolge die Fragen gestellt werden, wer Notizen über die Antworten macht und wer fotografiert. Am besten machen mehrere von euch Notizen, um alles Wichtige festzuhalten.

3 Den Experten befragen Trifft der Experte ein, wird jemand von euch ihn höflich begrüßen und ihn bitten, sich kurz vorzustellen. Wenn die Lehrkraft die Befragung leitet, achtet darauf, was sie sagt. Auf ihre Anweisung hin beginnt ihr die Befragung. Hört den Ausführungen des Experten zu und protokolliert alles, was euch wichtig erscheint. Fragt nach, wenn euch etwas unklar ist. Ihr könnt auch diskutieren, wenn sich das bei einer bestimmten Frage ergibt. Am Ende der Befragung bedankt sich jemand von euch beim Experten und verabschiedet ihn.

4 Die Befragung auswerten Besprecht eure Eindrücke bei der Befragung in der Klasse. Zieht Schlussfolgerungen für zukünftige Befragungen. Fertigt zu jedem Fragenbereich ein Plakat mit den Ergebnissen an. Fügt geeignete Fotos hinzu. Stellt eure Plakate in einem Schaukasten aus. Oder schreibt eine Reportage für die Schülerzeitung, die Tagespresse oder die Internetseiten eurer Schule

Fragen an eine Hebamme
- *Sie sind Hebamme. Was ist Ihre Aufgabe? Wie kamen Sie zu diesem Beruf? Gibt es etwas Besonderes, das Sie als Hebamme erlebt haben?*
- *Warum sollen schwangere Mädchen oder Frauen nicht rauchen oder Alkohol trinken?*
- *Meine Mutter hat mir erzählt, dass ich durch einen Kaiserschnitt auf die Welt gekommen bin. Können Sie uns erklären, was das ist und wieso man das macht?*

2 Beispiele für Fragen an eine Hebamme

»Mein Körper gehört mir!«

Wie du bereits weißt, ist die Pubertät nicht nur eine aufregende, sondern auch eine schwierige Zeit. Nicht alles, was auf dich einwirkt oder was von dir erwartet wird, muss richtig und gut sein. Manches kann deiner Entwicklung eher schaden als nützen. Um solchen Gefahren und Bedrängnissen entgegentreten zu können, helfen dir ein starkes Selbstbewusstsein und ein gesundes Selbstvertrauen.

Sage Nein!

Achte auf deine Gefühle. Sie zeigen dir an, was dir guttut und was nicht. Du kannst ihnen vertrauen. Wenn du zum Beispiel eine Berührung oder ein liebes Wort gerne magst, dann ist es gut. Wenn dir aber etwas unangenehm ist, musst du es dir nicht gefallen lassen. Sage Nein, wehre dich und zeige deutlich, dass dir etwas nicht gefällt. Auch wenn du dich unsicher oder unbehaglich fühlst, ist es immer richtig und gut, Nein zu sagen oder Ablehnung zu signalisieren.

FELS UND WASSER

Ein Selbstbehauptungs- und Selbstverteidigungsprogramm für Jungen und Mädchen

Ziele

- Mehr Selbstsicherheit und Selbstvertrauen erlangen
- Gefühle wahrnehmen und ihnen vertrauen
- Gefahrensituationen erkennen und darauf reagieren
- Lernen, wo Vertrauen angemessen ist und wo nicht
- Sich wehren lernen, indem man fest wie ein Fels und beweglich wie Wasser wird
- Techniken für den Notfall lernen

2 Anzeige in einem Wochenblatt

1 Die innere Stärke spüren lernen

Jeder von uns sollte stark sein

Es gibt viele Gründe, in bestimmten Situationen Nein oder Stopp zu sagen: Du möchtest nicht sexuell berührt werden, du willst bei gewissen Dingen nicht mitmachen, oder du bist in einer bestimmten Sache anderer Meinung. Dann solltest du auch dazu stehen, was du für gut und richtig hältst. Sich selbst in unangenehmen Situationen zu behaupten – dafür musst du stark werden.

Was dich stark machen kann

Viele Jugendliche erzählen, dass sie sich stark machen können, wenn sie sich ihre Probleme »von der Seele reden«. Sie sprechen mit Eltern oder Freunden darüber, was sie bewegt. Sie vertrauen einem Tagebuch ihre Gefühle und Gedanken an, womit sie oft eine neue Sichtweise bekommen. Manche gewinnen mehr *Stärke,* wenn sie bei Sport und Spiel Erfolge erleben. Wieder andere »tanken« *Selbstsicherheit* und *Selbstvertrauen,* indem sie sich freiwillig für andere einsetzen, zum Beispiel in Sportvereinen oder in den Kirchen, im Umweltschutz und in der Schülervertretung oder auch in der Tierpflege. Es gibt viele »Tankstellen«, an denen du Kraft und Stärke tanken und so seelische Widerstandskräfte mobilisieren kannst.

Die richtigen »Tankstellen« finden

Manche Jugendliche meinen, sie könnten ihre »Seele« auftanken, wenn sie zu viel oder zu wenig essen, extreme Abenteuer suchen, stundenlang Filme gucken, im Internet surfen, Süßigkeiten, Drogen oder Alkohol zu sich nehmen. »Tankstellen« dieser Art sind nicht geeignet, um an ihnen Kraft zu tanken. Sie können zwar für eine kurze Zeit angenehme Gefühle hervorrufen, aber langfristig machen sie dich krank und süchtig, schwach oder abhängig.

Sexuell missbraucht werden

Es gibt Erwachsene, die zu ihrem eigenen Vergnügen Jungen oder Mädchen dazu überreden oder zwingen, sie an ihren Geschlechtsteilen anzufassen oder mit ihnen Geschlechtsverkehr zu haben. Sie nutzen ihre Macht aus, um ihre Lust an einem jüngeren oder schwächeren Menschen zu befriedigen. Man nennt das »*sexuellen Missbrauch*«. Es ist immer eine schlimme Erfahrung für das Mädchen oder den Jungen. Beide – Täter und Opfer – brauchen Hilfe. Weil das Kind oder der Jugendliche auf diese Weise durch den Erwachsenen seelisch und meist auch körperlich geschädigt wird, stehen all diese Handlungen eines Erwachsenen unter Strafe.

Lass dir helfen!

Kein Jugendlicher muss sich schuldig, ängstlich und beschämt fühlen, wenn ihn ein Erwachsener sexuell missbraucht hat. Wenn du etwas erlebt hast, was dich verängstigt, solltest du allen Mut zusammennehmen und mit jemandem darüber sprechen, dem du vertraust und der dir weiterhelfen kann. Du kannst auch den kostenlosen Notruf für Kinder und Jugendliche nutzen: 0800 1110333.

In Kürze

Wenn du etwas für falsch, schlecht oder unangenehm hältst, dann wehre dich und sage Nein. Dafür musst du dich stark machen. Du kannst seelische Stärke an geeigneten »Tankstellen« auftanken. Falls du sexuell belästigt oder missbraucht worden bist, solltest du unbedingt mit jemandem darüber sprechen, dem du vertrauen kannst.

Aufgaben

1 □ Erkläre, was man unter einem sexuellen Missbrauch versteht.

2 ◪ Recherchiere Möglichkeiten, wo Jugendliche Hilfe bekommen können, die sexuell missbraucht wurden.

3 ■ Entwickle ein Faltblatt mit Tipps, wie man seelisch stark und selbstsicher werden kann.

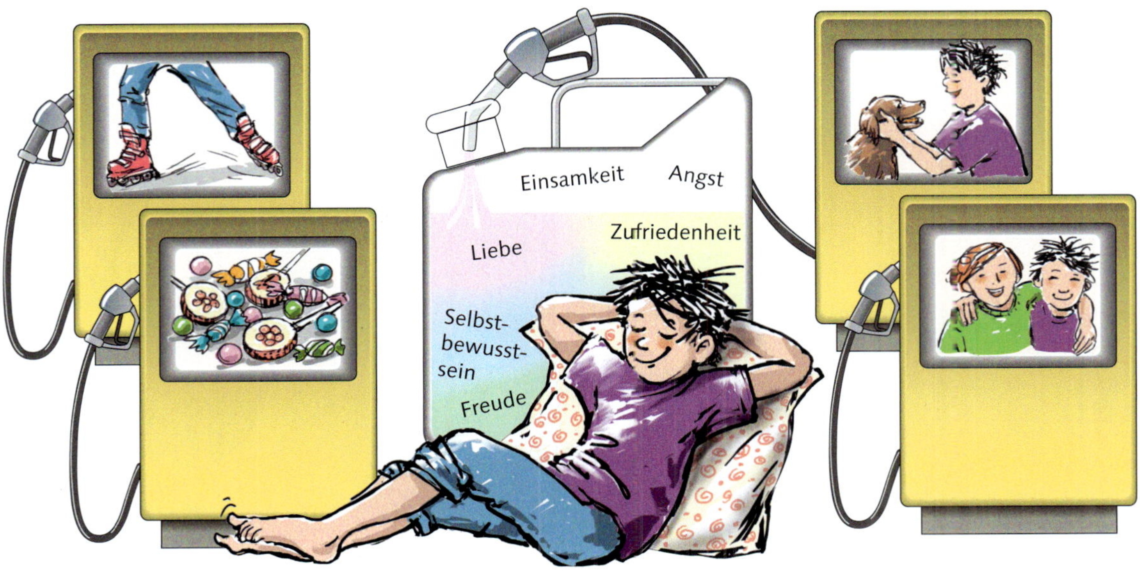

3 Der »Seelentank« kann von verschiedenen Tankstellen gefüllt werden.

Pubertät – Zeit der Veränderung

1 Mädchen und Jungen werden geschlechtsreif

a □ Übertrage die Buchstaben in den Bildern 1 und 2 in dein Heft und benenne die Organe mit den Fachbegriffen.

b □ Nenne Merkmale, an denen Mädchen und Jungen erkennen, dass sie geschlechtsreif sind.

c ◪ Beschreibe, was »geschlechtsreif« bedeutet.

d ◪ Nenne die Bildungsorte von Ei- und Samenzellen.

e ■ Kann ein zwölfjähriges Mädchen bereits Kinder bekommen?
Begründe deine Antwort.

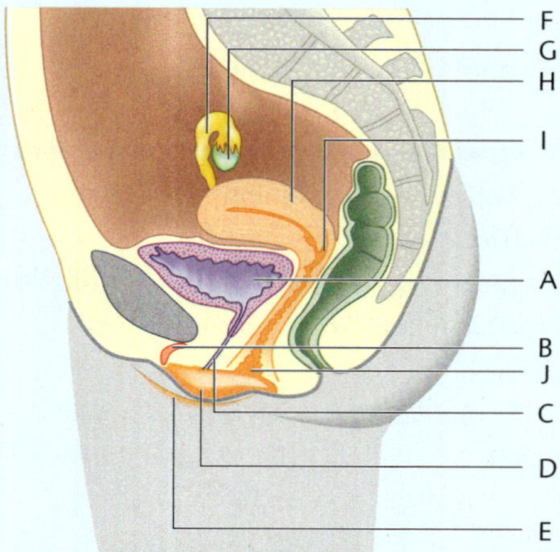

1 Weibliche Geschlechtsorgane

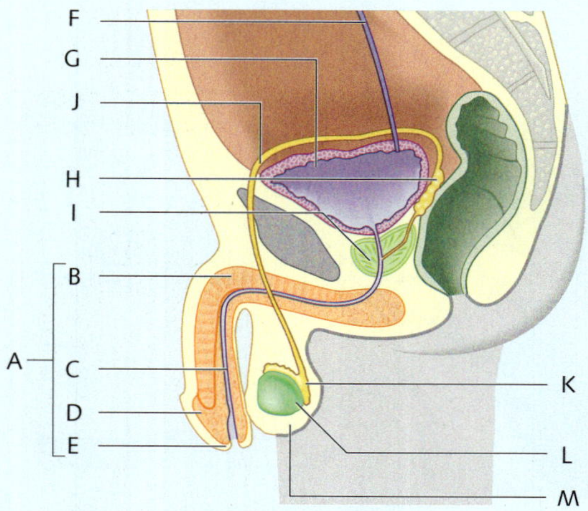

2 Männliche Geschlechtsorgane

3 Aus Kindern werden Erwachsene.

2 Aus Kindern werden Erwachsene

a □ Nenne körperliche Veränderungen bei Mädchen und Jungen in der Pubertät.

b ◪ Erkläre, wodurch die Veränderungen gesteuert werden.

c ◪ Erläutere, welche Funktion diese Veränderungen haben.

d □ Beschreibe Maßnahmen der Körperpflege.

e ◪ Begründe, weshalb in der Pubertät die Körperpflege besonders wichtig wird.

3 Erste Liebe

a □ Jede Beziehung braucht Regeln. Nenne drei, die jedes verliebte Pärchen beachten sollte.

b ■ Vergleiche »Verliebtsein« und »Liebe«.

4 Mädchen und Jungen verlieben sich.

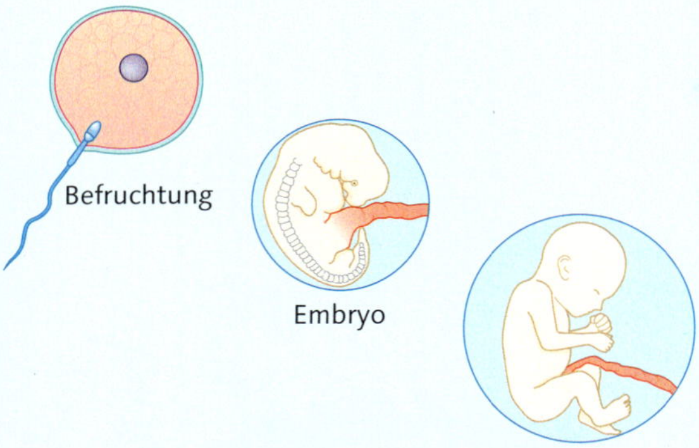

5 Der Mensch entwickelt sich.

4 Neues Leben entwickelt sich

a □ Die Entwicklung eines neuen Menschen beginnt mit der Befruchtung. Beschreibe diesen Vorgang.

b □ Nenne die Fachbegriffe für die Entwicklungsphasen des ungeborenen Kindes in der Zeit zwischen Befruchtung und Geburt.

c □ Nenne Einflüsse, die dem ungeborenen Kind schaden können.

d □ Nenne Anzeichen, an denen die Mutter erkennt, dass die Geburt bevorsteht.

e ◪ Erkläre die Bedeutung der Plazenta für das ungeborene Kind.

f ■ Erkläre den Begriff »Entwicklung«.

g ■ Nicht jedes Paar, das miteinander schläft, möchte Kinder zeugen. Beschreibe zwei Möglichkeiten der Schwangerschaftsverhütung.

5 Nein sagen, wenn etwas zu weit geht

a □ Nenne Möglichkeiten, wie du dich wehren kannst, wenn du sexuell belästigt wirst.

b □ Nenne Anlaufstellen, bei denen jemand Unterstützung findet, der Opfer eines sexuellen Missbrauchs geworden ist.

c ◪ Um in bestimmten Situationen Nein sagen zu können, muss man stark und selbstbewusst sein. Erläutere, wie du mehr Stärke und Selbstbewusstsein gewinnen kannst.

Auf den Punkt gebracht

Pubertät – Zeit der Veränderung

- In der Pubertät entwickeln sich Mädchen und Jungen zu Erwachsenen. Unter dem Einfluss von Hormonen verändert sich ihr Körper. Sie werden geschlechtsreif.

- In der Pubertät verändert sich nicht nur der Körper, sondern auch die Gefühle, Bedürfnisse, Interessen und Einstellungen. Sie erzeugen eine Vielfalt an Eindrücken, die Mädchen und Jungen oft verunsichern. Die Pubertät ist daher eine schwierige Phase. Um sie gut zu bewältigen, benötigt jede und jeder Stärke und Selbstbewusstsein.

- Für die erste Liebe gibt es keine Rezepte. Jedes Paar muss seinen eigenen Weg finden. Drei Tipps können hilfreich sein:
  Sag Ja zu dir und deinem Körper!
  Sag Nein, wenn dir etwas zu weit geht!
  Sprecht gemeinsam über eure Gefühle und Wünsche!

- Bei jedem Geschlechtsverkehr kann eine Eizelle befruchtet und somit eine Frau schwanger werden. Kondom und Pille schützen – richtig angewandt – sicher vor einer Schwangerschaft.

- In der Schwangerschaft entwickelt sich ein neuer Mensch von der befruchteten Eizelle bis zur Geburt in drei Phasen: menschlicher Keim, Embryo und Fetus.

Technik

Д134
Д105
Д45
62H7
74.0

Was ist Technik?

Morgens reißt dich dein Wecker, diese technische Nervensäge, aus dem Schlaf. Beim Frühstück bereitet dir der Toaster ein knuspriges Brot. Auf dem Weg zur Schule nimmst du vielleicht den Bus oder das Fahrrad. Du siehst: Technik begleitet dich auf Schritt und Tritt.

Wozu Technik?

Unsere geistigen und körperlichen Kräfte sind begrenzt. Deshalb haben sich Menschen schon immer technischer Hilfsmittel bedient, um sich die Arbeit zu erleichtern: Computer unterstützen uns beim Denken, Maschinen heben schwere Lasten, Fahrzeuge transportieren uns von einem Ort zum anderen. Und es gibt sogar Technik, die möglich macht, was für uns Menschen sonst nicht erreichbar wäre, zum Beispiel Tiefseetauchen oder der Flug ins Weltall.

Der Weg der Technik

Unser heutiger Stand der Technik hat eine lange Geschichte. Im Laufe der Menschheit gab es immer wieder Erfindungen, die das Leben entscheidend verändert haben.

- Durch die Erfindung des Rades vor etwa 6000 Jahren wurde der Mensch viel mobiler.
- Mit Hilfe von künstlichem Licht wurde die Nacht zum Tag.
- Der Buchdruck ermöglichte es um 1450 erstmals, große Mengen an Informationen für viele Menschen zugänglich zu machen.
- Und mit der Erfindung der Dampfmaschine im 18. Jahrhundert begann ein Zeitraum, den wir das *Industriezeitalter* nennen.

Seither hat sich die Technik immer schneller weiterentwickelt. Zu Beginn des 20. Jahrhunderts gab es den ersten erfolgreichen Flugversuch mit einem Flugzeug und schon knapp 70 Jahre später landeten die ersten Menschen auf dem Mond. Um 1970 kamen die ersten Mobiltelefone auf den Markt, das erste Smartphone um 2007 und heute benutzt fast jeder von uns ein solches Multifunktionsgerät.

1 Eine Öllampe: Ihr Licht macht die Nacht zum Tag.

2 Erster Buchdruck: Informationen für alle

3 Modell eines Doppeldeckers: Beginn der Luftfahrt

4 Eine Raumfähre: Erforschung des Weltalls

5 Wasserverschmutzung: das Meer als Müllhalde

6 Verkehrsunfall: zu schnell gefahren

7 Luftverschmutzung: Abgase einer Fabrik

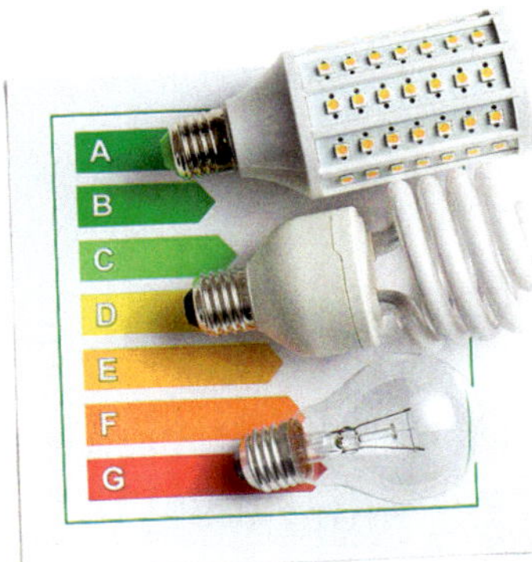

8 Moderne Leuchtmittel: Einsparung von Energie.

Fluch oder Segen

Der Gebrauch von technischen Produkten hat zwar meist einen Nutzen, aber stets auch Konsequenzen für die Umwelt oder andere Menschen. Der Einsatz von Technik steigert unsere Lebensqualität und macht viele Dinge einfacher und bequemer. Er kann aber auch Mensch und Natur schaden: Immer mehr Müll belastet die Umwelt, zu laute Musik und zu schnelles Fahren gefährden unsere Gesundheit.

Verantwortungsvoller Umgang

Um die Umwelt zu schonen, müssen wir Technik verantwortungsvoll einsetzen. Grundsätzlich sollte man vor dem Kauf oder dem Einsatz eines Produkts den Nutzen gegen die negativen Folgen abwägen. Ist zum Beispiel der Kauf einer Plastiktüte im Supermarkt nötig oder muss das Licht im Klassenzimmer immer an sein?

Extra Ökologischer Rucksack

Jedes technische Produkt braucht Rohstoffe und Energie, wenn es hergestellt, benutzt oder entsorgt wird. Dies wird als »ökologischer Rucksack« bezeichnet. Je kleiner dieser Rucksack eines Produkts ist, desto umweltverträglicher ist es.

In Kürze

Technik prägt unser Leben. Ihr Gebrauch hat Vor- und Nachteile. Jeder muss seinen Beitrag zur verantwortungsvollen Nutzung von Technik leisten.

Aufgaben

1 □ Notiere dir alle technischen Geräte, die du vom Aufstehen bis zum Zubettgehen nutzt.

2 ◪ Nenne fünf Beispiele, wie du die Umwelt entlasten kannst, indem du verantwortlich mit Technik umgehst.

3 ■ Entwickle einen Zeitstrahl des künstlichen Lichts von der Fackel bis zur LED.

4 ■ Informiere dich im Internet über den ökologischen Rucksack verschiedener Produkte.

Der Technikraum

Labore, Konstruktionsbüros, Werkstätten, Operationssäle – überall findest du Räume, in denen ganz spezielle Arbeiten durchgeführt werden. Auch der Technikraum an der Schule ist so ein besonderer Raum und anders als ein Klassenzimmer.

Im Technikraum wirst du unterschiedlichste Tätigkeiten ausführen: Texte lesen, Schreiben, Experimentieren, Geräte zerlegen und untersuchen, Werkstoffe bearbeiten, Planen, Zeichnen, Herstellen und Bewerten sind nur einige Beispiele.

Ausstattung

Für all diese Arbeiten muss ein Technikraum ausgestattet sein. Deshalb findest du hier zum Beispiel Werkbänke, an denen du schreiben und praktisch arbeiten kannst. Es gibt Schränke mit Werkzeugen und Maschinen für spezielle Arbeitsvorgänge. Oft gibt es weitere Räume, in denen Materialien oder Werkstücke gelagert werden.

Verhaltensregeln

In den unterschiedlichen Spezialräumen gelten besondere Regeln. Diese Regeln dienen dazu, das Zusammenarbeiten zu erleichtern und die Menschen vor Unfällen und gesundheitlichen Schäden zu schützen. Deshalb gibt es für den Technikraum spezielle Regeln, die du unbedingt einhalten musst.

Die wichtigsten Verhaltensregeln erklärt dir die Werkstattordnung. Weiterhin musst du in allen Räumen auf die Sicherheitskennzeichen und -symbole achten. Achte aber auch auf deine Mitschüler und weise sie rechtzeitig auf mögliche Gefahrenquellen hin.

Ein umsichtiger und rücksichtsvoller Umgang mit deinen Mitschülern, aber auch mit Materialien, Werkzeugen und Maschinen hilft, Unfälle zu vermeiden und Schäden am Arbeitsmaterial zu verhindern.

1 Ein Technikraum

Werkstattordnung

1. Ich betrete den Technikraum nur mit einer Lehrkraft.
2. Ich trinke und esse nicht im Technikraum.
3. Ich achte darauf, dass meine Tasche unfallsicher verstaut ist.
4. Ich bewege mich achtsam und vorsichtig und renne nicht umher.
5. Ich achte auf einen aufgeräumten Arbeitsplatz und lege Werkzeuge und Material sicher ab.
6. Ich kontrolliere das Werkzeug vor der Arbeit und melde jede Beschädigung.
7. Ich melde Verletzungen sofort meiner Lehrkraft.
8. Ich bediene Maschinen nur nach gründlicher Einweisung und mit Erlaubnis meiner Lehrkraft.
9. Ich trage arbeitsgerechte Kleidung.
10. Ich reinige meinen Arbeitsplatz gründlich und räume die Werkzeuge und Materialien ordentlich auf.

Symbole und Zeichen

Überall in unserem Alltag begegnen uns Zeichen und Symbole. Im Straßenverkehr, in Gebäuden und auf vielen Produkten finden wir bildliche Darstellungen, die uns auf etwas hinweisen wollen.

Es ist wichtig zu wissen, was die verschiedenen Symbole bedeuten. Im Technikraum unterscheiden wir verschiedene Symbolgruppen. Diese können wir an der Farbe des Symbols erkennen.

- Blaue Symbole sind Gebotszeichen. Diese empfehlen Verhaltensweisen, damit wir sicher arbeiten und uns schützen.
- Grüne Rettungszeichen zeigen uns in Gefahrensituationen Fluchtwege und Hilfsmittel an.
- Rote Gefahren- und Verbotszeichen weisen auf Gefahren hin und warnen uns vor unbedachtem Handeln.
- Gelbe Warnzeichen zeigen uns an, wo sich Gefahren verbergen können.

Sicherheit im Fachraum

Informiere dich, wenn du in einem neuen Raum bist, wo der Erste-Hilfe-Kasten, der Feuerlöscher, die Löschdecke und Ähnliches angebracht sind, um diese im Notfall schnell benutzen zu können.

Du solltest auch den Fluchtweg kennen, um im Ernstfall das Gebäude sicher zu verlassen.

Wenn doch etwas passiert

- Bewahre Ruhe!
- Bediene den »Not-Aus-Schalter«, um den Strom im Raum abzuschalten.
- Informiere sofort deinen Lehrer.
- Schließe Fenster und Türen, wenn ihr den Raum verlassen müsst.

In Kürze

Im Technikraum gelten spezielle Verhaltensregeln, weil es dort besondere Gefahrenquellen gibt.
Deshalb ist Folgendes besonders wichtig:

- Halte die Werkstattordnung ein.
- Gib auf dich und deine Mitschüler acht.
- Gehe sorgsam mit Werkzeug und Material um.
- Beachte die Symbole und Zeichen.
- Hole bei Unfällen sofort Hilfe.

Aufgaben

1 □ Beschreibe den Fluchtweg aus deinem Technikraum zur Sammelstelle.

2 ◪ Wähle drei Werkstattregeln aus und begründe, warum diese wichtig sind.

3 ◪ Fertige ein Plakat mit allen Symbolen an, die du im Technikraum findest.

4 ■ Erfinde und gestalte ein eigenes Symbol oder Schild, das auf etwas Wichtiges hinweist.

Gebotssymbole	Rettungssymbole	Gefahren-/Verbotssymbole	Warnzeichen
blau	grün	rot	gelb

Holz – ein vielseitiger Werkstoff

Vielleicht hast du schon einmal bemerkt, dass eine Holztür oder Schublade je nach Jahreszeit oder Witterung klemmt oder nicht. Woran könnte das liegen?

1 Die Schublade klemmt.

Eigenschaften von Holz

So wie wir Menschen haben auch verschiedene Hölzer unterschiedliche Eigenschaften. Wir können Hölzer zum Beispiel anhand ihrer Farbe, ihrer Dichte, dem Aussehen ihrer Oberfläche und ihrer Härte unterscheiden. Herkunft und Preis sind weitere Unterscheidungsmerkmale.

Holz arbeitet

Eine Gemeinsamkeit haben alle Hölzer: Sie bestehen aus röhrenähnlichen Holzfasern, mit deren Hilfe sie Wasser aufnehmen bzw. abgeben.

Nimmt Holz Wasser auf, wird es größer: Es quillt. Beim Trocknen gibt Holz Wasser ab und wird dabei kleiner: Es schwindet und kann sogar reißen. Beim Quellen und Schwinden verändert das Holz also seine Form. Der Fachmann sagt: »Das Holz arbeitet.« Dieses *Arbeiten* des Holzes kann dafür verantwortlich sein, dass eine Schublade bei hoher Luftfeuchtigkeit etwas aufquillt und dadurch klemmt.

Holz als Werkstoff

Baumstämme werden im Sägewerk unter anderem zu Brettern, Leisten und Balken verarbeitet. Daraus werden Gegenstände hergestellt, die man Massiv- oder Vollholzprodukte nennt. Da Holz aber arbeitet, kann es bei Massivholzprodukten zu unerwünschten Formveränderungen kommen.

Buche

Farbe: rötlichbraun
Dichte: ca. 0,7 g/cm³
Härte: hart
Einsatzgebiet: Fußböden, Möbelbau

Fichte

Farbe: gelblichweiß
Dichte: ca. 0,5 g/cm³
Härte: weich
Einsatzgebiet: Hausbau, Musikinstrumente, Paletten

Eiche

Farbe: braun
Dichte: ca. 0,8 g/cm³
Härte: hart
Einsatzgebiet: Fußböden, Möbelbau

Holzwerkstoffe

Um das Arbeiten zu verringern und um auch Holzreste nutzen zu können, haben Fachleute *Holzwerkstoffe* entwickelt. Dafür werden Holzstücke, Späne oder Fasern mit Hilfe von Klebstoff zu Platten gepresst.

- Aus einzelnen Holzleisten werden *Leimhölzer* oder *Tischlerplatten* gefertigt.
- Aus dünnen Holzschichten, sogenannten Furnieren, entstehen *Sperrhölzer*.
- Grobe Hobelspäne, feine Sägespäne und sogar Holzfasern sind Grundstoffe für *Span-* und *Faserplatten*.

Das Ausgangsmaterial bestimmt, welche Eigenschaften ein Holzwerkstoff hat und wo sich dieser am besten einsetzen lässt.

Auswahl des passenden Werkstoffs

- Leimholz und Tischlerplatten finden im Möbelbau Verwendung, da sie hochwertig und edel aussehen.
- Sperrhölzer sind sehr stabil und lassen sich daher sehr vielseitig einsetzen.
- Feinspanplatten erhalten meist einen Kunststoffüberzug und sind dadurch pflegeleicht.
- Grobspanplatten werden im Innenausbau eingesetzt. Sie sind günstig und haltbar.
- Weichfaserplatten enthalten viel Luft. Dadurch sind sie leicht und leiten Wärme schlecht. Sie dienen deshalb oft als Dämmung im Haus.
- Rückwände von Schränken und Regalen bestehen meist aus Hartfaserplatten, weil diese sehr dünn und preiswert sind.

In Kürze

Hölzer können anhand ihrer Eigenschaften unterschieden werden. Holz kann Wasser aufnehmen und wieder abgeben. Dabei verändert es seine Form, es arbeitet.

Holzwerkstoffe arbeiten weniger als Vollholzprodukte, da sie aus einzelnen Holzstücken, Spänen oder Fasern zusammengefügt sind.

Aufgaben

1 □ Fertige einen Steckbrief zu einer von dir gewählten Holzart an.

2 ◪ Vergleiche Fichten- und Buchenholz miteinander. Stelle dein Ergebnis grafisch dar.

3 ■ Familie Busch möchte ihre Küche renovieren. Die Arbeitsplatten sind erneuerungsbedürftig und im Schrank fehlen einige Fachböden. Für welche Holzwerkstoffe sollen sie sich entscheiden? Begründe deine Auswahl.

Leimholz	Tischlerplatte	Sperrholz	Feinspanplatte	Grobspanplatte	Faserplatte

aus schmalen Holzleisten	aus Holzleisten mit Deckfurnier	aus dünnen Holzschichten (Furnieren)	aus feinen Sägespänen	aus groben Hobelspänen	aus Holzfasern
Möbel: Tische, Regale	Möbel: Tische, Regale	Möbel, Flugzeug- und Schiffsbau	Möbel: Schränke, Regale	Fußböden, Wände	Möbelrückwände, Dämmung

Methode

Einen Arbeitsablaufplan erstellen

Hast du schon einmal etwas zusammengebaut und am Ende waren noch Teile übrig? Oder hast du beim Kochen schon einmal eine Zutat oder einen Arbeitsschritt vergessen? Solche Pannen kannst du vermeiden, wenn du mit einem Arbeitsablaufplan arbeitest.

Ein Arbeitsablaufplan stellt die Planungsgrundlage für die Herstellung von Produkten dar. Er gliedert die Aufgabe in einzelne Arbeitsschritte mit den dazugehörigen Werkzeugen und Hinweisen. Der Arbeitsablaufplan hilft dir, Fehler zu vermeiden und dadurch deine Arbeit zielgerichteter durchzuführen.

Wenn die Arbeit unterbrochen werden muss, hilft er dir, weil du dort nachsehen kannst, was als Nächstes zu tun ist. Arbeiten mehrere Personen an einem Werkstück, so kann jeder sehen, was schon erledigt ist und was noch hergestellt oder besorgt werden muss.

1 Sammeln der Arbeitsschritte Zerlege den gesamten Arbeitsablauf in einzelne Schritte. *Beispiel: Anzeichnen der Bohrungen, Zusammenleimen der Einzelteile, Aussägen des Grundkörpers, Bohren der Löcher …*

2 Sortieren und Nummerieren Überlege, in welcher Reihenfolge die Arbeitsschritte durchgeführt werden müssen. Denke daran, dass manche Schritte voneinander abhängig sind. Schwierige Arbeitsschritte können auch unterteilt werden, z.B. 3a, 3b usw.

1. Aussägen des Grundkörpers
2. Anzeichnen der Bohrungen
3. Bohren der Löcher …

3 Notieren der benötigten Werkzeuge Notiere dir zu jedem Arbeitsschritt, welche Werkzeuge du hierfür benötigst.

1. Bleistift, Stahlmaßstab, Anschlagwinkel
2. Feinsäge, Sägeunterlage, Anschlag, Zwinge …

4 Bemerkungen/Sicherheitshinweise In dieser Spalte kannst du wichtige Hinweise bzw. nötige Sicherheitsvorkehrungen zu dem jeweiligen Arbeitsschritt notieren.
Alle Teile beschriften; Schutzbrille/Haarschutz nicht vergessen; Abfallseite markieren …

Tipp: Manchmal kommt es vor, dass du warten musst, um bestimmte Werkzeuge oder Maschinen nutzen zu können. Überlege dann, welche Arbeitsschritte du vorziehen kannst, damit du nicht warten musst.

Extra Zeitplanung
Um die Dauer eines Arbeitsschritts richtig einschätzen zu können, brauchst du Erfahrung. Da dir diese Erfahrung am Anfang fehlt, solltest du vor jedem Arbeitsschritt schätzen, wie lange du dafür benötigst, und hinterher überprüfen, wie lange du tatsächlich gebraucht hast. So werden deine Schätzungen immer genauer und deine Zeitpläne immer besser.

1 Ein Arbeitsablaufplan

Technische Zeichnungen

Viele Firmen verkaufen Produkte in alle Länder dieser Welt. Manche dieser Produkte werden erst dort zusammengebaut. Wie schaffen es Firmen, dass ihre Produkte montiert werden können, obwohl die Menschen dort eine andere Sprache sprechen?

Zeichnungen dienen dazu, sich zu verständigen – sie sind ein Kommunikationsmittel. Allerdings kommen Zeichnungen ohne Sprache aus. Eine Zeichnung kann komplizierte Sachverhalte oft viel genauer und anschaulicher zeigen, als man sie sprachlich ausdrücken kann. Daher kommt auch der Ausspruch: »Ein Bild sagt mehr als 1000 Worte.«

Damit alle Menschen auf der Welt eine technische Zeichnung lesen können, gibt es Regeln, nach denen diese Zeichnungen erstellt werden. Wenn du sie kennst, kannst du eine Zeichnung besser lesen.

In Kürze

Zeichnungen sind Kommunikationsmittel, die ohne Sprache auskommen.
Die Regeln, nach denen technische Zeichnungen erstellt werden, sind überall gleich.

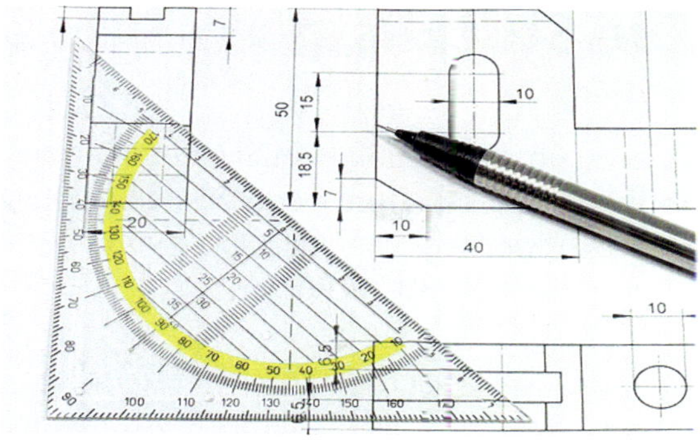

1 Technische Zeichnung eines Architekten

Methode **Maße finden**

So findest du Maße in einer Zeichnung:
- Suche das gewünschte Bauteil in der Zeichnung.
- Überlege dir, welches Maß du brauchst. Zum Beispiel die Länge oder die Breite.
- Suche die Maßhilfslinien und den Maßpfeil, die das Bauteil begrenzen.
- Lies die Maßzahl ab. Die Einheit ist in technischen Zeichnungen immer Millimeter.

Aufgabe

1 Entnimm der unten stehenden Zeichnung folgende Maße:
- die Länge des Körpers
- den Durchmesser der Bohrung
- die Breite des Schlitzes

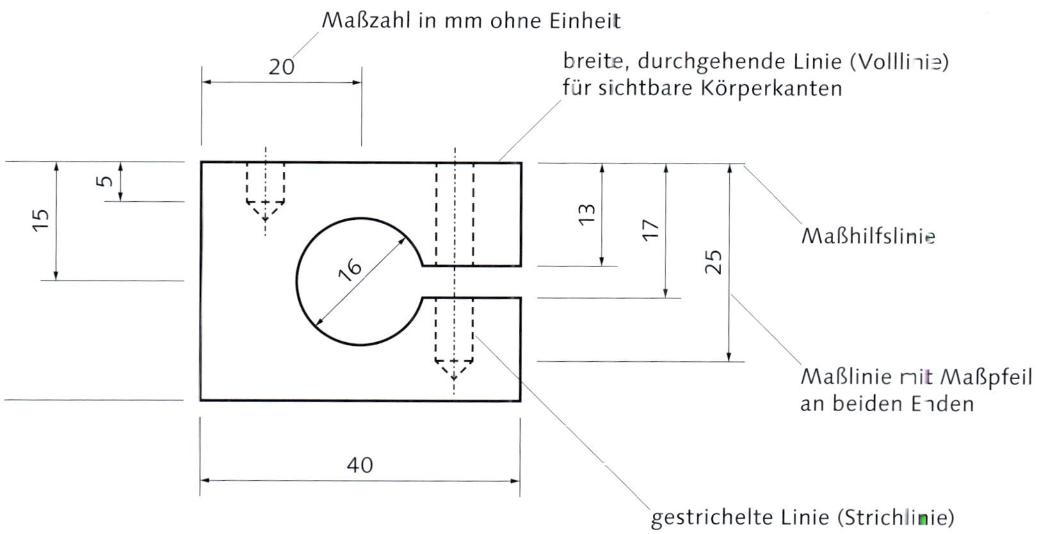

2 Bestandteile einer technischen Zeichnung. Die Maßeinheit ist Millimeter und wird nicht mit angegeben.

Die Stückliste

Hast du dir auch schon einmal einen Einkaufszettel geschrieben, wenn du etwas nicht vergessen wolltest? Die Stückliste ist wie ein »Einkaufszettel« für Techniker.

In einer Stückliste erfasst du alle Einzelteile deines Werkstücks. Dafür kann die technische Zeichnung sehr hilfreich sein. Mit einer guten Stückliste kannst du im Fachmarkt alle Teile deines Werkstücks kaufen.

Stücklisten haben einen typischen Aufbau:
- *Teil-Nummer:* In dieser Spalte erhält das Einzelteil eine Nummer.
- *Anzahl:* Hier werden die benötigten Stückzahlen eingetragen.
- *Bezeichnung:* In dieser Spalte erhält jedes Bauteil einen passenden Namen.
- *Maße:* Hier wird die Größe des Bauteils eingetragen.
- *Material:* Hier wird eingetragen, aus welchem Material das Bauteil besteht.

Tipp: Wenn du hinten noch eine leere Spalte anhängst, kannst du jedes Bauteil abhaken, das du schon besorgt oder angefertigt hast.

In Kürze
In einer Stückliste sind alle Einzelteile mit genauen Maßen, Anzahl und Materialangaben aufgelistet.

Stückliste

Nr.	Anz.	Bezeichnung	Maße in mm	Material
1	1	Boden	300 × 300 × 6	Sperrholz
2	2	Seitenwände vorn und hinten	300 × 50 × 10	Sperrholz
3	2	Seitenwände links und rechts	280 × 50 × 10	Sperrholz
4	2	Griffe	20 × 100	Buche
5	8	Schrauben	3 × 30	
6	12	Schrauben	3 × 20	

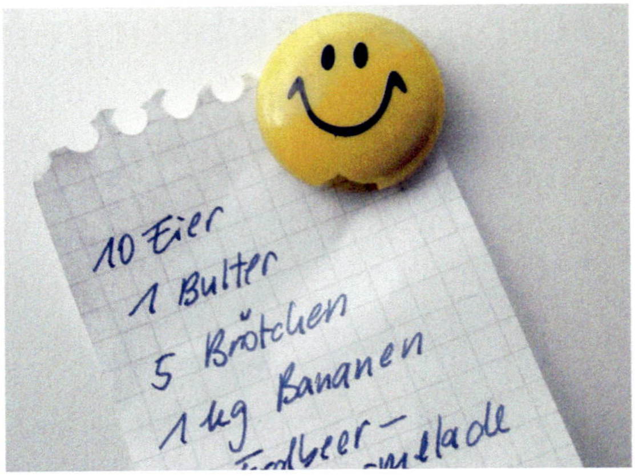

1 Ein Einkaufszettel

Methode Maße lesen

Meist sind drei Maße für ein Bauteil wichtig:

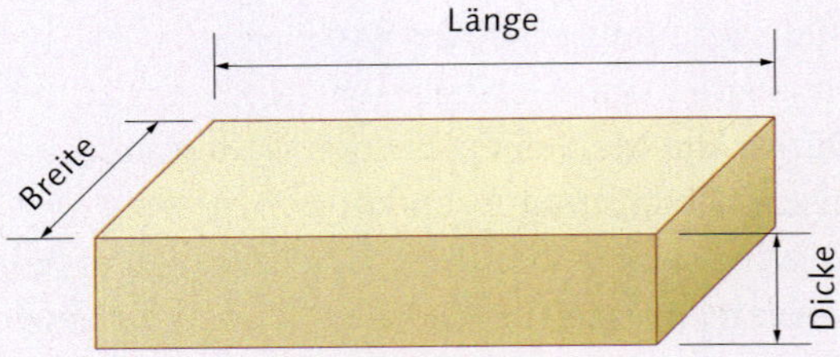

Zwischen den Maßen steht ein × (»mal«). Sind keine Einheiten angegeben, sind immer Millimeter gemeint.

Länge des Werkstücks: 100 mm
↓
Maßangabe: **100 × 50 × 20**
↗ ↖
Breite: 50 mm Dicke: 20 mm

Achtung: Bei runden Bauteilen wird erst der Durchmesser, dann die Länge angegeben.

Aufgaben

1 □ Entnimm der Stückliste folgende Maße:
- Material des Bodens
- Breite der Seitenwände
- Querschnitt der Griffe

2 ◪ Fertige selbst eine Stückliste für dein Werkstück an.

3 ■ Erstelle am PC eine Tabelle als Vorlage für Stücklisten.

Messen und Anreißen

»Darf es auch ein bisschen mehr sein?« Was beim Einkaufen kein Problem darstellt, ist für genaues Arbeiten undenkbar!

A Messen

Messen ist das genaue Ermitteln einer Größe. Im Technikunterricht geht es meist um Längen. Diese müssen immer mit der entsprechenden Maßeinheit, meist Millimeter oder Zentimeter, angegeben werden. Die wichtigsten Messwerkzeuge sind:

- der Stahlmaßstab
- der Gliedermaßstab für größere Längen
- der Messschieber für sehr präzise Messungen

Für eine genaue Messung ist es wichtig, dass du das geeignete Messwerkzeug auswählst und dieses richtig benutzt:

1 Messwerkzeug anlegen Lege den Nullpunkt deines Messwerkzeugs an einer geeigneten Werkstückkante, der Bezugskante, an.

2 Messwert ablesen Achte darauf, dass du direkt von oben auf die Messskala blickst.

3 Maß notieren Denke beim Notieren des Messergebnisses daran, die richtige Einheit dazuzuschreiben.

B Anreißen

Übertragen wir ein Maß aus einer technischen Zeichnung auf unser Werkstück, bezeichnen die Fachleute diesen Vorgang als *Anreißen*. Die dabei entstehende Linie nennen wir *Anrisslinie*. Die wichtigsten Werkzeuge beim Anreißen sind:

- der Anschlagwinkel
- der Bleistift / die Reißnadel
- der Zentrierwinkel
- das Streichmaß

1 Maß übertragen Lege den Nullpunkt deines Messwerkzeugs an der Bezugskante an und markiere das benötigte Maß mit einem kleinen Strich.

2 Anreißen Verlängere, zum Beispiel mit dem Anschlagwinkel, deine Markierung zu einer Anrisslinie über die gesamte Werkstückfläche. Für lange Anrisslinien parallel zur Werkstückkante oder Maße, die sich oft wiederholen, eignet sich das Streichmaß besonders gut.

3 Überwinkeln Damit du beim Bearbeiten deines Werkstücks das angerissene Maß von allen Seiten im Blick hast, empfiehlt es sich, die Anrisslinie mit dem Anschlagwinkel auf alle Seiten zu übertragen.

1 Richtig messen und anreißen

Das Sägen

»Drei Mal abgesägt und immer noch zu kurz!« Das sollte dir bei deinem Werkstücks nicht passieren. Aber wie sägst du richtig?

Sägen

Durch Sägen werden Werkstücke auf die richtige Länge oder in eine spezielle Form gebracht. Ein Werkstück auf die richtige Länge zu bringen, nennen Fachleute *ablängen*. Die Form des Werkstücks herauszuarbeiten, nennt man hingegen *aussägen*.

Arbeitsweise von Sägen

Beim Sägen dringen die einzelnen Sägezähne nacheinander in den Werkstoff ein und tragen das Material in Form von Spänen ab. Diese Späne werden in den Zahnlücken aus dem Sägespalt transportiert. Zeigen die Sägezähne vom Griff weg, arbeitet die Säge beim Schieben. Wir sagen, sie arbeitet *auf Stoß*. Zeigen die Sägezähne zum Griff und die Säge arbeitet beim Ziehen, so arbeitet sie *auf Zug*. Holz, das mit dem Werkstück eingespannt wird, kann das Ausreißen der Kanten verhindern.

Sägearten

Für unterschiedliche Sägeaufgaben stehen uns verschiedene Sägen zur Verfügung. Jede Säge hat ein spezielles Einsatzgebiet:

- *Laubsägen* sind für kurvige, sehr feine Schnitte in dünnem Holz geeignet.
- Die *Feinsäge* benutzen wir für gerade, feine Schnitte in dünnen bis mittleren Hölzern.
- Die *Universal-* oder *Puksäge* wird für kurze gerade und feine Schnitte besonders bei dünnen Leisten und Profilen eingesetzt.
- Der *Fuchsschwanz* kommt bei mittleren und dicken Hölzern zum Einsatz und hinterlässt gerade, grobe Schnitte.
- Die *Japansäge* sägt sehr fein und exakt und ist vielseitig einsetzbar.
- Die *Gehrungssäge* hat die Besonderheit, dass die Säge in einem Gestell geführt wird und sich der Sägewinkel einstellen lässt.

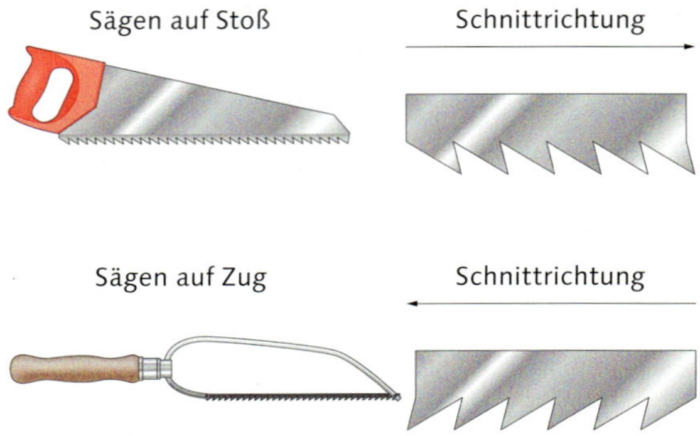

1 Je nach Stellung der Sägezähne arbeitet eine Säge auf Stoß oder auf Zug.

Extra Schränkung

Damit das Sägeblatt nicht klemmt, muss es sich *freischneiden* können. Dazu sind die Sägezähne abwechselnd etwas nach rechts und links gebogen. Sie sind *geschränkt*.

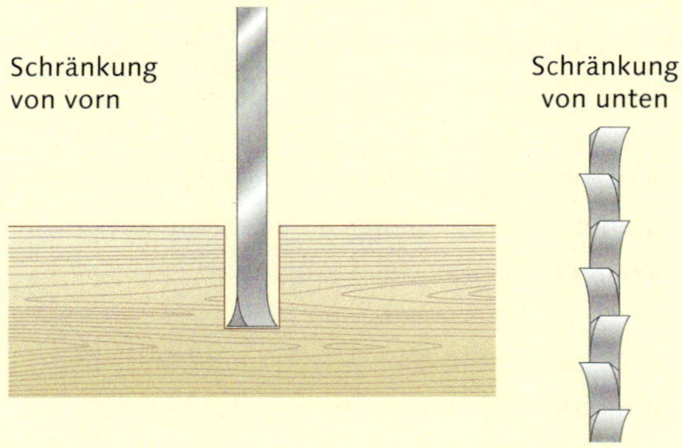

2 Freischnitt durch Schränkung

In Kürze

Sägen bringt Werkstücke auf die richtige Länge oder in die gewünschte Form.
Sägen arbeiten auf Zug oder Stoß.
Jede Säge hat ihr spezielles Einsatzgebiet.

Aufgaben

1 □ Erstelle eine Übersicht über die verschiedenen Sägen. Lege eine Tabelle mit Namen, Abbildung, Arbeitsweise (Stoß oder Zug) und Einsatzgebiet der Sägen an.

2 ◪ Erläutere, wie man das Ausreißen des Holzes beim Sägen verhindern kann. Probiere es aus.

3 ■ Recherchiere den Unterschied zwischen einer gespannten Säge (z. B. Laubsäge) und einer ungespannten Säge (z. B. Japansäge).

Methode

Arbeiten wie die Profis

1 Eingerichteter Arbeitsplatz

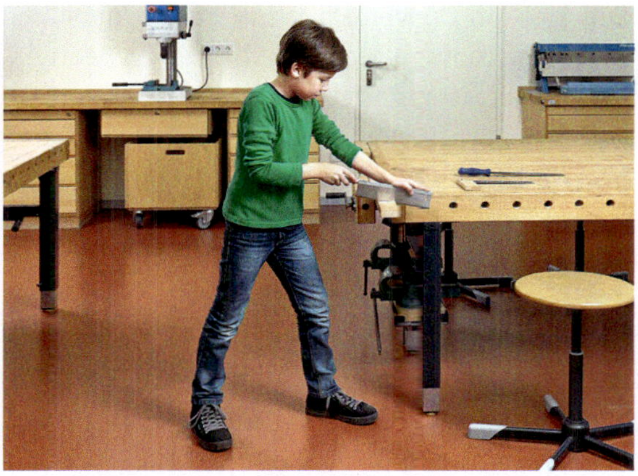

2 Einspannen und Arbeitshaltung

Wenn du Profis bei der Arbeit zusiehst, erkennst du, dass sich bestimmte Arbeitsabläufe im Prinzip ständig wiederholen.

1 Auswahl des richtigen Werkzeugs Welches Werkzeug wird für die Arbeit benötigt und ist am besten dafür geeignet? Wähle aus.
Beispiel: Du möchtest eine dünne Leiste ablängen und wählst die Universalsäge.

2 Arbeitsplatz einrichten Ein geordneter Arbeitsplatz mit allen benötigten Werkzeugen erleichtert die Arbeit, weil alles griffbereit liegt.
Du legst die Universalsäge und dein vorbereitetes Werkstück bereit.

3 Einspannen des Werkstücks Bei fast allen Bearbeitungstechniken ist es wichtig, das Werkstück sicher zu fixieren, um daran zu arbeiten. Dafür gibt es an der Werkbank sogenannte Bankzangen oder Schraubstöcke.
Du spannst die Leiste waagerecht fest in die Bankzange ein.

4 Bearbeiten des Werkstücks Jetzt kann das Werkstück bearbeitet werden. Dabei ist es wichtig, die entsprechenden Arbeits- und Sicherheitsregeln zu beachten. Für viele Arbeitstechniken gibt es bestimmte Arbeitshaltungen, Sicherheitsbestimmungen oder Anwendungstipps, die eingehalten werden müssen.

- *Du sägst im Stehen, in Schrittstellung.*
- *Das Werkstück ist so eingespannt, dass es nicht federt.*
- *Du sägst neben der angezeichneten Linie im Abfallstück.*
- *Am Ende des Sägeschnitts sägst du ohne Druck.*

Sägen mit Anschlag — Sägen mit Sägebrett — Sägen mit der Gehrungssäge

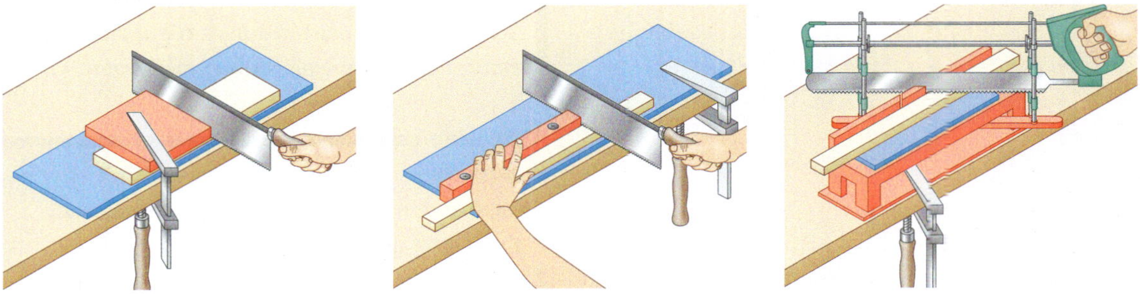

3 Für viele Arbeitstechniken gibt es Hilfsmittel, die das Arbeiten erleichtern oder helfen, genauer zu arbeiten.

Das Bohren

Die größten Bohrer der Welt haben einen Durchmesser von etwa 20 Metern. Sie werden im Tunnelbau eingesetzt. Aber egal ob 20 Meter oder 2 Millimeter – das Prinzip ist immer dasselbe.

Durch Bohren entstehen kreisrunde Löcher, die in das Werkstück hineinführen. Verlaufen die Bohrungen durch das ganze Werkstück hindurch, sprechen die Fachleute von *Durchgangsbohrungen*. Enden die Bohrungen im Werkstück, nennt man diese *Sackloch*.

Arbeitsweise eines Bohrers

Beim Bohren dringen die sich drehenden Schneiden des Bohrers in den Werkstoff ein und heben das Material in Form von Spänen ab. Diese werden in den Spannuten aus dem Bohrloch befördert.

Bohrer

Es gibt unterschiedliche Bohrerarten:

- *Universalbohrer* kommen bei Holz, Metall und Kunststoff zum Einsatz.
- *Spiralbohrer* mit *Zentrierspitze* sind nur für Holz geeignet.
- Für größere Bohrungen in Holz benutzt man *Forstnerbohrer*.
- Um Bohrungen tricherförmig aufzuweiten, verwendet man einen *Senker*. Den Vorgang des Aufweitens nennt man *ansenken*.

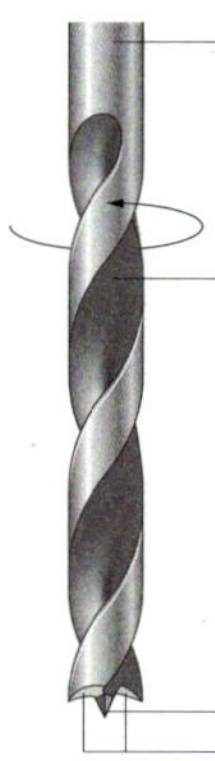

2 Bestandteile eines Bohrers

1 Bohrung für einen U-Bahn-Tunnel

Methode Richtig Bohren

- Reiße die Bohrlochmitte an und stich mit dem Vorstecher vorsichtig ein.
- Spanne das Werkstück sicher ein.
- Wähle den passenden Bohrer aus.
- Bohre mit gleichmäßigem Druck.
- Bohre am Ende der Bohrung mit wenig Druck, um das Ausreißen zu minimieren.
- Verwende bei Durchgangsbohrungen immer eine Unterlage. So bohrst du nicht in den Maschinenschraubstock oder den Arbeitstisch.
- Führe den Bohrer langsam aus dem Bohrloch heraus.

Halte immer die Sicherheitsmaßnahmen ein!

Extra Zentrierwinkel

Mittelpunkte von runden Werkstücken kann man mit einem Zentrierwinkel anreißen.

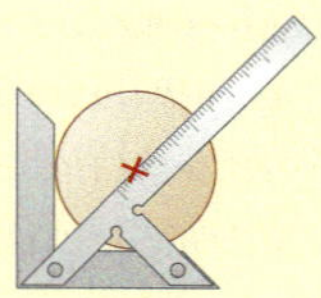

In Kürze

Bohren dient zum Anfertigen von kreisrunden Löchern.
Für unterschiedliche Materialien stehen verschiedene Bohrerarten zur Verfügung. Diese Bohrer gibt es in vielen Durchmessern.

Aufgaben

1 ◪ Informiere dich darüber, mit welchen speziellen Bohrern du in Beton/Stein, Metall bzw. Kunststoff bohren kannst.

2 ■ Erkläre, warum die Löcher in einem Käse nicht von einem Bohrer stammen können.

Bohren mit der Tischbohrmaschine

An jeder Tischbohrmaschine gibt es Bedienelemente und Sicherheitsregeln, die du kennen musst, um gut und sicher damit umzugehen.

Sicherheit

Achte beim Bohren stets auf die Sicherheitsmaßnahmen, damit dir nichts passiert!

- Arbeite nur nach gründlicher Einweisung und mit Erlaubnis der Lehrkraft.
- Schütze deine Augen mit einer Schutzbrille.
- Sichere lange Haare durch Zusammenbinden oder eine Kappe.
- Trage eng anliegende Kleidung und lege Schals, Ketten und Ähnliches ab.

Bei der Bohrmaschine befindet sich ein *Not-Aus-Schalter,* mit dem du die Stromzufuhr bei Gefahr sofort unterbrechen kannst.

1 Sicheres Verhalten an der Tischbohrmaschine

Methode Tischbohrmaschine bedienen

- Überprüfe, ob du alle Bedienelemente der Maschine kennst und weißt, wie du damit umzugehen hast.
- Lege dir alle Materialien und Werkzeuge, die du benötigst, zurecht.
- Spanne dein Werkstück fest im Maschinenschraubstock ein.
- Beachte die Anweisungen zum richtigen Bohren und halte die Sicherheitsmaßnahmen ein.
- Verlasse den Maschinenarbeitsplatz aufgeräumt.

Aufgaben

1 □ Suche die Bedienelemente aus dem Text unten an eurer Tischbohrmaschine.

2 ◪ Welche Unterschiede zur abgebildeten Tischbohrmaschine erkennst du?

Bedienelemente einer Tischbohrmaschine

Das *Bohrmaschinengehäuse* ist meist auf der *Bohrsäule* höhenverstellbar, damit in unterschiedlich große Werkstücke gebohrt werden kann. Ist das Gehäuse nicht verstellbar, gibt es einen höhenverstellbaren *Maschinentisch.*

Im Gehäuse befindet sich ein Elektromotor, der die *Bohrspindel* antreibt. Auf der Bohrspindel sitzt das *Bohrfutter,* in das der Bohrer eingespannt wird. Neuere Maschinen haben einen *Bohrschutz,* der Bohrer und Bohrfutter abschirmt. Das Werkstück wird im *Maschinenschraubstock* befestigt. Der *Vorschubhebel* führt das Bohrfutter mit dem eingespannten Bohrer nach unten. Wie weit sich der Bohrer nach unten drücken lässt, wird mit dem *Tiefenanschlag* eingestellt. Die *Drehzahleinstellung* regelt, wie schnell sich der Bohrer dreht.

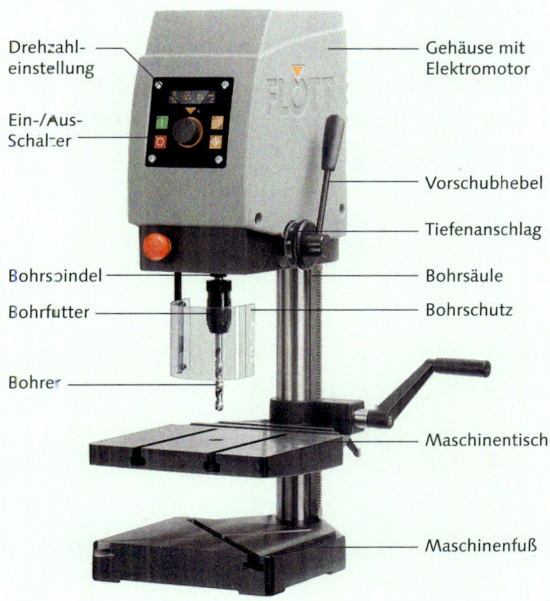

Raspeln, Feilen und Schleifen

»An dieser Idee muss ich noch feilen« oder »Dieser Sache fehlt noch der letzte Schliff« – das sind Ausdrücke, die du vielleicht schon einmal gehört hast. Aber was genau ist gemeint? Woher stammen die Begriffe?

1 Dieser Aktion fehlt der letzte Schliff.

Raspeln und Feilen

Um die Form eines Werkstücks zu verändern, verwendet man Raspeln und Feilen.

Die Raspel dient dazu, viel Material abzunehmen, und hinterlässt eine raue Oberfläche. Sie wird nur für die Holzbearbeitung eingesetzt.

Die Feile nimmt weniger Material ab und hinterlässt eine glattere Oberfläche. Feilen gibt es für Holz, Metall und Kunststoff.

Aufbau von Raspeln und Feilen

Raspeln und Feilen sind ähnlich aufgebaut. In das Blatt sind Einkerbungen eingearbeitet, die man *Hieb* nennt. Die Spitze am Ende des Blattes heißt *Angel*. Auf der Angel wird der Griff befestigt, den man als *Heft* bezeichnet.

Zum Ausarbeiten verschiedener Formen gibt es Raspeln und Feilen mit unterschiedlichen Querschnitten.

Arbeitsweise von Raspeln und Feilen

Beim Raspeln und Feilen dringt der *Hieb* in den Werkstoff ein und hebt das Material in Form von Spänen ab.

Methode Richtig raspeln und feilen

- Wähle die passende Raspel oder Feile aus.
- Prüfe, ob das Heft fest sitzt.
- Spanne das Werkstück fest und so tief wie möglich ein, damit es nicht federt.
- Raspeln und Feilen arbeiten auf Stoß, also nur in eine Richtung.
- Schräge Kanten im Winkel von 45° an – wir sagen dazu *anfasen* – oder verwende Zulagen, um das Ausreißen des Holzes zu verhindern.
- Säubere Raspeln und Feilen nach dem Arbeiten mit der Feilenbürste.

In Kürze

Raspeln und Feilen dient der Formgebung. Die Einkerbungen auf dem Blatt nennt man Hieb. Für unterschiedliche Aufgaben sind verschiedene Hiebe und Querschnittsformen geeignet.

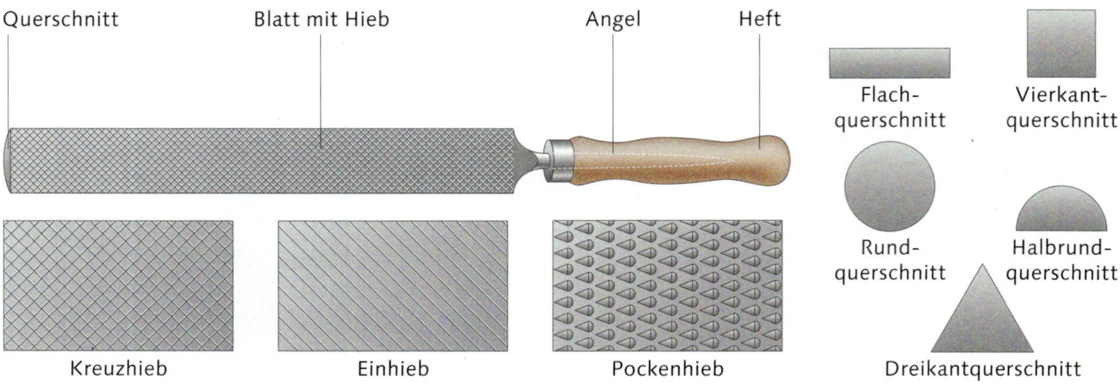

2 Aufbau von Raspeln und Feilen

Schleifen
Das Schleifen dient dazu, Oberflächen zu glätten. Außerdem lassen sich scharfe Kanten abstumpfen. Man nennt diesen Vorgang das *Brechen der Kanten*.

Arbeitsweise des Schleifpapiers
Beim Schleifen wird durch die Schleifkörner Material vom Werkstoff abgeschabt und in den Zwischenräumen abtransportiert.

Aufbau des Schleifpapiers
Schleifpapier besteht aus vielen scharfkantigen Schleifkörnern. Diese sind auf Papier oder einer Gewebeschicht aufgeklebt.

Je nachdem wie groß und zahlreich die Schleifkörner sind, werden grobe, mittlere und feine Schleifpapiere unterschieden. Die Einheit der *Körnung* wird in Nummern auf dem Schleifpapier angegeben. Grobes Schleifpapier hat größere, aber weniger Körner und daher eine niedrigere Nummer, z. B. 60. Feines Schleifpapier hat viele kleinere Schleifkörner und daher eine höhere Nummer, z. B. 180.

Hilfsmittel
Schleifkork, Schleifbrett oder Schleiflatten helfen dir, besonders gleichmäßig zu schleifen oder besondere Formen zu glätten.

In Kürze

Schleifen dient dem Glätten von Oberflächen. Die Körnungszahl gibt an, wie grob oder fein ein Schleifpapier ist.

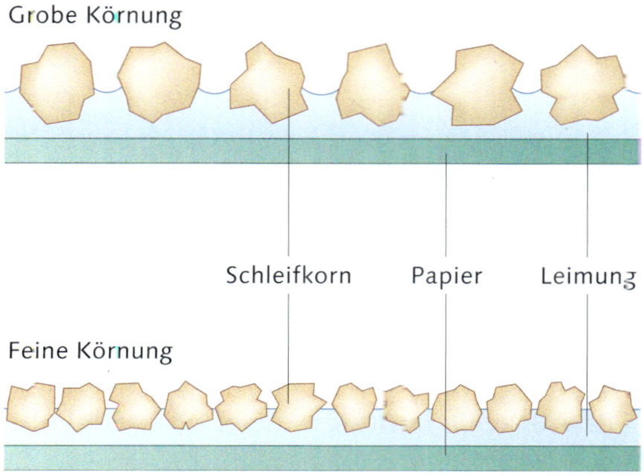

3 Körnung von Schleifpapier

Methode Richtig schleifen
- Schleife in Faserrichtung des Holzes, sonst gibt es unschöne Kratzer.
- Achte beim Schleifen darauf, dass die Kanten erhalten bleiben.
- Verwende erst grobes, dann immer feineres Schleifpapier.
- Sauge Schleifstaub immer ab!

Aufgaben
1 ☐ Sammle verschiedene Schleifpapiere und erstelle eine Übersicht.

2 ◪ Herr Maier möchte sein geteiltes Werkstück feinschleifen. Ihm stehen drei verschiedene Schleifpapiere (60, 240, 150) zur Verfügung. Wie soll Herr Maier vorgehen? Begründe deine Antwort.

3 ■ Nutze dein Wissen über die Werkzeuge und erläutere die anfangs erwähnten Redensarten.

4 Schleifkork, Schleifbrett und Schleiflatten

5 Schleifen nur in Faserrichtung

Das Fügen

In den seltensten Fällen ist ein Gegenstand aus einem Stück hergestellt. Meistens sind Produkte aus Einzelteilen zusammengefügt.

Das Verbinden von Bauteilen nennt der Fachmann *Fügen.*

- Sind die Bauteile so miteinander verbunden, dass sie nur durch Zerstörung getrennt werden können, spricht man von einer *unlösbaren Verbindung.*
- Kannst du die Bauteile immer wieder auseinandernehmen und wieder zusammenfügen, so spricht man von einer *lösbaren Verbindung.*

Leimen

Das Leimen gehört zu den unlösbaren Verbindungen. Dabei werden die Bauteile mit *Holzleim,* einem besonderen Klebstoff, fest miteinander verbunden. Es gibt verschiedene Leimsorten:

- Universalleim eignet sich für alle Arten von Verleimungen.
- Expressleim trocknet besonders schnell.
- Wasserfester Leim ist unempfindlicher gegen Feuchtigkeit.

Die speziellen Einsatzgebiete und die Hinweise zur Verarbeitung der jeweiligen Leimsorte kannst du auf der Verpackung nachlesen.

1 Zusammenbau eines Bettes

Methode Richtig leimen

- Bereite den Arbeitsplatz mit allen benötigten Werkzeugen und Werkstückteilen vor. Denn beim Leimen musst du sehr zügig arbeiten.
- Sorge dafür, dass die Oberflächen der Bauteile glatt, sauber, staubfrei und passgenau sind.
- Trage den Leim mit einem Pinsel oder Spatel auf. Trage ihn vollflächig, aber dünn auf, sonst quillt er unnötig aus der Leimfuge und die Werkstückteile verrutschen leicht.
- Presse die Werkstückteile mit einer Schraub- oder Klemmzwinge zusammen. Nur so wird die Verleimung fest und stabil. Drücke die Schraubzwinge zuerst zusammen und spanne sie erst dann durch Drehen des Griffs fest.
- Wische überschüssigen Leim sofort mit einem feuchten Tuch ab.
- Lass den Leim ausreichend lange trocknen.

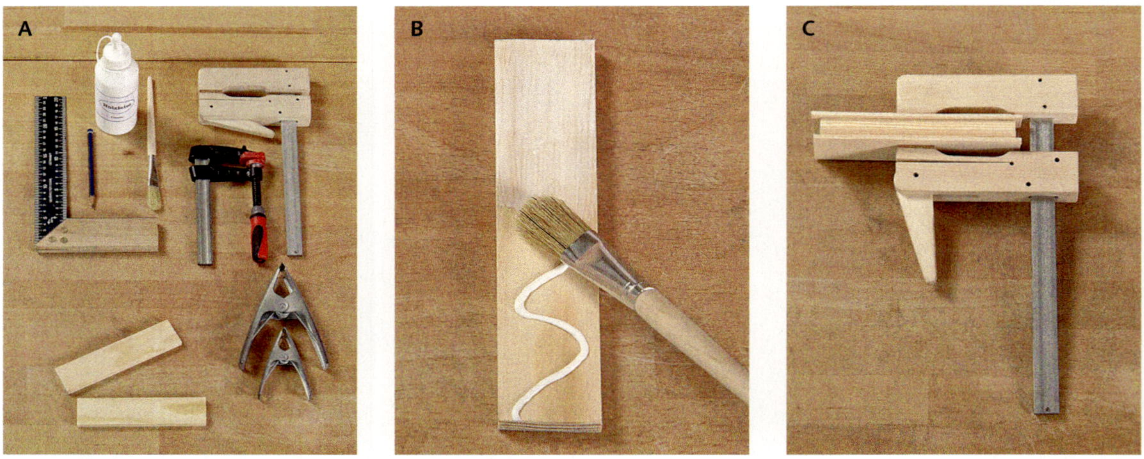

2 Zum geordneten und zügigen Vorgehen beim Leimen gehört neben einem vorbereiteten Arbeitsplatz (A) das dünne und gleichmäßige Auftragen des Leims (B) sowie das Zusammenpressen der geleimten Teile (C).

Schrauben

Das Schrauben gehört zu den lösbaren Verbindungen. Dabei werden die Bauteile durch Schrauben fest miteinander verbunden.
Das Gewinde der Schraube dringt in das Holz ein und zieht die beiden Holzstücke zusammen.

Aufbau der Schraube

Eine Schraube besteht aus einem *Schraubenkopf*, einem *Gewinde* mit Spitze und manchmal einen glatten *Schaft* zwischen Kopf und Gewinde.

Es gibt verschiedene *Kopfformen:*

- Die meistverwendete Schraubenart ist die Senkkopfschraube. Bei dieser wird der Kopf der Schraube im Holz versenkt und liegt so unterhalb der Werkstückoberfläche.
- Bei Halbrund- und Sechskantschrauben bleibt der Schraubenkopf über der Werkstückoberfläche stehen.

Jeder Schraubenkopf hat eine Vertiefung, in die der Schraubendreher eingesetzt wird, um die Schraube ins Holz ein- bzw. ausdrehen zu können. Diese Vertiefung gibt es in unterschiedlichen Formen und für jede Form den passenden Schraubendreher. Heutzutage sind Kreuzschlitz und Torx die gängigsten *Schraubenantriebe.*

Methode Richtig schrauben

- Wähle die geeignete Schraube aus.
- Reiße die Position der Schraube an und stich vor.
- Bohre mit dem richtigen Bohrer vor, damit das Holz nicht reißt.
- Senke bei Senkkopfschrauben die Bohrung an.
- Wähle den richtigen Schraubendreher aus und drehe die Schraube vorsichtig ein.

In Kürze

Das Verbinden von Bauteilen nennt man Fügen.
Es gibt lösbare und unlösbare Verbindungen: Leimen ist eine unlösbare Verbindungstechnik, Schrauben eine lösbare.
Schrauben haben verschiedene Kopf- und Antriebsformen.

Aufgaben

1 □ Informiere dich, welche Verbindungstechniken es für Holz noch gibt. Unterscheide zwischen lösbaren und unlösbaren Verbindungen.

2 ◪ Welchen Leim nimmst du, wenn deine Verbindung schnell fertig sein muss? Lies die Gebrauchsanweisung verschiedener Holzleime durch und vergleiche.

3 ◪ Suche weitere Verbindungstechniken für Metall, Kunststoff oder Glas, und nenne jeweils ein Beispiel.

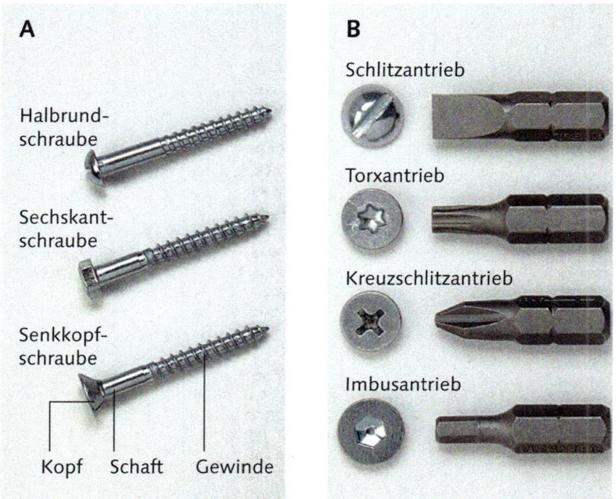

3 Verschiedene Schraubenarten (A) und unterschiedliche Antriebsformen mit passenden Bits (B)

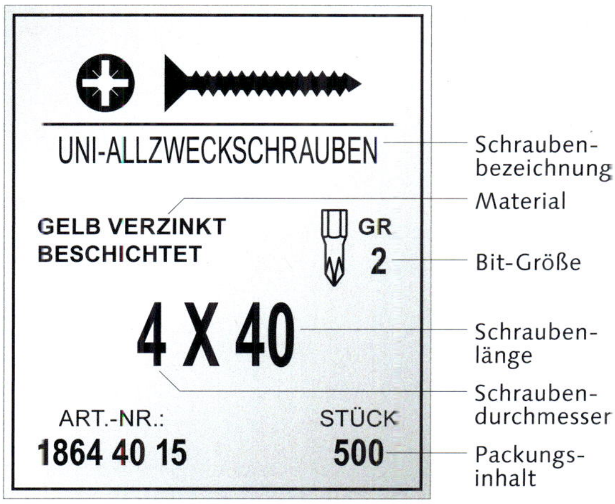

4 Typische Beschriftung einer Schraubenpackung aus dem Fachhandel

Das Bewerten

Ob »echt cool«, »megagroß«, »voll nett« oder »superbillig« – wir sind ständig dabei, unsere Umwelt zu bewerten. Wir bewerten im täglichen Leben immerzu Dinge, Mitmenschen und Situationen, ohne uns über den Vorgang des Bewertens wirklich Gedanken zu machen. Was bedeutet eigentlich *bewerten* und wie läuft so ein Vorgang ab?

Beim gewissenhaften Bewerten wird etwas anhand festgelegter Kriterien eingeschätzt und beurteilt. Am Ende einer Bewertung steht eine Aussage darüber, wie gut die Kriterien erfüllt worden sind, oft in Form einer Note.

Im Technikunterricht bewerten wir oft unsere selbst gefertigten Werkstücke.

1 Aufstellen der Beurteilungskriterien Um etwas bewerten zu können, benötigen wir Kriterien, nach denen das Werkstück später beurteilt wird.
Beispiele: Maßgenauigkeit, Funktion, Oberflächenbeschaffenheit, Design, Nutzerfreundlichkeit …

2 Gewichten der Kriterien Lege fest, wie wichtig dir die einzelnen Kriterien sind, z. B. indem du Punkte vergibst.
Funktion 8 Punkte, Maßgenauigkeit 5 Punkte, Oberflächenbeschaffenheit 3 Punkte …

1 Die Jury bewertet die gezeigte Leistung.

3 Bewerten Beurteile das Werkstück nach jedem Kriterium und lege die erreichte Punktzahl fest.
Funktion: 6 von 8 Punkten …

4 Endergebnis festlegen Errechne die Gesamtpunktzahl und ermittle so die Endnote.
20 von 25 Punkten → gut (Note 2,0)

Tipp: Lege die Kriterien schon vor der Arbeit fest und orientiere dich daran. Das erspart Nacharbeiten und verbessert das Ergebnis.

Aufgaben

1 □ Sammle weitere Kriterien, nach denen ein Werkstück bewertet werden kann.

2 ◪ Welche Unterschiede/Gemeinsamkeiten haben die unten abgebildeten Bewertungstabellen?

3 ■ Erstelle ein Beurteilungsraster für ein Produkt deiner Wahl.

Kriterium	Maximale Punktzahl	Erreichte Punktzahl
Funktion	8	6
Maßgenauigkeit	5	3
Design	4	3
Oberflächengüte	3	3
Verbindungen	5	5
Gesamtpunktzahl	**25**	**20**

Note: 2,0

Kriterium	Wertung	
Funktion	+	klemmt leicht
Maßgenauigkeit	0	leichte Abweichungen
Design	+	schöne Form
Oberflächengüte	++	sauber geschliffen
Verbindungen	++	exakt gearbeitet
Gesamtbewertung	**gut**	

++ = sehr gut + = gut 0 = befriedigend
- = ausreichend -- = mangelhaft

Alles hat ein Ende? – Der Produktkreislauf

»Ich bin für die Umwelt doch nicht alleine zuständig.« »Ich alleine kann ja eh nichts ausrichten!« »Mich geht das gar nichts an.« Solche Aussagen hören wir im Zusammenhang mit Umweltverschmutzung häufig. Aber stimmen sie auch?

Ab in die Tonne?

Die meisten Produkte unseres täglichen Lebens werden irgendwann nicht mehr gebraucht oder gehen kaputt. Die Dinge einfach in den Müll zu werfen können wir uns aber nicht leisten. Denn damit verschmutzen wir die Umwelt und können die Rohstoffe, aus denen die Produkte hergestellt sind, nicht mehr nutzen. Besser ist es, die Rohstoffe wiederzuverwerten. Man bezeichnet dies als *Recycling*.

Produktkreislauf

Am Anfang des Herstellungsprozesses stehen die Materialien, aus denen wir die Produkte fertigen. Man bezeichnet diese als *Rohstoffe*. Die *Produktion*, auch Fertigung genannt, ist die nächste Station im Leben eines Produkts. In der anschließenden *Gebrauchsphase* nutzen wir den Gegenstand, bis er kaputtgeht oder wir ihn nicht mehr benötigen und wegwerfen. Wenn der *Abfall* nicht weiter nutzbar ist, landet er auf der Deponie oder wird verbrannt.

1 Die Erde ist nur geliehen.

Sind die Materialien wiederverwertbar, werden sie voneinander getrennt und durch Zerkleinern oder Einschmelzen zu neuen Rohstoffen recycelt. Das *Recycling* schließt den Produktkreislauf.

In Kürze

Die Wiederverwertung von Abfällen zu neuen Produkten heißt Recycling. Recycling schließt den Produktkreislauf.

Aufgaben

1 □ Wir trennen unseren Abfall in verschiedene Bereiche. Notiere, welche Bereiche das sind.

2 ◪ Erkundige dich, wo man Batterien, Dosen und Essensreste fachgerecht entsorgt.

3 ■ Beschreibe die Karikatur und erkläre, worauf sie aufmerksam machen möchte.

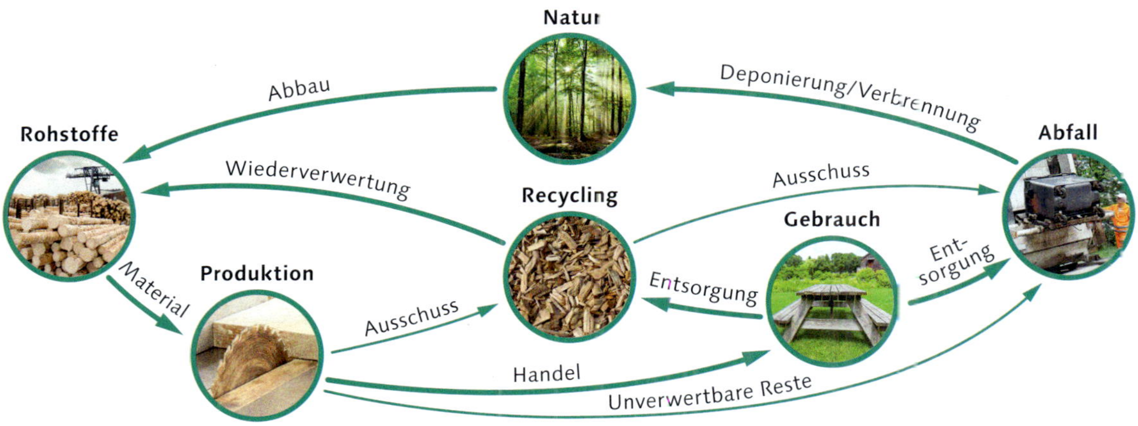

2 Der Produktkreislauf

Fertigung und Konstruktion

Bis jetzt hast du Maße aus Zeichnungen entnommen, Stücklisten gelesen und Arbeitsablaufpläne erstellt. Du hast die wichtigsten Regeln im Umgang mit verschiedenen Werkzeugen gelernt und deren sachgerechten Gebrauch geübt. Kurz gesagt: Du hast dich mit Techniken zur *Fertigung* von Produkten beschäftigt.

Fertigungsaufgabe

Bei der Fertigungsaufgabe geht es darum, einen bereits entworfenen Gegenstand herzustellen, meist anhand einer technischen Zeichnung und einer Stückliste. Die saubere und fachgerechte Herstellung steht dabei im Vordergrund. Da alle den gleichen Gegenstand nach den gleichen Vorgaben herstellen, sehen alle Ergebnisse am Ende fast gleich aus.

Ablauf

- Fertigungsauftrag besprechen
- Fertigung planen und vorbereiten: Arbeitsablaufplan aufstellen, Material beschaffen ...
- Werkstück herstellen
- Ergebnis bewerten

Im Technikunterricht gibt es neben *Fertigungsaufgaben* auch *Konstruktionsaufgaben*. Im Folgenden geht es daher um das Erfinden und Konstruieren.

Die Konstruktionsaufgabe

Die Konstruktionsaufgabe stellt uns vor ein Problem oder eine Aufgabe, ohne dass die Lösung oder das Ergebnis vorgegeben ist. Deshalb sind viele verschiedene Lösungsideen und Umsetzungen möglich.

Ablauf

- Problemstellung
- Problem besprechen, Informationen sammeln
- Ideen entwickeln, vergleichen und auswählen
- Skizzen erstellen (Entwurf)
- Werkstück herstellen
- Lösung erproben und bewerten
- eventuell die Konstruktion optimieren

In Kürze

Bei einer Fertigungsaufgabe geht es vor allem um die saubere und fachgerechte Herstellung eines Werkstücks.
Bei einer Konstruktionsaufgabe steht das Erfinden im Vordergrund. Dabei müssen oft verschiedene technische Probleme gelöst werden.

Aufgabe

1 □ Ordne den beiden Aufgabentypen zu:
- Tim kauft sich einen Bausatz und baut diesen entsprechend der Anleitung auf.
- Tims Vater kauft Holz, um daraus ein Regal für Gewürzgläser zu bauen.
- Elif möchte ein Vogelhaus bauen und sucht sich eine Anleitung im Internet. Zusätzlich baut sie eine Halterung für den Balkon.

1 Ergebnisse einer Fertigungsaufgabe

2 Ergebnisse einer Konstruktionsaufgabe

Von der Idee zum Produkt

Vor vielen Jahren war es noch undenkbar, jederzeit und an fast jedem Ort der Welt erreichbar zu sein. Heute sind Mobiltelefone und Smartphones aus unserem Alltag nicht mehr wegzudenken. Und während es zu Beginn des Mobilfunks nur ums Telefonieren ging, können wir heute mit unserem Handy auch fotografieren, Musik hören und im Internet surfen.

Immer wenn ein technisches Problem gelöst oder eine technische Lösung verbessert oder erweitert werden soll, ist Erfindergeist gefragt. Der Weg von einem Problem zu seiner Lösung ist aber oft ähnlich.

Lösungen gesucht

Hat ein Erfinder eine *Idee* für einen Lösungsansatz, hält er diese meist in Form einer *Zeichnung* fest. Haben verschiedene Erfinder eines Teams unterschiedliche Ideen, müssen sie einander die genaue *Funktion und Wirkungsweise* ihrer Erfindungen *beschreiben*. Die beste Idee wird dann *ausgewählt, hergestellt* und *getestet*.

Immer wieder neu

Kaum eine Erfindung ist perfekt. Manchmal ändern sich auch die Ansprüche an die Lösung eines Problems oder es gibt neue technische Möglichkeiten. Deshalb ist es oft notwendig, die gefundene Lösung zu *verbessern*. Man sagt: »Das Produkt wird optimiert.« Dann sind neue Ideen und Lösungsansätze gefragt.

1 Die Urkunde bestätigt das Patent auf eine Erfindung

Viele Ideen – viele Produkte

In vielen Bereichen arbeiten Erfinderteams verschiedener Firmen am gleichen Problem. Jede Firma stellt ihre individuelle Lösung als Produkt her. Dadurch gibt es verschiedene Produkte auf dem Markt, zum Beispiel verschiedene Handytypen mit unterschiedlichen Ausstattungsmerkmalen.

In Kürze

Erfindungen dienen dazu, Probleme zu lösen.
Es kann unterschiedliche Lösungen zu einem Problem geben.
Lösungen werden immer wieder optimiert.

Aufgaben

1 ◻ Schreibe alle Stufen einer Erfindung von der Idee zum Produkt auf.

2 ◪ Suche dir ein Produkt und dokumentiere dessen Entwicklung von früher bis heute.

3 ◼ Wichtige Erfindungen werden durch Patente geschützt. Erkläre den Begriff und erläutere, weshalb Erfindungen geschützt werden.

2 Handymodelle von früher bis heute

Methode

Ideen umsetzen – Skizzen erstellen

Skizzen helfen beim Entwickeln von Produkten. Um über Ideen und Lösungsansätze nachzudenken und mit anderen darüber sprechen zu können, skizziert man sie. Mit Hilfe der Skizzen lassen sich Vor- und Nachteile einer Idee leichter erkennen.

Wir unterscheiden im Technikunterricht hauptsächlich zwei Arten von Darstellungen: die *Skizze* und die *technische Zeichnung*. Die Skizze wird freihändig, meist mit Bleistift, gezeichnet und dient dazu, eine Idee festzuhalten und auszuarbeiten. Die technische Zeichnung hingegen steht am Ende der Planung. Sie wird nach festgelegten Regeln gezeichnet und dient als genaue Grundlage für die Herstellung des Produkts.

1 Idee entwickeln Denke über mögliche Lösungen nach. Dabei kann es hilfreich sein, Bücher oder das Internet zu Rate zu ziehen. Mache dir auch über Details Gedanken.

2 Idee skizzieren Bringe deine Idee aufs Papier. Achte auf eine einfache Darstellung. Beschränke dich beim Zeichnen auf die wichtigen Elemente. Überlege dir auch: Was muss man erkennen? Zeichnest du zweidimensional oder räumlich? Aus welcher Blickrichtung muss dein Produkt zu sehen sein, um einen besonders guten Eindruck von deiner Idee zu vermitteln? Sind Detailskizzen nötig?

3 Skizze überprüfen Kontrolliere, ob deine Skizze vollständig ist und du an alle Details gedacht hast. Kann man alle Einzelheiten gut erkennen? Tipp: Überprüfe auch, ob deine Idee mit den Materialien und Werkzeugen im Technikraum umsetzbar ist.

4 Technische Zeichnung anfertigen Falls nötig, kannst du nun mit Hilfe deiner Skizze eine technische Zeichnung anfertigen. Beachte dabei den Maßstab und die Grundregeln des technischen Zeichnens.
Zum Zeichnen brauchst du Bleistift und Lineal. Auch eine Zeichenplatte kann hilfreich sein. Wenn du im technischen Zeichnen geübt bist, kannst du eine technische Zeichnung auch am Computer anfertigen.

Grundregeln beim technischen Zeichnen

- Sichtbare Körperkanten werden mit einer breiten, durchgehenden Linie dargestellt.
- Unsichtbare Körperkanten werden gestrichelt gezeichnet.
- Die Abmessungen werden durch Maßlinien (mit Maßpfeilen und Maßzahlen) sowie Maßhilfslinien dargestellt. Diese werden als schmale, durchgehende Linien gezeichnet.
- Alle Maße werden in Millimetern angegeben.

Die Skizze oder technische Zeichnung hilft dir auch, die Stückliste des Produkts zu erstellen.

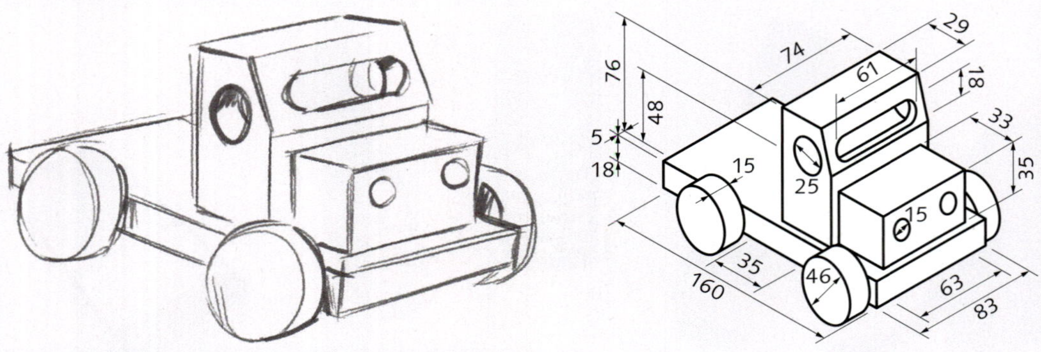

1 Skizze und technische Zeichnung eines Modellautos

Methode

Funktion und Wirkungsweise beschreiben

»Zu Risiken und Nebenwirkungen lesen Sie die Packungsbeilage und fragen Sie Ihren Arzt oder Apotheker!« Was bei Medikamenten unverzichtbar ist, ist auch bei technischen Gegenständen wichtig: In der Bedienungsanleitung werden Funktion und Wirkungsweise eines Produkts ausführlich beschrieben. So wissen wir genau über das Produkt Bescheid und können es sachgerecht benutzen.

Auch im Technikunterricht ist es wichtig, dass du weißt, wie du die Funktion, den Aufbau und die Wirkungsweise eines technischen Gegenstands beschreiben kannst.

1 Bedienungsanleitung lesen!

1 Nenne den Verwendungszweck

Beschreibe kurz und klar, wofür der Gegenstand verwendet wird.

Beispiel: Die Gehrungssäge wird hauptsächlich bei der Holzbearbeitung für gerade und winkelgenaue Schnitte verwendet.

2 Beschreibe den Aufbau

Benenne alle Teile, die für die Funktion des Gegenstands wichtig sind. Beschreibe auch besondere Eigenschaften und wichtige Details. Dabei kann eine Zeichnung hilfreich sein.

Die Gehrungssäge besteht aus dem gespannten Sägeblatt mit Griff und einem Gestell, an dem die Winkeleinstellung und die Führung des Sägeblatts befestigt sind. Die abgebildete Gehrungssäge hat zusätzlich noch einen einstellbaren Längenanschlag.

3 Erkläre die Wirkungsweise

Erkläre die Art und Weise, wie der Gegenstand funktioniert.

Die Gehrungssäge arbeitet auf Stoß. Das Sägeblatt ist geführt. Beim Sägen dringen die einzelnen Sägezähne nacheinander in den Werkstoff ein, tragen das Material in Form von Spänen ab und zerteilen so das Holz.

4 Nenne die Bedienungshinweise

Beschreibe, worauf bei der Bedienung geachtet werden muss.

Die Gehrungssäge muss sicher am Tisch befestigt werden.

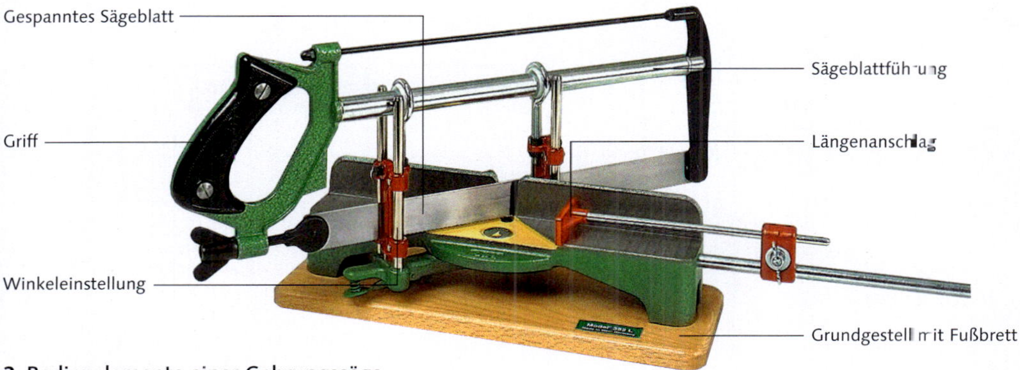

2 Bedienelemente einer Gehrungssäge

Methode

Vergleichen und Auswählen

Hast du nicht auch schon vor einem Regal im Supermarkt gestanden und konntest dich nicht entscheiden, welches Produkt du nehmen sollst, weil es so viele verschiedene gibt? Wie bist zu einem Ergebnis gekommen?

Stehen viele Produkte zur Auswahl, ist es sinnvoll, diese miteinander zu vergleichen. Vergleichen bedeutet, dass du Produkte, Ideen oder Ähnliches prüfst und gegeneinander abwägst, um Unterschiede oder Übereinstimmungen festzustellen. Auch im Technikunterricht müssen wir oft auswählen: das geeignete Werkzeug, das richtige Material, die beste Idee ... Doch wie vergleichen wir zielgerichtet?

1 Aufstellen der Vergleichskriterien Du musst zuerst die Merkmale festlegen, die für dich wichtig sind. Manche Informationen, wie Preis oder Menge, werden bei Produkten vom Hersteller angegeben. Diese könnten dir als *Vergleichskriterien* dienen. Andere Kriterien musst du selbst festlegen.
Beispiel: Du möchtest das geeignete Holz für einen Stiftehalter auswählen. Kriterien könnten sein: Preis, Farbe, Gewicht, leicht/schwer zu sägen ...

2 Übersicht erstellen Lege eine Übersicht an. Bei einfachen Vergleichen genügt vielleicht eine Liste. Bei schwierigeren Vergleichen bietet sich eine Tabelle an, in die du alle Kriterien einträgst. Fülle die Tabelle für die einzelnen Vergleichsobjekte aus.

	Buche	Fichte	Eiche
Preis	710 €/m²	420 €/m²	1000 €/m²
Farbe	rötlich	gelblich	bräunlich
Gewicht	schwer	leicht	schwer
Sägen	mittelschwer	leicht	schwer
...			

1 Große Auswahl im Supermarktregal

3 Kriterien bestimmen und gewichten
Überlege, ob es Kriterien gibt, die dir besonders wichtig sind. Vergleiche nun die verschiedenen Produkte anhand deiner Kriterien und entscheide dich, welches Produkt deinen Vorstellungen am besten entspricht.
Dir ist zum Beispiel die Farbe deines Werkstücks besonders wichtig, damit es zu deinem Schreibtisch passt. Du entscheidest dich daher für das Buchenholz. Oder du hast eine Kostenvorgabe bekommen und das Material für dein Werkstück darf nicht mehr als 5 € kosten. Aus diesem Grund wählst du Fichtenholz aus.

Aufgaben

1 ❑ Beschreibe, was in der Tabelle unten nach welchen Kriterien verglichen wird. Werden alle wichtigen Informationen gegeben?

2 ◪ Du möchtest ein Werkstück herstellen und weißt nicht, welche Säge dafür am besten geeignet ist. Erstelle eine Vergleichstabelle.

3 ■ Du kannst auch Ideen miteinander vergleichen und auswählen. Welche Kriterien können hierbei interessant sein? Notiere diese.

Saft	Vitaminzufuhr	Aroma	Preis
Trink C	sehr gut	gut	3,99 €
VitaTrank	befriedigend	sehr gut	1,69 €
Valentina	befriedigend	gut	1,24 €
Frutica	gut	ausreichend	0,95 €
Dr. Fit	ausreichend	gut	0,95 €
Multi d'Oro	gut	gut	0,95 €

Konstruieren: Zu Lande, zu Wasser und in der Luft

A Eierflugtransporter

Material

Ei, Luftballon, kleines Stück aus der Natur, 2 Blatt Papier, 1 m Schnur, Korken, 1 m Klebeband, 2 runde Kärtchen, Klebstoff, Schere

Durchführung

Teamaufgabe: Konstruiert und baut mit den gegebenen Materialien einen »Eierflugtransporter«, der ein rohes Ei aus einer Höhe von etwa 4 Metern unbeschädigt zu Boden bringt.

1 Planung: Skizziert eure Ideen, besprecht diese und entscheidet euch für die beste Lösung.
2 Herstellung: Baut anhand der Skizze euren Eierflugtransporter.

Auswertung

1 Präsentiert eure Lösung: Führt einen Testflug durch und seht anschließend nach, ob das Ei unversehrt geblieben ist.
2 Erstellt ein Plakat über den gesamten Prozess.

B Brückenbau

Material

3 Blatt Papier (DIN A4), 1 m Schnur, 50 cm Klebeband, 6 Büroklammern, Klebstoff, Schere

Durchführung

Einzelaufgabe: Konstruiere und baue mit den gegebenen Materialien eine Brücke, die eine möglichst große Belastung aushält und eine Distanz von 30 Zentimetern überbrückt.

1 Planung: Skizziere deine Ideen und entscheide dich für die beste Lösung.
2 Herstellung: Baue anhand der Skizze deine Brücke.

Auswertung

1 Präsentiere deine Lösung: Lege deine Brücke zwischen zwei Holzklötze und belaste sie mit einzelnen Gewichten. Notiere, wie viel Gewicht die Brücke tragen kann.
2 Fasst die Ergebnisse der gesamten Klasse in einer Tabelle zusammen.

C Schiffsbau

Material

Stück Holz, 10 Holzspatel, PET-Flasche (0,5 l), Stück Styropor, 50 cm Klebeband, 1 m Schnur, Luftballon, Klebstoff, Schere, Messer

Durchführung

Einzel- oder Teamaufgabe: Konstruiere und baue mit den gegebenen Materialien ein Schiff, das eine möglichst schwere Ladung transportieren kann.

1 Planung: Skizziere deine Ideen und entscheide dich für die beste Lösung.
2 Herstellung: Baue anhand der Skizze dein Schiff.

Auswertung

1 Präsentiere deine Lösung: Setze dein Schiff ins Wasser und belaste es mit einzelnen Gewichten. Notiere, wie viel Ladung dein Schiff aufnehmen kann.
2 Fasst die Ergebnisse der gesamten Klasse in einer Tabelle zusammen.

Optimieren

»Höher, schneller, weiter!« Wir streben immer danach, bessere Ergebnisse zu erzielen: noch cooler auszusehen, noch beeindruckendere sportliche Leistungen zu bringen, noch schneller ans Ziel zu kommen. Wir sind ständig dabei, Dinge weiterzuentwickeln – zu optimieren.

1 Weltrekord verbessert

Was bedeutet Optimieren?

Optimieren bedeutet, etwas zu verbessern. Optimierungen werden dann notwendig, wenn Ansprüche noch nicht ausreichend erfüllt sind, sich ändern oder wenn es neue Materialien und Herstellungsverfahren gibt.

Mit der Optimierung wird also versucht, neue Lösungen zu finden, die die aktuellen Ansprüche noch besser erfüllen. Aber eine Lösung, die heute als optimal angesehen wird, kann morgen schon veraltet sein. Dann beginnt der Prozess der Optimierung erneut.

In Kürze

Beim Optimieren werden Lösungen durch neue Ideen immer wieder verbessert.

Aufgabe

1 Erkläre, was Fußballtraining, Hausaufgaben, Styling und Gitarrenunterricht mit Optimieren zu tun haben.

Methode Richtig optimieren

- Suche Verbesserungsmöglichkeiten.
  Beispiel: Die Oberfläche deines Werkstücks hat Kratzer, die Räder drehen sich nicht …
- Suche Lösungsansätze.
  Schleifen, neues Brett nehmen, Kratzer füllen …
- Vergleiche die Lösungsansätze und wähle die beste Idee aus.
  – *Schleifen: einfach, zeitaufwendig, kostengünstig*
  – *Neues Brett: einfach, Arbeit muss wiederholt werden, teuer*
  – *Kratzer füllen: einfach, unschön, zusätzliches Material nötig*
  Folgerung: Schleifen ist am besten!
- Setze die ausgewählte Lösung um.

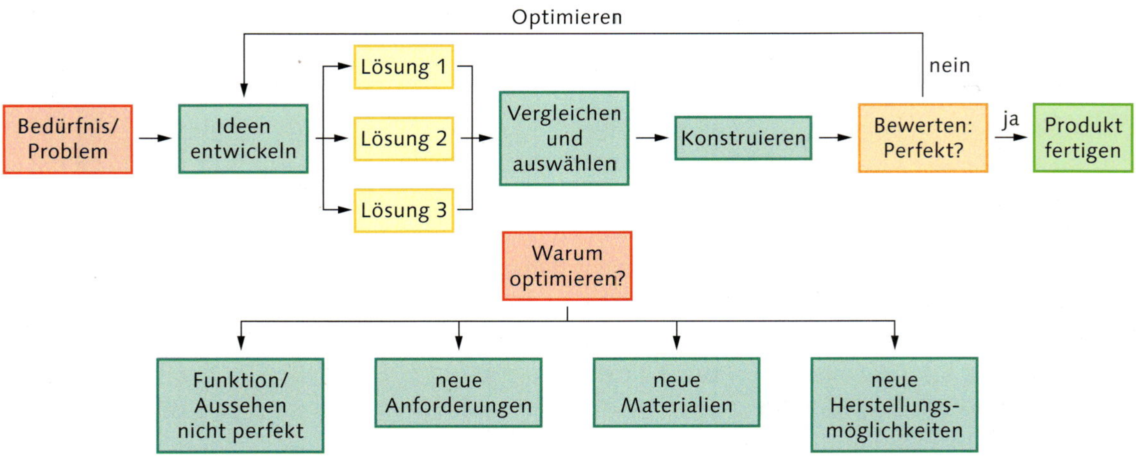

2 Der Optimierungsprozess und Anlässe zum Optimieren

Verschiedene Antriebe

Alle Maschinen brauchen einen Antrieb, der sie in Bewegung setzt. Das gilt insbesondere auch für Fahrzeuge. Wird die Maschine vom Menschen angetrieben, sind Kurbel und Pedale häufige Antriebsmittel. Reicht die Muskelkraft nicht aus, nutzt der Mensch oft die Energie von Wind und Wasser oder Feuer als Antrieb. Vor der Erfindung von Verbrennungs- und Elektromotoren war die Dampfmaschine ein weitverbreiteter Motor.

1 Die Windmühle nutzt die Energie des Windes.

Antriebe im Technikunterricht

Für bestimmte Werkstücke benötigen wir einen Antrieb. Doch welcher ist der geeignetste? Soll er besonders stark sein oder sich lieber schnell drehen? Gibt es viel Platz, um ihn einbauen zu können, oder soll er möglichst klein sein?

Oft verwendete Antriebsarten im Technikunterricht sind der Elektromotor, der Gummiband- oder der Luftballonantrieb:

- In einem Gummiband kann durch Strecken oder Verdrillen Energie gespeichert und dann wieder abgegeben werden. Die Antriebsdauer ist meist kurz, aber kraftvoll.
- Ein aufgeblasener Luftballon hat seine Antriebsenergie in Form von Druckluft innerhalb seiner gespannten Haut gespeichert. Die Energie ist dosiert oder auf einmal nutzbar.
- Der Elektromotor wird mit elektrischer Energie angetrieben. Er ist klein, hat eine hohe Drehzahl, ist aber meist nicht sehr stark.

Energie wird Bewegung

So verschieden die Antriebe auch sein können, eines haben sie alle gemeinsam: Sie wandeln gespeicherte Energie in Bewegungsenergie um. Energiespeicher sind z. B. Batterien bzw. Akkus, gespannte Gummibänder, Druckluft oder Treibstoffe wie Benzin und Diesel.

Die Energieumwandlung wird oft in Form eines Flussdiagramms dargestellt.

In Kürze

Um Bewegung zu erzeugen, nutzen wir verschiedene Antriebe. Dabei wird Energie umgewandelt.

Aufgaben

1 □ Naturerscheinungen wie Wind und Wasser werden oft als Antriebe genutzt. Nenne verschiedene Beispiele.

2 ◪ Baue ein Auto mit Luftballonantrieb. Teste deinen Antrieb mit verschiedenen Luftballongrößen und verschiedenen Düsen. Halte deine Ergebnisse in einer Tabelle fest.

3 ■ Es gibt verschiedene Antriebe, die mit Wasserdampf arbeiten. Erkläre, wie der folgende Antrieb funktioniert.

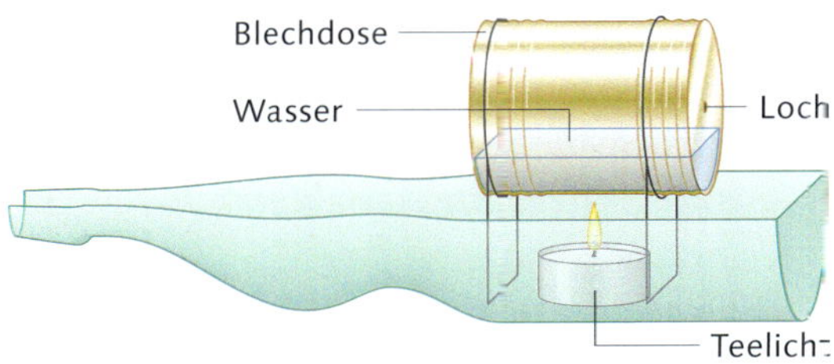

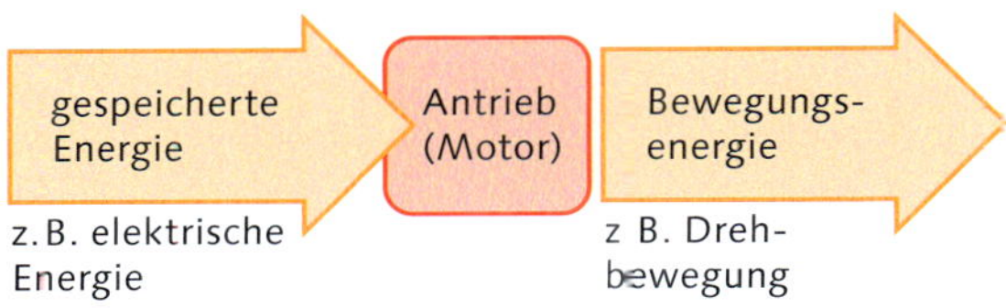

2 Energiekette eines Antriebs

Arbeiten mit Kompetenzrastern

Im Sport, in der Musik und in vielen anderen Bereichen beginnen Anfänger mit einfachen Übungen. Das ist im Technikunterricht nicht anders. Schwierige Werkstücke kannst du erst herstellen, wenn du an einfachen Aufgaben die Grundtechniken erlernt und geübt hast.

Auf dieser Seite findest du grundlegende Kompetenzbereiche, die in die Niveaustufen A, B und C eingeteilt sind. Die einzelnen Stufen bauen aufeinander auf.

Methode Sich richtig einschätzen

Wo stehe ich?

- Sieh dir die verschiedenen Niveaustufen der einzelnen Kompetenzbereiche an.
- Überlege dir, welche Fertigkeiten du schon hast.
  Beispiel: Kann ich Bohrungen anreißen?
- Wenn du eine Kompetenz entdeckst, die du noch nicht beherrschst, hast du diese Niveaustufe in diesem Kompetenzbereich noch nicht erreicht.
  Nein, aber ich kann Maße umwinkeln: Niveaustufe 3 beim messen und anreißen.

Was möchte ich erreichen?

- Wenn du jetzt weißt, auf welcher Stufe du stehst, dann kannst du dir überlegen, was du erreichen möchtest.
  Beispiel: Ich möchte einen Stiftehalter konstruieren.
- Nun kannst du aus der Tabelle ablesen, welche Techniken du neu dazulernen musst, um dein Ziel zu erreichen.
  Für den Stiftehalter brauche ich folgende Kompetenzen: ...
- Beschaffe dir die nötigen Informationen oder lass dir die benötigten Techniken von einem Fachmann erklären.
- Übe die Techniken ein, bis du sie richtig und selbstständig anwenden kannst.

Niveaustufe A
Zeichnungen
Ich kann Maße aus einer Zeichnung herauslesen.
Stücklisten
Ich kann eine Stückliste lesen.
Arbeitsablaufplan
Ich kann einen Arbeitsablaufplan nutzen.
Messen und anreißen
Ich kann Werkstücke abmessen und Maße übertragen.
Sägen
Ich kann verschiedene Sägen nennen und sicher anwenden.
Bohren
Ich kann verschiedene Bohrer und deren Einsatzgebiet nennen.
Ich kann die Bestandteile der Bohrmaschine und die entsprechenden Sicherheitsmaßnahmen nennen.
Raspeln/Feilen
Ich kann mit der Raspel oder der Feile mein Werkstück bearbeiten.
Schleifen
Ich kann das richtige Schleifpapier auswählen und mein Werkstück schleifen.
Fügen
Ich kenne verschiedene Fügetechniken von Holz.
Bewerten
–

Niveaustufe B
Zeichnungen
Ich kann eine Skizze erstellen.
Stücklisten
Ich kann eine Stückliste vervollständigen.
Arbeitsablaufplan
Ich kann einen Arbeitsablaufplan mit Unterstützung erstellen und nutzen.
Messen und anreißen
Ich kann Maße an einem Werkstück umwinkeln.
Sägen
Ich kann Sägeschnitte fachgerecht ausführen.
Bohren
Ich kann den Arbeitsablauf beim Bohren nach Vorgabe durchführen.
Ich kann mit der Tischbohrmaschine sicher arbeiten.
Raspeln/Feilen
Ich kann mit der Raspel oder der Feile Sägeflächen ebnen.
Schleifen
Ich kann Sägeflächen eben schleifen und die Kanten eines Werkstücks brechen.
Fügen
Ich kann eine fachgerechte Leimverbindung herstellen.
Bewerten
Ich kann ein Werkstück hinsichtlich ausgewählter Kriterien bewerten.

Niveaustufe C
Zeichnungen
Ich kann eine technische Zeichnung erstellen.
Stücklisten
Ich kann eine Stückliste erstellen.
Arbeitsablaufplan
Ich kann einen Arbeitsablaufplan eigenständig erstellen und nutzen.
Messen und anreißen
Ich kann Bohrungen anreißen.
Sägen
Ich kann die richtige Säge auswählen und damit Sägeschnitte fachgerecht ausführen.
Bohren
Ich kann selbstständig sachgerechte Bohrungen ausführen.
Ich kann Bohrungen mit dem Tiefenanschlag sicher ausführen.
Raspeln/Feilen
Ich kann mit der Raspel oder der Feile aufwendige Formen ausarbeiten.
Schleifen
Ich kann kurvige Formen schleifen.
Fügen
Ich kann eine fachgerechte Schraubverbindung herstellen.
Bewerten
Ich kann Kriterien zur Bewertung eines Werkstücks aufstellen.

Teste dich

Technik

1 Sicherheit im Unterricht

1 Achtung, Achtung!

a □ Suche mögliche Gefahrenquellen im Bild und nenne die richtigen Sicherheitsmaßnahmen.

b ◪ Im Technikraum findest du verschiedene Symbole. Diese werden in vier Gruppen eingeteilt. Nenne die Gruppen und deren Farben.

c ■ Erkläre, worauf die abgebildeten Symbole hinweisen und an welcher Stelle du diese findest.

2 Richtig oder falsch?

◪ Verbessere die falschen Aussagen.

a Alle Sägen arbeiten auf Zug.

b Grobe Schleifpapiere haben eine niedrigere Körnungszahl, feine Schleifpapiere eine hohe.

c Spiralbohrer mit Zentrierspitze sind für alle Materialien geeignet.

d In einer technischen Zeichnung werden Bemaßungen mit breiten, durchgängigen Linien dargestellt.

3 Fachbegriffe gesucht

◪ Finde den passenden Fachbegriff für:

a das Übertragen eines Maßes auf das Werkstück

b auf dem Feilenblatt eingearbeitete Einkerbungen

c das Verbinden von Bauteilen

d die Wiederverwertung von Abfällen zu neuen Produkten

4 Aufbau der Feile

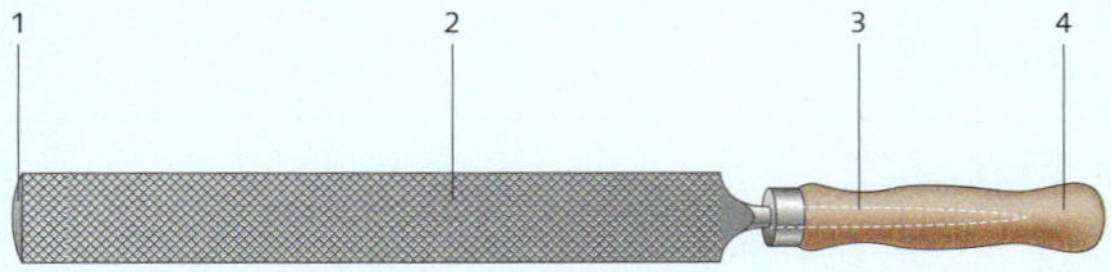

◪ Zeichne die Abbildung ab und beschrifte die Teile der Feile.

5 Was passt nicht?

■ Welcher Begriff gehört nicht zu den anderen? Begründe.

a Raspel, Feile, Schleifpapier

b Laubsäge, Japansäge, Feinsäge

c Buche, Fichte, Eiche

d Torx, Kreuzschlitz, Halbrundkopfschraube

6 Produkte herstellen

Jan ist bei der Herstellung seines Werkstücks auf Probleme gestoßen. Hilf ihm, diese zu lösen.

a □ Er möchte sich einen »Einkaufszettel« für Techniker schreiben. Welche Angaben gehören in die Stückliste?

b ◪ Für eine Schraubverbindung muss Jan bohren. Welche Arbeitsschritte gehören zur fachgerechten Herstellung einer Bohrung?

c ◪ Beim Sägen ist sich Jan nicht sicher, ob seine Säge auf Zug oder Stoß arbeitet. Wie kann er das herausfinden?

d ◪ Er hat nun alle Einzelteile hergestellt und möchte zwei davon miteinander verleimen. Worauf muss Jan dabei achten?

e ■ Jans Schwester Steffi behauptet, dass das Werkstück total misslungen ist, kann es aber nicht begründen. Muss Jan sie ernst nehmen oder ist ihre Aussage ohne Bedeutung?

7 Aus dem Alltag

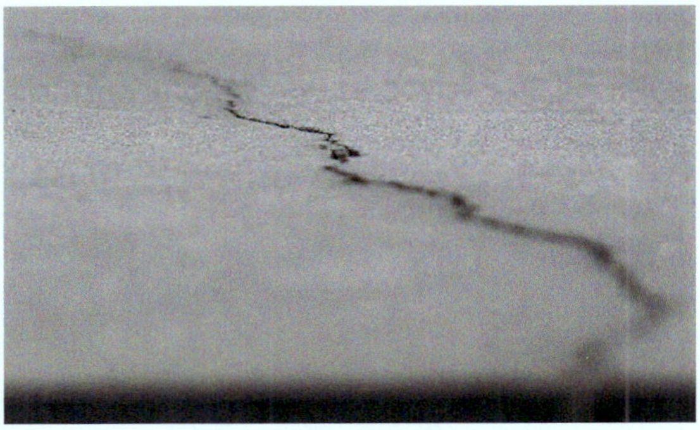

2 Der Carport von Herrn Maier hat ein Problem.

a ◪ Herr Maier hat beim Bau seines Carports Holzpfosten in Beton eingegossen. Ein halbes Jahr später sind zahlreiche Risse im Beton zu sehen. Erkläre, wie diese Risse entstanden sein können.

3 Ein moderner Steinbruch

b ■ Früher wurden im Steinbruch Steinblöcke ohne Sprengstoff »herausgesprengt«. Erkläre, wie das möglich sein konnte.

Technik

- Technik prägt unser Leben. Ihr Gebrauch hat Vor- und Nachteile.

- Von der Idee bis zum fertigen Produkt sind viele Schritte nötig: Werkstücke müssen geplant, hergestellt und optimiert werden, bevor sie in Gebrauch gehen können.

- Planung: Zeichnungen sind Kommunikationsmittel und kommen dabei ohne Sprache aus. Der Arbeitsablaufplan gliedert die Aufgabe in einzelne Arbeitsschritte. Die Stückliste ist der »Einkaufszettel« für Techniker. In ihr sind alle Einzelteile eines Werkstücks mit Maßen und Materialangaben aufgelistet.

- Herstellung: Genaues Messen und Anreißen sind die Voraussetzungen für ein gelungenes Werkstück. Sägen bringt Werkstücke auf die richtige Länge oder in die gewünschte Form. Bohren dient zur Herstellung kreisrunder Löcher. Fügen ist das lösbare oder unlösbare Verbinden einzelner Bauteile. Mit Raspeln und Feilen kann man die Form eines Werkstücks verändern. Schleifen glättet die Werkstückoberfläche. Bei allen Arbeitsschritten müssen die entsprechenden Sicherheitsvorschriften beachtet werden.

- Beim Bewerten schätzen wir anhand festgelegter Kriterien ein, wie gut diese erfüllt worden sind.

Werkzeuge und ihre Funktion

Stahlmaßstab  dient zum genauen Abmessen und Übertragen von Maßen.	**Gliedermaßstab**  dient zum Abmessen und Übertragen von Maßen, besonders bei großen Maßen.
Messschieber 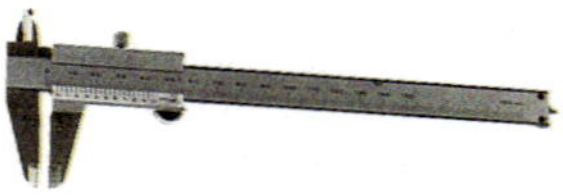 dient zum sehr genauen Messen. Außen-, Tiefen- und Innenmessungen sind möglich.	**Anschlagwinkel**  dient zum Anreißen von rechtwinkligen Linien. Benötigt eine gerade Bezugskante zum Anlegen.
Reißnadel  dient zum Anreißen von Maßen, besonders auf Metall.	**Zentrierwinkel** 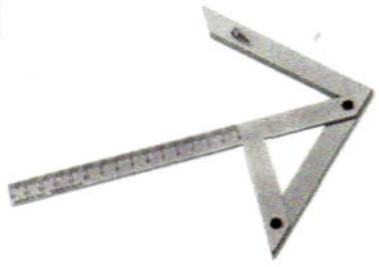 dient zum Bestimmen der Mittelpunkte runder Werkstücke.
Streichmaß 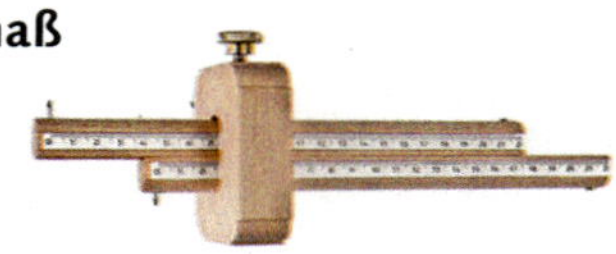 dient zum Anreißen paralleler Linien, benötigt eine gerade Bezugskante.	**Laubsäge** 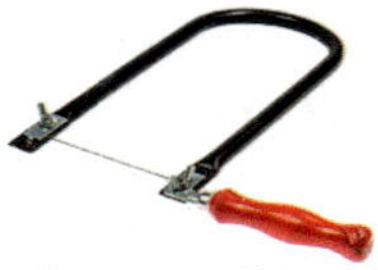 eignet sich für kurvige, feine Schnitte in dünnem Holz.
Feinsäge  eignet sich für gerade, feine Schnitte in dünnem bis mittlerem Holz.	**Universal- oder Puksäge** 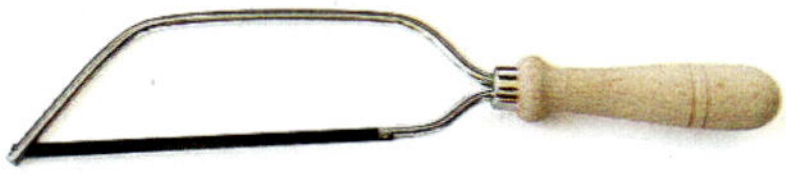 eignet sich für kurze, gerade und feine Schnitte, besonders bei dünnen Leisten und Profilen.
Fuchsschwanz  eignet sich für gerade, grobe Schnitte in mittlerem und dickem Holz.	**Japansäge**  eignet sich für feine und exakte Schnitte, ist für fast alle Hölzer geeignet.
Gehrungssäge eignet sich besonders für geführte, winklige Schnitte. 	**Vorstecher**  dient zum Vorstechen der Bohrungsmittelpunkte in Holz.

Universalbohrer  eignet sich für Holz, Metall und Kunststoff.	**Spiralbohrer mit Zentrierspitze**  eignet sich nur für Holz.
Forstnerbohrer  dient zum Ausführen größerer Bohrungen in Holz.	**Senker**  dient zum trichterförmigen Aufweiten der Bohrungen.
Tischbohrmaschine 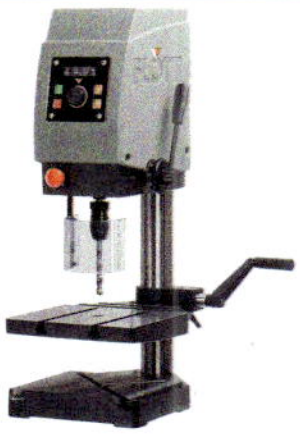 dient zum genauen und schnellen Herstellen von Bohrungen.	**Maschinen-schraubstock** 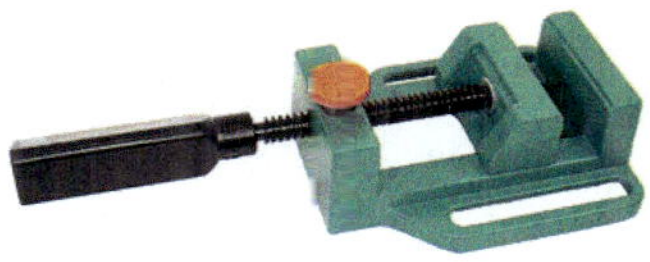 dient zum sicheren Einspannen kleiner Werkstücke beim Bohren.
Raspel  dient zur groben Formgebung von Holz.	**Feile**  dient zur feinen Formgebung von Holz.
Schleifkork  ist ein Hilfsmittel zum gleichmäßigen Schleifen mit Schleifpapier.	**Schleifpapier**  dient zum abschließenden Glätten der Werkstückoberflächen.
Kreuzschlitzschraubendreher  dient zum Eindrehen von Schrauben mit Kreuzschlitzantrieb.	**Schlitzschraubendreher**  dient zum Eindrehen von Schrauben mit Schlitzantrieb.
Bits 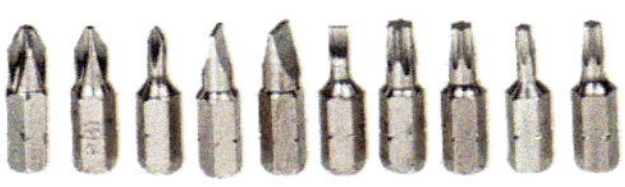 dienen zum Eindrehen verschiedener Schrauben. Die Aufsätze haben verschiedene Formen – je nach benötigtem Antrieb.	**Zeichenplatte** 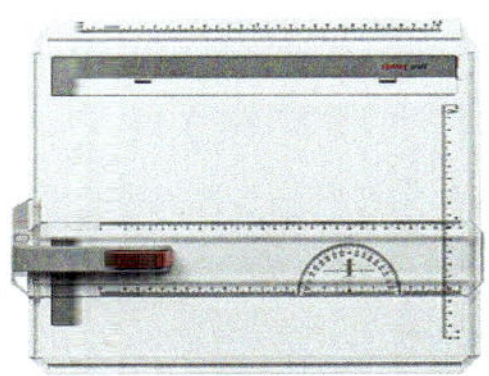 ist ein Hilfsmittel zum exakten technischen Zeichnen.

Lösungen

Haus- und Nutztiere (S. 42, 43)

1 Hunde und Katzen als Haustiere

a

Freude: F, E
Angst: D, A
Aggressivität: B, C
Körperhaltung, Ohrenhaltung, Mimik und Haltung der Rute werden hierfür als Begründung herangezogen.

b (Erklärung: Unterschiede sind kursiv hervorgehoben.)

Merkmal	Hund	Katze
Körperbau	bewegliche Wirbelsäule mit langem Schwanz Fell Laufen auf vier Beinen Zehengänger Raubtiergebiss mit Fangzähnen und Reißzähnen *lange Schnauze*	bewegliche Wirbelsäule mit langem Schwanz Fell Laufen auf vier Beinen Zehengänger Raubtiergebiss mit Fangzähnen und Reißzähnen *Krallen einziehbar*
Sinnesorgane	gutes Gehör *wichtigstes Sinnesorgan: Nase*	gutes Gehör *wichtigstes Sinnesorgan: Augen*
Art der Jagd	*Hetzjäger*	*Schleichjäger*
Erziehung	*Hund kann durch entsprechende Maßnahmen sehr viel lernen, er muss erzogen werden.*	*Katze ist als Einzelgänger kaum erziehbar.*

c Beide Tierarten sind recht einfach zu halten. Beide entsprechen dem »Bedürfnis nach Nähe«: Auch wenn man alleine lebt oder gerade alleine im Haus ist, ist doch »jemand« da; man kann sie streicheln. Beide sind intelligent: Man kann mit ihnen spielen und (trifft v. a. auf Hunde zu) man kann ihnen einige Verhaltensweisen beibringen. Beide Tierarten gehen auf den Menschen zu.

d Das Tierschutzgesetz sieht vor, dass keinem Tier ohne vernünftigen Grund Schmerzen, Leiden oder Schäden zugefügt werden dürfen. Außerdem darf das artgemäße Bewegungsbedürfnis nicht eingeschränkt werden. Daraus folgt, dass vor der Anschaffung eines Haustieres sichergestellt sein muss, dass genügend finanzielle Mittel vorhanden sind, um es ausreichend zu ernähren, die Pflegemittel bereitzustellen und die Tierarztkosten zu bezahlen. Außerdem muss dafür gesorgt werden, dass die Tiere immer ausreichend Auslauf haben. Auch muss überlegt werden, was mit dem Tier in den Ferienzeiten geschehen soll. Schließlich muss abgeschätzt werden, wie alt das Tier wird und ob das ganze Leben über eine Versorgung sichergestellt ist.

2 Menschen nutzen Tiere

a Rind: Fleisch, Wurst, Leder, Filz aus Fell, Mist, Dünger aus Horn, Fett, Talg, Milch, Milchprodukte;
Schwein: Fleisch, Wurst, Leder, Pinsel aus Fellhaaren, Mist, Fett, Talg
Huhn: Fleisch, Wurst, Leder, Kleidung aus Daunen, Eier

b Freilandhaltung: Die Tiere können ihrem natürlichen Bewegungsdrang nachgehen und natürliche Verhaltensweisen annehmen (z. B. scharren). Sie sind an der frischen Luft und in der Sonne. Sie können gegenüber anderen Hühnern soziale Verhaltensweisen zeigen.
Käfighaltung: Die Tiere sind in ihren Bewegungsmöglichkeiten stark eingeschränkt. Sie leben im Kunstlicht. Natürliche Verhaltensweisen sind nicht möglich, da sie keinen direkten Kontakt zu anderen Tieren haben.

c Die Landwirte mussten sich spezialisieren. Die Zahl der Tiere einer Art wuchs an. Die Ställe wurden der Tierart angepasst. Viele Arbeitsprozesse wurden automatisiert.

3 Wolf und Hund

a Der Mensch möchte je nach beabsichtigter Nutzung verschiedene Eigenschaften bei den Nachkommen hervorbringen, z. B. Gehorsam, Ausdauer oder Verlässlichkeit.

b Die Wildtiere lebten seit ca. 15 000 Jahren in unmittelbarer Nähe des Menschen. Sie fanden dort Nahrung und überwanden ihre Scheu. Im Laufe der Zeit hat der Mensch die Wildtiere an sich gewöhnt. Sie verloren ihre Furcht und wurden zahm. Die Tiere fanden in der menschlichen Gemeinschaft ein »Ersatzrudel«.

c Das Verhältnis von Wolf und Mensch ist meist von Angst geprägt. Der Wolf stellt eine Bedrohung für den Menschen dar. Im Vergleich dazu sieht der Mensch den Hund als Partner und Freund an. Hunde unterstützen und begleiten Menschen, z. B. als Blindenführhund oder als Polizeihund.

4 Ernährung und Gebiss

a A Fleischfresser-, B Pflanzenfresser-, C Allesfressergebiss

b Fleischfressergebiss:
Fangzähne: Festhalten der Beute; Reißzähne: Zerkleinern der Beute, Brechen von Knochen
Pflanzenfressergebiss:
Schneidezähne: Abbeißen der Pflanzen; Backenzähne: Zermahlen der Pflanzen
Allesfressergebiss:
Schneidezähne: Abbeißen; Backenzähne: Zermahlen

c Fleischfresser: Hund, Katze, Wolf, Fuchs
Pflanzenfresser: Rind, Pferd
Allesfresser: Schwein, Mensch

5 Unterschiedliche Spuren

a Hund und Katze laufen auf den Zehen, sie sind Zehengänger.
Pferd und Rind laufen auf den Zehenspitzen, sie sind Zehenspitzengänger.
Beim Pferd ist nur ein Huf zu sehen, es ist ein Unpaarhufer.
Beim Rind (Schwein) sind zwei Zehen zu sehen, es ist ein Paarhufer.

b A Pferd, B Rind, C Schwein, D Hund, E Katze

Vielfalt der Wirbeltiere (S. 96, 97)

1 Unterschiedliche Wirbeltiere

a Alle Tiere haben eine Wirbelsäule.

b A Reptil, B Vogel, C Säugetier, D Fisch, E Säugetier, F Amphibie

c

A Schlange: Kriechtiere	trockene Haut mit Schuppen
B Vogel: Vögel	Federn als Körperbedeckung
C Säugetier: Säugetiere	Fell als Körperbedeckung
D Fisch: Fische	Schuppen, Kiemenatmung, Flossen zur Fortbewegung
E Säugetier: Säugetiere	trockene, lederartige Haut, keine Schuppen
F Amphibie: Lurche	nackte, feuchte Haut

2 Unterschiedliche Fortpflanzung

a Äußere Befruchtung: Fische, Amphibien
Innere Befruchtung: Reptilien, Vögel, Säugetiere

b
A – 3 Fische
B – 2 Vögel (Meise)
C – 1 Säugetier (Lamm)

c

Befruchtungstyp	Eier
äußere Befruchtung	schalenlose Eier, Rogen (Fische), gallertartige Hülle, Laich (Lurche)
innere Befruchtung	ledrige Eierschalen (Kriechtiere), Kalkschalen (Vögel)

3 Unterschiedliche Körperbedeckung

a A = Schwungfeder; B = Deckfeder; C = Daunenfeder

b Daunenfedern besitzen viele Verästelungen nach allen Seiten und umhüllen den Körper. Sie bilden ein Luftpolster, das vor Wärmeverlust schützt.
Deckfedern besitzen in einer Ebene liegende und verbundene Federäste. Die dachziegelartige Anordnung der Deckfedern bildet eine glatte Oberfläche. Dadurch fließt die Luft ohne Verwirbelungen um den Körper.

c A Haut mit Knochenschuppen: 1 Schleimdrüsen, 2 Knochenschuppen; B Haut mit Schleimdrüsen: 3 Schleimschicht, 4 Schleimdrüse; C Haut mit Haaren: 5 Wollhaare, 6 Grannenhaare

4 Unterschiedliche Atmung

a A Lungenatmung: Schäferhund, Amsel, Dachs
B Hautatmung: Teichfrosch, Feuersalamander, Bergmolch
C Kiemenatmung: Bachforelle, Karpfen, Hecht

b Lungenatmung: Der Gasaustausch erfolgt in den Lungen. Das Blut nimmt beim Atmen Sauerstoff aus der Atemluft auf und gibt beim Ausatmen Kohlenstoffdioxid ab.
Kiemenatmung: Der Gasaustausch erfolgt in den Kiemen. Fische nehmen Wasser durch ihr Maul auf und drücken es an den stark durchbluteten Kiemenblättchen vorbei. Diese nehmen den im Wasser gelösten Sauerstoff auf. Im Gegenzug tritt das im Blut enthaltene Kohlenstoffdioxid ins Wasser über.
Hautatmung: Der Gasaustausch erfolgt über die Haut. Hier wird der im Wasser gelöste Sauerstoff aufgenommen. Im Gegenzug tritt das im Blut enthaltene Kohlenstoffdioxid ins Wasser über.
Vergleich: Bei allen Atmungsarten findet ein Gasaustausch statt. Sauerstoff wird aufgenommen und Kohlenstoffdioxid abgegeben. Unterschiedlich ist das Medium, aus dem der Sauerstoff aufgenommen wird. Bei der Lungenatmung wird Luftsauerstoff, bei der Kiemen- und Hautatmung der im Wasser gelöste Sauerstoff aufgenommen. Die Atmungsorgane sind daher verschieden. Luftsauerstoff wird durch Lungen, der im Wasser gelöste Sauerstoff durch Kiemen oder die Haut aufgenommen.

c Alle Wirbeltiergruppen benötigen Sauerstoff, um zu leben. Die Art der Atmung ermöglicht den Tieren, den im Wasser oder in der Luft gelösten Sauerstoff aufzunehmen. Dadurch können sie in verschiedenen Lebensräumen überleben.
Amphibien: Die meisten Amphibien sind in zwei Lebensräumen heimisch, auf dem Land und im Wasser. Kennzeichnend ist zudem, dass sie sich im Wasser entwickeln. Während der Entwicklung atmen Lurche durch Kiemen. Die Hautatmung ermöglicht ausgewachsenen Tieren das Atmen unter Wasser und in sehr feuchter Umgebung. Lurche werden auch als Feuchtlufttiere bezeichnet. Die Nutzung verschiedener Atmungsarten ermöglicht dadurch die Entwicklung und das Leben im Wasser und an Land.
Fische: Fische nutzen Wasser als Lebensraum. In Flüssen, Seen und Teichen können sie durch ihre Kiemen den im Wasser gelösten Sauerstoff aufnehmen. Ihr Körperbau unterstützt dies, da sie das Wasser durch ihr Maul aufnehmen und es an den stark durchbluteten Kiemenblättchen vorbeidrücken. Diese nehmen den im Wasser gelösten Sauerstoff auf. Im Gegenzug tritt das im Blut enthaltene Kohlenstoffdioxid ins Wasser über.
Säugetiere, Kriechtiere und Vögel: Säugetiere, Kriechtiere und Vögel besiedeln Lebensräume an Land und in der Luft. Durch die Lungen gelingt es, den in der Luft enthaltenen Sauerstoff aufzunehmen.

Wirbellose (S. 116, 117)

1 Wirbellose Tiere

a Regenwürmer bewegen sich mit Hilfe der Ring- und Längsmuskulatur sowie der Borsten fort. Wenn durch das Anspannen der Längsmuskeln die einzelnen Körperringe kurz und dick werden, verhaken sich dabei die Borsten im Boden und verhindern ein Zurückrutschen.

b Regenwürmer sind bei Gärtnern beliebt, da der Kot der Regenwürmer, der noch viele Mineralstoffe enthält, den Boden düngt und somit zur Bodenverbesserung beiträgt. Regenwurmröhren durchziehen den ganzen Boden, dabei wird der Boden aufgelockert und besser durchlüftet. Pflanzen können sich dadurch leichter verwurzeln. Zudem sorgen die Röhren für einen besseren Abfluss der Niederschläge.

c

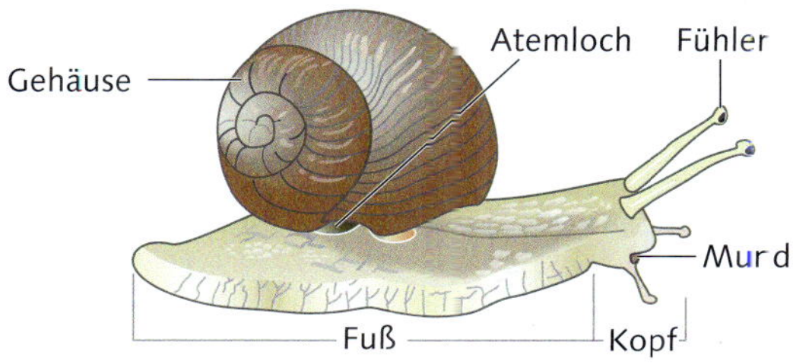

d Weinbergschnecken sind Pflanzenfresser und nehmen ihre Nahrung zu sich, indem sie mit der Radula, einer Raspelzunge, kleine Stücke aus der Nahrung raspeln und anschließend hinunterschlucken.

e Die Aufgaben aller Bienen eines Volkes sind aufeinander abgestimmt. Im Bienenvolk herrscht Arbeitsteilung. Die Königin ist meist von Arbeiterinnen umgeben, die sie versorgen. Sie ist das einzige fruchtbare Weibchen im Bienenvolk. Sie legt pro Tag über 1500 Eier. Die Arbeiterinnen sind unfruchtbare Weibchen. Zu ihren Aufgaben gehören unter anderem das Sammeln von Nektar und Pollen, das Pflegen und Füttern der Larven und das Bewachen des Fluglochs. Die einzige Aufgabe der männlichen Drohnen ist die Begattung einer jungen Königin. Im Herbst werden die Drohnen aus dem Stock vertrieben und sterben.
f Viele Blütenpflanzen werden von Honigbienen bestäubt. Dabei werden Pollenkörner auf die Narbe einer Blüte übertragen. Erst dadurch ist die Entwicklung von Samen und Früchten möglich. Bei Bienenbeflug sind die Ernteerträge deutlich höher. Fällt wegen eines Kälteeinbruchs oder wegen einer Krankheit die Bestäubung durch Bienen aus, geht der Ernteertrag stark zurück. Die Landwirtschaft ist bei der Bestäubung von Nutzpflanzen, zum Beispiel von Birnen, Äpfeln, Kirschen, Raps, Klee und Sonnenblumen, entscheidend auf Bienen angewiesen. Deshalb werden in der Nähe von Rapsfeldern und Obstplantagen oft Bienenstöcke aufgestellt.

2 Merkmale der Insekten

a Marienkäfer entwickeln sich mit vollständiger Metamorphose oder Verwandlung. Die Larve sieht hierbei völlig anders aus als die Imago. Die Larve eines Marienkäfers verpuppt sich schließlich und nimmt eine neue Gestalt an.
b Der Insektenkörper ist in Kopf, Brust und Hinterleib gegliedert. Insekten besitzen ein Außenskelett aus Chitin. Sie haben eine Tracheenatmung und besitzen einen offenen Blutkreislauf.
c Da das starre Außenskelett während der Entwicklung nicht mitwachsen kann, häutet sich die Larve mehrmals. Dabei wird der alte Chitinpanzer durch den nachwachsenden neuen Panzer ersetzt.
d

3 Vielfalt der Wirbellosen

a A Gliedertiere, Untergruppe Spinnentiere
Begründung: Die Spinnentiere sind in Kopfbruststück und Hinterleib gegliedert. Sie besitzen zwei Paar Mundwerkzeuge und acht gegliederte Beine.
B Gliedertiere, Untergruppe Krebstiere
Begründung: Krebstiere besitzen mehr als acht Beine. Weitere wichtige Merkmale sind das typische Spaltbein und die Kiemen.
C Weichtiere, Untergruppe Kopffüßer
Begründung: Der Körper ist aus einem Kopffuß und einem Eingeweidesack aufgebaut.
D Gliedertiere, Untergruppe Tausendfüßer
Begründung: Der Rumpf besteht aus gleichförmigen, zahlreiche Beinpaare tragenden Segmenten.
b In Bild 6 sind die Merkmale der Spinnentiere deutlich sichtbar: Die Zecke besitzt acht gegliederte Beine. Der Körper ist in Kopfbruststück und Hinterleib gegliedert. Die Mundwerkzeuge sind gut zu erkennen.

4 Wirbeltiere und Wirbellose im Vergleich

a

	Eichhörnchen	Heupferd
Skelett	Innenskelett	Außenskelett
Körperbau	Kopf, Rumpf, Gliedmaße (zwei Arme, zwei Beine) Nagetiergebiss	Kopf, Brust, Hinterleib, sechs Beine, zwei Flügelpaare Mundwerkzeuge
Atmung und Kreislauf	Lungenatmung geschlossener Blutkreislauf	Tracheenatmung offener Blutkreislauf
Körpertemperatur	gleichwarm	wechselwarm
Sehsinn	Linsenauge	Facettenauge

b Schlangen gehören zu den Reptilien und daher zu den Wirbeltieren. Wie alle Kriechtiere oder Reptilien haben die Schlangen eine Wirbelsäule, die verlängert ist und einen Schwanz bildet.
c Mögliche Vermutungsansätze könnten sein:
- Wirbellose, die ein Außenskelett besitzen, können ein größeres Körpergewicht nicht tragen.
  Da hier der gesamte Körper von Chitin umhüllt ist, treten bei größeren Formen folgende Probleme auf:
  Die Körperoberfläche wird größer, dadurch muss auch die Chitinhaut dicker werden, dies führt zu einem größeren Körpergewicht.
- Wirbellose, die kein Skelett besitzen, also weder Innen- noch Außenskelett, können sich mit ihrem massigen Weichkörper an Land überhaupt nicht fortbewegen, da die Stützfunktion des Außen- bzw. Innenskeletts fehlt. Deutlich wird dies bei den größten wirbellosen Tieren, den Riesenkalmaren. Ihr Lebensraum ist das Wasser. Sie werden vom Wasser getragen und sie bewegen sich im Wasser durch Rückstoß fort.
- Wirbellose sind dann zu langsam und stellen eine leichte Beute dar.
- Große Wirbeltiere bewohnen vor allem die gemäßigten Zonen der Erde. Da hier die Durchschnittstemperaturen niedriger sind, wäre die Entwicklung größerer Eier und Larven schwierig. Zudem könnten Eier und Larven durch Fressfeinde schneller entdeckt werden.

Blütenpflanzen (S. 146, 147)

1 Der Grundbauplan von Blütenpflanzen

a/b
A Blüte: Fortpflanzung
B Frucht: Verbreitung durch Samen
C Stängel: trägt Blätter und Blüten, Stofftransport, Sprossachse
D Laubblatt: Stoffwechsel, Bildung von Nährstoffen
E Wurzel: Verankerung im Boden, Wasseraufnahme

2 Fortpflanzung bei Pflanzen

a Bild A zeigt das Blatt eines Geldbaumes, das auf den Boden gefallen ist. Im Bild B ist an dieser Stelle eine Jungpflanze.

b Die Vermehrung durch Blattstecklinge gehört zur ungeschlechtlichen Fortpflanzung.
c Weitere Beispiele sind Sprossausläufer bei der Erdbeere und Vermehrung durch Knollen bei der Kartoffel.

3 Der Bau der Blüten
a Birne, Pflaume, Kirsche
b Das abgebildete Legebild gehört zur Familie der Rosenblütengewächse. Die Blüte besteht aus fünf Kelchblättern, fünf nicht verwachsenen Kronenblättern, vielen Staubblättern und zahlreichen Fruchtblättern.
c

Blütenteil	Farbe	Funktion
Fruchtblatt	lila	Eizelle/Fortpflanzung
Staubblätter	gelb	Pollen/Fortpflanzung
Kelchblätter	grün	Schutz

d Erkennbare Blütenmerkmale einer Kreuzblüte sind vier Kelchblätter, vier Kronenblätter, sechs Staubblätter, ein Stempel.

4 Früchte und Samen
a
- Löwenzahn – Fallschirm (A–E): Samen und Schirm sind strukturell gleich angelegt und besitzen daher vergleichbare Flugeigenschaften.
- Ahorn – Hubschrauber (B–D): Rotierende Flugeinrichtungen sind wie Rotorblätter.
- Ulme – Flugzeug (C–F): Gleitende Flugeinrichtungen sind ähnlich bei Flugzeugen.

b Aufgrund der Haken könnte der Samen der Teufelskralle eine Klettfrucht sein. Weitere Verbreitungsformen sind Transport durch Wind oder durch Fressen und Verschleppen.

Lebensräume entdecken (S. 168, 169)

1 Lebensräume
a Als Lebensraum bezeichnet man einen Bereich, der von verschiedenen Tieren und Pflanzen besiedelt wird. In jedem Lebensraum herrschen ganz bestimmte Umweltbedingungen wie Niederschlagsmenge, Temperatur und Bodenqualität.
b
- Lebensraum Stadt:
  Tiere: Tauben, Ratten, Fuchs, Marder, Amsel
  Pflanzen: Eiche, Buche, Linde, Breitwegerich, Moose
- Lebensraum Park:
  Tiere: Eichhörnchen, Teichfrosch, Kaninchen, Eichelhäher
  Pflanzen: Hainbuche, Hagebutte, Birke, Ahorn, Weißdorn, Holunder
- Lebensraum See:
  Tiere: Frosch, Stichling, Karpfen, Libelle, Mücke
  Pflanzen: Seerosen, Schilf, Weide, Schwertlilie, Birke, Sumpfdotterblume
- Lebensraum Wald:
  Tiere: Wildschwein, Buntspecht, Rehe, Regenwurm
  Pflanzen: Buche, Eiche, Ilex, Waldweidenröschen, Tanne, Fichte
- Lebensraum Wiese:
  Tiere: Ringelnatter, Biene, Tagpfauenauge, Heuschrecke, Maus
  Pflanzen: Rotklee, Wilde Möhre, Wiesenglockenblume, Margerite, Kamille

c Ein Lebensraum muss den darin lebenden Tieren und Pflanzen Nahrung und Schutz vor Fressfeinden bieten. Außerdem müssen die Umweltbedingungen für die Entwicklung von Nachkommen sichergestellt sein.
d Marder sind Kulturfolger, da sie den Menschen in die Stadt gefolgt sind. Hier finden sie ein sehr gutes Nahrungsangebot in Mülltonnen. Gärten und Grünanlagen bieten gute Rückzugsmöglichkeiten als Schutz und zur Aufzucht des Nachwuchses.

2 Die veränderliche Krabbenspinne
a Der Lebensraum der Krabbenspinne sollte ausreichend Nahrung, also viele Insekten bieten. Sie kann auf unterschiedlichem Untergrund leben, da sie ihre Farbe anpassen kann.
b Durch die Farbanpassung kann sie von Fressfeinden nicht gut entdeckt werden und ist deshalb geschützt.
c Margerite → Biene → Krabbenspinne → Grauammer

3 Lebensraum Wiese
a Zwischen den dicht stehenden Pflanzen bleibt es lange feucht. Es ist windstill und die Temperatur schwankt nur wenig.
Nach einer Mahd ändern sich diese Bedingungen schlagartig. Es weht stärkerer Wind. Die Sonne heizt den Boden auf und trocknet ihn dadurch stärker aus.
b Durch viele unterschiedliche Pflanzen finden die Insekten reichlich Nahrungsauswahl. Auch die Larven der Insekten finden abwechslungsreiche Nahrung.
Die vielfältigen Insekten sind für die Pflanzen von Vorteil, da sie den Nektar und Pollen der Pflanzen sammeln und dabei gleichzeitig für die Bestäubung der Blüten sorgen. So ist die Fortpflanzung der Pflanzen gesichert.
c Hoch wachsende Pflanzen können schnell über tief sitzende Seitenknospen oder kriechende Sprosse nachwachsen. Tief wachsende Pflanzen wie Löwenzahn oder Gänseblümchen haben nach der Mahd wieder viel Licht.
d Die jungen Triebe von Bäumen und Sträuchern können sich von einem Schnitt nicht erholen. Wenn sie allerdings nicht abgemäht werden, dann können sie ungehindert zu neuen Bäumen und Sträuchern heranwachsen.
e Die häufigste Samenverbreitungsart bei Wiesenpflanzen ist die Windverbreitung. Da der Wind über die Wiesenpflanzen streicht, können die Samen auf diese Weise am weitesten verbreitet werden.
f Wenn eine Wiese während der Brutzeit der Feldlerche gemäht wird, ist das Nest nicht mehr durch hoch wachsende Wiesenpflanzen getarnt. Die Fressfeinde können das Nest gut entdecken und räubern.
g Auf den beiden Wiesenarten wachsen unterschiedliche Pflanzen, die an die jeweiligen sehr unterschiedlichen Umweltbedingungen angepasst sind. Daher sind beide Lebensräume schützenswert.
h Die ein- bis zweimalige Mahd ist förderlich für viele Pflanzen- und Tierarten. Bei einer noch häufigeren Mahd können die Pflanzen und Tiere in ihrer Entwicklung und Fortpflanzung sehr stark gestört werden. Die Nachkommen werden entweder zu früh abgeschnitten oder den Nachkommen der Tiere fehlt durch die Mahd Nahrung und Lebensraum.
Durch Düngung werden dem Boden Nährsalze zugeführt. Dadurch können einzelne Arten besser wachsen und verdrängen dadurch viele Arten, die diese Nährsalze nicht benötigen. Durch Düngung wird also die Artenvielfalt verringert.

4 Lebensraum Pflasterritze

a Trockenheit oder Überangebot von schnell abfließendem Regenwasser. Der Sand zwischen den Steinen enthält wenig Mineralstoffe. Die Sonne erwärmt den Boden sehr stark.
b Niedriger Wuchs, dicke und harte Blätter schützen vor Trittbelastung. Mit langen Pfahlwurzeln können Wasser und Mineralstoffe aus tieferen Schichten aufgenommen werden.
c Hohe Salzkonzentrationen im Boden durch das Streusalz können die Pflanzen in Pflasterritzen schädigen.
d Die Samen werden wahrscheinlich vor allem durch Wind verbreitet. Aber auch die Verbreitung durch fließendes Regenwasser oder durch das Anheften an Tierhaaren oder Schuhen ist möglich.

5 Lebensraum Streuobstwiese

a
- Reptilien: stoßen auf reichhaltiges Nahrungsangebot durch Insekten, Regenwürmer, Käfer
- Amphibien: finden reichhaltiges Nahrungsangebot durch Insekten, Regenwürmer, Käfer
- Insekten: finden durch die Blüten der Obstbäume und Wiesenpflanzen viel Nahrung
- Nachtaktive Säugetiere: finden viele Nist- und Wohnhöhlen, reichhaltiges Nahrungsangebot durch Fallobst
- Käferarten: ernähren sich von Totholz und Holz
- Vögel: finden ausreichend Nahrung durch Pflanzensamen und Insekten sowie Brutplätze in den Bäumen.

b Da die Bäume nicht eng nebeneinander stehen, fällt viel Licht auf den Boden. Die Bäume bieten aber auch Schatten. Dadurch können viele unterschiedliche Pflanzen wachsen. Diese Pflanzenvielfalt bietet sehr vielen Insektenarten Nahrung und Wohnraum.
c Der Steinkauz findet in alten, morschen Bäumen Brut- und Wohnhöhlen, in denen er seine Jungen aufziehen kann.
d Apfelsorten: z. B. Elstar, Cox Orange, Golden Delicious, Jonathan, Pinova
Es ist wichtig, die vielfältigen Apfelsorten zu erhalten, weil sie zum einen eine sehr große Geschmacksvielfalt bieten, zum anderen sehr viele unterschiedliche Verwendungsmöglichkeiten eröffnen und besonders an unterschiedliche Lebensbedingungen angepasst sind. So können in allen Regionen der Welt unterschiedliche Apfelsorten wachsen. Durch Züchtung kann man Merkmale der verschiedenen Sorten kombinieren und so die Äpfel an neue Umweltbedingungen anpassen.

Abfalltrennung und Recycling (S. 198, 199)

1 Müll ist nicht gleich Müll

a Zu sehen sind u. a. leere Plastikflaschen, Verpackungen, Metallstangen und Kunststofffolien.
b Sperrmüll ist Abfall, der wegen seiner Größe nicht in die Mülltonne passt. Dazu gehören Möbel und Sportgeräte wie Skier oder Fahrräder. Um sie zu entsorgen, ruft man die Verwaltung der Gemeinde oder Stadt an. Diese organisiert die Abfuhr des Sperrmülls. In der Regel gibt es hierfür bestimmte Abholtermine.
c Die sach- und fachgerechte Anlage von Mülldeponien ist sehr teuer. Damit die Schadstoffe weder in die Luft noch in den Boden gelangen, müssen diese Deponien sehr aufwendig abgedichtet werden. Diese Isolierungen halten aber nur eine begrenzte Zeit und müssen deshalb ständig überprüft und gewartet werden.
Außerhalb Deutschlands gibt es noch häufiger Deponien, in denen der Müll vergraben oder gar offen gelagert wird. Die bei der Verrottung entstehenden Gase und Stoffe gelangen ungehindert in die Luft und ins Grundwasser. Zudem finden Ratten und andere Tiere hier ideale Lebensbedingungen und können sich stark vermehren.

2 Mülltrennung

a
- Graue oder Restmülltonne: alle Hausmüllreste wie Essensreste, Staubsaugerbeutel, Asche, Windeln
- Gelbe Tonne: Verpackungen aus Kunststoff, Produkte mit dem grünen Punkt, Weißblech, Aluminium
- Grüne oder Papiertonne: Papier, Kartonagen, Zeitungen, Zeitschriften, Telefonbücher, Bücher, Hefte
- Braune oder Biotonne: Blumen, Balkonpflanzen, Schalen von Früchten, Salatblätter, Eierschalen, Kaffeefilter, Tee, Gartenabfälle
- Blaue oder Altpapiertonne nur dort, wo sie eingeführt ist: nur Altpapier

b

Vorteile	Nachteile
umweltfreundlicher Umgang mit Verpackungen durch Rückgabe eines vorher bezahlten Pfands	chemische Reinigung der Glasflaschen beim Mehrwegpfandsystem
mehrfache Verwendung von Flaschen	Sammeln von Ein- und Mehrwegflaschen
Wiederverwerten der Rohstoffe von Einwegpfandflaschen und Dosen	

c Der grüne Punkt auf einer Verpackung besagt, dass sie im gelben Sack oder der gelben Tonne gesammelt und in der Sortieranlage nach Rohstoffen sortiert und später auf vielfältige Arten wiederverwertet wird.
Zusatzinfomation: Der grüne Punkt ist das Piktogramm des DSD, Duales System Deutschland GmbH. Es besagt, dass das DSD die Sammlung, Sortierung und Wiederverwertung dieser Verpackungen übernimmt. Dafür hat der Hersteller der Verpackung vorab bereits einen Betrag für das Recycling entrichtet.

3 Recyclingpapier

a Der Unterschied liegt im Anteil an frischen Holzfasern. Ausgangsstoff von Frischfaserpapier ist nahezu ausschließlich Holz, im Gegensatz zum Recyclingpapier, bei dem der Hauptrohstoff Altpapier ist.
b Folgende Gründe sind zu nennen:
- deutlich geringerer Wasserverbrauch je produzierter Einheit
- deutlich geringerer Energiebedarf je produzierter Einheit
- geringerer Rohstoffbedarf (Holz)
- Schonung der Umwelt durch weniger Kohlenstoffdioxidausstoß
- Schonung der Wälder, Nachhaltigkeit

c Um die Qualität von Papier zu verbessern, muss man den Anteil an Frischfasern aus Zellstoff erhöhen und nicht mehrfach recyceltes Altpapier verwenden.
Die Qualität von Papier hängt von der Länge der Cellulosefasern ab. Diese sind bei Holz besonders lang. Bei der Verwendung von Altpapier zur Papierherstellung brechen die Fasern, und zwar umso häufiger, je öfter es recycelt wird. Bei »frischem« Altpapier sind also die Fasern noch relativ lang.

d Altpapier ist ein gesuchter und geschätzter Rohstoff, für den die Papierhersteller pro Tonne 10 Euro bezahlen (Stand 2014). Für die Gemeinden bedeutet der Verkauf des gesammelten Altpapiers einen nicht unerheblichen Verdienst.

e Alte Lumpen wurden damals als wichtiger Faserstoff für die Papierherstellung gesammelt. Mit der Verwendung von Zellstoff und vor allem von Altpapier als Faserstoffe verschwand allmählich der Beruf des Lumpensammlers.
Heute werden saubere Textilfasern zur Herstellung von Papier für Banknoten oder wichtigen Dokumenten mitverwendet. Der Anteil an der Gesamtpapierherstellung liegt unter einem Prozent.

4 Kompost

a Abfälle, die auf den Kompost gehören: vielfältige organische Abfälle, die in Haushalt und Garten anfallen wie gebrauchte Kaffeefilter, Eierschalen, Gemüse- und Obstreste, Haustiermist, Laub, Rasenschnitt.

b In einem Komposthaufen wird organisches Material in einem Kreislauf von verschiedenen Organismen um- und abgebaut. Der Lebensraum Komposthaufen muss möglichst abwechslungsreich gestaltet sein, damit die vielen verschiedenartigen Organismen jeweils die für sie optimalen Lebensbedingungen vorfinden. Deshalb muss man grobes mit feinem und trockenes mit feuchtem Material mischen.

c Gründe für den Einsatz von Komposterde im Garten:
- Komposterde enthält viele Mineralstoffe.
- Die Mineralstoffe werden nur langsam an die Pflanzen abgegeben.
- Es kommt zu keiner Überdüngung.
- Die krümelige Schichtung bewirkt Wasserspeicherung sowie gute Durchlüftung des Bodens.

d Bei dem Material in der Schubkarre handelt es sich um Baum- oder Strauchschnitt. Dieses Material ist zum Kompostieren geeignet, da es den Komposthaufen auflockert und für eine gute Durchlüftung sorgt.
Es kann auch als Grundlage beim Aufbau eines Komposthaufens dienen. Aber auch in höheren Schichten kann das Material abwechselnd eingebracht werden. Dadurch wird eine gute Durchmischung der Abfälle erreicht.
Wenn man Baum- oder Strauchschnitt in höhere Schichten des Komposts einbringt, empfiehlt es sich, das Material grob zu kürzen.

5 Elektroschrott

a
- elektronische Geräte wie Handy, Computer, Drucker, Kopierer, Fernseher
- alle mit Elektromotoren betriebenen Geräte wie Föhn, Staubsauger, Mixer

b Die in Elektroschrott enthaltenen Metalle wie Gold, Silber, Kupfer oder seltene Erden machen Elektroschrott wertvoll.

c Seltene Erden finden bei der Herstellung leistungsstarker Elektromotoren Verwendung. Ein weiterer Anwendungsbereich ist die Beleuchtungstechnik wie LED, Leuchtmittel oder Beleuchtungen allgemein.
In Bild 2 sind die seltenen Erden bei den Metallen unter »andere« zu finden. Als Metalle haben sie folgende Eigenschaften: metallischer Glanz, elektrische Leitfähigkeit, Wärmeleitfähigkeit, Verformbarkeit.

6 Problemmüll

a Abfälle, die wegen ihrer Eigenschaften speziell entsorgt werden müssen, nennt man Sonder- oder Problemmüll.

b
- Batterien: enthalten giftige Schwermetalle wie Blei oder Cadmium.
- Energiesparlampen: enthalten Quecksilber.
- Medikamente: enthalten gefährliche Stoffe, die über den Müll oder die Toilettenspülung später von Pflanzen und Tieren wieder aufgenommen werden können.

c Sondermüll muss bei deutlich höheren Temperaturen als Hausmüll verbrannt werden, da sonst die gefährlichen Stoffe nicht zerstört werden.

d Endgelagert heißt, dass der Problemmüll nicht vernichtet, sondern auf abgedichteten Sondermülldeponien so gelagert wird, dass die Schadstoffe nicht in den Boden und die Luft gelangen können. Eine Endlagerung ist zeitlich nicht begrenzt.
Das bedeutet, dass die giftigen Stoffe nach wie vor erhalten bleiben. Deshalb muss in regelmäßigen Abständen überprüft werden, ob die Deponie noch dicht ist, damit keine Giftstoffe austreten. Dennoch kann nicht ausgeschlossen werden, dass giftige Chemikalien in den Boden gelangen und ihn im Laufe der Zeit verseuchen.

e Der im Laufe der Zeit gesammelte Sondermüll wird bei einem Schadstoffmobil abgegeben. Hier sortieren Fachleute den abgegebenen Sondermüll, sammeln ihn in besonderen Behältnissen und führen ihn der Entsorgung zu.

Lebensgrundlage Energie (S. 258, 259)

1 Energieformen in der Halfpipe

a Die Energie des Skaters wird zwischen Lage- und Bewegungsenergie hin und her umgewandelt. Außerdem gibt er einen Teil seiner Energie in Form von Wärme ab, weil sich zum Beispiel die Rollen des Skateboards erwärmen.

b Durch die Reibung wird Energie in Form von Wärme an die Umwelt abgegeben. Diese Energie muss der Skater beim Fahren ständig nachliefern, sonst bleibt er stehen.

2 Energieumwandlung beim Rollerfahren

a

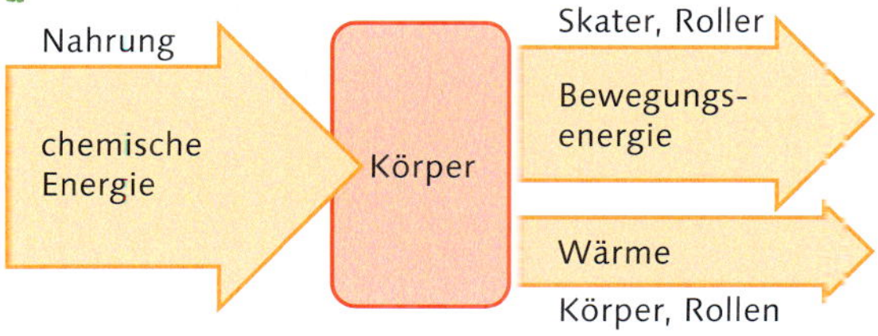

b Das Standbein ermüdet schneller. Das Standbein bewegt den Körper ständig auf und ab. Für das Anheben des Körpers ist viel Energie notwendig. Das Kickbein bewegt den Körper nach vorne. Dafür ist weniger Energie notwendig, weil der Körper nicht angehoben wird, sondern nur so viel Energie aufgebracht werden muss, wie durch Reibung in Form von Wärme abgegeben wird.

3 Nahrung liefert Energie

a
Baustoffe: Proteine
Betriebsstoffe: Kohlenhydrate wie Zucker und Stärke, Fette und Öle

b Ein Bauarbeiter benötigt mehr Energie als eine Bürokauffrau, da er während der Arbeit viele Muskeln betätigt und die Muskeln viel Energie umsetzen. Die Bürokauffrau benötigt zum Denken und für Fingerbewegungen ebenfalls Energie, aber die Energiemenge ist hier sehr viel geringer.

c Die Pflanzen bauen während der Fotosynthese mit Hilfe des Sonnenlichts aus den energiearmen Stoffen Wasser und Kohlenstoffdioxid energiereiche Glucose auf. So speichern sie die Sonnenenergie. Wir nehmen Pflanzen als Nahrung auf. Im Prozess der Verdauung der pflanzlichen Nahrung machen wir die von Pflanzen gespeicherte Sonnenenergie für uns nutzbar, beispielsweise für unsere Muskeln beim Fahrradfahren.
Zusatzinformation: Auch Tiere nehmen durch pflanzliche Nahrung die Stoffe auf, in denen die Energie der Sonne gespeichert ist. Letztendlich nehmen wir, wenn wir tierische Nahrung zu uns nehmen, auch die von den Pflanzen ursprünglich gespeicherte Energie auf.

4 Pflanzen nutzen Licht

a Im Frühjahr und im späten Herbst gelangt das meiste Licht auf den Waldboden. Da die Temperaturen im Spätherbst bereits stark abfallen, nutzen die Frühblüher die Zeit des Frühlings zum Wachsen und Blühen, da sie hier ausreichend Licht am Waldboden finden können.
b Im Sommer gelangt nicht mehr so viel Licht auf den Waldboden, sodass die Frühblüher nicht mehr ausreichend Fotosynthese betreiben können. Dadurch können sie nicht genügend Nährstoffe für ihr Wachstum und ihre Fortpflanzung aufbauen.
c Die Sonnenenergie im Frühjahr wärmt den Waldboden, sodass er auftaut. Die Pflanzen können im aufgetauten Boden wachsen und das nicht mehr gefrorene Wasser über ihre Wurzeln aufnehmen. Außerdem können die Pflanzen, die im Frühjahr auf dem Waldboden wachsen, die Sonnenenergie zur Fotosynthese nutzen.
d Nadelbäume werfen im Winter ihre Nadeln nicht ab, sodass das gesamte Jahr nur wenig Licht auf den Waldboden gelangt. Daher können Frühblüher in einem Nadelwald nicht wachsen.

5 Verbrennung – Brände löschen

a Drei Bedingungen: Brennstoff vorhanden, Luft vorhanden, Entzündungstemperatur muss erreicht werden.
b Man muss dafür sorgen, dass mindestens eine der drei Bedingungen für die Verbrennung nicht mehr erfüllt ist. Man entfernt den brennbaren Stoff, verhindert den Luftzutritt oder kühlt die brennbaren Stoffe unter die Entzündungstemperatur ab.
c Durch Bespritzen mit Wasser werden die brennbaren Materialien der Nachbargebäude gekühlt. So wird dafür gesorgt, dass sie nicht die Entzündungstemperatur erreichen und in Brand geraten.

6 Lebensbedingungen im Winter

a Mögliche Überwinterungsstrategien sind Winterstarre, -schlaf, -ruhe und bei den Vögeln der Vogelzug. Tiere können durch folgende Strategien überwintern:
- Winteraktive Tiere sind den gesamten Winter über aktiv.
- Winterruher schlafen die meiste Zeit des Winters, gehen aber immer wieder auf Nahrungssuche. Die Körperfunktionen werden nicht minimiert.
- Winterschläfer fallen im Winter in einen tiefen Winterschlaf, bei dem die Körperfunktionen auf ein Minimum heruntergefahren werden. Sie nehmen keine Nahrung auf.
- Winterstarre: Die wechselwarmen Tiere passen ihre Körpertemperatur der Umgebungstemperatur an. Herzschlag und Atemfrequenz werden auf ein absolutes Minimum abgesenkt. Nahrung wird nicht aufgenommen.

b
- Schwalbe: Vogelzug. Die Schwalbe findet in Afrika Nahrung, die sie hier im Winter nicht vorfindet.
- Siebenschläfer: Winterschlaf. Der Siebenschläfer hält Winterschlaf, weil er seine Körperfunktionen reduziert und somit keine Nahrung aufnehmen muss.
- Teichmolch: Kältestarre. Der Teichmolch ist ein wechselwarmes Tier und fällt dadurch in Kältestarre.
- Dachs: Winterruher. Der Dachs schläft die meiste Zeit des Winters. Zwischendurch wacht er auf, um Nahrung zu sich zu nehmen.

Schwalben ziehen/fliegen im Winter (Vogelzug) in Regionen (hier: Afrika), wo sie Nahrung finden.
Teichmolche überwintern als wechselwarme Lurche in der Erde oder am Gewässergrund in Winterstarre, d.h., sie ziehen sich ganz zurück.
Siebenschläfer fahren ihre Körperfunktionen auf ein Minimum herunter, sodass man von Winterschlaf spricht.
Dachse überwintern in einem Bau und schlafen viel. Wenn sie dann am Tag unterwegs sind, zehren sie von dem angefressenen Speck (Winterruhe).

Wasser (S. 294, 295)

1 Wie wird Wasser zu Trinkwasser?

a Im Haushalt, z. B. zum Duschen, Wäschewaschen, Geschirrspülen oder als Trinkwasser; in Kraftwerken; in der Industrie; in der Landwirtschaft; in öffentlichen Einrichtungen, z. B. in Schwimmbädern oder Krankenhäusern
b Trinkwasser ist sauberes, zum Trinken geeignetes und auf Schadstoffe geprüftes Wasser. Es wird in einem Wasserwerk durch Filtrieren und Entkeimen von Grund- und Oberflächenwasser gewonnen.

2 Qualität unserer Gewässer

a Drei Faktoren: Wassertemperatur, Sauerstoffgehalt, Nährstoffgehalt
b In einem Protokoll werden der genaue Ort, die Gewässerart, Datum und Uhrzeit notiert. Außerdem wird die Temperatur von Wasser und Luft gemessen und ins Protokoll eingetragen. Dann werden ca. 500 ml Wasser in ein Glas mit Schraubverschluss abgefüllt.
c Merkmale und Hilfsmittel:
- Geruch und Aussehen: mit Auge und Nase durch Vergleich mit destilliertem Wasser
- Kleinstlebewesen: mit dem Mikroskop
- Trockenrückstand: Wiegen nach Abdampfen des Wassers
- Schadstoffe Nitrat, Nitrit und Phosphat: mit Hilfe von Teststäbchen
- Kalkgehalt: Verbrauch von Seifenlösung im Vergleich zu destilliertem Wasser

d In der erste Stufe werden Verunreinigungen mechanisch entfernt. Das Schmutzwasser fließt zuerst durch einen Rechen ins Vorklärbecken. Darin bleiben grobe Feststoffe hängen, zum Beispiel Dosen oder Äste. Im Vorklärbecken steht das Wasser für eine Weile, damit sich feinere Teilchen als Schlamm am Boden absetzen können. Nach ungefähr zwei Stunden fließt das Wasser weiter in das Belebtschlammbecken zur zweiten Reinigungsstufe. Hier bauen Kleinstlebewesen organische Verunreinigungen biologisch ab. Dann läuft das Wasser weiter ins Nachklärbecken, wo die Kleinstlebewesen als Klärschlamm zu Boden sinken.

3 Eigenschaften des Wassers

a

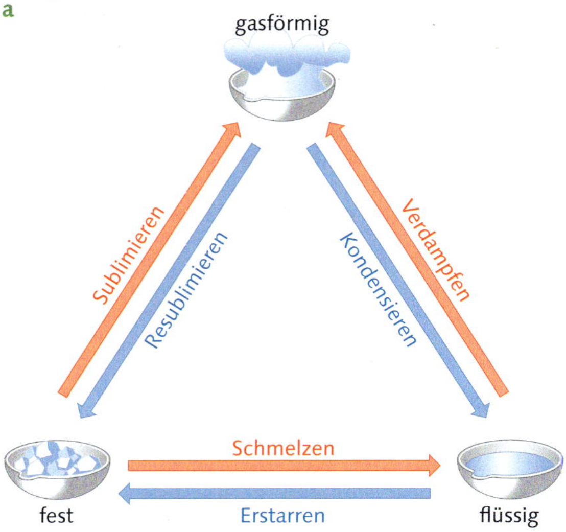

b Oberflächenspannung: Wasser bildet eine feste, aber gleichzeitig elastische Oberfläche. Dichteanomalie: Anders als die meisten Materialien dehnt sich Wasser beim Gefrieren aus.

c

Temperatur	Frühling/ Herbst	Sommer	Winter
Wasser an der Oberfläche	4 °C	20 °C	0 °C
Wasser am Seegrund (in 30 m)	4 °C	4 °C	4 °C

d Im Winter friert ein See von der Oberfläche her zu, weil festes Wasser, also Eis, wegen der Dichteanomalie des Wassers auf flüssigem Wasser schwimmt. Wasser von 4 °C hat die größte Dichte und sinkt nach unten auf den Seegrund. Hier können die Fische überwintern.

4 Dichte in der Küche

a Simons Behauptung stimmt. Da der Eischnee die gleiche Masse, aber ein größeres Volumen hat, ist seine Dichte geringer als die des ungeschlagenen Eiweißes. Das liegt daran, dass Eischnee eine Mischung aus Eiweiß und Luft ist und die mittlere Dichte geringer ist als die von Eiweiß allein.
b Die kleinen Luftbläschen im Eischnee platzen und der Eischnee fällt in sich zusammen, bis nur noch das Eiweiß übrig ist. Dadurch, dass immer weniger Luft mit dem Eiweiß vermengt ist, nimmt die mittlere Dichte zu, bis sie wieder gleich der von Eiweiß ist.
c Zucker ist dichter als Eischnee und Eiweiß. Fügt man dem Eischnee Zucker hinzu, steigt die mittlere Dichte der Mischung daher wieder. Mit genau der passenden Menge Zucker ist die Dichte genau gleich der von Eiweiß allein, obwohl nun Eiweiß, Luft und Zucker vermengt sind.

5 Schwimmen, Schweben, Sinken

a Damit ein Gegenstand in Wasser schwimmt, muss seine Dichte geringer sein als die von Wasser. Ist die Dichte gleich, schwebt er, ist seine Dichte größer als die von Wasser, sinkt er.
b Die Dichte der Stahlkugel ist größer als die Dichte des Wassers. Daher sinkt die Kugel. Steckt man die Kugel jedoch in das Plastik-Ei, verändert sich die mittlere Dichte durch die eingeschlossene Luft so, dass das Plastik-Ei samt der Kugel schwimmt.
c Ein Gegenstand schwebt im Wasser, wenn seine Dichte der des Wassers entspricht. Das Plastik-Ei muss also so befüllt werden, dass seine mittlere Dichte genauso groß wird wie die des Wassers. Das gelingt nur fast, wenn man das Plastik-Ei mit Wasser füllt, denn die Dichte von Plastik unterscheidet sich in der Regel von der des Wassers. Ist die Dichte des Plastiks geringer als die von Wasser, muss man dem Wasser also noch etwas dichteres, beispielsweise Sand, beimischen. Ist die Dichte des Plastiks größer als die von Wasser, hilft eine kleine Luftblase.
d Die Dichte eines Gegenstands ist abhängig von seiner Masse und seinem Volumen. Entsprechend kann man die Dichte verändern, indem man die Masse verändert, wie beim U-Boot, oder das Volumen wie bei der Tarierweste eines Tauchers. Das Volumen des Plastik-Eies ist immer gleich. Aber seine Masse lässt sich verändern, indem man es unterschiedlich befüllt.

Pubertät – Zeit der Veränderung (S. 316, 317)

1 Mädchen und Jungen werden geschlechtsreif

a Bild 1: A Harnblase, B Klitoris, C Harnröhre, D kleine Schamlippen, E große Schamlippen, F Eileiter, G Eierstock
Bild 2: A Penis, B Schwellkörper, C Harnspermienröhre, D Eichel, E Vorhaut, F Harnleiter, G Harnblase, H Bläschendrüse, I Vorsteherdrüse, J Samenleiter, K Nebenhoden, L Hoden, M Hodensack
b Mädchen erkennen, dass sie geschlechtsreif sind, sobald sie ihre Regelblutung haben. Jungen erkennen ihre Geschlechtsreife am ersten Samenerguss.
c Geschlechtsreif bedeutet, dass Jungen Kinder zeugen und Mädchen Kinder bekommen können.
d Die Eizellen reifen in den beiden Eierstöcken, zwei mandelförmigen Organen im Körper der Frau, heran. Von der Pubertät (etwa 10–15 Jahre) bis zu einem Alter von 45 bis 50 Jahren wird etwa einmal im Monat eine Eizelle aus einem der beiden Eierstöcke freigesetzt (= Eisprung). Dabei ist zu beachten, dass die Zeit der Eireifung bis zum Eisprung von Frau zu Frau und bei einer Frau von Zyklus zu Zyklus unterschiedlich lang sein kann.
Die Samenzellen entstehen in den Hoden. Sie werden dort in winzigen Kanälchen gebildet und dann in den Nebenhoden gespeichert und weiter ausgereift.
e Auch ein zwölfjähriges Mädchen kann bereits schwanger werden. Entscheidend ist, ob das Mädchen geschlechtsreif ist. Sie gilt als geschlechtsreif, wenn der erste Eisprung erfolgt ist.

2 Aus Kindern werden Erwachsene

a Bei Mädchen kann man von außen beobachten, dass sich die Brüste entwickeln, die Hüften runder und das Becken breiter werden, im Schambereich Haare wachsen. Die Geschlechtsorgane reifen aus und werden funktionsfähig.
Die Menstruation setzt ein und wird regelmäßig. In den Eierstöcken – von außen nicht sichtbar – reift in etwa jedem Monat eine Eizelle heran. Es kommt zu einem Eisprung.
Bei Jungen kann man von außen beobachten, dass Penis und Hoden größer werden, der Körperbau kräftiger wird, der Bart wächst, die Körperbehaarung dichter und die Stimme tiefer wird. Die Geschlechtsorgane werden funktionsfähig. Der Körper wird muskulöser, die Schultern breiter. Von außen nicht sichtbar ist die Reifung der Samenzellen (Spermien).
Bei Jungen und Mädchen wird – von außen nicht beobachtbar – das Gehirn umgebaut.
Das Gehirn gibt den Befehl, dass Hormone die Entwicklung zur Geschlechtsreife steuern. Darüber hinaus beeinflussen Hormone Gefühle, Stimmungen und Bedürfnisse.
b Die vielen Veränderungen in der Pubertät werden durch Hormone hervorgerufen. Das sind Signalstoffe, die in bestimmten Drüsen des Körpers gebildet werden. Den Befehl dazu gibt das Gehirn, insbesondere die Hirnanhangsdrüse.
c Die meisten dieser Veränderungen haben damit zu tun, dass man Kinder zeugen und bekommen kann.
d Der Körper sollte täglich gewaschen werden, ganz besonders die Geschlechtsorgane. Während ihrer Periode sollten Mädchen Binden oder Tampons verwenden, um das Blut aufzufangen. Je nach Stärke der Blutung sollten diese mehrmals am Tag gewechselt werden.
Wenn Pickel zu lästig werden sollten, dann ist es besser, einen Arzt/eine Ärztin aufzusuchen, als unzählige Cremes auszuprobieren.
e In der Pubertät können Akne, fettige Haare und Körpergeruch zum Problem werden. Die Schweiß- und Talgdrüsen sind vermehrt tätig. Pickel bilden sich, wenn Talgdrüsen verstopft sind und sich dann entzünden.

3 Erste Liebe

a Mögliche Grundregeln könnten sein:
1. Sage Ja zu dir und deinem Körper!
2. Nehmt aufeinander Rücksicht!
3. Sprecht gemeinsam über eure Gefühle und Wünsche!

b Wenn man verliebt ist, muss man ständig an diese Person denken, man möchte ihr nahe sein und die eigenen Gedanken mit ihr teilen. Menschen, die verliebt sind, sehen die Welt wie durch eine rosarote Brille, sie schweben wie auf Wolken und können oft an nichts anderes mehr denken als an die geliebte Person. Das Gefühl des Verliebtseins kann entstehen durch einen Blick, eine Geste, ein Lächeln, eine bestimmte Art zu sprechen u. a. m. Doch immer ist es ein spontanes, plötzlich auftretendes Gefühl. Es ist in der Regel die Voraussetzung, dass der Wunsch entsteht, diesen Menschen, in den man verliebt ist, näher und umfassender kennenzulernen.
Liebe ist mehr als Verliebtsein. Liebe ist etwas Aktives, etwas, was man bewusst und gewollt tut. Man erwartet keine Gegenleistung. Man tut etwas um des anderen willen, um ihm eine Freude zu machen. Man nimmt den anderen so, wie er ist. Man fühlt sich verantwortlich für den geliebten Menschen. Man tritt für den anderen ein, ohne etwas von ihm zu erwarten. Liebe besteht in der Hauptsache darin, dem anderen etwas geben zu wollen und sich darüber zu freuen.

4 Neues Leben entwickelt sich

a Bei der Befruchtung verschmelzen eine Eizelle und eine Spermienzelle miteinander. Mit ihr beginnt die Entwicklung zu einem neuen Menschen.
b Die erste Entwicklungsphase nach der Befruchtung nennt man »menschlicher Keim«; in dieser Zeit teilt sich die befruchtete Eizelle fortlaufend, bis sie sich in die Gebärmutterschleimhaut einnistet. Von da an bis zum Ende der 8. Woche nach der Befruchtung spricht man vom Embryo. In dieser Zeit werden alle Organe angelegt. Ab der 9. Woche nach der Befruchtung wird der heranwachsende Mensch Fetus genannt. Größe und Gewicht des Fetus nehmen schnell zu; alle Organe werden bis zur Geburt weiterentwickelt, sodass sie funktionstüchtig werden.
c Einflüsse, deren negative Auswirkungen auf das ungeborene Kind nachgewiesen sind:
- Überernährung, einseitige Ernährung
- Lärm und Stress
- Infektionskrankheiten
- Nikotin
- Alkohol
- Koffein in größeren Mengen
- Rauschgift
- unkontrollierte Medikamenteneinnahme
- Schadstoffe in der Nahrung und in der Luft

d Das erste Zeichen geben in der Regel die Muskeln der Gebärmutter; sie ziehen sich regelmäßig und schmerzhaft zusammen. Die Wehen setzen ein und der Muttermund öffnet sich. Der Schleimpfropf, der den Gebärmuttermund verschließt, löst sich ab. Die Muskeln der Gebärmutter drücken den Kopf des Kindes nach unten, bis die Fruchtblase platzt und die in ihr enthaltene Flüssigkeit durch die Scheide abfließt. Erst wenn die Wehen in immer kürzeren Abständen kommen und die einzelne Wehe immer länger dauert, wird die erste Phase der Geburt eingeleitet.
e Die Plazenta dient der Versorgung des Embryos. Sie ist ein Organ, das von vielen Blutgefäßen durchzogen ist. Auf der Seite der Mutter führen Blutgefäße in die Plazenta hinein. Vom Embryo her führen ebenfalls Blutgefäße über die Nabelschnur in die Plazenta hinein. So kommt es hier zwischen dem mütterlichen und dem kindlichen Blutgefäßsystem zu einem Stoffaustausch. Der Embryo erhält vom mütterlichen Blut Nährstoffe und Sauerstoff. Umgekehrt gibt er Abfallstoffe an das mütterliche Blut zurück.
f Von einer Entwicklung spricht man, wenn etwas wächst und sich verändert. Organe wachsen und verändern sich. Lebewesen wachsen und verändern sich. Dabei durchlaufen sie verschiedene Stufen. Alles, was lebt, entwickelt sich, wächst, verändert sich und stirbt irgendwann.
g Das Kondom ist eine Gummihaut, die man vor dem Geschlechtsverkehr über den steifen Penis zieht. Es verhindert, dass Spermien in die Scheide gelangen. Es ist das einzige Verhütungsmittel, das auch vor Geschlechtskrankheiten und Aids schützt. Die richtige Handhabung des Kondoms ist für die Garantie seiner Sicherheit unbedingt notwendig.
Die Pille ist ein empfängnisverhütendes Mittel. Sie enthält Hormone, die den körpereigenen Zyklus ausschalten. Damit verhindern sie auch den Eisprung und die Befruchtung einer Eizelle. Sie muss vom Arzt verschrieben und nach einem bestimmten Plan eingenommen werden. Nicht alle Mädchen vertragen die Pille. Sie kann Nebenwirkungen haben.

5 Nein sagen, wenn etwas zu weit geht

a Die Aufgabe ist ergebnisoffen. Es sollte jedoch klar herausgestellt werden: Wenn jemand deinen Körper berührt, ohne dass du es willst, dann wehre dich sofort mit »Nein«, »Hör auf« oder »Ich will das nicht«. Das gilt auch für verbale Belästigungen. Man muss sich das nicht gefallen lassen.
b Helfen kann jeder, zu dem man Vertrauen hat. Es kommen insbesondere in Frage: Eltern, ältere Geschwister, Freunde, Lehrer/-in, Schulpsychologe/-in, Jugendamt, Polizei, Hausarzt/Hausärztin, Beratungsstellen, Seelsorger/-in.
c Man kann mehr Stärke und Selbstbewusstsein gewinnen, wenn man z. B.:
- bei Sport und Spiel Erfolge erlebt.
- sich Probleme von der Seele redet.
- sich für andere einsetzt.
- den Wert von Hilfe erlebt.
- Mitverantwortung übernimmt.
- an Selbstbehauptungs- und Selbstverteidigungskursen teilnimmt.

Technik (S. 350, 351)

1 Sicherheit im Unterricht

a
- Die langen Haare sind nicht geschützt: Haare zusammenbinden, Haarnetz oder Ähnliches tragen.
- Das Mädchen trägt weite Kleidung: eng anliegende Kleidung tragen, Schals, Schmuck oder Ähnliches ablegen.
- Die Augen sind nicht geschützt: Schutzbrille tragen.
- Das Werkstück wird mit der Hand festgehalten: Werkstücke im Maschinenschraubstock sicher einspannen.

b
Warnsymbole = gelb
Gebotssymbole = blau
Gefahren-/Verbotssymbole = rot
Rettungssymbole = grün

c
Blaues Symbol: Schutzbrille tragen – zum Beispiel an der Bohrmaschine
Gelbes Symbol: Warnung vor gefährlicher elektrischer Spannung, z. B. an Schalt-/Sicherungsschränken
Grünes Symbol: Rettungsweg – in Fluren oder an Türen

2 Richtig oder falsch?

a Falsch: Es gibt auch Sägen, die auf Stoß arbeiten, zum Beispiel Fuchsschwanz, Feinsäge, Gehrungssäge.
b Richtig: Je höher die Körnungszahl, desto feiner ist das Schleifpapier.
c Falsch: Spiralbohrer mit Zentrierspitze sind nur für Holz geeignet.
d Falsch: Mit breiten Volllinien werden sichtbare Körperkanten dargestellt. Bemaßungen werden mit einer dünnen Volllinie gezeichnet.

3 Fachbegriffe gesucht

a Das Übertragen eines Maßes auf das Werkstück nennt man »anreißen«.
b Die auf dem Feilenblatt eingearbeiteten Einkerbungen nennt man »Hieb«.
c Das Verbinden von Bauteilen nennt man »Fügen«.
d Die Wiederverwertung von Abfällen zu neuen Produkten bezeichnet man als »Recycling«.

4 Aufbau der Feile

1 Querschnitt; 2 Feilenblatt/Hieb; 3 Angel; 4 Heft

5 Was passt nicht?

a Das Schleifpapier passt nicht. Es dient zum Glätten der Oberfläche von Holz. Raspel und Feile dienen mehr zur Formgebung eines Werkstücks.
b Die Laubsäge passt nicht: Sie ist als einzige für kurvige Schnitte geeignet. Oder: Sie ist als einzige eine gespannte Säge.
c Fichte passt nicht, sie ist ein Nadelbaum, die anderen Bäume sind Laubbäume. Oder: Sie ist ein Weichholz, Buche und Eiche gehören zu den Harthölzern.
d Die Halbrundkopfschraube passt nicht: Sie stellt eine Kopfform dar, Torx und Kreuzschlitz sind Beispiele für Schraubenantriebe.

6 Produkte herstellen

a Folgende Angaben gehören in eine Stückliste: Teilenummer, benötigte Anzahl, Bezeichnung der Teile, Maße, Material.

b
- Bohrungsmitte anreißen
- vorstechen
- geeigneten Bohrer auswählen
- bohren (Sicherheitsregeln beachten)
- eventuell Bohrung ansenken

c Jan muss sich die Sägezähne ansehen. Zeigen die Zähne zum Griff hin, so arbeitet die Säge auf Zug, zeigen sie vom Griff weg, arbeitet sie auf Stoß.

d
- Alle Werkzeuge und Hilfsmittel bereitlegen.
- Die Teile müssen staubfrei sein.
- Leim dünn und gleichmäßig auftragen.
- Teile fest zusammenpressen.
- Überschüssigen Leim sofort wegwischen.
- Leim ausreichend trocknen lassen.

e Da Steffi ihre Kritik nicht an Kriterien festmacht und begründet, will sie ihn wahrscheinlich nur ärgern.

7 Aus dem Alltag

a Vielleicht hat Herr Maier trockene Balken einbetoniert. Diese haben Feuchtigkeit aufgenommen, sind dadurch aufgequollen und haben den Beton gesprengt.
b In Schlitze und Löcher wurden trockene Hölzer eingeschlagen und mit Wasser übergossen. Das Holz hat das Wasser aufgenommen, sich ausgedehnt und den Felsblock abgesprengt.

Register

Bildquellen

Titelbild: Giel, Oliver – Tierfoto

123rf/Juri Semjonow: 352 Stahlmaßstab; action press: Beck, Markus: 194.1, BRAUN, MATTHIAS V: 230.3, FOTO LANGBEHN: 221.4 Zapfhahn; adpic/P.Stanislav: 150.1; Agentur Focus: eye of science: 131.4, 252 links Mitte; aid infodienst: 39.4A, B, C; akg-images: 252.1; Alamy Images: Julie Mowbray: 201 unten; Alexandra Ranieri, Walheim: 10.1; Andreas Marquarth: 174.2, 174.3, 181.4A, 181.4B, 183.1, 183.2, 183.3, 198.2, 208.2; Anke Form/Iserlohn: 124.1; Arco Images: NPL: 65.5, 101.4, Wothe: 63 rechts oben; Arghan, Z., Berlin: 146.2A, 146.2B; Arnz Flott GmbH: 333 rechts unten, 353 Tischbohrmaschine; AWS Abfallwirtschaft Stuttgart: 191.2, 199.5; Bach-Kolster, Helgard, Duisburg: 81.2 Flusslauf; Bildagentur Huber/R.Schmid: 164.1; Biosphoto/Blanc Samuel: 245.3; Blickwinkel: B. Trapp: 80.D, Koenig: 85 rechts oben, Woike: 64.1; Blinde Kuh e.V.: 48.2; Bohdal, Jiri, CZ: 65.3, 65.4, 65.6C, 79.3, 91.1, 96.1A, 96.1B, 96.1F; Bornebusch, Jan Philipp: 287 links unten, 345.B; Caro/Riedmiller: 154.1; ClipDealer: Hans-Joachim Schneider: 232.1, PRILL Mediendesign & Fotografie: 353 Feile, Rob Stark: 352 Messschieber; Colourbox: 319 oben; Conrad Electronic: 157 Klapplupe; Corbis: AgStock Images/Wayne Hutchinson: 3 rechts oben, Carolina Biological/Visuals Unlimited: 116.1, Daniel Schoenen/imageBROKER: 265.4, Dave Reede/All Canada Photos: 220.1, Frank Lane Picture Agency: 242.1, H. Koester/A.B: 264.1, imageBROKER/Olaf Krüger: 160 rechts Mitte, Kuba Nikoracy: 21.1C, Lawrence Manning: 181.3C, Minden Pictures/Mark Moffett: 109 rechts unten, Nature Picture Library/Michel Poinsignon: 45 Mitte, Novac/NA/Hans P. Szyszka: 280.1, Ocean/237/Tom Merton: 180.1, Ocean/Eric Bean: 149 Mitte, Robert Pickett: 92.1, Rose, Ludger/the food passionates: 272.1, Science Photo Library: 108.2, SUZANNE PLUNKETT/Reuters: 332.1, Theo Allofs: 244.1, Tim Davis: 245 links oben, Visuals Unlimited, Inc./Dr. David Phillips: 297 oben, Visuals Unlimited/Carolina Biological: 308.3; Cornelsen Experimenta: 224.1 Heizplatte, 224.1 Kartuschenbrenner; Cornelsen Schulverlage GmbH: 157 Becherlupe, 157 Mikroskop; Digitalstock: 72.1, 73.4a, 125.2, Gärtner: 55.7, Gruisinga: 152 links unten, JWS: 155.2E, S. Behringer: 159.3B, Schüler: 131.5, Vock: 122 links oben, Vock: 131.6A, W. Hilpert: 159.3A; doc-stock: 281.6; Döring, V., Hohen Neuendorf: 10 links Mitte, 22.2, 81.2 Warnschild, 156.1, 224.1 Teclubrenner, 225.3, 226.2, 227.1, 275.1; Eawag/Sandec: 267.2; F1 online/Image Source: 119 unten, Martin Siepmann Imagebroker: 160.1, MGB: 195.4E, RF Company: 214.1; Firtzlaff, K.H.: 137.2; Fotolia: acek Chabraszewski: 215.5, Junge, Africa Studio: 9.4, Agnes von Friedberg: 309.5, airArt: 5 linsk unten, airArt: 170, airArt: 199 rechts unten, Alexander Molosnov: 319 Mitte, alphosyle: 147.5D, Alterfalter: 21.1E, amidala: 21.1D, Anatolii: 324 links Bucheckern, Anatolii: 324 rechts Eicheln, Andreas Basler: 325 Feinspanplatte, Andrey Popov: 235.4 Thermostat, Andrey Popov: 338.1, Andrzej Tokarski: 195.4A, anjajuli: 14 rechts unten, Aquiya: 147.5C, Arnim Friess: 15.3C, Art_man: 53 rechts oben, ArvaCsaba: 320.1, B. Wylezich: 341.1, babbelfisch: 195.4B, belizar: 60.2, benjaminnolte: 321.6, 352 Streichmaß, Bergfee: 323 Rettungssymbole, 350 Notausgang, Bernd S.: 151.3, BigandtPhotography.com: 272.2 Mitte, bilderstoeckchen: 159.1, Bjoern Wylezich: 193 links Mitte, brozova: 235.4 Eisen, by-studio: 140.2A, Christian Jung: 220 links unten, creative studio: 307 links Mitte Mädchen, crimson: 320.3, Daniel Terence Mock: 307 links oben Mädchen, darknightsky: 155.2A, Denis Junker: 327.1, 352 Universal- oder PUK-Säge, 353 Forstnerbohrer, 353 Maschinenschraubstock, Dmitry Rukhlenko: 193 rechts Mitte, donatas1205: 7 rechts unten, 318, 351 rechts unten, doris oberfrank-list: 168.2C, Elenathewise: 211.4A, Eric Isselée: 55.5 Rind, Erica Guilane-Nachez: 320.2, ernstboese: 140 links Mitte, Erwin Wodicka: 344.1, Esel Klugohr: 15.3F, EvrenKalinbacak: 345.C, eyetronic: 172.2, eyezoom1000: 307 links unten Junge, fefufoto: 352 Feinsäge, Florian Hiltmair: 176.1, fotofran: 155.2C, Fotolyse: 122 rechts oben, Fotoschlick: 324 Mitte, Fichte, Frank: 129.3, Frank-Peter Funke: 319 unten, Friedberg: 198.1, Gabriele Rohde: 219.1, Gerhard Seybert: 36 rechts Mitte, Gooseman: 323 Gebotssymbole, Harald Biebel: 130.1B, hfox: 62.1, Ina Bigalke: 328.1, Ingo Bartussek: 211.1, Iriana Shiyan: 139 rechts Mitte, Ivonne Wierink: 215.5 Mann, J. M. Gelpi: 66.1, Jag_cz: 221.4 Öl und Blüten, jamenpercy: 238 rechts unten, Jiri Hera: 321.8, Jürgen Fälchle: 171 Mitte, Kaarsten: 55.5 Mensch, Karin Schnirch: 81.2 Bagger, karl51: 320.4, kasparart: 132.2, Kautz15: 324 links Buche, kemai: 211.4B, Kimsonal: 13 oben, Kletr: 45 Einstieg oben, kmit: 352 Fuchsschwanz, Knut Wiarda: 236.1, kwasny221: 339 unten Natur, L. Bouvier: 157.1, liubomirt: 341 unten, Ljupco Smokovski: 13 unten, M. Schuppich: 181.3A, Malena und Philipp K: 147.5A, Marco D. Brockmann: 347.1, marcoprati: 258.1, mariec31: 234.2, mascfoto: 76.1, Matze: 231.4, mbt_studio: 284.1, Mikael Damkier: 123 links oben, Monkey Business: 192.1, monsieurseb: 173.3E, Nadine Haase: 22.1, 26.2, naypong: 272.2 links, Nicole Effinger: 215.5 Baby, Nikolai Sorokin: 157 Leselupe, Olaf Speier: 197.1, Oliver Boehmer/bluedesign: 268.1, Pavel Ignatov: 180 Mitte, Pavel Losevsky: 172.1, Petair: 173.3D, photocreo: 34.1, Pixelot: 325 Grobspanplatte, pixelplot/Sebastian Jursch: 232 rechts unten, RalfenByte: 324 rechts Eiche, Reiner Wellmann: 50.1, Reinhard Tiburzy: 168.2B, Reinhold Stansich: 126.1, reises: 123 rechts oben, Rosi: 147.5E, Schaf, Frank B.: 173.3B, seen: 175.4, Sergej Toporkov: 204.1, Sergey Lavrentev: 119 oben, Shakey Images: 11.4, Shaman: 212.1, shootingankauf: 175.5, Siegi: 147.5F, sizta: 258 Mitte links, soulrebel83: 274 rechts Mitte, SOULSHOTS: 127.3, spinetta: 55.5 Schwein, Stefan Balk: 147.5B, style67: 235.4 Erde, T. Michel: 10.3, Thomas Aumann: 351.2, thomass: 185.3, tinadefortunata: 173.3C, Tino Hemmann: 307 links oben Junge, toa555: 235.4 Dampf, TrudiDesign: 264.3, Tsiumpa: 341 unten, Turi: 201 Mitte, Unclesam: 127.4, Useless: 281.5, Uwe Wittbrock: 15.3D, VanderWolf Images: 321.7, vektorisiert: 323 Warnzeichen, 350 Stromschlag, Vitaliy Bondarchuk: 273.5, vladimirfloyd: 321.5, Volker Z: 274.1, www.pelzinger.de: 171 unten, YOR: 325 Sperrholz, Yuriy Vahlenko: 129.4I; Gaa, Markus, Fotodesign, Heidelberg: 9.3, 177.4, 204.2, 237 links unten, 239.2, 241.1, 282.1B, 285.3, 286.2, 287.4, 289.5, 295 links Mitte, 322.1, 325 Faserplatte, 325 Leimholz, 325 Tischlerplatte, 326.1, 331.1, 331.2, 335.4, 335.5, 335.2B, 335.2C, 336.2A, 337.3A, 337.3B, 340.1, 340.2; Geobasisdaten der Kommunen und des Landes NRW © Geobasis NRW, 2012: 82.1; Getty Images/Simon Clay: 43 rechts unten; Giel, Oliver – Tierfoto: 46 rechts Mitte; Glow-Images: 230.1, Gerard Lacz/AAI Fotostock: 220 links oben, imagebroker.com: 222.1; Google und das Google-Logo sind eingetragene Marken von Google Inc., Verwendung mit Genehmigung: 48.3; Hecker, Frank, Naturfotografie: 79.5, 80.B, 80.E, 80.F, 80.G , 80.H, 81.1, 166.1; Helios-Preisser: 352 Zentrierwinkel; Herbert Fallscheer: 238 links unten; Hollatz, J.: 84.2; Humboldt-Universität Berlin: 131.6B; Imago: 294.1, blickwinkel: 14 rechts Mitte, 131.3, 138.1, CoverSpot: 141.4, imagebroker: 139.4, Jochen Tack: 336.1; Interfoto: Bildarchiv Hansmann: 109.4, Ottfried Schreiter: 160 links Mitte; iStockphoto: Alexander Drozdov: 15.3E, Andrew Howe: 65.6A, Christina Hanck: 155.2D, Craig Dingle: 55.6, Damien Richard: 22.3B, Daniel Bobrowsky: 22.1A, DLeonis: 262 links Mitte, Eric Isselée: 55.5 Katze, hagit berkovich: 251.4B, Karel Gallas: 96.1E, kristian sekulic: 206.1, Lisa F. Young: 307.1, Nancy Nehring: 15.2, 270 rechts unten, Tony Campbell: 40.1, unfek: 155.2B, Vassiliy Vishnevskiy: 14 links unten, Vetta Collection: 151.4; Juniors Bildarchiv: 26.1, 27.5, 242.3, M.Willemeit: 56.2A, WILDLIFE/G.Delpho: 165.2; Laif: Goisque/Le Figaro Magazine: 286.1, Tobias Gerber: 6 links unten, 260, 295 rechts unten; Lichtbildarchiv Keil, Neckargmünd: 67.4; Mahler, Fotograf, Berlin: 239.1; Mauritius images: 63.4, age: 26.3, 27.4, 165.2B Siebenschläfer, Alamy: 14.1, 23.5, 24.1, 46.1, 78.2A, 78.2D, 112.1, 216.1, 251.2, 257 rechts oben, 265.5, 269.1, Alamy/Rosanne Tackaberry: 196 links Mitte, ANP Photo: 21.1B, 105 links Mitte, 143 rechts Mitte, 173.3A, 235.4 Polarstation, Bernd Liedtke: 3 rechts unten, 44 Einstieg, 97 rechts unten, Bernd Römmelt: 248.2, blickwinkel/Alamy: 261 unten, Buiten-Beeld: 108.1, Catharina Lux: 273.4, CuboImages: 128.2F, Cultura: 209.1, David & Micha Sheldon: 142 rechts Mitte, Dirk von Mallinckrodt: 138 links Mitte, Eric Bach: 181.3B, Food and Drink: 41.1, Garden World Images: 128.2C, 143.4, globepix: 8.1, Harald Lange: 18.1, ib/Michael Krabs: 20.1, ib/Arco Images/Doerr, C.: 159.5, Ilse Lindner: 140.1, image BROKER/Christian Huetter: 345.A, imagebroker: 56.2B, 251.4A, imagebroker/Alfred Schauhuber: 165.2H, imagebroker/Ariane Lohmar: 143.3, imagebroker/Bernd Zoller: 58.1, imagebroker/Birgit Koch: 165.2G, imagebroker/Christian Hütter: 79.2, imagebroker/Creativ Studio: 50.2, imagebroker/dreamtours: 236.2, imageBROKER/FB-Schulz: 162.1, imagebroker/FLPA/Bowman: 69.2, imagebroker/FLPA/Gianpiero Ferrari: 4 links unten, imagebroker/FLPA/Gianpiero Ferrari: 98, imagebroker/FLPA/Gianpiero Ferrari: 117 rechts unten, imagebroker/Frank Sommariva: 142.2A, imagebroker/Hans Lang: 165.2J, imagebroker/Heine: 64.2, imagebroker/Heine: 79.1, imagebroker/Helmut Corneli: 288.1, imagebroker/Jim West: 190.1, imagebroker/Konrad Wothe: 256.2, imagebroker/Kreutzer: 33.4, imagebroker/Kühbauch: 32.2, imagebroker/Michael Dietrich: 253.3, imagebroker/Michaela Begsteiger: 132.1, imagebroker/Oliver Heinz: 168.1, imagebroker/rgb fotografie: 191 links Mitte, imagebroker/Stefan Kiefer: 184.1, imageBROKER/Ulrich Niehoff: 304.2, imagebroker/uwe umstätter: 316.2, 296, 317 rechts unten, Jiri Hubatka: 60.1, Jo Kirchherr: 242.2, Kerstin Layer: 56.2D, Kroiss: 128.2D, Lehn: 39.5, Loop Images: 45 unten, Mader: 32.1; Bridge: 201 oben, Heidi Velten: 305.1, Minden Pictures: 62.3, 111.5, 129.4H, Oredia: 298.1, Oxford Scientific: 309.4, P. Widmann: 261 Mitte, Peter Lehner: 129.4G, Photo Researchers: 213.3, Phototake: 308.2, Radius Images: 4 unten Mitte, 118, 147 rechts unten, Rosenfeld: 216 links Mitte, 216 links unten, 216 rechts Mitte, 217.1, Schätzle: 31.4, Science Faction: 195.3, Speedy: 182 rechts Mitte, Steffen Beuthan: 41.2, Steimer: 28.1B, 28.1F, STOCK4B-RF: 196 links unten, United Archives: 96.1D, 142 links oben, Westend61: 48.1, Wittek: 28.1G, 37.2; Minkus, Volker: 68.1, 68.2, 68.3, 82.2, 130.2, 163.4, 255.3; NABU: 57.4; Nils Krüger/Stuttgart: 58.1; NWL Hamburg Services GmbH/Rotring: 353 Zeichenplatte; Oberschelp, Katrin: 147.6; Okapia: Andreas Hartl: 88.2, 91 Hecht, Berthold Singler: 197.4, Biophoto Associates/Science Source: 182 links Mitte, BIOS/Claudius Thiriet: 30.1, Bios/Frederic Feve: 59.3, Bios/NouN: 198.3, BIOS/Ruoso: 78.1, Brinkmann: 19.3 dt. Schäferhund, 19.3 Hirtenhund, 19.3 Langhaardackel, Christine Steimer: 21.1A, Danegger: 29.1, Deschandol: 96.1C, Dr. Eckart Pott: 281.4, FLPA/Chris Brignell: 164 rechts unten, Foto Natura/Jos Mensen: 104.1, Frank Derer: 117 Zecke, Frank Derer: 165.2A Kohlmeise, Gerken-Ernst: 128.2A, Hans Reinhard: 28.1E, 38.1, 120.1, 154 rechts unten, 165.2D, Harald Lange: 102.2, Hartl: 74.1, Heinz Schrempp: 248.3, Herbert Kehrer: 19.3 Jagdterrier, 173.4, Holger Hübner: 165.2I, Holt Studios: 141 rechts Mitte, Holt Studios/Nigel Cattlin: 137.1, 218.1, 114.1, 142.2, 165.2C Blattlaus, imagebroker/Lineair – Anton Luhr: 106.1, J-L Klein & M-L Hubert: 24 links Mitte, Johan De Meester: 165.2F, Juan Carlos Munoz: 256.1, Karen Debler: 79.4, Karl Gottfried Vock: 142.1, Karl-Heinz Jacobi: 14 links Mitte, Kina/Tim Faasen: 107.1, Kjell-Arne Larsson: 196.1, Klein&Hubert: 128.2B, KW/Nikolaus: 137.3, Lange: 28.1D, Manfred & Christina Kage: 303.3, NAS/Meszaros: 78.2C, NAS/Robert Noonan: 29.2, OSF/J.A.L.Cooke: 68.4, Overseas/Galasso: 101.5, Papilio/Robert Pickett: 117.5, Peter Wernicke: 74.2, Reinhard: 28.1A, 31 rechts oben, Roland Günter: 165.2E, Save/Dietmar Nill: 52.1, Save/Wolfgang Schulte: 19.3 Rauhaardackel, Schwind: 100.1, Thomas Kaiser: 4 rechts unten, 148, 169 rechts unten, Winfried Wisniewski: 69.3, Wolfgang Braun: 69.1; Panthermedia: 56.2C, Alexander Romanov: 263 links oben, ameifo 56.2F, G. Temmen: 131.3A, Herbert Esser: 57.3, Olaf Kloß: 56.2G, Robert Biedermann: 158 links oben, Robert Stephan: 56.2E, Wilfried Martin: 158.1; Pfitzenmaier, Theresa: 288.2; picture-alliance: 36.1, 243 rechts Mitte, Arco Images GmbH: 124 rechts unten, blickwinkelG. Czepluch: 191.1, botanikfoto: 161.4C, BSIP: 311.1, chromorange: 308.1, Denkou Images: 307.2, 316.3, dpa: 128.1, 181.3D, 231 links Mitte, 310 rechts Mitte, dpa/Holger Duty: 99 oben, dpa/Roland Weihrauch: 40.2, Frank May: 307.3, Joker: 149 unten, KEYSTONE: 314.1, KPA: 137 rechts oben, Okapia/Manfred Danegger: 247.1, 247.2, photononstop: 298.2, Ton Koene: 195.4C, ZB: 36.2, 88.1, Zoonar/Fritz Poelking: 245.4; Pitopia/filmfoto, 2011: 208.1; PIXELIO/Rolf Handke: 73.4; Pondorf, Peter, Pellheim: 16.1, 16.2, 17.4; Pretscher, P.: 93.2; Reinhard Tierfoto: 38.3, 119 Mitte, 135.1, 152.1, 153 links oben; Reuters/Kai Pfaffenbach: 346.1; Röhl, S., Berlin: 25.2, 224 rechts Mitte, 274.2; RWE Energie AG: 213.4; Schütte, N., Berlin: 129.4J, 130.1C; Sevcík, Jan CZ: 65.6B, 254.1; Shutterstock: 360B: 40.3, Air Images: 292.1, AlessandroZocc: 142.1, alexsvirid: 99 unten, AVN Photo Lab: 237.3, Baloncici: 195.4D, Berents: 352 Anschlagwinkel, bluehand: 341 unten, Carlos Caetano: 239.3, Christopher Elwell: 272.2 rechts, criben: 282.1A, Darren Foard: 59.2, Dmitry Kalinovsky: 339 unten Abfall, Duron123: 351.3, E. G. Pors: 287.3, Eimantas Buzas: 353 Senker, 353 Spiralbohrer mit Zentrierspitze, 353 Universalbohrer, Eldad Carin: 341 unten, Emi: 240.3, Gavran333: 353 Schleifpapier, Gelpi JM: 341 unten, Germanskydiver: 294.2, ggw1962: 235.4 Flamme, Hayball: 352 Vorstecher, Helga Chirk: 111.4, ievgen sosnytskyi: 261 oben, ievgen sosnytskyi: 262.1, 235.4 Eiswürfel, Images By Kenny: 353 Bits, jabiru: 202.1, Jacek Chabraszewski: 186.1, Joachim Wendler: 352 Gliedermaßstab, Julia Reschke: 128.2E, Kunertus: 352 Laubsäge, MaxyM: 339 unten Gebrauch, MichaelJayBerlin: 353 Kreuzschlitzschraubendreher, MichaelJayBerlin: 353 Schlitzschraubendreher, Natali Zakharova: 174.1, NataSnow: 42.2, NEGOVURA: 175 PET, 175 PP, Olga Miltsova: 221.4 Salat, Ondrej83: 59 rechts Mitte, Paul Broadbent: 89 rechts oben, Peter Waters: 116.Biene, Picsfive: 284.1, picture-partners: 169.3, Prill: 102.1, prizzz: 219.2, Rainer Lesniewski: 323 Warnzeichen, Rainer Lesniewski: 350 Schutzbrille, Rob Christiaans: 168.2A, Rob kemp: 353 Schleifkork, Sebastian Kaulitzki: 297 Mitte, Slavica Stajic: 339 unten Produktion, smikeymikey1: 339 unten Recycling, Smit: 224.1 Teelicht, Squarciomomo: 104.2, Symbiot: 339 unten Rohstoffe, Tom Gowanlock: 171 oben, Triff: 235.4 Sonne, Tyler Olson: 49.4, V. J. Matthew: 19.3 Foxtrerrier, Vadim Petrakov: 280.3, Valentin Agapov: 353 Raspel, Valentina Razumova: 324 Mitte Zapfen, Vetapi: 256 links Mitte, Volodymyr Goinyk: 266 rechts Mitte, William Berry: 143 links oben, yevgeniy11: 13 Mitte, Yu Lan: 219 links Mitte; Stock-4B/RG Images: 213.5; Theuerkauf, H., Gotha: 28.1D, 125.1; Thomas Gut: 240.1; Tierbildarchiv Angermayer, T., Holzkirchen: 75 Eigelege, Pfletschinger: 78.2B, 248.1; Topic Media: Christian Huetter: 161.4E, ib: 23 rechts oben, 310.2, imagebroker/Christian GUY: 182.1; , Willner: 149 oben; TRIUSO Qualitätswerkzeuge GmbH: 352 Japansäge, 352 Reißnadel; ULMIA GmbH: 352 Gehrungssäge, 343.2; Vario-Images: Juice Images: 305.3, McPHOTO: 5 rechts unten, 200, 259 rechts unten; VISUM: Gustavo Alabiso: 176.2, Max Lautenschlaeger: 176.3; Weber, Manfred, Iden: 39.4D; Wikipedia: Martman: 73.3, Rosenzweig: 152 rechts Mitte; Wildlife: Arndt: 46.2, Bogon: 73 links Mitte, D. Harms: 47.4, 80.C, 130.1A, 130.1D, 130.1F, 290 links Mitte, I. Elsner: 15.3B, O. Diez: 15.3A, R. Nagel: 161.4B, Stein: 80.A, Stuewer: 35.5; Wirtz, Peter 134.A–F, 304.1, 306.1A, 306.1B, 306.1C, 306.1D, 313.1; www.fruitsecurity.com: 211 rechts Mitte; Your photo today. A1 pix – superbild: 161.4A, 310.1, Bildagentur Geduldig: 259 links oben, phanie: 110.1, 297 unten, PM: 99 Mitte, PM, www.a1pix.com: 9 links oben, PM: 161.4D

Arbeitsaufträge richtig verstehen

Im Unterricht oder in Klassenarbeiten bearbeitest du immer wieder Aufgaben. Daher ist es wichtig, genau zu verstehen, was mit den Arbeitsanweisungen oder Arbeitsaufträgen gemeint ist. Die Lösung der Aufgaben gelingt dann viel leichter.

Nennen

Hier sollst du etwas stichwortartig auflisten od aufzählen. Verwende wenn möglich Fachbegri

Lösung: Industrie und Technik: Kühl-, Lösungs und Transportmittel, Wasserkraft.
Haushalt und Freizeit: Trinkwasser, Lösungs- u Kühlmittel.

Nenne verschiedene Nutzungsmöglichkeiten von Wasser in Technik, Industrie, Haushalt und in der Freizeit.

Zeichnen und Skizzieren

Hier sollst du eine anschauliche und genaue Zeichnung oder eine übersichtliche Skizze anfertigen.

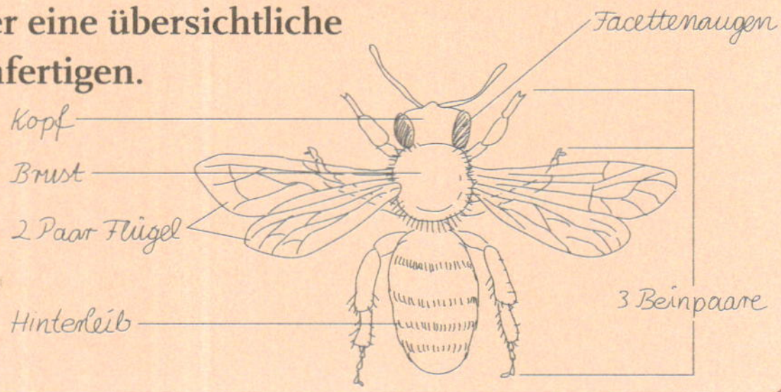

Zeichne den Körper der Honigbiene schematisch nach und beschrifte das Schema.

Auswerten

Aus Informationsquellen, zum Beispiel Diagrammen oder Texten, sollst du Daten und Ergebnisse in einen Zusammenhang stellen und daraus Schlussfolgerungen ziehen.

Lösung: Die Körpertemperatur des Igels sinkt ab Oktober rasch von 35 °C auf 5 °C ab. Wenn sie im Winter bei besonders kalten Außentemperaturen unter 5 °C sinkt, wacht der Igel aus seinem Winterschlaf auf.

Werte das Diagramm zur Körpertemperatur des Igels im Jahresverlauf aus.

Beschaffe dir Informationen aus dem Internet zu der Frage: »Wie überstehen Tiere den Winter?« Stelle deine Ergebnisse dar.

Darstellen

Du sollst Sachverhalte, Zusammenhänge, Methoden und Ergebnisse klar gegliedert und anschaulich wiedergeben.

Hinweis: Ein Plakat, eine Mindmap oder eine Tabelle ermöglichen es dir, die Inhalte durch verschiedene Beispiele mit Bildern oder Diagrammen anschaulich und strukturiert zu präsentieren.

Vergleichen

Hier sollst du Gemeinsamkeiten, aber auch Unterschiede herausarbeiten. Eine Tabelle hilf dir, dies anschaulich zu gestalten.

Lösung:

Gemeinsamkeiten	Gliederung in Finger, Handwurzelknochen, Unter- und Oberarm
Unterschiede	Finger bei der Flederma deutlich länger und mit Flughaut umspannt